高等学校专业教材

陶瓷工业机械设备

（第二版）

张柏清　林云万　主编
吴南星　戴哲敏　冯浩　韩文　汤国兴　参编

中国轻工业出版社

图书在版编目（CIP）数据

陶瓷工业机械设备/张柏清，林云万主编．—2 版．—北京：中国轻工业出版社，2025. 2
高等学校专业教材
ISBN 978-7-5019-9018-4

Ⅰ. ①陶…　Ⅱ. ①张… ②林…　Ⅲ. ①陶瓷工业—机械设备—高等学校—教材　Ⅳ. ①TQ174. 5

中国版本图书馆 CIP 数据核字（2012）第 234244 号

责任编辑：李建华　杜宇芳
策划编辑：李建华　　责任终审：滕炎福　　封面设计：锋尚设计
版式设计：宋振全　　责任校对：燕　杰　　责任监印：张京华

出版发行：中国轻工业出版社（北京鲁谷东街 5 号，邮编：100040）
印　　刷：北京君升印刷有限公司
经　　销：各地新华书店
版　　次：2025 年 2 月第 2 版第10次印刷
开　　本：787 × 1092　1/16　印张：26
字　　数：599 千字
书　　号：ISBN 978-7-5019-9018-4　定价：78.00 元
邮购电话：010-85119873
发行电话：010-85119832　010-85119912
网　　址：http://www.chlip.com.cn
Email：club@chlip.com.cn

250230J1C210ZBW

前　言

本书主要论述陶瓷工业（以硅酸盐陶瓷工业为主）的一般机械设备和专业机械设备的种类和工作原理、各项参数的确定方法与设计等。

为了培养学生具有独立分析问题和解决问题的能力，书中以较多篇幅叙述了有关的基础理论，并对典型的机械设备作了重点论述，尽可能介绍一些新的技术成就。学生在学习本书后，可掌握必要的陶瓷机械知识，根据陶瓷生产的工艺要求，正确选型和使用机械设备，并能比较顺利地阅读有关技术文献，以期在今后的生产实践中能够独立地进行设计工作及从事相关的科学研究。

书中插入了一些例题。尽管部分内容简单，似乎只要把几个已知数字代入公式中就可求得答案，但这对帮助学生正确理解处理问题的方法仍然有一定意义。

本书在修订过程中，依据陶瓷工业机械设备的发展，对第一版的部分内容进行了删减和增加，同时将书名更改为《陶瓷工业机械设备》。本书由张柏清、林云万教授任主编，参编的有吴南星、戴哲敏、冯浩、韩文、汤国兴。

本书可作为高等学校陶瓷机械专业和陶瓷工程专业的教材或教学参考书，也可供陶瓷机械制造企业、陶瓷企业、设计院和研究所等单位从事陶瓷机械研究、设计和应用的工程技术人员参考。

由于编者的水平有限，疏漏和错误在所难免，望同行专家和读者不吝赐教。

编　者

2012 年 9 月

目　　录

绪　论

一、本课程的任务与特点

陶瓷机械设备是陶瓷工业生产过程中的机械设备。陶瓷产品品种的开发、产量、质量的增加和提高，产品成本的降低，劳动生产率的提高，都与陶瓷机械设备的发展有着密切的联系。机械设备为工艺服务，陶瓷工业的发展促进机械设备的进步，机械设备的进步又可促进陶瓷工业的发展，两者相辅相成。

陶瓷机械设备具有以下特点：

①加工对象以矿物为原料。

②工艺过程多且复杂。

③产品产量大，自动化程度高。

④动作复杂，工作速度高。

二、陶瓷机械设备的分类

1. 按主要用途分类

陶瓷机械设备按其生产过程中的主要用途可划分为十大类。

①原料开采、加工、精选机械。

②原料的制备机械。

③成形机械：包括成形、干燥、修坯用的机械。

④施釉、装饰、彩印等艺术加工机械设备。

⑤煅烧设备：包括制品的素烧、釉烧、烤花、补重烧等。

⑥制品的深加工机械：如磨底、抛光、磨平、切割等。

⑦专业辅助件（如模具、窑具）生产机械设备。

⑧包装机械。

⑨原料与制品质量检测机械和仪器仪表。

⑩通用配套设施：如燃料、水电供应设施，称量计量设备，运输机、风机、空气压缩机、真空泵等。

2. 按机械设备的来源和使用特性分类

陶瓷设备按其来源和使用特性可分为三大类。

①行业专业机械设备：如滚压成形机、行列式微压注浆机、全自动压砖机等。

②行业通用设备：如球磨机、泥浆泵、辊道窑等。

③通用机械设备：指在各行业都能选用的机械设备，如皮带运输机、空气压缩机、衡器等。

三、陶瓷机械设备的现状和发展方向

众所周知，自改革开放以来，中国的陶瓷工业由小变大，由弱变强，工艺、技术、机械设备水平都得到了快速发展，取得了令世人瞩目的成绩，已成为世界陶瓷生产的超级大国。

陶瓷机械设备是生产陶瓷制品的工具，用之于陶瓷工业，依赖于陶瓷工业，同时又相互推动发展。由于陶瓷工业的大力发展和不断推陈出新，需要大量先进的、创新的陶瓷机械设备；也正由于陶瓷机械设备设计制造技术的进步，为陶瓷工业提供了一大批价廉质优的先进机械设备，造就、支持、促进了中国陶瓷工业的迅猛发展和现代化水平。

近20多年来，在传统陶瓷行业中，日用陶瓷、电瓷等行业有发展，但发展的速度与建筑卫生陶瓷相比存在着明显的差距，因此20多年当中，陶瓷机械设备的发展主要是建筑卫生陶瓷机械设备的发展，与国际先进水平的差距较小；而日用陶瓷机械设备的进步很小，基本上停留在20世纪80年代中期水平，与国际先进水平存在着较大的差距。

（一）中国陶瓷机械设备工业发展与现状

1. 行业发展概况

在20世纪七八十年代，当时的轻工部对各主要的产瓷区的一些陶瓷机械厂进行了大规模的技术改造和扩建工作。通过多次的扩建和技术改造，形成了以唐山轻工业机械厂、湖南省轻工业机械厂、景德镇陶瓷机械厂、佛山市陶瓷机械总厂、醴陵陶瓷机械厂、淄博陶瓷机械厂、宜兴陶瓷机械厂等七家具有较强的设计力量、加工设备比较齐全、有一定检测手段的定点陶瓷机械制造企业；此外还有一些规模小、技术力量薄弱、加工设备一般的小型陶瓷机械制造的专业厂家。据不完全统计，到1990年，国内专业生产陶瓷机械的厂家已达60多家，从业职工达15000多人。他们为中国陶瓷工业的快速发展，为中国陶瓷机械设备的现代化做出了较大的贡献。这期间完成了原料制备、日用陶瓷成形机械设备的引进消化吸收工作，推出了一批先进优良的陶瓷机械设备，除满足国内日用、建筑、电瓷等陶瓷企业的需要，还远销亚、非、欧等15个国家和地区，这个时期是国有陶瓷机械制造厂最辉煌的时期。生产的主要品种有15t以下的各种球磨机、蒸发量最大为32000kg H_2O/h 的喷雾干燥塔、各种型号规格的滚压成形机、160t以下的手动摩擦压砖机。由于各种原因，20世纪90年代中期开始，这些厂家绝大部分开始滑坡，仅石湾陶机厂迅速得到了发展，成为国内专业从事陶瓷液压自动压砖机的龙头企业。这是中国陶瓷机械制造企业的第一个发展阶段。

据有关资料显示，从“九五”计划（1991—1995年）开始，中国的建筑卫生陶瓷工业发展极快，陶瓷墙地砖年产由1991年的2.72亿 m^2 增长到2003年的32.50亿 m^2，增幅达1094.85%。1998—2003年，中国的陶瓷墙地砖消费从15亿 m^2 增长到30.55亿 m^2，已发展成为世界最大的建筑陶瓷墙地砖生产国。到2010年末国内共有建筑陶瓷生产企业3000家左右，主要分布在广东、山东、四川、福建、河北、上海周边地区（含浙江、江苏）等建筑卫生陶瓷主要生产区域，合计产量占全国总产量的93%，其中广东的产量占全国总产量的70%。特别是近几年，年产700万 m^2 墙地砖的大中型企业的数量以较快的速度增长，最大规模的企业年产量已达1亿m^2以上。正是建筑陶瓷行业的高速发展，引发了对建筑卫生陶瓷机械设备的强劲需求，带动了建筑陶瓷机械设备企业的迅速成长，形成了佛山建筑陶瓷机械设备产业基地，仅佛山的陶瓷机械生产企业就有200余家。这是中国陶瓷机械制造业的第二个发展阶段。在这个阶段，形成以广东科达机电股份有限公司、佛山市恒力泰机械有限公司、福建海源自动化机械股份有限公司为龙头的大中型建筑陶瓷机械制造企业。产生了广东科达机电股份有限公司、佛山市恒力泰机械有限公司、福建海源自动化机械股份有限公司为首的一批科技型、知识型的陶瓷机械设备的生产企业，其经营管理水平、产品研制与生产组织等方面，正努力与国际化接轨，具备了一定的国际竞争力。

中国陶瓷机械设备在1985年以前，年生产值为2亿~3亿元人民币，2003年的年总产值约为26亿元人民币，约占2003年全球产值总额的12.8%，占2003年全国陶瓷机械需求总量的75%左右（年全球陶瓷机械产值约为25亿美元，其中意大利约12亿美元，德国6亿美元，中国约3.2亿美元，其他国家约3.8亿美元）。目前陶瓷机械设备的年销售额已达100亿元人民币左右。

2. 中国陶瓷机械设备的技术进步

中国陶瓷机械的发展，走的是引进—消化、吸收、仿制—独立创新开发的道路。到目前为止，在某些方面实现了由“抄”到“超”的跨越。陶瓷工业所用到的机械设备已经基本实现了国产化，特别是建筑陶瓷机械设备的技术水平已接近国际先进水平，基本完成了原料制备、成形、烧成、装饰、砖坯深加工等机械设备的设计和制造。除满足国内建筑陶瓷厂的需求外，近几年已开始批量出口到东南亚、中亚、南美等国家，实现了陶瓷机械设备从进口到出口的跨越。

（1）原料制备机械设备　主要是球磨机、陶瓷柱塞泵、喷雾干燥塔等，技术水平已达国际先进水平。间隙式球磨机从原来仅制造8t以下，发展到能够制造30、50、100t的球磨机，连续式球磨机技术已通过科技部的鉴定。由湖南五菱机械厂制造的连续式球磨机出口到土耳其。目前已设计和制造了蒸发量在10000~18000kg H_2O/h的喷雾干燥塔。

（2）成形机械　日用陶瓷的成形机械通过引进英国、日本、德国等国的先进滚压成形机和滚压成形生产线，在“八五”、“九五”期间，通过消化吸收基本完成各种型号的滚压成形机设计和制造，生产了大批的滚压成形机和滚压成形生产线，替代了进口，装备了日用陶瓷企业。目前滚压成形机在原有的基础上做了些改进，总体技术水平与20世纪90年代初相同。引进的等静压成形机，通过消化吸收，由湖南五菱机械厂设计制造了一台等静压成形机，但没有正式投入使用，这与近些年日用陶瓷工业的状况有关。

建筑陶瓷的成形关键设备——全自动液压压砖机，20世纪80年代中国不能制造，完全依靠从意大利、德国、日本等国进口，以满足当时国内建筑陶瓷企业的需求。从1989年由佛山市恒力泰机械有限公司制造的第一台600t压砖机的鉴定，到目前为止，经历了20多年的发展，实现了从无到有，从小到大，从弱到强的迅速发展，吨位从600t到7800t多种规格型号。从控制系统的模拟控制发展到目前的全数字控制，国产压砖机的技术水平已达到世界先进水平。中国已成为世界陶瓷液压压砖机的生产大国，在国内市场占绝对优势，形成以佛山市恒力泰机械有限公司、广东科达机电股份有限公司、福建海源自动化机械股份有限公司等为龙头的现代化的压机生产企业。据不完全统计，2010 年总计生产销售压机约 1200 余台，占国内市场的 90% 以上。国产压机发展如此快，得益于市场的强劲需求和企业的不断技术创新。企业在国家政策的引导下，通过完成国家项目和企业自选项目，积极消化吸收国外先进技术，经过再创新和自主创新，实施产、学、研相结合战略，不断增强了企业的创新能力，保证国产压机的可持续发展。中国的压机受到国内外客户的青睐。

（3）瓷砖深加工和装饰机械　1992 年中国第一台磨边机、1994 年中国第一台刮平定厚机、1995 年中国第一台抛光机相继在科达公司诞生，标志着国产磨边抛光生产线已步入国产化的快速轨道。1996 年国产的抛光线开始大量替代进口产品。由于国产抛光线技术水平已具有国际先进水平，且具有良好的性价比，不但在国内市场中占有绝对的市场份额，而且在 2000 年就开始批量出口到东南亚、中东、南美等国家。此外，国内一些中小型陶瓷机械厂家开发了连续切砖机、圆弧抛光机、水刀等系列产品，满足了生产具有个性化产品的需求。

为满足建筑陶瓷产品时装化、空间化、艺术化、自然化、个性化的需求，对砖坯进行装饰，已成为建筑陶瓷生产工序中一个重要环节，也是提高产品档次的重要途径，因此产生了一些专业生产装饰机械的厂家。开发的机械设备有平面丝网印刷机、辊筒印刷机、胶辊印刷机等，有釉抛机、柔抛机、抛坯机等。近年来开发了喷墨打印机。

（二）陶瓷机械设备的发展方向

我国陶瓷工业产业规模大，总体上技术水平比较低，必须运用高新技术加快改造传统产业，大幅度提高传统产业的科技含量，提高陶瓷工业产业的质量效益和竞争力。

当前，我国陶瓷机械制造业已形成一定的规模，但整体技术水平低，能耗高，因此，要积极采用先进适用的信息技术改造传统产业，推动经济方式的转变，加快新产品的开发与产品的升级换代，提高产品质量，降低能耗；加强创新设计，形成一批具有自主知识产权的产品，增强国际竞争力。

应在自主创新、自动化、节能减排等方面加大工作力度。

加强能满足陶瓷工业文明生产、清洁生产、节能降耗整套设备的研发力度，推动国产陶瓷机械设备向高效节能、环保方向发展。加大节能环保、高效等新产品的研发力度，推出一批高效、节能、环保、自动化程度高的新产品，为陶瓷行业的可持续发展奠定坚实的基础。

加强日用陶瓷、卫生陶瓷机械和设备的研发力度，尽快改变日用陶瓷、卫生陶瓷生产效率低、自动化程度低的现状。

第一章　粉碎机械

第一节　概　　论

在外力（人力、机械力、电力等）作用下克服固体内部的凝聚力而将其分裂的操作称为粉碎。根据所处理物料尺寸大小的不同，将大块物料分裂成小块的操作称为破碎，将小块物料变为细粉的操作称为粉磨，破碎和粉磨统称为粉碎。

按处理后物料尺寸大小的不同，粉碎作业还可详细区分如下：

- 粉碎
  - 破碎
    - 粗碎——处理后物料粒径大于100mm
    - 中碎——处理后物料粒径为30～100mm
    - 细碎——处理后物料粒径为3～30mm
  - 粉磨
    - 粗磨——处理后物料粒径为0.1～3.0mm
    - 细磨——处理后物料粒径为0.1mm以下
    - 超细磨——处理后物料粒径为0.02mm以下

随着粉碎过程的进行，物料的粒度变小而单位质量的表面积增加，从而可改善物料的工艺性能（如可塑性、结合性和料浆的悬浮性），提高物理化学反应的速度。而且物料的粒度越小，不同组分的物料才能混合得均匀。最后物料经过粉碎，可以使其中的有害杂质与有用的物料分离开来，便于将杂质去除。所以粉碎作业在陶瓷工业中有着重要的意义。

一、粉碎的方法

粉碎的方法主要有下列三种：

1. 挤压

挤压是指物料在两个工作面之间受到缓慢增长的压力作用而被粉碎，如图1－1（a）所示。这种方法大多用于大块的脆性坚硬物料的破碎。

2. 研磨

研磨是指物料在两个相对滑动的工作表面或各种形状的研磨体之间受到摩擦作用而被粉碎，如图1－1（b）所示。这种方法主要用于物料的粉磨。

3. 碰击

碰击是指物料在一瞬间受到外来冲击力作用而被粉碎，如图1－1（c）所示。这种方法可以用多种方式来实现，如物料放在支撑面上受到外来物体的冲击；高速运动的物体（如锤子）打击物料；高速运动的物料冲击到固体的工作表面；物料之间的互相碰击等。这种方法主要用于脆性材料的粉碎。

除了上面三种方法外，还有物料受到两个楔形物体的尖劈力作用而被劈裂粉碎的以及受弯曲作用而被撕断粉碎的，但是这些方法都不是主要的。

不同形式的粉碎机粉碎物料的方法是各不相同的。在同一台粉碎机中，常常是用两种或两种以上方法对物料进行粉碎。

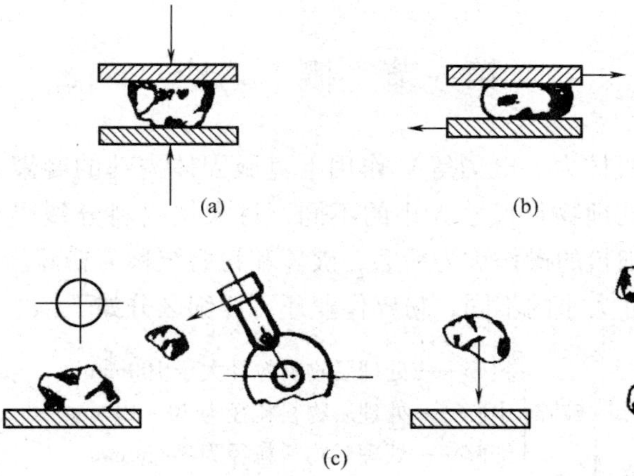

图 1－1　粉碎的方法

（a）挤压　（b）研磨　（c）碰击

二、粉碎机技术经济性能参数和易碎系数

1. 粉碎机技术经济性能参数

为了衡量粉碎机的粉碎效果，常用粉碎比这个概念。

物料粉碎前的平均直径与粉碎后的平均直径之比称为平均粉碎比。平均粉碎比由下式计算：

$$i = \frac{D}{d} \tag{1-1}$$

式中　i——平均粉碎比；

D——物料粉碎前的平均直径，m；

d——物料粉碎后的平均直径，m。

平均粉碎比是表示物料粉碎前后尺寸变化程度的一个指标。

对破碎机来说，为了简易地表示和比较它们的这一特性，常常用其允许的最大进料口尺寸与最大出料口尺寸之比作为粉碎比，称为公称粉碎比。由于实际破碎时加入物料的最大尺寸总小于最大进料口尺寸，所以破碎机的平均粉碎比一般都小于公称粉碎比。平均粉碎比只等于公称粉碎比的70%～90%。

作为表征粉碎机技术和经济性能的参数，除粉碎比外，主要还有粉碎机的生产性能、需要的功率、操作强度和单位功耗等几项。

粉碎机在单位时间内粉碎物料的质量称为粉碎机的生产能力，以字母 Q 表示，单位一般为 t/h。

粉碎机的生产能力 Q（t/h）与机器质量 m（t）之比称为粉碎机的操作强度 E［t/(h·t)］，即

$$E = \frac{Q}{m} \tag{1-2}$$

粉碎机粉碎单位质量物料所消耗的能量称为粉碎机的单位功耗（也称为单位电耗），以字母 A 表示。如粉碎机的平均功率为 P（kW），则有

$$A = \frac{P}{Q} \tag{1-3}$$

单位功耗的单位是kW·h/t。

2. 易碎系数

由于各种物料的机械和物理性质不同，粉碎的难易程度是有区别的。因此，用同一台粉碎机械，在相同粉碎比的条件下粉碎不同物料时，生产能力和单位功耗是不同的。

为了表示物料粉碎的难易程度，使用了物料的易碎系数这一概念。粉碎标准物料的单位功耗 A_S 与粉碎某种物料的单位功耗 A 之比称为该种物料的易碎系数 K，即

$$K = \frac{A_S}{A} \tag{1-4}$$

一般以中等易碎的湿法回转窑水泥熟料作为标准物料，其易碎系数等于1。表1-1为部分物料的易碎系数。

表1-1　物料的易碎系数

物料名称	易碎系数 K	物料名称	易碎系数 K
中等易碎性湿法回转水泥熟料	1	中硬质石灰石	1.5
石英	0.6~0.7	硬质石灰石	1.27
长石	0.8~0.9	滑石	1.04~2.02
干黏土	1.51~2.03	烟煤	0.70~1.34

粉碎机的标准生产能力一般是以粉碎中等易碎性的物料（如石灰石）作为标准的，如实际粉碎的物料易碎性不同，生产能力将有所变化。

三、粉碎能量消耗假说

从物料受外力作用而被粉碎的机理来看，粉碎过程是十分复杂的，直到现在，这方面还没有建立起完善的理论。这是由于粉碎过程本身受很多因素的影响，而这些因素在不同的具体条件下又有着不同的变化，例如物料的性质、形状、颗粒大小及分布规律、机器的类型以及粉碎方法等。因此很难用一个简单的理论或一般性的公式来全面地加以概括。

尽管如此，一百多年来，许多人通过对粉碎过程的理论研究，从不同的角度出发，仍然提出了不少很有价值的假说，在一定程度上近似地反映了粉碎过程某些方面的客观实际，因此具有一定的指导意义。

关于粉碎物料时的能量消耗假说，最早的也是最基本的有两种：表面积假说和体积假说。

表面积假说是1867年雷廷智（Rittinger）提出的，故又称为雷廷智假说。表面积假说认为：粉碎物料时所消耗的能量与物料新生成的表面积成正比。表面积假说的物理基础是：任何物质的分子之间有恒定的分子引力，因此粉碎物料时所消耗的能量必然与用来克服物料分子间的引力、产生新的表面积所需的能量有一定的关系。表面积假说认为这种关系是成正比例的。

表面积假说的数学表达式可推证如下：

对于球形颗粒，单位质量物料的表面积（即比表面积）为：

$$S_W = \frac{\pi D^2}{\frac{\pi}{6} D^3 \rho_S}$$

或

$$S_W = \frac{6}{D\rho_S} \tag{1-5}$$

式中　S_W ——物料的比表面积，m^2/kg；

D ——物料的直径，m；

ρ_S ——物料的密度，kg/m^3。

假设被粉碎物料的质量为 m，粉碎前的直径为 D，粉碎后的直径为 d，那么，粉碎前后物料的比表面积分别为：

$$mS_{W_1} = \frac{6}{D\rho_S} m$$

和

$$mS_{W_2} = \frac{6}{d\rho_S} m$$

式中　S_{W_1} ——物料粉碎前的比表面积；

S_{W_2} ——粉碎后的比表面积。

在粉碎过程中物料新生成的表面积为：

$$m(S_{W_2} - S_{W_1}) = \frac{6}{\rho_S} m\left(\frac{1}{d} - \frac{1}{D}\right)$$

根据表面积假说，粉碎物料时所消耗的能量与物料新生成的表面积成正比。令比例系数为 C'，于是有：

$$A_F = \frac{6}{\rho_S} C' m\left(\frac{1}{d} - \frac{1}{D}\right)$$

上式可改写为：

$$A_F = Cm\left(\frac{1}{d} - \frac{1}{D}\right) \tag{1-6}$$

式中　A_F ——粉碎物料时消耗的能量，kW·h；

D、d ——分别为物料粉碎前和粉碎后的直径，m；

m——被粉碎物料的质量，kg；

C——与物料的性质和形状有关的系数，kW·h·m/kg。

式（1－6）即表面积假说的数学表达式。

体积假说是1885年基克（Kick）提出的，故又称为基克假说。体积假说认为：在相同的技术条件下，将几何形状相似的物料粉碎成形状亦相似的成品时，所消耗的能量与其体积成正比。体积假说的物理基础是：物料受外力作用后，必然在内部引起应力，从而发生变形。随着外力的增加，应力和变形也随之增大，当应力达到物料的强度极限时，则外力的稍微增加都导致物料的破坏。对于脆性物料来说，可近似地假定物料的应力与应变的关系符合直线法则，那么物料变形时外力所做的功（W）为：

$$W = \frac{\sigma^2 V}{2E}$$

式中 σ——物料内部的应力；

V——物料的体积；

E——物料的弹性模量。

当物料内部的应力 σ 达到物料的强度极限 σ_b 时，外力所做的功即为粉碎物料时消耗的能量，因此

$$W_V = \frac{\sigma_b^2 V}{2E} \tag{1-7}$$

表1－2列出了一些物料的强度极限和弹性模量。

表1－2 物料的强度极限和弹性模量

物料名称	强度极限 σ_b/MPa	弹性模量 E/GPa	物料名称	强度极限 σ_b/MPa	弹性模量 E/GPa
石英石	196～216	76～101	大理石	49～147	55
玄武石	196～294	55～95	砂岩	59～98	10～42
辉绿石	186～245	60～77	石灰石	59～118	34
斑　岩	147～274	67	无烟煤	13～48	3.5～7.0
铁矿石	98～147	67～71	煤	7～24	0.6～3.0
花岗岩	78～147	29～60	泥页岩	3～5	11～19

为了表示出粉碎前后物料尺寸对粉碎时消耗能量的影响，设质量 m 的物料从粉碎前的直径 D 经过 n 次粉碎后直径变为 d，每次粉碎的粉碎比相同并且等于 i，则总粉碎比为：

$$i_0 = \frac{D}{d}$$

或

$$i_0 = i^n \tag{a}$$

根据式（1－7），第一次粉碎时消耗的能量为：

$$W_{V_1} = \frac{\sigma_b^2 V}{2E} = K'm \tag{b}$$

第二次粉碎时由于粉碎的物料质量与粉碎比都与第一次相同，所以消耗的能量是一样的，即

$$W_{V_2} = K'm$$

同理，以后各次粉碎消耗的能量分别为：

$$W_{V_3} = K'm' \cdots, W_{V_n} = K'm$$

n 次粉碎消耗的总能量为：

$$W_V = W_{V_1} + W_{V_2} + \cdots + W_{V_n} = nK'm \tag{c}$$

对式（a）两边取对数并移项后得：

$$n = \frac{\lg \dfrac{D}{d}}{\lg i}$$

将上式代入式（c）中有：

$$W_V = \frac{K'}{\lg i} m \lg \frac{D}{d}$$

令

$$K = \frac{K'}{\lg i}$$

可得

$$W_V = Km(\lg D - \lg d) \tag{1-8}$$

式中　W_V ——粉碎物料时所消耗的能量，kW · h；

D、d ——分别为物料粉碎前和粉碎后的直径，m；

m ——被粉碎物料的质量，kg；

K ——与物料性质和形状有关的系数，kW · h/ kg。

式（1－7）和式（1－8）即体积假说的数学表达公式。

两种假说的数学表达式从形式上看有着非常类似的地方，但实际上表达的内容有着明显的区别。

从式（1－6）可得

$$A_F = Cm \frac{\dfrac{D}{d} - 1}{D} = Cm \frac{i - 1}{D}$$

从上式可知，表面积假说认为，粉碎物料时消耗的能量除与粉碎比有关外，还与物料原来的尺寸有关。在相同粉碎比的条件下，物料原来的尺寸越小，消耗的能量就越多，即物料越难粉碎。

体积假说的数学表达式（1－8）可改写为

$$W_V = Km \lg \frac{D}{d} = Km \lg i$$

从上式可知，体积假说认为，粉碎物料时所消耗的能量只与粉碎比有关，而与物料

原来的尺寸无关。

在实际的粉碎过程中，证明了这两种假说都不能完全符合实际情况，但是表面积假说可近似地用于粉磨过程而体积假说可近似地用于破碎过程。

关于粉碎物料时能量消耗的假说，除上述两种基本的以外，还有不同的假说或理论。这里简单介绍邦德（Bond）于1952年提出的所谓“粉碎的第三理论”。

邦德假说亦称裂缝假说。他认为破碎单位体积物料所需要的功与物料颗粒粒径（或边长）的平方根成反比。邦德假说的物理概念是认为物体在外力作用下先产生变形，当物体内部的变形能积累到一定程度时，在某些薄弱点（或面）首先产生裂缝，这时变形能集中到裂缝附近，使裂缝扩大而形成破碎。邦德认为，粉碎物料时消耗的能量与物料直径的平方根成反比，其数学表达式为

$$W_B = km\left(\frac{1}{\sqrt{d}} - \frac{1}{\sqrt{D}}\right) \tag{1-9}$$

式中　W_B——粉碎物料时所消耗的能量；

k——与物料性质和使用的粉碎机类型有关的系数。

其余符号的意义同前。

用式（1-9）计算，其结果介于表面积假说和体积假说之间。对于物料的中碎能够近似地符合实际情况，有一定的实用价值。不过，这一理论没有与上述两种假说相类似的物理基础，缺乏明确的理论依据，因此，实质上只能认为是两种基本假说之间的中间公式。

四、粉碎过程中的几个概念

粉碎作业需要消耗大量的能量，如果物料的粒度已经达到工艺要求而未能从粉碎机中及时卸出，仍继续留在机器中进行粉碎，那么，其中必然会有一部分物料成为过细的颗粒，造成“过度粉碎”。同时，这些过细的颗粒还会把粗颗粒包裹起来，成为粗颗粒的衬垫，使粗颗粒不易直接受到粉碎作用，结果使粉碎机的生产能力下降，单位功耗增加，因此，在粉碎作业中应避免“过度粉碎”的发生。

过去普遍认为粉碎过程是这样进行的：物料在外力的作用下，其内部引起应力，发生变形，从而吸收外力做变形功，这些变形功就成为积蓄在物料内的变形能。只有当应力超过强度极限时，物料才碎裂。碎裂后，变形能的绝大部分以热的形式释放，用于增加物料表面积的只是其中极小的一部分，所以粉碎的效率是很低的。目前大多数的粉碎机械都是从这种认识出发进行设计的，所以一般都是对物料的作用力大而作用频率低。

从对粉碎过程的进一步研究发现，脆性物料在外力作用下，无论物料内部应力的大小如何，都会使其表面积产生十分微小的裂纹，这些细小的裂纹称为微裂纹。微裂纹是如此之小，以致当外力解除后，由于分子引力的作用会自行愈合，从而恢复到受力前的状态，所以在较小的外力作用下，物料是不会破碎的。但是，如果外力作用的频率很高，当第一次外力解除后，物料表面的微裂纹还来不及愈合之前，接着对其施加第二次作用力，那么，在微裂纹处将发生应力集中现象，使微裂纹不仅不愈合，反而继续扩大和加深，这样不断进行下去，当裂纹贯穿整个物料时，物料就会破碎。在粉碎过程中，

由于作用力小，物料没有明显的弹性变形，吸收的变形功就很小，所以粉碎效率较高。这样破碎过程的实质是使物料处于高频的脉动应力状态下，不经过弹性变形阶段而使物料遭受疲劳破坏。从这种认识出发，在破碎机方面已产生了效率较高的反击式破碎机，在粉磨机方面则有振动磨和流能磨。

粉碎作业可以通过不同的程序来完成。根据处理物料的物理性质、粒度大小、要求的粉碎比、生产能力以及可供使用的机械设备等，可有各种不同的作业程序。

粉碎作业的程序包括两方面的内容：粉碎的段数（又称级数）、每段中的流程。

粉碎作业的段数主要决定于物料的原始粒度和最终粒度。在陶瓷工业中，对于石质原料，如长石、石英、瓷石等，一般用一段破碎、两段粉磨（粗磨和细磨）或一段粉磨。对于土质原料，如二次黏土和风化较完全的一次黏土，一般用一段粉磨。粉碎的阶段越多，意味着程序越复杂，机械设备和厂房建筑的投资费用也越高，所以，在可能的条件下应尽量考虑使用较少的阶段。

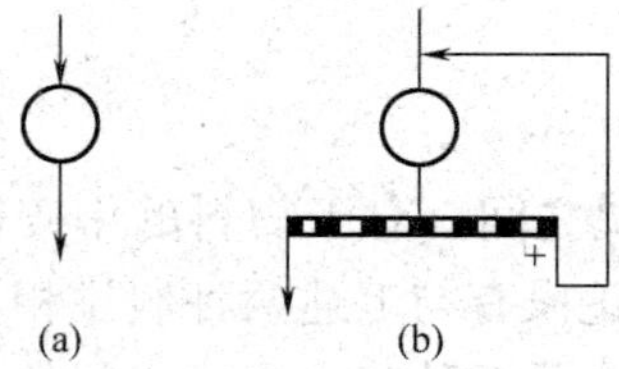

图 1－2　粉碎流程
（a）开流式　（b）圈流式

对于每段的粉碎作业，又可分为两种不同的流程：一种是开流式粉碎流程［图 1－2（a）］，又称开路粉碎；另一种是圈流式粉碎流程［图 1－2（b）］，又称闭路粉碎。在闭路粉碎中，物料通过粉碎机粉碎后需要通过分级设备将其中合乎要求的细粒物料分出，作为产品，而把其中粗料部分重新送回粉碎机与后来加入的物料一道再进行粉碎。

显然，开流式粉碎流程是比较简单的，但要使只经过一次粉碎后的物料粒度完全达到要求，其中必然会有一部分物料发生“过度粉碎”，这种情况对粉磨作业来说更为显著。圈流式粉碎流程没有这个缺点，但是物料经过的路线复杂，使用较多的附属设备，同时操作控制上也比较麻烦和困难。在陶瓷工业中，为了便于控制各批物料的组成、粒度、含水量等主要工艺参数，使之完全一致，往往采用开流式粉碎流程。

【例 1－1】　下表为三种不同规格的颚式破碎机的主要技术性能，假设都在满负荷下操作，试分别计算其操作强度和单位功耗。

型号规格	生产能力/（t/h）	电动机功率/kW	设备质量/t
PEF 150×250	4	5.5	1.1
PEF 250×400	13	15	2.8
PEF 400×600	28	30	6.5

【解】　PEF 150×250 颚式破碎机

$$E_1 = \frac{Q_1}{m_1} = \frac{4}{1.1} = 3.6\ [\text{t/(h·t)}]$$

$$W_1 = \frac{P_1}{Q_1} = \frac{5.5}{4} = 1.4\ (\text{kW·h})$$

PEF 250 ×400 颚式破碎机

$$E_2 = \frac{13}{2.8} = 4.6\ [\mathrm{t/(h \cdot t)}]$$

$$W_2 = \frac{15}{13} = 1.2\ (\mathrm{kW \cdot h})$$

PEF 400 ×600 颚式破碎机

$$E_3 = \frac{28}{6.5} = 4.3\ [\mathrm{t/(h \cdot t)}]$$

$$W_3 = \frac{30}{28} = 1.1\ (\mathrm{kW \cdot h})$$

【例 1－2】　已知某一粉碎机粉磨长石时的生产能力为 1t/h，试估计粉磨石英时的生产能力为多少。

【解】　对于用同一台粉碎机粉磨不同物料时的生产能力，初步估算时可认为生产能力与物料的易碎系数成正比，即

$$\frac{Q_1}{Q_2} = \frac{K_1}{K_2}$$

已知：$Q_2 = 1\mathrm{t/h}$，查表 1－1 得 $K_1 = 0.7$，$K_2 = 0.9$，故

$$Q_1 = \frac{K_1}{K_2}Q_2 = \frac{0.7}{0.9} \times 1 = 0.78\ (\mathrm{t/h})$$

第二节　颚式破碎机

颚式破碎机（简称颚碎机）由于具有构造简单、坚固耐用、操作维修方便、适用性广等特点，所以是破碎作业中最重要和使用最普遍的一种机器。

颚式破碎机是利用活动颚板（简称动颚）对固定颚板（简称定颚）做周期性往复运动，从而将两块颚板之间的物料破碎的。

颚碎机按活动颚板的运动特征分为简单摆动式（简称简摆）和复杂摆动式（简称复摆）两种。

一、构造和工作原理

图 1－3 是复摆颚碎机结构示意图，1 是机架，机架前壁作为定颚，动颚 3 悬挂在偏心轴 4 的偏心部位。在机架后壁处装有后楔铁 9，与其相接的为前楔铁 7。在动颚和楔铁之间用推力板 12 来连接。推力板的两端均装在支座内。拉杆 11 与动颚相连，借助弹簧 10 的作用将动颚拉住并使之紧靠在推力板上。

两块颚板和机架侧壁之间围成的空间称为破碎室，物料从破碎室上部的进料口加入，已破碎的物料则从破碎室下部的出料口卸出。

当偏心轴转动时，动颚做复杂的平面运动。这种平面运动使动颚时而靠近、时而离开定颚。当动颚靠近定颚时，由进料口加入破碎室中的物料受到颚板的挤压作用而被破碎；当动颚离开定颚时，已被破碎的物料由于重力作用而自动地从出料口卸下。当动颚

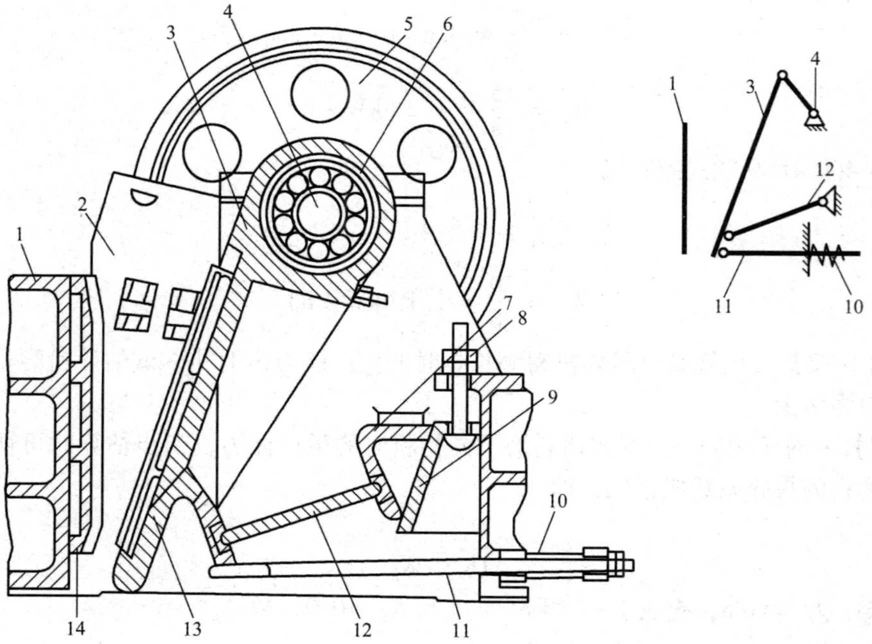

图1－3　复摆式颚碎机结构示意图

1—机架（前壁作为固定颚板）　2—侧衬板　3—动颚　4—偏心轴　5—飞轮（带轮）　6—滚动轴承　7—前楔铁　8—调节螺栓　9—后楔铁　10—弹簧　11—拉杆　12—推力板　13—动颚衬板　14—定颚衬板

重新靠近定颚时，新加入的物料又被破碎，离开定颚时，物料又从出料口卸下，如此反复动作，使破碎作业不断进行下去。

调节后楔铁9可以调节出料口的宽度，从而调节产品的粒度。调节时，转动调节螺栓8，楔铁即可左右移动，通过推力板的作用而使出料口的宽度发生变化。

当动颚靠近定颚时，颚板受到破碎室中物料巨大的阻力作用，需要很大的动力，而在离开定颚时，是靠弹簧的作用，不需要动力。在每个工作循环中，载荷很不均匀，为了使载荷均匀，在颚碎机偏心轴的端部装有飞轮5，飞轮可以把能量储存起来供动颚前进时破碎物料之用。偏心轴的另一端部装有带轮，带轮除做传动作用外，还起着飞轮的作用，所以其轮缘是比较厚的。

当破碎室中因为不小心落入非常坚固而不易破碎的物料（如螺母、铁块等）时，机器的载荷急剧增大，可能发生机器损坏事故，因此必须装设安全装置。一般颚碎机的安全装置是将推力板分成两块，用螺栓连成整体使用。在整台机器中以螺栓为最脆弱的零件，当机器超负荷时，螺栓首先折断，推力板分成两块，再也不能顶住动颚，使动颚失去前进的力量，从而卸除机器的载荷，使机器的其他部分得到保护。也有些颚碎机的推力板虽然铸成整体，但推力板中间开有大孔，使其断面积减小，机器超负荷时，推力板首先折断，从而保护了机器，工作原理与前一种是相同的。

动颚和定颚承受巨大的破碎力和物料的摩擦作用，容易磨损。为了保护颚板，一般

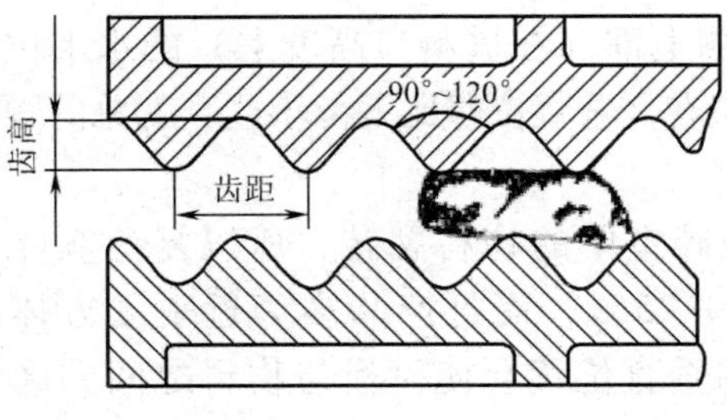

图 1－4 颚碎机的衬板

在其表面安装耐磨的衬板（又称破碎板或护板）。衬板表面通常做成齿形，如图 1－4 所示。设计和安装时，应使其中一块衬板的齿峰正好对着另一块衬板的齿谷，这样，破碎时对物料除了有挤压作用外，还有弯曲和劈裂作用，物料比较容易破碎。衬板齿峰的角度为 90°～120°，其大小由被粉碎物料的性质和块度而定。破碎大块物料时，角度要大些；反之，破碎小块物料时，角度可小些。齿距的大小取决于产品的粒度，通常取为约等于出料口的宽度。齿高与齿距之比可取为 1/3～1/2。工作时，衬板上下两部分磨损的速度是不一样的，下部比上部磨损得快些。为了延长衬板的使用寿命，衬板应设计成上下对称的形状，当下部磨损后可调头使用。衬板材料可选用白口铸铁。白口铸铁硬度较大，耐磨性比较好，来源容易，价格便宜；缺点是性脆，容易折断。另一种耐磨衬板的材料是含锰 12% 以上的锰钢，常用的是锰 13（代号 Mn13）。锰钢的韧性较好，虽然硬度不高（HB≈210），但因具有冷加工硬化的特点，在外力作用下会不断被强化，故在工作中不断磨损又不断强化，直到磨损至不能使用才报废。锰钢衬板浇铸后要通过水淬韧化处理（简称水韧处理），水韧处理的操作大体上与淬火相同，即把铸造出来的锰钢衬板加热到 1000～1100℃ 后在水中快速冷却。水韧处理后可以得到均匀的金相组织，并使金相组织固定下来，避免了在使用中自然发生相变而使性能变差。锰钢的缺点是价格较贵。安装时，衬板必须牢固地贴在颚板上，两者之间应该垫平。工作时衬板不应有松动现象，否则容易折断或磨坏颚板，因此在衬板与颚板之间要垫以软金属（如铅、锌等）垫片，并用螺栓紧固。

破碎室两侧的机架表面上也装有光面的侧衬板，用以保护机架，使之免遭磨损。

图 1－5 为复摆颚碎机动颚上 A、B、C、D 四点的运动轨迹。图中 O_1 为偏心轴的转动中心，O_2 为推力板的摆动中心，O_1A 为偏心距，O_2B 为推力板长度，AB 为动颚长度。

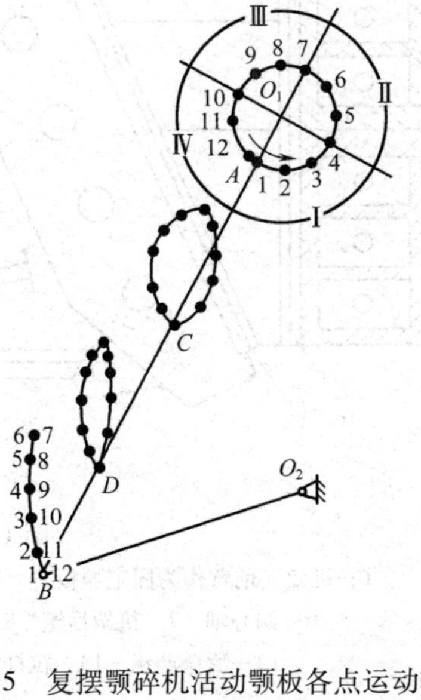

图 1－5 复摆颚碎机活动颚板各点运动轨迹

在偏心轴转动一周的时间内（从点 1 到点 1），可分为四个不同的阶段：在第一阶段，即在第Ⅰ象限内（从点 1 到点 4），动颚下部向左靠近定颚而上部则向右离开定颚，此时破碎室上部的物料向下运动而下部的物料被破碎。第二阶段，即在第Ⅱ象限内（从点 4 到点 7），整个动颚都向定颚靠近，破碎室中的物料均被破碎，这一行程是纯工作行程。第三阶段，即在第Ⅲ象限内（从点 7 到点 10），情况恰与第Ⅰ象限时相反，破碎室上部在破碎物料，下部的物料从出料口卸下。第四阶段，即在第Ⅳ象限内（从点10回到点1），整个动颚离开定颚，物料继续卸下，这一行程是纯空回行程。在整个工作循环中，动颚上部（在进料口高度上）的水平位移为下部（在出料口高度上）水平位移的1.5倍左右，垂直位移比下部小些。就总的颚板而言，垂直位移为水平位移的2～3倍。

较大的垂直位移能促使物料卸出，并使破碎室中的物料翻转，所以复摆颚碎机比同规格的简摆颚碎机的生产能力要高20%～25%，而且产品多为近乎立方体的形状，较少产生长片状的产品。但是，较大的垂直位移会使衬板与物料之间的摩擦加剧，衬板磨损较快，特别是下部，由于垂直位移为水平位移的3倍左右，磨损更为迅速。

在破碎物料时，巨大的破碎力通过动颚直接作用到偏心轴和轴承上，使偏心轴和轴承的受力情况不好，因此目前还较难制成大型的复摆颚碎机。

简摆颚碎机示意图如图1－6所示。1为机架，机架前壁为定颚，动颚3悬挂在悬挂轴4上，偏心轴6在轴承内旋转，在偏心轴上装有连杆8，机架后壁上有推力板支座9。连杆、动颚、推力板支座之间用推力板10和14连接，推力板两端装在支座中。拉杆13与动颚相连，借弹簧11的作用使动颚紧靠在推力板上。当偏心轴转动时，动颚绕悬挂轴摆动，时而靠近时而离开定颚，从而把加入破碎室中的物料破碎，已破碎的物料则从出料口卸下。

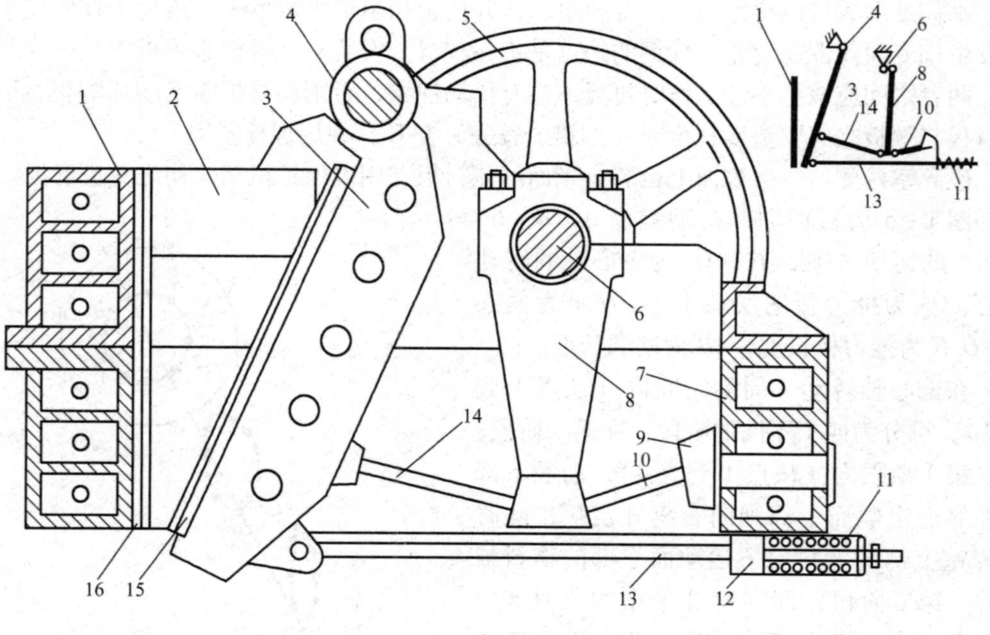

图1－6　简摆颚碎机示意图

1—机架（前臂作为固定颚板）　2—侧衬板　3—动颚　4—动颚悬挂轴　5—飞轮（带轮）
6—偏心轴　7—机架后壁　8—连杆　9—推力板支座　10—后推力板　11—弹簧
12—后壁凸缘　13—拉杆　14—前推力板　15—动颚衬板　16—定颚衬板

由于工作时动颚是绕悬挂轴摆动的，所以颚板上部的位移（无论是水平位移还是垂直位移）比下部的位移小，一般只有下部位移的1/2左右。这样，物料在颚板上部受到的破碎作用就不如在下部受到的破碎作用来得强烈，使破碎工作过于集中在下部，整块颚板没有均匀地工作。因此在颚板上、下部之间容易形成空隙，从而降低颚碎机的生产能力。此外，简摆颚碎机的垂直位移比较小，破碎室中的物料很少翻动，容易产生长片状产品，即有些产品的尺寸较大，这对下一段的粉碎作业是不利的。不过，动颚的垂直位移小，物料对衬板的磨损就不严重。同时，在简摆颚碎机中，由于破碎力不直接作用在偏心轴上，而是通过推力板、连杆等构件组成的杠杆机构，使作用在偏心轴上的力减小，因此可制成大型的破碎机。

总的来说，复摆颚碎机与简摆颚碎机相比，结构比较简单、紧凑，零部件比较少，因此机械摩擦损小，单位功耗低，所以复摆颚碎机越来越得到广泛的应用。

颚碎机的规格用其进料口的尺寸（长×宽）来表示。

二、主要参数的确定

1. 啮角

在一般的颚碎机中，定颚是垂直放置的，动颚与垂直面成一定的倾斜角，动颚与定颚之间的夹角称为颚碎机的啮角。啮角的存在，使颚板作用在物料上的破碎力有将物料向上推出的趋势，而阻止其推出的是物料与颚板之间的摩擦力。所以，为了使物料不被推出破碎室而达到破碎的目的，必须研究作用在物料上各个力之间的关系。

图1-7为颚碎机啮角示意图。F_1、F_2为颚板作用在物料上的破碎力，其方向分别垂直于动颚和定颚。f为物料与颚板之间的摩擦因数，α为啮角。由于物料所受的重力与破碎力相比数值太小，故可忽略不计。

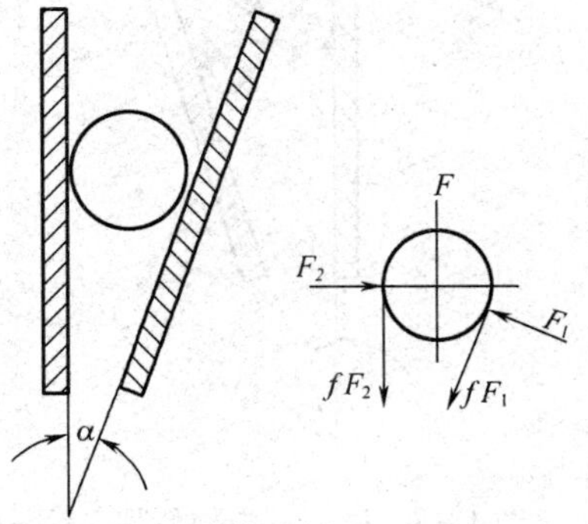

图1-7　颚碎机啮角示意图

要使物料不被推出破碎室，应满足

$$fF_2 + fF_1\cos\alpha \geqslant F_1\sin\alpha$$

根据平衡条件，水平方向的合力应等于零，即：

$$F_2 - F_1\cos\alpha - fF_1\sin\alpha = 0$$

合并上两式可得：

$$\tan\alpha \leqslant \frac{2f}{1-f^2}$$

令$f=\tan\phi$（ϕ为摩擦角），代入上式后得：

$$\tan\alpha \leqslant \frac{2\tan\phi}{1-\tan^2\phi}$$

化简后得：

$$\tan\alpha \leqslant \tan(2\phi)$$

或

$$\alpha \leqslant 2\phi \tag{1-10}$$

即颚碎机的啮角应小于物料与颚板之间摩擦角的两倍。

一般物料与颚板之间的摩擦因数 $f=0.2\sim0.3$，所以最大啮角为 $\alpha_{max}=22°\sim33°$。实际上颚碎机的啮角通常为 18°～20°。

尽管如此，颚碎机在工作时，往往由于大块物料嵌在两块较小物料之间（图 1－8），这时角度 α' 可能大于两倍的摩擦角，物料将被推出破碎室。此外，物料破碎时，经常还有小块物料弹出，因此，颚碎机工作时，不要从破碎机进料口上面窥视破碎室中的物料破碎情况，以免物料跳出伤人。

2. 偏心轴转速

从颚碎机的工作原理知道，在偏心轴旋转一次的时间内，卸料时间占 1/2。为了使颚碎机能有效地工作，必须保证在卸料时间内，破碎室中已经破碎、能够通过出料口的物料要全部卸下。如果卸料时间不够，那么，本来已经合乎要求能够卸出的物料仍有一部分留在破碎室中，为下一次作业所破碎而造成过度粉碎，结果必然使颚碎机的生产能力下降，单位功耗增加。此外，当已经破碎的物料全部卸出后，动颚应立即返回进行下一次的破碎作业，以充分利用时间，提高生产能力。如果卸料时间过长，物料卸完后动颚没有及时返回对破碎室中的物料进行破碎，生产能力自然就会降低。颚碎机偏心轴的转速就是根据上述有效工作条件来决定的。

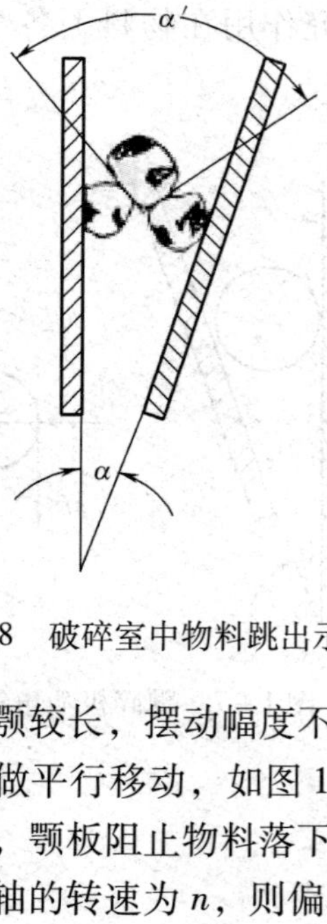

图 1－8　破碎室中物料跳出示意图

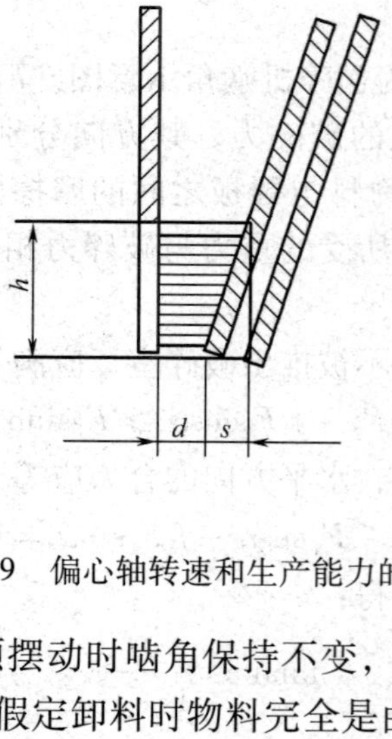

图 1－9　偏心轴转速和生产能力的计算

由于动颚较长，摆动幅度不大，所以假定动颚摆动时啮角保持不变，换句话来说，即假定动颚做平行移动，如图 1－9 所示。此外还假定卸料时物料完全是由于重力作用而自由落下，颚板阻止物料落下的摩擦力忽略不计。

设偏心轴的转速为 n，则偏心轴旋转一次的卸料时间为

$$t_1=\frac{60}{2n}=\frac{30}{n}$$

破碎室中能卸出的料堆高度为 h。根据卸料时物料做自由落体运动的假设，需要的卸料时间为：

$$t_2 = \sqrt{\frac{2h}{g}}$$

从上述有效工作条件可知，应当令：

$$t_2 = t_1$$

于是有：

$$\frac{30}{n} = \sqrt{\frac{2h}{g}}$$

由于

$$h = \frac{s}{\tan\alpha}$$

将上面两式合并化简后可得：

$$n = 66.5\sqrt{\frac{\tan\alpha}{s}}$$

考虑到颚板对物料摩擦力对卸料的影响，偏心轴转速应比上式的计算值低5% ~ 10%，即：

$$n = (60 \sim 63)\sqrt{\frac{\tan\alpha}{s}} \tag{1-11}$$

式中　s——动颚的水平摆幅（或行程），m。

对于复摆颚碎机，$s=(0.7 \sim 0.8)\ r$，对于简摆颚碎机，$s \approx r$，r为偏心轴的偏心距。

实际观测表明，当动颚刚刚离开定颚时，物料仍处于压紧状态，还未开始卸料。实际测量证明，在偏心轴旋转一次的时间内，大约只有1/4的时间在卸料，因此，实际的卸料时间：

$$t_1 = \frac{60}{4n} = \frac{15}{n}$$

按照有效的工作条件，应有：

$$\frac{15}{n} = \sqrt{\frac{2h}{g}}$$

从破碎室能够卸出的料堆高度：

$$h = \frac{\frac{s}{2}}{\tan\alpha} = \frac{s}{2\tan\alpha}$$

将上面两式合并化简后可得：

$$n = 47\sqrt{\frac{\tan\alpha}{s}} \tag{1-12}$$

在颚碎机的生产能力比实际需要超过很多的情况下，为了减小配用动力，偏心轴的转速可比计算值低一些。

在实际生产中，可用下列经验公式来确定颚碎机偏心轴转速。

对于进料口宽度 $b \leqslant 1200$mm 的颚碎机

$$n = 310 - 145b\ (\text{r/min}) \tag{1-13}$$

对于进料口宽度 $b>1200\text{mm}$ 的颚碎机

$$n=160-42b\ (\text{r/min}) \tag{1-14}$$

式（1-13）和式（1-14）中，进料口宽度 b 的单位为 m。

3. 生产能力

如前所述，在偏心轴旋转一次的时间内，从破碎室中卸出一个棱柱形的料堆，料堆的体积为：

$$V=\frac{b_{\text{d}}+b_{\text{d}}+s}{2}hb_{\text{L}}=\frac{2b_{\text{d}}+s}{2\tan\alpha}sb_{\text{L}}$$

每小时偏心轴旋转 60 n 次，故颚碎机的生产能力为：

$$Q=\frac{30(2b_{\text{d}}+s)sb_{\text{L}}n}{\tan\alpha}\mu\rho_{\text{S}}\ (\text{t/h}) \tag{1-15}$$

式中　b_{d}——出料口宽度，m；

s——动颚的水平摆幅，m；

b_{L}——颚板宽度，m；

n——偏心轴转速，r/min；

α——啮角，(°)；

μ——物料的松散系数。

松散系数是考虑物料是一堆松散的物体，其中存在空隙而引入的校正系数。μ 值的大小为0.25～0.60，对大型颚碎机破碎坚硬物料时，取较小值，对中小型颚碎机破碎硬度不大的物料时，取较大值。

ρ_{S}——物料的密度，t/m³。

对于复摆颚碎机，由于颚板的垂直位移较大，能促进物料的卸出，故生产能力较高，一般可比上式计算出来的结果大20%～25%。

4. 需要的功率

颚碎机需要的功率等于破碎物料需要的功率与克服机器本身机械摩擦需要的功率之和。其中破碎物料需要的功率约占80%，是主要的。

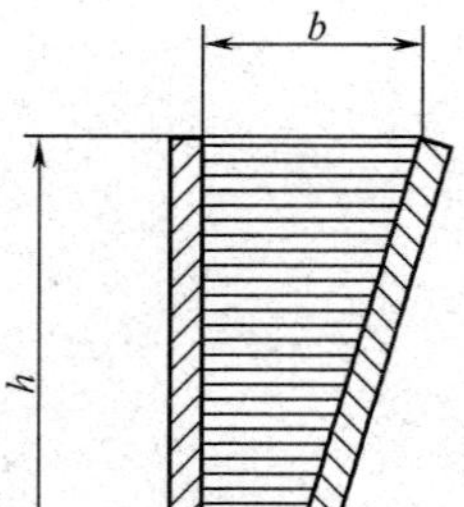

图1-10　需要功率的计算

颚碎机需要的功率可以用体积假说予以计算。

颚碎机破碎室中充满物料时，机器的载荷最大。设偏心轴旋转一次，破碎室中被破碎的物料体积为 V，按体积假说，消耗能量为：

$$W=\frac{\sigma_{\text{b}}^2}{2E}V \tag{a}$$

由图1-10可知，破碎室的容积：

$$V_0=\frac{b+b_{\text{d}}}{2}hb_{\text{L}}$$

因为

$$h=\frac{b-b_{\text{d}}}{\tan\alpha}$$

所以

$$V_0 = \frac{b^2 - b_d{}^2}{2\tan\alpha} b_L \tag{b}$$

由于物料在破碎室中堆积并不紧密，同时物料中有一部分尺寸已小于出料口的料块，并不需要破碎即可卸出，计算功率时不应计入，故实际被破碎的物料体积

$$V = \mu K V_0$$

式中 μ——物料的松散系数；

K——物料的粒度系数。

μ 和 K 的大小与物料的粒度分布有关，物料中小块较多时，堆积比较紧密，μ 较大而 K 较小；反之，大块较多时，堆积比较疏松，μ 较小而 K 较大。总之，无论是哪一种情况，μ 和 K 的乘积基本上是一个常数，一般取为 $\mu K \approx 0.2$，即：

$$V \approx 0.2 V_0 \tag{c}$$

联立式（a）、（b）、（c），化简后得：

$$W = 0.05 \frac{\sigma_b^2 (b^2 - b_d^2) b_L}{E\tan\alpha} \tag{d}$$

破碎物料需要的功率：

$$P_e = \frac{Wn}{60 \times 1000} \tag{e}$$

考虑到克服机器本身机械摩擦需要的功率，最后得颚碎机需要的功率

$$P = 8.33 \frac{\sigma_b^2 (b^2 - b_d^2) b_L n}{E\eta\tan\alpha} \times 10^{-7} \text{ (kW)} \tag{1-16}$$

式中 σ_b——物料的强度极限，Pa；

E——物料的弹性模量，Pa；

b——进料口宽度，m；

b_d——出料口宽度，m；

b_L——颚板宽度，m；

n——偏心轴转速，r/min；

α——啮角，(°)；

η——机械效率，可取 $\eta = 0.7 \sim 0.8$。

由于上式对物料的物理和机械性质还包括得很不完备，而且没有考虑破碎机的具体构造和特征，所以不是很准确的，只能作为初步估算之用。

颚碎机配用电动机的功率可用下列经验公式计算：

对大型颚碎机（$b > 600$mm）

$$P = \left(\frac{1}{120} \sim \frac{1}{100}\right) b b_L \text{ (kW)} \tag{1-17}$$

对中、小型颚碎机（$b \leqslant 600$mm）

$$P = \left(\frac{1}{70} \sim \frac{1}{50}\right) b b_L \text{ (kW)} \tag{1-18}$$

在上面两式中，b 和 b_L 的单位为 cm。

三、主要零、部件的计算

1. 受力分析

颚碎机各零部件受力的大小取决于作用在颚板上的破碎力。破碎力 F 的大小可根据能量守恒定律予以估算（见图1－11）。

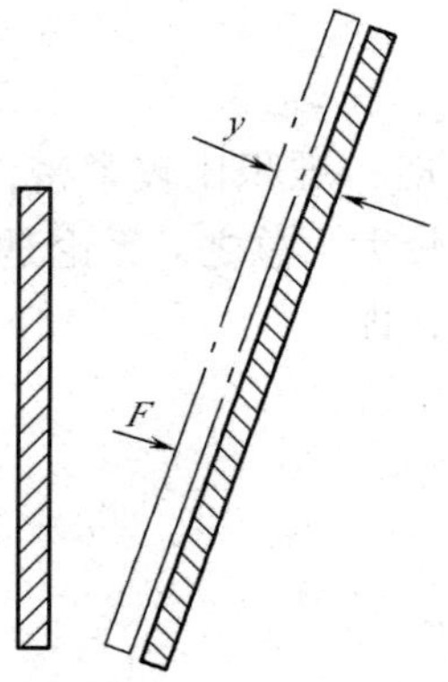

图1－11　破碎力的计算

颚碎机在偏心轴旋转一次的时间内得到的能量：

$$P \times \frac{60}{n} \times 1000 = 60000\frac{P}{n}$$

设平均破碎力为 F_m，动颚法向摆幅的平均值为 y，则克服破碎力做的功为 $F_m y$。

假设忽略由于克服机器本身机械摩擦消耗的能量，那么，根据能量守恒定律应有：

$$F_m y = 60000\frac{P}{n}$$

或

$$F_m = 60000\frac{P}{ny}$$

由于在偏心轴旋转一次的时间内，破碎力的大小是变化的，其最大值大于平均值，所以，实际使用时要乘上修正系数 c，c 值一般等于1.5～2.5。因此，通常用下式计算破碎力：

$$F = 120000\frac{P}{ny}\,(\mathrm{N}) \tag{1-19}$$

式中　P——颚碎机的功率，kW；

n——偏心轴转速，r/min；

y——动颚法向摆幅的平均值，m。

对复摆颚碎机，可取 $y = (\cos\alpha + 3\sin\alpha)s$，对简摆颚碎机，可取 $y = \frac{s}{2}\cos\alpha$。$s$ 为动颚的水平摆幅。

破碎力也可用实验分析法确定。根据对复摆颚碎机颚板受力情况的实际测定，证明破碎力与破碎室的纵向截面积成正比。作用在动颚上的破碎力：

$$F = phL \tag{1-20}$$

式中　F——破碎力，N；

p——平均比压，Pa；

h——破碎室的高度，m；

L——破碎室的长度，m。

平均比压与被粉碎物料的性质有关。破碎中等硬度的石灰石时，$p = 1.86\times10^6$Pa；破碎坚硬的花岗岩时，$p = 2.75\times10^6$Pa。计算时可取 $p = 2.65\times10^6$Pa。

实践表明，破碎力合力的作用点约在破碎室高度的1/3处或动颚长度的1/4处，如图1－12所示。

对于复摆颚碎机，根据平衡条件，推力板受力（图1-13）：

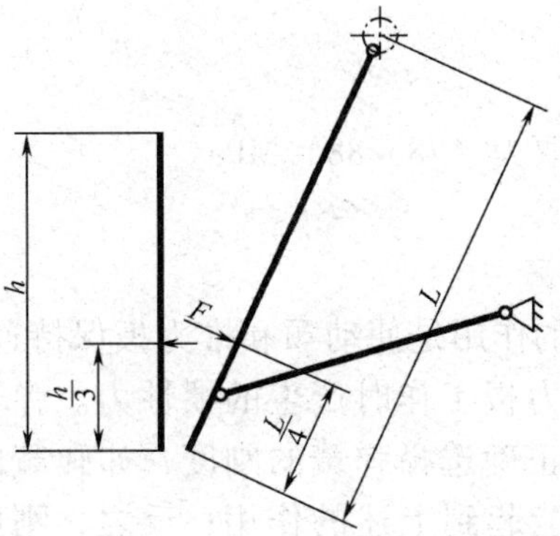

图1-12　破碎力作用点的位置

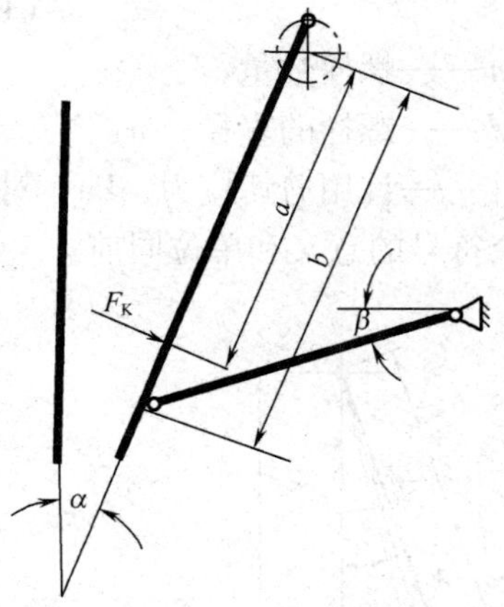

图1-13　各构件的受力分析

$$F_K = \frac{Fa}{b\cos(\alpha + \beta)} \tag{1-21}$$

偏心轴受力：

$$F_L = \sqrt{F_W^2 + F_Z^2}$$
$$F_W = F - F_K\cos(\alpha + \beta) \tag{1-22}$$
$$F_Z = F_K\sin(\alpha + \beta)$$

在上面两式中，β为推板角，推板角一般为18°～22°。

2. 推力板

如前所述，推力板是颚碎机中构造简单、价格低廉的零件，一般用它作为安全装置。当机器超负荷时，推力板首先折断，使动颚不再前进，从而卸除了机器的载荷，保护了其他比较贵重的零部件，因此，计算时要降低其安全系数。一般做法是把其许用应力提高25%～30%，以达到削弱其强度的目的。

推力板的宽度通常等于动颚的宽度。根据强度条件，对于整体式的推力板，其厚度：

$$d = \frac{F_K}{(1.25 \sim 1.30)b[\sigma_b]} \tag{1-23}$$

式中　d——推力板的厚度，m；

F_K——作用于推力板上的力，N；

b——推力板的宽度，m；

$[\sigma_b]$——许用压应力，Pa，对于灰铸铁，可取为88×10^6Pa。

对于沿宽度方向开有通孔的整体式推力板，上式中的推力板宽度应扣除孔的部分。

对于分成两块用螺栓连成整体使用的组合推力板，起保险作用的不是推力板本身，

而是连接螺栓。螺栓数量

$$m = \frac{4F_K}{(1.25 \sim 1.30)\pi d^2[\tau]} \tag{1-24}$$

式中 m——螺栓数量；

d——螺栓的直径，m；

$[\tau]$——许用剪切应力，Pa，对于低碳钢，可取为（78～88）MPa。

其余符号的意义和单位同前。

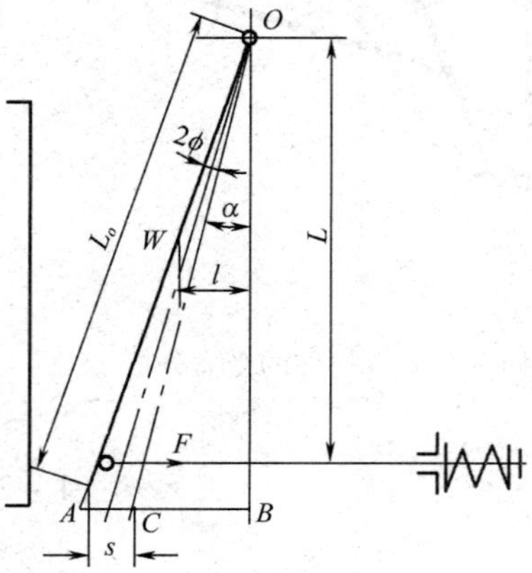

图 1－14 拉紧弹簧的计算

3. 拉紧弹簧

拉紧弹簧的作用是使动颚和推力板保持连接，承受动颚和推力板工作时产生的惯性力。弹簧设计的任务是要正确选择弹簧的刚度，如弹簧的刚度不足，则不能起到上述的作用；反之，刚度过大，又会造成过多的能量损失，降低效率。

设计弹簧时，首先要确定作用在弹簧上的力可根据力矩平衡的原理求得。如图 1－14 所示，假设动颚的运动简化为绕定轴 O 的摆动，那么，作用在动颚上的各力对 O 点的力矩为：

弹簧力的力矩：$M_1 = F_S L_S$

重力的力矩：$M_2 = Wl$

惯性力的力矩：$M_3 = -J\varepsilon$

根据平衡条件有：

$$M_1 + M_2 + M_3 = 0$$

合并上面各式，化简后得：

$$F_S = \frac{J\varepsilon - Wl}{L_S} \tag{1-25}$$

式中 F_S——弹簧力，N；

J——动颚对摆动中心 O 的惯性矩，kg·m²；

ε——动颚摆动时的最大角加速度，rad/s²；

W——作用在动颚上的重力，N；

l——重力的力臂，m；

L_S——弹簧力的力臂，m。

计算动颚摆动的最大角加速度时，为了简化计算，通常把动颚的摆动看成是简谐运动。这样，动颚摆动的最大角加速度：

$$\varepsilon = -\omega^2\phi$$

式中 ω——动颚摆动的角速度，rad/s，$\omega = \frac{\pi n}{30}$，$n$ 为偏心轴的转速；

ϕ——动颚摆动的幅度。

由图 1－14 可知：

$$AB = OB\tan(\alpha + 2\phi) = L_0\cos\alpha\tan(\alpha + 2\phi)$$

从另一方面有：

$$AB = AC + CB = \frac{s}{\cos^2\alpha} + L_0\sin\alpha$$

合并上面两式，化简后得：

$$\tan2\phi = \frac{s}{s\tan\alpha + L_0\cos\alpha}$$

当 ϕ 很小时，$\tan2\phi \approx 2\phi$，同时 $s\tan\alpha \ll L_0\cos\alpha$，因此上式可近似为：

$$\phi = \frac{s}{2L_0\cos\alpha} \tag{1-26}$$

式中 s ——动颚的水平摆幅，m；

L_0 ——动颚的长度，m；

α ——啮角，(°)。

弹簧力确定以后，就可按一般的方法进行弹簧设计。为了不使工作时弹簧力的变化太大，弹簧的工作圈数要大于 5 圈。

至于偏心轴、轴承和拉杆等的尺寸，可根据受力的大小，按一般机械零件的设计方法予以确定。

四、使 用

颚碎机通常是用作物料的第一次破碎，选型时不仅要满足机器生产能力的要求，而且要根据被破碎物料的块度来选择。一般按下式确定颚碎机进料口的宽度：

$$b = \frac{D_{max}}{0.75 \sim 0.85} \tag{1-27}$$

式中 b ——颚碎机进料口的宽度，m；

D_{max} ——被破碎物料的最大直径，m。

颚碎机运行时会产生很大的惯性力，不可避免要发生振动，因此应安装在坚固的基础上，基础质量可取为机器质量的 5 ~ 10 倍。颚碎机的基础不要与厂房的基础相连，以免机器的振动影响建筑物。颚碎机的安装位置要远离成形和烧成车间，以免影响这些车间的正常操作。

颚碎机操作时应按先开机后加料、先停料后停机的顺序，使机器在空载下启动。加料时要严防螺母、铁块等混入，以免发生事故。加料要均匀，特别大块的物料不要勉强加入。破碎室中物料的高度不要超过破碎室高度的 2/3。要随时注意轴承的温升和机器的运行声音，发现不正常情况时要立即停机处理。

机器运转时，严禁进行任何维修工作，不准跨越进料口栏杆。处理破碎室堵塞时，禁止站在破碎室的物料上或用手去扒大块物料，应当使用撬棍或专门的铁钩去清理。

颚碎机工作时会产生粉尘，往被破碎的物料上喷水是防止粉尘产生的有效办法。也可在破碎机出料口处装设收尘设备，以防粉尘飞扬。

表 1 – 3 列出了颚碎机常见故障的产生原因及其排除方法。

表 1－3　　颚碎机常见故障的产生原因及其排除方法

故障现象	产生原因	排除方法
剧烈的劈裂声后动颚停止摆动，飞轮继续旋转，拉紧弹簧松弛	破碎室中进入不能破碎的物料或其他原因使推力板损坏	旋出拉杆螺母，取下拉杆弹簧，将动颚挂起，换上新的推力板
衬板抖动并发出撞击声	（1）衬板固定螺栓松动 （2）衬板固定螺栓断裂	（1）拧紧衬板的固定螺栓，如果防松弹簧的弹性不足，则更换弹簧 （2）更换衬板固定螺栓
飞轮旋转，但破碎停止，推力板从支座中脱出	拉紧弹簧或拉杆断裂	更换损坏的零件
破碎产品粒度增大	衬板下部磨损严重	调节出料口宽度的调节装置以减小出料口宽度，将衬板上下调头使用或更换衬板
推力板支座中发出撞击声或其他不正常声音	（1）拉紧弹簧紧度不够或断裂 （2）推力板支座磨损或松动 （3）推力板头部磨损严重 （4）出料口宽度的调节装置调得不均匀，造成推力板左右受力不一致	（1）拧紧或更换弹簧 （2）更换推力板支座 （3）更换推力板 （4）重新调节出料口宽度的调节装置

【例 1－3】　计算 PEF 400×600 复摆颚式破碎机的偏心轴转速、生产能力、需要的功率及破碎力。已知啮角 20°，偏心轴的偏心距 10mm。设粉碎中等硬度的物料，物料的强度极限为 117.7×10^{6}Pa，弹性模量为 34.3×10^{9}Pa。

【解】　1. 偏心轴转速

动颚的水平摆幅：

$$s = 0.8r = 0.8\times10 = 8\ (\text{mm})$$

偏心轴计算转速：

$$n = 47\sqrt{\frac{\tan\alpha}{s}} = 47\times\sqrt{\frac{\tan20^\circ}{0.008}} = 317\ (\text{r/min})$$

用经验公式（1－13）计算：

$$n = 310 - 145b = 310 - 145\times0.4 = 252\ (\text{r/min})$$

实际采用的转速为 250～275r/min。

2. 生产能力

$$Q = \frac{30(2b_{\text{d}} + s)sb_{\text{L}}n}{\tan\alpha}u\rho_{S}$$

由产品的技术性能表中查出该种规格破碎机出料口宽度为 40 ~ 160 mm，设平均值为 100 mm。松散系数取 0.4，物料的密度按 2.6t/m³ 计算。

将各已知数代入上式得：

$$Q = \frac{30 \times (2 \times 0.1 + 0.008) \times 0.008 \times 0.6 \times 250}{\tan 20^\circ} \times 0.4 \times 2.6 = 21\ (\mathrm{t/h})$$

对于复摆破碎机，实际生产能力会比计算值大 20% ~25%。设大 20%，则实际生产能力可达 21 ×1.2 =25t/h。

3. 需要的功率

设机械效率 η =0.7，则：

$$P = 8.33 \frac{\sigma_b^2 (b^2 - b_d^2) b_L n}{E\eta \tan\alpha} \times 10^{-7}$$

$$= 8.33 \times \frac{(117.7 \times 10^6)^2 \times (0.4^2 - 0.1^2) \times 0.6 \times 250}{34.3 \times 10^9 \times 0.7 \times \tan 20^\circ} \times 10^{-7} = 29.7\ (\mathrm{kW})$$

用经验公式（1 –18）计算。因为是中型颚碎机，系数取较小值，即

$$P = \frac{1}{70} b b_L = \frac{1}{70} \times 40 \times 60 = 34\ (\mathrm{kW})$$

实际配用的电动机功率为 30 kW。

4. 破碎力

$$F = 120000 \frac{P}{ny}$$

动颚法向摆幅的平均值：

$$y = (\cos\alpha + 3\sin\alpha)\ s = (\cos 20^\circ + 3 \times \sin 20^\circ) \times 0.8 = 1.57\ (\mathrm{cm})$$

将已知数代入计算破碎力的公式得：

$$F = 120000 \times \frac{30}{250 \times 0.0157} = 917 \times 10^3\ (\mathrm{N})$$

由图 1 –10 可知，破碎室高度

$$h = \frac{b - b_d}{\tan\alpha} = \frac{400 - 100}{\tan 20^\circ} = 820\ (\mathrm{mm})$$

用经验公式（1 –20）计算

$$F = q h b_L = 2.65 \times 10^6 \times 0.82 \times 0.6 = 1304 \times 10^3\ (\mathrm{N})$$

第三节　辊式破碎机

辊式破碎机用于中等硬度物料的中碎和细碎作业，也可用于粉碎潮湿的黏性物料。

辊式破碎机有两种基本形式：双辊式和单辊式。

双辊破碎机的工作构件是两个做相对转动的圆柱形辊子，物料在辊子之间的间隙中主要受到挤压作用而被粉碎。

辊式破碎机结构简单，适用性广，辊子表面镶上耐磨的刚玉衬套后，可防止铁质对被粉碎物料的污染，因此在陶瓷工业中有其特有的使用价值。

一、构造和工作原理

双辊破碎机由辊子、调整装置、弹簧保险装置和机架等组成，如图 1－15 所示。电动机通过减速器带动轴线互相平行的两个辊子做相对旋转，其中一个辊子的轴承是可动的，另一个辊子的轴承是固定的。

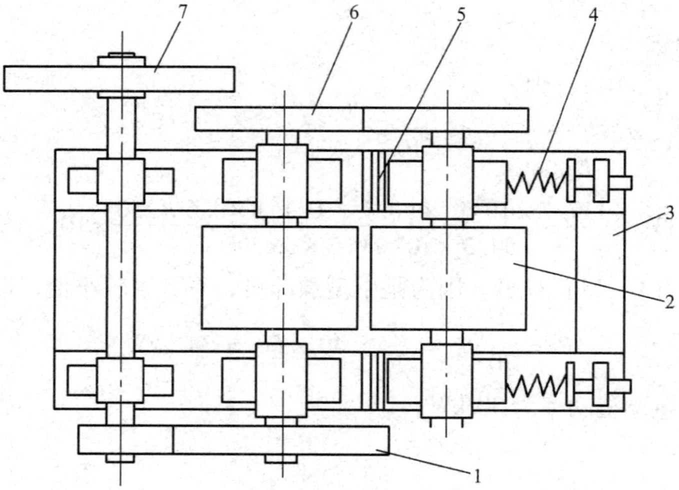

图 1－15　双辊破碎机示意图

1—齿轮　2—辊子　3—机架　4—弹簧　5—垫片　6—长齿齿轮　7—V 带轮

辊子由轴、轮毂和衬套（又称辊皮）构成。衬套与物料直接接触，要受到强烈的磨蚀作用，是易损零件，需要定期更换，应当用耐磨材料制作。

调整装置用于调节两个辊子之间的间隙大小，也就是调节破碎机出料口的宽度。通过增加或减少两个辊子轴承之间垫片的数量，即可实现这种调节。

弹簧保险装置是辊式破碎机的重要部件。弹簧的松紧程度对破碎机的正常工作和过载保护都有重要作用。正常工作时，弹簧的压力应能平衡两个辊子之间产生的破碎力，以保持出料口的宽度，使产品粒度符合要求。当破碎机内进入了难以磨碎的坚硬物料时，破碎力急剧增大，弹簧被压缩，辊子被迫相对移动，出料口增大，使物料卸出，从而保证破碎机不致因过载而损坏。坚硬物料卸出后，在弹簧作用下，辊子复位，破碎机恢复正常工作。

传动装置有 V 带传动（或齿轮减速器）和一对长齿齿轮组成，通过长齿齿轮带动两个辊子做相对的旋转运动。长齿齿轮是齿全高较大的齿轮。采用长齿齿轮的目的是当破碎机内进入坚硬物料时，尽管两个辊子距离增大，仍能保证齿轮的正常啮合。不过长齿齿轮加工困难，工作中噪声较大，容易损坏，一般只用于低速的场合。对于速度较高的双辊破碎机通常要采取分散驱动，每个辊子配备独立的传动装置。

机架一般采用铸铁铸造，也可采用钢材焊接或铆接。

二、主要参数的确定

1. 啮角和被破碎物料的最大直径

辊式破碎机的啮角，以双辊破碎机为例，如图 1－16 所示。假设被破碎的物料为球形，过物料与辊子的切点作切线，两条切线之间的夹角 α 称为辊式破碎机的啮角。

以 F 和 F' 分别表示辊子作用于物料的破碎力和摩擦力，f 为物料与辊子表面的摩擦因数。忽略重力作用，那么物料被扯入两个辊子之间被破碎的条件是

$$2fF\cos\frac{\alpha}{2} \geqslant 2F\sin\frac{\alpha}{2}$$

化简后有

$$\tan\frac{\alpha}{2} \leqslant f$$

以 $f = \tan\varphi$（φ 为摩擦角）代入可得

$$\alpha \leqslant 2\varphi \tag{1-28}$$

由此可知，辊式破碎机同颚碎机一样，最大啮角应小于或等于摩擦角的两倍。当辊式破碎机破碎硬石块时，摩擦因数 $f = 0.30 \sim 0.35$，一般取为 0.3，对于湿黏土，$f = 0.45$，与此相应的最大啮角分别为 33°和 48°。

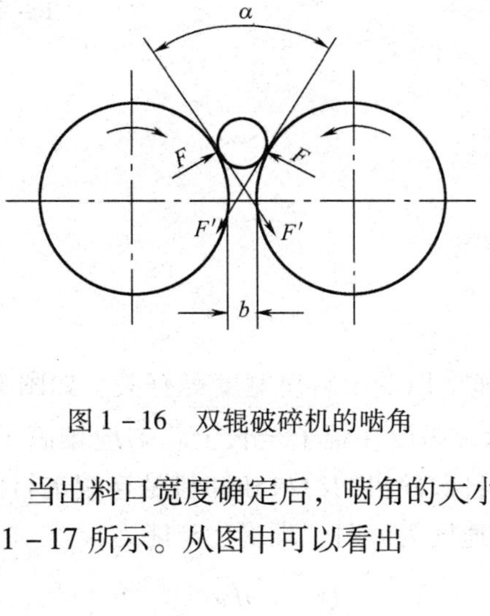

图 1－16　双辊破碎机的啮角

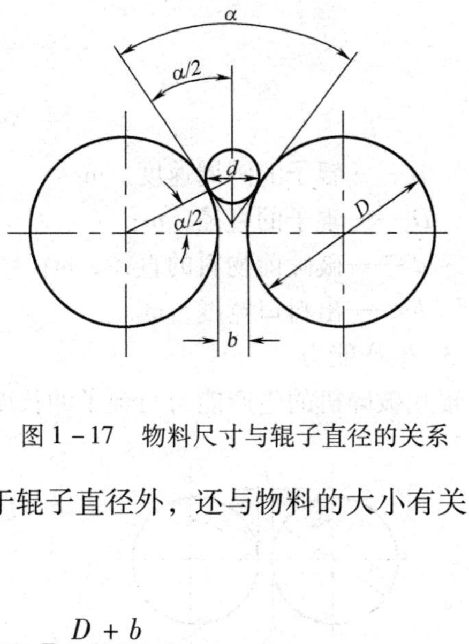

图 1－17　物料尺寸与辊子直径的关系

当出料口宽度确定后，啮角的大小除决定于辊子直径外，还与物料的大小有关，如图 1－17 所示。从图中可以看出

$$\cos\frac{\alpha}{2} = \frac{\dfrac{D+b}{2}}{\dfrac{D+d}{2}} = \frac{D+b}{D+d}$$

一般说来，$b \ll D$，近似有

$$d = \frac{D\left(1 - \cos\dfrac{\alpha}{2}\right)}{\cos\dfrac{\alpha}{2}} \tag{1-29}$$

以啮角的最大值代入上式，可知对一定直径的辊子来说，所能破碎的物料最大直径为：

硬块石块

$$d \approx \frac{1}{20}D \tag{1-30}$$

湿黏土

$$d \approx \frac{1}{10}D \tag{1-31}$$

实际上为了使破碎机工作可靠，物料直径还应减少20%～25%。

2. 辊子转速

辊式破碎机的生产能力与辊子转速成正比，为了增加生产能力，应当选用较高的转速。但是转速太快，物料与辊子之间的摩擦力减小，但转速超过某一极限值时，摩擦力不足以把物料扯入辊子之间破碎，这样生产能力不仅不会增加，而会降低，同时功率消耗却急剧增大。辊子的转速与辊子的表面特征、物料的性质和破碎前的大小等因素有关。物料块度越大、越难破碎，辊子转速应当越低，光面辊子比齿形辊子转速可高些。最佳转速一般要根据实验确定。通常光面辊子的圆周速度 $u=2.0\sim7.7$m/s，齿形辊子圆周速度 $u=1.5\sim2.0$m/s。破碎中等硬度的物料时，光面辊子的圆周速度可由下式计算：

$$u = \frac{1.27\sqrt{D}}{\sqrt[4]{\left(\frac{D+d}{D+b}\right)^2 - 1}} \tag{1-32}$$

式中 u——辊子的圆周速度，m/s；

D——辊子的直径，m；

d——破碎前物料的直径，m；

b——出料口宽度，m。

3. 生产能力

辊式破碎机的生产能力与辊子的长度和圆周速度以及出料口宽度等有关。如图1－18所示，假设在辊子全长上均匀地排满了物料，而且破碎机的给料和卸料是连续进行的，当圆周速度为 u 时，理论生产能力：

$$Q_T = bLu$$

设 n 为辊子转速，辊子的圆周速度：

$$u = \frac{\pi nD}{60}$$

因此有：

$$Q_T = \frac{\pi bLnD}{60}$$

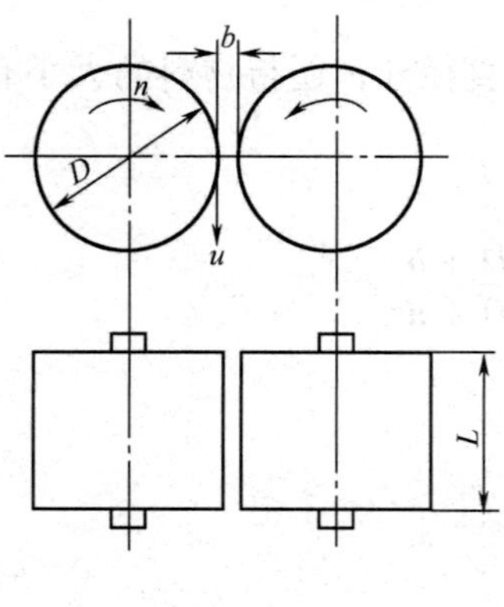

图1－18 双辊破碎机生产能力的计算

实际生产能力：

$$Q = 60\pi bLnD\mu\rho \tag{1-33}$$

式中　Q——生产能力，t/h；

b——出料口宽度，m；

L——辊子长度，m；

n——辊子转速，r/min；

D——辊子直径，m；

μ——物料的松散系数，对于硬石块μ =0.20～0.30，对湿黏土μ =0.40～0.60；

ρ——物料的密度，t/m^3。

破碎硬石块时，由于破碎力的作用，出料口的宽度有时会略有增大，因此实际上生产能力可比上式增大25%左右。

4. 功率

辊式破碎机的功率消耗，通常是根据实际操作的数据确定。光面辊子破碎机破碎中等硬度物料时需要的功率可用下式计算。

$$P = (1.36 \sim 1.50)\frac{Q}{bn} \tag{1-34}$$

式中　P——需要的功率，kW；

Q——生产能力，t/h。

其余符号的意义和单位同前。

三、使　　用

辊式破碎机的正常运转在很大程度上取决于辊子衬套（辊皮）的磨损情况。运转时应定期检查，及时更换新的衬套。为了防止不均匀磨损，给料时要注意沿着辊子长度均匀给料，并在使用一段时间后将其中一个辊子沿轴向移动一定距离。

调节出料口宽度时，要使辊子平行移动，防止辊子轴线倾斜。

辊式破碎机在干式作业时，现场粉尘较大，应当装设密封式通风罩，以防止粉尘污染环境。

操作时要严格遵守安全操作规程，严防将手卷入辊子中造成人身事故。

第四节　悬辊式磨机

悬辊式磨机属于粉磨设备，适用于粉磨中等硬度或软质的物料，如黏土、石膏等。这种磨机为干法磨机，一般本身带有空气分级设备，组成圈流式粉碎流程。悬辊式磨机习惯上称为雷蒙磨。

一、构造和工作原理

雷蒙磨的主要构成部件是固定不动的底盘和做旋转运动的磨辊。在底盘的边缘上装有磨环，磨辊绕垂直轴旋转时，由于离心力作用紧压在磨环上，与磨辊一同旋转的刮板

（俗称铲刀）把底盘上的物料撒到磨辊和磨环之间，物料在磨辊和磨环之间受到挤压和研磨作用而被粉碎。

如图 1－19 所示，雷蒙磨有底盘 3，其边缘上为磨环 4，底盘中间装有空心立柱 23，作为主轴的支座。主轴 22 装在空心立柱的中间，由电动机 1 通过减速器 19、联轴器 18 带动旋转。主轴上端装有梅花架 21，梅花架上有短轴 6，用来悬挂磨辊 5，使磨辊能绕短轴摆动。磨辊中间是能自由转动的辊子轴 26，轴的下端装辊子 25。每台磨机共有 3～6 只（常为 4 只）磨辊，沿梅花架四周作等距离排列。

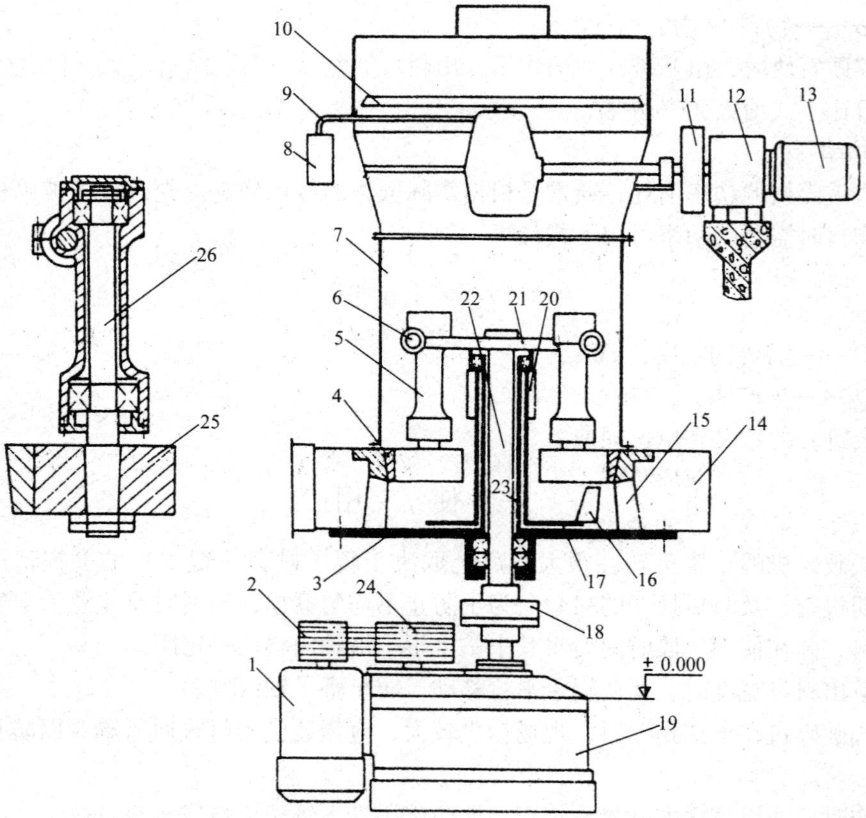

图 1－19　悬辊式磨机示意图

1、13—电动机　2、11、24—V 带轮　3—底盘　4—磨环　5—磨辊　6—短轴　7—罩筒　8—滤气器　9—管子　10—空气分级机叶片　12—电磁转差离合器　14—风筒　15—进风孔　16—刮板　17—刮板架　18—联轴器　19—减速器　20—进料口　21—梅花架　22—主轴　23—空心立柱　25—辊子　26—辊子轴

在梅花架下面，固定着套于空心立柱外面的刮板架 17，在刮板架上，正对着每只磨辊前进方向都装有刮板 16。当主轴旋转时，磨辊由于离心力的作用紧压在磨环上，因此，磨辊除了有被主轴带动绕磨机中心线旋转的公转运动外，还有由于磨环和辊子之间的摩擦力作用而产生的绕磨辊轴中心线旋转的自转运动。从给料机加入落在底盘上的物料被刮板刮起，撒到磨辊前面的磨环上，当物料还来不及落下时，就被随之而来的磨

辊所粉碎。

在底盘下缘的周边上，开有许多长方形的进风孔 15，最外缘为风筒 14。由通风机鼓入的空气经风筒和进风孔进入磨机内，已粉磨到一定粒度的物料被气流吹起，当经过磨机顶部的空气分级机叶片 10 附近时，气流中的粗粒物料即被分出，落回底盘上重新被粉碎。达到规定粒度的物料随同气流一道离开磨机，进入旋风分离器。在旋风分离器中，大部分物料被分离出来，从旋风分离器的底流管排出，空气则从旋风分离器的溢流管排出，经过通风机后，大部分空气重新鼓入磨机内。为了在磨机和旋风分离器内造成负压，在通风机出口处装设一个可调节阀门大小的溢流管，通过调节溢流管阀门的大小实现磨内的负压，以防止粉尘外溢。小部分空气则经由通风机出口处的溢流管进入另一个旋风分离器和袋式收尘器，把空气中的固体颗粒再次收集后放入大气中，如图 1－20 所示。

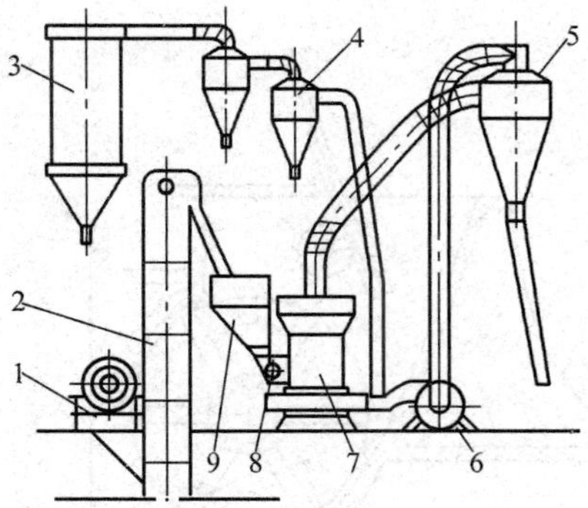

图 1－20　悬辊式磨机及其附属设备的布置示意图

1—颚式破碎机　2—斗式提升机　3—袋式收尘器　4、5—旋风分离器　6—通风机　7—雷蒙磨　8—给料机　9—料斗

产品的粒度是用改变空气分级机转速的方法来调节的。分级机转速增加，上升气流及其中的物料颗粒的旋转速度随之增大，颗粒沿半径方向的沉降速度加快，这样，气流中的物料颗粒在通过分级机前将有更多的沉降到气流上升速度较小的罩筒附近并随之落回到底盘上，只有尺寸更小的颗粒才能随同气流一道离开磨机，成为产品，因此，产品的粒度变细。反之，分级机转速减小，物料颗粒的径向沉降速度变慢，大多数颗粒都能通过分级机作为产品卸出，故产品的粒度变粗。空气分级机的调速，过去是采用 V 带无级变速器，目前则采用电磁调速电动机直接变速。这种电动机通过电磁转差离合器可以在规定的转矩和调速范围内作平滑的无级变速。

雷蒙磨装有单独驱动的自动给料机，由于磨机底盘上料层的厚薄对其工作效率影响很大，所以给料机必须能根据磨机的操作情况自动地调节加料，使磨机底盘上的料层厚度保持在一个适当的数值，从而达到在较高效率下操作的目的。此外，给料机还应具有一定的气密性，不使空气大量漏入磨机内。

雷蒙磨通常装设叶轮给料机（图 1－21），给料机由棘轮机构带动做间歇运动。自动调节加料量的装置如图 1－22 所示。在 U 形压力表 2 内装有带深颜色的指示液体，一端与大气相通，另一端用管子与旋风分离器连接。当磨机底盘上料层过厚时，料层将底盘周边上的长方形进风孔堵小，气流通道的截面积减小，阻力增大，结果使旋风分离器中负压增加，U 形压力表中与旋风分离器连接一端的指示液面上升。当液面升高到遮断发光头 1 照射到光电继电器 3 上的光束时，光电继电器动作，使装在棘爪上方的电磁铁得电，把棘爪吸起，给料机停止加料。随着磨机的继续运转，由于停止了加料，底盘上的料层逐渐减薄，直到料层厚度恢复正常，U 形压力表中指示液面下降，发光头的光束又照到光电继电器上时，电磁铁失电，棘爪落下，给料机重新加料。

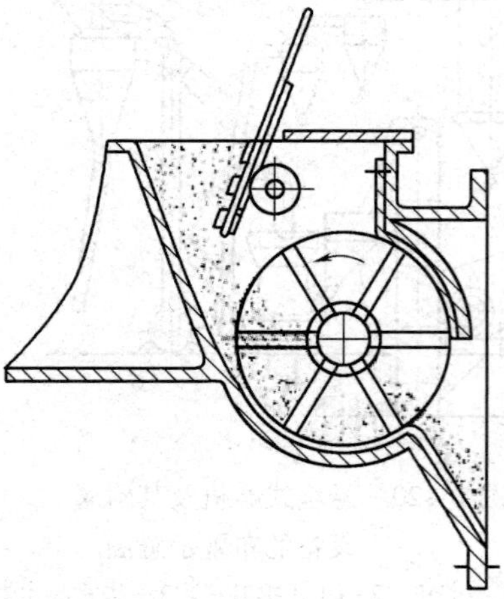

图 1－21　叶轮给料机示意图

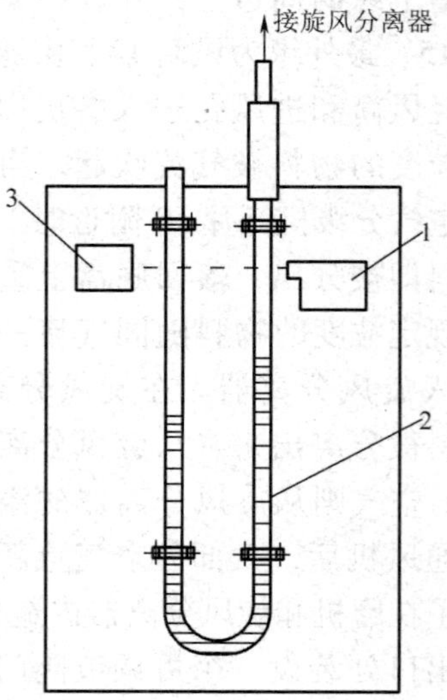

图 1－22　悬辊式磨机自动调节加料量的装置
1—发光头　2—U 形压力表　3—光电继电器

实际应用时，有些厂取消了上述 U 形压力表等装置而将给料机与雷磨机连接处的盖板拆去，用一块上下能做小幅度摆动的薄板作为盖板，在薄板远离摆动支点处用绳子通过滑轮与棘爪相连。当底盘上料层过厚时，磨内负压增大，盖板在大气压力作用下向下摆动，从而通过绳子把棘爪提起，给料机停止加料。待底盘上料层厚度恢复正常后，盖板复位，棘爪落下，给料机又重新加料，其工作原理与使用 U 形压力表等装置大体上是相同的。

目前，有些雷蒙磨采用电磁振动给料机加料。给料机由可控硅半波整流电源供电。在供电线路中，可控硅除作为整流元件外，还作为电路的开关元件。控制电路通断的讯号由串接于测量主电机电流强度回路中的电流继电器发出（图 1－23），当磨机底盘上料层过厚时，磨机运行阻力增大，主电机电流强度增加，当电流强度增大到电流继电器的整定值时，继电器动作，切断可控硅的触发电路，可控硅关断，电磁振动给料机失电，停止加料。待底盘上料层厚度恢复正常后，电流继电器复位，可控硅触发电路接通，给料机得电，又重新加料。

在雷蒙磨内的各道轴承（包括主轴、磨辊轴和空气分级机叶轮轴等）以及传动机构，都是在充满粉尘的环境中工作的，工作条件甚为恶劣，因此，除了采用严密的机械密封装置外，还利用磨机内形成的负压，用管子（参阅图 1－19）把大气引入各运动部分的气封环内，形成气封，以阻止粉尘进入轴承内。

雷蒙磨近些年来变化不大，主要是为了增加粉碎力，在悬挂磨辊 5 上增加了高压弹簧，加大了磨辊和磨环的贴合力，故又称为高压磨粉机。高压磨粉机内，磨辊吊架上紧固有 9800～14700N（1000～1500kg）压力的高压弹簧。开始工作后，磨辊围绕主轴旋转，并在高压弹簧与离心力的作用下，紧贴磨环滚动，其滚动压力比同等动力条件下的

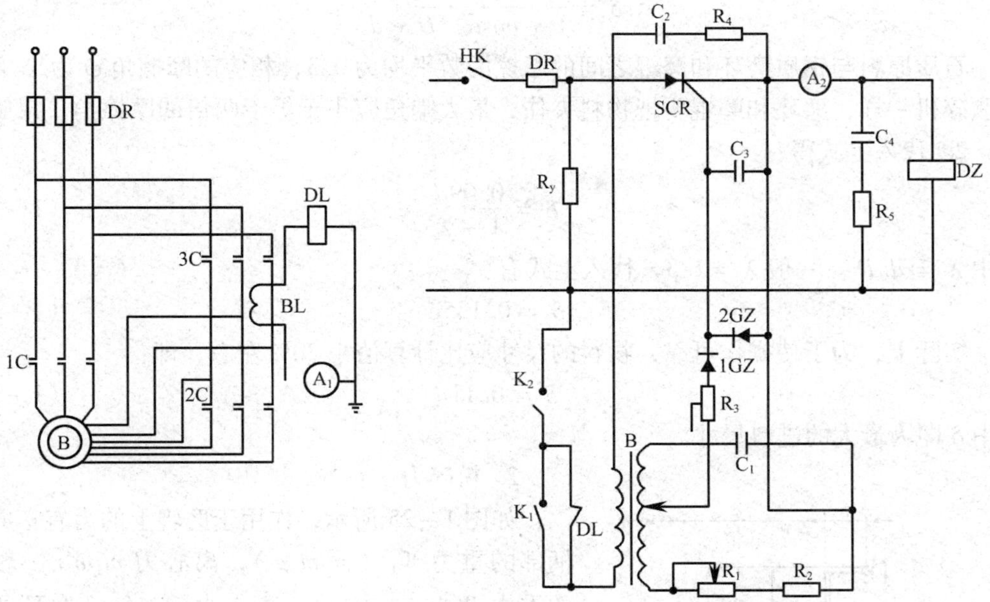

图 1－23 悬辊式磨机采用电振给料机时自动调节加料的电路图

DR—熔断器 1C、2C、3C—交流接触器 BL—交流互感器 DL—过电流继电器 A_1—交流电流表

HK—闸刀开关 R_y—压敏电阻 SCR—可控硅 K_1、K_2—主令开关 A_2—直流电流表量 DZ—电磁振动给料机

B—变压器 R_3—电位器 1GZ、2GZ—二极管 R_1、R_2、R_4、R_5—电阻 C_1、C_2、C_3、C_4—电容器

雷蒙磨提高 20%，故产量大为提高。

二、主要参数的确定

1. 啮角

雷蒙磨粉碎物料时也有啮角的问题。如啮角超过某一限度，物料在磨辊与磨环之间不能被钳住，粉碎便无法进行，因此，啮角不能过大。

雷蒙磨的啮角除与本身的结构尺寸有关外，还与物料的尺寸有关。如图 1－24 所示，物料分别与磨环和磨辊相切，两公切线的夹角即为啮角 α 。

设 D 为磨环直径，d 为磨辊直径，物料直径为 δ，由余弦定理可知：

$$\cos\alpha = \frac{(D-\delta)^2 + (d+\delta)^2 - (D-d)^2}{2(D-\delta)(d+\delta)}$$

化简后可得：

$$\cos\alpha = \frac{Dd - D\delta + d\delta + \delta^2}{Dd + D\delta - d\delta - \delta^2}$$

将 δ 的二次项忽略不计，可得：

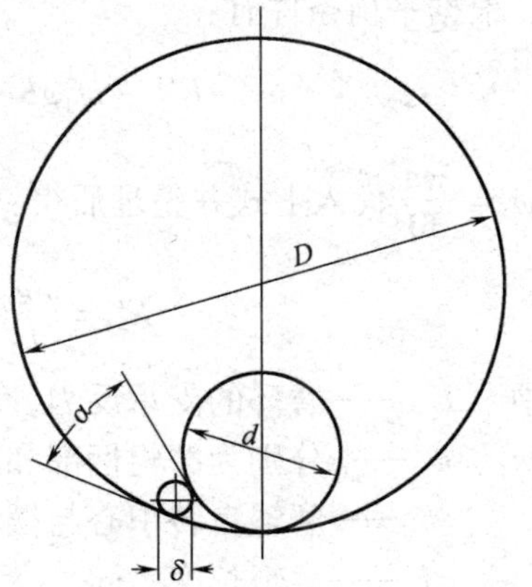

图 1－24 悬辊式磨机的啮角

$$\delta = \frac{1 - \cos\alpha}{1 + \cos\alpha} \cdot \frac{Dd}{D - d} \tag{1-35}$$

石质原料与钢质磨环和磨辊之间的摩擦因数平均为0.3，相应的摩擦角 ϕ 为16°42′。同颚碎机一样，磨环和磨辊要把物料夹住，最大啮角应小于等于两倍的摩擦角。以啮角 $\alpha = 2\phi$ 代入上式得：

$$\delta = \frac{0.09d}{1 - \lambda} \tag{1-36}$$

式中 $\lambda = d/D$ 。一般 $\lambda = 1/3$，代入上式有：

$$\delta = 0.135d \tag{1-37}$$

实际上，为了使操作可靠，物料的尺寸应比计算值小20%左右，即：

$$\delta = 0.11d \tag{1-38}$$

式中 δ 即为最大的进料尺寸。

2. 粉碎力

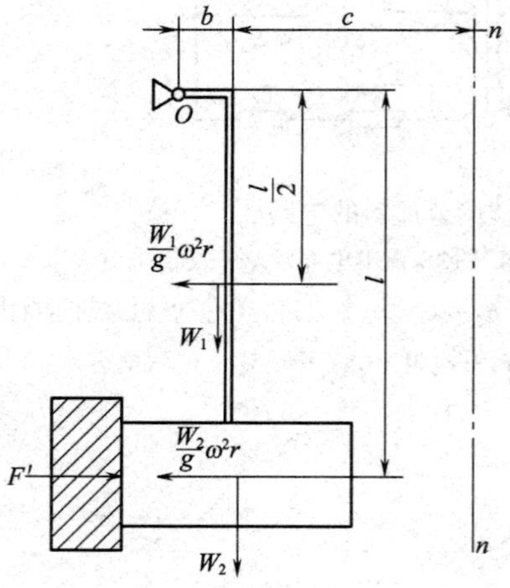

图1-25 悬辊式磨机粉碎力的计算

如图1-25所示，作用于磨辊上的力有：磨辊柄部的重力 W_1（$= m_1 g$），离心力 $m_1\omega^2 r$，辊子的重力 W_2（$= m_2 g$），离心力 $m_2\omega^2 r$，磨环的支承反力 F' 和梅花架上悬挂轴的支承反力 F。

以悬挂轴中心 O 为矩心，各力对 O 点的力矩分别为

$$M_1 = -m_1 g b$$

$$M_2 = -m_1\omega^2 r \frac{l}{2}$$

$$M_3 = -m_2 g b$$

$$M_4 = -m_2\omega^2 r l$$

$$M_5 = F'l$$

悬挂轴支承反力 F 对 O 点的力矩等于零。

根据平衡条件有：

$$F'l - m_1 g b - m_1\omega^2 r \frac{l}{2} - m_2 g b - m_2\omega^2 r l = 0$$

以 $\omega = \frac{\pi n}{30}$ 代入上式并整理后得：

$$F' = \frac{bg}{l}(m_1 + m_2) + \frac{\pi^2 n^2 r}{900}\left(\frac{m_1}{2} + m_2\right) \tag{1-39}$$

式中 F' ——磨环的支承反力，即粉碎力，N；

m_1、m_2——分别为磨辊柄部和辊子的质量，kg；

b ——磨辊自转中心与摆动中心的距离，m；

l ——磨辊长度，m；

r ——磨辊的公转半径，m，$r \approx \frac{D - d}{2}$；

n——主轴转速，r/min。

3. 需要的功率

雷蒙磨需要的功率包括克服磨辊磨环之间滚动摩擦力和刮板阻力需要的功率以及克服机械摩擦力需要的功率。

克服磨辊磨环间滚动摩擦力需要的功率：

$$P_r = \frac{kF'vz}{1000 \times \frac{d}{2}}$$

以 $v = \frac{\pi n}{30}\left(\frac{D-d}{2}\right)$ 代入上式得：

$$P_r = \frac{1.05knF'z(D-d)}{d} \times 10^{-4} \qquad (1-40)$$

式中　P_r——克服滚动摩擦力需要的功率，kW；

k——滚动摩阻系数，m，可取 $k \approx 0.01 \sim 0.03$m；

n——主轴转速，r/min；

F'——粉碎力，N，由式（1－39）计算；

z——磨辊的数目，个；

D——磨环直径，m；

d——磨辊直径，m。

电动机功率：

$$P = \frac{1.05KknF'z(D-d)}{d\eta} \times 10^{-4} \qquad (1-41)$$

式中　K——考虑刮板阻力的系数，$K = 1.2 \sim 1.5$；

η——机械效率，$\eta = 0.6 \sim 0.8$。

其余符号的意义和单位同前。

4. 生产能力

悬辊式磨机的生产能力取决于物料的性质和产品的粒度，目前还未能作出准确的计算，一般参照实际操作数据进行估算。表1－4中的数据可供参考。

表1－4　4R 3216型雷蒙磨粉磨各种物料时的生产能力

物料名称	产品粒度		生产能力/(kg/h)	资料来源
	筛孔边长/mm	通过百分数/%		
长石	0.176	99.92	1000	上海机械工业局
长石	0.125	99.95	2000	上海机械工业局
苏州土	0.042	99.99	800	上海机械工业局
苏州砂性陶土	0.076	99.92	1500	上海机械工业局
长石	0.042	100	875	建湘瓷厂
长石	0.154	100	1750	建湘瓷厂

续表

物料名称	产品粒度		生产能力/(kg·h)	资料来源
	筛孔边长/mm	通过百分数/%		
石英	0.042	100	625	建湘瓷厂
石英	0.154	100	875	建湘瓷厂
熟界牌土	0.076	100	625	建湘瓷厂
熟滑石	0.076	100	625	建湘瓷厂
熟滑石	0.154	100	750	建湘瓷厂
三宝莲瓷石	0.042	99.5	900	景德镇瓷石矿
南港瓷石	0.042	99.5	1100	景德镇瓷石矿
柳家湾瓷石	0.042	99.5	1200	景德镇瓷石矿

三、使　用

雷蒙磨底盘上料层的厚度对其操作影响很大。物料太少，近似于空车运转，磨辊直接压在磨环上，会发出强烈的金属抨击声，使磨机的生产能力降低，磨辊和磨环的磨损加剧；反之，物料太多，料层把进风孔堵小，空气流动阻力增大，流速减小，已磨细的物料不能被及时带走，结果在磨内越积越多，越磨越细；由于磨辊的粉碎力比较大，细碎物料不能在磨辊与磨环之间形成衬垫层，也会使磨辊和磨环直接接触，这种现象在工厂中称为“塞车”。发生塞车时，应立即停止加料，停止加料后，如在一两分钟内仍不能恢复正常运转，则应停机处理。

雷蒙磨采用圈流式粉碎过程，较少发生物料的过度粉碎，与球磨机相比，生产能力较高，单位功耗较低。不过随之而来的是产品的粒度分布较窄，小于5μm 的所谓黏粒级的含量较少。此外，物料在粉磨过程中不可避免地带入了一些铁质（一般估计折算成 Fe_2O_3 的带入量为0.1%～0.2%），对产品质量有影响。

雷蒙磨一般故障的原因及排除方法见表1－5。

表1－5　　雷蒙磨一般故障的产生原因及排除方法

故障现象	产生原因	排除方法
生产能力降低	（1）刮板磨损过多，物料不能铲起撒在磨环上 （2）刮板尾部装得过高，物料不能撒到辊子正前方的磨环上被粉碎，而是越过辊子顶部回到底盘上 （3）辊子磨损过多或表面磨成凹槽 （4）磨环表面磨成凹槽 （5）进料尺寸过大 （6）产品粒度过小。原因是旋风器底流管闸门关闭不严或管道破损造成大量漏气；或者是通风机进风管闸门开度太小，导致磨机的气流速度降低，使产品粒度变小	（1）更换刮板 （2）重新安装刮板，调整尾部高度 （3）更换辊子 （4）更换磨环 （5）调整颚碎机出料口 （6）检修闸门和管道，把通风机进风管闸门开度加大

续表

故障现象	产生原因	排除方法
磨机的电动机电流增加	（1）加料过多 （2）机械故障 a. 磨辊轴承损坏 b. 主轴轴承损坏 c. 电动机轴承损坏或转子与定子相碰 d. 底盘上有铁块	（1）停止加料 （2）a. ~c. 检修损坏部分 d. 清理底盘上的物料
磨机响声增大	（1）加料过少 （2）加料过多后转为塞车。这时磨机电动机的电流并不增加，通风机电动机的电流下降	（1）增加加料量 （2）停止加料，停料后如不能自行恢复正常运转则应停机清理
加料口处粉尘外逸	（1）旋风分离器底流管闸门关闭不严或管道破损造成大量漏气 （2）溢流管上的袋式收尘器堵塞	（1）检修闸门和管道 （2）清理袋式收尘器

【例 1－4】　计算 4R3216 雷蒙磨的最大进料粒度、粉碎力和需要的功率。已知 $m_1=60$kg，$m_2=90$ kg，$b=80$mm，$l=540$ mm，$r=330$ mm，$n=140$ r/min，$d=320$ mm，$D=970$ mm。设取 $k=0.015$ m，$K=1.4$，$\eta=0.8$。

【解】　1. 最大进料粒度

$$\delta = 0.11d = 0.11 \times 320 = 35\ (\text{mm})$$

2. 粉碎力

$$F' = \frac{bg}{l}(m_1 + m_2) + \frac{\pi^2 n^2 r}{900}\left(\frac{m_1}{2} + m_2\right)$$

$$= \frac{0.08 \times 9.8}{0.54} \times (60 + 90) + \frac{3.14^2 \times 140^2 \times 0.33}{900} \times \left(\frac{60}{2} + 90\right) = 8721\ (\text{N})$$

3. 需要的功率

$$P = \frac{1.05KknF'z(D - d)}{d\eta} \times 10^{-4}$$

$$= \frac{1.05 \times 1.4 \times 0.015 \times 140 \times 8721 \times 4 \times (0.97 - 0.32)}{0.32 \times 0.8} \times 10^{-4}$$

$$= 27\ (\text{kW})$$

第五节　球　磨　机

球磨机是目前工业上广泛使用的粉磨机械。根据生产规模和条件等的不同，有各种不同形式的球磨机。不过，就陶瓷工业来说，由于生产工艺要求（如需要准确控制每批原料的各项工艺参数，原料中不允许铁质掺入等）以及从结构简单、操作维修方便、使用上机动灵活等方面考虑，通常采用间歇式球磨机。

一、间歇式球磨机的构造和工作原理

间歇式球磨机有一个筒体 6（见图 1－26），它是用钢板焊接而成的。筒体中部有一个加料口 7，供加料和卸料之用。筒体两侧为铸铁制成的端盖，端盖中间有短轴，两短轴各由一个轴承支承。轴承下面为轴承座 10 和机架 11。一侧端盖上有人孔，检修筒体内部时工人可从人孔进出，现在的球磨机均从加料口进出。另一侧端盖上紧固着大齿圈 5，作为传动之用。在筒体的内表面上镶有衬板 12。球磨机由电动机 1 通过离合器 4 和传动齿轮带动旋转。装设离合器的目的是使电动机能空载启动，并能实现球磨机的点动和作为球磨机的临时停车之用。

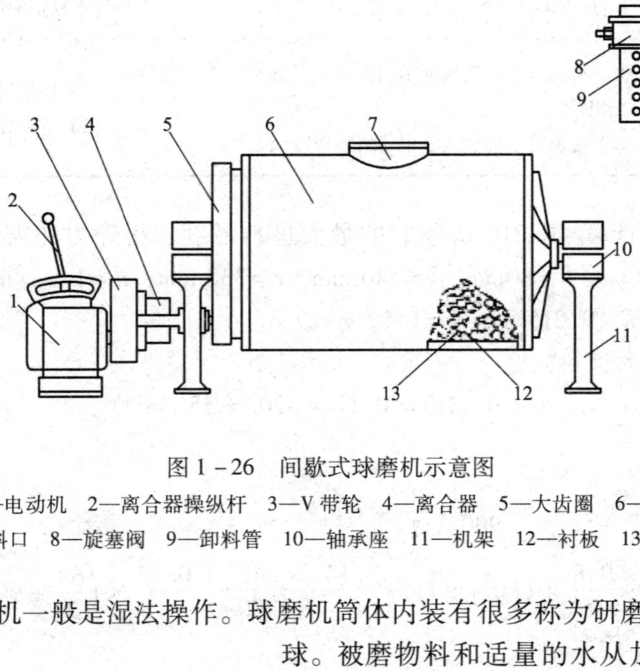

图 1－26　间歇式球磨机示意图

1—电动机　2—离合器操纵杆　3—V 带轮　4—离合器　5—大齿圈　6—筒体
7—加料口　8—旋塞阀　9—卸料管　10—轴承座　11—机架　12—衬板　13—研磨体

间歇式球磨机一般是湿法操作。球磨机筒体内装有很多称为研磨体 13 的砾石或瓷球。被磨物料和适量的水从加料口加入。筒体旋转时，研磨体在离心力等外力作用下贴在筒体内壁与筒体一道旋转。当研磨体被带到一定高度时，由于重力作用而被抛出，以一定的速度自由下落，研磨体落下时，筒体中的物料受到研磨体的碰击和研磨作用而被粉碎，如图 1－27 所示。当物料磨到要求的粒度后，将球磨机停下来，使加料口朝上，打开盖子，装上带孔的卸料管 9（见图 1－26，此时卸料管中的旋塞应当是关闭的），再将筒体旋转，使加料口朝下，打开卸料管中的旋塞，这样，筒体内的浆状物料——料浆就可自由流出。卸料时装上卸

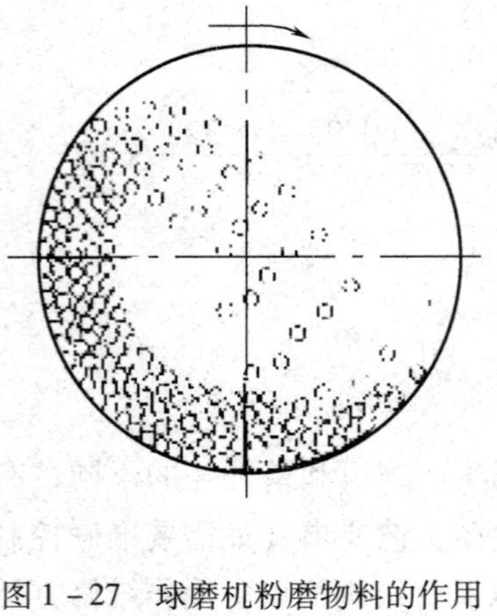

图 1－27　球磨机粉磨物料的作用

料管的目的是防止研磨体随同料浆一同排出。为了加快料浆流出的速度和使料浆卸得更为完全，或者在卸料的同时需要把料浆送到较高的地方，卸料时可以往筒体中通入压缩空气，使料浆在压缩空气的压力作用下流出。

二、研磨体的运动分析

球磨机对物料的粉碎作用主要是研磨体对物料的碰击和研磨。为了能进一步了解球磨机操作时研磨体对物料作用的实际情况，以便确定球磨机的主要参数（如球磨机的工作转速、能量消耗、研磨体的装填量等），以及掌握影响球磨效率的各项因素，甚至于对筒体受力情况的分析和强度的分析与强度计算等，都必须首先对球磨机中研磨体的运动情况加以研究。

（一）研磨体的运动状态

在球磨机中，研磨体的运动状态与筒体的转速和研磨体与筒体内壁的摩擦因数等有关。研磨体在筒体中的运动状态基本上可分为三种。

1. 泻落式运动状态

当球磨机转速较低时，全部研磨体可以看成是一个松散的“团块”，“团块”的界面随着筒体的转动而沿着转动方向不断向上偏斜，形成斜坡。当斜坡的倾斜角达到研磨体“团块”的自然休止角时，研磨体在重力等作用下将沿斜坡滚下，形成泻落式的运动，如图1－28（a）所示。此时，在“团块”中研磨体大体上是分层运动的，各层研磨体沿着各自的圆轨迹上升并随之从斜坡的坡面滚下。在泻落式的运动状态下，物料主要在研磨体相对运动时产生的碰击和研磨作用下而被粉碎。

2. 抛落式运动状态

当球磨机转速较高时，研磨体随筒体旋转上升至一定高度后，将像抛射体一样抛落下来，而不是沿着研磨体“团块”的坡面泻落，研磨体的这种运动状态称为抛落式运动，如图1－28（b）所示。在抛落式运动中，每层研磨体的运动轨迹都可以分成两部分：一部分为圆弧，另一部分近似为抛物线。

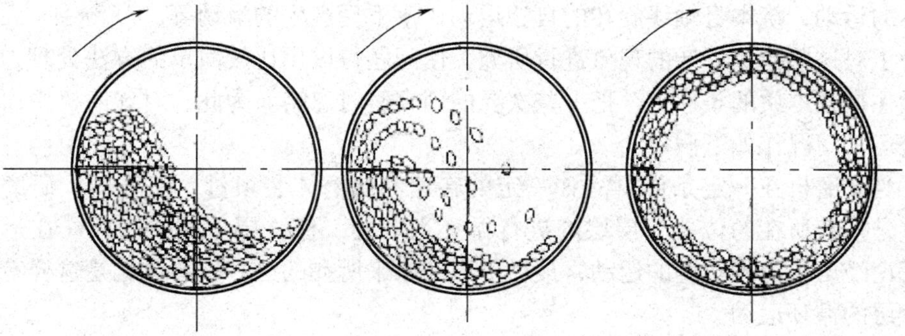

图1－28　研磨体的运动状态
（a）泻落式运动状态　（b）抛落式运动状态　（c）离心式运动状态

球磨机的圆弧运动是由于筒体内壁与最外层研磨体之间以及研磨体层与层之间的摩擦力作用而产生的。当然，这种运动不是单个研磨体摩擦力作用的结果，而是由于整个一层研磨体摩擦力的共同作用。

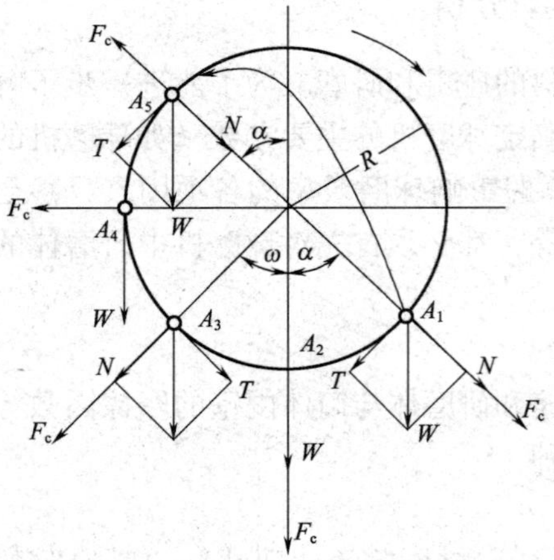

图1－29　研磨体在抛落式运动状态下的运动轨迹及作用在研磨体上的力

在圆弧轨迹的运动中，有时还会产生最外层研磨体沿着筒体内壁向下滑动的现象，与此同时，研磨体层与层之间也会产生这种相对滑动。如图1－29所示，摩擦力使研磨体随筒体旋转而上升，而重力的切向分力却使研磨体向下滑动。对于某一层研磨体来说，当作用在该层研磨体上重力的切向分力对筒体中心的力矩大于摩擦力矩时，将会使整层研磨体产生向下的相对滑动。反之，如果摩擦力矩大于重力力矩，相对滑动就不会产生。

在抛落式的运动状态下，物料主要是受到研磨体抛落时的碰击作用和研磨作用而被粉碎的。

3. 离心式运动状态

当筒体转速过高时，由于离心力的作用，研磨体“贴附”在筒体内壁上与筒体一道做旋转运动而不再抛落，如图1－28（c）所示，研磨体的这种运动状态称为离心式运动。在离心式运动中，研磨体不再对物料产生碰击和研磨作用，物料当然就不会被粉碎。

（二）研磨体的运动规律

1. 研磨体抛落式运动规律

在实验室中，对具有透明筒体的球磨机运转情况的观察表明，球磨机中研磨体的抛落式运动十分复杂，通常包含几种不同的运动形式：“贴附”在筒体内壁上随筒体一道向上的运动，研磨体与筒体内壁之间或研磨体之间的相对滑动，以一定的速度抛出类似抛射体的运动，绕本身轴线旋转的自转运动，落下后产生的滑动等。

为了对这些错综复杂的现象进行研究，使问题得以用比较简单的方法处理，我们可以在抓住事物本质的条件下，把一些次要的因素暂时忽略。为此，对球磨机中研磨体的抛落式运动情况作如下假设：

①当球磨机在一定条件下（如一定的转速和研磨体装填量）工作时，研磨体在筒体内壁是按其所在的位置一层层的进行循环运动的，任一层上的研磨体，在运动过程中，无论经历了何种轨迹的运动，最后仍回到原来所在的层。研磨体就是这样有规律地进行分层的循环运动。

②研磨体的运动轨迹只有两种：一种是以筒体横截面的中心为中心，以其所在层的半径为半径的圆弧，另一种是抛物线。

筒体旋转时，研磨体随筒体一道沿着圆弧轨迹上升，到一定高度后沿抛物线轨迹落下。

③研磨体与筒体内壁之间以及研磨体层与层之间的滑动忽略不计。这样，当研磨体沿着圆弧轨迹上升时，其线速度应与筒体内相当于研磨体中心处的圆周速度相等。

④筒体内物料对于研磨体运动的影响忽略不计。

（1）研磨体的运动方程式　根据上面的假设，球磨机工作时，研磨体随筒体一道沿圆弧轨迹向上运动，当达到某一高度时，研磨体将离开圆弧轨迹沿抛物线轨迹落下，此时研磨体的中心称为研磨体的脱离点，各层研磨体脱离点的连线称为研磨体的脱离点轨迹。研磨体降落到终点时，其中心点称为研磨体的降落点，各层研磨体降落点的连线称为研磨体的降落点轨迹。连接脱离点与筒体中心的直线与垂直坐标轴（Y 轴）之间的夹角称为研磨体的脱离角，以 α 表示。连接降落点与筒体中心的直线与水平坐标轴（X 轴）之间的夹角称为研磨体的降落角，以 β 表示（图 1－30）。

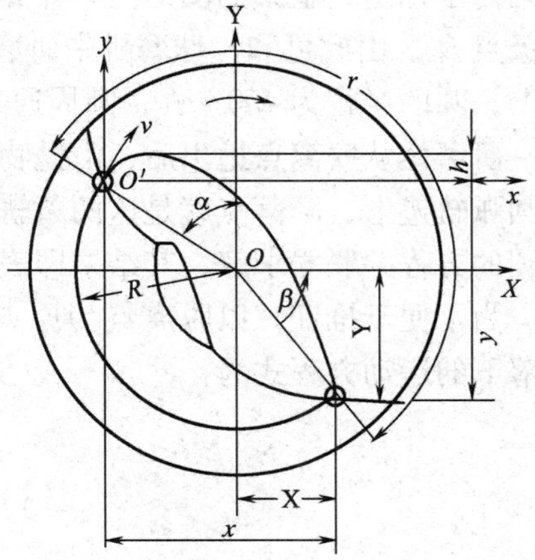

图 1－30　球磨机中研磨体运动情况

在球磨机筒体的横截面上，取任意一层中的某一研磨体作为研究对象。设研磨体到筒体中心 O 的距离为 R 。研磨体由于相邻的外层研磨体的摩擦力作用以及同一层中处于较低位置的其余研磨体的“顶托”作用，随筒体沿着以 O 为中心、R 为半径的圆弧向上运动。在运动中，作用在研磨体上的离心力：

$$F_c = m\frac{v^2}{R}$$

式中　F_c ——离心力；

m ——研磨体的质量；

v ——研磨体的线速度。

根据研磨体线速度与筒体内相当于研磨体中心处的圆周速度相等的假设，有

$$v = \frac{\pi n}{30}R$$

式中　n ——筒体的转速。

从上面两式可知，如筒体的转速一定，作用于研磨体上的离心力是不变的。与此同时，作用于研磨体上的外力还有重力 mg 。重力可沿半径方向和切线方向分解为两个分力。显然研磨体位置的不断升高，径向分力将不断发生变化。当径向分力与离心力大小相等、方向相反时，研磨体将脱离圆弧轨迹开始抛射出去，也就是说，研磨体开始沿抛物线轨迹运动。因此，研磨体在脱离点处有：

$$mg\cos\alpha = F_c$$

或

$$\cos\alpha = \frac{Rn^2}{900} \tag{1-42}$$

上式称为研磨体的运动方程式。从方程式可知，研磨体的脱离角是由研磨体所在层的半径和筒体转速决定的，与研磨体的质量无关。由于方程式对任何一层研磨体都是适用的，具有普遍的意义，所以上式也就是以极坐标表示的研磨体脱离点轨迹方程式。从解析几何学知道，上式的图形是一个圆，圆心位于极轴 OY 上，半径为 $450/n^2$，圆周通过极点 O。由此可知，球磨机中研磨体脱离点轨迹是一个圆的部分圆弧，圆心位于 OY 轴上，圆的半径为 $450/n^2$，圆周通过球磨机筒体横截面的中心 O。

研磨体从脱离点抛出后，沿抛物线轨迹落下，根据上面的假设，其降落点仍在原来的圆弧轨迹上，降落点就是这两条轨迹——抛物线和圆的交点。因此，只要列出抛物线和圆的方程并联立求解，其结果即表示降落点的位置。

为了便于推证，以脱离点为原点，另外建设一个坐标系 $xo'y$。研磨体沿抛物线轨迹落下的运动方程式为：

$$x = vt\cos\alpha$$

$$y = vt\sin\alpha - \frac{1}{2}gt^2$$

式中　v——研磨体从脱离点抛出时的线速度；

t——时间。

从上面两式中消去时间 t，得到抛物线轨迹方程式

$$y = x\tan\alpha - \frac{gx^2}{2v^2\cos^2\alpha}$$

对于坐标系 XOY，圆轨迹的方程式为：

$$X^2 + Y^2 = R^2$$

通过坐标变换有：

$$(x - R\sin\alpha)^2 + (y + R\cos\alpha)^2 = R^2$$

联立上面两个轨迹方程式求解，可得：

$$x = 4R\sin\alpha\cos^2\alpha$$

$$y = -4R\sin^2\alpha\cos\alpha$$

再通过坐标变换，可得以坐标 X、Y 表示的降落点的坐标：

$$\left.\begin{aligned} X &= 4R\sin\alpha\cos^2\alpha - R\sin\alpha \\ Y &= -4\sin^2\alpha\cos\alpha + R\cos\alpha \end{aligned}\right\} \tag{1-43}$$

降落角可计算如下：

从图 1-30 可知

$$\begin{aligned} \sin\beta &= \frac{|Y|}{R} \\ &= \frac{4R\sin^2\alpha\cos\alpha - R\cos\alpha}{R} \\ &= -(4\cos^2\alpha - 3\cos\alpha) = -\cos3\alpha \end{aligned}$$

从而可得

$$\beta = 3\alpha - \frac{\pi}{2} \tag{1-44}$$

从图1－30可知，由于$\gamma = \alpha + \beta + \frac{\pi}{2} = 4\alpha$，所以降落点轨迹可按照下面的方法作出：从脱离点轨迹上取一系列的点并分别与圆心O以直线相连，得到各点的脱离角α，然后沿筒体旋转方向作出一系列与之对应的角γ，γ的大小等于4α，这些角的一边为脱离点与圆心的连线，另一边与圆弧轨迹的交点即为降落点，最后以光滑曲线连接各降落点，该曲线即为降落点轨迹。

如以O为极点，Y为极轴，可以证明，降落点轨迹方程式为：

$$R = \frac{900}{n^2}\cos\frac{\theta}{3} \tag{1-45}$$

式中　θ——极角，以顺时针方向为正。

上式的图形为巴斯卡螺线。

（2）研磨体最内层半径R_2　所谓研磨体的最内层指的是研磨体在某一最小半径R_2的圆弧上随筒体旋转上升到一定高度后，仍能沿抛物线轨迹落下，在降落过程中不会与其他层研磨体相碰。要满足这个要求，从图1－31可知，最内层研磨体的降落点只能在曲线B_1W上，在极限情况下也只能在B_1点上。相反，如果降落点在曲线OB_1上，那么，这些研磨体必然与位于曲线WB_1上、正在沿抛物线轨迹落下的研磨体相碰，从而破坏了研磨体的正常运动。从图中可知，在降落点轨迹的各点中，B_1点位于垂直坐标轴OY的最左边，该点的X坐标有极小值。

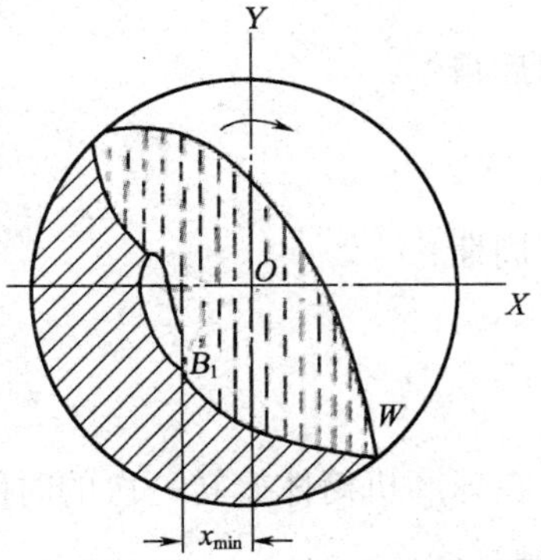

图1－31　研磨体的最内层

根据式（1－43），降落点的X坐标

$$X = 4R\sin\alpha\cos^2\alpha - R\sin\alpha$$

以$R = \frac{900}{n^2}\cos\alpha$代入上式，令$\frac{dX}{d\alpha} = 0$，可求得最内层研磨体的脱离角。计算结果是：

$$\alpha_2 = 73°44'$$

最内层半径：

$$R_2 = \frac{900}{n^2}\cos 73°44'$$

即

$$R_2 = \frac{250}{n^2} \tag{1-46}$$

由上式可知，确定球磨机筒体中研磨体的填装量时，务必使研磨体的最内层半径不小于$250/n^2$；换句话说，就是在半径小于$250/n^2$不要有研磨体层。否则研磨体降落时，不可避免地要互相碰撞，这就会损失它们的能量，降低球磨效率，同时还会使研磨体加速磨损或碰坏。

（3）研磨体的循环周期t_0和周转率j　研磨体在圆弧和抛物线轨迹运动的整个过程

称为循环，研磨体循环一次经历的时间称为循环周期，以 t_0 表示。

对任意一层研磨体，在圆弧轨迹上经历的时间：

$$t_1 = \frac{2\pi - 4\alpha}{\left(\frac{\pi n}{30}\right)}$$

或

$$t_1 = \frac{38.2\left(\frac{\pi}{2} - \alpha\right)}{n} \tag{1-47}$$

该层研磨体在抛物线轨迹上运动经历的时间：

$$t_2 = \frac{x}{v\cos\alpha} = \frac{4R\sin\alpha\cos^2\alpha}{\frac{\pi n}{30}R\cos\alpha}$$

化简后得：

$$t_2 = \frac{19.1\sin 2\alpha}{n} \tag{1-48}$$

循环周期：

$$t_0 = \frac{38.2\left(\frac{\pi}{2} - \alpha\right) + 19.1\sin 2\alpha}{n} \tag{1-49}$$

在球磨机筒体旋转一次的时间内研磨体做循环运动的次数称为研磨体的周转率，以 j 表示。筒体旋转一次的时间 $t = \frac{60}{n}$，根据定义，可得研磨体的周转率：

$$j = \frac{t}{t_0}$$

或

$$j = \frac{\pi}{\pi - 2\alpha + \sin 2\alpha} \tag{1-50}$$

（4）在圆弧与抛物线轨迹上研磨体的数目　设单位时间内有 m 个研磨体从脱离点进入抛物线轨迹。由于研磨体的循环是连续不断的，在同一时间内应有同样多的研磨体从降落点进入圆弧轨迹。因此根据研磨体在圆弧轨迹上和抛物线轨迹上运动的时间，可以得到分布在这两条轨迹上研磨体的数目。

从某一瞬时零开始，经过降落点进入圆弧轨迹的研磨体，经历了时间 t_1 后应当达到脱离点，那么，在时间 t_1 内进入圆弧轨迹的研磨体数目 t_1m 当然就分布在圆弧轨迹上。因此，分布在圆弧轨迹上的数目：

$$N_1 = \frac{38.2\left(\frac{\pi}{2} - \alpha\right)}{n}m \tag{1-51}$$

同理，分布在抛物线轨迹上研磨体的数目为 t_2m，或

$$N_2 = \frac{19.1\sin 2\alpha}{n}m \tag{1-52}$$

分布在两条不同轨迹上研磨体数目之比：

$$\frac{N_1}{N_2}=\frac{\pi-2\alpha}{\sin 2\alpha} \tag{1-53}$$

同一层中研磨体的总数：

$$N=\frac{38.2\left(\frac{\pi}{2}-\alpha\right)+19.1\sin 2\alpha}{n}m \tag{1-54}$$

2. 研磨体泻落式运动规律

关于研磨体泻落式运动规律，长期以来缺乏系统的研究，下面仅介绍近些年来的初步研究成果。

如前所述，研磨体做泻落式运动时，全部研磨体可以看成是一个松散的“团块”，“团块”的界面随着球磨机的转动而不断向上偏斜，形成斜坡。当斜坡的倾斜角达到一定程度时，坡面上的研磨体在重力作用下将沿斜坡滚下，研磨体的这种运动就是泻落式运动，如图 1-32 所示。

为了使研究的问题能用比较简单的方法处理，特假设：

①球磨机运转稳定后，筒体中研磨体“团块”作为整体在筒体中的位置不变，“团块”所受重力产生的力矩就是球磨机运转时需要克服的阻力矩。

② 研磨体除了有沿着“团块”坡面滚下的运动外，研磨体与筒体内壁之间以及研磨体层与层之间都没有相对运动。这样一来，在“团块”坡面上的研磨体，在滚下前，其线速度与筒体内相当于研磨体中心处的圆周速度相同。

“团块”坡面上研磨体的受力情况如图 1-33 所示。研磨体在滚下前，作用于研磨体上的外力有：重力 W，“团块”内与之相邻的研磨体的支承反力 F_N 和摩擦力 F，离心力 F_c 等。

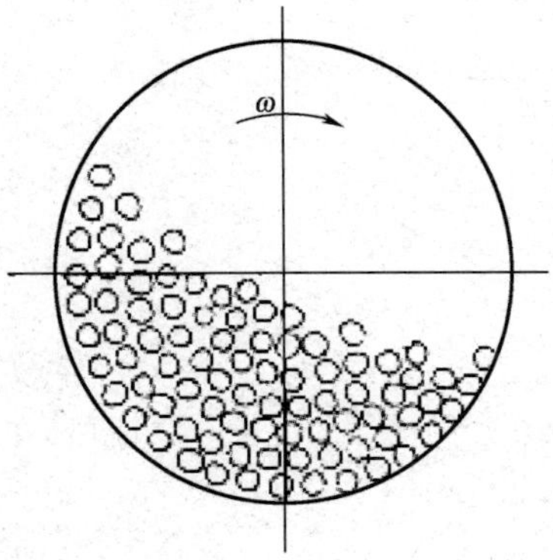

图 1-32　研磨体的泻落式运动

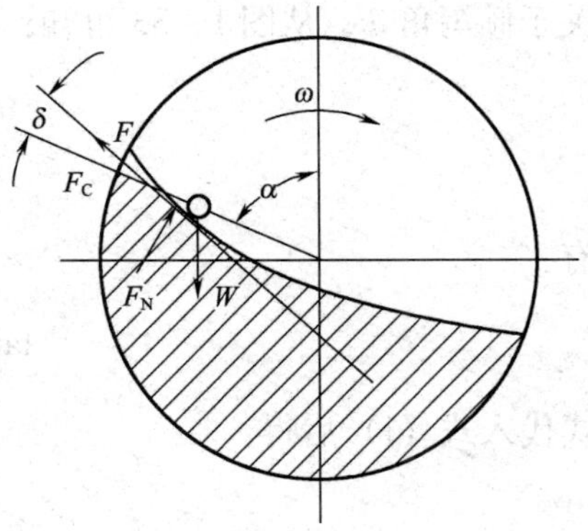

图 1-33　研磨体的受力分析

设研磨体的质量为 m，中心所在位置的半径为 r，研磨体之间的摩擦因数即研磨体的内摩擦因数为 f，筒体转速为 n，应有：

$$W=mg \tag{a}$$

$$F = fF_{\mathrm{N}} \tag{b}$$

$$F_{\mathrm{c}} = m\omega^2 r \tag{c}$$

$\omega = \dfrac{\pi n}{30}$ 为筒体角速度。

图中 α 为研磨体的脱离角，δ 为泻落坡面上一点的切线与同一点所在的半径之间的夹角，称为倾泻角。

研磨体沿坡面滚下的条件为：

$$W\cos(\alpha - \delta) \geqslant F_{\mathrm{c}}\cos\delta + F \tag{d}$$

以及：

$$F_N = W\sin(\alpha - \delta) + F_{\mathrm{c}}\sin\delta \tag{e}$$

合并上式并以 $\tan\varphi_{\mathrm{r}} = f$ 代入，经整理后可得

$$\frac{\cos(\delta - \varphi_{\mathrm{r}} - \alpha)}{\cos(\delta - \varphi_{\mathrm{r}})} = \frac{\omega^2 r}{g} \tag{f}$$

式中　φ_{r}——摩擦角。

在整理中，作为研磨体滚下的临界条件，式（d）中取等号。

令：

$$q = \frac{\omega}{\omega_{\mathrm{e}}} \tag{g}$$

为球磨机的转速比。ω_{e} 为球磨机的临界角速度。设筒体的半径为 R，有

$$\omega_{\mathrm{e}} = \sqrt{\frac{g}{R}} \tag{h}$$

将式（g）、（h）代入式（f）中，可得

$$\frac{\cos(\delta - \varphi_{\mathrm{r}} - \alpha)}{\cos(\delta - \varphi_{\mathrm{r}})} = \frac{q^2 r}{R} \tag{i}$$

关于倾泻角 δ，从图 1－33 可知：

$$\tan\delta = -\frac{\mathrm{d}l}{\mathrm{d}r}$$

$$\mathrm{d}l = r\mathrm{d}\alpha$$

从而有：

$$\tan\delta = -r\frac{\mathrm{d}\alpha}{\mathrm{d}r} \tag{j}$$

将上式代入式（i）后得：

$$\frac{\mathrm{d}r}{\mathrm{d}\alpha} = \frac{\dfrac{q^2}{R}r^2\sin\varphi_{\mathrm{r}} - r\sin(\alpha + \varphi_{\mathrm{r}})}{\dfrac{q^2}{R}r\cos\varphi_{\mathrm{r}} - \cos(\alpha + \varphi_{\mathrm{r}})} \tag{1-55}$$

对于转速一定的球磨机，q、R 为常数，当研磨体和被磨物料确定后，φ_{r} 也是常数。因此可令：

$$A = \frac{q^2}{R}\sin\varphi_r$$

$$B = \frac{q^2}{R}\cos\varphi_r$$

A、B 均为常数。式（1－55）成为

$$\frac{dr}{d\alpha} = \frac{Ar^2 - r\sin(\alpha + \varphi_r)}{Br - \cos(\alpha + \varphi_r)} \tag{1-55A}$$

上式为研磨体“团块”坡面的微分方程式，也就是研磨体做泻落式运动的微分方程式。

运动微分方程式看上去尽管不复杂，但它是非恰当的，同时又不能找到其积分因子，因此，微分方程式无法用初等积分法求解，也就是说，用数学方法得不到运动方程式的具体表达式，只能用数值积分求解。

分别以不同的研磨体内摩擦因数 f，球磨机转速比 q 以及一定的研磨体装填量作为已知条件，用电子计算机求得研磨体运动微分方程式的数值解并绘出相应的研磨体运动曲线，如图 1－34 所示。通过对计算结果和轨迹曲线的分析，可得到以下结论：

①研磨体的运动轨迹即研磨体“团块”坡面的积聚线近似为一个圆的部分圆弧，圆弧的半径和圆心的位置与球磨机的转速、研磨体的内摩擦因数以及装填量有关。

②研磨体的降落高度与研磨体的内摩擦因数和装填量有关。在工程要求的精度（相对误差不大于5%）内，可以认为研磨体的降落高度与球磨机的转速无关。

③球磨机的转速增加，研磨体降落点的位置降低，但当降至一定程度后，随着转速的进一步增加，降落点的位置反而升高。也就是说，研磨体降落点的位置有一个最低点，与该点相对应的球磨机转速称为研磨体做泻落式运动时的最大转速。最大转速与研磨体的内摩擦因数以及装填量有关。

三、主要参数的确定

（一）研磨体做抛落式运动

首先介绍研磨体做抛落式运动时球磨机的主要参数。

1. 转速

球磨机的转速对其工作有很大的影响，如果转速适当，则能使粉磨工作以较快的速度和在较高的效率下进行。所谓转速适当，是指转速不太快也不太慢。太快了，由于离心力太大，研磨体紧贴在筒体内壁不会沿抛物线轨迹落下，当然就不能给物料以有效的粉碎作用，粉磨速度和粉磨效率必然大大降低；反之，转速太慢，在单位时间内研磨体对物料作用的次数就少，同时研磨体上升高度不足，落下时对物料做的功也小，粉磨速度和效率当然也低。确定球磨机转速时，一般以研磨体对物料能做最大功作为依据。

当球磨机筒体的转速达到某一数值时，最外层研磨体的脱离角等于零，即研磨体升到筒体顶点，不再沿抛物线轨迹落下，这个转速称为球磨机的临界转速，以 n_c 表示。

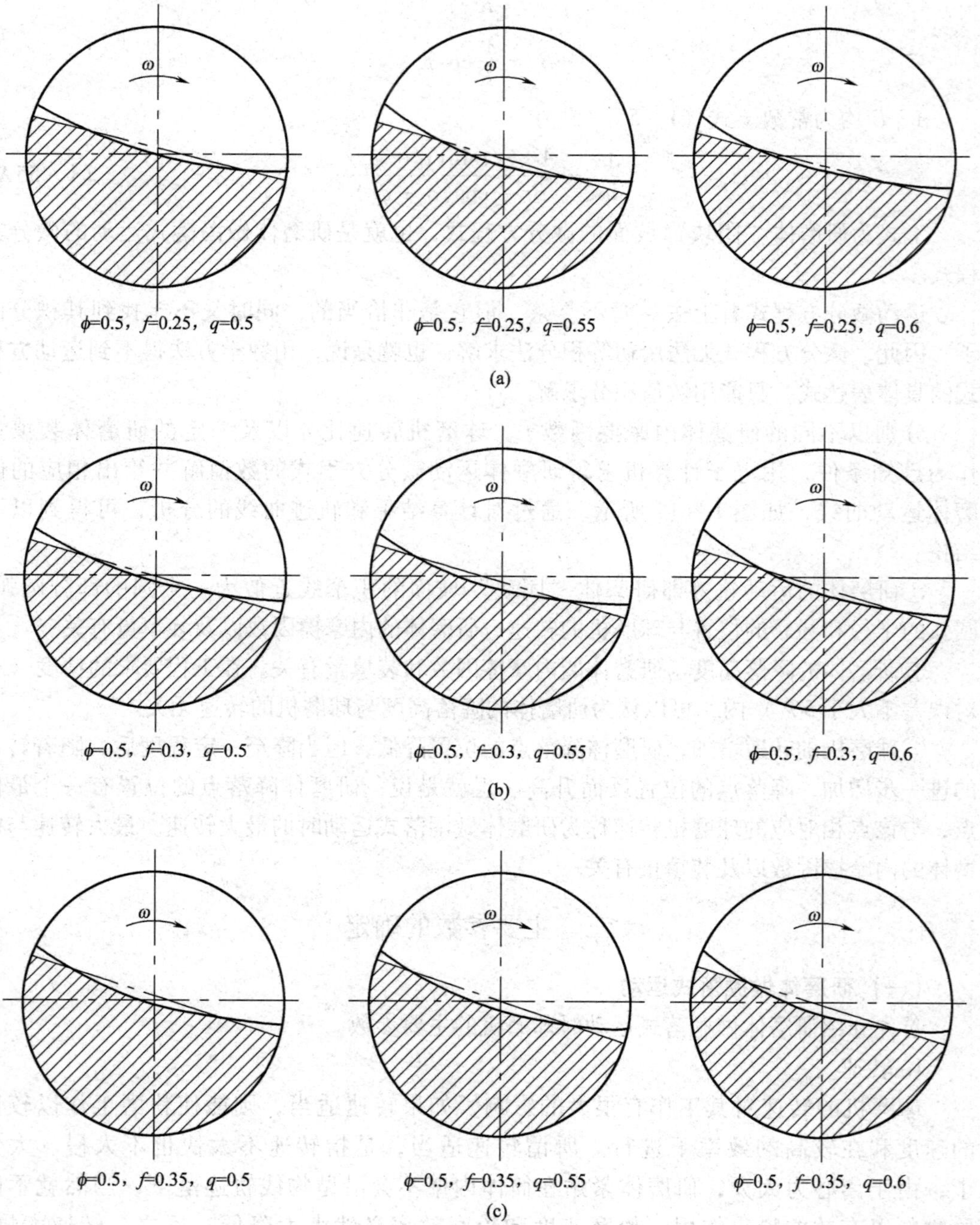

图 1－34　研磨体的运动轨迹

以研磨体最外层半径 R_1 和 $\alpha_1=0$ 代入式（1－42）中，得临界转速：

$$n_c=\frac{30}{\sqrt{R_1}}=\frac{30}{\sqrt{\frac{D}{2}-\frac{d}{2}}}$$

式中　D——筒体的内径，m；

　　　d——研磨体的直径，m。

因为 $d \leqslant D$，故上式近似为：

$$n_c = \frac{42.4}{\sqrt{D}} \tag{1-56}$$

必须指出，如只考虑离心力的作用而忽略滑动和物料对研磨体运动的影响等因素，当 $\alpha=0$ 时，研磨体紧贴筒体内壁的现象是可能发生的，但是事实上由于上面这些因素的影响，球磨机实际的临界转速比理论计算的临界转速要大。此外，筒体达到临界转速时，实际上只有最外层研磨体离心化，其他层的研磨体仍然是在继续工作的，如图 1－35 所示。

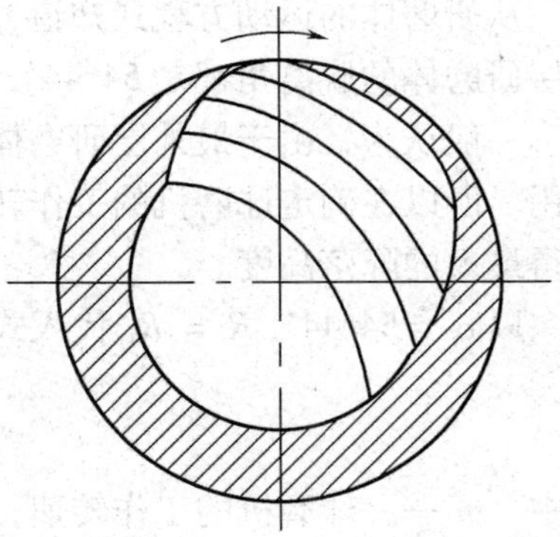

图 1－35　在临界转速下各层研磨体运动情况

理论上当 $n=n_c$ 时，由于研磨体紧贴在筒体内壁上随着筒体一道运动，不会沿着抛物线轨迹落下，不能对物料起任何粉碎作用，粉碎功等于零。相反，当筒体转速极低时，研磨体不能被筒壁带起，对物料做的功也等于零。由此可见，球磨机中研磨体对物料做的功与筒体转速有关，做最大功时的转速在零和临界转速之间。

使研磨体能做最大功时筒体的转速称为球磨机的工作转速或适宜转速，以 n 表示。

如果以 mgh 表示研磨体对物料做的功（其中 m 为研磨体的质量，g 为重力加速度，h 为研磨体的降落高度），那么，在研磨体装填量一定的情况下，要能做最大的功，必须使研磨体降落高度有最大值。由此可知，球磨机的工作转速也可说成是使研磨体有最大降落高度时筒体的转速。

如图 1－30 所示，研磨体的降落高度：

$$h = h_1 + |y|$$

根据在抛物线轨迹的顶点处研磨体的垂直分速等于零可得

$$h_1 = \frac{v^2\sin^2\alpha}{2g}$$

以 $\frac{v^2}{g} = R\cos\alpha$ 代入上式，可得：

$$h_1 = \frac{1}{2}R\sin^2\alpha\cos\alpha$$

从图 1－30 可知

$$h_2 = |y| = 4R\sin^2\alpha\cos\alpha$$

所以有：

$$h = 4.5R\sin^2\alpha\cos\alpha$$

为了求得 h 有最大值时 α 的数值，可令：

$$\frac{dh}{d\alpha}=0$$

计算结果可得：

$$\alpha=54°44'$$

即研磨体的脱离角为 54°44′时，研磨体的降落高度有最大值。

从研磨体的运动方程式知道，各层研磨体的脱离角是各不相同的，实际上不可能使各层研磨体的脱离角都是 54°44′，即不可能使各层研磨体都有最大的降落高度。

一般认为，由于最外层研磨体数量多，降落高度大，必须充分发挥其对物料的粉碎作用。所以在确定球磨机的工作转速时，应使最外层研磨体的脱离角为 54°44′，即使其获得最大的降落高度。

以 $\alpha=54°44'$，$R=R_1$ 代入式（1－42），即可求得球磨机的工作转速

$$n=\frac{32}{\sqrt{D}} \tag{1-57}$$

式中　n——球磨机的工作转速，r/min；

　　D——筒体的内径，m。

工作转速与临界转速之比称为球磨机的转速比：

$$q=\frac{n}{n_c} \tag{1-58}$$

从式（1－56）和式（1－57）可得

$$q=0.76$$

另一种意见认为：不能只是使最外层研磨体有最大的降落高度，而应该全面地发挥各层研磨体对物料的粉碎作用。为此，要以假想球磨机筒体中所有的研磨体都集中在某一中间层运动，研磨体在这一中间层运动的性质，可以概括地代表全部研磨体在筒体内运动的情况，这一中间层称“聚积层”。聚积层的位置可根据聚积层与全部研磨体层对筒体中心的惯性矩相等的原则确定。

如图 1－36 所示，作直线 OP 和 OQ，使面积 $ABPQ$ 与面积 $A'B'P'Q'$ 对 O 的惯性矩相等。

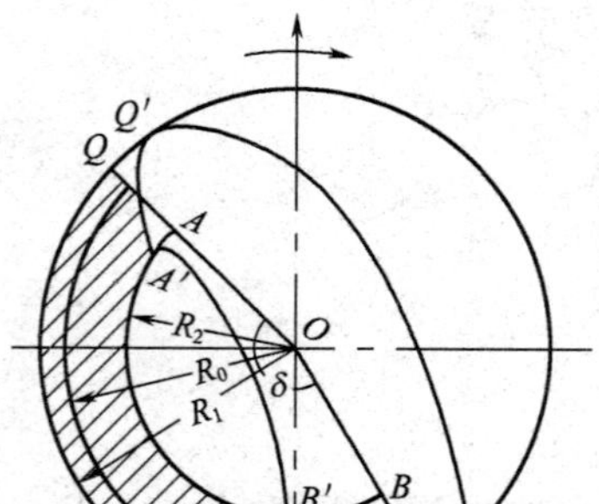

图 1－36　研磨体的“聚积层”

全部研磨体层对筒体中心 O 的惯性矩为：

$$\int_{R_2}^{R_1}\delta R^3 dR=\frac{\delta}{4}(R_1^4-R_2^4)$$

设聚积层半径为 R_0，聚积层研磨体对筒体中心 O 的惯性矩为：

$$\frac{\delta}{2}(R_1^2-R_2^2)R_0^2$$

令两者相等，可得聚积层半径：

$$R_0=\sqrt{\frac{R_1^2+R_2^2}{2}}$$

为了全面发挥各层研磨体对物料的粉碎作用，在

确定球磨机工作转速时，应使聚积层的研磨体有最大的降落高度。以 $\alpha = 54°44'$, $R = R_0$ 代入式（1-42）中，并按式（1-46）令 $R_2 = 250/n^2$ ，最后可得球磨机的工作转速

$$n = \frac{37}{\sqrt{D}} \tag{1-59}$$

相应的转速比 $q = 0.88$ 。

球磨机的工作转速或适宜转速与很多因素有关，至今尚无定论，上述理论公式只能作为参考。在最后确定工作转速时，应当通过试验确定。从国内外发表的实际操作资料来看，多数球磨机的转速比在0.75~0.85。

关于利用滑动摩擦力产生的研磨作用使物料加速粉碎的超临界转速运动（即工作转速大于临界转速）问题，意见也不一致。过去我国水泥研究院粉磨自动化研究室曾进行过试验，认为球磨机转速增加，对提高产品细度和生产能力方面都有显著的效果。但是，据另外一些资料介绍，在超临界转速下运转，不仅不能获得最大的生产能力，反而会引起研磨体和衬板的严重磨损，且功率消耗也大幅度增加。

2. 功率

球磨机的功率分为主传动需要的功率与辅助传动需要的功率。下面分别介绍其计算方法。

（1）球磨机主传动需要的功率　球磨机主传动需要的功率包括两部分，一部分用于提升研磨体至一定的高度并使之具有一定的速度抛射出去，沿抛物线轨迹落下以粉碎物料，另一部分用于克服机械摩擦阻力。

如图1-37所示，研磨体提升的高度：

$$h_2 = 4R\sin^2\alpha\cos\alpha$$

在脱离点处研磨体的线速度为：

$$v = \frac{\pi n}{30}R$$

对于半径为 R ，宽为 dR 的一薄层研磨体，单位时间通过的研磨体的质量为：

$$\rho L v dR = \rho L \frac{\pi n}{30} R dR$$

式中　ρ ——研磨体的容积密度；

L ——筒体的长度。

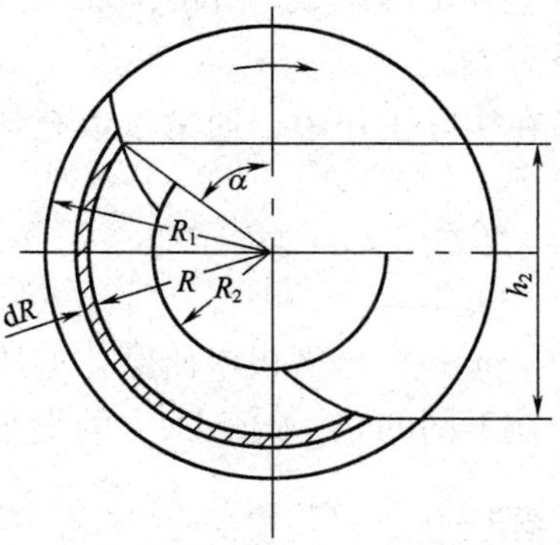

图1-37　需要功率的计算

将这些研磨体提升到高度 h_2 并使之具有速度 v 所需要的能量即为功率：

$$dP = \rho g L \frac{\pi n}{30} R dR\left(4R\sin^2\alpha\cos\alpha + \frac{v^2}{2g}\right)$$

以 $\cos\alpha = \frac{Rn^2}{900}$ 和 $v = \frac{\pi n}{30}R$ 代入上式得：

$$dP = \frac{\pi\rho g n^3 L}{54000}\left(9R^3 - \frac{8n^4}{810000}R^5\right)dR$$

在 R_1、R_2 范围内积分并 $k=\dfrac{R_2}{R_1}$ 得:

$$P=\int_{R_2}^{R_1}\frac{\pi\rho g n^3 L}{54000}\left(9R^3-\frac{8n^4}{810000}R^5\right)\mathrm{d}R$$
$$=\frac{\pi\rho g n^3 L R_1^4}{216000}\left[9(1-k^4)-\frac{16n^4R_1^2}{2430000}(1-k^6)\right]$$

以 $n=\dfrac{30q}{\sqrt{R_1}}$ 以及 $R_1\approx\dfrac{D}{2}$ 代入上式，并将功率单位换算为 kW，研磨体容积密度单位换算为 t/m^3，可得:

$$P=0.68\rho D^{2.5}Lq^3\left[9(1-k^4)-\frac{16}{3}q^4(1-k^6)\right]$$

令

$$c=q^3\left[9(1-k^4)-\frac{16}{3}q^4(1-k^6)\right]$$

于是有:

$$P=0.68c\rho D^{2.5}L \tag{1-60}$$

式中 P——功率，kW;
ρ——研磨体的容积密度，t/m^3;
D——筒体内径，m;
L——筒体长度，m。

上式中的系数 c 由 q、k 的大小决定，而 k 的大小除与转速有关外，还与研磨体的装填量有关。

在实际工作中，通常以填充系数 ϕ 来表示球磨机中研磨体的装填量。

$$\phi=\frac{m}{\frac{\pi D^2}{4}L\rho}$$

式中 m——球磨机中研磨体的质量。

在不同的 q、ϕ 值下，k 的大小可从表 1-6 查出。

表 1-6 不同 q、ϕ 条件下的 k 值

转速比 q	填充系数 ϕ					
	0.3	0.35	0.4	0.45	0.5	0.55
0.6	0.1723	—	—	—	—	—
0.62	0.4036	—	—	—	—	—
0.64	0.4940	—	—	—	—	—
0.66	0.5543	0.3243	—	—	—	—
0.68	0.5995	0.4427	—	—	—	—
0.70	0.6354	0.5126	0.2389	—	—	—

续表

转速比 q	填充系数 ϕ					
	0.3	0.35	0.4	0.45	0.5	0.55
0.72	0.6650	0.5630	0.3990	—	—	—
0.74	0.6899	0.6022	0.4779	—	—	—
0.76	0.7111	0.6340	0.5324	0.3627	—	—
0.78	0.7295	0.6606	0.5740	0.4492	—	—
0.80	0.7456	0.6832	0.6074	0.5066	0.3325	—
0.82	0.7597	0.7027	0.6351	0.5497	0.4251	—
0.84	0.7721	0.7196	0.6585	0.5840	0.4843	0.3069
0.86	0.7832	0.7344	0.6785	0.6122	0.5281	0.4041
0.88	0.7929	0.7473	0.6958	0.6359	0.5627	0.4640
0.90	0.8016	0.7587	0.7109	0.6560	0.5908	0.5078
0.92	0.8093	0.7688	0.7239	0.6733	0.6143	0.5419
0.94	0.8160	0.7775	0.7353	0.6881	0.6340	0.5695
0.96	0.8218	0.7851	0.7451	0.7008	0.6507	0.5922
0.98	0.8268	0.7916	0.7535	0.7116	0.6648	0.6110
1.00	0.8308	0.7969	0.7604	0.7206	0.6764	0.6263

在合理的工作制度下，一般 $k \leqslant 0.5$，这样 k^4 和 k^6 都远小于1，系数

$$c \approx q^3\left(9 - \frac{16}{3}q^4\right) \tag{1-61}$$

从表1-7可查出不同转速比时系数 c 的值。

表1-7　　不同 q、ϕ 条件下的 c 值

转速比 q	填充系数 ϕ					
	0.3	0.35	0.4	0.45	0.5	0.55
0.6	1.7930	—	—	—	—	—
0.62	1.9010	—	—	—	—	—
0.64	1.9877	—	—	—	—	—
0.66	2.0608	2.2682	—	—	—	—
0.68	2.1225	2.3653	—	—	—	—
0.70	2.1734	2.4426	2.6378	—	—	—
0.72	2.2137	2.5039	2.7413	—	—	—

续表

转速比 q	填充系数 ϕ					
	0.3	0.35	0.4	0.45	0.5	0.55
0.74	2.2428	2.5503	2.8164	—	—	—
0.76	2.2604	2.5819	2.8701	3.1031	—	—
0.78	2.2657	2.5985	2.9040	3.1679	—	—
0.80	2.2578	2.5991	2.9184	3.2048	3.4347	—
0.82	2.2355	2.5829	2.9126	3.2163	3.4785	—
0.84	2.1980	2.5488	2.8857	3.2024	3.4833	3.7145
0.86	2.1436	2.4950	2.8365	3.1624	3.4639	3.7244
0.88	2.0707	2.4202	2.7632	3.0949	3.4081	3.6911
0.90	1.9778	2.3223	2.6639	2.9882	3.3192	3.6177
0.92	1.8627	2.1993	2.5364	2.8700	3.1950	3.5039
0.94	1.7234	2.0488	2.3781	2.7079	3.0334	3.3482
0.96	1.5572	1.8679	2.1862	2.5088	2.8314	3.1483
0.98	1.3613	1.6536	1.9576	2.2696	2.5858	2.9011
1.00	1.1326	1.4029	1.6888	1.9869	2.2934	2.6036

按式（1－60）计算的球磨机需要的功率是偏高的，因为实际上研磨体落下时有一部分能量要“给回”筒体，但是这部分能量在总能量中究竟占多少，目前还无法确定，因此，式（1－60）仅供选择球磨机配套用电动机时的参考，在最后确定电动机功率时，还必须以实际操作数据作为依据。至于克服机械摩擦力需要的功率和功率储备，就不必再予以计算了。

（2）球磨机辅助传动需要的功率　辅助传动是用于球磨机定位的，转速很低，研磨体在筒体内的运动为泻落式，因此，球磨机需要的功率可用后面研磨体做泻落式运动时球磨机需要功率的计算公式确定。

3. 生产能力

球磨机的生产能力与很多因素有关，主要有：

①物料的种类、物理性质、粉磨前的粒度和要求磨细的程度。

②球磨机的直径和长度，衬板的材料和形状，筒体转速。

③研磨体的种类、装填量、形状、尺寸大小及其配合。

④物料和水的加入量，加料方式，是否加入助磨剂。

这些因素对球磨机生产能力的影响以及彼此之间的关系，在理论上还没有做出较完整的结论。目前确定球磨机生产能力，差不多都是以实际操作数据作为依据的。

对规格不同的两台球磨机，如粉磨物料的种类、粉磨前的粒度和粉磨后的粒度要求都相同，其生产能力可按下式估算

$$\frac{Q_2}{Q_1}=\frac{V_2}{V_1}\left(\frac{D_2}{D_1}\right)^{0.6} \tag{1-62}$$

式中　Q_1、Q_2——球磨机的生产能力；

V_1、V_2——筒体的容积；

D_1、D_2——筒体的内径。

4. 研磨体

（1）装填量　如前所述，在研磨体做抛落式运动的球磨机中，物料是由于研磨体的碰击和研磨作用而被粉碎的，如果研磨体的装填量越多，一般来说，应该对物料的粉碎作用越剧烈，球磨机的生产能力越高。但是，从研磨体的运动分析中知道，研磨体中有个最内层半径问题，如装填量过多，最内层半径小于某一数值时，不可避免地要发生研磨体的互相碰撞，因而损失能量，降低粉磨效率，严重时甚至会失去对物料的粉碎能力。因此，研磨体的装填量对提高球磨机的生产能力和降低单位功耗都是很重要的。

球磨机中研磨体的装填量一般以填充系数 ϕ 表示，即

$$\phi=\frac{m}{\frac{\pi D^2}{4}L\rho} \tag{1-63}$$

填充系数也可表示为：

$$\phi=\frac{A}{\pi R_1^2}$$

式中　A——球磨机静止时在筒体横截面内研磨体占的面积；

R_1——研磨体最外层半径。

当球磨机旋转时，情况发生了变化。研磨体所占的面积分成为两部分：沿圆弧轨迹运动的部分和沿抛物线轨迹运动的部分。一般说来，研磨体在运动过程中，研磨体之间的间隙与静止时是不同的。不过，沿圆弧轨迹运动部分的研磨体，其间隙与静止时的情况相差不大，可近似认为是相同的。至于沿抛物线轨迹运动的部分，间隙较大，必须另作处理。

设 A_1 表示研磨体沿圆弧轨迹运动部分的面积，A_2 表示研磨体沿抛物线轨迹运动部分折算成与沿圆弧轨迹运动部分有相同间隙情况时的面积，因此有

$$A=A_1+A_2$$

A_1 的计算：从图 1－38 可知，对于半径为 R 的圆面积

$$dA_1=\delta R dR$$

以 $\delta=2\pi-4\alpha$　$R=\frac{900}{n^2}\cos\alpha$　$dR=-\frac{900}{n^2}\sin\alpha d\alpha$

代入可得：

$$dA_1=-\frac{4\times 900^2}{n^4}\left(\frac{\pi}{2}-\alpha\right)\cos\alpha\ \sin\alpha\ d\alpha$$

积分后得

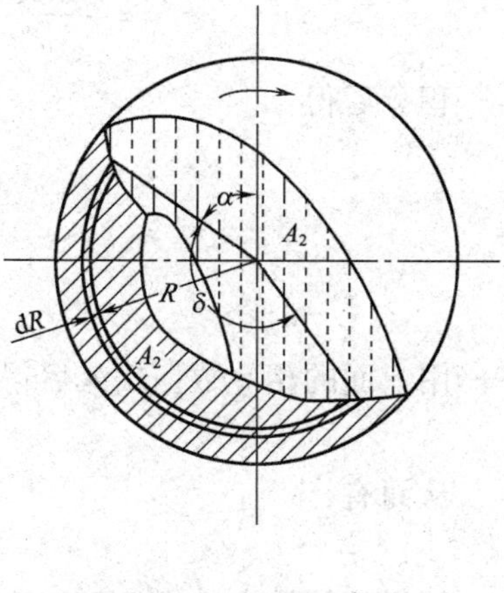

图 1－38　填充系数的计算

$$A_1 = -\frac{4\times 900^2}{n^4}\int_{\alpha_2}^{\alpha_1}\left(\frac{\pi}{2}-\alpha\right)\cos\alpha\,\sin\alpha\,\mathrm{d}\alpha$$

$$= -\frac{900^2}{2n^4}\left[\sin2\alpha+(\pi-2\alpha)\cos2\alpha\right]_{\alpha_2}^{\alpha_1}$$

积分的上下限由实际工作条件决定。

例如，如果令球磨机中最外层研磨体有最大的降落高度，即

$$n = \frac{22.8}{\sqrt{R_1}} \quad \alpha_1 = 54°44'$$

并且按照研磨体有最大的装填量计算，即

$$\alpha_2 = 73°44'$$

以上面数据代入后可得：

$$A_1 = 0.707R_1^2$$

A_2 的计算：设单位面积上研磨体的数目为 N_0，对于一层研磨体，有：

$$\mathrm{d}N_1 = N_0\mathrm{d}A_1 \quad \mathrm{d}N_2 = N_0\mathrm{d}A_2$$

在上面两式中，$\mathrm{d}N_1$、$\mathrm{d}N_2$ 分别表示沿圆弧轨迹和沿抛物线运动的研磨体数目。两式相除得：

$$\frac{\mathrm{d}A_1}{\mathrm{d}A_2} = \frac{\mathrm{d}N_1}{\mathrm{d}N_2}$$

根据式（1－53）有：

$$\frac{\mathrm{d}A_1}{\mathrm{d}A_2} = \frac{\pi-2\alpha}{\sin2\alpha}$$

或

$$\mathrm{d}A_2 = \frac{\sin2\alpha}{\pi-2\alpha}\mathrm{d}A_1$$

将前面 $\mathrm{d}A_1$ 的表达式代入上式中：

$$\mathrm{d}A_2 = \frac{\sin2\alpha}{\pi-2\alpha}\left[-\frac{4\times900^2}{n^4}\left(\frac{\pi}{2}-\alpha\right)\cos\alpha\,\sin\alpha\,\mathrm{d}\alpha\right]$$

$$= -\frac{900^2}{n^4}\sin^2 2\alpha\mathrm{d}\alpha$$

积分后得：

$$A_2 = -\frac{900^2}{n^4}\int_{\alpha_2}^{\alpha_1}\sin^2 2\alpha\mathrm{d}\alpha$$

$$= -\frac{900^2}{2n^4}\left[\alpha-\frac{1}{4}\sin4\alpha\right]_{\alpha_2}^{\alpha_1}$$

用上面的相应数据代入后得：

$$A_2 = 0.609R_1^2$$

从而有：

$$A = 1.32R_1^2 \quad \phi = 0.42$$

如果使筒体中“聚积层”研磨体有最大的降落高度，经过类似的计算后可得 ϕ =

0.58。

对于间歇式球磨机，实际采用的填充系数一般为0.4~0.5。有人认为，$\phi = 0.45 \sim 0.50$ 时，球磨机的粉磨效果最好。

（2）大小和形状　为了使球磨机能有效地工作，只考虑研磨体的装填量是不够的，还必须确定研磨体的尺寸。因为研磨体尺寸的大小与被粉磨物料粒度之间有一定的关系。在球磨机进行粉磨时，一方面物料受到研磨体的碰击作用，另一方面受到研磨体的研磨作用。显然，研磨体与物料的接触点越多，粉磨操作越容易完成。也就是说，如果球磨机中研磨体装填量一定时，研磨体的尺寸越小，个数则越多，粉磨效果越好。但从另一方面看，要将较粗的物料粉碎，必须使研磨体有一定的大小和足够的质量才行，亦即物料越粗，研磨体也应越大。因此球磨机中研磨体尺寸过大或过小都不行，必须适当选择。

研磨体尺寸与被磨物料粒度之间究竟有怎样的关系，虽然这方面的研究工作做得很多，但因球磨机内的情况十分复杂，影响的因素很多，使得到现在还未能找到适用于任何工作条件下的一般规律，通常还是根据实际工作情况凭经验确定。

初步估算研磨体尺寸时，可使用下面的经验公式：

$$d = (\frac{1}{24} \sim \frac{1}{18})D \qquad (1-64)$$

式中　d——研磨体的直径，mm；

D——球磨机筒体的内径，mm。

另一个经验公式为：

$$d = 28\sqrt[3]{d_m} \qquad (1-65)$$

式中　d——研磨体的平均直径，mm；

d_m——被粉碎物料的平均直径，mm。

关于研磨体尺寸大小的配合问题，有两种不同的意见，一种意见认为：球磨机中研磨体的尺寸应按大、中、小搭配，当研磨体之间的空隙率最小时，粉磨效果最好。有人对尺寸不同的几种球形研磨体混合后的空隙率的变化情况进行了研究，结果表明，当大球占50%，中球占10%，小球占40%时，研磨体的空隙率最小（空隙率22%）。另一种意见认为，球磨机中各种尺寸研磨体对物料的粉碎作用是加和性的，即总的粉碎作用等于单一尺寸研磨体对物料粉碎作用的加权平均值，因此，在球磨机中按一定比例装入尺寸大小不同的研磨体，但实际上并未产生显著的效果。

研磨体的形状也影响球磨机的工作。为了有效地粉碎物料，应使研磨体各部分均能与物料接触，因此，研磨体的形状以短圆柱形和球形为好。此外，据介绍，如在球磨机中加入30%~35%的扁平状研磨体，粉磨会更为有效。显然，表面有凹窝的研磨体，不宜使用。

（3）材料和磨损率　首先，由于工艺上的要求，研磨体材料中不应含有影响原料性能的有害成分，特别是不应含有着色元素；其次，实践证明，研磨体的密度越大，球磨机的生产能力越高，因此在可能的条件下，应采用密度大的材料；第三，为了减小研磨体的磨损率，材料的硬度应比较高，同时也应具有一定的强度；最后，由于在陶瓷厂中，研磨体需要量较多，并要经常补充，所以还应从价格上和来源上加以考虑。

作为研磨体的材料通常是普通瓷、高铝瓷、刚玉、锆质瓷和天然燧石等。由于天然燧石来源容易、价格低廉、硬度较高、杂质含量较少、能满足工艺要求，故得广泛应用。目前我国陶瓷厂多数是采用中铝瓷和高铝瓷作为球磨机的研磨体。

研磨体在粉碎物料的同时，本身也要磨损。研磨体的磨损率一般要参考实际操作的数据，下面是球磨机运转10h研磨体的估计磨损率：

瓷质研磨体2.0%~3.0%　　花岗石质研磨体0.5%~1.0%

法国燧石0.3%~0.5%　　丹麦燧石0.2%~0.3%

从另外一些资料来看，上面的数据是偏高的，只能作为参考。

（二）研磨体做泻落式运动

研磨体做泻落式运动时球磨机的主要参数与上述结果有所不同，现分述如下：

1. 转速

如前所述，研磨体做泻落式运动时，研磨体的降落高度基本上与球磨机的转速无关。但是研磨体降落点有一个最低位置，与此相应的为球磨机的最大转速。最大转速与研磨体的内摩擦因数以及球磨机的填充系数有关。表1-8为填充系数 $\phi = 0.5$ 时，不同内摩擦因数相应最大转速比 q_{max} 的数值计算结果。

表1-8　　q_{max} 与 f 的关系

f	q_{max}	f	q_{max}
0.25	0.5	0.4	0.65
0.3	0.55	0.45	0.7
0.35	0.6		

在湿磨球磨机中，研磨体的内摩擦因数一般为0.25~0.35，当填充系数为0.5时，从表1-8可知，最大转速比为0.5~0.6，随着内摩擦因数的减小，转速应适当降低。由此可以确定球磨机的转速。

2. 填充系数

为了加快粉磨速度，粉磨机应有尽量多的研磨体同时工作。由于研磨体做泻落式运动时不受最内层半径的限制，研磨体的装填量可以增多，计算结果表明，填充系数可在0.50~0.55之间选择。

3. 功率

研磨体做泻落式运动时，研磨体“团块”坡面的聚积线是圆弧 ABC，如图1-39所示。研磨体的偏转状态在图中由剖面线画出，研磨体的重心位置为 P。

研磨体的重力为：

$$W = \frac{\pi D^2}{4} L\phi\rho g \tag{a}$$

式中　D——筒体内径，m；

L——筒体长度，m；

ϕ——填充系数；

g——重力加速度，m/s^2；

ρ——研磨体的密度，kg/m^3。

重力力矩为：

$$M = Wx_c \tag{b}$$

重力矩是球磨机筒体旋转时需要克服的阻力矩，因此使筒体旋转需要的功率为

$$P_c = M\omega = \frac{\pi D^2}{4} L\phi\rho g x_c \frac{\pi n}{30}$$

或

$$P_c = \frac{\pi^2}{120} D^2 L\phi\rho g x_c n \tag{1-66}$$

x_c 可以用式（1－55A）根据已知的 f、q 和 ϕ 用电子计算机求得其近似值。

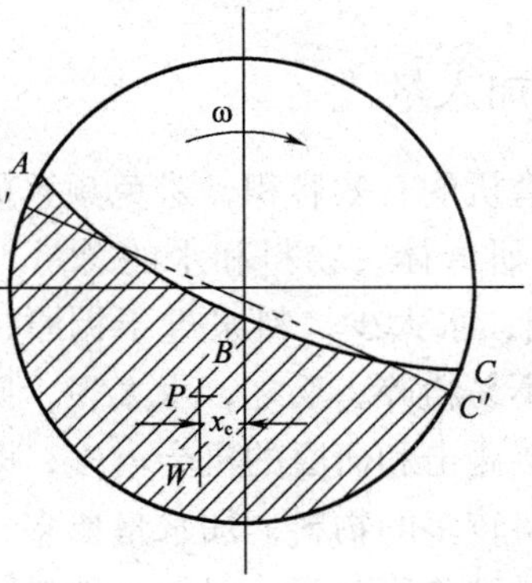

图 1－39 球磨机需要的功率

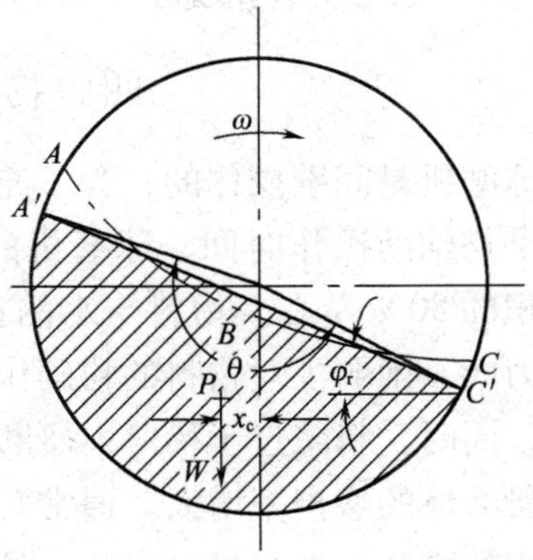

图 1－40 球磨机功率的简化计算

为了简化计算，假设研磨体泻落按照自然休止状态形成“团块”，也就是说，假设“团块”坡面的聚积线为直线 $A'C'$，研磨体偏转成为弓形（图 1－40）。这样，在筒体断面上弓形面积重心的 x 坐标为：

$$x_c = \frac{1}{12} \times \frac{D^3 \sin^3 \frac{\theta}{2}}{A} \sin\varphi_r$$

$A = \phi \frac{\pi D^2}{4}$ 为弓形断面的面积。于是上式成为：

$$x_c = \frac{1}{3\pi\phi} D \sin^3 \frac{\theta}{2} \sin\varphi_r \tag{c}$$

θ 为弓形断面所对的圆心角，与填充系数有关。从几何关系可知：

$$\phi = \frac{\theta - \sin\theta}{2\pi} \tag{1-67}$$

为了使用方便，图 1－41 给出 $\theta - \phi$ 的关系曲线。根据已知的填充系数 ϕ 从曲线上可找到相应的圆心角 θ，近似有 $\theta \approx 180\phi + 90$。

以式（c）代入式（1－66）可得：

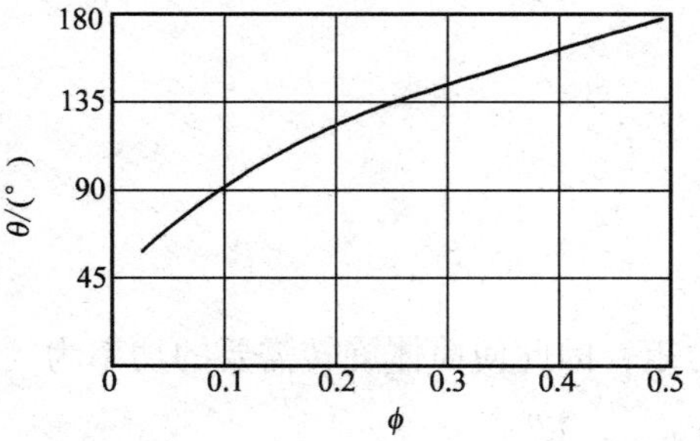

图1-41　$\theta-\phi$ 的关系曲线

$$P_c = \frac{\pi}{360} D^3 L n \rho g \sin^3 \frac{\theta}{2} \sin\varphi_r \quad (1-68)$$

电动机功率为：

$$P = K \frac{P_c}{\eta_m \eta_d}$$

或

$$P = \frac{\pi}{360 \eta_m \eta_d} K D^3 L n \rho g \sin^3 \frac{\theta}{2} \sin\varphi_r \quad (1-69)$$

式中　η_m——球磨机的机械效率，$\eta_m = 0.85 \sim 0.90$；

η_d——传动效率；

K——电动机容量安全系数，$K = 1.10 \sim 1.15$。

四、物料和水的加入量

由于球磨机是间歇操作的，为了充分利用球磨机的有效容积，避免频繁的装料和卸料，缩短平均辅助操作时间，球磨机的装载量（研磨体、物料和水的总量）一般要占其有效容积的80%左右。物料与水的比例要适当，水太少，料浆过于稠厚，对研磨体运动的阻力大，削弱了对物料的粉碎作用，物料不易粉碎；反之，水太多，则必然要减少加料量，同时，料浆过于稀薄，研磨体之间直接碰击和研磨的机会增多，既损失了能量，又使研磨体的磨损率增大。通常对于塑性原料较多的物料，加水量要多，对于以瘠性原料为主的物料，加水量可少些，具体数值通过试验确定。一般粉磨釉料（含瘠性原料较多）时，料、水和研磨体的质量比为1:(0.45~0.55):(1.5~2.3)；粉磨坯料（含塑性原料较多）时，水要适当多加，料、水比通常可达1:(0.8~1.1)。

五、加料方式和助磨剂的使用

物料中各个组分粉碎的难易程度是各不相同的，粉碎前的粒度大小也不一样。石质原料（如长石、石英等）较难粉碎，入磨时颗粒较粗；土质原料（如黏土）较易粉碎，入磨时已是土状，颗粒较细。如几种原料同时加入球磨机内，那么细粒的土质原料会成为粗粒石质原料的衬垫，削弱了研磨体对石质原料的粉碎作用，而土质原料本身又受到过度粉碎，粉磨效果不好。如果先把较难粉碎的石质原料装入磨内，粉磨一段时间后再加入土质原料，这样可缩短粉磨时间，提高粉磨效率。

粉磨时加入少量某种电解质，可减弱物料的亲水性，使表面活化，硬度降低，防止微裂纹的愈合，加快粉磨速度，这些电解质称为助磨剂。水玻璃、硫酸钠、氯化铝等都可作为助磨剂使用，加入量一般为物料质量的0.05%~0.10%。

六、衬　板

球磨机内镶砌衬板的目的，一方面是保护筒体使之不被磨坏，另一方面是防止物料与铁接触，以免物料受到污染。

目前多半采用瓷质和硅石质衬板。由于瓷质衬板容易磨损，价格也高，所以用得较少。硅石质衬板是用天然硅石经人工琢磨而成，厚度为100mm左右。衬板用快硬水泥砂浆贴于筒体内壁，衬板之间的接缝越小越好，在筒体的圆周上，接缝应错开。硅石质衬板的使用寿命与其质量好坏有关，一般为2000h左右。

近十多年来，国内外逐渐使用耐磨橡胶作为球磨机的衬板材料。橡胶衬板的表面形状有平行和波浪形两种，厚度比硅石质的要小得多。使用橡胶衬板，可增大球磨机的有效容积。据报道，对于直径2m的球磨机，有效容积可增加40%，一般也可增加25%左右。橡胶衬板的耐磨性比较好，寿命较长，通常可使用7~8年。衬板的更换也很方便，只需30h左右就可完成拆旧换新工作。实践表明，使用橡胶衬板，研磨体对物料的粉碎作用不但没有削弱，反而有所增加，这是由于橡胶的反弹作用使更多的能量用于对物料的粉碎而不会被筒体所吸收。另外，使用橡胶衬板，球磨机工作的噪声较小，可改善工作环境。橡胶衬板的缺点是耐热性差，工作温度不能超过80℃，这一点使用时必须注意。为了使筒内温度不致过高，可适当降低球磨机的转速，与此同时可采用密度大的研磨体，如刚玉或氧化锆研磨体。为了冷却筒体，国外大中型球磨机还有装冷却水套。

橡胶内衬主要由衬板和压条组成。安装时，先将带有连接螺栓的钢板插入压条的槽子沟内，然后压在两块衬板上，螺栓通过球磨机筒体已钻好的孔伸到筒体外，从球磨机外面装上垫圈并用螺母坚固，使衬板紧固在球磨机内壁上，构成一个整体的橡胶内衬，如图1-42所示。

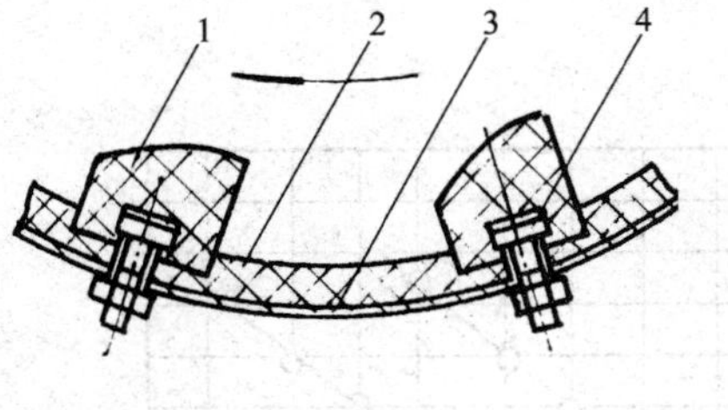

图1-42　橡胶衬板的装配

1—压条　2—衬板　3—筒体　4—连接螺栓

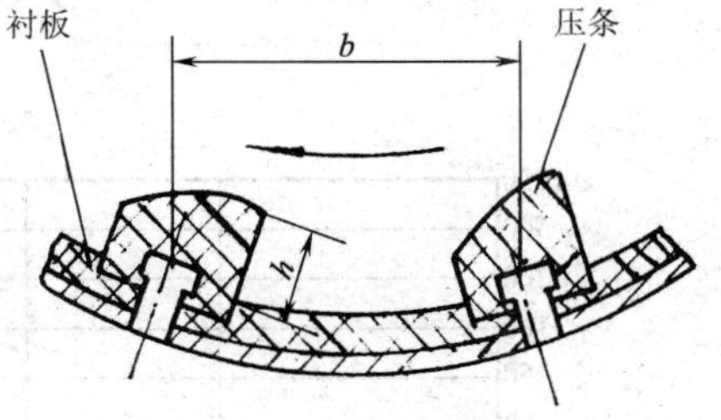

图1-43　衬板的尺寸

橡胶内衬的压条高度和压条间距，对球磨机的产量、电耗及内衬的磨损等都有影响。一般认为压条的工作高度 h 与衬板的工作宽度 b 之比等于1/4时，球磨机的产量最高，电耗最低，衬板的磨损最小（见图1-43）。也可用下面的经验公式确定：

$$h = (1 - q)b$$

式中　h ——压条凸出筒体衬板的高度，m；

b ——相邻压条间的距离，m；

q ——球磨机的转速比。

七、粉磨动力学

用间歇式球磨机粉磨物料时，在开始不久粗颗粒的含量迅速减少，物料粉磨的速度很快。随着粉磨过程的进行，粉磨速度逐渐减慢下来，以后则越来越慢。产生这种现象的原因是颗粒越细，颗粒上的微裂纹等缺陷越少，不易形成应力集中，颗粒越难粉碎。

设 R 表示物料中粒度大于规定尺寸（即规定的粒度级别）的粉粒质量百分数，称为正累积质量百分数。所谓粉磨速度就是物料中正累积质量减少的速度。在简单的情况下，可以假设粉磨速度与正累积质量成正比，以公式表示为：

$$\frac{\mathrm{d}R}{\mathrm{d}t} = -KR \tag{1-70}$$

式中　R——粉磨 t 时间后，物料中大于规定尺寸的粉粒质量百分数，通常以物料在一定规格的筛面上过筛后的筛余表示；

t——粉磨时间；

K——比例系数，与物料性质、粉磨条件等因素有关。

设粉磨开始时（$t=0$）物料中正累积质量百分数为 R_0，积分上式可得：

$$R = R_0 \mathrm{e}^{-kt} \tag{1-71}$$

实验结果表明，下式更符合实际情况：

$$R = R_0 \mathrm{e}^{-kt^m} \tag{1-72}$$

将上式移项后取两次对数可得

$$\lg(\lg\frac{R_0}{R}) = \lg(K\lg\mathrm{e}) + m\lg t$$

在 $\lg(\lg\frac{R_0}{R}) - \lg t$ 的坐标系中，其图像为一直线，直线的斜率为 m，如图 1-44 所示。

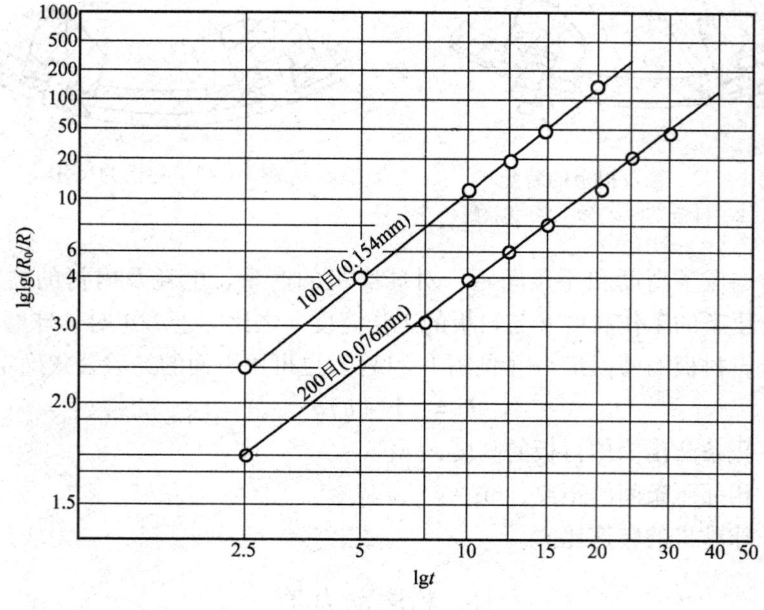

图 1-44　物料中正累积质量与粉磨时间的关系

参数 m 、K 与物料性质、需要粉磨的细度以及粉磨条件等有关。m 、K 越大，粉磨速度越快。粉磨速度为：

$$\frac{dR}{dt} = -Kmt^{m-1}R \tag{1-73}$$

物料经过粉碎后，其中有各种大小不同的颗粒。对各种不同粉碎产物的粒度分布进行研究后得到下面的粒度分布经验公式

$$R = 100e^{-bx^n} \tag{1-74}$$

式中　x ——某一规定尺寸（即粒度级别）；

R ——物料中大于规定尺寸颗粒的粉粒质量百分数；

b、n ——实验常数。

以 $b = x_e^{-n}$ 代入上式可得

$$R = 100e^{-\left(\frac{x}{x_e}\right)^n} \tag{1-75}$$

式中　x_e——物料的特征粒径。

x_e 为一常数，x_e 越大，物料越粗。

将上式移项后取重对数有

$$\lg\lg\left(\frac{100}{R}\right) = \lg\lg e + n\lg\left(\frac{x}{x_e}\right)$$

或

$$\lg\lg\left(\frac{100}{R}\right) = b' + n\lg x \tag{1-76}$$

式中 $b' = \lg\lg e - n\lg x_e$ 。

在 $\lg\lg\left(\frac{100}{R}\right) - \lg x$ 的坐标系中，式（1－76）的图像是一直线，直线的斜率为 n 。n 越大，物料的粒度分布越窄，粒度越均匀，故 n 称为粒度分布均匀性系数。

当 $x = x_e$ 时，代入式（1－75）得：

$$R = \frac{100}{e} = 36.8\%$$

即物料中尺寸大于特征粒径的粉粒质量百分数为 36.8% 。

八、主要零、部件的计算

1. 受力分析

球磨机运转时，筒体承受弯曲和扭转载荷。使筒体弯曲的力有：筒体、衬板、研磨体、物料和水等的重力以及研磨体运动时产生的离心力。各种重力可按一般的方法计算，下面仅对研磨体运动时产生的离心力予以讨论。

在随同筒体一道旋转的研磨体中，任意取半径为 R 、厚为 dR 的一层。在运动中，作用于该层研磨体上离心力的合力 dF 应沿着 δ 角的分角线，如图 1－45 所示。

$$dF = \rho L\left(\frac{\pi n}{30}\right)^2 Rl dR$$

式中　ρ ——研磨体的密度；

L——筒体长度；

n——筒体转速；

l——AB 弦的长度。

从图 1－45 可知：

$$l = 2R\sin\frac{\delta}{2}$$

因为

$$\delta = 2\pi - 4\alpha$$

所以

$$l = 2R\sin 2\alpha$$

dF 沿 x 方向的分力

$$dF_x = dF\cos\theta$$

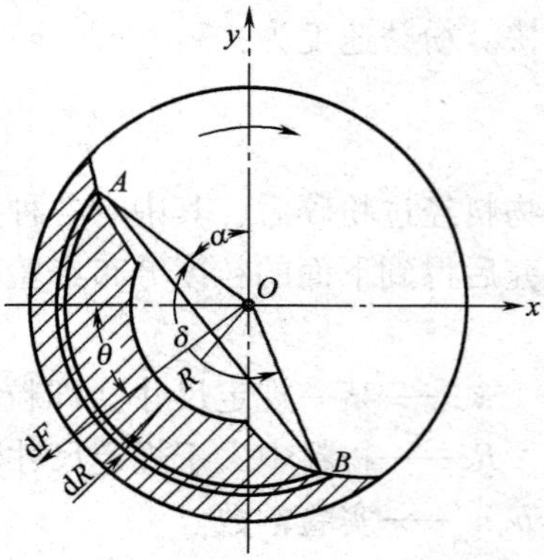

图 1－45　离心力的计算

因为

$$\theta = \frac{\delta}{2} - \left(\frac{\pi}{2} - \alpha\right) = \frac{\pi}{2} - \alpha$$

所以

$$dF_x = dF\sin\alpha \qquad (a)$$

同理

$$dF_y = dF\cos\alpha \qquad (b)$$

将有关各式代入（a）中得：

$$dF_x = 2\rho L\left(\frac{\pi n}{30}\right)^2 R^2\sin 2\alpha\sin\alpha dR$$

以 $R = \frac{900}{n^2}\cos\alpha, dR = -\frac{900}{n^2}\sin\alpha\, d\alpha$ 代入上式，化简后得

$$dF_x = -39.5\rho L\frac{900^2}{n^4}\cos^3\alpha\sin^3\alpha d\alpha$$

积分上式得：

$$F_x = -39.5\rho L\frac{900^2}{n^4}\int_{\alpha_2}^{\alpha_1}\cos^3\alpha\sin^3\alpha d\alpha$$

$$= -39.5\rho L\frac{900^2}{n^4}\left[\sin^4\alpha - \frac{2}{3}\sin^6\alpha\right]_{\alpha_2}^{\alpha_1}$$

以 $\alpha_1 = 54°44', \alpha_2 = 73°44', n = \frac{22.8}{\sqrt{R_1}}$ 代入后得：

$$F_x = 2.47\rho LR_1^2 = 0.62\rho LD^2$$

同理

$$F_y = -39.5\rho L\frac{900^2}{n^4}\int_{\alpha_2}^{\alpha_1}\cos^4\alpha\sin^2\alpha d\alpha$$

$$= -39.5\rho L\frac{900^2}{n^4}\left[\frac{\sin^3 2\alpha}{3} - \frac{\sin 4\alpha}{4} + \alpha\right]_{\alpha_2}^{\alpha_1}$$

将已知数代入上式得：

$$F_y = 0.87\rho LR_1^2 = 0.22\rho LD^2$$

离心力

$$F = \sqrt{F_x^2 + F_y^2} = 0.66\rho LD^2$$

离心力与 x 轴之间的夹角 ψ 由下式求得：

$$\tan\psi = \frac{F_y}{F_x} = 0.35$$

则

$$\psi = 19°20'$$

为了估算离心力的大小，设球磨机的填充系数 $\phi = 0.4$，则研磨体的装填量：

$$m = \frac{\pi D^2}{4}L\rho\phi = 0.314\rho LD^2$$

于是有：

$$\frac{F}{mg} = \frac{0.66\rho LD^2}{0.314\rho LD^2 \times 9.8} = 0.21$$

由此可知，离心力的大小约为研磨体的重力的20%，与作用在筒体上总的外力比较，可以忽略不计。

2. 筒体

筒体的弯曲强度计算如下：

设作用在筒体上外力的合力为 Q（包括筒体、衬板、研磨体、物料和水等的重力），一般将 Q 看作是均布载荷，弯矩为：

$$M = \frac{QL_0}{8}$$

式中　L_0——筒体两端轴承中点之间的距离。

弯曲应力为：

$$\sigma = \frac{M}{W_z}$$

式中　W_z——筒体的抗弯截面模量。

设筒体的外径为 D_0，内径为 D_1，从材料力学知道，抗弯截面模量为：

$$W_z = \frac{\pi(D_0^4 - D_1^4)}{32D_0}$$

由于筒体的壁厚 $d = \frac{1}{2}(D_0 - D_1)$，比直径要小很多，故上式可近似为：

$$W_z = \frac{\pi}{4}dD_0^2$$

由于筒体上开有加料口，会削弱筒体强度，故应乘上一个小于1的系数 J，J 称为开孔削弱系数，一般取为0.8。

合并和整理上面各式得：

$$\sigma = \frac{0.2QL_0}{dD_0^2} \tag{1-77}$$

根据强度条件 $\sigma \leqslant [\sigma]$，可得筒体壁厚：

$$d = \frac{0.2QL_0}{D_0^2[\sigma]} \tag{1-78}$$

式中　d——筒体壁厚，m；

Q——作用在筒体上的外力，N；

L_0——筒体两端轴承中点间的距离，m；

D_0——筒体外径，m；

$[\sigma]$——筒体的许用弯曲应力，Pa。

筒体材料通常为 Q235 钢板，其许用弯曲应力取为（30～40）$\times 10^6$Pa。

筒体的扭转强度计算如下：

扭矩

$$M_n = 9550\frac{P}{n}$$

切应力

$$\tau = \frac{M_n}{W_n}$$

抗扭截面模量

$$W_n = \frac{\pi}{2}dD_0^2$$

合并和整理上面各式，取开孔削弱系数等于 0.8 得：

$$\tau = \frac{7600P}{ndD_0^2} \tag{1-79}$$

从扭转强度方面考虑，应有：

$$d = \frac{7600P}{nD_0^2[\tau]} \tag{1-80}$$

式中　P——球磨机功率，kW；

n——球磨机转速，r/min；

$[\tau]$——筒体的许用切应力，Pa，对于 Q235 钢，许用切应力取为（20～30）$\times 10^6$Pa。

其余符号的意义和单位同前。

此外，筒体壁厚还要加上附加量：

$$c = c_1 + c_2 \tag{1-81}$$

式中　c_1——钢板的负偏差量，mm，一般取为 0.5mm；

c_2——腐蚀裕度，mm，一般取为 1mm。

由于间歇式球磨机的长度与直径之比不大，除大型球磨机外，筒体的弯曲和扭转应力都是不大的。因此，实际上筒体壁厚主要从结构上和工艺上的考虑来确定，通常取为筒体直径的 0.5% 左右。至于强度，可用上面有关公式予以验算。

3. 筒体与端盖的连接螺栓

球磨机的筒体与端盖通常用螺栓连接。工作时螺栓受到剪切和弯曲的联合作用。为了简化计算，一般只计算切应力，而用降低许用切应力的方法来把弯曲作用考虑进去。

由于重力作用，每边螺栓承受的剪切力为 $Q/2$ 。在螺栓配置的圆周上，由于传递扭矩 M_n 而作用于螺栓上的圆周力为：

$$F_t = \frac{M_n}{R_b} \tag{1-82}$$

式中 F_t——作用于螺栓上的圆周力，N；

M_n——螺栓传递的扭矩，N·m；

R_b——螺栓配置圆周的半径，m。

螺栓的切应力：

$$\tau = \frac{2\lambda\sqrt{Q^2+4F_t^2}}{\pi z d^2}$$

式中 τ——螺栓的切应力，Pa；

λ——螺栓受力不均匀系数，一般取 $\lambda=2$；

z——每边连接螺栓的个数；

d——螺栓的直径，m。

要满足强度条件的螺栓个数：

$$z = \frac{2\lambda\sqrt{Q^2+4F_t^2}}{\pi d^2[\tau]} \tag{1-83}$$

式中 $[\tau]$——螺栓的许用切应力，Pa，一般取 $[\tau]=(0.2\sim0.3)\sigma_2$，$\sigma_2$ 为材料的屈服极限。

其余符号的意义和单位同前。

为了保证筒体与端盖连接的紧密性，螺栓之间的距离不得超过螺栓直径的 10 倍。

4. 轴承

对于滑动轴承，轴瓦的压力和发热要进行验算。

作用在轴承上的载荷：

$$R = \frac{Q}{2} \tag{1-84}$$

轴瓦压力：

$$p = \frac{R}{A} \tag{1-85}$$

式中 p——作用在轴瓦上的压力，Pa；

A——轴瓦支承面在水平面上的投影面积，m^2。

轴瓦支承面在水平面上的投影面积用下式计算：

$$A = bd\sin\frac{\gamma}{2} \tag{1-86}$$

式中　b——轴承宽度，m；

d——轴承直径，m；

γ——轴颈与轴瓦之间的包角，一般 $\gamma = 75° \sim 90°$。

轴瓦的压力按下式校核：

$$p \leqslant [p] \quad (1-87)$$

式中　$[p]$——许用压力，Pa，一般 $[p] = (1.5 \sim 2.5) \times 10^6 Pa$。

轴瓦发热按下式校核：

$$pv \leqslant (2.00 \sim 2.45) \times 10^6 \ \mathrm{N/(m \cdot s)}$$

式中　v——轴颈的圆周速度，m/s。

5. 轴

周边传动的球磨机两端的短轴一般只承受弯曲和剪切载荷，对于中心传动的球磨机，轴还要承受扭转作用。如图1-46所示，作用在轴的弯曲力矩：

$$M_s = \frac{1}{2}Rl \quad (1-88)$$

采用中心传动的球磨机，由于还要承受扭转力矩 M_n 的作用，故应当用当量弯矩计算。当量弯矩

$$M_e = \sqrt{M_s^2 + (aM_n)^2} \quad (1-89)$$

式中　a——折合系数，一般可取 $a = 0.5 \sim 0.6$。

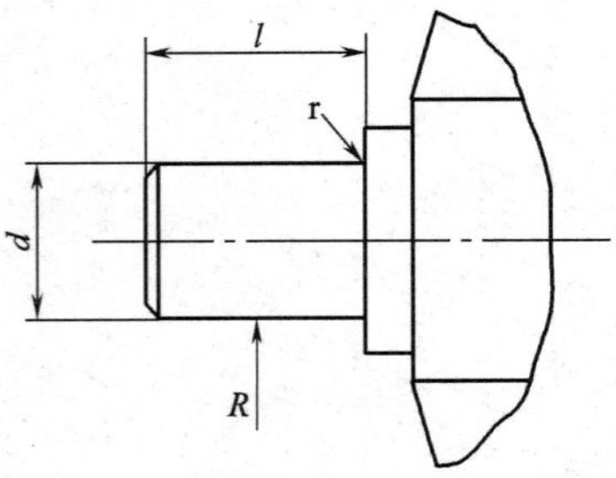

图1-46　球磨机轴的受力

轴的弯曲应力为：

$$\sigma_s = K\frac{M_e}{W_s} \quad (1-90)$$

式中　K——应力集中系数，可从表1-9中查出；

W_s——轴的抗弯截面模量，m^3。

表1-9　应力集中系数 K

r/d	0.3	0.2	0.1	0.05
K	1.5	2.0	2.25	3.0

强度条件为：

$$\sigma \leqslant [\sigma] \quad (1-91)$$

$[\sigma]$ 为轴的许用弯曲应力，用下式计算。

$$[\sigma] = \frac{\sigma_{-1}}{n} \quad (1-92)$$

式中　σ_{-1}——轴的弯曲疲劳极限，Pa；

n——安全系数。

球磨机的轴是个重要零件，轴的损坏将引起严重事故并导致停产，同时生产上要求球磨机能长期连续工作，因此，轴应有较大的安全系数，一般取 $n = 5 \sim 8$。

材料的弯曲疲劳极限可根据其抗拉强度极限 σ_b 由下式确定：

$$\sigma_{-1} = 0.4\sigma_b$$

关于轴的切应力，通常都远小于其许用应力，不需要计算。

九、球磨机的设计

（一）设计步骤

间歇式球磨机设计的原始数据是球磨机每次的加料量 m_n，设计的步骤大体如下：

（1）根据操作经验，确定研磨体与物料的质量比 r（简称球料比），一般 $r = 1.4 \sim 2.0$。

（2）计算研磨体质量

$$m = rm_n \tag{1-93}$$

（3）选择球磨机的填充系数，一般 $\phi = 0.4 \sim 0.5$，然后计算球磨机的有效体积

$$V = \frac{m}{\rho\phi} \tag{1-94}$$

式中　ρ——研磨体的密度，对于天然硅质砾石，可取为 $1500 \sim 1600\text{kg/m}^3$。

（4）选择筒体的长径比 $\zeta = \frac{L}{D}$，ζ 一般为 $1.0 \sim 1.5$，然后计算筒体的有效直径和长度：

有效直径：

$$D = \sqrt[3]{\frac{4V}{\pi\zeta}} \tag{1-95}$$

有效长度：

$$L = \zeta D \tag{1-96}$$

（5）确定筒体的直径和长度

筒体直径：

$$D_1 = D + 2d \tag{1-97}$$

筒体长度：

$$L_1 = L + 2d \tag{1-98}$$

式中　d——衬板的厚度。

（6）计算球磨机的工作转速和需要的功率，选择配用的电动机。

（7）确定筒体壁厚并进行强度验算，设计轴和轴承。

（8）选择传动方式和进行结构设计（如加料口、端盖、人孔、机架等）。

（9）设计传动机构。

（10）绘制机器的装配图和零件的工作图，编写设计和使用说明书。

（二）结构设计

1. 筒体

筒体是球磨机的主要工作部件，承受很大的交变载荷，并需要长时间连续运转，设计时必须考虑安全可靠、能长期使用，制造时要保证筒体的圆度和焊接质量。

筒体钢板的材质，要求是强度高，可焊性好。一般选用低碳钢板，如 Q235 普通碳素钢，20g 锅炉钢，20 号优质碳素钢和 16Mn 普通低合金钢。

钢板下料时应注意充分利用材料，力求减少边角料的数量。下料时应把整边余量和卷板咬入和退出所需尺寸计算进去。根据卷板机的能力，应尽量选用大规格的钢板，以减少焊缝，达到省工省料的目的。筒体各相邻筒节的纵向焊缝应互相错开。

筒体上开有人孔。人孔是工作人员进入筒体内检修衬板的通道，目前一般和加料口设计成一体。人孔尺寸不宜太小，以便于工作人员进出，但尺寸也不宜太大，以免过多削弱筒体强度。人孔尺寸一般短边为 300 ~ 400mm，长边为 500 ~ 800mm。人孔形状为具有较大圆角的矩形或长圆形，以减少应力集中。人孔的长边与筒体轴线平行，以避免过分影响筒体强度。

2. 端盖

端盖的结构形式主要有两种，一种是装配式，另一种是整体式。整体式端盖用钢板焊接而成，按其结构形状不同又可分为平板状和球冠状两种，如图 1 – 47 所示。

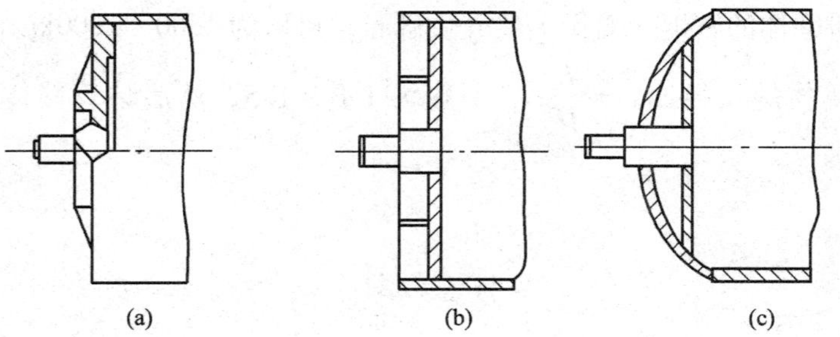

图 1 – 47　端盖的结构形式

（a）装配式端盖　（b）平板状整体端盖　（c）球冠状整体端盖

装配式端盖要求有高的加工和装配精度，一般用于中、小型球磨机。大型球磨机由于端盖很大，浇铸时容易产生铸造缺陷，同时加工和装配精度难以满足使用要求，故多半采用整体式结构。

整体式端盖制造工艺简单，材料消耗少，质量轻，加工质量能够得到保证，端盖与筒体的连接牢固可靠。整体式结构对焊接质量要求很高，焊接工艺要求比较严格，通常要进行预热等焊前准备和焊后的高温回火处理，以消除焊接应力，使加工后尺寸稳定。球冠状的整体端盖除具有以上特点外，还具有刚性好、外形美观的优点，缺点是加工比较困难。

3. 主轴承

球磨机主轴承支承筒体部件的全部质量，在低速重载下工作。过去球磨机大多采用滑动轴承。但在使用中发现，由于工作环境恶劣，轴承的润滑条件不好，摩擦磨损较大，轴瓦容易烧毁，维修工作频繁，同时润滑油容易泄漏而污染环境，因此，近些年来已逐渐不再采用。目前球磨机主轴承大多采用双列调心滚子轴承。滚动轴承摩擦磨损小，机械效率高，装配和调整都比较方便，缺点是价格较高。

4. 传动形式

球磨机是一种低速、重载、有冲击的机械，其传动形式有中心传动和周边传动两种。中心传动是电动机通过减速器来直接带动球磨机，减速器的输出轴与球磨机的主轴用联轴器连接，如图1－48（a）所示。周边传动又有齿轮传动和V带传动两种。齿轮传动是电动机通过减速器带动小齿轮，再由小齿轮与装在球磨机上的大齿圈啮合从而带动球磨机旋转，如图1－48（b）所示。V带传动是将胶带直接套在球磨机筒体上带动球磨机旋转的［图1－48（c）］。大型球磨机一般都采用V带传动。传动形式应根据球磨机的规格、工厂的加工能力等因素综合考虑后确定。

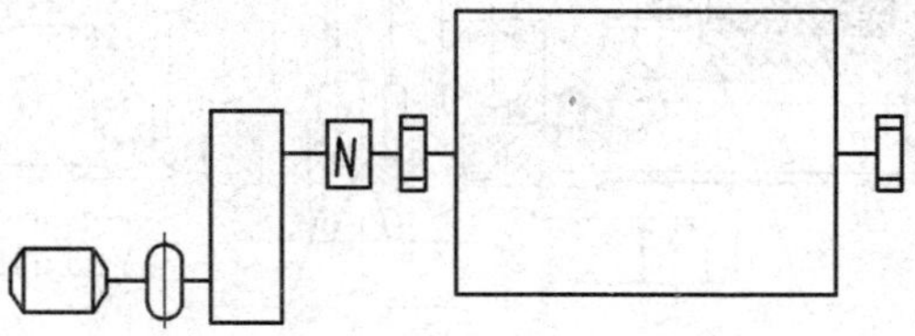

(a)

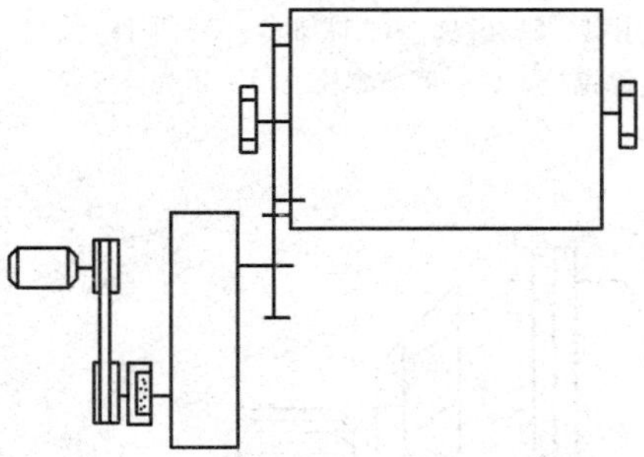

(b)

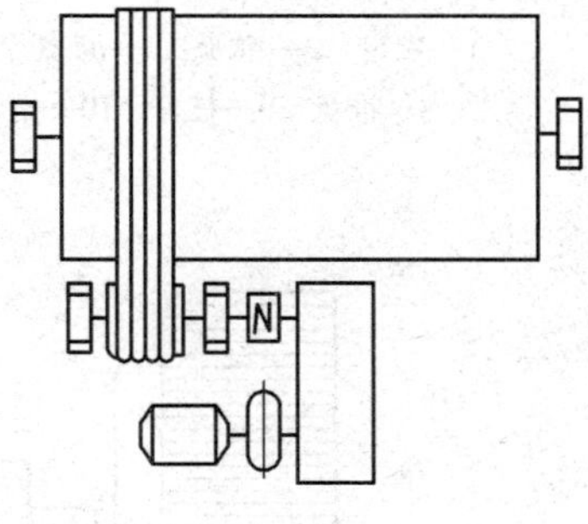

(c)

图1－48 球磨机的传动形式
（a）中心传动 （b）齿轮传动 （c）V带传动

5. 启动方式

球磨机属于重载机械，启动力矩很大。为了使电动机能够在空载下启动，以减少启动电流，通常在电动机与减速器之间装设摩擦离合器或液力偶合器，使电动机在与减速器分离的状况下启动，从而实现电动机的空载启动。陶瓷工业中广泛采用的摩擦离合器和液力偶合器如图1－49和图1－50中。此外采用的启动方式有以下几种：

（1）直接启动 直接启动就是利用闸刀开关和（或）交流接触器将电动机直接连接到具有额定电压的电源上的启动方式。其优点是结构简单，操作简便，无需较多的辅助设备；但电动机的起动电流较大，通常是其额定电流的5～7倍，并且只有在供变电设备的容量比电动机的容量大很多情况下才允许采用直接起动电动机的方式。

（2）星－三角降压启动 由于三相异步电动机工作时，电动机定子绕组通常采用三角形连接，因此星－三角降压起动曾经是取代电动机直接启动的首选起动方式。星－三

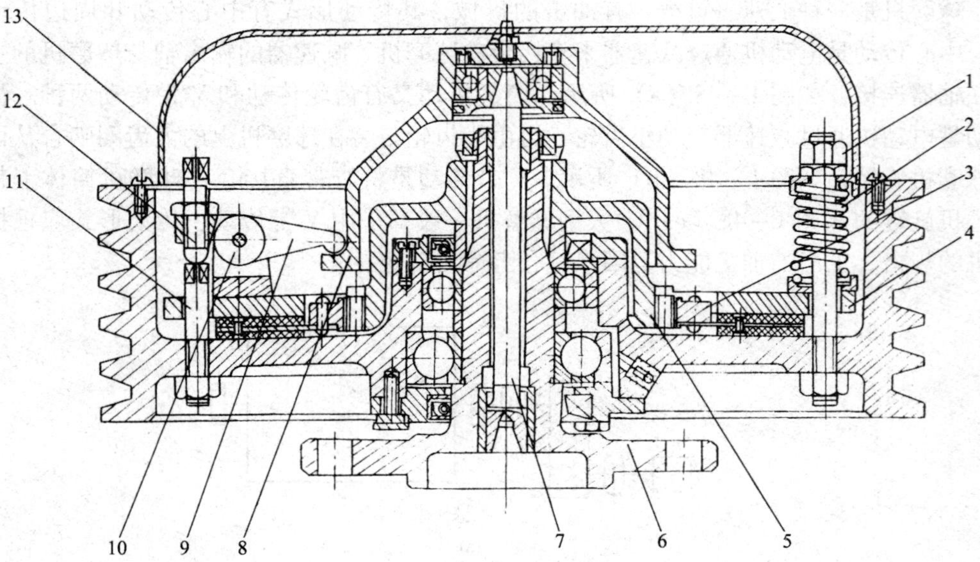

图 1－49　摩擦离合器

1—螺母　2—弹簧　3—摩擦片总成　4—压盘　5—齿盘　6—联轴器　7—顶杆
8—推盘　9—杠杆　10—销轴　11—支撑螺栓　12—调节螺栓　13—罩壳

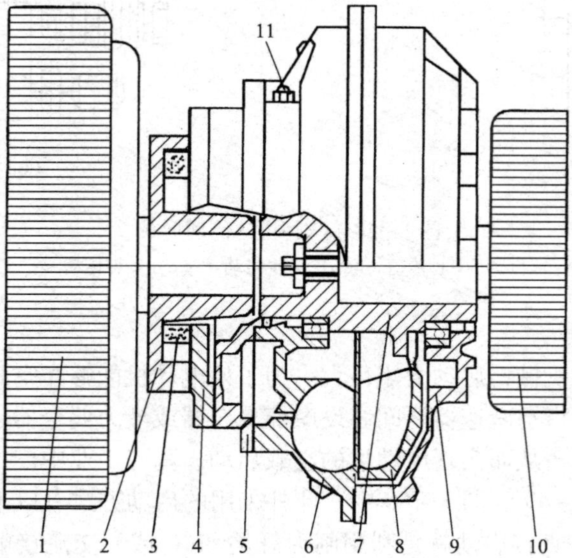

图 1－50　液力偶合器

1—电动机　2—主动半联轴器　3—弹性块　4—从动半联轴器　5—后泵室　6—泵轮
7—轴　8—涡轮　9—外壳　10—工作机　11—注油塞

角降压启动方式的具体操作过程是：电动机启动时，将电动机定子绕组首先采用星形连接（此时电动机定子每相绕组上的电压仅为其工作电压的1/3，故称为降压起动），待电动机的转速升高到接近额定转速时，再将电动机的定子绕组转换成三角形连接的启动方式，即定子绕组加上额定电压。当电动机采用星形连接时，其起动电流仅是其直接起动电流的1/3，也就是说起动电流只有其额定电流的5/3~7/3倍。

（3）软启动器起动　采用软启动器起动时，在一段特定的起动时间内，可使加在电动机定子绕组上的端电压从起动电压（起动电压可根据负载要求进行调整）上升到额定电压，这一过程是通过相位角的控制来实现的。事实上，软启动器是一个利用晶闸管调压调速（指启动速度）的启动装置，通过改变晶闸管的触发延迟角，就可调节晶闸管调压电路的输出电压，从而实现对电动机启动转矩的调整，以适应负载变化的要求。软启动器起动方式具有启动电流较小、启动转矩较大、启动平稳和启动参数灵活可调节等优点，所以说，软启动器可广泛应用于100~320kW陶瓷工业大、中型球磨机的启动与控制。

（4）变频器启动　目前，广泛应用的变频器几乎都是电压型变频器，属于交流-直流-交流型变频器。其工作原理是将三相工频（50Hz）交流电压通过三相桥式整流器转换成直流电压，然后通过逆变器再将直流电压转换成三相电压可调、频率可调的交流电压，实现对三相异步电动机的启动与控制。变频器启动方式具有启动电流小、启动转矩大、启动平稳和启动参数灵活可调节等优点，还能优化物料的球磨工艺，调整球磨机筒体的工作转速，能最大限度地缩短物料的球磨时间和提高物料的球磨效率等，并达到节能的目的。所以说，变频器可广泛应用于陶瓷工业球磨机的启动与控制。

6. 对位

球磨机加料和卸料时，加料口需要准确定位。中小型球磨机一般采用电动机的点动来实现，大型球磨机则采用辅助传动装置。如图1-51所示，辅助电动机带动辅助减速器，然后再通过主减速器带动球磨机以极低的转速（0.5~0.8r/min）缓慢旋转，这样就可以把球磨机的加料口转到需要的方位。

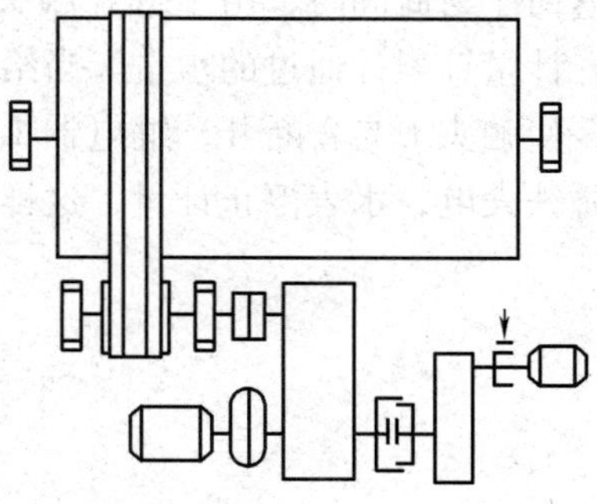

图1-51　球磨机的辅助传动

十、使　　用

球磨机型号规格的选择，应根据工厂的规模、技术力量和维修能力等情况来决定。一般大型球磨机工作强度大，单位功耗低，但是设备笨重，安装维修比较困难，使用上也不够机动灵活。中、小型球磨机体积小，重量轻，机动灵活，适应性强，安装维修方便，但是工作强度小，单位功耗高。球磨机的台数根据需要粉磨的物料量和球磨机的生产能力由计算确定，总台数不宜太多。

球磨机虽然是连续旋转的，但由于质量大，特别是大、中型球磨机，运转时还会产生振动，故应装在坚实的基础上，基础质量可按机器质量的3~5倍考虑。

球磨机的安装次序是先装筒体，后装传动设备和电动机。安装时各部分都要找平和找正，以防运转时筒体窜动和齿轮啮合不好。传动轴的小齿轮要带动筒体上的大齿轮向上传动，防止传动时齿轮的啮合力使传动轴的地脚螺栓承受拉力而松脱。球磨机装好后再镶砌衬板。

筒体两端短轴的同轴度十分重要，如两轴的中心线不重合，会使球磨机运转卡滞，加快轴承和轴颈的磨损，严重时还会别坏端盖，在设计、制造和装配中都必须予以注意。检修时，球磨机的端盖尽量不要拆卸，以免破坏两短轴的同轴度。

球磨机的加料通常用下面两种方法：一种是在球磨机上方装设单轨电动葫芦，配好的原料用电动葫芦运送到球磨机上加入；另一种是在球磨机上方建筑操作平台，平台上与球磨机加料口对应的地方开有加料孔，配好的原料从平台上经溜管加入球磨机中。球磨机加水最好配用定量水表。定量水表由带微动开关的专门水表和电磁阀组成，如图1－52所示。水表内有两根指针，一根是计量针，用于记录用水总量，另一根是定量针，用于按照需要定量给水。使用时，先用专门的工具拨动表内的定量针，使其从零位拨到所需的给水量上。随着定量针离开零位，水表内微动开关的触头1与2自动闭合，如图1－53所示。然后，按合启动按钮AN，继电器L得电，常开触头J闭合，接通电磁阀F，阀门打开，水通过阀门和水表流入球磨机内。随着水的流过，定量针逐渐向零位返回。与此同时，由于常开触头J闭合，水表内的小型电磁铁M得电，计量机构动作，计量针累计通过的水量。当给水量达到给定值时，定量针回到零位与微动开关K相碰，使触头1与2断开，继电器L失电，电磁阀关闭，把水流切断，停止给水。同时，电磁铁失电，水表停止计量，这样就完成了一次定量给水的操作。

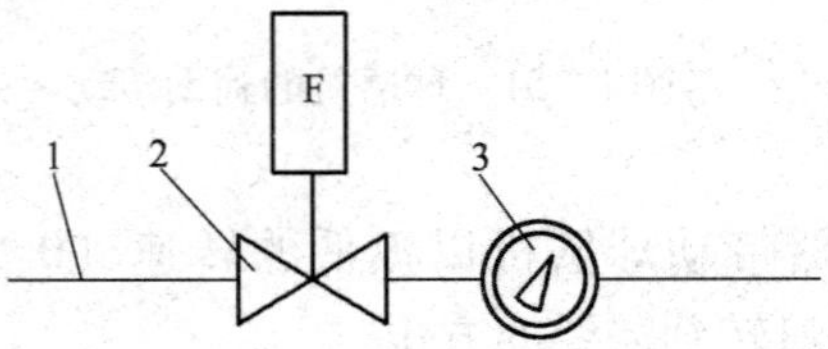

图1－52　定量水表安装示意图
1—水管　2—电磁阀　3—定量水表

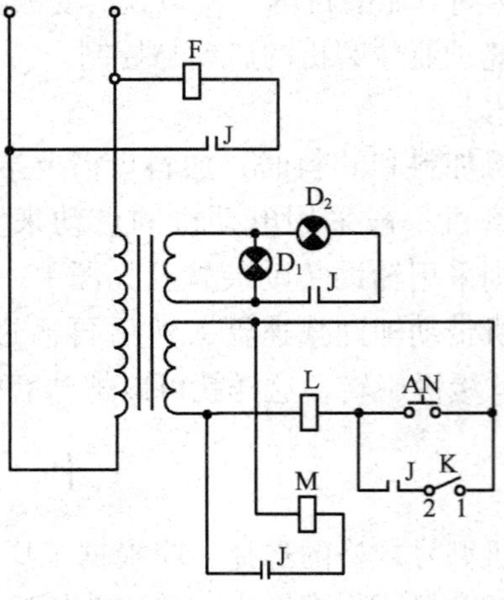

图1－53　定量水表的控制原理

如果被磨物料已经是泥浆，则可用泵送入球磨机内，加料更为方便。这时应注意按规定的加料量加入。

表1－10列出了球磨机常见故障产生的原因及排除方法。

表 1-10　　球磨机常见故障的产生原因及排除方法

故障现象	产生原因	排除方法
轴承发热	(1) 短轴或轴承安装不正 (2) 润滑油油质不合格或混有杂物 (3) 油环不工作，润滑油中断	(1) 检查短轴和轴承，重新找正和找平 (2) 清洗轴承，更换润滑油 (3) 处理或更换油环，更换润滑油
球磨机振动	(1) 齿轮啮合不良或过度磨损 (2) 地脚螺栓或轴承座固定螺栓松动或断裂 (3) 传动轴轴承过度磨损	(1) 调整齿轮啮合间隙或更换齿轮 (2) 拧紧或更换螺栓 (3) 修理或更换轴承
突然发生强烈振动和撞击声	(1) 齿轮啮合间隙中落入铁质杂物 (2) 小齿轮轴窜动 (3) 齿轮轮齿折断 (4) 地脚螺栓或轴承座固定螺栓松动或断裂	(1) 清除杂物 (2) 处理或更换轴承 (3) 修理或更换损坏了的齿轮 (4) 拧紧或更换螺栓
端盖与筒体连接处漏泥浆	连接螺栓松动或断裂	拧紧更换螺栓

【例 1-5】　计算 QM1800 × 2100 型球磨机的临界转速，工作转速，研磨体、物料和水的装填量，研磨体的尺寸和球磨机需要的功率。

设取 $q = 0.76$，$\phi = 0.4$，料∶水∶研磨体 = 1∶0.5∶1.5。已知衬板厚度 $d = 100\text{mm}$，筒体直径 $D_1 = 1800\text{mm}$，长度 $L_1 = 2100\text{mm}$。

【解】　筒体的有效直径和长度

$$D = D_1 - 2d = 1800 - 2 \times 100 = 1600(\text{mm})$$

$$L = L_1 - 2d = 2100 - 2 \times 100 = 1900(\text{mm})$$

1. 临界转速

$$n_c = \frac{42.4}{\sqrt{D}} = \frac{42.4}{\sqrt{1.6}} = 33.5(\text{r/min})$$

2. 工作转速

$$n = qn_c = 0.76 \times 33.5 = 25.5(\text{r/min})$$

3. 研磨体的装填量（研磨体密度取为 1.6t/m^3）

$$m = \frac{\pi D^2}{4} L\rho\phi = \frac{3.14 \times 1.6^2}{4} \times 1.9 \times 1.6 \times 0.4 = 2.4(\text{t})$$

4. 装料量

$$m_n = \frac{m}{r} = \frac{2.4}{1.5} = 1.6(\text{t})$$

5. 装水量

$$m_w = 0.5m_n = 0.5 \times 1.6 = 0.8(\text{t})$$

6. 研磨体的尺寸

$$d = \left(\frac{1}{24} \sim \frac{1}{18}\right)D = \left(\frac{1}{24} \sim \frac{1}{18}\right) \times 1600 = 67 \sim 89(\text{mm})$$

7. 需要的功率

$$P = 0.68c\rho D^{2.5}L$$

表 1 -7 查得 $c = 2.8701$，代入后得

$$P = 0.68 \times 2.8701 \times 1.6 \times 1.6^{2.5} \times 1.9 = 19(\text{kW})$$

十一、连续式球磨机简介

1. 湿法连续式球磨机的结构和工作原理

连续式球磨机的结构见图 1 - 54，与间歇式球磨机不同的是筒体中心一端进料，另一端出料。连续式球磨机与间歇式球磨机的球磨原理是一样的，但连续式球磨机的最大特点是研磨体对物料的冲击和研磨是分开进行的。筒体可以根据陶瓷厂家的原料特性或产量大小设计两个或三个仓，其中一仓主要对物料完成冲击作用，二、三仓主要对物料完成研磨作用，仓与仓之间通过隔仓板来隔开。隔仓板的蓖孔开口位置和筒体长度可以控制物料在球磨机中的停留时间。粉碎到一定颗粒大小的物料按比例混合后经进料装置进入第一仓，然后通过隔仓板进入第二仓、第三仓，最后至出料端，过筛后符合要求的料浆被引入浆池，筛上料和水一起由泵重新打入磨头再次球磨，实现连续运转。

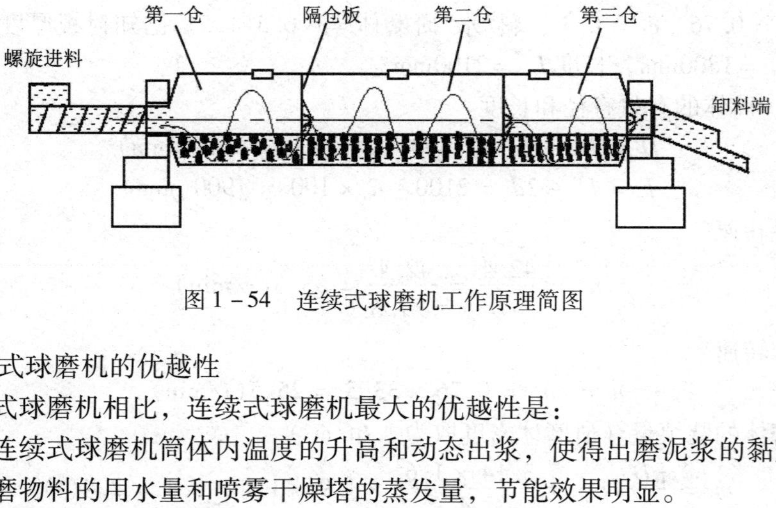

图 1 - 54　连续式球磨机工作原理简图

2. 连续式球磨机的优越性

与间歇式球磨机相比，连续式球磨机最大的优越性是：

①由于连续式球磨机筒体内温度的升高和动态出浆，使得出磨泥浆的黏度降低，从而减少了球磨物料的用水量和喷雾干燥塔的蒸发量，节能效果明显。

②整套设备采用 PLC 控制，基本实现无人操作和集中控制。

③根据原料的不同特性，筒体一般分为 2 ~ 3 个仓，每个仓配备适宜的研磨体，从而研磨效果最佳。

④进出料是连续的，省去了间歇式球磨机进料及放浆时间，工作效率高且便于实现自动化。

⑤电力消耗下降 20% 以上，场地面积节约 20% 以上。

3. 连续式球磨机结构设计

(1) 筒体分仓和筒体总长度　间歇式球磨机里的研磨体对物料的冲击和研磨是同

时进行的，当物料磨到一定细度时，物料对研磨体有一定缓冲作用，从而降低了研磨体对物料的冲击，并且很容易造成物料的过度研磨。而连续式球磨机里研磨体对物料的冲击和研磨是分开进行的（可参看图 1－54）。在建筑陶瓷行业，筒体一般可分成两个或三个仓，根据原料的难易磨程度和物料的进料粒度和出料粒度要求，每个仓的长度和筒体总长都不是一成不变的，必须合理设计。

（2）隔仓板　由于陶瓷原料的特性，隔仓板的设计也相当关键。隔仓板结构见图 1－55。从图 1－55 可以看出，只有当料浆颗粒磨至能悬浮于 A' 面以上时，才能通过箅孔进入过渡腔并通过扬料板将物料卸至下一仓内。这样一来，物料在筒体内停留时间加长了，且一定程度上能控制其料浆粒度而达到要求。

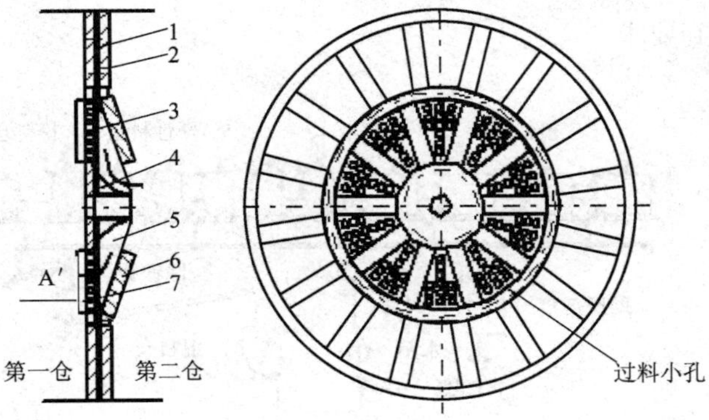

图 1－55　隔仓板结构示意图

1—橡胶衬板　2—橡胶衬板　3—过料筛板　4—卸料锥　5—扬料板　6—橡胶压条　7—橡胶压条

4. 多单元连续式球磨机

多单元连续式球磨机大约在 2008 年由意大利 SACMI 公司推出，一般制成 2 段或 3 段，可以理解成多个单圆柱筒形连续式球磨机的组合，但每个单元的体积小很多，与间歇式球磨机相似（见图 1－56）。几个单元结构相同，都有独立的驱动（变频）和球石加入装置，每个单元有独立的转速和球石级配，将研磨到一定细度的泥浆送到下一个单元继续球磨。这种球磨方式完全符合湿法球磨理论，所以效率无疑是最高的。根据 SACMI 公司的推介，该多单元连续式球磨机比间歇式球磨机节能 15% 左右。这种多单元连续式球磨机的各个单元的外形尺寸与普通球磨机基本相同，所以其制造、运输、安装都更加容易操作。

5. 连续式球磨机工艺流程

连续式球磨机生产流程如图 1－57 所示。其工艺流程为：原料（均化）→称量配比→入临时仓→入连续球磨机→泥浆成品。

连续式球磨机采用闭路球磨系统，即料浆出球磨机后，过筛，筛上料再重新回磨。在球磨机出浆处，设 5～6 个振动筛，筛上料随水一起重回磨内，再次球磨，从而使球

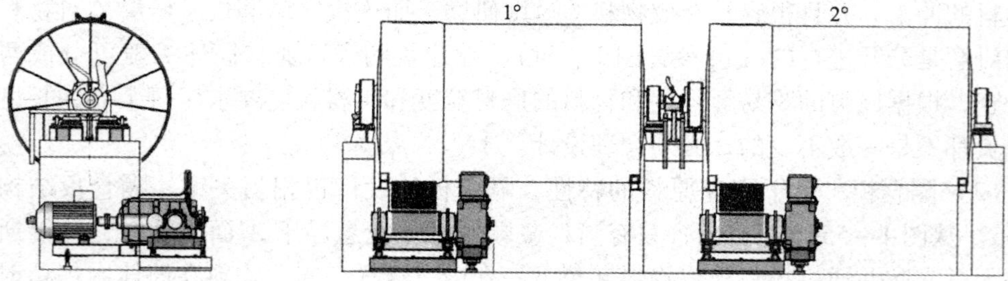

图 1－56　多单元连续式球磨机结构简图

磨出的料浆颗粒达到要求。

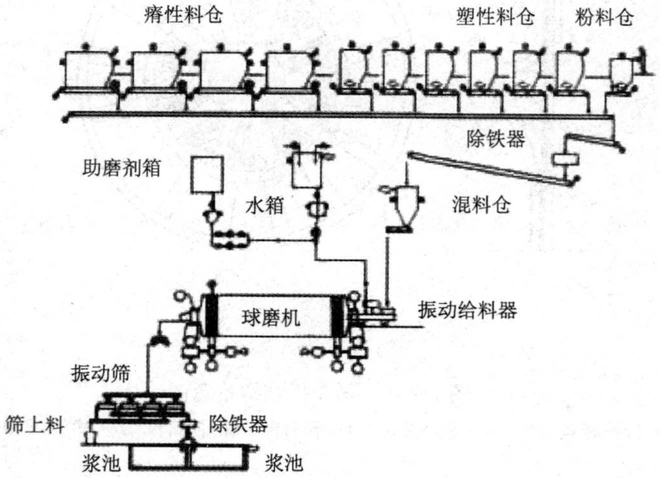

图 1－57　连续式球磨机工艺流程

第六节　振　动　磨

振动磨是一种新型的粉磨设备，其运转特征是磨机筒体不做旋转运动，而是做高频率的振动，利用筒体内研磨体对物料的高频碰击和研磨作用将物料粉碎。振动磨的粉磨效率较高，特别是对坚硬物料的超细磨（将物料磨至 0.02mm 以下），工作效果更为显著。在陶瓷工业中通常用于粉磨陶瓷颜料和釉料，在某种情况下也可用于粉磨坯料。

由于振动磨的粉磨效率高，研磨体磨损小，同时筒体不旋转，动载荷小，所以是一种比较好的粉磨设备。国外生产的一种双筒振动磨，生产能力达 20t/h，入磨物料的粒度为 32mm，产品粒度在 10μm 以下。

振动磨的种类较多，其中普遍使用的是惯性式振动磨，下面仅对这种振动磨予以介绍。

一、构造和工作原理

图1－58为M200－1.5型惯性式振动磨。磨机主要由筒体2、振动器8、支架12、弹性联轴器6和电动机5组成。筒体内表面和振动器的外管包有耐磨橡胶衬3。筒体用角钢支承在弹簧11上。振动器有内管9和外管10，管子与管子之间有缝隙，以便冷却水通过，以降低磨机工作时振动器的温度。偏心块做成偏心轴的样子，轴由两个滚动轴承支承。振动器用两个对开的锥形环4固装在磨机筒体上，筒体内装有大量的研磨体。

磨机主轴旋转时，由于偏心块产生的离心力作用使筒体振动，物料在研磨体的高频碰击和研磨作用下而被粉碎。

振动磨可以干法操作，也可以湿法操作，可以是间歇式，也可是连续式操作。

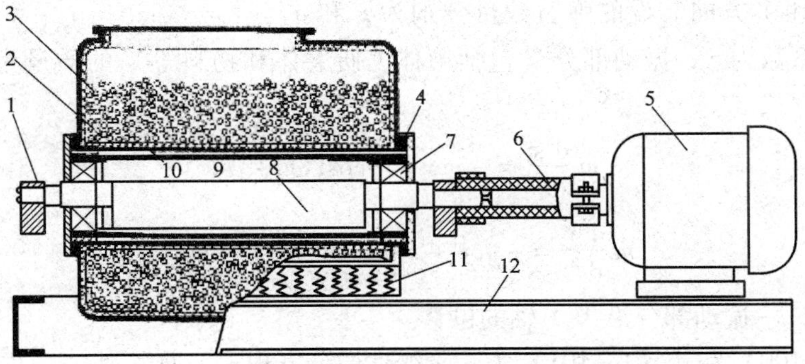

图1－58　惯性振动磨示意图

1—附加偏重　2—筒体　3—耐磨橡胶衬　4—锥形环　5—电动机　6—弹性联轴器　7—滚动轴承　8—偏心轴（振动器）　9—振动器内管　10—振动器外管　11—弹簧　12—支架

二、振动分析

磨机主轴旋转时，由于偏心块产生的离心力作用使筒体振动，这种振动可沿水平和垂直方向分解为两个分量。

偏心块旋转时产生的离心力（见图1－59）

$$F = m_0 r_0 \omega^2$$

或

$$F = \frac{M}{g}\omega^2 \qquad (1-99)$$

式中　m_0 ——偏心块的质量；

r_0 ——偏心块质心到主轴中心的距离；

ω ——主轴转动的角速度；

M ——偏心块的静力矩，$M = m_0 g r_0$。

设时间 $t = 0$ 时，偏心块与 X 轴正向的夹角为 α，则离心力沿 X 和 Y 轴的分量为

$$F_x = F\cos(\omega t + \alpha)$$

$$F_Y = F\sin(\omega t + \alpha)$$

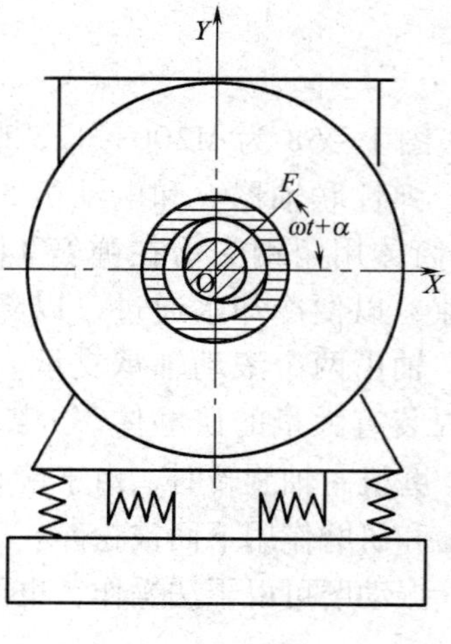

图 1-59 振动磨受力示意图

筒体在离心力作用下发生振动。在一般情况下，筒体的振动要受到空气和弹簧的阻尼作用。不过，这种阻尼作用与偏心块相比，毕竟是很小的，可以忽略不计，即可假设筒体的振动为无阻尼振动，以简化计算过程。另外，由于主轴转速很高，偏心块产生的离心力与其重力相比要大得多，计算时把偏心块的重力也忽略不计，此外，假设离心力通过振动部分的质心。

设沿 X 和 Y 方向装设的弹簧数目分别为 p 和 q，弹簧的倔强系数为 c，振动部分（包括筒体、研磨体和物料等）的质量为 m，可得下面的运动方程式

$$m\frac{\mathrm{d}^2 x}{\mathrm{d}t^2} = -pcx + F\cos(\omega t + \alpha) \tag{1-100}$$

$$m\frac{\mathrm{d}^2 y}{\mathrm{d}t^2} = -qcy + F\sin(\omega t + \alpha) - mg \tag{1-101}$$

式中　x、y ——振动部分沿 X、Y 轴的位移。

式（1-100）和式（1-101）为二阶线性微分方程式，通解为

$$x = \alpha_1\sin(k_1 t + \beta_1) + \frac{F}{m(k_1^2 - \omega^2)}\cos(\omega t + \alpha) \tag{1-102}$$

$$y = \alpha_2\sin(k_2 t + \beta_2) + \frac{F}{m(k_2^2 - \omega^2)}\sin(\omega t + \alpha) - \frac{g}{k_2^2} \tag{1-103}$$

式中　α_1、α_2、β_1、β_2 ——解微分方程式时的积分常数；

k_1、k_2 ——自由振动的圆频率。

α_1、α_2、β_1、β_2 的物理意义是振动部分自由振动的振幅和初相角。$k_1 = \sqrt{\frac{pc}{m}}$，$k_2 = \sqrt{\frac{qc}{m}}$，是自由振动的圆频率。

从式（1-102）和式（1-103）可知，无论沿 X 轴还是 Y 轴的振动，都是由两个谐振动叠加而成，第一个谐振动与外力的大小无关，是自由振动，第二个谐振动取决于激振力的大小，是受迫振动。

实际上，振动磨投入运转后，由于空气阻力和弹簧摩擦力的阻尼作用，自由振动很快就衰减下来，只剩下受迫振动。仅仅在启动和停机的一段时间内，自由振动的影响才显示出来，振动磨同时产生自由振动和受迫振动。这时可观察到振动磨的振幅随时间发

生变化。尽管如此，这段时间毕竟是十分短暂的，振动磨很快就过渡到稳定操作，所以一般把自由振动部分忽略不计，于是式（1－102）和式（1－103）成为

$$x = \frac{F}{m(k_1^2 - \omega^2)}\cos(\omega t + \alpha) \tag{1-104}$$

$$y = \frac{F}{m(k_2^2 - \omega^2)}\sin(\omega t + \alpha) - \frac{g}{k_2^2} \tag{1-105}$$

其合成振动为：

$$\left[\frac{x}{\dfrac{F}{m(k_1^2 - \omega^2)}}\right]^2 + \left[\frac{y + \dfrac{g}{k_2^2}}{\dfrac{F}{m(k_2^2 - \omega^2)}}\right]^2 = 1 \tag{1-106}$$

上式的图形为椭圆。由此可知，振动磨振动时，振动部分的各点均沿椭圆轨迹运动，椭圆的两个半轴长为：

$$\frac{F}{m(k_1^2 - \omega^2)} \quad 和 \quad \frac{F}{m(k_2^2 - \omega^2)}$$

它们分别是水平和垂直振幅。

由于振动磨的振动频率比较高，ω^2 比 k_1^2、k_2^2 大得多，两者相比，后者可忽略不计。于是式（1－106）可近似为

$$x^2 + \left(y + \frac{g}{k_2^2}\right)^2 = \frac{F^2}{m^2\omega^4}$$

$$x^2 + \left(y + \frac{g}{k_2^2}\right)^2 = \left(\frac{M}{mg}\right)^2 \tag{1-107}$$

上式的图形是圆，圆的半径：

$$e = \frac{M}{mg} \tag{1-108}$$

e 即为振动磨的振幅。从上式可知，振动磨的振幅等于偏心块的静力矩与振动部分的重力之比。

三、研磨体的运动

振动磨振动时，研磨体在筒体内的运动有以下几种。

1. 研磨体的循环运动

研磨体一层层地做循环运动，运动方向与主轴旋转方向相反。

如图1－60所示，设主轴反时针方向旋转，当右边筒壁上的A点向下运动时，在筒壁与研磨体之间的摩擦力作用下迫使研磨体a也向下运动。当A点向上运动时，筒壁与研磨体脱离了接触，A点的运动对研磨体不发生影响，故总的效果就是迫使研磨体沿筒壁向下运动。在B点，情况正好相反，筒壁是携带研磨体b向上运动的。这样一来，对整个最外层研磨体来说，就产生了顺时针的循环运动。至于里面其他各层的研磨体，则由于层与层之间的摩擦力作用，也一同做循环运动。

进一步的研究表明，对于高振动强度的振动磨（加速度大于 $10g$，g 为重力加速度），研磨体整体的循环运动与上述常用的振动磨不同，高振动强度振动磨研磨体的反循环运动恰好与振动磨主轴旋转方向相同。

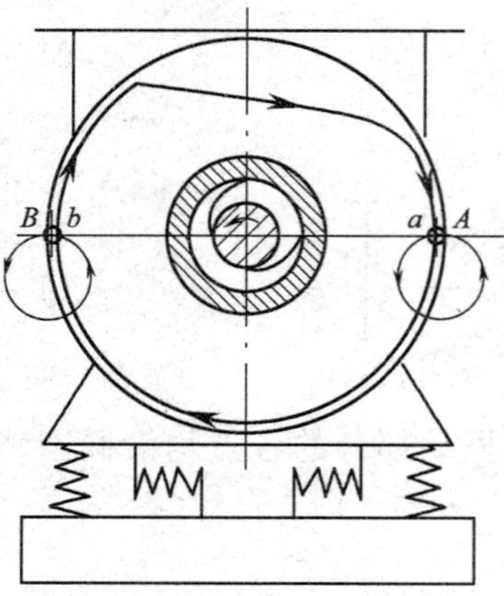

图 1－60　振动磨中研磨体的循环运动

2. 研磨体的自转运动

如图 1－60 所示，也是由于筒壁摩擦力作用和各层研磨体之间的摩擦力作用使研磨体做自转运动，转动方向也是与主轴旋转方向相反。

3. 研磨体的振动

在筒壁的作用下，研磨体产生剧烈的振动。当频率很高时，研磨体之间的间隔增大，在筒体内几乎呈悬浮状态存在，彼此之间产生剧烈碰撞。

从研磨体的运动情况可知，物料在振动磨内是在研磨体的高频碰击和研磨作用下被粉碎的，其中主要是利用研磨体的高频碰击作用。虽然研磨体每次对物料的作用力并不大，但作用频率很高，比球磨机要高上千倍，物料在高频外力作用下实际上是由于“疲劳”而被粉碎。

四、主要参数的确定

1. 频率

为了简化结构，振动磨一般与电动机直接用弹性联轴器连接，不装设变速机构，所以振动磨的振动频率等于电动机转速。

振动频率如何确定？对这个问题有两种意见。一种意见认为：粉磨速度与振动频率成正比，应当用较高的频率，只是由于结构上的限制影响了更高频率的采用，故实际上用了 25Hz（1500 次/min）和 50Hz（3000 次/min）两种。另一种意见认为：高振动频率虽然会提高磨机的粉磨速度和工作强度，但是动力消耗大大增加，粉磨效率降低，因此以采用较低的频率较好，主张采用 12.5Hz（750 次/min）和 16.7Hz（1000 次/min）两种。

2. 振幅

振动磨的惯性力与其振幅成正比，为了减小惯性力的影响，通常采用较小的振幅，一般为 2～4mm。

如前所述，振动磨的振幅是由偏心块静力矩和振动部分的质量等动力因素决定的，用式（1－108）计算。在这里需要说明的是：振动磨振动部分的质量，除了筒体和振动器的质量外，还包括研磨体和物料的质量，不过，在操作时，特别在频率很高的情况下，研磨体和物料在筒体内是呈悬浮状态存在的，其质量对振幅的影响比堆积在一起时的影响要小，因此，作为用于计算振幅的质量应表示为

$$m = m_1 + Km_2 \qquad (1-109)$$

式中　m_1——筒体和振动器的质量；

m_2——研磨体和物料的质量；

K——校正系数，可从表1－11中查出。

表1－11　　校正系数 K 的数值

粉磨方法	振动频率/（次/min）	
	3000	1500
干磨	0.1～0.3	0.25～0.40
湿磨	0.2～0.4	0.6～0.8

为了能根据实际情况调节振幅，通常在主轴上装有可调的附加偏心块，通过调节附加偏心块的静力矩，即可改变振幅。

由式（1－108）可知，当振动磨的偏心块静力矩一定时，如筒体内未装研磨体，由于振动部分的质量减小，在这种情况下使机器运转，必定有较大的振幅，这样可能会导致弹簧的损坏。因此，对于惯性式振动磨，在筒体内未按预定数量装入研磨体前不允许启动。

3. 填充系数和研磨体的大小

在振动磨内，不存在球磨机中那种所谓研磨体最内层的问题，填充系数主要从有效地利用磨机容积和不妨碍研磨体的循环运动等方面考虑，因此，填充系数比球磨机大得多，通常为0.7～0.8，最高可达0.9。

研磨体的大小应根据入磨物料的粗细而定，一般为10～25mm。研磨体的密度大，尺寸可小些；反之，密度小，尺寸应大些。

研磨体的物料以刚玉比较好。刚玉具有密度大、硬度高的特点。也有用高铝瓷、锆质瓷和普通瓷制造研磨体的。

4. 物料的装填量和入磨粒度

实践证明，物料的装填量以略超过充满研磨体的空隙时效果最好。装料太少，会造成研磨体彼此之间的碰击与研磨，使生产能力和粉磨效率降低，研磨体的磨损加快；反之，装料太多会妨碍研磨体的正常运动，同时容易产生过度粉碎和形成衬垫作用，同样会降低生产能力和粉磨效率。

入磨物料的粒度不宜过大，在2mm以下为宜。

5. 功率

振动磨需要的功率包括振动部分运动时消耗的功率和振动器轴承消耗的功率。

振动部分运动时消耗的功率可推导如下：

振动磨的振动部分在运动时，由于阻力作用，实际上位移 e 要落后于激进力 F，如图1－61所示，相位差 ε 称为滞后角。

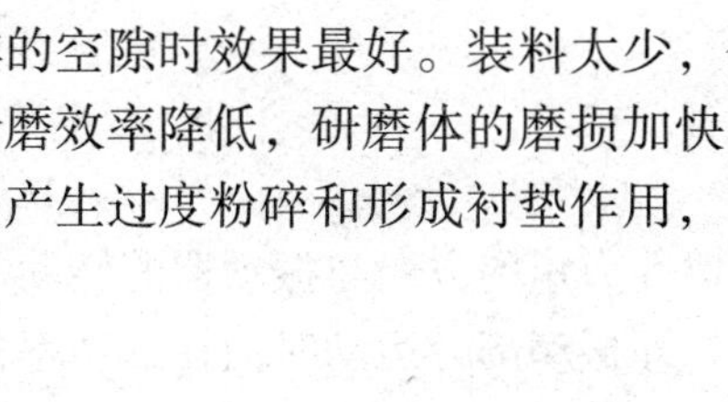

图1－61　振动磨位移与激振力的相位差

从机械振动学可知，滞后角

$$\varepsilon = \arctan \frac{2\zeta\lambda}{1 - \lambda^2} \tag{1-110}$$

式中 ζ——阻力比；
λ——频率比。

$$\zeta = \frac{r}{r_n} \tag{1-111}$$

$$r_n = 2\sqrt{mc} \tag{1-112}$$

$$\lambda = \frac{\omega}{\omega_n} \tag{1-113}$$

式中 r——阻力系数；
r_n——临界阻力系数；
c——支承弹簧的倔强系数；
ω_n——振动部分的固有圆频率。

振动部分的加速度 a 与位移 e 的相位差为 180°。振动器的偏心块是随同振动器一同振动的，与振动部分有相同的加速度。对于做圆轨迹的振动，加速度就是其幅值，即：

$$a = e\omega^2$$

偏心块的惯性力为：

$$Q = m_0 a$$

或

$$Q = m_0 e\omega^2 \tag{1-114}$$

惯性力的方向与加速度的方向相反。由于惯性力不通过振动器的转动中心，因此产生了惯性力矩：

$$M_K = QL$$

从图 1-61 可知，力臂

$$L = r_0 \sin\varepsilon$$

从而有：

$$M_K = m_0 e\omega^2 r_0 \sin\varepsilon \tag{1-115}$$

惯性力矩的方向与振动器的转动方向相反，是阻力矩，振动器克服惯性力矩需要的功率，即振动部分运动时消耗的功率：

$$P_e = M_K\omega = m_0 e\omega^3 r_0 \sin\varepsilon$$

或

$$P_e = me^2\omega^3 r_0 \sin\varepsilon \tag{1-116}$$

通过大量实验证明，当频率比 $\lambda > 3$，阻力比较小时，振动磨的滞后角变化不大。经过实际测定，通常

$$\varepsilon = 171° \sim 173°$$

于是上式成为：

$$P_e = (0.122 \sim 0.156) me^2\omega^3 \tag{1-117}$$

考虑到振动器轴承消耗的功率和电动机的功率储备，振动磨需要的功率由下式计算

$$P = 0.6me^2\omega^3 \tag{1-118}$$

【例1-6】　计算M200-1.5型惯性式振动磨的振幅和需要的轴功率。已知筒体质量340kg，刚玉质研磨体质量350kg，物料和水的质量100kg，振动器的静力矩13.73N·m，转速1440r/min。设$K = 0.7$。

【解】　（1）振幅

$$e = \frac{M}{mg} = \frac{M}{g(m_1 + Km_2)} = \frac{13.73}{9.8 \times [340 + 0.7 \times (350 + 100)]}$$

$$= 2.1 \times 10^{-3}(\text{m})$$

（2）需要的功率

$$P = 0.6me^2\omega^3 = 0.6 \times [340 + 0.7 \times (350 + 100)] \times (2.1 \times 10^{-3})^2 \times \left(\frac{3.14 \times 1440}{30}\right)^3$$

$$=5943\ (\text{W})$$

第七节　气流粉碎机简介

气流粉碎机利用高速气体带动物料做高速运动，高速运动的物料颗粒由于互相之间发生剧烈的碰撞和摩擦，物料在强烈的碰击和研磨作用下被粉碎。

气流粉碎机可以制取粒度很小的粉状物料，物料的粒度分布比较窄。气流粉碎机是一种无介质磨，在粉碎过程中没有研磨体加入，不存在研磨体的磨耗问题，物料中基本上不会有杂质渗入。气流粉碎机没有运动部件，制造容易，操作简单，作为超细磨设备越来越受到人们重视。气流粉碎机是利用流体的动能作为粉碎物料的机械能的，故又称为流能磨。

气流粉碎机种类很多，一般分为卧式和立式两大类。

卧式气流粉碎机由粉碎室、喷嘴、进料管和出料管组成，如图1-62所示。空气压缩机产生的压缩空气经过过滤除去灰尘、油滴等杂质后分两路进入粉碎机。一路经装在料斗下的喷嘴，把物料送入粉碎室，另一路经装在粉碎室周边上的若干个（一般为4~8个）喷嘴进入粉碎室，形成高速旋转的涡流。物料在粉碎室中被旋转的空气加速到超音速度，高速运动的颗粒之间相互剧烈碰撞、摩擦，从而迅速被粉碎。粉碎室除作为物料粉碎的场所外，又起着分级装置的作用，物料经粉碎后，只有粒度达到要求的细小颗粒，由于离心力

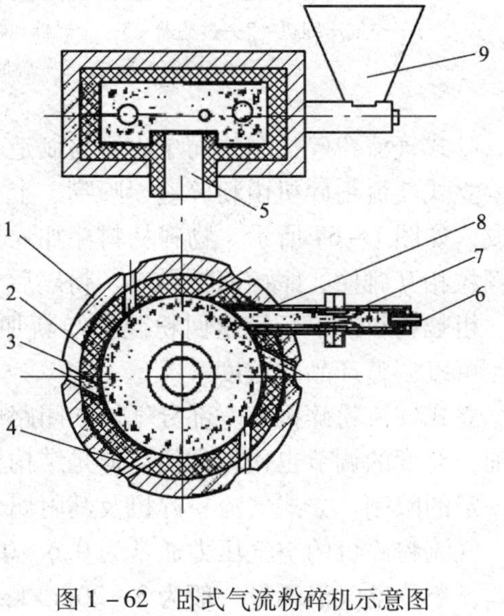

图1-62　卧式气流粉碎机示意图
1—外壳　2—衬里　3—粉碎室　4—喷嘴　5—出料管
6—给料喷嘴　7—文丘里管　8—进料管　9—料斗

很小，才能被气流带到粉碎室的中心部分经出料管排出，粗的颗粒则仍然留在粉碎室中不断循环，继续粉碎，直到粒度达到要求为止。从出料管连同空气一道排出的物料，经旋风分离器和袋式收尘器收集后成为产品。卧式气流粉碎机及其附属设备的布置如图1－63所示。粉碎机工作时粉碎室内壁受到物料的强烈磨蚀作用，因此需要装上耐磨的内衬。

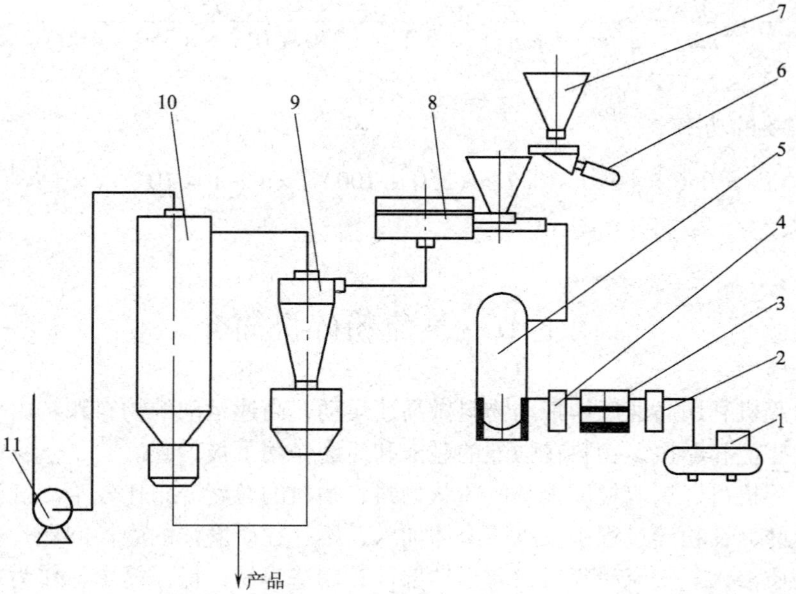

图1－63　卧式气流粉碎机及其附属设备布置示意图

1—空气压缩机　2—过滤器　3—干燥器　4—油雾分离器　5—储气罐　6—电磁振动给料机
7—料仓　8—气流粉碎机　9—旋风分离器　10—袋式收尘器　11—通风机

卧式气流粉碎机结构简单，容易制造和维修，因此得到广泛应用。

立式气流粉碎机由粉碎室、喷嘴、上行管、下行管、分级导叶、进料管和出料管等组成，如图1－64所示。物料从料斗加入，由气体送入粉碎机内。在下部的粉碎室中物料颗粒相互碰撞、摩擦而被粉碎。粉碎后合格的细粒物料经上行管和分级器从出料管排出。粗粒物料经下行管返回粉碎室与新加入的物料再次进行粉碎。调节分级导叶的位置，可以调整产品的粒度。

立式气流粉碎机有一部分气体在闭路中循环使用，单位功耗较低，同时产品的粒度较细，粒度的调节也比较方便，但是结构复杂，制造和维修都比较困难，因此其应用受到一定的限制。立式气流粉碎机及其附属设备布置如图1－65所示。

气流粉碎机的空气压力通常为0.6～0.7MPa，根据粉碎机的型号规格和产品粒度的不同，单位空气消耗量一般为3～20m^3/kg，单位功耗为0.5～2.5kW·h/kg。

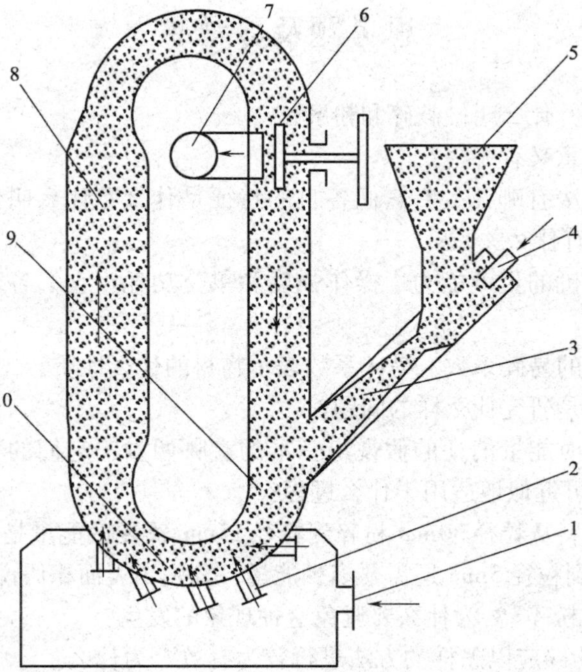

图 1－64　立式气流粉碎机示意图

1—压缩空气入口　2—喷嘴　3—文丘里管　4—给料喷嘴　5—料斗
6—分级导叶　7—出料口　8—上行管　9—下行管　10—粉碎室

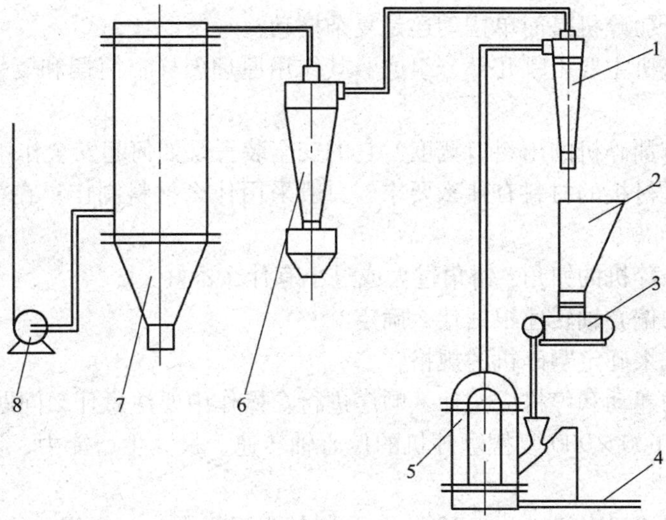

图 1－65　立式气流粉碎机及其附属设备布置示意图

1—分级机　2—料仓　3—给料机　4—压缩空气入口　5—气流粉碎机
6—旋风分离器　7—袋式收尘器　8—通风机

思考题及习题

1. 什么叫做粉碎？什么叫做破碎和粉磨？

2. 粉碎的目的、意义有哪些？

3. 常用的粉碎方法有哪几种？它们各自的特征是什么？什么叫做平均粉碎比和公称粉碎比？它们之间有什么关系？

4. 什么叫做粉碎机的生产能力、操作强度和单位功耗？它们各表示粉碎机的什么性能？

5. 什么叫做物料的易碎系数？易碎系数表示物料的什么性质？

6. 粉碎理论主要是研究什么样的问题？

7. 关于粉碎物料时能量消耗的假说最基本的有哪两种？它们的物理基础和基本区别是什么？两种假说可近似地适用于什么过程？

8. 把一定量的物料从粒径30mm粉碎到粒径15mm需要的能量是14kW·h，如果把它从粒径15mm粉碎到粒径5mm还需要多少能量？分别用表面积假说和体积假说计算。

9. 什么叫"过度粉碎"？为什么要避免这种现象的发生？

10. 脆性物料的粉碎应以怎样的方法进行较为有效？为什么？

11. 粉碎作业的程序包括什么内容？开流式和圈流式粉碎流程各有什么优缺点？

12. 从第一节例一的计算结果中，可以看出同一型号不同规格的颚碎机其技术经济性能有什么变化规律？

13. 颚式破碎机是采用什么样的原理对物料进行破碎的？画出其主要类型的示意图。

14. 如何判断颚碎机是简单摆动还是复杂摆动？

15. 复摆颚碎机主要由哪几部分组成？其作用原理怎样？简摆和复摆颚碎机各有什么优缺点？

16. 如何调节鄂碎机的出料口宽度？它的安全装置是如何起安全作用的？

17. 对颚碎机衬板的材料有什么要求？一般采用什么材料制作？在衬板的设计和安装中要注意哪些问题？

18. 什么叫颚碎机的钳角？钳角过大或过小有什么不好？

19. 颚碎机的偏心轴转速根据什么确定？

20. 根据什么来确定颚碎机的规格？

21. 颚碎机的起动和停机应按什么顺序进行？操作中要注意什么问题？

22. 计算PEF600×900复摆颚碎机的偏心轴转速，最大生产能力，需要的功率，最大破碎力。

已知：钳角为20°，偏心距为19mm，物料的强度极限为120MPa，弹性模量为3.5×10^8MPa，推板角为20°，机械效率为0.7。

23. 辊式破碎机是依靠什么原理破碎物料的？

24. 双辊破碎机的构造主要由哪几部分组成？可动轴承起何作用？如何调节产品

粒度？

25. 雷蒙磨主要由哪几部分组成？其作用原理怎样？

26. 雷蒙磨采用了什么装置在磨内造成负压？其作用原理怎样？

27. 如何调节雷蒙磨机的产品粒度？

28. 雷蒙磨是怎样自动调节加料量的？

29. 什么是雷蒙磨的“塞车”现象？

30. 为什么陶瓷工业广泛采用间歇式湿式球磨机？

31. 间歇式湿式球磨机主要由哪几部分组成？其作用原理怎样？

32. 球磨机粉磨物料的基本作用是什么？对球磨机中研磨体的运动进行分析的目的是什么？

33. 球磨机的直径为1m，转速为32r/min，要求：（1）绘出研磨体的脱离点和降落点轨迹；（2）计算研磨体最内层的半径；（3）计算最外层研磨体的循环周期和周转率。

34. 什么叫做球磨机的临界转速？当研磨体在脱离点处有最大能量时，其脱离角是多少？

35. 球磨机的工作转速是根据什么来确定的？两个计算工作转速的公式其出发点有什么不同？按33题的条件，推导球磨机工作转速的计算公式。

36. 什么叫做球磨机磨体的填充系数？它是如何确定的？

37. 计算 $\eta = \dfrac{37}{\sqrt{D}}$ 时，球磨机的填充系数。

38. 计算M2100×2100球磨机的临界转速，工作转速，研磨体、物料和水的装填量，研磨体的尺寸及球磨机的功率。

设取 $q=0.76$，$\Phi=0.4$，料∶水∶研磨体＝1∶0.5∶1.5。

已知筒体直径和长度都是2100mm，衬板厚100mm，研磨体容重为1.6t/m^3。

39. 在陶瓷工业中，对球磨机用的研磨体有什么要求？

40. 球磨机采用耐磨橡胶衬板有什么优缺点？

41. 为什么说振动磨的粉磨效率较高？

42. 振动磨主要由哪几部分组成？其作用原理是什么？

43. 振动磨工作时，磨内的研磨体主要有哪几种运动方式？

44. 振动磨没有装研磨体，为什么不能启动？

45. 已知某振动磨的偏心块静力矩为18N·m，筒体的质量是为360kg，研磨体的质量是380kg，物料和水的质量为130kg，设 K 为0.7，计算该振动磨的振幅大小。

46. 气流粉碎机的工作原理是什么？有什么特点？

47. 气流粉碎机有哪几种主要类型？各有什么特点？

第二章　筛 分 机 械

第一节　概　　论

把固体物料按其尺寸大小不同分为若干级别的操作过程称为分级。为了完成分级操作，可以把物料放在具有一定大小孔径的筛面上进行摇动或振动，使小于筛孔尺寸的物料颗粒通过筛孔，而大于筛孔尺寸的物料颗粒则留在筛面上，这种分级方法称为筛分。通过筛孔的物料称为筛下料，留在筛面上的物料称为筛上料，而进入筛分过程的物料称为筛分原料。

一、颗粒直径的表示方法

在筛分过程中的固体物料，都是尺寸大小（即粒度）不同的各种颗粒组成的混合物，而且每个颗粒一般都不是球形，而是具有不规则的形状，其大小只能用几个尺寸来表示。但在实践中为了便于比较颗粒的大小，最好用一个尺寸来表示，这个尺寸称为颗粒的“直径”，以 d 表示。

颗粒的直径可用下列方法表示

$$d = b \tag{2-1}$$

或

$$\left.\begin{aligned} d &= \frac{l + b}{2} \\ d &= \sqrt{lb} \end{aligned}\right\} \tag{2-2}$$

式中　l、b ——颗粒的长度和宽度。

究竟使用哪一个计算公式，主要取决于测量方法。用筛分方法测量颗粒大小时，只能知道它的一个尺寸，故可用式（2－1）；在显微镜下测量时，能定出两个尺寸，因此可用式（2－2）。式（2－2）的第一式表示长度和宽度的算术平均值，第二式为几何平均值。

确定物料粒度组成通常是用筛分分析和沉降分析的方法。在这里介绍筛分分析的方法。筛分分析是称取一定质量的物料试样，装在实验室用套筛最上层的筛子上。套筛是若干个圆形筛子按筛孔大小依次重叠起来的，上层筛子的筛下料可以依次落到以下各层的筛面上。装料后，用盖子把套筛盖好，放进专用的摇筛机中摇动 10～30min，然后把筛子逐个取下，称取每个筛子筛上料的质量。由于每个筛子筛上料一定比上一层筛子的筛孔尺寸小，而比所在层筛子的筛孔尺寸大，故一般可取上下两层筛子的筛孔尺寸 b_1 和 b_2 的算术平均值作为这一级别物料的平均直径，即：

$$d = \frac{b_1 + b_2}{2} \tag{2-3}$$

于是，由大小不同颗粒组成的物料，其平均直径为：

$$d_m = \frac{w_1 d_1 + w_2 d_2 + \cdots + w_n d_n}{w_1 + w_2 + \cdots + w_n}$$

或

$$d_m = \frac{\sum_{i=1}^{n} (w_i d_i)}{\sum_{i=1}^{n} w_i} \tag{2-4}$$

式中　d_m——物料的平均直径，mm；

d_i——每一级别颗粒的直径，mm；

w_i——每一级别颗粒的质量分数，以小数表示。

二、筛分效率

为了评价筛分操作质量的好坏，通常用筛分效率这个概念。筛下料中小于筛孔尺寸（即筛下级别）的物料质量与筛分原料中小于筛孔尺寸的物料质量之比称为筛分效率。筛分效率表示筛分原料中筛下级别物料通过筛孔的百分数。

设 m_1 为筛分原料的质量，m_2 为筛下料的质量，m_3 为筛上料的质量，w_1 为筛分原料中筛下级别物料的质量分数，w_2 为筛下料中筛下级别物料的质量分数，w_3 为筛上料中筛下级别物料的质量分数。

根据定义，筛分效率为：

$$\eta = \frac{w_2 m_2}{w_1 m_1} \tag{2-5}$$

在实际生产中，由于筛分操作是连续进行的，筛分原料和筛下料的质量不能准确称量，故用式（2-5）计算筛分效率是有困难的，因此要从形式上作些变化。

从物料平衡可知，对于全部筛分原料，应用：

$$m_1 = m_2 + m_3 \tag{a}$$

对于筛下级别部分，应用：

$$w_1 m_1 = w_2 m_2 + w_3 m_3 \tag{b}$$

从上面两式可得：

$$w_1 m_1 = w_2 m_2 + w_3 (m_1 - m_2)$$

或

$$\frac{m_2}{m_1} = \frac{w_1 - w_3}{w_2 - w_3} \tag{c}$$

将式（c）代入式（2-5）中得：

$$\eta = \frac{(w_1 - w_3) w_2}{(w_2 - w_3) w_1} \tag{2-6}$$

在正常操作情况下，筛面没有破损，物料中的筛上级别部分不会漏入筛下料中，故有 $w_2 = 100$，这样，式（2-6）成为：

$$\eta = \frac{100(w_1 - w_3)}{w_1(100 - w_3)} \tag{2-7}$$

实际计算时，只要在筛分原料和筛上料中分别取样，精确测定其筛下级别的含量，代入式（2－6）即可算出筛分效率。当然，测定用的筛子，其筛孔形状和大小均应与筛分用的筛子完全相同。

三、筛分操作分类和筛面

按筛分原料含水量不同，筛分操作分为干法和湿法两种。筛分含水量少、呈干燥状态的物料称为干法筛分（简称干筛）；筛分含水量多而成为泥浆状的物料称为湿法筛分（简称湿筛）。

用于筛分操作的筛面，按其构造不同分为三种，即栅筛、板筛和编织筛。

（1）栅筛　如图2－1所示，栅筛由许多钢质栅棒组成，中间穿以若干根带螺栓的钢条，在栅棒之间套上一定尺寸的支隔横管，以保持栅棒间的间隙大小。

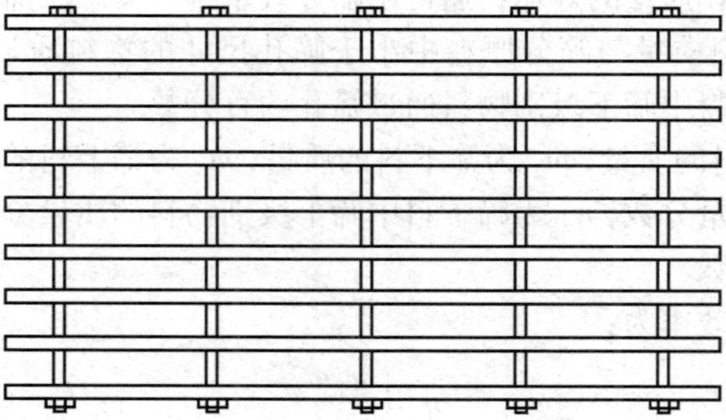

图2－1　栅筛

（2）板筛　板筛是由薄钢板冲孔制成，如图2－2所示。孔的形状有圆形、长圆形和方形等几种。筛孔最好是上小下大，稍呈锥形，可以减少堵塞。筛孔多采用交错排列，以提高筛分效率。

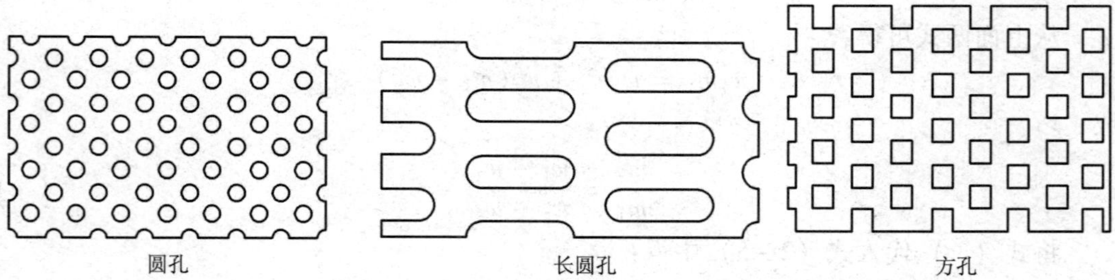

图2－2　板筛

（3）编织筛　编织筛用钢丝、铜丝或黄铜丝等金属丝编织而成，又称为筛网，如图2－3所示。

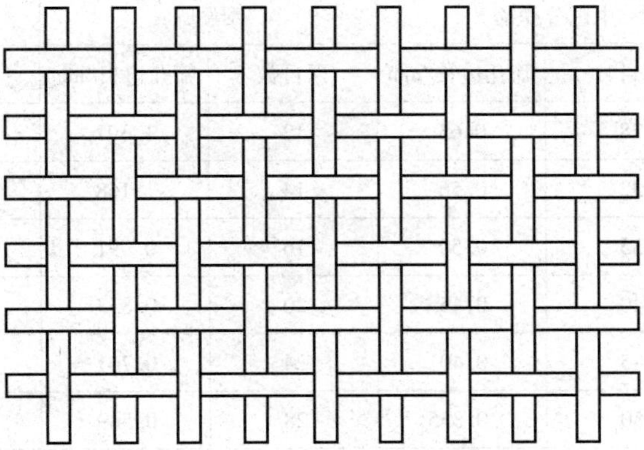

图 2 - 3　编织筛

四、筛　　制

板筛和编织筛的规格，各国大多订有标准，称为筛制。表 2 - 1 摘录了其中使用较多的一部分。

筛网规格的表示方法常用的有两种：一种以每英寸长度内的筛孔数表示，称为网目数，简称网目，以 M 表示；一种以每厘米长度内的筛孔数表示，称为筛网的号数，简称筛号，以 N 表示。两者之间有如下近似关系：

$$N = \frac{M}{2.54} \tag{2-8}$$

表 2 - 1　　部分筛制

国际制（ISO 565）	中国分样筛*		泰勒筛		德国筛（DIN - 1171）	
筛孔边长/mm	网目数	筛孔边长/mm	网目数	筛孔边长/mm	筛号	筛孔边长/mm
6.7	4	5.1	2.5	7.925	1	6
6.3	6	3	3	6.68	2	3
5.6	8	2.5	3.5	5.691	3	2
4.75	10	2.0	4	4.699	4	1.5
4	12	1.6	5	3.962	5	1.2
3.35	16	1.25	6	3.327	6	1.02
2.8	18	1.0	7	2.794	8	0.75
2.36	20	0.9	8	2.262	10	0.6
2	24	0.8	9	1.981	11	0.54
1.7	26	0.71	10	1.651	12	—

续表

国际制（ISO 565）	中国分样筛*		泰勒筛		德国筛（DIN－1171）	
筛孔边长/mm	网目数	筛孔边长/mm	网目数	筛孔边长/mm	筛号	筛孔边长/mm
1.4	28	0.63	12	1.397	14	0.43
1.18	32	0.56	14	1.168	16	—
1	35	0.50	16	0.991	20	0.3
0.85	40	0.45	20	0.833	24	0.25
0.71	45	0.40	24	0.701	30	0.2
0.6	50	0.355	28	0.589	40	0.15
0.5	55	0.315	32	0.495	50	0.12
0.425	65	0.25	35	0.417	60	0.1
0.355	75	0.20	42	0.351	70	—
0.3	85	0.18	48	0.295	80	0.075
0.25	100	0.154	60	0.246	100	0.06
0.212	120	0.125	65	0.208	130	0.036
0.18	150	0.108	80	0.175		
0.15	180	0.09	100	0.147		
0.125	200	0.076	115	0.124		
0.106	280	0.055	150	0.104		
0.09	350	0.042	170	0.088		
0.075	370	0.038	200	0.074		
0.063	400	0.034	230	0.062		
0.053			270	0.053		
0.045			325	0.043		
0.038			400	0.038		
0.032			450	0.032**		
0.025			500	0.025**		
0.02			635	0.02**		

*上海产品，**建议值。

五、筛分机理

在筛分过程中，筛下级别的物料通过筛孔的必要条件为：物料尺寸小于筛孔，即有可通过的筛孔；物料有过筛孔的运动和动力，即有过孔的机会。下面将此条件归纳为筛分概率和开孔率两个问题加以讨论。

1. 筛分概率

物料受到筛面运动惯性力的作用，产生连续地跳动。每跳动一次都将有部分细粒透过筛孔，透过筛孔的几率或可能性成为某一直径颗粒或某一级别物料的筛分概率。

设一球形颗粒直径为 d，垂直地投向筛孔边长为 l、筛丝直径为 D 的筛面，当颗粒与筛丝不相碰时，则颗粒必然筛过。这就是说，要使颗粒顺利地透过筛孔，在颗粒下落时，其质心应落在如图 2－4 所示画有剖面线的面积上。因此，颗粒为 d 的物料每次跳动的透筛概率可以看作颗粒必然能透过的筛孔面积 $(l-d)^2$ 与筛面总面积 $(l+D)^2$ 之比。即

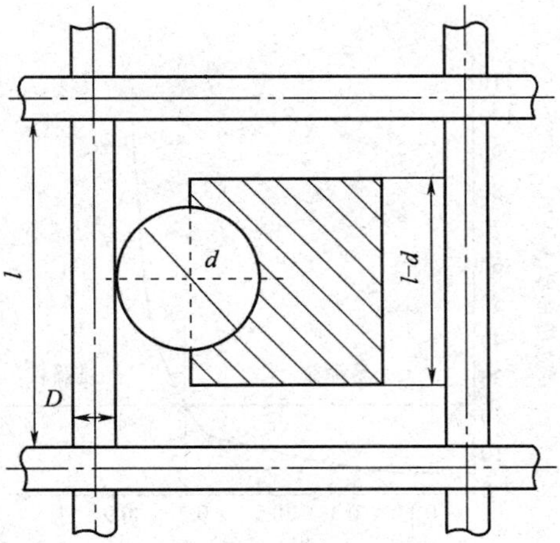

图 2－4 颗粒透过筛孔示意图

$$P=\frac{(l-d)^2}{(l+D)^2}=\frac{l^2}{(l+D)^2}\left(1-\frac{d}{l}\right)^2 \qquad (2-9)$$

式中 P——颗粒透筛的概率；

l——正方形筛孔边长；

D——筛丝直径；

$\frac{l^2}{(l+D)^2}$——筛孔的开孔率；

$\frac{d}{l}$——相对粒度。

由式（2－9）可见，颗粒的过筛概率与筛面的开孔率成正比，与相对粒度 $\frac{d}{l}$ 成反比，即颗粒直径与筛孔尺寸的比值越大，过筛的机会越小。

如果颗粒在筛孔上需要重复 N 次才能通过筛孔，那么可以看作该颗粒的过筛概率 $P=\frac{1}{N}$，也就是说，颗粒过筛需要重复的次数（N）越多，颗粒的过筛概率就越小。如果需要重复无限多次，显然，过筛机会接近于零。

利用上述原理，取不同的相对粒度 $\frac{d}{l}$，计算出对应的过筛概率 P 和 N 值，绘制曲线如图 2－5 所示。从曲线看出，当相对粒度小于 0.75 时，曲线上升很缓慢，即颗粒透筛概率比较高，在筛面上需要跳动较少的次数，就可以过筛。当相对粒度大于 0.75 时，曲线变陡，需要的过筛次数猛然增加。这就是在普通筛分法中，把小于筛孔尺寸 3/4 的颗粒划分为易筛粒，大于筛孔尺寸 3/4 的颗粒划分为难筛粒的原因所在。

从上述讨论中可知，普通筛分法只考虑了颗粒与筛丝不发生碰撞时的透筛概率。事

实上，当颗粒下落时，如果与筛丝碰撞，但质心在筛孔内，过筛仍可能发生；颗粒若与筛丝碰撞，弹跳后仍有可能落入筛孔。

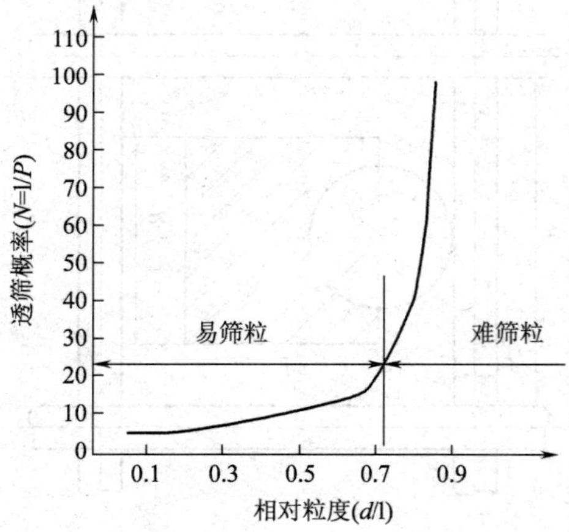

图 2－5　透筛概率倒数与相对粒度的关系曲线

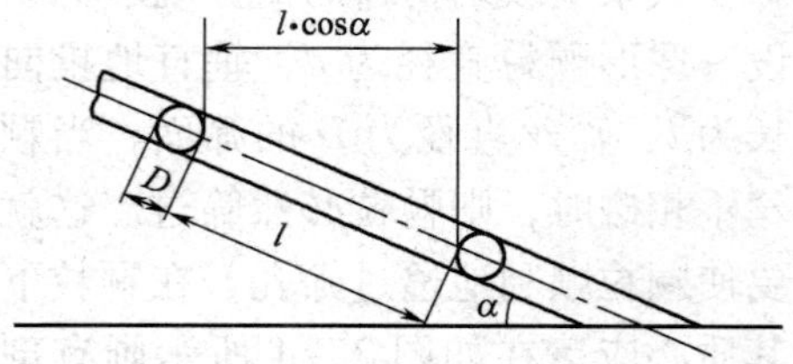

图 2－6　倾斜筛面上颗粒透筛示意图

另外，物料在筛面上往往是斜抛射，颗粒下落时的方向与筛面有一定的夹角，而不是垂直于筛面，这一些在上面讨论颗粒的过筛概率时均未作考虑。

通常，在振动筛上，物料抛离筛面后是做抛物线运动，下落时沿着某一方向落到倾斜筛面上。颗粒下落时运动方向与垂直方向有一定夹角（图 2－6），此时，颗粒过筛概率会减少。

2. 开孔率

筛孔净面积占筛面总面积的比率称为开孔率，用 s 表示。

$$s = (1 - zD)^2 \times 100 \tag{2-10}$$

式中　z——单位长度内的筛孔数；

D——筛丝直径。

一般筛网的开孔率可达 80%，但在筛孔较小的情况下，开孔率则为 40% 左右，筛板的开孔率均在 50% 以下。

【例 2－1】　下表为某种物料筛分的结果，试计算其平均直径。

级别/mm	直径/mm	质量/g	质量分数/%	正累积率/%	负累积率/%
－0. 18 ＋0. 15	0. 165	30	15	15	100
－0. 15 ＋0. 125	0. 1375	40	20	35	85
－0. 125 ＋0. 09	0. 1075	60	30	65	65
－0. 09 ＋0. 075	0. 0825	30	15	80	35
－0. 075 ＋0	0. 0375	40	20	100	20
合计		200	100		

【解】　物料的平均直径用式（2－4）计算

$$d_m = \frac{\sum_{i=1}^{n}(w_i d_i)}{\sum_{i=1}^{n} w_i}$$

$$= \frac{0.15 \times 0.165 + 0.2 \times 0.1375 + 0.3 \times 0.1075 + 0.15 \times 0.0825 + 0.2 \times 0.0375}{0.15 + 0.2 + 0.3 + 0.15 + 0.2}$$

$$= 0.104\ (\text{mm})$$

【例 2－2】　对某筛机筛分操作的测定结果如下：筛分原料中筛下级别物料的质量分数为 46%，筛上料中筛下级别物料的质量分数为 12%，筛下料中全部为筛下级别的物料。计算该筛机的筛分效率。

【解】　由于筛下料中全部为筛下级别的物料，筛分效率用式（2－7）计算

$$\eta = \frac{100(w_1 - w_3)}{w_1(100 - w_3)} = \frac{100 \times (46 - 12)}{46 \times (100 - 12)} = 0.84$$

第二节　摇　动　筛

一、构造和工作原理

摇动筛（图 2－7）有一个长方形的筛框 1，筛面 5 固定在筛框上，筛框用拉杆 2 悬挂或用滚轮支承，依靠偏心轮机构 4 使筛框和筛面产生往复运动。物料由筛面一端加入，筛面下面有容器承接筛下料，不能过筛的物料即由筛面的另一端卸出。筛面一般倾斜安置，也有水平安置的（如差动筛）。筛面倾斜角通常选用 10°～20°，如为湿筛，可减小至 5°～10°。筛面宽度为 0.5～3.0m，长度为 1.5～8m。对于干筛，整个筛框常用防尘罩密闭起来，以免操作时粉尘飞扬，影响工业卫生。

摇动筛是利用重力、惯性力和物料与筛面之间的摩擦力，在一定条件下，使物料与筛面之间产生不对称的相对运动而进行连续筛分的。

摇动筛按筛面的运动规律不同分为直线摇动筛、平面摇晃筛和差动筛等几种。

直线摇动筛如图 2－7 所示，筛面基本上做直线运动。

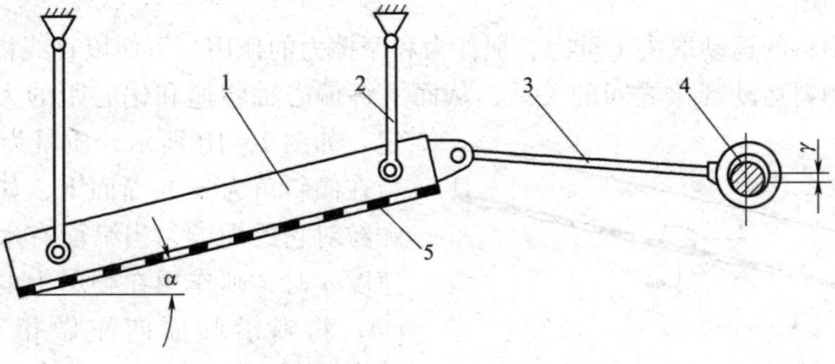

图 2－7　直线摇动筛示意图

1—筛框　2—拉杆　3—连杆　4—偏心轮　5—筛面

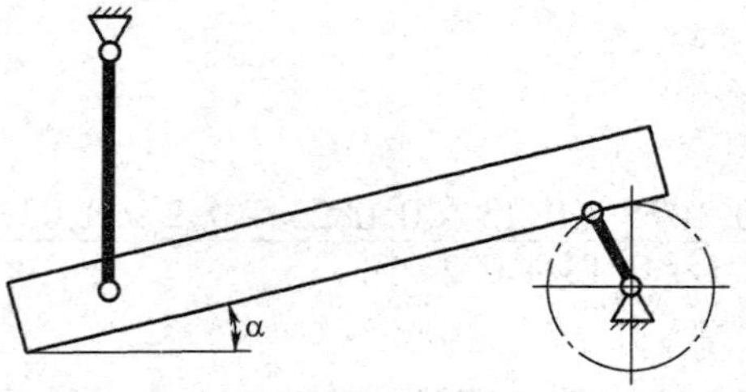

图 2－8　平面摇晃筛示意图

平面摇晃筛的构造与直线摇动筛相似，主要区别是筛框一端直接连在偏心轴上，如图 2－8 所示。筛面做复杂的平面运动，在与偏心轴连接的一端，运动时有较大的垂直位移。

差动筛的构造如图 2－9 所示，筛面水平放置在筛框 1 中，筛框装在数个斜立的弹性支杆 2 上，弹性支杆用角钢固定于筛框和筛机底座 3 之间，偏心机构使筛框运动。虽然筛面是水平放置的，但由于筛框的运动方向与筛面成一定角度，筛面上物料的前进和后退有不同的加速度，从而筛面上的物料与筛面之间有不对称的相对运动，使筛上料能移到筛面的另一端卸出。正是根据筛面上物料进退运动不同的特征，故称为差动筛。

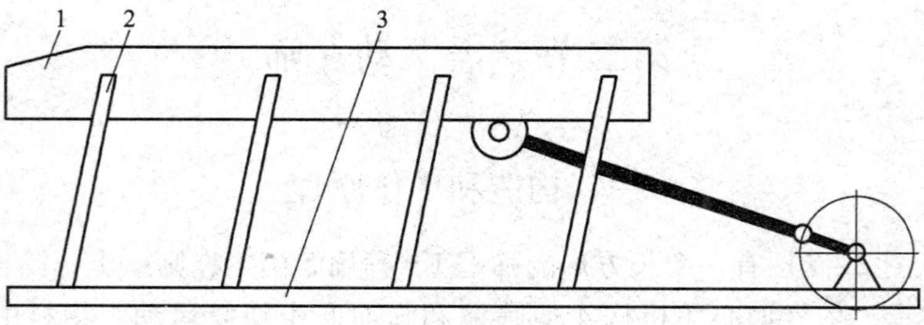

图 2－9　差动筛示意图

1—筛框　2—弹性支杆　3—底座

二、主要参数的确定

1. 转速和偏心距

进行筛分操作，物料与筛面之间必须有相对运动，筛下级别的物料才能通过筛孔落下。同时，这种相对运动应该是不对称的，使筛上料能够朝一个方向移动，最后从筛面的一端自动卸出。

筛面上物料的运动取决于重力、惯性力和摩擦力的作用。下面以直线摇动筛为例说明这些力与物料运动规律之间的关系，从而了解偏心轴转速和偏心距的大小应如何确定。如图 2－10 所示，质量为 m 的物料颗粒在倾斜角为 α 的筛面上，如不考虑其他颗粒对它的影响，当筛面有水平向右的加速度 a 时，则作用在物料上的惯性力 $F = ma$，物料沿筛面向左做相对运动的条件为：

$$F\cos\alpha + mg\sin\alpha \geq f(mg\cos\alpha - F\sin\alpha)$$

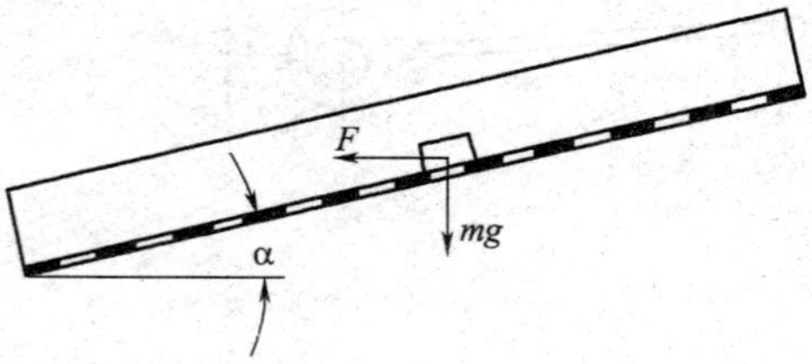

图 2－10　筛面上物料受力图

或

$$a \geqslant \frac{f\cos\alpha - \sin\alpha}{f\sin\alpha + \cos\alpha} g \tag{a}$$

式中　f——物料与筛面之间的动摩擦因数，平均可取 $f=0.3$。

设偏心轴的偏心距为 r，转速为 n，偏心距 r 与连杆长度 l 相比可忽略不计，那么筛面的位移：

$$s = r(1 - \cos\omega t)$$

式中　ω——偏心轴的角速度，

t——时间。

加速度：

$$a = \frac{d^2 s}{dt^2} = \omega^2 r\cos\omega t \tag{b}$$

以加速度的最大值 $a_{max} = \omega^2 r$ 和摩擦角 $\phi(\tan\phi = f)$ 代入式（a），整理化简后得物料沿筛面向左运动时的偏心轴的最小转速：

$$n_{+x\min} = 30\sqrt{\frac{\tan(\phi - \alpha)}{r}} \tag{2-11}$$

同理可证，物料沿筛面向右运动时偏心轴的最小转速：

$$n_{-x\min} = 30\sqrt{\frac{\tan(\phi + \alpha)}{r}} \tag{2-12}$$

物料脱离筛面沿筛面法线向上跳动的条件是：

$$F\sin\alpha \geqslant mg\cos\alpha$$

相应的偏心轴最小转速：

$$n_{y\min} = \frac{30}{\sqrt{r\tan\alpha}} \tag{2-13}$$

在上面各式中，转速的单位是 r/min，偏心距的单位是 m。

由此可知，物料在筛面上的运动特征主要决定于偏心轴的转速和偏心距。

为了充分利用操作时间，发挥筛面的工作能力，摇动筛的转速通常取为：

$$n = (1.30 \sim 1.35) n_{-x\min} \tag{2-14}$$

偏心距一般在 4～22mm 之间选择，筛孔大，偏心距取大些；反之，筛孔小，偏心距取小些。

2. 生产能力

筛机的生产能力是指单位时间内处理筛分原料的质量而不是指筛下料的质量，因此，生产能力取决于给料速度。不过，如给料速度过快，处理的物料量虽然增多了，但是筛面上料层很厚，很多筛下级别的物料无法靠近筛孔，不能筛下，反而降低了筛分效率。筛分效率与给料速度之间的关系目前还不能用公式表达出来，因此，筛机生产能力的计算都采用经验公式。下式可用于摇动筛生产能力的计算

$$Q = 3600bdv\rho \tag{2-15}$$

式中　Q——筛机的生产能力，t/h；

b——筛面宽度，m；

d——在给料处筛面上料层的厚度，m；

v——筛面上料层移动的速度，m/s；

ρ——物料的密度，t/m^3。

在给料处筛面上料层的厚度应根据筛孔尺寸、物料性质、粒度和含水量以及筛面长度等不同而定，一般小于 40mm 。物料沿筛面移动的速度与偏心轴的转速和偏心距有关。对于快速摇动筛，可达 0.1 ~0.2m/s。这样，在一般情况下，筛面的宽度可用上式估算出来。至于筛面长度 L，虽然对筛分效率有很大影响，但无法用计算方法确定，只能参照实践资料来选取，一般可取 $L/b = 2 \sim 3$。

3. 功率

摇动筛的运动是一种谐振动，理论上，在筛子运动的过程中只有机械能的交换，在第一个 1/4 周期中偏心轴对筛机做的功，在第二个 1/4 周期中筛机要还回给偏心轴；同样的在第三个 1/4 周期中偏心轴对筛机做的功，在第四个 1/4 周期中又还回给偏心轴。但是实践表明，由于消耗于克服各种阻力，不考虑筛机还给偏心轴的功是合适的。也就是说，可以认为偏心轴对筛机做的功由于克服各种阻力而全部消耗掉了，因此，在偏心轴旋转一次的时间内，消耗的功：

$$W = mv^2$$

功率：

$$P = \frac{W/n}{60 \times 1000\eta}$$

最后得：

$$P = \frac{1.83mn^3r^2}{\eta} \times 10^{-7} \tag{2-16}$$

式中 P——筛机需要的功率，kW；

m——筛机运动部分的质量，kg；

n——偏心轴的转速，r/min；

r——偏心轴的偏心距，m；

η——传动效率，一般取 $\eta = 0.70$。

第三节　振　动　筛

为了提高筛分效率和筛面的工作强度，除了使筛机本身摇动以达到物料在筛面上产生相对运动的目的外，还可以使筛机产生高频率的振动。这种振动加剧了物料之间和物料与筛面之间的相对运动，这对提高细筛的筛分效率特别有利。产生振动的方法可以使用由偏重旋转时产生的惯性力，偏心轴旋转时的强制作用以及电磁力的间歇牵引等，因此振动筛分为惯性振动筛、偏心振动筛和电磁振动筛等几种。下面介绍应用较多的惯性振动筛。

一、构造和工作原理

惯性振动筛的构造如图 2－11 所示。筛框 1 安装在弹簧 2 上，筛框上有一对轴承座 6，带有圆盘 3 的主轴 4 在轴承中转动，圆盘共有两只，在其上面装有偏重 5，这就构成筛机的振动器。当带有偏重的主轴旋转时，同惯性振动磨的情况一样，由于离心力的作用，筛机产生高频率的振动，物料在筛面上有剧烈的相对运动，从而达到筛分的目的。

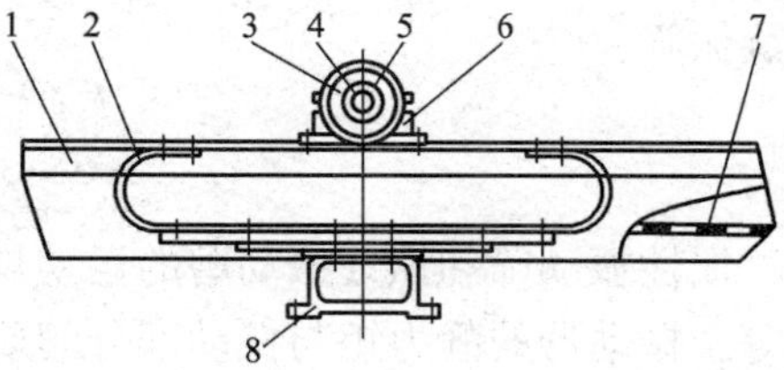

图 2－11　惯性振动筛示意图

1—筛框　2—弹簧　3—圆盘　4—主轴　5—偏重　6—轴承座　7—筛面　8—机座

图 2－12 是筛分料浆用的圆形惯性振动筛，振动筛的筛框 4 、振动器 3 装在筛架 5 上，筛架由橡胶立柱 6 支承并与电动机 1 一同装在机架 9 上，电动机经由 V 带 2 可带动振动器旋转，筛网 7 张紧在筛框的下面。工作时，由于振动器的离心力作用，筛架产生高频率的振动，料浆从筛框上面加入，筛下料通过筛网后经由集浆漏斗流到浆池里，留在筛面上的筛上料则定期用人工清除或停机后取出筛框用水冲走。另一种圆形振动筛如图 2－13 所示。具有双轴伸的电动机 7 与支架 4、底座 8 连接在一起成为一个整体，筛框 10 装在底座上面，两者之间用夹子夹紧，使筛框的装卸比较方便。底座通过弹簧 3 支承在机座 5 上。在电动机两端的轴伸上装有偏心块 6 和 11，两偏心块之间的夹角可以调节。筛网 1 张紧在筛框的下面。当电动机旋转时，在偏心块产生的离心力作用下，电动机连同支架、

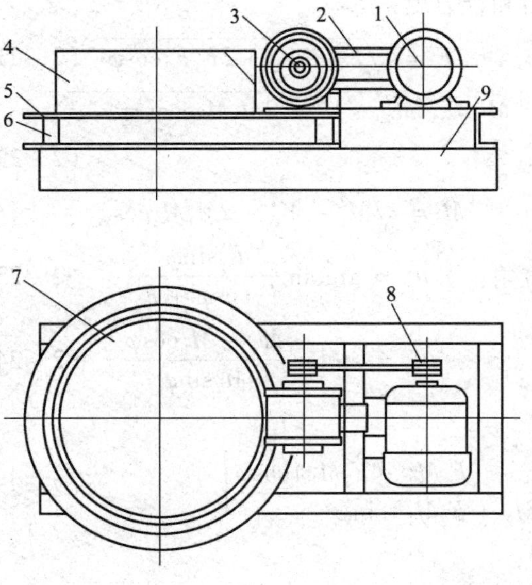

图 2－12　圆形惯性振动筛示意图

1—电动机　2—V 带　3—振动器　4—筛框　5—筛架　6—橡胶立柱　7—筛网　8—V 带轮　9—机架

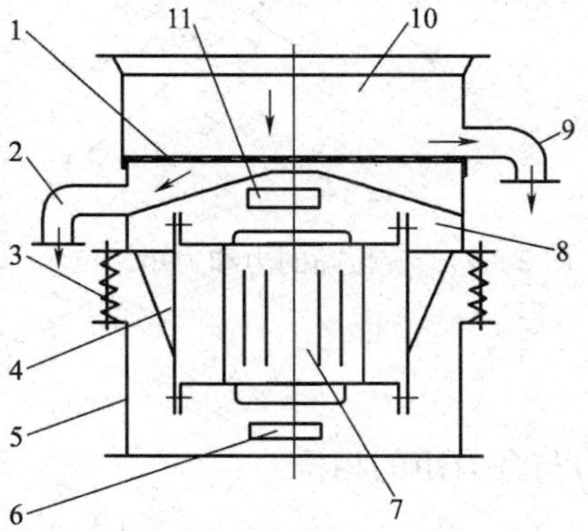

图 2－13　具有两个激振器的圆形惯性振动筛示意图

1—筛网　2—细料出料管　3—支承弹簧　4—支架　5—机座　6—下偏心块　7—电动机　8—底座　9—粗料出料管　10—筛框　11—上偏心块

底座、筛框和筛网等均做高频率的振动。物料从筛框上面加入，通过筛网的物料从细料出料管 2 排出，未能过筛的粗粒物料则从粗料出料管 9 卸出。调节两偏心块之间的夹角，可以改变物料在筛面上的运动规律。由于振动器具有上下两个偏心块，激振力的合力不通过振动部分的质心，振动筛在做圆轨迹振动的同时还做旋回运动，因此通常又称为旋振筛。

二、振动分析

惯性振动筛和惯性振动磨的运动规律是相同的，即振动频率等于振动器的转速，振幅等于振动器的静力矩与振动部分的质量之比。下面仅对旋振筛进行振动分析。

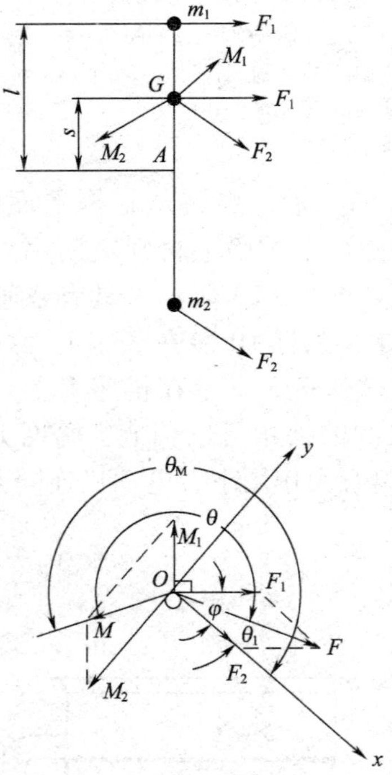

图 2－14　旋振筛的力和力矩相位角

如图 2－14 所示，A 为两偏心块的几何中心，G 为振动部分的质心。振动部分的质量为 m，绕过质心水平轴的转动惯量为 J。质心 G 到 A 点的距离为 s。两偏心块相距为 $2l$，偏心块夹角为 φ。上偏心块的质量为 m_1，下偏心块的质量为 m_2。上、下偏心块的偏心距分别为 r_1 和 r_2。上、下激振力 F_1 和 F_2 分别为：

$$F_1 = m_1\omega^2 r_1 \tag{2-17}$$

$$F_2 = m_2\omega^2 r_2 \tag{2-18}$$

激振力对质心的力矩：

$$M_1 = F_1(l - s) \tag{2-19}$$

$$M_2 = F_2(l + s) \tag{2-20}$$

合力和合力矩：

$$F = \sqrt{F_1^2 + F_2^2 + 2F_1F_2\cos\varphi} \tag{2-21}$$

$$M = \sqrt{M_1^2 + M_2^2 + 2M_1M_2\cos(\pi - \varphi)} \tag{2-22}$$

或

$$M = \sqrt{M_1^2 + M_2^2 - 2M_1M_2\cos\varphi}$$

相位角：

$$\theta_p = \arctan\frac{F_1\sin\varphi}{F_1\cos\varphi + F_2} \tag{2-23}$$

$$\theta_M = \arctan\frac{M_2 - M_1\cos\varphi}{M_2\sin\varphi} \tag{2-24}$$

合力与合力矩的相位差：

$$\theta = \arctan\left[\frac{F_2M_2 - F_1M_1 + (F_1M_2 - F_2M_1)\cos\varphi}{(F_1M_2 + F_2M_1)\sin\varphi}\right] \tag{2-25}$$

在一般情况下，有 $F_2 = F_1$，从而可得：

$$F = F_1\sqrt{2(1 + \cos\varphi)} \tag{2-21A}$$

$$M = Fl\sqrt{\tan^2\left(\frac{\varphi}{2}\right) + \lambda^2} \tag{2-22A}$$

$$\theta_P = \frac{\varphi}{2} \tag{2-23A}$$

$$\theta_M = \arctan\frac{\frac{1+\lambda}{1-\lambda}-\cos\varphi}{\sin\varphi} \tag{2-24A}$$

$$\theta = \arctan\frac{\lambda}{\tan\left(\frac{\varphi}{2}\right)} \tag{2-25A}$$

上式中，$\lambda = \frac{s}{l}$

θ 的取值如下

$0 \leqslant \varphi \leqslant \pi$ 时　　$\theta = \theta^* + \pi$　　(2－25B)

$\pi < \varphi < 2\pi$ 时　　$\theta = \theta^*$　　(2－25C)

θ^* 为 θ 的主值。

由此可知，两偏心块旋转时的作用结果是一个旋转的激振合力 F 和一个旋转的激振合力矩 M，它们的大小不变，旋向相同，角速度等于电动机的角速度，M 超前 F 一个相位角 θ。

在如图 2－15 所示的 $OXYZ$ 坐标系中，F 和 M 为其初始位置。振动部分的线位移为 e，绕 X 和 Y 轴摆动的角位移为 α 和 β。

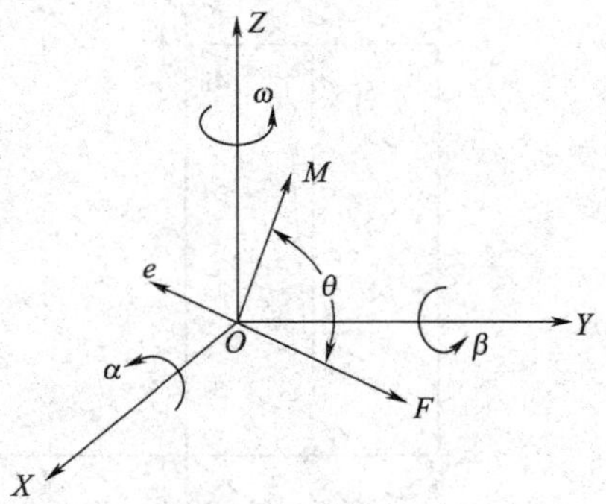

图 2－15　旋振筛的线位移和角位移

由于激振力和激振力矩在 Z 轴上的分量为零，因此振动部分在 Z 轴上的线位移和绕 Z 轴摆动的角位移为零。

在激振力作用下，同惯性式振动磨一样，振动部分将在水平面内做圆频率为 ω、半径为 e 的圆轨迹振动，e 即为振幅，由下式计算

$$e = \frac{F}{m\omega^2} \tag{2-26}$$

与此同时，振动部分在激振力矩作用下，其轴线将在质心处绕 Z 轴做圆频率为 ω 、摆角为 Ω 的旋回振动，Ω 即为旋回振动的摆角幅值，由下式计算：

$$\Omega = \frac{M}{J\omega^2} \tag{2-27}$$

下面讨论筛面中心的运动规律。

设筛面中心 c 与振动部分质心 G 的距离为 H。当系统振动时，筛面中心除了随同质心一道做振幅为 e 的圆轨迹振动外，还同轴线一道做摆角为 Ω 的旋回振动。旋回振动在筛面中心处的位移为 cc'，位移的大小 $S_r = \Omega H$，方向垂直于 M ，如图 2－16 所示。这样，筛面中心位移的幅值

$$A_H = \sqrt{e^2 + S_r^2 - 2eS_r\cos\left(\frac{3}{2}\pi - \theta\right)}$$

或
$$A_H = \sqrt{e^2 + \Omega^2 H^2 + 2e\Omega H \sin\theta} \tag{2-28}$$

A_H 与 F 的相位差

$$\delta = \arctan \frac{-\cos\theta}{\sin\theta + \dfrac{e}{\Omega H}} \tag{2-29}$$

δ 的取值为

$$\delta = \delta^* + \pi$$

δ^* 为 δ 的主值。

在一般情况下（即 $F_2 = F_1$）有：

$$\frac{e}{\Omega H} = \frac{I_0}{\sqrt{\tan^2(\varphi/2) + \lambda^2}} \tag{2-30}$$

式中
$$I_0 = \frac{J}{mlH} \tag{2-31}$$

式（2-29）成为

$$\delta = \arctan \frac{\tan(\varphi/2)}{I_0 - \lambda} \tag{2-29A}$$

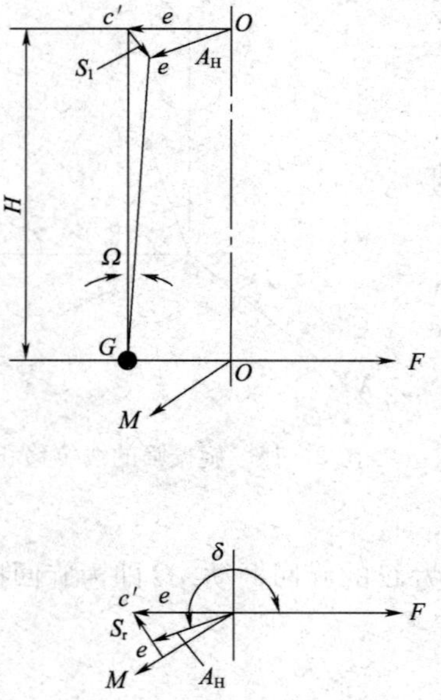

图 2-16　筛面中心的运动规律

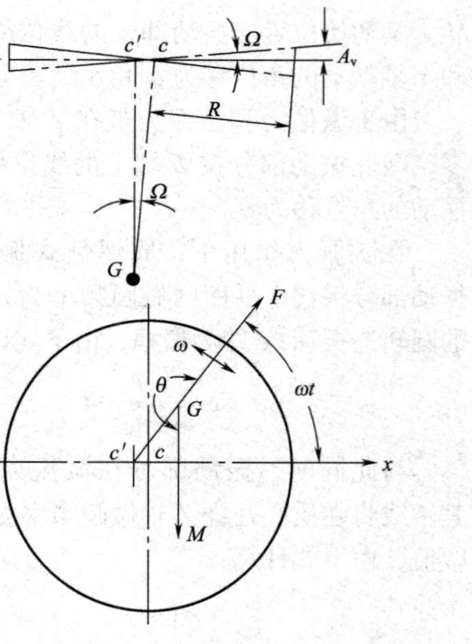

图 2-17　筛面的垂直振幅

由此可知，筛面中心同振动部分的质心一样，也是在水平面内做振幅为 A_H 的圆轨迹振动，位移与激振力的相位差为 δ。运动方程式：

$$x = A_H \cos(\omega t + \delta) \tag{2-32}$$

$$y = A_H \sin(\omega t + \delta) \tag{2-33}$$

筛面上其他各点除了做圆轨迹振动外，还相对于筛面中心做振幅为 A_V 的垂直振动，如图 2－17 所示，运动方程为：

$$z = A_V \cos\left(\omega t + \theta - \frac{\pi}{2}\right)$$

或
$$z = A_V \sin(\omega t + \theta) \tag{2-34}$$

垂直振幅近似为：

$$A_V = \Omega R$$

式中　R——点所在位置的半径。

在水平面内圆轨迹振动与垂直振动合成为椭圆轨迹的振动，椭圆长轴在水平面上的投影与点的极径之间的夹角（图 2－18）为：

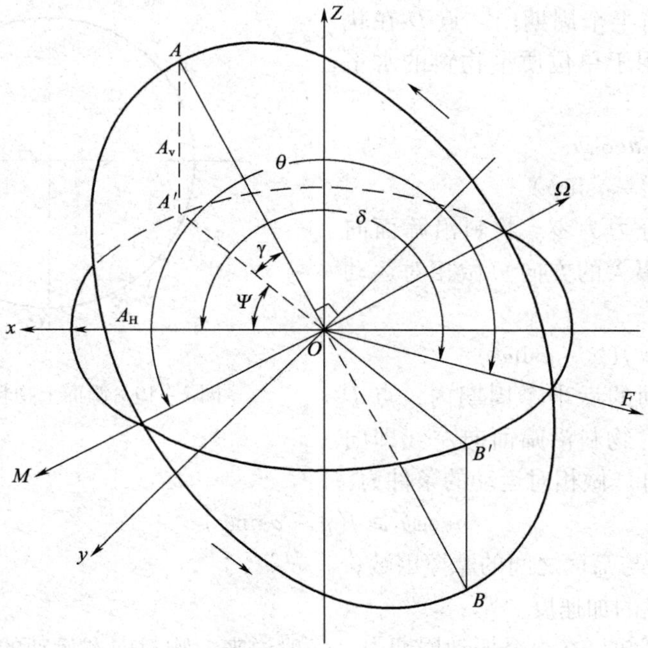

图 2－18　筛面上点的运动轨迹

$$\psi = \frac{\pi}{2} + \delta - \theta \tag{2-35}$$

或
$$\tan\psi = \tan\left(\frac{\pi}{2} + \delta - \theta\right) = \frac{1 + \tan\delta\tan\theta}{\tan\delta - \tan\theta}$$

以式（2－25A）、（2－29A）代入上式，化简后得：

$$\tan\psi = \frac{I_0 \tan(\varphi/2)}{\tan^2(\varphi/2) - \lambda(I_0 - \lambda)}$$

或
$$\psi = \arctan\frac{I_0 \tan(\varphi/2)}{\tan^2(\varphi/2) - \lambda(I_0 - \lambda)} \tag{2-35A}$$

由上式可知，当 $\tan^2(\varphi/2) - \lambda(I_0 - \lambda) = 0$ 时，ψ 等于 $\pi/2$（或 $3\pi/2$），点的椭圆

轨迹的长轴与其极径垂直，此时上下偏心块的夹角称为临界角，以 φ_c 表示。临界角由下式计算。

$$\tan\left(\frac{\varphi_c}{2}\right) = \pm\sqrt{\lambda(I_0 - \lambda)} \tag{2-36}$$

同摇动筛一样，旋振筛筛面上物料的运动取决于作用在物料上的各种外力。如图2－19 所示，筛面上 D 点的运动轨迹是椭圆，椭圆在水平面上的投影是圆，圆心为 O；在垂直平面上的投影积聚成直线 AB。

设在振动的前半个周期内，点 D 在轨迹 O_1AO_2 上，作用于单位质量物料的水平方向外力有：

惯性力　　$a\cos\psi$

摩擦力　　$f(g - a\sin\psi)$

重力的水平分力为零。物料沿筛面向右（即向垂直振幅大的方向）做相对运动的条件为：

$$a\cos\psi \geqslant f(g - a\sin\psi)$$

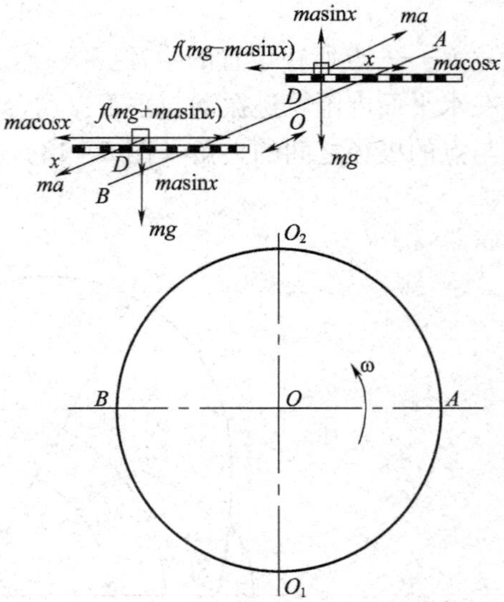

图 2－19　筛面上物料的运动

同理，在振动的后半个周期内，点 D 在轨迹 O_2BO_1 上，物料沿筛面向左（即向垂直振幅小的方向）做相对运动的条件为：

$$a\cos\psi \geqslant f(g + a\sin\psi)$$

式中　f——物料与筛面之间的摩擦因数；

a——D 点的加速度。

从上面两式可知，在一个振动周期内，一般说来，物料向右运动的位移大于向左的位移，结果物料将朝垂直振幅大的方向运动，平均速度 v 可认为与垂直振幅 A_V 成正比，即

$$v = k'A_V$$

或

$$v = k'\Omega R = kR$$

物料在筛面上做相对运动的轨迹可推证如下。如图 2－20 所示，物料在 D 点处的平均速度为 v，如前所述，v 与极径的夹角为 ψ。v 可分解为径向分速 v_r 和切向分速 v_t

$$v_r = v\cos\psi = kR\cos\psi$$

$$v_t = v\sin\psi = kR\sin\psi$$

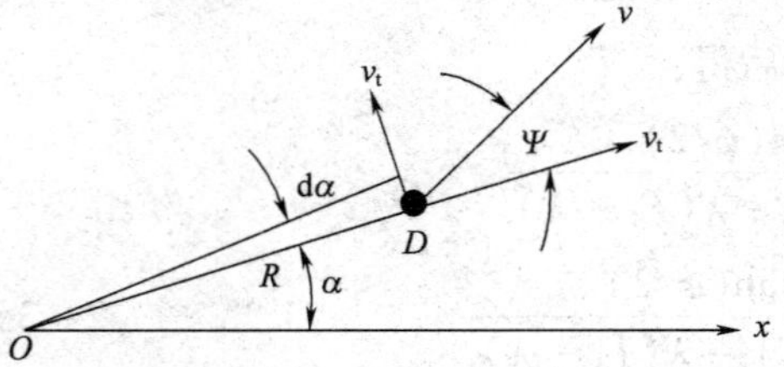

图 2－20　筛面上物料的运动规律

在 dt 时间内，物料的径向和切向位移分别为

$$dR = v_r dt = kR\cos\psi dt$$

$$ds = v_t dt = kR\sin\psi dt$$

转角为：

$$d\alpha = \frac{ds}{R} = k\sin\psi dt$$

设初始条件 $t = 0, \alpha = 0, R = R_0$，积分后得：

$$\left.\begin{aligned} \alpha &= kt\sin\psi \\ R &= R_0\exp(kt\cos\psi) \end{aligned}\right\} \tag{2-37}$$

上式就是物料运动轨迹的参数方程。

图 2－21 为不同偏心块夹角筛面上物料的运动轨迹。

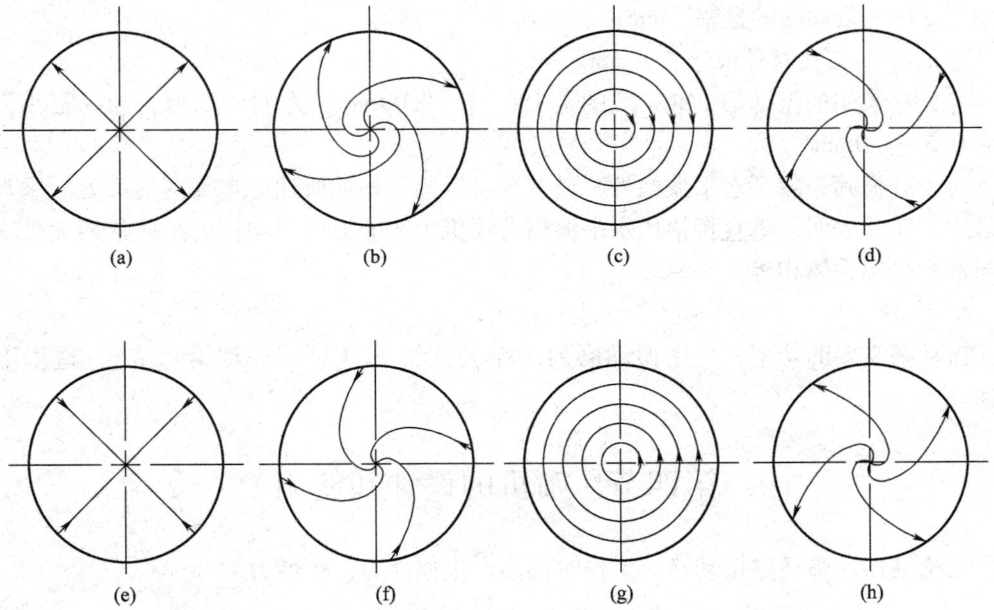

图 2－21　不同偏心块夹角筛面上物料的运动轨迹

（a）$\varphi = 0$　（b）$0 < \varphi < \varphi_{c_1}$　（c）$\varphi = \varphi_{c_1}$　（d）$\varphi_{c_1} < \varphi < \pi$

（e）$\varphi = \pi$　（f）$\pi < \varphi < \varphi_{c_2}$　（g）$\varphi = \varphi_{c_2}$　（h）$\varphi_{c_2} < \varphi < 2\pi$

三、主要参数的确定

1. 频率

较高的频率可以加快物料过筛的速度，提高生产能力，也能促进筛上料的自动排出（即自动排渣）。但是，振幅一定时，频率增加，惯性力增大。考虑到筛面的结构强度和使用寿命，特别是筛网的刚度比较小，过大的惯性力使筛网的变形增大，运动规律发生较大的畸变，且很不稳定，筛分条件很可能受到破坏，因此，振动频率也不宜过高。

同振动磨一样，为了简化结构，一般不装设变速机构，筛机与电动机直接连接，振动筛的频率等于电动机的转速。表 2－2 的数据可供参考。

表 2－2　　振动频率与筛网直径

筛网直径/mm	<500	500~800	800~1000
振动频率/Hz	50	25	17

2. 振幅

振动筛的振幅应根据筛孔的大小选择，一般为 1~5mm，可用下式计算：

$$e = 0.1a + 1 \quad (2-38)$$

式中　e——振动筛的振幅，mm；

a—— 筛孔直径或边长，mm。

筛分料浆用的振动筛，通常装的是 180 目（0.09mm）左右的筛网，筛孔很小，振幅为 0.5~1.0mm。

对于旋振筛，除了水平振幅外，还有垂直振幅。如前所述，在筛网周边处，垂直振幅最大。实验表明，垂直振幅比水平振幅对筛机生产能力的影响较大。通常最大垂直振幅与水平振幅大体相等。

3. 功率

振动筛需要的功率，可用振动磨的功率公式计算（见第一章第六节），这里不再复述。

第四节　筛机的设计和使用

无论是摇动筛还是振动筛，工作时都会产生惯性力，惯性力

$$F = \frac{\pi^2 mn^2 r}{900}$$

式中　m——运动部分的质量；

n——主轴转速；

r——偏心距或振幅。

这个惯性力要传到筛机的各个构件上，使构件的载荷增大，并且影响周围设备的正常工作。同时，随着惯性力的增大，筛机的功率消耗也相应增加，因此设计时要注意减小筛机的惯性力。

从上式可知，惯性力的大小与主轴转速、偏心距（或振幅）以及筛机运动部分的质量有关。在一般情况下，转速和偏心距（或振幅）是根据筛分物料的性质和筛孔尺寸的大小来确定的。为了减小惯性力，就只有减小筛机运动部分的质量。减小筛机质量的方法是：

①在满足使用要求的条件下尽可能缩小各部分的结构尺寸。

②用密度较小的材料，如铝合金和工程塑料等。用这些材料代替钢铁，还可避免铁

质对物料的污染。

在筛框中，筛网应均匀地拉紧，这样可以消除筛网的局部下垂，避免积聚妨碍筛分进行的厚层物料，而且工作时筛网不会发生抖动，防止筛网与筛框的碰撞和筛丝的反复弯曲。筛网的纵向拉紧方法如图 2－22 所示。筛网的固定边用沉头螺钉 6 压紧在扁钢 7 和弯钩 5 之间，弯钩钩住筛框边缘。筛网的张紧边和固定边一样用沉头螺钉夹紧，利用穿过筛框后壁的拉紧螺栓 1 和带钩钢板 2 将筛网张紧和固定。横向筛丝可卷在最外边的纵向筛丝上，也可利用夹板将横向筛丝压紧。

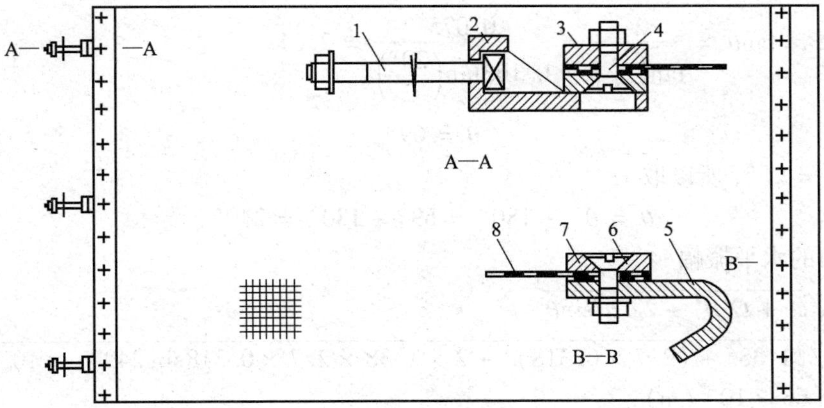

图 2－22　筛网的拉紧方法

1—拉紧螺栓　2—带钩钢板　3、7—扁钢　4、6—沉头螺钉　5—弯钩　8—筛网

轴承因过载烧坏是振动筛最常发生的故障。使用中应注意检查轴承升温，并按规定对轴承进行润滑和保养。

【例 2－3】　旋振筛的有关结构参数为 $m=150\text{kg}$，$J=6.15\text{kg}\cdot\text{m}^2$，$l=0.163\text{m}$，$s=0.075\text{m}$，$H=0.318\text{m}$。偏心块的静力矩 $m_1r_1=m_2r_2=0.105\text{kg}\cdot\text{m}$，电动机的转速 $n=1430\text{r/min}$。求偏心块夹角 $\varphi=20°$时筛面的水平振幅 A_H，水平振幅与激振力的相位差 δ 以及偏心块夹角的临界值。

【解】　1. 上、下偏心块的激振力

$$F_1=F_2=m_1r_1\omega^2=0.105\times\left(\frac{3.1416\times1430}{30}\right)^2=2355\ (\text{N})$$

注：$\omega=\frac{\pi n}{30}$

2. 激振力的合力

$$F=F_1\sqrt{2(1+\cos\varphi)}=2355\times\sqrt{2\times(1+\cos20°)}=4638(\text{N})$$

3. 激振力矩

$$M=Fl\sqrt{\tan^2\left(\frac{\varphi}{2}\right)+\lambda^2}=4638\times0.163\times\sqrt{\tan^2\left(\frac{20°}{2}\right)+\left(\frac{0.075}{0.163}\right)^2}=372.5(\text{N}\cdot\text{m})$$

注：$\lambda=\frac{s}{l}$

4. 圆轨迹振动的振幅

$$e = \frac{F}{m\omega^2} = \frac{4368}{150 \times \left(\frac{3.1416 \times 1430}{30}\right)^2} = 1.38 \times 10^{-3}(\text{m})$$

5. 旋回振动的摆角幅值

$$\Omega = \frac{M}{J\omega^2} = \frac{372.5}{6.15 \times \left(\frac{3.1416 \times 1430}{30}\right)^2} = 2.7 \times 10^{-3}(\text{rad})$$

6. 激振力矩与激振力的相位差

$$\tan\theta = \frac{\lambda}{\tan\left(\frac{\varphi}{2}\right)} = \frac{0.075}{0.163\tan\left(\frac{20°}{2}\right)} = 2.61$$

$$\theta = 69°$$

因为 $\varphi = 20°$，所以取

$$\theta = \theta^* + 180° = 69° + 180° = 249°$$

7. 筛面的水平振幅

$$\begin{aligned} A_H &= \sqrt{e^2 + \Omega^2 H^2 + 2e\Omega H\sin\theta} \\ &= \sqrt{[1.38^2 + (2.7 \times 0.318)^2 + 2 \times 1.38 \times 2.7 \times 0.318\sin 249°] \times 10^{-6}} \\ &= 0.66 \times 10^{-3}(\text{m}) \end{aligned}$$

8. 水平振幅与激振力的相位差

$$\tan\delta = \frac{-\cos\theta}{\sin\theta + \frac{e}{\Omega H}} = \frac{-\cos 249°}{\sin 249° + \frac{1.38 \times 10^{-3}}{2.7 \times 10^{-3} \times 0.318}} = 0.532$$

$$\delta = 28°$$

同理，取

$$\delta = \delta^* + 180° = 28° + 180° = 208°$$

9. 临界角

$$\begin{aligned} \tan\left(\frac{\varphi_c}{2}\right) &= \pm\sqrt{\lambda(I_0 - \lambda)} \\ &= \pm\sqrt{\frac{0.075}{0.163} \times \left(\frac{6.15}{150 \times 0.163 \times 0.318} - \frac{0.075}{0.163}\right)} \\ &= \pm 0.39 \end{aligned}$$

$$\varphi_{c_1} = 42.6°$$

$$\varphi_{c_2} = 317.4°$$

注：$I_0 = \frac{J}{mlH}$

思考题及习题

1. 什么叫做分级？什么叫做筛分？

2. 什么叫做筛分效率？如何确定筛分效率？与哪些因素有关？
3. 筛网规格的表示方法一般有几种？它们之间是如何换算的？
4. 要使筛分操作能连续有效进行需要具备什么条件？
5. 估算 200 目和 100 号筛筛孔边长。
6. 摇动筛主要由哪几部分组成？其作用原理是什么？
7. 摇动筛按筛的运动规律不同可分哪几种？
8. 振动筛按振动方法的不同，一般可分为哪几种筛？
9. 物料在筛面上的运动特征与哪些因素有关？

第三章　流体力学分级设备

流体力学分级设备是根据尺寸不同的固体颗粒在流体介质中的沉降速度不同进行分级的设备。常用的流体介质是空气和水。这种分级方法不仅对粗颗粒可以进行分级，而且对细颗粒的分级，其效率比任何筛机都高。此外，由于尺寸虽然相同但是密度不同的固体颗粒，在流体介质中的沉降速度也是不同的，故在分级的同时可按物料的密度不同进行分类，从而把混在原料中的有害杂质除去，提高原料质量。因此流体力学分级设备在陶瓷工业中，特别是在原料的加工中得到比较普遍的应用。

第一节　流体力学分级的基本理论

一、沉 降 速 度

物体在真空中降落时，其速度可按下列人们熟知的公式求得：

$$w = gt$$

但当固体颗粒在流体介质中降落时，由于流体介质产生的阻力，颗粒仅在最初时以加速度降落，随着速度的增加，阻力也增大。经过一段时间后，当流体阻力与重力（包括流体的浮力）达到平衡时，固体颗粒就以不变的速度降落，这个速度称为沉降速度或最终速度，以 w_0 表示。

必须指出，虽然定义颗粒的沉降速度时是以颗粒在重力作用下的降落情况作为依据的，但是，颗粒在其他主动力（如惯性离心力、电力、磁力等）作用下，也会出现类似的情况，即当颗粒速度增加到某一数值、流体阻力与主动力达到平衡时，颗粒即以不变的速度运动，这个不变的速度也称为沉降速度。显然，这时速度的方向就不一定垂直向下，而是沿着主动力作用的方向了。

二、流体介质的阻力

固体颗粒在流体介质中运动时，流体介质的阻力对于球形颗粒可按下列牛顿阻力定律计算：

$$F_s = \zeta \frac{A\rho w^2}{2} \tag{3-1}$$

式中　F_s ——流体介质的阻力；

A ——颗粒在其运动方向上的投影面积，也称为颗粒的帆面面积，对于直径为 d 的球形颗粒，$A = \pi d^2/4$；

ρ ——流体介质的密度；

w ——颗粒与流体介质之间的相对速度；

ζ——阻力系数。

假设作用于颗粒上的主动力为重力，与此同时还有流体介质的浮力。当颗粒的速度达到沉降速度 w_0 时，阻力与主动力平衡，于是有：

$$\frac{\pi d^3}{6}(\rho_s - \rho)g = \zeta \frac{A\rho w_0^2}{2}$$

或

$$w_0 = \sqrt{\frac{4gd(\rho_s - \rho)}{3\rho\zeta}} \tag{3-2}$$

式中　ρ_s——固体颗粒的密度。

其余符号的意义同前。

式（3－2）为沉降速度的基本方程式。由方程式可知，对同一种成分（即 ρ_s 相同）的固体颗粒，只要其尺寸不同，在流体介质中沉降时，其沉降速度是不同的，利用这个特点可将成分（或密度）相同而尺寸不同的颗粒分开，这就是分级。此外，从方程式还可知道，颗粒尺寸如果相同，但其成分（或密度）不同，那么，其沉降速度也是不同的，也可以将它们分开，这就是分类。

三、阻力系数

用式（3－2）来计算固体颗粒的沉降速度，还有待于阻力系数 ζ 的确定。从因次分析可知，阻力系数 ζ 是雷诺数 Re 的函数。固体颗粒在流体介质中运动的雷诺数有如下形式：

$$Re = \frac{dw\rho}{\mu} \tag{3-3}$$

式中　d——颗粒的直径，m；

w——颗粒与流体介质之间的相对速度，m/s；

ρ——流体的密度，kg/m^3；

μ——流体的黏度，Pa·s。

在一般情况下，阻力系数与雷诺数之间的关系由实验测定。根据实验结果得到如图3－1所示的曲线。

该曲线可分为四个区段来讨论。

1. 黏性阻力区

当 $Re<1$ 时（近似地 $Re<5.8$ 时），阻力系数为：

$$\zeta = \frac{24}{Re}$$

将这个关系以及式（3－3）代入式（3－1）可得流体阻力：

$$F_s = 3\pi\mu dw \tag{3-4}$$

式（3－4）即著名的斯托克斯阻力定律的表达式。从式中可知，阻力与流体的黏度 μ 成正比，与速度 w 的一次方成正比，流体显示出层流流动的特征，流体阻力是由于内摩擦力引起的，属于黏性阻力，因此，这一区域称为黏性阻力区。

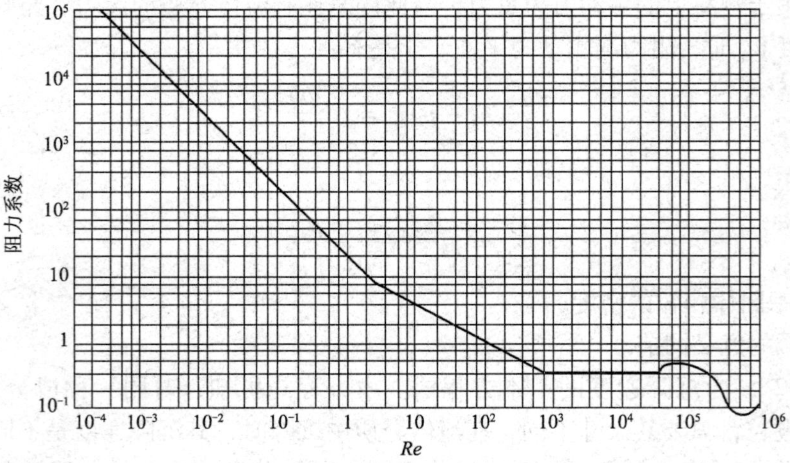

图 3－1　阻力系数与雷诺数的关系

将上面关系代入式（3－2）得沉降速度：

$$w_0 = \frac{d^2 (\rho_s - \rho) g}{18\mu} \tag{3-5}$$

2. 过渡区

在 $30 < Re < 300$（近似地 $5.8 < Re < 500$）的范围内，阻力系数为：

$$\zeta = \frac{10}{Re^{0.5}} \tag{3-6}$$

上式称为阿伦公式。

流体阻力：

$$F_s = \frac{5\pi}{4} (dw)^{1.5} (\rho\mu)^{0.5} \tag{3-7}$$

由上式可知，流体阻力与 $w^{1.5}$ 成正比，也与流体的黏度 μ 有关，流体的流动显示出层流与湍流同时存在的特征，属于过渡流。流体阻力由黏性阻力和惯性阻力两部分组成，这一区域称为过渡区。在过渡区，沉降速度为：

$$w_0 = \left[\frac{4g^2 (\rho_s - \rho)^2}{225\rho\mu}\right]^{1/3} d \tag{3-8}$$

3. 涡流阻力区

在 $1000 < Re < 5000$（近似地 $500 < Re < 200000$）的范围内，阻力系数为一常数：$\zeta = 0.44$。此为牛顿定律，阻力与速度的平方成正比，与流体的黏度无关，流体显示出湍流流动的特征，阻力为惯性阻力，这一区域称为涡流阻力区。

流体阻力：

$$F_s = \frac{0.44\pi}{8} \rho d^2 w^2 \tag{3-9}$$

沉降速度：

$$w_0 = \sqrt{\frac{3(\rho_s - \rho)gd}{\rho}} \tag{3-10}$$

4. 高度湍流区

当 $Re > 150000$ 时，阻力系数减小，过程显得复杂而多变，这种情况在流体力学分级过程中，实际上是不会遇到的。

四、沉降速度的计算

应用上列公式计算沉降速度，必须事先知道雷诺数的数值，以确定属于何种阻力，然后才能决定使用哪个公式进行计算。但实际上雷诺数中就包含了所求的未知数——沉降速度，不可能直接计算，必须采用试差法。这就给计算工作造成了麻烦。

为了简化计算过程，需要用一个不包含沉降速度的准则数来代替雷诺数，作为判明流态的依据。

将式（3－2）两边平方后移项得：

$$\zeta w_0^2 = \frac{4gd(\rho_s - \rho)}{3\rho}$$

以 $w_0 = \dfrac{Re\mu}{d\rho}$ 代入上式并整理后得：

$$\zeta Re^2 = \frac{4d^3\rho^2 g}{3\mu^2}\left(\frac{\rho_s - \rho}{\rho}\right)$$

式中右端为一不包含沉降速度的无因次数群，令

$$Ar = \frac{d^3\rho^2 g}{\mu^2}\left(\frac{\rho_s - \rho}{\rho}\right) \tag{3-11}$$

Ar 称为阿基米德数。从而有：

$$\zeta Re^2 = \frac{4}{3}Ar \tag{3-12}$$

由上式可知，Ar 为 Re 的函数，因此可用 Ar 的数值来判断流态。Ar 就是用来代替雷诺数的一个能够直接计算的准则数。

下面计算在各个阻力区中 Ar 的临界值。

在黏性阻力区中，Re 的临界值为 1，阻力系数为：

$$\zeta = \frac{24}{Re} = 24$$

故 Ar 的临界值：

$$Ar = \frac{3}{4}\zeta Re^2 = 18$$

近似地，黏性阻力区 Re 的临界值为 5.8，阻力系数

$$\zeta = 4.14$$

Ar 的临界值：

$$Ar = 104.4$$

即 $Ar<18$ 时（近似地 $Ar<104.4$ 时），颗粒沉降时流体介质的阻力属于黏性阻力。

在过渡区，Re 的临界值为 500，阻力系数：

$$\zeta = \frac{10}{Re^{0.5}} = 0.447$$

Ar 的临界值：

$$Ar = \frac{3}{4} \times 0.447 \times 500^2 = 8.4 \times 10^4$$

即 $104.4 < Ar < 8.4 \times 10^4$ 为过渡区。那么，$Ar > 8.4 \times 10^4$ 时，当然就是涡流区了。

借助于阿基米德数 Ar，沉降速度的计算就比较简单了。计算的步骤是：

①将有关的数据代入式（3－11），计算出阿基米德数。

②根据阿基米德数的大小，判别流体阻力属于哪一个阻力区，并计算相应的雷诺数。

当 $Ar<18$ 时（近似地 $Ar<104.4$ 时）

$$R_e = \frac{Ar}{18} \tag{3-13}$$

当 $104.4 < Ar < 8.4 \times 10^4$ 时

$$Re = 0.261 Ar^{\frac{1}{1.5}} \tag{3-14}$$

当 $Ar > 8.4 \times 10^4$ 时

$$Re = 1.74 Ar^{0.5} \tag{3-15}$$

③最后用下式计算沉降速度：

$$w_0 = \frac{Re\mu}{d\rho} \tag{3-16}$$

也可以在判别阻力属于哪一个阻力区后，用相应的沉降速度计算公式，即式（3－5）、式（3－8）或式（3－10）直接计算沉降速度。

五、沉降速度的讨论

用上述各式计算颗粒在流体介质中的沉降速度是有条件的：①颗粒直径不能小于 1μm。因为颗粒直径太小，布朗运动的影响已经不容忽略，因此沉降速度不符合上述规律。②上述各式都是对球形颗粒才适用的，对其他形状的颗粒要进行校正。③悬浮体的浓度应该很小，颗粒沉降时不受附近颗粒的影响。如浓度较大，沉降时颗粒之间相互发生干扰，当然会影响沉降速度。下面仅对后面两个问题予以讨论。

1. 非球形颗粒的沉降速度

对于非球形颗粒，其尺寸的大小是以与其体积相等的球形颗粒的直径表示，称为相当直径。非球形颗粒的相当直径：

$$d_e = 1.24 \sqrt[3]{\frac{m}{\rho_S}} \tag{3-17}$$

式中　d_e ——颗粒的相当直径，m；

　　　m ——颗粒的质量，kg；

ρ_S ——颗粒的密度，kg/m^3。

实验表明，非球形颗粒与具有相同直径的球形颗粒比较，除了在黏性阻力区外，一般情况下流体介质的阻力都比较大，沉降速度比较小。因此，按球形颗粒计算的沉降速度应乘以一个小于 1 的校正系数，才是非球形颗粒的沉降速度：

$$w'_0 = kw_0 \tag{3-18}$$

式中　w'_0 ——非球形颗粒的沉降速度；

k ——形状校正系数，其大小与颗粒的形状及阿基米德数的大小有关，由表 3-1 查出。

在黏性阻力区，沉降速度与颗粒形状无关，即 $k = 1$。

表 3-1　形状校正系数 k 与 Ar 的关系

Ar	颗粒形状				
	球形	圆形	角形	长形	片状
15000	1	0.805	0.68	0.61	0.45
18750	1	0.8	0.678	0.595	0.441
37500	1	0.79	0.672	0.59	0.437
93750	1	0.755	0.65	0.564	0.42
187500	1	0.753	0.647	0.562	0.408
375000	1	0.74	0.635	0.56	0.392

2. 悬浮体浓度较大时颗粒的沉降速度

前面在推导沉降速度的计算公式时，无论在哪一个阻力区，都是考虑单个颗粒在无限大的流体介质中沉降的，它在沉降过程中既不受附近颗粒的影响，也不受器壁的影响，这种沉降称为自由沉降。可是，当悬浮体的浓度较高时，每一个颗粒在沉降过程中一定受到附近其他颗粒的干扰，因而影响其沉降速度，这种沉降称为干涉沉降。在实际生产过程中，一般悬浮体的浓度是比较高的，实际的沉降大多属于干涉沉降。不过。当悬浮体的浓度不太大时（如 $<3\%$），按自由沉降计算造成的误差是不大的。可是当悬浮体浓度较大时，一定要按干涉沉降来计算。

对于浓度较高的悬浮体，根据实验数据的整理，沉降速度与悬浮体的空隙率有关。悬浮体的空隙率：

$$\varepsilon = \frac{V - V_S}{V} \tag{3-19}$$

式中　ε ——悬浮体的空隙率；

V ——悬浮体的体积；

V_S ——悬浮体中固体颗粒的体积。

干涉沉降速度：

$$w_c = \varepsilon^n w_0 \tag{3-20}$$

式中　w_0 ——自由沉降的沉降速度；

n——指数，与雷诺数有关，由实验测定。

根据实验的结果，n 与雷诺数之间有如下的关系：

$Re < 0.2$ 时，$n = 4.65$，

$Re = 0.2 \sim 1.0$ 时，$n = 4.36Re^{-0.03}$，

$Re = 1 \sim 500$ 时，$n = 4.45Re^{-0.1}$，

$Re = 500 \sim 7000$ 时，$n = 2.36$。

六、重力作用下固体颗粒在流体介质中的运动

1. 颗粒在静止的流体介质中的运动

如前所述，在重力作用下，固体颗粒在静止流体介质中沉降时，最初是加速降落的。随着速度的增加，流体的阻力也随之增大，直至阻力与重力（包括流体的浮力）达到平衡后，颗粒才以不变的速度降落。由此可建立颗粒运动的微分方程式

$$m\frac{\mathrm{d}w}{\mathrm{d}t} = \left(\frac{\rho_S - \rho}{\rho_S}\right)mg - F_S \tag{3-21}$$

式中 m——颗粒的质量；

w——颗粒降落的速度；

ρ_S、ρ——分别为颗粒和流体的密度；

g——重力加速度；

F_S——流体的阻力；

t——时间。

为了使推证简单起见，假设作用于颗粒上的流体阻力为黏性阻力，即：

$$F_S = 3\pi\mu dw$$

颗粒的质量：

$$m = \frac{\pi}{6}\rho_S d^3$$

以上面两式代入式（3－21），根据初始条件 $t = 0$ 时 $w = 0$ 以及式（3－5）的关系，对微分方程式（3－21）积分后可得速度方程式：

$$w = w_0\left[1 - \exp\left(-\frac{18\mu}{\rho_S d^2}t\right)\right] \tag{3-22}$$

由上式可知，在有限的时间内，颗粒始终做变速运动，只有当时间无限增大时，颗粒的速度才趋近于沉降速度。不过在流体力学分级操作中处理的固体颗粒的尺寸都是很小的。对于这些细小的固体颗粒，实际上随着时间的稍许增大，因子 $\exp\left(-\frac{18\mu}{\rho_S d^2}t\right)$ 很快减小而趋近于零。也就是说，只要经过一段极短的时间后，颗粒的降落速度就十分接近于沉降速度了。例如，计算表明，直径 50μm 的球形石英颗粒在常温的空气中降落，当 $t = 0.14\text{s}$ 时，其速度 $w = 0.999w_0$。因此，在流体力学分级操作中，通常认为颗粒从开始就是以沉降速度做匀速运动，而忽略颗粒的变速运动阶段。

2. 颗粒在垂直上升的流体介质中的运动

如果流体介质以速度 u 垂直向上流动，根据速度合成原理，颗粒的绝对速度：

$$v = u - w_0 \tag{3-23}$$

由上式可知，当 $u < w_0$ 时，$v < 0$，颗粒向下沉降；当 $u > w_0$ 时，$u > 0$，颗粒向上运动；当 $u = w_0$ 时，$v = 0$，颗粒既不向上运动也不向下沉降，而在空间中停留不动，这时流体的速度称为该种颗粒的悬浮速度。显然，悬浮速度在数值上等于颗粒在静止流体中的沉降速度。

3. 颗粒在水平流动的流体介质中的运动

如果流体介质以速度 u 沿水平方向流动，那么，颗粒的绝对速度应等于流体速度与颗粒沉降速度的矢量和。

【例3－1】　计算直径为0.05mm和0.5mm球形石英颗粒在水中的自由沉降速度。水温为20℃，石英的密度为2650kg/m³。

【解】　水在20 ℃时的密度 $\rho = 1000\text{kg/m}^3$，黏度 $\mu = 1.005 \times 10^{-3}\text{Pa}\cdot\text{s}$。

1. 直径0.05mm球形石英颗粒的沉降速度

（1）计算阿基米德数

$$Ar = \frac{d^3\rho^2 g}{\mu^2}\left(\frac{\rho_S - \rho}{\rho}\right) = \frac{(5\times10^{-5})^3\times1000^2\times9.8}{(1.005\times10^{-3})^2}\times\frac{2650-1000}{1000} = 2$$

（2）计算雷诺数　由于 $Ar < 104.4$，属于黏性阻力区，故用式（3－13）计算雷诺数：

$$Re = \frac{Ar}{18} = \frac{2}{18} = 0.11$$

（3）计算自由沉降速度

$$w_0 = \frac{Re\mu}{d\rho} = \frac{0.11\times1.005\times10^{-3}}{5\times10^{-5}\times1000} = 2.2\times10^{-3}\ (\text{m/s})$$

2. 直径0.5mm球形石英颗粒的沉降速度

（1）阿基米德数

$$Ar = \frac{(5\times10^{-4})^3\times1000^2\times9.8}{(1.005\times10^{-3})^2}\times\left(\frac{2650-1000}{1000}\right) = 2\times10^3$$

（2）计算雷诺数　由于 Ar 在 $104.4 \sim 8.4\times10^4$ 的范围内，属于过渡区，故用式（3－14）计算雷诺数：

$$Re = 0.261Ar^{\frac{1}{1.5}} = 41.4$$

（3）计算自由沉降速度

$$w_0 = \frac{41.4\times1.005\times10^{-3}}{5\times10^{-4}\times1000} = 83\times10^{-3}\ (\text{m/s})$$

第二节　选　粉　机

选粉机是根据流体力学原理，在空气中将大小不同的固体颗粒按其沉降速度不同进行分级的。

一、构造和工作原理

选粉机的构造如图 3－2 所示，其外壳 5 的上部为圆柱形，下部为圆锥形，内部装有与其形状相似的内筒 8。在内筒的上部，装有做旋转运动的分料盘 6 和小风扇 12，在小风扇上面还有大风扇 1 。大小风扇之间有可以调节的挡风板 13。导向叶片 11 是内外筒之间空气循环的通道。

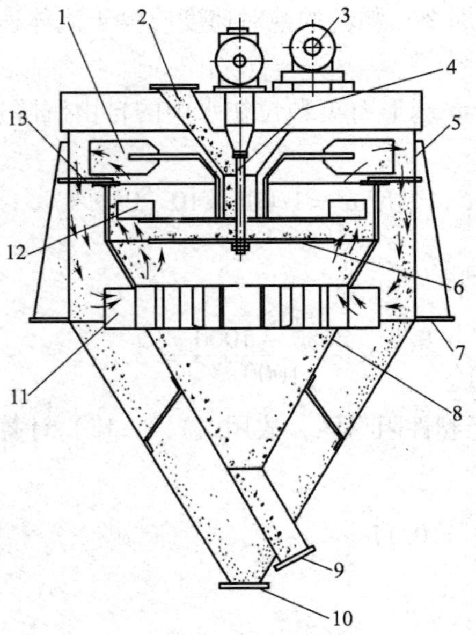

图 3－2　选粉机示意图

1—大风扇　2—加料口　3—电动机　4—立轴　5—外壳　6—分料盘　7—支座　8—内筒　9—粗料出口　10—细料出口　11—导向叶片（百叶窗）　12—小风扇　13—挡风板

物料由加料口 2 落入旋转着的料盘上，在离心力的作用下向四周抛出，空气流则从内筒下部为大风扇所吸上，当空气流穿过分料盘抛出的物料时，物料中较细的颗粒被气流带走，较粗的颗粒由于沉降速度较大，不能被上升气流托住，就向内筒下部沉降。含有细粒物料的气流在穿过小风扇时，由于小风扇旋转使气流也发生旋转，气流中的固体颗粒在离心力作用下，其中较粗的颗粒又被甩出，只有更小的颗粒才能穿过。然后，气流经过内筒顶部出口，转入内外筒之间的空隙中。在那里，由于气流通道的截面积增大，气流速度降低，被带出的细粒物料在重力作用下陆续沉降下来，由细料出口 10 排出。气流经导向叶片回到内筒，重新循环使用。粗粒物料落到内筒底部，由粗料出口 9 排出。

整个设备是密封的，空气在其中循环使用。物料可用斗式提升机和溜管或者用螺旋给料机连续加入。

二、主要参数的确定

1. 界限粒径

物料离开分料盘后，同时有两个方向的运动：沿分料盘边缘切线方向的水平运动以及为上升气流的拖曳和重力作用下的沉降合成的垂直运动。

在筒壁处，由于附面层上气流的速度很小，到达筒壁的颗粒不能被气流带走，必然是作为粗料沿筒壁沉降下来，只有在还未到达筒壁时已被带离内筒顶部的颗粒，才能成为细料。根据这个原理，可以对选粉机的界限粒径作如下计算：

物料离开分料盘时的水平速度等于分料盘的圆周速度：

$$w_{\mathrm{f}} = \frac{\pi n}{30}R \qquad \text{(a)}$$

式中　n——主轴转速

　　R——分料盘半径。

物料到达内筒筒壁经过的路程：

$$l = \sqrt{R_1^2 - R^2} \tag{b}$$

式中　R_1——内筒半径。

考虑到小风扇的作用，使颗粒的水平速度加快，因此，物料到达内筒筒壁需要的时间：

$$t_1 = \lambda \frac{30\sqrt{R_1^2 - R^2}}{\pi n R} \tag{c}$$

式中　λ——考虑小风扇作用的校正系数，$\lambda < 1$。

设风扇产生的垂直上升气流的速度为 w_F，颗粒的沉降速度为 w_0，则颗粒上升的绝对速度：

$$w_S = w_F - w_0$$

离开内筒要经过的路程为分料盘与内筒顶部的垂直距离 h，需要的时间：

$$t_2 = \frac{h}{w_F - w_0} \tag{d}$$

作为细料的颗粒，应在到达内筒筒壁以前离开内筒，即要求 $t_2 < t_1$，在极限情况下是 $t_2 = t_1$，或

$$\lambda \frac{30\sqrt{R_1^2 - R^2}}{\pi n R} = \frac{h}{w_F - w_0}$$

整理后得：

$$w_0 = w_F - \frac{\pi n R h}{30\lambda\sqrt{R_1^2 - R^2}} \tag{e}$$

根据式（3－2）：

$$w_0 = \sqrt{\frac{4gd(\rho_s - \rho)}{3\rho\zeta}}$$

对于界限颗粒，其直径 $d = \delta$。并设流体阻力为涡流阻力，即 $\zeta = 0.44$，于是有：

$$\delta = a\left(w_F - \frac{bn}{\lambda}\right)^2 \tag{3-24}$$

式中　a——与固体颗粒和流体介质的密度有关的系数，$a = 0.0337\dfrac{\rho}{\rho_S - \rho}$；

　　b——与选粉机的结构尺寸有关的系数，$b = \dfrac{0.105Rh}{\sqrt{R_1^2 - R^2}}$。

对于一定尺寸的选粉机，如处理的物料不变，则 a、b 均为常数。

从式（3－24）可知，选粉机的界限粒径 δ 主要与垂直上升气流的速度 w_F、主轴转速 n 和小风扇的作用 λ 有关，据此可进行选粉机产品粒度的调节。

（1）改变主轴转速　大风扇产生的垂直上升气流的速度与转速成正比。从式（3－24）可以看出，界限粒径与转速的平方成正比，随着转速的增加，界限粒径增大，选粉

机的产品变粗。但是必须指出，表示小风扇对界限粒径影响的校正系数 λ 又并不是常数，而是随着转速的增加而减小的，这样就削弱了转速对界限粒径的影响，因此，严格说来，界限粒径并不是与转速的平方成正比。不过，总的说来，随着转速的增加，选粉机的界限粒径增大。

（2）改变风扇桨叶的数目　减少大风扇桨叶的数目，桨叶间的回流作用增大，使垂直上升气流的速度降低，界限粒径减小，选粉机产品变细；反之，增加大风扇桨叶的数目，则产品变粗。

减少小风扇桨叶的数目与上述情况恰好相反，由于小风扇对物料的离析作用减弱，λ 值增大，界限粒径增大，选粉机产品变粗。反之，增加小风扇桨叶的数目，则产品变细。

（3）调节挡风板的位置　挡风板是选粉机气流通道中的一道闸门，将挡风板往内推，即把闸门关小，气流阻力增大，上升气流速度降低，界限粒径减小，产品变细；反之，将挡风板往外拉，则产品变粗。

2. 生产能力

选粉机的生产能力与物料的粒度等因素有关，目前还未能作出精确的理论计算，一般用下面的经验公式计算：

$$Q = KD^{2.65} \tag{3-25}$$

式中　Q——选粉机的生产能力，t/h；

D——选粉机的直径，m；

K——与物料的粒度等有关的系数，一般 $K = 0.42 \sim 0.85$。

第三节　水力旋流器

水力旋流器（简称水旋器）是在水介质中根据大小不同的固体颗粒在离心力作用下的沉降速度不同进行分级的。

水旋器由于结构简单，无运动部件，操作强度大，造价便宜，维修方便，分级效率较高等优点，在国内外已为很多高岭土选矿厂所采用。

一、构造和工作原理

水旋器是一个上部为圆柱形、下部为圆锥形的筒体 2，中间插入溢流管 1 的装置．在筒体的上部，沿着圆柱的切线方向有进料管 4，圆锥形的出口为底流管 3，如图 3－3 所示。

料浆在压力作用下经进料管沿切线方向进入筒体。在筒体中，料浆做旋转运动，料浆中的固体颗粒在离心力作用下，除了随料浆一道旋转外，还沿着筒体的半径朝远心的方向发生沉降，粗颗粒的沉降速度大，很快就到达筒体内壁并沿着内壁下行至圆锥部分，最后从底流管排出，称为沉砂。细颗粒的沉降速度小，当它们还未接近筒壁、仍处在筒体的中心附近时，就被后来的料浆所排挤，被迫上升到溢流管排出，称为溢流。这样，粗细不同的颗粒就分别从底流和溢流中收集，从而实现了分级的操作。

二、水旋器中料浆的运动

料浆经进料管沿切线方向进入水旋器后，形成了三种不同的运动：绕水旋器中心旋转的切向运动，由周边向中心移动的径向运动以及从底流管和溢流管排出的轴向运动。料浆运动的速度可分解为切向速度、径向速度和轴向速度。

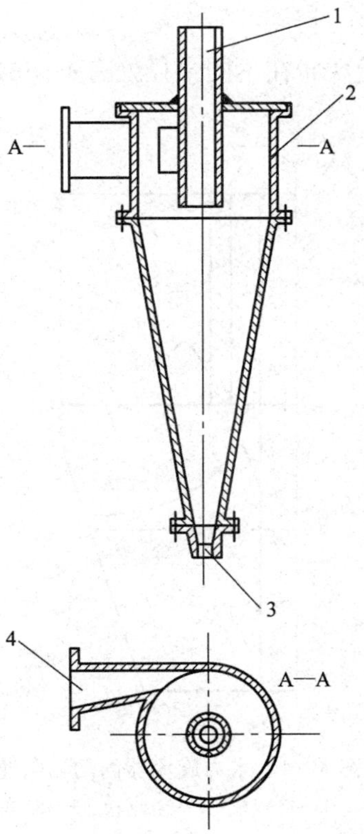

图 3－3　水力旋流器示意图

1—溢流管　2—筒体　3—底流管　4—进料管

1. 切向速度 v_t

流体的旋转运动称为涡流。按形成涡流的条件不同，有两种不同的典型形式：一种是在外力矩作用下，流体整体像刚体一样绕转动中心以一定的角速度旋转，这种涡流称为强制涡流。强制涡流各点的切向速度 v_t 与其所在位置的圆周半径 r 有如下关系：

$$\frac{v_t}{r} = 常数 \tag{3-26}$$

上式为强制涡流的运动方程式。

另一种是具有初速度的理想流体沿切线方向进入圆筒后，由于筒壁限制，产生旋转运动而成为涡流，这种涡流称为自由涡流。因为是理想流体，所以作用在涡流中各流体层上的切向力 F_t 等于零。根据动量矩定理有：

$$\frac{d}{dt}mv_t r = F_t r$$

因为 $F_t=0$，所以有：

$$mv_t r = 常数$$

或

$$v_t r = 常数 \tag{3-27}$$

上式为自由涡流的运动方程式。

从水旋器的工作情况看来，显然是接近于自由涡流的，因此越靠近水旋器的中心，料浆中液体的切向速度越大。由于液体的动压头与静压头之和在任一半径上都应当近似相等，当动压头随着半径的减小而增大时，静压头必然要减小，因此，越靠近水旋器的中心，液体的压力越小。在水旋器的中心附近，液体的切向速度以及相应的离心力变得如此之大，以致使那里的液体发生破裂，在中心处形成一根空气柱。空气柱的圆柱形表面应当看作是在离心力作用下液体的自由表面，而溢流可看作是经过溢流堰流出来的，溢流堰的顶部就是溢流管的管壁，这同液体从沉淀池的溢流挡板上流出的情况相似，不同的地方只是在水旋器中，用离心力代替了重力而已。

空气柱在液体的带动下也产生旋转运动而形成涡流，显然，这种涡流属于强制涡流。

实际上任何液体都不是理想流体，各层流体之间有摩擦力作用，切向速度的分布不会完全遵守自由涡流的运动方程式。

根据研究的结果，在水旋器中，切向速度与半径的关系可用下式表示：

$$v_t r^n = 常数 \tag{3-28}$$

式中指数 n 在不同半径处有不同的数值，一般为 $n = 0.3 \sim 0.9$ 。

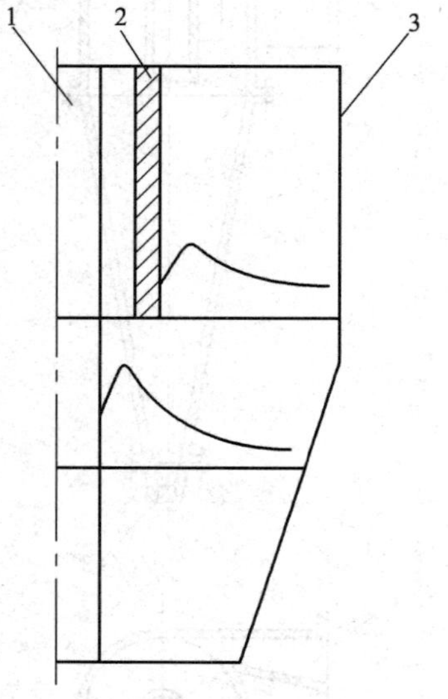

图 3－4　水力旋流器内的切向速度
1—空气柱　2—溢流管　3—筒体

实验中还观察到：切向速度随半径减小而增大，在接近溢流管半径处达到最大值，随后又急剧地减小，如图 3－4 所示。这是因为切向速度的不断增大，到了中心附近，液体的能量已损耗甚多，必须依靠外层液体的作用才能保持转动，即从自由涡流过渡到强制涡流，这样，随着半径的减小，切向速度也降低了。

2. 径向速度 v_r

对水旋器中径向速度的分布情况研究得还不够充分。但是，如果假设在同一半径处液体以相同的速度由周边向中心运动，那么应有：

$$v_r = \frac{Q}{2\pi rh}$$

式中　v_r ——在半径 r 处液体的径向速度；

Q ——液体的流量，近似等于料浆的流量，即水旋器的生产能力；

h ——在水旋器中半径为 r 的圆柱面高度。

从几何关系可知：

$$h = \frac{R - r}{\tan\frac{\alpha}{2}} + H_1$$

式中　R、H_1 ——水旋器圆柱形筒体的半径和高度

α ——圆锥形筒体的锥角。

从而可得：

$$v_r = \frac{Q\tan\frac{\alpha}{2}}{2\pi r\left(R - r + H_1\tan\frac{\alpha}{2}\right)} \tag{3-29}$$

上式表明，径向速度随半径的减小开始时降低，在 $r = 0.5R$ 处达到最小，随后又重新增大。但是，实际上水旋器中有轴向运动存在，径向速度的分布并不完全符合上式，在同一半径的不同高度处，径向速度是不同的。在下部，径向速度比较大，而在高于溢流管

进口的上部，由于轴向速度引起液体的循环流动，径向速度甚至出现负值，即液体沿半径朝远心方向运动，如图 3－5 所示。

模型试验表明，径向速度可用下面的准数方程式计算

$$(Re)_r = 0.133\left(\frac{d_0}{D}\right)^{0.259}\left(\frac{h}{D}\right)^{-0.375}\left(\frac{r}{D}\right)^{-1.58} Re^{1.19} \tag{3-30}$$

式中　$(Re)_r$——径向速度的雷诺准数，$(Re)_r = \frac{Dv_r}{v}$；

Re——水旋器的雷诺准数，$Re = \frac{Q}{Dv}$；

d_0——溢流管直径，m；

D——水旋器直径，$D = 2R$，m；

h——点的轴向位置坐标，即点到顶盖的距离，从顶盖向下为正，m；

r——点的径向位置坐标，m；

v——料浆的运动黏度，m^2/s。

其余符号的意义同前。

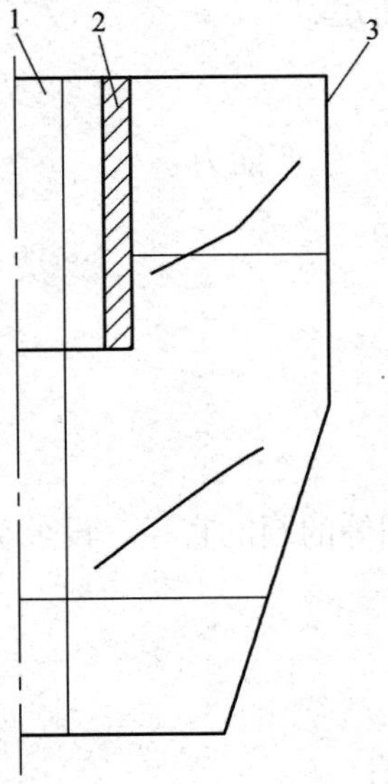

图 3－5　水力旋流器内的径向速度

1—空气柱　2—溢流管　3—筒体

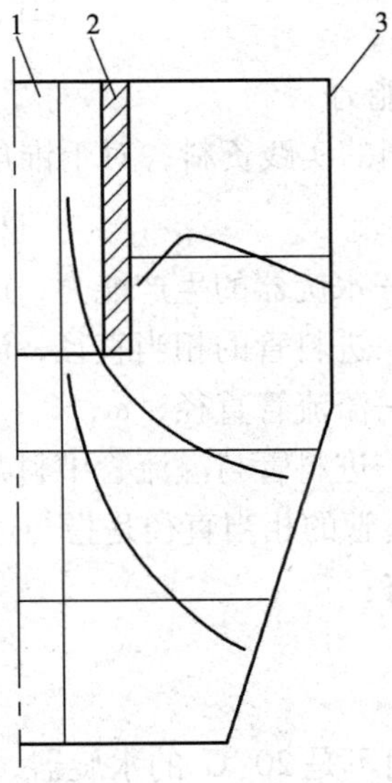

图 3－6　水力旋流器内的轴向速度

1—空气柱　2—溢流管　3—筒体

3. 轴向速度 v_a

轴向速度随半径的减小平稳而迅速地增大，在某一中间位置上，轴向速度的方向从向下变为向上，即速度的符号由负变为正。那么，就在这一中间位置上，轴向速度应等于零。实验表明，将轴向速度为零的各点连成的曲面，是一个与圆锥形筒体近似平行的圆锥面。显然，锥面上各点液体的轴向速度为零，在锥面以内的液体应当向上运动，从溢流管排出，而在锥面以外的液体则向下运动，最后经底流管排出，如图 3－6 所示。

三、水旋器中固体颗粒的运动

在水旋器中，固体颗粒也有三种不同的运动，即切向运动、径向运动和轴向运动。其中切向运动和轴向运动的速度及其分布可看作同液体的情况是一样的，只有径向运动不同。固体颗粒的径向运动是由液体的径向运动以及颗粒在离心力作用下沿半径朝远心方向的沉降运动合成的。作用在颗粒上的离心力随颗粒所在位置的半径的增大而减小，而液体的径向速度则随半径的增大而增大。由于随着半径的变化，离心力的变化较大而液体的径向速度的变化较小，因而在离心力较小的周边，将留下粗的固体颗粒，细的颗粒则被液体的径向流动带到半径较小的地方，在那里，颗粒的沉降速度与液体的径向速度大小相等、方向相反。由于这种原因，在水旋器中就出现颗粒按其粗细不同而分布在不同半径处的现象，最粗的颗粒靠近器壁积聚，较细的颗粒则离开器壁并按其粒度不同相应地分布在不同半径处。此外，不同密度的颗粒也要分离，密度大的颗粒集中在器壁处，密度小的颗粒则分布在中心附近。

这样，由于轴向运动的存在，分布在轴向速度为零的锥面以外的颗粒，将下行至底流管而成为沉砂，处在同一锥面以内的颗粒，就作为溢流从溢流管排出。

四、主要参数的确定

1. 生产能力

综合各国的实践资料，对于锥角为20°的水旋器，生产能力

$$Q = 29.7 d_1 d_0 \sqrt{\Delta p} \tag{3-31}$$

式中　Q——水旋器的生产能力，m^3/h；

d_1——进料管的相当直径，m；

d_0——溢流管直径，m；

Δp——进料管与溢流管中料浆的压力差，Pa。

所谓进料管的相当直径是指与进料口横截面积相等的圆的直径。设 A 为进料口的横截面积，则有：

$$A = \frac{\pi d_1^2}{4} \tag{3-32}$$

对于锥角不是20 ℃ 的水旋器，须乘以校正系数：

$$k = \frac{0.81}{\alpha^{0.2}} \tag{3-33}$$

式中　k——锥角校正系数；

α——锥角，rad。

2. 界限粒径

假设在水旋器中，固体颗粒在离心力作用下的沉降遵守斯托克斯定律，那么，颗粒沿半径的分布状况可分析如下：

在半径 r 处，颗粒在离心力作用下的自由沉降速度应根据离心力与液体阻力大小相等的条件求得。

作用在颗粒上的离心力：

$$F_c = V(\rho_S - \rho)\frac{v_t^2}{r}$$

式中 F_c——离心力；

V——颗粒的体积；

ρ_S——颗粒的密度；

ρ——液体的密度；

v_t——颗粒的切向速度，通常认为等于在同一半径处液体的切向速度；

r——颗粒的旋转半径。

根据斯托克斯定律，作用在颗粒上的液体阻力：

$$F_S = 3\pi\mu\delta w$$

式中 F_S——液体的阻力；

μ——液体的黏度；

δ——颗粒的直径；

w——颗粒相对于液体的径向速度。

令离心力等于液体阻力，并以

$$V = \frac{1}{6}\pi\delta^3$$

代入得颗粒沿半径方向的自由沉降速度：

$$w_0 = \frac{\delta^2 v_t^2(\rho_s - \rho)}{18\mu r}$$

尽管在水旋器中，同一半径、不同高度上的各点，液体的径向速度是不同的，但为了简化起见，还是用速度的平均值来计算，即根据式（3－29）计算液体的径向速度。

在半径 r 处，液体的径向速度：

$$v_r = \frac{Q}{2\pi rh}$$

使上面两式的右边相等，得到在半径 r 处的颗粒直径：

$$\delta = \frac{3}{v_t}\sqrt{\frac{Q\mu}{\pi h(\rho_s - \rho)}}$$

根据式（3－28），如以进料口的流速：

$$v_1 = \frac{4Q}{\pi d_1^2}$$

以及水旋器半径 R 表示 v_t，应有：

$$v_t = v_1\left(\frac{R}{r}\right)^n$$

$$= \frac{4Q}{\pi d_1^2}\left(\frac{R}{r}\right)^n$$

将上式代入前面方程式中可得：

$$\delta = \frac{3}{4}\sqrt{\frac{\pi\mu}{(\rho_S - \rho)hQ}}\, d_1^2 \left(\frac{r}{R}\right)^n \tag{3-34}$$

如果在半径为 r、高度为 h 的圆柱面上，液体的轴向速度正好等于零，那么，一切直径大于 δ 的颗粒都应成为沉砂，而直径小于 δ 的颗粒都将成为溢流，直径等于 δ 的颗粒就是水旋器分级的界限颗粒，直径 δ 就称为界限粒径。

不过，如前所述，实际上液体轴向速度为零的曲面不是圆柱面，而是一个圆锥面。同时，锥面的位置随水旋器的构造以及其他参数的不同而改变，实际上难以测定。

为了便于应用，通常是以位于半径等于溢流管半径处的颗粒作为界限颗粒，同时，考虑到实际上在水旋器下部，液体的径向速度较大，以致有些较粗的颗粒也能进入溢流，因此一般取 h 等于锥形筒体高度 H_2 的 2/3。

水旋器底流管的直径与水旋器本身的直径相比是很小的，锥形筒体的高度可近似表示为：

$$H_2 = \frac{D}{2\tan\frac{\alpha}{2}}$$

如取 $h = \frac{2}{3}H_2$，应有：

$$h = \frac{D}{3\tan\frac{\alpha}{2}} \tag{3-35}$$

$$\phi_x = \left(\frac{R}{r}\right)^n \tag{3-36}$$

ϕ_x 称为周速度变化系数。实际测定表明：

$$\phi_x = 22.3\frac{A\alpha^{0.3}}{d_0 D} \tag{3-37}$$

式中 D——水旋器的直径，m；

α——锥形筒体的锥角，rad；

d_0——溢流管的直径，m；

A——进料管的横截面积，m^2。

式（3-34）中的生产能力用式（3-31）代入，乘上锥角校正系数并进行相应的单位换算，其余各量用式（3-35）、式（3-36）和式（3-37）代入，整理后可得自由沉降条件下的界限粒径：

$$\delta = 1.61\sqrt{\frac{Dd_0\mu\tan\frac{\alpha}{2}}{d_1\Delta p^{0.5}\alpha^{0.4}(\rho_S - \rho)}} \tag{3-38}$$

式中 δ——界限粒径，m；

d_1——进料管的相当直径，m；

μ——液体的黏度，Pa·s；

Δp——进料管与溢流管中液体的压力差，Pa；

ρ_S——颗粒的密度，kg/m^3；

ρ——液体的密度，kg/m^3。

其余符号的意义和单位同前。

对于锥角为20°的水旋器，并以水的黏度为1.005×10^{-3}Pa·s计算，上式成为：

$$\delta = 26.4\sqrt{\frac{Dd_0}{d_1\Delta p^{0.5}(\rho_S-\rho)}}\times10^{-3} \tag{3-39}$$

在水旋器的实际工作条件下，无论是由于料浆的密度和黏度的增加，还是由于水旋器下部被粗粒堵塞而使高度h减小以及料浆在水旋器中切向速度的降低，这些都使界限粒径增大。其中水旋器下部被粗粒堵塞的程度又取决于底流管的大小、颗粒的粒度和密度。这些因素对界限粒径的影响，都不能用解析的方法加以计算。因此，必须结合实际生产中的资料，对以上的公式加以校正。

实践证明，界限粒径除与上述公式中表明的各量有关外，还与底流管直径与溢流管直径之比d_u/d_0成反比，而与料浆中固体颗粒含量w的平方根成正比。

通过对大量实际操作数据的整理，得到以水为介质的水旋器计算界限粒径的实用公式：

$$\delta = \frac{5d_0\sqrt{Dw}}{d_u\sqrt[4]{\Delta p}\sqrt{\rho_S-\rho}}\times10^{-3} \tag{3-40}$$

式中　δ——界限粒径，m；

D——水旋器直径，m；

d_0——溢流管直径，m；

d_u——底流管直径，m；

Δp——水旋器进口压力，Pa；

w——料浆中固体颗粒的质量分数，%；

ρ_S——颗粒的密度，kg/m^3；

ρ——液体的密度，kg/m^3。

必须指出，实际上在溢流中还有5％左右的颗粒，其直径大于计算值，其中最粗的可达计算值的1.5～2.0倍。

3. 进口压力

由式（3－31）和式（3－40）可知，水旋器的进口压力影响其生产能力和界限粒径。进口压力增大则生产能力增加，界限粒径减小。为了得到细粒的溢流，有时会用较大的进口压力。但是，随着进口压力增大，动力消耗增加很多，水旋器磨损加剧。实际上，用增大进口压力的方法来满足生产能力和界限粒径的要求是不经济的。

进口压力一般按界限粒径的大小在30～200kPa之间选取。

为了得到良好的分级效果，最重要的是要使进口压力保持稳定。进口压力的波动会引起分级效率的降低，在沉砂中会混入大量的细小颗粒，进口压力越低，压力波动的影响越大。为了使进口压力稳定，最好的办法是采用高位槽自流给料，如图3－7所示。

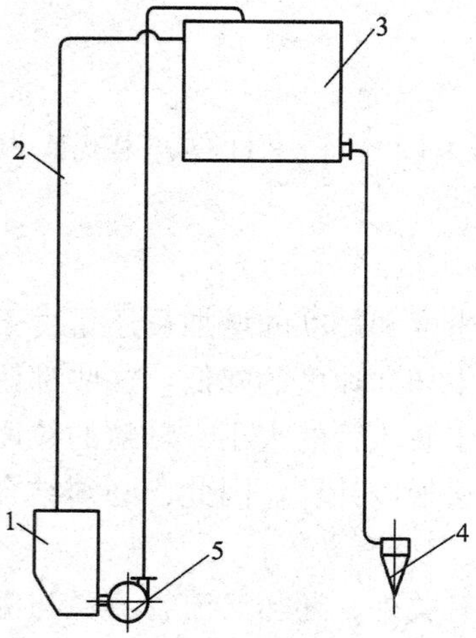

图3－7　水力旋流器的高位槽自流给料
1—储浆池　2—溢流浆管　3—高位槽
4—水旋器　5—泵

4. 水旋器直径

水旋器的直径与生产能力、界限粒径有关。直径的选择应根据界限粒径的大小而定。直径大的水旋器有较粗的溢流，如要求得到细粒的溢流，应当采用直径较小的水旋器，在这种情况下，为了满足生产能力的需要，可将几只水旋器并联使用。

作为细粒物料分级用的水旋器，其直径通常是50 ～150mm 。根据情况的不同（例如用于料浆的脱水）也有用直径为10 ～15mm 水旋器的。

水旋器圆柱形筒体的高度一般为直径的0.5～1.5倍。

5. 溢流管直径

溢流管直径的变化影响到水旋器的所有工作参数，一般取为水旋器直径的$\frac{1}{5}$～$\frac{2}{5}$。溢流管直径在水旋器的调整阶段选定，投入操作后不再改变。

溢流管插入深度会影响水旋器的溢流粒度。插入深度增加，溢流粒度变细，但插入深度以圆柱形筒体的下部边缘为界，如超过下部边缘，增加插入深度，溢流反而变粗。

6. 底流管直径

底流管直径的变化对水旋器的生产能力几乎没有什么影响。

底流管直径的减小会产生以下情况：

（1）在沉砂中固体含量增加到某一极限之前，随着底流管直径的减小，沉砂中固体含量增加，但当固体含量已增加到某一极限值（如80 %～82 % ）后，继续减小底流管的直径，不会使沉砂中固体含量进一步增加，水旋器反而被沉砂堵塞，失去分级作用。

（2）增大溢流粒度。

（3）增大溢流的生产率，相应地减小了沉砂的生产率。

（4）分级效率增加到最大值后降低。

底流管的直径为溢流管直径的20%～70%。设计时，应设计一个可以调节孔径的底流管，以便调整时能找到分级效率有最大值的合适尺寸。

7. 进料管的相当直径

进料管尺寸的变化实际上对水旋器的操作影响不大。用减小进料管尺寸的方法以减小溢流粒度是没有根据的。进料管的相当直径可在下面的范围内选取：

$$0.5d_0 < d_1 < d_0$$

8. 锥角

实践表明，作为分级用的水旋器，合适的锥角为20°左右。对于稀薄的料浆，为了得到细粒的溢流，可以采用较小的锥角。

五、使　　用

1. 溢流导管

水旋器的溢流要通过导管送出，溢流导管是水旋器和储浆设备的连接部分，对水旋器的操作有较大影响。在任何情况下，导管直径都应大于溢流管直径。

如果经过导管可以往水旋器中心部分吸入空气，那么会发生导管时而充满料浆、时而不充满的现象，在这种情况下，水旋器出现脉动式的操作，分级效率大大降低。

为了使水旋器能正常操作，必须在其中心部分保持恒定的真空度。中心部分出现正压时，会使空气柱消失，并有大量料浆进入沉砂；真空度过大，又会引起部分沉砂吸到溢流中去。

要防止空气经溢流导管吸入和在水旋器中保持不变的真空度，最有效的方法是采用水封。具体做法是把溢流导管 3 的末端插入一个中间储浆桶 4 内，如图 3－8 所示。在储浆桶中，液面的高度应接近或低于水旋器底流管所处的高度，但降低的数值不能大于水旋器高度的一半。

2. 调整工作

调整工作主要包括：

（1）改变底流管直径，在满足对溢流和沉砂粒度要求的前提下，使分级效率达到最大值。

（2）使进口压力和空气柱的真空度保持恒定，消除脉动操作的现象。

水旋器正常操作时，沉砂应成伞状排出，在底流管中心处可以吸入空气。

水旋器在工作中的主要故障是底流管或进料管堵塞。如果沉砂停止排出而溢流继续不变，并且在进料管道上安装的压力表读数没有变化，这就说明底流管已被堵住；如溢流显著减小或停止排出，压力表读数稍有增大，就证明进料管堵塞了。

3. 磨损问题

料浆在水旋器中以很高的速度旋转，对器壁有强烈的研磨作用，磨损最大的地方是圆锥形筒体靠底流管的附近，特别是底流管本身。进料管与圆柱形筒体也有较大磨损。

进口压力对水旋器的磨损速度有很大影响，据资料介绍，在进口压力为 170 ~ 200kPa 的条件下工作，水旋器的使用寿命为 7 ~ 10 天；在进口压力为 50kPa 左右下工作，其寿命增加到两年以上。

为了减小磨损，延长使用寿命，多半使用耐磨材料来制造水旋器，当然，在不同部位，由于磨损情况不同，对材料的选用应有所区别。

实践证明，用硬度大的材料制造水旋器，采取与料浆中固体颗粒“硬碰硬”的办法来减小磨损量，效果不一定良好。例如某中心试验所用不同材料制造水旋器，运行 930h 后测定的磨损量为：

淬火的球墨铸铁	4.57%	硬橡胶	0.71%
白口铁	3.81%	软橡胶	0.46%

对陶瓷原料的分选，为了防止铁质污染，水旋器通常用陶瓷、铸石、橡胶等材料制

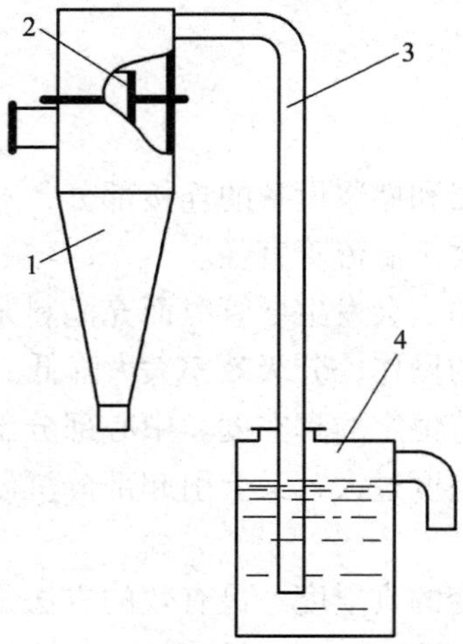

图3-8　水力旋流器溢流导管的安装方法
1—水力旋流器　2—溢流管
3—溢流导管　4—中间储浆桶

造；也可用钢铁制造外壳，而在里面镶以非铁材料制造的衬里。

【例3-2】　设用水旋器作为料浆的分级设备。已知料浆中固体颗粒的质量分数为20%，颗粒密度为2.6g/cm^3。要求溢流中颗粒的直径小于60μm，料浆的处理量为10m^3/h，试确定水旋器的有关参数和需要的数量。

【解】　1. 确定界限粒径

按照要求，溢流中固体颗粒的直径小于60μm。根据式（3-40）计算界限粒径时，实际上溢流中还有少量颗粒的直径为计算值的1.5~2.0倍。为了满足题目要求，界限粒径取小于60/2=30μm，设取δ = 25μm。

2. 选取比值d_u/d_0

按照经验数据，一般d_u/d_0 =0.2~0.7，设初步选为d_u/d_0 =0.4 。实际上设计时应设计一个可以调节孔径的底流管，或设计多个不同孔径的底流管，调整时最后确定底流管的合适直径。

3. 选择进口压力

为了减少磨损和便于采用高位槽自流给料，进口压力考虑取较低的数值，设取Δp = 60kPa 。

4. 计算水旋器的直径

由式（3-40）可得：

$$D = \frac{\sqrt{\Delta p}}{25 \times 10^{-6}}\left(\frac{d_u}{d_0}\right)^2\left(\frac{\rho_S - \rho}{w}\right)\delta^2 = \frac{\sqrt{60 \times 10^3}}{25 \times 10^{-6}} \times 0.4^2 \times \left(\frac{2600 - 1000}{20}\right) \times (25 \times 10^{-6})^2 = 78 \times 10^{-3}\ (\mathrm{m})$$

圆整为通用直径，取D=75mm。

5. 计算溢流管直径

根据经验数据，一般d_0/D =0.2~0.4，设取d_0/D = 0.3，于是有：

$$d_0 = 0.3 \times 75 = 22.5\ (\mathrm{mm})$$

设取d_0 =20mm。

6. 计算底流管直径

按照前面选定的d_u/d_0 =0.4，得：

$$d_u = 0.4 \times 20 = 8\ (\mathrm{mm})$$

为了调整工作的需要，另外制作若干个不同直径的底流管作为附件。

7. 确定进料管尺寸

根据经验数据d_1/d_0 =0.5~1.0，取d_1/d_0 =0.6，得：

$$d_1 = 0.6 \times 20 = 12\ (\mathrm{mm})$$

相应截面积为 113mm^2。实际上进料口为矩形，通常矩形的长宽比为 2～4，设取为 3，从而可得矩形进料口的尺寸为 18mm×6mm，截面积为 108mm^2，实际的相当直径

$$d_1 = \sqrt{\frac{108 \times 4}{3.14}} = 11.7 \text{ (mm)}$$

8. 锥角

锥角取为 20°。

9. 生产能力

$$Q = 29.7 d_1 d_0 \sqrt{\Delta p} = 29.7 \times 1.17 \times 2 \times 10^{-4} \times \sqrt{60 \times 10^3} = 1.7 \text{ (m}^3\text{/h)}$$

10. 需要的水旋器数量

为了满足处理量 10 m^3/h的要求，需要的水旋器数量：

$$n = \frac{10}{1.7} = 5.9 \text{（个）}$$

取 $n=6$ 个。

思考题及习题

1. 流体力学分级设备是根据什么原理进行分级的？其特点是什么？
2. 固体颗粒在流体介质中运动时，流体介质对颗粒的阻力主要与什么因素有关？
3. 什么叫固体颗粒的沉降速度？沉降速度的方向与什么有关？
4. 什么叫做自由沉降和干涉沉降？
5. 为什么在流体力学分级操作中通常认为颗粒从开始就是做匀速沉降运动？
6. 什么叫悬浮速度？它与沉降速度有什么异同？
7. 计算直径为 0.05mm 和 0.5mm 的球形石英颗粒在 20℃空气中的自由沉降速度，石英的密度为 2650kg/m^3。
8. 水旋器主要由哪几部分组成？其作用原理怎样？
9. 水旋器中液体介质有哪几种运动？什么叫自由涡流与强制涡流？它们具有什么特征？
10. 在水旋器不同半径的各点上，液体介质的切向、径向和轴向速度各有什么不同？为什么？
11. 在水旋器中为什么会出现颗粒按粗细不同而分布于不同半径上的现象？水旋器中界限粒径与什么因素有关？其关系怎样？
12. 水旋器进口压力如何选择？为什么说用增大进口压力的方法来满足对生产能力和界限粒径的要求是不可取的，试举例说明？
13. 水旋器的结构尺寸（如直径、溢流管直径等）对其操作性能有什么影响？
14. 对水旋器的溢流导管尺寸的选择及安装有什么要求？
15. 以什么作为水旋器工作质量好坏的标准？如何提高水旋器的分级效率？
16. 水旋器的使用寿命与什么因素有关？
17. 已知料浆中固体颗粒的密度为 2.6g/cm^3，含量为 20%，要求产品中固体颗粒的尺寸小于 43μm，料浆的处理量为 8m^3/h，确定水旋器的主要参数和需要水旋器的数量。

第四章 脱水设备

在生产过程中，料浆的含水量往往过多，不符合成形工序的要求。例如可塑成形要求泥料的含水量为20%～26%，干压和半干压成形要求泥料的含水量更低，约为7%，因此，必须把料浆中过多的水分除去。把料浆中水分除去的操作称为脱水，本章介绍两种主要的脱水设备：压滤机和喷雾干燥器。

第一节 压 滤 机

一、过滤操作的基本原理

过滤操作是利用具有很多毛细孔的材料作为介质，在压力作用下，使料浆中的水分自毛细孔通过，将固体物料截留在介质上，从而把料浆中的水分除去的操作，如图4－1所示。

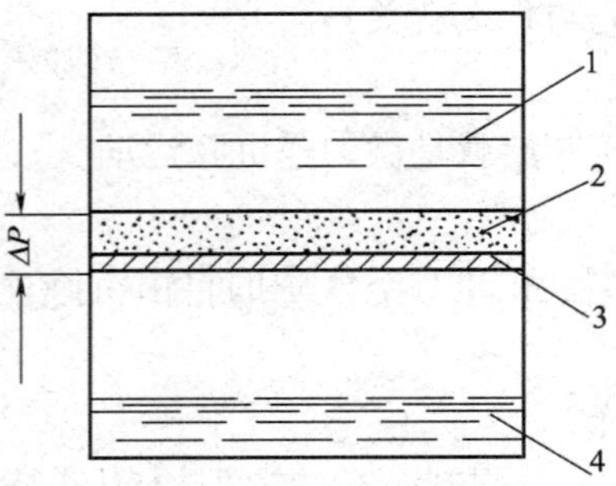

图4－1 过滤操作

1—滤浆 2—滤饼 3—过滤介质 4—滤液

在过滤操作中，需要过滤的料浆称为滤浆，作为过滤用的多孔材料称为过滤介质，通过过滤介质的清水称为滤液，截留在过滤介质上含水少的固体物料称为滤饼。压滤机上使用的过滤介质是各种不同纤维纺织的布，称为滤布。

由图4－1可以看出，过滤的推动力为压力差，过滤的阻力为滤液通过过滤介质和介质上滤饼时的阻力。过滤开始时，滤饼尚未形成，过滤阻力就是介质阻力，但是，随着过滤操作的进行，滤饼逐渐形成，过滤阻力也随之增大，所以，过滤阻力是随时间变化的。

在单位时间内，通过单位过滤面积滤出的滤液体积称为过滤速度。

$$u = \frac{1}{A}\frac{\mathrm{d}V}{\mathrm{d}t} \tag{4-1}$$

式中 u——过滤速度，m/s；

V——滤液体积，m^3；

A——过滤面积，m^2；

t——过滤时间，s。

无论过滤介质的结构和过滤的推动力如何，过滤速度取决于滤液通过过滤介质和滤饼的速度。因为过滤介质和滤饼中的通道很小，滤液在这些通道内的流态属于层流。

根据水力学原理，液体在通道中做层流流动时，对一条通道而言，在 $\mathrm{d}t$ 时间内通过的液体体积为：

$$\mathrm{d}v = \frac{\pi r^4 \Delta p}{8\mu l}\mathrm{d}t$$

式中 r——通道半径的平均值，m；

Δp——管道两端压力差，Pa；

μ——液体的黏度，Pa·s；

l——管道长度的平均值，m。

事实上，过滤介质是多孔材料，通道不只一条，设单位过滤面积的通道数目为 n，那么，从这些通道滤出的滤液体积为：

$$\mathrm{d}V = \frac{\pi r^4 nA\Delta p}{8\mu l}\mathrm{d}t$$

过滤速度：

$$u = \frac{\pi r^4 n\Delta p}{8\mu l}$$

因为通道是弯弯曲曲的，令 h 为过滤介质的厚度，a 为考虑通道弯曲程度的校正系数，即 $l = ah$，则过滤速度：

$$u = \frac{\pi r^4 n\Delta p}{8\mu ah}$$

或

$$u = \frac{\Delta p}{\frac{8a}{\pi n r^4}\mu h} \tag{4-2}$$

从上式可以看出，过滤速度 u 与压力差 Δp 成正比，与 $\frac{8a}{\pi n r^4}\mu h$ 成反比，前者为过滤的推动力，后者为过滤的阻力。

令

$$\rho = \frac{8a}{\pi n r^4}$$

ρ 称为过滤介质的比阻，于是式（4-2）可改写成：

$$u = \frac{\Delta p}{\mu\rho h} \tag{4-3}$$

上面只是一般地叙述过滤介质的阻力性质，实际上，如前所述，滤液要同时通过滤布和滤饼两部分，因为滤饼和滤布是串联的，过滤面积相等，在同一时间内通过滤布和滤饼的滤液体积又是一样的，故两者的过滤速度相等。因此，对于滤布和滤饼分别有：

$$u = \frac{\Delta p_1}{\mu\rho_1 h_1}$$

$$u = \frac{\Delta p_2}{\mu\rho_2 h_2}$$

在上面两式中，Δp_1 和 Δp_2 分别是在滤布和滤饼两侧的压力差，总压力差：

$$\Delta p = \Delta p_1 + \Delta p_2 = u\mu(\rho_1 h_1 + \rho_2 h_2)$$

用 $\frac{1}{A}\frac{\mathrm{d}V}{\mathrm{d}t}$ 表示过滤速度，得：

$$\frac{\mathrm{d}V}{\mathrm{d}t} = \frac{\Delta p A}{\mu(\rho_1 h_1 + \rho_2 h_2)} \tag{4-4}$$

上式称为过滤的基本方程式。

过滤操作有两种不同的典型方式，一种是恒压过滤，即在过滤过程中，压力差保持不变；另一种是恒速过滤，即在过滤过程中过滤速度保持不变。

1. 恒压过滤方程式

令 x 表示滤出单位体积滤液所得到的滤饼体积，此项体积与通过滤液量的乘积，应等于截留于滤布上的滤饼体积，即：

$$xV = Ah_2$$

或

$$h_2 = \frac{xV}{A}$$

于是式（4－4）成为：

$$\frac{\mathrm{d}V}{\mathrm{d}t} = \frac{\Delta p A^2}{\mu(\rho_1 h_1 A + \rho_2 x V)}$$

根据物料平衡可得：

$$x = \left[w_{\mathrm{p}} + \frac{\rho}{\rho_{\mathrm{s}}}(1 - w_{\mathrm{p}})\right]\frac{1 - w_{\mathrm{r}}}{w_{\mathrm{p}} - w_{\mathrm{r}}} - 1 \tag{4-5}$$

式中　w_{p}、w_{r}——分别为滤浆和滤饼的含水量，以小数表示；

ρ、ρ_{s}——分别为滤液和固体物料的密度。

对于恒压过滤，Δp = 常数，滤饼和滤布的结构也不变化，因而比阻 ρ_1、ρ_2 也是常数，滤液黏度，过滤面积在过滤过程中是不变的，所以上式可积分为：

$$V^2 + 2\left(\frac{\rho_1 h_1 A}{\rho_2 x}\right)V = \left(\frac{2\Delta p A^2}{\mu\rho_2 x}\right)t \tag{4-6}$$

以 A^2 除全式，并令 $v = V/A$，于是有：

$$v^2 + 2\left(\frac{\rho_1 h_1}{\rho_2 x}\right)v = \left(\frac{2\Delta p}{\mu\rho_2 x}\right)t \tag{4-7}$$

上式表示了恒压过滤时滤出的滤液体积与过滤时间的关系，称为恒压过滤方程式，式中括号内的量都是常数，可合并成下式：

$$v^2 + 2Cv = Kt \tag{4-8}$$

式中　C、K——过滤系数，由实验测定，$C = \frac{\rho_1 h_1}{\rho_2 x}$，$K = \frac{2\Delta p}{\mu\rho_2 x}$。

用压滤机做实验测定过滤系数时，为了方便，应先对式（4－8）求导：

$$\frac{\mathrm{d}v}{\mathrm{d}t} = \frac{K}{2(v + C)}$$

或改写成：

$$\frac{\mathrm{d}t}{\mathrm{d}v} = \frac{2}{K}v + \frac{2C}{K}$$

实际上，上式左边的导数以增量之比代替，即

$$\frac{\Delta t}{\Delta v} = \frac{2}{K}v + \frac{2C}{K} \tag{4-9}$$

将这个关系绘在 $\frac{\Delta t}{\Delta v}-v$ 的坐标系上可得到一条直线，如图 4-2 所示，直线的斜率等于 $2/K$，直线在纵轴上的截距等于 $2C/K$。

在一定压力下，测定不同时间 t 得到的滤液体积 v，由这些数据求得 Δt 和 Δv，然后在坐标纸上进行标绘，以 $\frac{\Delta t}{\Delta v}$ 为纵坐标，v 为横坐标（v 应取为区间 Δv 端点的算术平均值），可得到一条直线，从图中即可求得过滤系数。

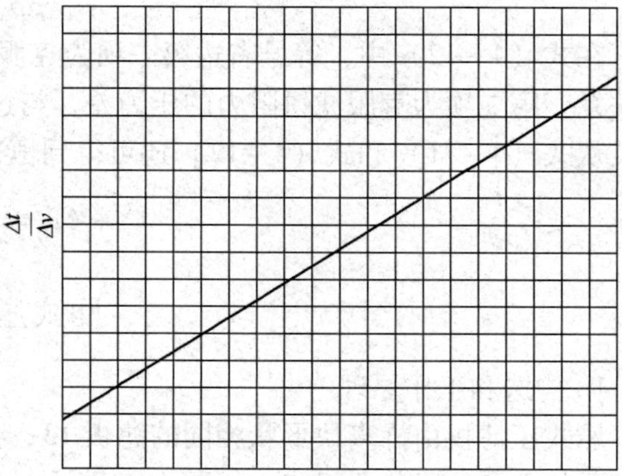

图 4-2 $\frac{\Delta t}{\Delta v}$ 与 v 的关系

2. 滤饼的压缩性

以不同的压力差进行恒压过滤时，在多数场合下都发现滤饼的比阻与压力差有关，压力差增大，滤饼结构变得致密，比阻增大。对于压缩性较大的滤饼，随着压力差的增大，比阻的增加是比较快的，同时，由于结构比较致密，滤饼的含水量也比较少。

根据实践经验，由于滤饼受压缩而引起比阻的变化可用下式计算：

$$\rho_2 = \rho_2' \Delta p^s \tag{4-10}$$

式中 ρ_2 ——压力差为 Δp 时滤饼的比阻；

ρ_2' ——系数，相当于单位过滤压力差时滤饼的比阻；

s ——滤饼的压缩指数。

ρ_2' 和 s 的大小与滤饼的性质有关，由实验测定。$s=0$ 时，滤饼的比阻与过滤的压力差无关，是不可压缩的滤饼。

3. 恒速过滤方程式

恒速过滤是过滤速度在过滤过程中保持恒定，即：

$$u = \frac{\mathrm{d}v}{\mathrm{d}t} = 常数$$

积分上式可得：

$$v = ut \tag{4-11}$$

上式为恒速过滤方程式。

在恒速过滤中，由于滤饼的厚度随着过滤时间的增大而增加，要保持过滤速度不变，过滤的压力差必须相应增大，以克服滤饼的阻力。

以 $v = \dfrac{V}{A}$ 和 $h_2 = xv$ 代入式（4－4），化简后得：

$$\Delta p = \frac{2Cu}{K_0} + \frac{2u^2}{K_0}t \qquad (4-12)$$

式中

$$K_0 = \frac{2}{\mu\rho_2 x}$$

在式（4－12）中，等号右边第一项为克服滤布阻力的压力差，与过滤时间没有直接关系，第二项为克服滤饼阻力的压力差，与过滤时间成正比。

从式（4－11）和式（4－12）还可得到恒速过滤方程式的另一形式：

$$v^2 + Cv = \frac{K}{2}t \qquad (4-13)$$

二、厢式压滤机

1. 构造和工作原理

厢式压滤机由许多块形状相同的滤板 13、机架 10、前座 4、横梁 11、活动顶板 6、固定顶板 7 和压紧装置组成，如图 4－3 所示。

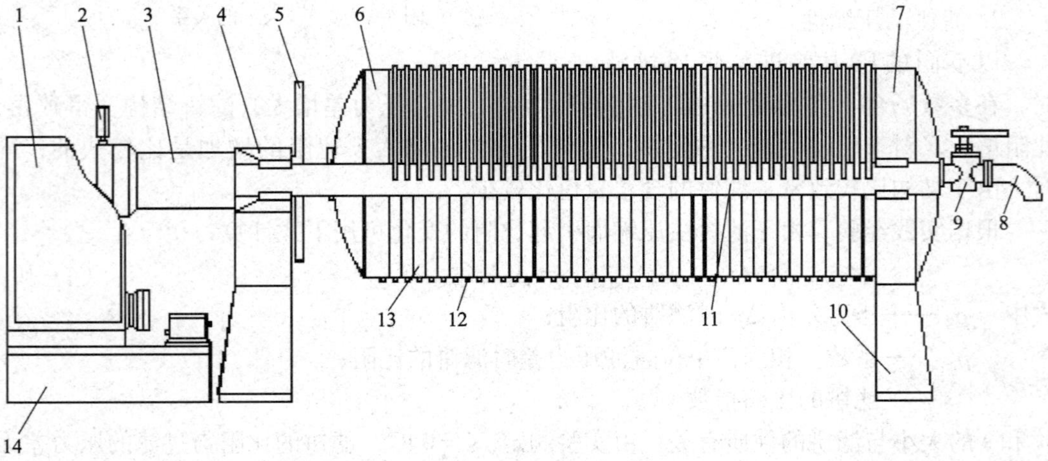

图 4－3　厢式压滤机

1—电气箱　2—电接点压力表　3—油缸　4—前座　5—锁紧手轮　6—活动顶板　7—固定顶板　8—料浆进口　9—旋塞　10—机架　11—横梁　12—滤液出口　13—滤板　14—油箱

滤板形状主要有圆形和方形两种，材质有灰口铸铁、球墨铸铁、钢铁芯子外面包覆橡胶或树脂、铝合金以及工程塑料等。滤板两面边缘凸起，中间凹入，中心处有一圆孔，作为进浆口。在凹进去的表面上有许多槽沟，这些槽沟称为排水槽。排水槽与滤板下部的滤液出口相通。排水槽的形状有同心圆、螺旋线和直线网格状等多种。用铸铁或铝合金制造的滤板，在滤板一面的凸缘上有放置密封件的环形槽，槽内嵌入橡胶垫圈。工程塑料的滤板在凸缘上一般不设置密封槽。作为滤布托板的铝质筛板和滤布贴于滤板的两面，中间用铜质空心螺栓夹紧在进浆口上，如图4－4所示。

活动顶板和固定顶板实际上相当于单面的滤板，又称活动堵头和固定堵头。固定顶板中心有进浆口，用管子与料浆泵相连。活动顶板中心无孔，直接承受压紧装置的作用力。

横梁用于支承全部滤板和滤饼的重量，并承受压紧和过滤时的拉力作用，应有足够的强度和刚度。横梁截面形状有圆形和矩形两种，矩形截面的抗弯刚度较好，越来越得到广泛采用。

压滤机操作时，首先把装好滤布的滤板全部放置在机架的横梁上，然后用压紧装置压紧。这样，在每两块滤板之间，就构成了一个滤室。滤浆用泵送入，经由固定顶板的进浆口后分别进入每个滤室。在压力作用下，滤液通过滤布、筛板和滤板上的排水槽，最后汇集于滤液出口流出。固体物料则由于滤布的阻拦而在滤室中形成滤饼。当滤室中充满滤饼，滤液流出速度很慢时即可停止送浆，排除余浆，松开滤板，取出滤饼，然后再装好使用。

在过滤过程中，如发现某一滤液出口流出的滤液混浊不清。则说明该处滤布安装不好或有破损，这时应将该处出口关闭，以免损失滤浆。

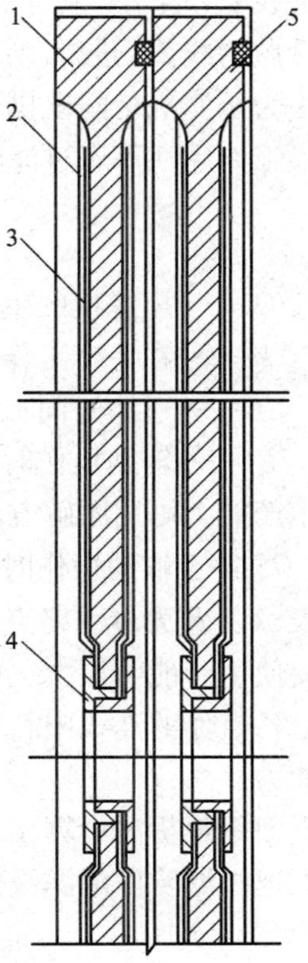

图4－4 滤板的组装图
1—滤板 2—滤布 3—滤布垫板
4—空心螺栓 5—橡胶垫圈

2. 操作制度

恒压过滤是比较简单的过滤操作，但因过滤开始时，过滤速度很大，需要配用大流量的料浆泵，同时，由于滤布表面还没有滤饼生成，往往因为滤浆来势过猛，其中的固体颗粒会塞进滤布的毛细孔中，接着又会在滤布表面形成比较致密的初期滤饼，这些都会使过滤阻力增加，给后来的过滤操作带来困难。因此，实际上在过滤的开始阶段，通常采用恒速过滤。随着过滤操作的进行，滤饼逐渐增厚，阻力随之增大，过滤的压力差也不断增大。当压力差增大到预定数值时，过程转入恒压过滤，直到过滤操作结束为止。开始的恒速过滤和后来的恒压过滤，构成了两阶段的过滤操作。

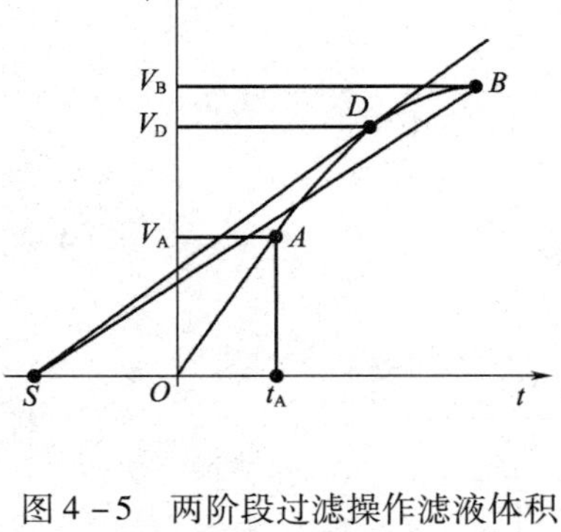

图4－5 两阶段过滤操作滤液体积与过滤时间的关系

在两阶段的过滤操作中，滤出的滤液体积与过滤时间的关系可用图4－5表示。图中横坐标表示过滤时间，纵坐标表示滤出的滤液体积。在恒速过滤阶段，过滤速度不变，v/t 是常数，在图

中以直线 OA 表示；在紧接着的恒压过滤阶段，由式（4－8）可知，其图形为抛物线，过程沿抛物线 AB 进行。

因为压滤机是间歇操作的，每个工作循环包括装机、过滤、拆机和取出滤饼等几项操作，工作周期等于过滤时间和辅助操作时间之和，压滤机的生产能力：

$$Q = \frac{V}{t + t_s} \tag{4-14}$$

式中 Q——压滤机的生产能力；

V——在一个工作循环中单位过滤面积滤出的滤液体积；

t——过滤时间；

t_s——辅助操作时间。

生产能力可用图解方法表示如下：在图 4－5 中，如果在原点左边的 t 轴上取一点 S，使 OS 等于辅助操作时间 t_s。设过滤操作的终点为 B，连接 SB，显然，直线 SB 的斜率就表示以 B 为过滤终点的生产能力。

要使生产能力最大，可过 S 点作曲线 OB 的切线，切点为 D，则切线 SD 为从 S 点向曲线上各点作的连线中斜率最大的一根直线，如以 D 点作为过滤终点，压滤机有最大的生产能力。

下面用解析法计算压滤机有最大生产能力时的滤液体积（以单位过滤面积计算）。

恒速过滤阶段的滤液体积：

$$V_1 = ut_1$$

从式（4－12）可得过滤压力差达到规定值时的恒速过滤的时间：

$$t_1 = \frac{K}{2u^2} - \frac{C}{u} \tag{4-15}$$

从而有

$$V_1 = \frac{K}{2u} - C \tag{4-16}$$

恒速过滤结束后，过程进入恒压过滤。由于在恒速过滤阶段滤布上已截留了一层滤饼，故恒压过滤方程式成为：

$$V_2^2 + 2(C + V_1)V_2 = Kt_2 \tag{4-17}$$

或

$$V_2^2 + \frac{K}{u}V_2 = Kt_2 \tag{4-18}$$

恒压过滤时间：

$$t_2 = \frac{V_2^2}{K} + \frac{V_2}{u} \tag{4-19}$$

将式（4－19）代入式（4－14）中得：

$$Q = \frac{V_1 + V_2}{t_1 + t_2 + t_s} = \frac{V_1 + V_2}{t_1 + \frac{V_2^2}{K} + \frac{V_2}{u} + t_s}$$

为了求得生产能力有最大值时恒压过滤阶段的滤液体积，令

$$\frac{dQ}{dV_2}=0$$

可解得：

$$V_2=\sqrt{V_1^2+Kt_s}-V_1 \tag{4-20}$$

$$t_2=t_s+\frac{2C}{K}V_2 \tag{4-21}$$

当滤布的阻力很小时，式（4-21）右边第二项可忽略不计，于是有

$$t_2\approx t_s \tag{4-22}$$

滤布上滤饼的厚度

$$d=xV \tag{4-23}$$

或

$$d=x\sqrt{u^2t_1^2+Kt_s} \tag{4-24}$$

压滤机生产能力最大的操作制度，往往是过滤时间短、辅助操作频繁的。辅助操作需要耗费较多的劳动力和材料，因此生产费用较高，压滤机在这种操作制度下工作，经济性不是最好的。

为了降低生产费用，应使压滤机在生产能力接近最大、辅助操作次数较少的制度下工作。据介绍，当滤布阻力很小时，恒压过滤时间为辅助操作时间的5~6倍时，压滤机操作的经济性最好。

设恒压过滤时间为t_2，则压滤机在两阶段的过滤操作中滤出的滤液体积：

$$V=\sqrt{V_1^2+Kt_2} \tag{4-25}$$

或

$$V=\sqrt{u^2t_1^2+Kt_2} \tag{4-26}$$

滤布上滤饼的厚度：

$$d=x\sqrt{V_1^2+Kt_2} \tag{4-27}$$

或

$$d=x\sqrt{u^2t_1^2+Kt_2} \tag{4-28}$$

必须指出，在厢式压滤机中，每一个滤室左右两面都装有滤布，滤室中滤饼的总厚度应等于上述滤饼厚度的两倍。

3. 压紧力

如前所述，厢式压滤机需要压紧装置把滤板压紧。在滤板与滤板的接合面的四周，通常装有橡胶垫圈，在压紧力的作用下，垫圈中产生应力，发生变形，从而把接合面上凹凸不平之处填满，起了密封作用，防止滤浆泄漏。一般说来，只要垫圈中的压应力等于过滤压力，就能保持接合面良好的密封性。

压紧装置的压紧力：

$$F=F_1+F_2$$

或

$$F=A_1\Delta p+A_2\Delta p \tag{4-29}$$

式中　F——压紧力，N；

F_1——预压力，N；

F_2——克服滤浆压力需要的压紧力，N；

Δp——过滤压力，Pa；

A_1——垫圈面积，m^2；

A_2——垫圈内孔面积，等于每个滤室单面的过滤面积，m^2。

压紧力是厢式压滤机的主要载荷，由此可按一般机械零件的设计方法进行机架、横梁和压紧装置的设计计算。横梁的刚度计算，还应把作用于滤板和滤饼的重力考虑在内。

4. 压紧装置

厢式压滤机的压紧装置大体上分螺旋式和液压式两类。

螺旋式压紧装置有手动和机动两种。手动螺旋压紧装置靠人力操作，劳动强度大，工作速度低，现已很少使用。机动螺旋压紧装置主要由电动机、减速装置、螺母和螺杆组成。如图4－6所示。螺母8固定在前座7上，中间装有螺杆1，螺杆上有一长键槽，大齿轮6用滑键9套装在螺杆上。当电动机4通过V带（带轮3和2）和小齿轮5带动大齿轮旋转时，螺杆随之转动并前进或后退，从而可压紧或松开滤板。

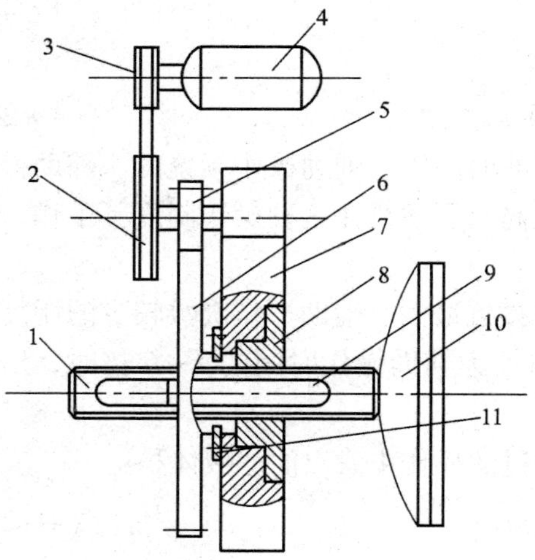

图4－6　机动螺旋压紧装置

1—螺杆　2—大带轮　3—小带轮　4—电动机　5—小齿轮　6—大齿轮　7—前座　8—螺母　9—滑键　10—滤板　11—压环

液压压紧装置有半自动和全自动两种。图4－7是一种半自动的液压压紧装置，图4－8是液压原理图。油缸8固定在前座4上，大活塞杆3制成丝杆，并套入带螺母的锁紧手轮2。滤板装好后，启动油泵，压力油经手动换向阀中位流回油箱，油泵卸荷。待油泵运转稳定后，将手动换向阀的操纵手柄推至前进位置（即换向阀的左位），压力油经换向阀进入油缸。在压力油的作用下，大活塞7连同大活塞杆把滤板压紧，当油压达到额定数值（即电接点压力表9的整定值）时，油泵电动机自动停止运转，转动手轮，用锁紧手轮把大活塞杆锁紧在前座上，压紧工作即告结束，此时应将换向阀操纵手柄退回中间位置，为油泵的再次启动作准备。

过滤完毕后，为了把锁紧手轮旋松，要再次启动油泵，油泵运转稳定后，将操纵手柄推至前进位置，待大活塞杆稍稍前进时，转动手轮，让锁紧手轮退离前座，然后将操纵手柄退回中间位置。松开锁紧手轮后，启动油泵，把操纵手柄扳至后退位置（即换向阀的右位），此时压力油经小活塞杆5的空腔进入大活塞杆的空腔。在压力油的作用下，大活塞杆带动活动顶板1后退，当锁紧手轮碰到前座下面的行程开关11时，电动机停止运转。停机后，将操纵手柄推至换向阀的中间位置，这样，就可一块一块地拖开滤板，卸下滤饼。

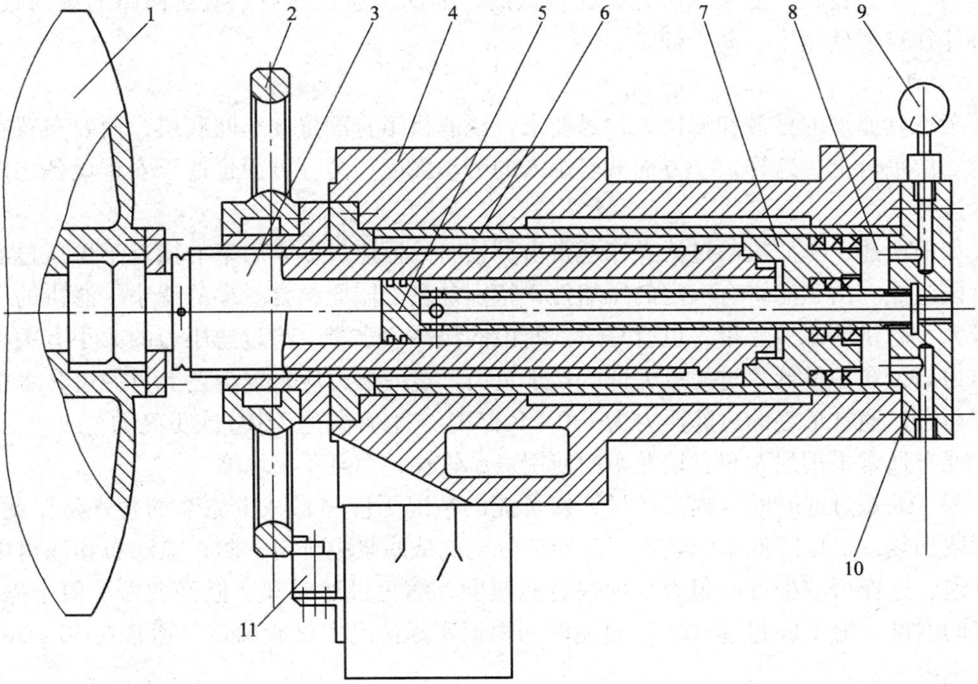

图 4－7　半自动液压压紧装置

1—活动顶板　2—锁紧手轮　3—大活塞杆　4—前座　5—小活塞杆　6—缸套
7—大活塞　8—油缸　9—电接点压力表　10—后端盖　11—行程开关

在半自动液压压紧装置中，工作油缸只要提供密封所需的预压力而不承受滤浆的作用，滤浆的压力是由锁紧螺母支承的，因此，工作油缸及整个液压回路的载荷较轻，缺点是还需要少量的手工操作。

自动液压压紧装置的压紧和复位，均由液压回路中的换向阀控制，没有由人工操作的锁紧螺母。为了保证在过滤过程中滤板之间的良好密封性，回路中除装有止回阀以防止油泵关闭后油缸中压力油泄漏外，还装有电接点压力表。当油缸中油压低于下限值时，压力表的电接点动作，油泵启动，向油缸供油，使油压升高，当油压升到上限值时，压力表中另一对电接点动作，关闭油泵，这样，油压就被控制在一定的范围内，从而保证了密封所需的压紧力。在自动液压压紧装置中，工作油缸除了提供密封所需的预压力外，还要承受滤浆的压

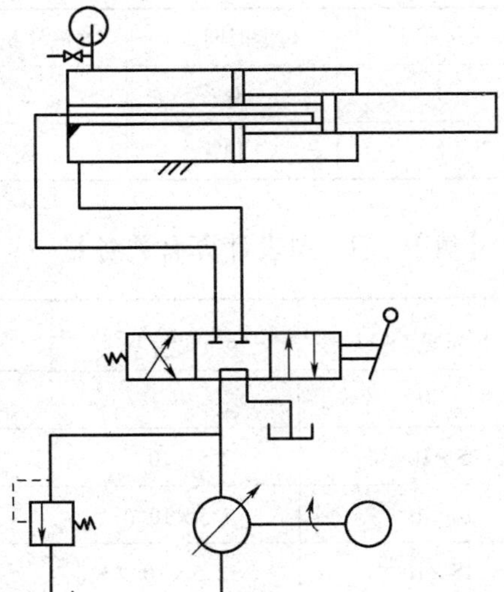

图 4－8　半自动液压压紧装置液压原理图

力，与预压力比较，滤浆的压力是比较大的，因此，油缸和整个液压回路的载荷较大，而且往往需要使用中、高压油泵。

5. 使用

考虑到滤液的排放和滤饼的输送要求，压滤机不宜配置在车间底层，而要布置在局部的二层平台上，这样，一方面减轻工人的劳动强度，另一方面也便于安排设备之间的技术连接。

如前所述，压滤机的过滤操作通常由开始时的恒速过滤和后来的接近于恒压过滤两个阶段组成。由于滤饼有一定的压缩性，特别是黏土质原料含量多的滤浆，滤饼的压缩性较大，滤饼的滤液含量，也就是通常所说的泥饼含水量，与过滤压力的大小有关。过滤压力高，含水量低；过滤压力低，含水量高。过滤压力应根据工艺上对泥饼含水量的要求而定，通常最终的过滤压力为1.0～1.5MPa，也有高达2MPa或更高的。

滤布通常采用尼龙布，尼龙布的使用寿命较长，而且不易堵塞。

为了缩短过滤时间，提高产量，在可能的情况下应尽量减少滤浆的含水量。此外，把滤浆加热，可以降低水的黏度，并使部分空气从滤浆中排出，防止在滤布和滤饼中析出气泡，这样可减少过滤阻力，加快过滤速度，缩短过滤时间。但是，为了便于操作，滤浆的温度一般不应超过60℃。过滤时间根据实际情况由试验确定，通常在30～60min的范围内。

厢式压滤机结构简单，工作可靠，但是设备笨重，操作强度小，而且是间歇式作业，工人劳动强度大。

【例4－1】 在实验室中，用过滤面积为$2m^2$的压滤机以过滤压力10kPa对某种料浆进行恒压过滤试验，试验结果得到以下数据，求其过滤方程式。

滤液体积 V/L	过滤时间 t/s	滤液体积 V/L	过滤时间 t/s	滤液体积 V/L	过滤时间 t/s
0	0	2	43	4	158
1	13	3	91	5	244

【解】 1. 列表计算有关各量

V/（m^3/m^2）	V_m/（m^3/m^2）	ΔV/（m^3/m^2）	Δt/s	$\frac{\Delta t}{\Delta v}$/（s/m）
0	—	—	—	—
5×10^{-4}	2.5×10^{-4}	5×10^{-4}	13	2.6×10^4
10×10^{-4}	7.5×10^{-4}	5×10^{-4}	30	6×10^4
15×10^{-4}	12.5×10^{-4}	5×10^{-4}	48	9.6×10^4
20×10^{-4}	17.5×10^{-4}	5×10^{-4}	67	13.4×10^4
25×10^{-4}	22.5×10^{-4}	5×10^{-4}	86	17.2×10^4

注：$V_m = \frac{V_n + V_{n-1}}{2}$ 为v的算术平均值。

2. 绘制恒压过滤实验曲线

以 $\Delta t/\Delta v$ 为纵坐标，v 的平均值为横坐标，描出各点，用一直线连接各点，如图 4-9 所示。量出该直线的斜率 $k=0.775\times10^8$，在纵轴上的截距 $b=0.5\times10^4$。

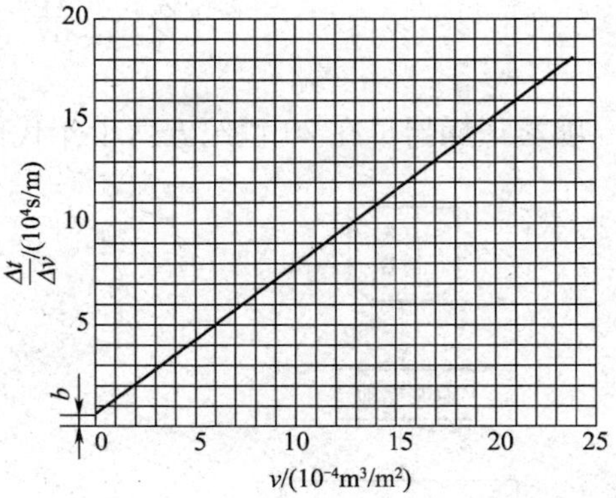

图 4-9 恒压过滤的实验曲线

3. 计算过滤系数

$$K=\frac{2}{k}=\frac{2}{0.775\times10^8}$$
$$=2.58\times10^{-8}\ (\mathrm{m^2/s})$$

$$C=\frac{bK}{2}=\frac{0.5\times10^4\times2.58\times10^{-8}}{2}$$
$$=6.45\times10^{-5}\ (\mathrm{m})$$

4. 过滤方程式

$$v^2+2Cv=Kt$$
$$v^2+2\times6.45\times10^{-5}v=2.58\times10^{-8}t$$

【例 4-2】 SZ-40 型压滤机是一种具有半自动压紧装置的厢式压滤机。方形滤板的尺寸为 770mm×770mm，中间凹入的尺寸为 700mm×700mm，凸缘上橡胶垫圈的内孔尺寸为 700mm×700mm，宽 30mm。压紧装置工作油缸的直径为 125mm。按过滤压力 1000kPa 计算，问油压应为多少？如改为自动压紧装置，油压应为多少？

【解】 1. 对于半自动液压压紧装置

（1）压紧力

$$\text{垫圈面积}\quad A_1=0.76^2-0.7^2=0.0876\ (\mathrm{m^2})$$

$$\text{压紧力}\quad F=A_1\Delta p=0.0876\times1000\times10^3=87.6\ (\mathrm{kN})$$

（2）压紧油压

$$p=\frac{4F}{\pi d^2}=\frac{4\times87.6\times10^3}{3.14\times12.5^2\times10^{-4}}=7.1\ (\mathrm{MPa})$$

2. 对于自动液压压紧装置

（1）压紧力

$$\text{垫圈内孔面积}\quad A_2=0.7\times0.7=0.49\ (\mathrm{m^2})$$

$$\text{压紧力}\quad F=A_1\Delta p+A_2\Delta p=0.1029\times1000\times10^3+0.49\times1000\times10^3=578\ (\mathrm{kN})$$

（2）压紧油压

$$p=\frac{4\times578\times10^3}{3.14\times12.5^2\times10^{-4}}=47.1\ (\mathrm{MPa})$$

第二节　喷雾干燥器

喷雾干燥器早在20世纪五六十年代就开始在陶瓷工业中应用。当时是用来制备生产面砖用的粉料。近些年来，在制备可塑泥料中也有应用，其方法是把干燥得到的粉料与泥浆混合使之成为均匀的可塑泥料，用这种方法制备泥料，泥料的含水量可以通过调节粉料与泥浆的配合比例准确地予以控制，制备流程如图4-10所示。

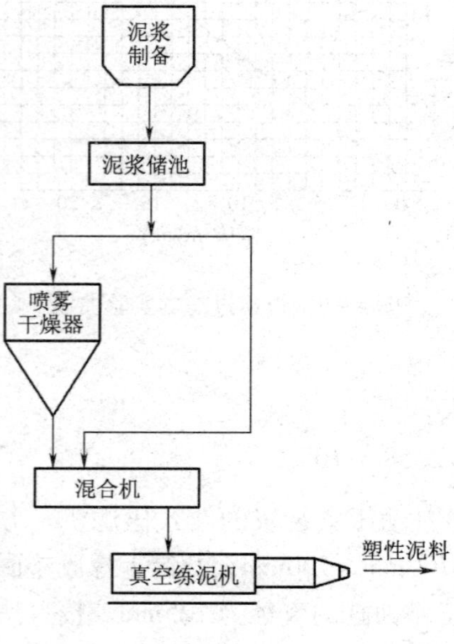

图4-10　使用喷雾干燥器的塑性泥料制备流程图

用喷雾干燥的方法脱水，可以使操作过程自动化、连续化，减少操作人员。同时泥料的质量稳定，操作可靠。然而，喷雾干燥是用物理方法脱水的，需要供给热量作为水分蒸发之用，同时，料浆雾化还要消耗能量，而且设备也比较复杂和庞大，这些都是缺点。尽管如此，对于大规模生产，如果使用得当，特别是用于生产干压粉料，总的说来还是比较经济合理的。

一、构造和工作原理

喷雾干燥器是一个上部为圆柱形、下部为圆锥形的圆筒，这个圆筒称为干燥塔6。圆筒的顶上有进气管5和热空气分配器8，底部为粉料出口。粉料出口的上方有排气管11，排气管与捕集细粉的旋风分离器12与袋式收尘器13（或其他形式的收尘器）相连，在筒体的中间装有离心雾化器9，如图4-11（a）所示。

操作时，泥浆经管道4、高位槽7送入，在雾化器中，泥浆被分散成许多细小的液滴，热空气从顶上经进气管和热空气分配器进入圆筒内，当热空气与液滴相遇时，彼此之间产生强烈的热量和质量的传递，液滴中的水分迅速蒸发，很快成为干燥的粉料，最后沉降到筒体底部，从粉料出口排出。带有少量细粉的干燥尾气则经过旋风分离器等收尘设备把其中的细粉收集后放入大气中。整个系统在负压下操作，可以防止粉尘外逸。

图4-11（b）为采用另一种泥浆雾化器的喷雾干燥器设备布置图，其工作原理与上述基本相同。

二、雾　化　器

喷雾干燥器要求液滴的平均直径为几十至几百μm，分散料浆使之成为细小的液滴，对于喷雾干燥器的设计和应用都是十分重要的。

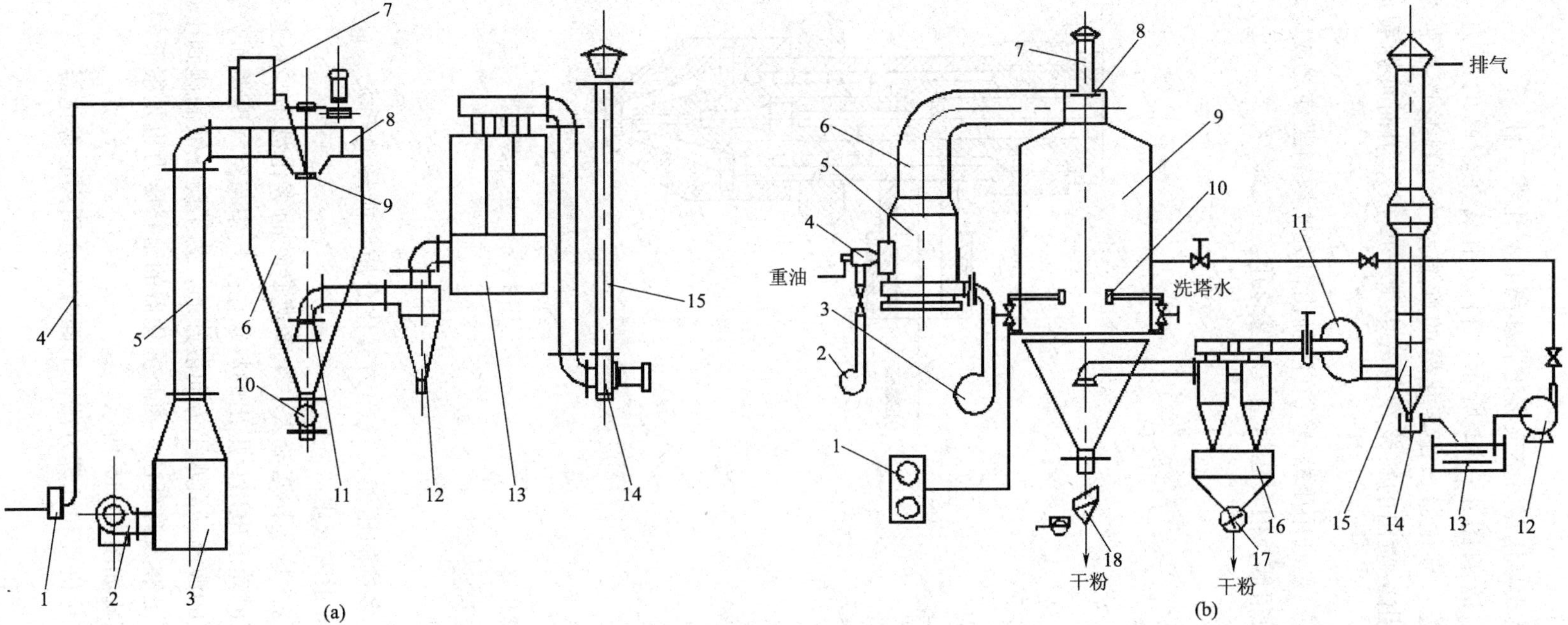

图 4－11 喷雾干燥器及其附属设备

（a）采用离心雾化器的喷雾干燥器

1—泥浆泵 2—送风风机 3—热风炉 4—泥浆管 5—进气管 6—干燥塔 7—高温槽 8—热空气分配器 9—离心雾化器 10—叶轮给料机 11—排气管 12—旋风分离器 13—袋式收尘器 14—排风风机 15—放空风管

（b）采用压力喷嘴式雾化器的喷雾干燥器

1—泥浆泵 2—雾化风机 3—配温风机 4—烧嘴 5—热风炉 6—热风风管 7—废气烟囱 8—升降阀门 9—干燥塔 10—压力喷嘴式雾化器 11—排风风机 12—循环水泵 13—沉淀池 14—水封器 15—洗涤塔 16—旋风分离器 17—叶轮给料机 18—振动筛

常用的雾化器有压力喷嘴式雾化器、空气雾化器和离心雾化器三种。

压力喷嘴式雾化器的构造如图 4－12 所示。料浆用泵在较高的压力（通常 2MPa 左右）下沿切线方向送入雾化器，在雾化器的旋流室中，料浆产生强烈的旋转运动，然后高速从喷嘴喷出，喷出的料浆在空气中由于摩擦作用而被撕裂成为细小的液滴。

空气雾化器（见图 4－13）是利用压缩空气在喷嘴出口处吹散料浆使之成为细小的液滴。空气雾化器给料的压力很低，但要压缩空气作雾化用。

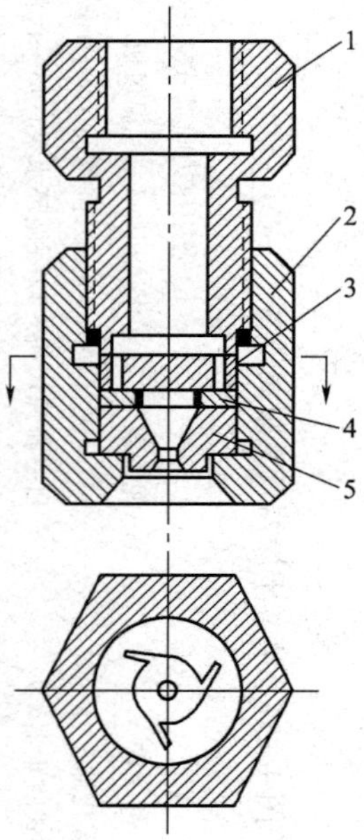

图 4－12　压力喷嘴式雾化器

1—雾化器座　2—压盖　3—导流板　4—切向槽板　5—喷嘴

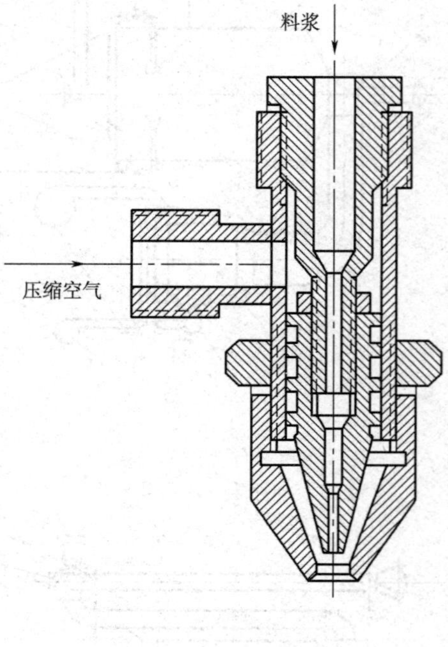

图 4－13　空气雾化器

空气雾化器由于需要供给多量的压缩空气作为雾化介质，能量消耗大（高达 35～70kW·h/t 料浆），一般情况下很少采用。

离心雾化器（见图 4－14），是使料浆流入一个高速旋转的雾化盘中，料浆在离心力的作用下从雾化盘中以很高的速度甩出，甩出的料浆在空气中与空气摩擦而分裂成液滴。料浆离开雾化盘时，形成的液滴是沿水平方向散开的，为了防止液滴碰到干燥器的壁而粘在上面，干燥器必须有足够大的直径。离心雾化器的给料压力也是很低的。陶瓷工业中应用的离心雾化盘的结构如图 4－15 所示。

各种雾化器有着不同的雾化机理和计算方法，下面首先介绍离心雾化器。

1. 离心雾化器

(1) 雾化机理　将料浆送到高速旋转的雾化盘后，在离心力等外力作用下，料浆被拉成薄膜，同时速度不断增加，最后从盘的边缘甩出而成为液滴。

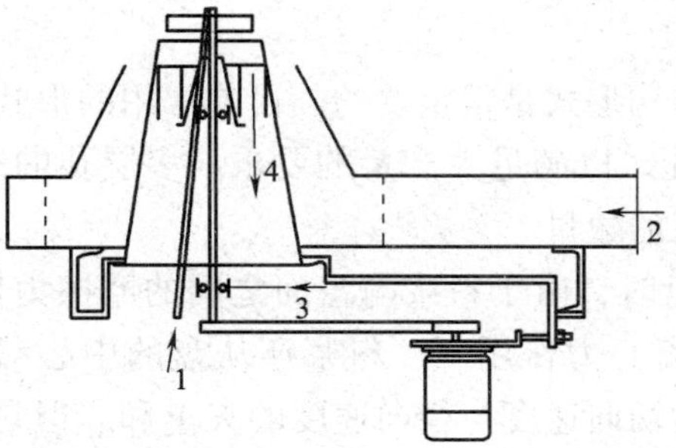

图 4－14 离心雾化器和热空气分配器结构示意图
1—料浆进口 2—热空气进口
3—润滑油进口 4—润滑油出口

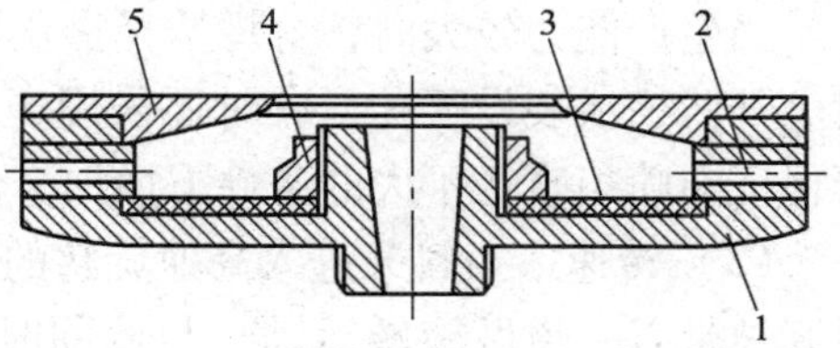

图 4－15 离心雾化器的雾化盘
1—盘体 2—喷嘴（共 20～24 个）
3—衬板 4—螺母 5—盘盖

从雾化盘甩出的料浆，受两种力的作用而雾化，一种是离心力，一种是空气的摩擦力。

当料浆流量小、雾化盘转速低时，料浆在盘的边缘隆起呈半球形，球的直径取决于离心力以及料浆的黏度和表面张力。当离心力超过料浆的表面张力时，盘边的各个球形料浆直接甩出成为雾状液滴，雾滴中含有少量的大颗液滴，如图 4－16（a）所示。

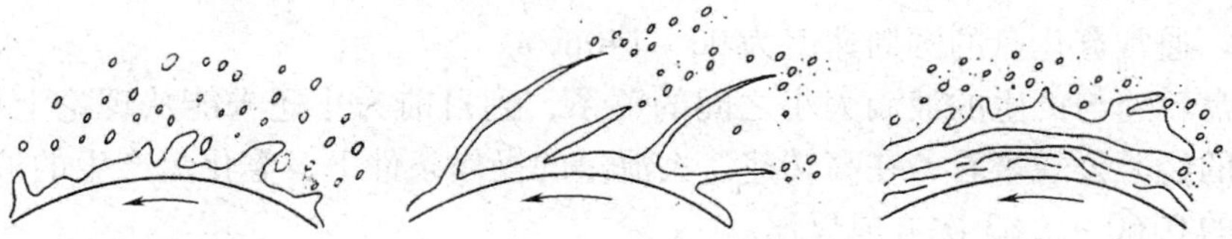

图 4－16 离心雾化器的雾化过程
（a）滴状雾化 （b）丝状雾化 （c）膜状雾化

当料浆流量加大、雾化盘转速增高时，盘边上半球形料浆被拉成许多液丝。随着料浆流量的继续增加，盘边的液丝数目也增多，但增加到一定数量后再增加料浆流量，液丝只是直径变大，数目却不再增多。在离心力和空气摩擦力的作用下，这些液丝很不稳定，在伸延到离盘边不远处就迅速断裂，成为雾状的细微液滴和许多球形的小液滴，如图 4－16（b）所示。料浆的黏度和表面的张力越大，产生的液滴也越粗，粗粒液滴在雾滴中所占的比例也越多。

当料浆流量继续增加时，液丝的数目与直径均不再增加，液丝间互相溶合成为连续的液膜，液膜由盘边延伸至一定距离后破裂，分散成直径分布较广的液滴，如图 4－16（c）所示。如雾化盘的转速继续提高，液膜延伸的距离缩短，料浆高速甩出，在盘边附近就与空气强烈摩擦而分裂成雾状液滴。

（2）结构形式 雾化盘的结构形式很多，料浆流量不大时，可以采用碟形或倒杯形结构。在这种雾化盘中，由于料浆在盘上的滑动较大，料浆不能得到高的速度，产生的液滴较粗，但液滴的粗细比较均匀。在流量大、转速高的操作条件下，为了减小盘面上料浆的滑动，可在盘面上做出径向浅槽或装上辐射状的径向叶片，这样会使液滴变小，但是也增大雾化的不均匀性。

当生产能力较大时，合理选择雾化器的结构形式是很重要的。目前常用的形式是在盘上开浅槽或装设喷孔，有时还采用多层喷孔，以满足大产量的要求。多层孔的结构，可保证在喷炬直径不大的条件下增加雾化料浆的数量。

（3）转速　当料浆进入高速旋转的雾化盘时，由于料浆与盘面之间的摩擦力作用，料浆被带着一道做旋转运动。与此同时，在离心力作用下，料浆还从盘的中心移向盘边，因此，料浆离开雾化盘时，其绝对速度为切向速度与径向速度的矢量和。但是，对于工业生产实际使用的雾化盘，料浆的径向速度远远小于切向速度，故可近似认为，料浆离开雾化盘时的绝对速度等于其切向速度。

对于盘面上有浅槽或叶片的雾化盘，由于浅槽或叶片阻止了料浆的滑动，故料浆的切向速度等于雾化盘的圆周速度。对于平滑的雾化盘，由于料浆在盘面上滑动，切向速度小于雾化盘的圆周速度。随着料浆流量的增加，滑动增大；随着料浆黏度和雾化盘直径的增大，滑动减小。

雾化盘转速的大小，影响到产生液滴的大小和液滴的均匀性。实验证明，当雾化盘的圆周速度较小时（小于50m/s），产生的液滴很不均匀，喷炬主要由一群粗液滴和靠近盘边的一群细液滴所组成。液滴的均匀性随转速的增加而增大，当圆周速度达到60m/s时，就不会出现上述的不均匀现象，所以圆周速度60m/s可以作为设计时可采用的最小值。通常雾化盘的圆周速度为90～140m/s。

雾化盘转速与产生的液滴大小之间的关系，到目前为止还未能从理论上加以解决。从已发表的经验公式来看，在高转速、大流量的操作条件下，雾化盘产生的液滴直径大致与转速的0.60～0.83次方成反比。

为了估算离心雾化器所产生液滴的平均直径。可参考使用下面的经验公式：

对于平滑雾化盘，

$$D=\frac{23.4G}{\rho\left[5.1\times10^{3}\left(\mu/\rho\right)^{0.25}\left(\sigma G\right)^{0.66}+2.96\times10^{-3}\left(nd\right)^{2}\right]^{0.5}}\times10^{-3}\qquad(4-30)$$

式中　D——液滴的平均直径，m；

G——进料量，kg/h；

ρ——料浆的密度，kg/m^3；

μ——料浆的黏度，Pa·s；

σ——料浆的表面张力，N/m；

n——雾化盘转速，r/min；

d——雾化盘直径，m。

对于具有浅槽或径向叶片的雾化盘

$$D=K'r\left(\frac{G_p}{\rho n r^2}\right)^{0.6}\left(\frac{\mu}{G_p}\right)^{2}\left(\frac{\sigma\rho m h}{G_p^2}\right)^{0.1}\qquad(4-31)$$

式中　D——液滴的平均直径，m；

r——雾化盘半径，m；
n——雾化盘转速，r/min；
h——叶片高度或浅槽深度，m；
m——叶片或浅槽数目；
ρ——料浆的密度，kg/m^3；
μ——料浆的黏度，Pa·s；
σ——料浆的表面张力，N/m；
$G_p = G/(mh)$，其中 G 为进料量，kg/（h·m）；
K'——与 G_p 有关的系数，如 $G_p < 1190$kg/（h·m），取 $K' = 0.37$，如 $G_p > 1190$kg/（h·m），取 $K' = 0.4$。

式（4－31）的适用范围是：$\mu = 0.001 \sim 9.000$Pa·s，$\sigma = 0.074 \sim 0.100$N/m，$\rho = 1000 \sim 1410$kg/m^3，$d = 2r = 50 \sim 200$mm，$m = 2 \sim 24$，$h = 0.38 \sim 33.00$mm，$G_p = 1190 \sim 8200$kg/（h·m）。

（4）液滴喷炬的直径　液滴从雾化盘甩出后，在干燥塔的横截面上形成喷炬。液滴喷炬的直径，对于确定干燥塔的直径有现实意义。只有对喷炬直径有较准确的估算，才能适当地选择所需的塔径。如塔径太大，则塔的造价增加，塔的容积不能有效地利用，造成浪费；反之，如塔径太小，则液滴在尚未干燥前就碰到塔壁，造成物料粘壁，影响设备的正常运行和产品质量。

液滴喷炬的直径与雾化盘的构造和转速，进料量以及塔内热空气分配器的结构和安装位置等有关，其中雾化盘直径、转速和进料量对喷炬直径的影响可用下面的经验公式计算

$$R_{max} = \frac{3.31d^{0.21}G^{0.2}}{n^{0.16}} \tag{4-32}$$

式中　R_{max}——99%的液滴沉降至离雾化盘0.91m处的喷炬半径，m；
d——雾化盘直径，m；
G——进料量，kg/h；
n——雾化盘转速，r/min。

（5）雾化盘需要的功率　雾化盘需要的功率包括消耗于料浆雾化所需的功率和克服空气摩擦力需要的功率。

设料浆离开雾化盘时的切向速度等于雾化盘的圆周速度，雾化盘的效率为0.5，则消耗于料浆雾化的功率：

$$P_k = 7.6Gn^2d^2 \times 10^{-10} \tag{4-33}$$

式中　P_k——消耗于料浆雾化的功率，kW；
G——进料量，kg/h；
n——雾化盘转速，r/min；
d——雾化盘直径，m。

消耗于克服空气摩擦力的功率：

$$p_m = \frac{d^2}{V}\left(\frac{u}{100}\right)^3 \tag{4-34}$$

式中 p_m——克服空气摩擦力需要的功率，kW；

d——雾化盘直径，m；

u——雾化盘的圆周速度，m/s；

V——空气的质量体积，m^3/kg。

（6）离心雾化器的技术要求 离心雾化器的转速很高，为了防止振动，对雾化盘应有平衡要求。转动零部件的平衡等级用平衡精度的大小表示，平衡精度相当于其质心的线速度，用公式表示为：

$$A = e\omega \tag{4-35}$$

式中 A——平衡精度，mm/s；

e——转动零部件的偏心距，即质心与转动中心的距离，mm；

ω——转动零部件的角速度，rad/s。

为了保证离心雾化器运转平稳，雾化盘推荐的平衡等级为G6.3，其意义是平衡精度许用值为6.3mm/s。

为了避免动不平衡对雾化器运转的影响，雾化盘直径d与长度L之比应大于或等于5，即

$$\frac{d}{L} \geqslant 5 \tag{4-36}$$

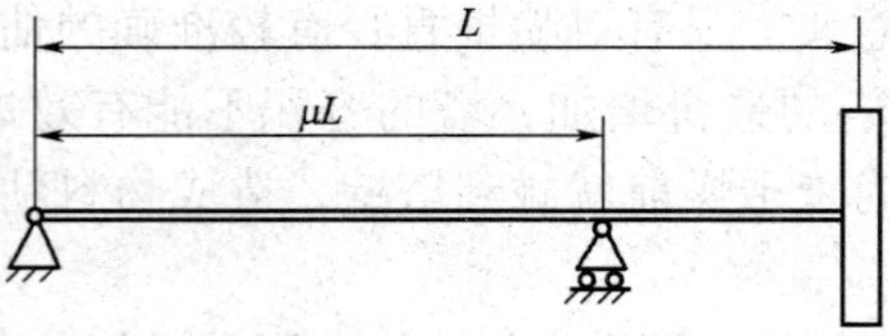

图4-17 离心雾化器的力学模型

离心雾化器的雾化盘与轴组成了一个弹性系统，系统的力学模型如图4-17所示。从机械振动学可知，该系统的各阶临界转速

$$n_{ck} = 0.3\lambda\sqrt{\frac{EI}{(m_0 + \beta m)L^3}k^2} \tag{4-37}$$

式中 n_{ck}——系统的k阶临界转速，r/min；

λ——与μ有关的系数，由表4-1查出；

E——轴的弹性模量，Pa；

I——轴的截面惯性矩，m^4；

L——轴的长度，m；

m_0——轴的质量，kg；

m——雾化盘的质量，kg；

k——临界转速的阶数，$k=1$，2…；

β——与μ、λ有关的系数，$\beta=\frac{1}{3}(1-\mu)^2\lambda^2$。

表4-1 λ与μ的关系

μ	0.5	0.55	0.6	0.65	0.7	0.75	0.8	0.85	0.9	0.95	1
λ	8.716	9.983	11.50	13.13	14.57	15.06	14.44	13.34	12.11	10.92	9.87

如果是阶梯轴，计算轴的截面惯性矩时用轴的当量直径：

$$d_e = \frac{\sum(d_i L_i)}{L} \tag{4-38}$$

式中 d_e ——阶梯轴的当量直径，m；

d_i ——各段的直径，m；

L_i ——对应于直径为 d_i 的轴段长度，m；

L ——阶梯轴全长，m，$L = \sum L_i$。

为确保安全运转，防止发生共振，轴的工作转速必须在各阶临界转速的一定范围以外。一般要求是：对于工作转速低于一阶临界转速 n_{c1} 的轴，应有 $n < 0.7n_{c1}$；对于工作转速高于一阶临界转速而低于二阶临界转速 n_{c2} 的轴，应有 $1.4n_{c1} < n < 0.7n_{c2}$，其余类推。

对于工作转速高于一阶临界转速的轴，在启动和停机过程中要通过共振区，因此，需要从结构上采取保证顺利通过共振区的措施。例如在适当位置加装一档间隙较大的滑动轴承，可以防止通过共振区时产生振幅很大的振动。

高速运转的离心雾化器，其轴承的润滑十分重要，一般应采用压力润滑，在润滑油的循环回路中要装设过滤器和冷却装置，以保持润滑油的清洁和防止油温过高。

雾化盘承受料浆的强烈磨蚀作用，极易磨坏。据有关使用单位介绍，内部衬以耐磨橡胶的雾化盘比铁质的耐磨，使用寿命可达200h以上，盘内衬以烧结氧化铝片和采用内伸喷嘴，使用寿命更长。

离心雾化器是精密的高速设备，造价较高，装拆时不允许用手锤敲打，以免影响精度和造成损坏。

2. 压力喷嘴式雾化器

压力喷嘴式雾化器是一种旋转型的压力喷嘴，故又直接称为压力喷嘴。压力喷嘴式雾化器主要由旋流室和喷嘴两部分组成。沿着旋流室周边的切线方向开有2~6条切向槽（参看图4-12），料浆用泵以比较高的压力沿切向槽送入旋流室，在旋流室中，料浆高速旋转，形成近似的自由涡流，因而越靠近喷嘴中心，流速越大而压力越小，结果在喷嘴的中心附近，料浆破裂，形成一根压力等于大气压力的空气柱，料浆在喷嘴内壁与空气柱之间的环形截面中以薄膜的形式喷出。喷出后，随着薄膜的伸长、变薄而拉成细丝，最后细丝断裂成为液滴。从喷嘴出来的液滴喷炬，其形状近似为一个空心圆锥，圆锥的锥角称为雾化角。

（1）料浆的流量　喷嘴出口处料浆的流速可有下列水力学中液体从喷嘴流出的公式计算：

$$u = \varphi\sqrt{\frac{2\Delta p}{\rho}} \tag{4-39}$$

式中 u ——喷嘴出口处料浆的流速，m/s；

φ ——喷嘴的速度系数，可近似地取 $\varphi = 1$；

Δp ——雾化器进出口处料浆的压力差，Pa；

ρ ——料浆的密度，kg/m^3。

设喷嘴的直径为 d，横截面积为 A，则料浆的流量：

$$Q = \mu A \sqrt{\frac{2\Delta p}{\rho}} \tag{4-40}$$

式中　Q——料浆的流量，m^3/s；

μ——喷嘴的流量系数，其大小与喷嘴的几何特性参数 K 有关，如图 4-18 所示。

A——喷嘴的横截面积，m^2。

其余符号的意义和单位同前。

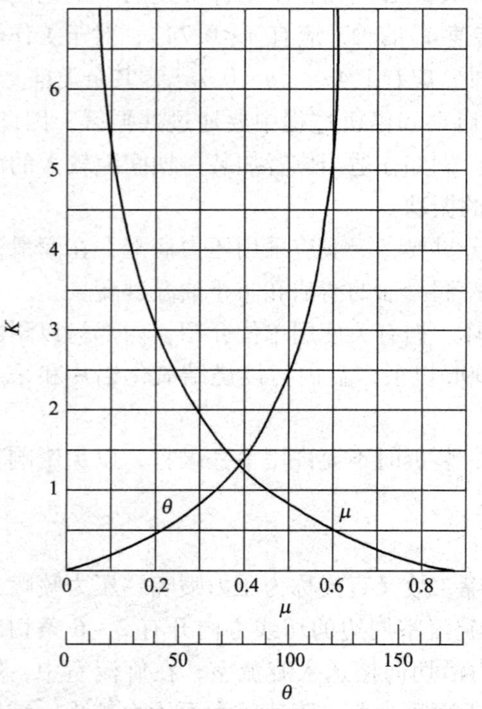

图 4-18　$\mu-K$，$\theta-K$ 的关系图

（2）雾化角　料浆从喷嘴喷出的速度 u 可分解为轴向速度 u_a 和切向速度 u_t，如雾化角为 θ，则有

$$\tan\frac{\theta}{2} = \frac{u_t}{u_a} \tag{4-41}$$

雾化角也与喷嘴的几何特性参数 K 有关，其关系同时示于图 4-18 中。

（3）喷嘴的几何特性参数　喷嘴的几何特性参数近似地表示喷嘴出口处料浆的切向速度与轴向速度之比，由下式计算

$$K = \frac{Ar_1}{A_1 r}$$

或

$$K = \frac{\pi r r_1}{A_1} \tag{4-42}$$

式中　K——喷嘴的几何特性参数；

r——喷嘴出口的半径，m；

r_1——旋流室中涡流的半径，m；

A_1——切向槽横截面的总面积，m^2。

$$r_1 = r_0 - \frac{b}{2}$$

$$A_1 = nbh$$

式中　r_0——旋流室的半径，m；

b——切向槽的密度，m；

n——切向槽的数目；

h——切向槽的深度，m。

对于具有圆形截面切向槽的喷嘴，表示其几何特性的参数为：

$$K' = \left(\frac{r r_0}{r_1^2}\right)\left(\frac{r}{r_0 - r_1}\right)^{\frac{1}{2}} \tag{4-43}$$

式中　r_1——切向槽的半径。

其余符号的意义同前。

计算出 K' 值后，由图 4－19 和图 4－20 可查出喷嘴的雾化角和流量系数。

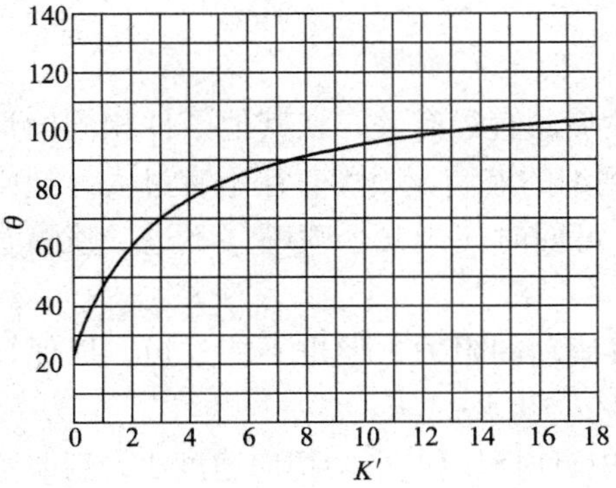

图 4－19　$\theta-K'$的关系

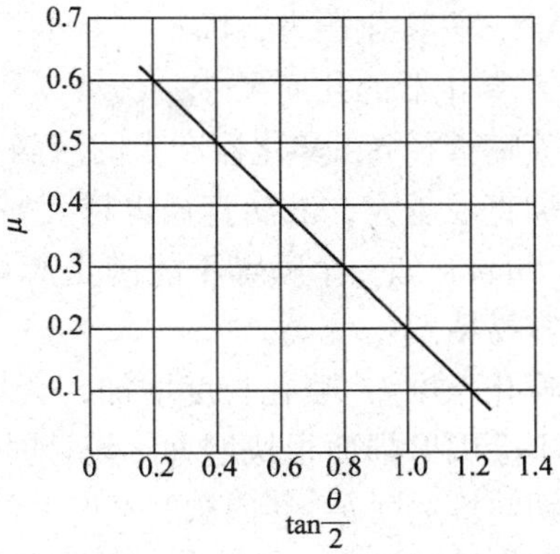

图 4－20　$\mu-\theta$的关系

（4）雾化压力　雾化压力高则料浆的流速大，液滴直径随压力增大而减小，同时，压力增大，液滴趋于均匀。在中等压力（＜2MPa）下，可近似认为液滴直径与雾化压力的 0.3 次方成反比。但是，在压力已经很高的情况下，继续提高压力，液滴直径不再随之减小，反而由于液滴离开喷嘴后互相剧烈碰撞，小液滴溶合成大液滴，使液滴直径增大。

对于一定形式和一定大小的喷嘴，雾化压力在很大的范围内变化，而空气柱直径与喷嘴出口直径之比几乎是不变的，即空气柱的直径不受雾化压力的影响。

常用的雾化压力为 2～3MPa。

（5）液滴直径　影响液滴直径的因素很多，而且相当复杂，目前还未能用解析方法予以计算。为了估算压力喷嘴式雾化器所产生的液滴直径，可用下面的经验公式

$$D = 1.126(d + 0.00432)\exp\left(\frac{3.96}{u_a} - 0.0308u_{t1}\right) \times 10^{-2} \tag{4-44}$$

式中　D——压力喷嘴式雾化器产生液滴的平均直径，m；

d——喷嘴直径，m；

u_a——喷嘴出口处料浆的平均轴向速度，m/s，$u_a = \dfrac{\Delta Q}{\pi d^2}$；

u_{t1}——切向槽出口处料浆的平均速度，m/s，$u_{t1} = \dfrac{Q}{nbh}$。

上式没有反映料浆性质对液滴直径的影响。由于陶瓷泥浆的密度大、黏度高，雾化比较困难，液滴比较粗，故式（4－44）的计算值与实际情况比较往往是偏小的，只供作估算之用。

（6）需要的功率　压力喷嘴式雾化器需要的功率：

$$P_k = \frac{Q\Delta p}{1000} \tag{4-45}$$

式中 P_k ——雾化器需要的功率，kW；

Q ——料浆的流量，m^3/s；

Δp ——雾化压力，Pa。

（7）雾化器的几何尺寸

①喷嘴直径 d：雾化器产生的液滴直径与喷嘴的直径有关，在其他条件相同的情况下，喷嘴直径越大，液滴直径也越大。为了得到细的液滴，喷嘴直径不宜过大，通常为1.5～2.5mm。如一个喷嘴不能满足产量要求，可同时使用几个喷嘴。不过，喷嘴直径过小，容易堵塞。

②喷孔长度 l：喷孔长度增加，会增大料浆流动的阻力，但也不能过短，以保证喷雾直径不会因磨损而很快增大。设计时一般取 $l/d=0.5\sim1.0$。

③切向槽宽度 b：切向槽的宽度大，旋流室中自由涡流的平均切向速度小，料浆流线紊乱，雾化质量较差；宽度小，容易堵塞，阻力也大。通常可按 $b=(0.5\sim1.0)\,d$ 选取。

④切向槽深度 h：切向槽深度小，阻力大；深度大，流线紊乱，影响雾化质量。一般取 $h/b=1.3\sim3.0$。

⑤切向槽长度 L：切向槽长度太长，料浆流动阻力大；太短，料浆进入旋流室后流线紊乱，雾化效果不好。通常取 $L/d=3$ 左右。

⑥切向槽数目 n：切向槽的数目不宜过多，数目增多，由于加工时分度不均匀和角度有偏差，会使料浆不能在旋流室中均匀旋转，影响雾化质量。具体数目应根据喷嘴的几何特性参数通过计算确定，一般 $n=2\sim6$，常用的是 $n=2\sim4$。

切向槽出口面积减小，则流量系数和液滴直径减小，雾化角增大。

⑦旋流室直径 d_0：旋流室的形状有圆柱形和圆锥形两种，常用的是圆柱形旋流室。旋流室的直径与切向槽宽度（或半径）之比一般为 $d_0/b=9\sim10$。

（8）料浆性质对喷嘴特性的影响　料浆的黏度增加，流量系数、雾化角以及空气柱直径均减小，一般认为液滴直径与料浆黏度的0.17～0.20次方成正比。当黏度超过0.08Pa·s时，雾化角缩到极小，空气柱消失，雾化质量很差，甚至不能雾化，出现线流。

喷嘴的流量系数、雾化角等一般与料浆的表面张力无关，但表面张力增加，液滴直径增大。

由式（4－39）和式（4－40）可知，在其他条件相同的条件下，料浆的密度增加，流速和流量均减小，同时液滴直径增大。

压力喷嘴式雾化器的切向槽和喷嘴等尺寸都很小，为了防止堵塞，料浆应预先用细筛筛去其中的粗颗粒和粗粒杂质。由于料浆通过喷嘴时的速度很高，雾化器极易磨损。料浆浓度越大、雾化压力越高，雾化器磨损越快。雾化器磨损后，会造成雾化质量不良，部分液滴很粗，由于来不及干燥而造成物料粘壁，因此，压力喷嘴式雾化器的切向槽板和喷嘴等容易磨损的零件都要用耐磨材料制造，一般是采用钨钴类硬质合金。近些年来，还有采用高硬度材料——人造宝石的喷嘴。

压力喷嘴式雾化器的操作弹性小，通常用增减喷嘴的数量来调节产量，也可用更换不同孔径的喷嘴来调节。

离心雾化器与压力喷嘴式雾化器的性能各不相同，其性能对比示于表4-2中。

表4-2　两种雾化器的技术性能

项　目	离心雾化器	压力喷嘴式雾化器
干燥塔直径	大	小
干燥塔高度	小	大
供料压力	低	高
产品粒度	较小	较大
产品密度	较小	较大
产品温度	较低，低于干燥尾气温度	较高，高于干燥尾气温度
生产能力	大	小
操作弹性	大	小
操作的可靠性	较好	较差，喷嘴易磨损和堵塞

三、气液两相的流向

根据热空气与液滴在干燥塔内的流向不同，可分为下列四种类型：

1. 并流式向下的喷雾干燥

热空气进口和料浆雾化都在干燥塔的顶部，热空气和雾状料浆一同沿塔向下流动，气液两相在塔的上部接触，水分迅速蒸发，液滴大量吸收热空气中的热量，使热空气的温度迅速降低。在塔的下部，料浆成为干粉，同时热空气的温度也已大大降低，故干燥产品的温度不会很高。这种流向适用于离心雾化器和空气雾化器，如用于压力喷嘴式雾化器，由于液滴的初速度比较高，同时又受重力的加速，有很大的下降速度，特别是粗粒液滴，速度更快，为了达到干燥的目的，塔的高度需要很高。此外，由于粗细颗粒的速度不同，需要较长干燥时间的粗颗粒速度快，在塔内停留时间短；反之，只需要较短干燥时间的细颗粒却速度慢，在塔内停留时间长，结果造成粗细颗粒干燥程度不均匀，含水量差别很大，甚至黏结成团，积在塔内，效果不好。

这种流向的空塔气速一般为0.2～0.5m/s，低于0.2m/s时，将降低传热和传质的速度，速度过大，又影响粉料的沉降，增加分离设备的负荷。

2. 并流式向上的喷雾干燥

这种流向与自上而下的并流操作在原理上没有什么不同，只是由于较粗的颗粒不会被气流带出，产品的粒度比较均匀。

3. 逆流式喷雾干燥

热空气向上流动，雾状料浆从塔的上部喷下，气液两相反向流动，由于干燥产品与进口的高温热空气接触，故产品的温度较高，含水量较低。这种流向，传热和传质的推动力都较大，热的利用率也较高。

4. 混流式喷雾干燥

雾化器安装在塔的中下部，向上喷雾，液滴在与塔顶流入的热空气接触的过程中，水分迅速蒸发，在逆流运动中基本上完成干燥过程。物料到达一定高度后，即开始向下沉降，此时与热空气同向而行，继续进行干燥。由于在干燥的开始阶段采用了逆流式的流向，故热利用率较高。陶瓷工业中喷雾干燥器基本上采用此种流向。

从干燥产品的性质来看，在并流式干燥中，由于液滴含水量最高时与高温热空气接触，水分迅速蒸发，导致体积膨胀，甚至开裂，因而产生密度较小的非球形多孔产品。在逆流式干燥中，情况恰好相反，已干燥的产品在将要离开干燥塔之前才与高温的热空气接触，液滴在蒸发过程中体积膨胀和碎裂的趋势减小，因此产品的孔隙率较小，密度较大。

四、液滴干燥需要的时间

设计喷雾干燥器的另一个重要方面是确定液滴干燥所需要的时间。

液滴的干燥过程，可分为开始时的恒速干燥和后来的降速干燥两个阶段。在恒速干燥阶段，液滴内部的水分能迅速地扩散到表面，干燥速度（单位时间内从单位表面积上蒸发的水分质量）保持恒定，对于含有不溶性固体物料的料浆，在该阶段中，液滴的温度不变并等于热空气的湿球温度。随着水分的不断蒸发，液滴中的固体粒子不断靠拢，体积收缩。当体积收缩到一定程度后，水分在固体粒子之间形成的毛细管中移动困难，不能迅速地从内部扩散到表面以维持表面的自由蒸发，此时，干燥速度降低，液滴失去流动性而逐渐成为比较干燥的固体颗粒，干燥过程转入降速干燥阶段。在该阶段中，随着水分的蒸发，颗粒体积几乎不再收缩，但温度却逐渐升高。降速干燥一直进行到产品含水量达到要求、干燥过程结束时为止。

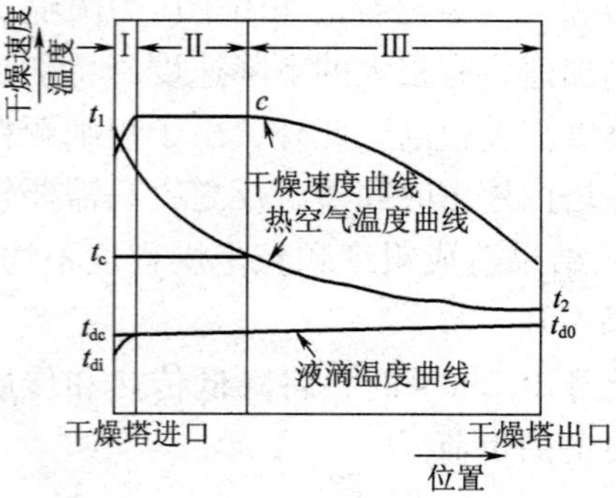

图 4－21　喷雾干燥器内干燥速度和温度的变化

Ⅰ—液滴加热阶段　Ⅱ—恒速干燥阶段　Ⅲ—降速干燥阶段

在并流式的喷雾干燥中，位于干燥塔不同高度处热空气和液滴（或固体颗粒）的温度以及液滴干燥速度的变化情况如图 4－21 所示。在液滴干燥速度的曲线上，C 点是由恒速干燥阶段转入降速干燥阶段的分界点，称为临界点，在该点上固体颗粒的含水量称为临界水分。

液滴在热空气中干燥所需的时间，与热空气向液滴传热的速度有关。

在喷雾干燥过程中，液滴在热空气中的相对速度一般都很低，即使初速度很高，但由于液滴直径很小，在气体阻力作用下，速度很快就降低到与气流速度接近相等，它们之间的相对速度可以看作等于零。

据有关资料介绍，在上述情况下，热空气向液滴传热的传热系数可用下面的关联式表示

$$K = \frac{2\lambda}{D} \tag{4-46}$$

式中　K——热空气向液滴传热的传热系数，W/（$m^2 \cdot ℃$）；

λ——热空气的热导率，W/（m·℃）；

D——液滴的直径，m。

在恒速干燥阶段，如前所述，液滴的温度不变并等于热空气的湿球温度。根据热平衡的关系有：

$$K\pi D^2 \Delta t'_m d\tau = -r\rho dV \tag{4-47}$$

式中　$\Delta t'_m$——液滴周围的热空气与液滴之间的平均温度差,℃；

τ——时间，s；

r——水在热空气湿球温度下的汽化潜热，J/kg；

ρ——水的密度，kg/m^3；

V——液滴体积，m^3，$V=\frac{\pi}{6}D^3$，D 为液滴直径。

其余符号的意义和单位同前。

上式左边为 $d\tau$ 时间内，热空气传给液滴的热量，右边为液滴蒸发 dV 体积的水分带走的汽化潜热，负号表示液滴的体积随时间的增加而减小。

式（4-46）、式（4-47）合并后可得：

$$d\tau = -\frac{r\rho}{4\lambda\Delta t'_m}DdD$$

设 τ_1 为恒速干燥阶段需要的时间，D_1 为液滴的原始直径，D_c 为恒速干燥阶段结束时液滴形成的固体颗粒的直径。上式积分后得：

$$\tau_1 = \frac{r\rho}{8\lambda\Delta t'_m}(D_1^2 - D_c^2) \tag{4-48}$$

降速干燥阶段需要的时间，与液滴中固体物料的性质有关，一般不能准确地用解析式来表示，建议用下式计算：

$$\tau_2 = \frac{r\rho_{d0}D_c^2(w_c - w_2)}{12\lambda\Delta t''_m} \tag{4-49}$$

式中　τ_2——降速干燥需要的时间；

ρ_{d0}——干燥颗粒的密度；

w_c——固体颗粒的临界水分，以每千克绝干固体物料含水量（kg）表示，即绝对含水量；

w_2——干燥产品的含水量，表示方法同 w_c；

$\Delta t''_m$——固体颗粒周围的热空气与固体颗粒之间的平均温度。

其余符号的意义同前。

液滴干燥需要的时间 τ 为两阶段干燥时间之和，即

$$\tau = \tau_1 + \tau_2 \tag{4-50}$$

或

$$\tau = \frac{r\rho(D_1^2 - D_c^2)}{8\lambda\Delta t'_m} + \frac{r\rho_{d0}D_c^2(w_c - w_2)}{12\lambda\Delta t''_m} \tag{4-51}$$

上式中有关各量的确定方法如下：

1. 液滴周围热空气的平均热导率 λ

以干燥塔出口处热空气温度 t_2 和液滴温度 t_{dc} 的平均值作为液滴周围热空气的平均温度，空气在该温度时的热导率就是液滴周围热空气的平均热导率。

如前所述，液滴温度等于干燥塔进口处热空气的湿球温度。

2. 恒速干燥阶段的平均温度 $\Delta t'_m$

取干燥塔进口处热空气和料浆之间温差 $\Delta t'_1 = t_1 - t_{di}$ 与临界点处热空气和液滴之间温差 $\Delta t'_2 = t_c - t_{dc}$ 的对数平均值，即

$$\Delta t'_m = \frac{\Delta t'_1 - \Delta t'_2}{2.3\lg \dfrac{\Delta t'_1}{\Delta t'_2}} \tag{4-52}$$

但由于 t_c 一般是未知的，故实际上往往令

$$\Delta t'_2 = t_2 - t_{dc} \tag{4-53}$$

3. 降速干燥阶段的平均温差 $\Delta t''_m$

取为临界点处热空气和液滴之间温差 $\Delta t''_1 = t_c - t_{dc}$ 与干燥塔出口处热空气和固体颗粒之间温差 $\Delta t''_2 = t_2 - t_{d0}$ 的对数平均值，即

$$\Delta t''_m = \frac{\Delta t''_1 - \Delta t''_2}{2.3\lg \dfrac{\Delta t''_1}{\Delta t''_2}} \tag{4-54}$$

由于上述同样的原因，实际上往往取

$$\Delta t''_m = t_2 - t_{dc} \tag{4-55}$$

4. 临界点处液滴的直径 D_c

对于料浆，在恒速干燥阶段中，随着水分的蒸发，液滴体积不断缩小，恒速干燥结束后，液滴已成为含水量较少的颗粒，在此后的降速阶段中，颗粒大小的变化可以忽略不计，因此，往往用干燥产品的直径作为恒速干燥结束时液滴的直径。

干燥产品的平均直径可根据质量平衡求得。

设液滴原始的平均直径为 D_1，密度为 ρ_{di}，绝对含水量为 w_1，干燥产品的平均直径为 D_c，密度为 ρ_{d0}，绝对含水量为 w_2。那么，每一液滴中固体物料的含量为：

$$w_{液} = \frac{1}{6}\pi D_1^3 \rho_{di}\left(\frac{1}{1+w_1}\right)$$

每一干燥产品的颗粒中固体物料的含量为：

$$w_{干} = \frac{1}{6}\pi D_c^3 \rho_{d0}\left(\frac{1}{1+w_2}\right)$$

假设所有液滴均含有相同数量的固体物料，根据质量平衡应有

$$\frac{1}{6}\pi D_1^3 \rho_{di}\left(\frac{1}{1+w_1}\right) = \frac{1}{6}\pi D_c^3 \rho_{d0}\left(\frac{1}{1+w_2}\right)$$

化简后得：

$$D_c = \left[\frac{\rho_{di}(1+w_2)}{\rho_{d0}(1+w_1)}\right]^{1/3} D_1 \tag{4-56}$$

令

$$\psi = \left[\frac{\rho_{di}(1 + w_2)}{\rho_{d0}(1 + w_1)}\right]^{1/3}$$

式（4－56）成为：

$$D_c = \psi D_1 \tag{4-57}$$

5. 临界点上液滴的含水量 w_c

以一个液滴为基准。

原始含水量为：

$$\frac{1}{6}\pi D_1^3 \rho_{di} \frac{w_1}{1 + w_1}$$

在恒速干燥阶段蒸发的水分为：

$$\frac{1}{6}\pi(D_1^3 - D_c^3)\rho = \frac{1}{6}D_1^3\rho(1 - \psi^3)$$

恒速干燥阶段结束时的含水量，即临界点处的含水量为

$$\frac{1}{6}\pi D_1^3 \rho_{di} \frac{w_1}{1 + w_1} - \frac{1}{6}\pi D_1^3 \rho(1 - \psi^3)$$

固体物料的含量为：

$$\frac{1}{6}\pi D_1^3 \rho_{di} \frac{1}{1 + w_1}$$

由此可得在临界点处的绝对含水量：

$$w_c = \frac{\frac{1}{6}\pi D_1^3 \rho_{di} \frac{w_1}{1 + w_1} - \frac{1}{6}\pi D_1^3 \rho(1 - \psi^3)}{\frac{1}{6}\pi D_1^3 \rho_{di} \frac{1}{1 + w_1}}$$

化简后得：

$$w_c = w_1 - \frac{\rho}{\rho_{di}}(1 - \psi^3)(1 + w_1) \tag{4-58}$$

6. 干燥塔进口和出口处热空气的温度

此温度即干燥塔的进气温度和排气温度，可根据具体情况参照实际使用的数据选择，选择的方法在后面叙述。

液滴在恒速干燥阶段，干燥速度是很快的，液滴中大部分水分在很短的时间内就蒸发掉。但是在后来的降速干燥阶段中，干燥速度逐渐降低，需要比较长的时间才能使已成为固体颗粒中含有的百分之几的水分蒸发，使颗粒成为含水量合乎要求的产品。因此，不要过分要求产品有很低的含水量，以免增长干燥时间，特别是用于制备可塑泥料时，只要产品不黏结成团，可以自由流动和便于使用即可。通常产品的含水量为6%～12%，具体数值由工艺决定。

式（4－51）是从单个液滴的蒸发过程出发得到的，同时也没有考虑液滴中固体物料的性质对过程的影响。虽然在许多情况下，式（4－51）的计算值与实际数据还比较接近，但由于实际过程的复杂性，往往干燥所需要的时间比计算值要长，可达10～15s，

而且随料浆的性质和操作温度不同而变化。

五、干燥塔的热效率和进排气温度

干燥塔的热效率等于用于蒸发水分需要的热量与输入塔内热量之比。

如果干燥塔散失于周围的热量以及产品加热需要的热量忽略不计，热效率可近似用下式计算：

$$\eta = \frac{t_1 - t_2}{t_1 - t_0} \tag{4-59}$$

式中　η——干燥塔的热效率；

t_1——进气温度,℃；

t_2——排气温度,℃；

t_0——大气温度,℃。

在实际操作条件下，有

$$t_1 > t_2 > t_0$$

从式（4－59）可知，当排气温度和大气温度一定时，热效率随进气温度的增加而增加，所以，提高进气温度，可得到较高的热效率。不过，进气温度的提高是有一定限度的，首先必须考虑工艺上能允许的物料最高干燥温度，温度过高会影响产品质量，给制品的成形带来困难；其次要考虑设备的使用寿命，温度越高，设备越容易损坏；最后还应考虑热空气的加热费用，超过一定温度后，就可能在经济上变得不合算了。综合各方面的因素，进气温度以不超过500℃为宜。

热空气进入干燥塔后，由于液滴水分蒸发，空气的湿含量不断增加而温度不断降低。与此同时，含有固体物料的液滴，随着水分的蒸发，含水量不断减少，逐渐成为比较干燥的固体颗粒。当物料的含水量减少到某一数值时，如果热空气的状态不改变，则物料的含水量将保持在某一固定数值，不因与热空气接触的时间增长而再发生变化，这一恒定的含水量称为物料在该种热空气状态下的平衡水分。平衡水分表示在一定的排气温度和湿含量下，物料可以干燥的限度。

为了保证产品达到要求的含水量，在并流操作的喷雾干燥中，排气温度一般应控制在70～110℃，相对湿度10%～20%，具体数值随物料性质和产品含水量的多少而定。一般说来，如要求产品的含水量较高，排气温度可低些；反之，如产品的含水量要求低些，排气温度应较高。设计喷雾干燥器时，最好事先通过试验测定不同温度和湿度的热空气中物料的平衡水分，作为确定排气状态时的参考。

在实际生产中，从干燥塔排出的干燥尾气是放空的，尾气中所含的热量不予回收。因此，在工艺条件允许的情况下，应选取尽可能低的排气温度，以减少热损失，提高热效率。

六、单位热耗量和热空气需要量

蒸发单位质量的水分，干燥塔消耗的热量称为单位热耗量，以 q 表示。如 q_w 为用于蒸发单位质量水分需要的热量，那么应有：

$$q = \frac{q_w}{\eta} \tag{4-60}$$

式中 η——干燥塔的热效率，用式（4－59）计算。

q_w用下式计算：

$$q_w = 2490 + 2t_2 \tag{4-61}$$

式中 q_w——用于蒸发单位质量水分需要的热量，kJ/kg；

t_2——干燥塔的排气温度，℃。

由于式（4－59）没有计入干燥塔表面散失的热量和产品加热消耗的热量，故计算值是偏高的，应参照实际使用的数据加以校正。一般说来，设备大则单位热耗量小，设备小则单位热耗量大。目前喷雾干燥器的单位热耗量多数在3350～4180kJ/kg的范围内。

蒸发单位质量水分热空气的需要量l可近似地用下式计算：

$$l = \frac{q}{t_1 - t_0} \tag{4-62}$$

式中 l——蒸发单位质量水分热空气的需要量，kg热空气/kg水分；

q——单位热耗量，kJ/kg；

t_1——干燥塔的进气温度，℃。

t_0——大气的温度，℃。

七、干燥塔的结构尺寸

干燥塔的几何形状基本上是一样的，上部为圆柱形，下部为锥角60°的圆锥形。

塔的外壳由普通钢板制成，内部为耐热和耐腐蚀材料（通常为耐热不锈钢板）制作的内筒，在外壳与内筒之间充以矿渣棉或珍珠岩保温材料。

塔的直径应大于液滴喷炬的最大直径，以防物料粘壁，同时还要使塔内空气流速控制在0.2～0.5m/s（一般为0.3m/s左右）。因此，除了用式（4－32）计算喷炬尺寸、以初步选择塔径外，还要根据热空气流量验算空气流速，最后参考实际使用的数据确定塔的直径。

塔的高度应保证液滴与热空气有足够的接触时间，使之成为含水量合乎要求的产品。

一般假定液滴在塔内的停留时间等于热空气在塔内的平均停留时间。热空气在塔内的平均停留时间为：

$$t = \frac{V}{q_v} \tag{4-63}$$

式中 t——热空气在塔内的平均停留时间，s；

V——塔的有效容积，m^3；

q_v——热空气的流量，m^3/s，以排气状态计算。

热空气在塔内的停留时间应大于液滴干燥需要的时间。根据产品的性质和液滴大小的不同，设计时可取$t=8\sim15s$。

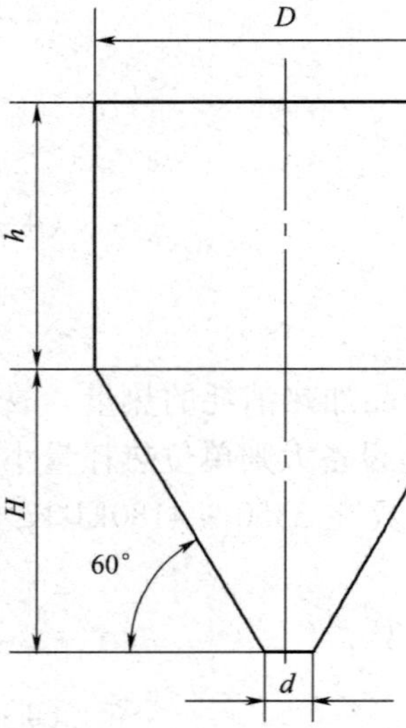

图 4－22　干燥塔体积的计算

如图 4－22 所示，干燥塔圆锥部分的高度：

$$H=\frac{D-d}{2}\tan60° \tag{4-64}$$

或

$$H = 0.866(D - d) \tag{4-65}$$

体积：

$$V_1' = \frac{\pi}{12}H(d^2 + dD + D^2) \tag{4-66}$$

由于排气管一般装在产品出口的上部，热空气并未通过塔的全部容积就已进入排气管，塔的容积没有全部利用，有效容积为：

$$V_1 = \eta_v V_1' \tag{4-67}$$

式中　η_v——干燥塔的体积利用系数，随排气管的装设情况而定，计算时可取 η_v = 0.5 ~ 0.8。

圆柱形部分有效容积：

$$V_2 = V - V_1 \tag{4-68}$$

有效高度：

$$h = \frac{4V_2}{\pi D^2} \tag{4-69}$$

对于采用离心雾化器的干燥塔，圆柱部分的实际高度要适当增大，作为雾化器的安装位置，对于采用压力喷嘴式雾化器的干燥塔，塔的高度应大于喷炬长度，以防物料粘壁。

确定干燥塔容积的大小，比较简单而实用的方法是根据干燥塔中蒸发强度的经验值来计算。所谓蒸发强度，是指干燥塔内单位容积每小时蒸发的水分。干燥塔的蒸发强度随进气温度的增高而增大，其经验值如表 4－3 所示。

表 4－3　干燥塔的蒸发强度

进气温度/℃	蒸发强度/［kg 水/h·m³］
130 ~ 150	2 ~ 4
300 ~ 400	8 ~ 12
500 ~ 700	15 ~ 25

干燥塔的容积：

$$V = \frac{G_w}{A} \tag{4-70}$$

式中　V——干燥塔的容积，m^3；

G_w——蒸发率，kg 水/h；

A——蒸发强度，kg 水/（h·m^3）。

八、热空气分配器

热空气分配器的好坏，会影响设备的操作和产品的质量。在离心喷雾干燥中，根据文献介绍，设计分配器时要注意以下几点：

（1）分配器应向液滴喷炬的根部送入热空气，这样做的好处是：

①温度最高的热空气与含水量最大的液滴相遇，水分急剧蒸发，干燥速度快。

②热气流调节了喷炬的形状和尺寸，使物料迅速转为向下运动，不易发生物料粘壁的现象。

③热空气与物料混合得比较均匀。

（2）热空气要均匀地送入塔内，防止造成涡流。为此在进口处可考虑装设导流板。

（3）热空气最好以轻度旋转进入塔内，这样可减少气流与喷炬相碰撞而产生扰动和造成旋涡，从而减少物料粘在塔顶的现象发生。

（4）热空气不要沿径向或切向送入塔内。

九、排气管的装设形式

排气管的装设形式基本有两种，一种是中心排气，一种是环状排气，如图4－23所示。中心排气的排气管深入锥底，进口处空气中粉料含量高，气流速度也高，故排气中夹带较多的粉尘，但由于排气管的进口向下，位置很低，对塔内空气流动的影响小，塔的容积也能充分利用。环状排气的空气是经过塔底的环形出口进入排气管的，空气流速较低，夹带粉尘较少，但塔的容积利用率较低。究竟选择哪一种形式，应根据产品性质及设置在干燥塔后面的收尘器的能力而定。

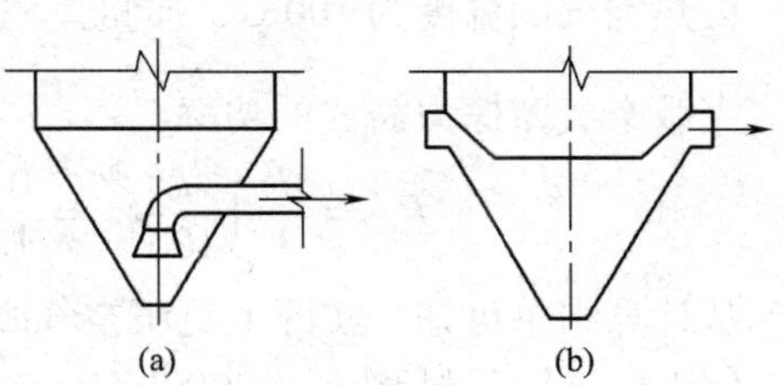

图4－23　排气管装设的基本形式

（a）中心排气　（b）环状排气

十、使　　用

新建成的喷雾干燥器，必须对各部分进行空运转、气密检查和彻底清洗后才能投入使用。

干燥器启动后，要等到热空气达到规定温度时才能送入料浆。从经济性来说，料浆的含水量越小越好，但是含水量小，雾化困难，一般料浆含水量以35%～40%为宜。

设备工作时，应不断观察进、排气温度，记录温度变化情况，及时调节进料量。

进气温度影响干燥器的蒸发率，从经济性来看，进气温度高，效果较好。

排气温度应尽可能低，但排气温度影响产品的含水量，排气温度越低，产品含水量越高。排气温度可用调节进料量的方法予以改变，增加进料量，排气温度降低，反之亦然。

干燥塔内一般应保持100～300Pa的负压，塔内压力的大小可通过阀门调节。

停车前，先改变进料，将进入雾化器中的料浆改为清水，使浆管和雾化器得到清洗。待浆管中的水排尽后，即可关闭雾化器，接着关闭送风风机，然后把干燥塔的门打开，清扫塔内沉积的干粉，当所有产品都取出后，即可关闭排风风机。

【例4－3】　计算离心雾化器的喷炬直径和需要的功率。已知雾化盘直径300mm，转速7000r/min，进料量2500kg/h。

【解】 1. 喷炬直径

用式（4－32）计算离心雾化器的喷炬半径

$$R_{max} = \frac{3.31d^{0.21}G^{0.2}}{n^{0.16}} = \frac{3.31 \times 0.3^{0.21} \times 2500^{0.2}}{7000^{0.16}} = 3(m)$$

喷炬直径 $2R_{max} = 6(m)$

2. 需要的功率

（1）料浆雾化需要的功率

$$P_k = 7.6Gn^2d^2 \times 10^{-10} = 7.6 \times 2500 \times 7000^2 \times 0.3^2 \times 10^{-10} = 8.4(kW)$$

（2）克服空气摩擦力需要的功率

雾化盘的圆周速度

$$u = \frac{\pi n}{60}d = \frac{3.14 \times 7000}{60} \times 0.3 = 110(m/s)$$

设热空气的温度为100℃，质量体积 $V = \frac{1}{0.95} = 1.06(m^3/kg)$

克服空气摩擦力需要的功率

$$P_m = \frac{d^2}{V}\left(\frac{u}{100}\right)^3 = \frac{0.3^2}{1.06} \times \left(\frac{110}{100}\right)^3 = 0.11(kW)$$

从计算结果可知，实际上克服空气摩擦力需要的功率可忽略不计。

【例4－4】 料浆流量3000kg/h、密度1400kg/m³，拟采用雾化压力2MPa，试确定机械雾化器的尺寸、数量及产生液滴的平均直径。

【解】 1. 喷嘴

（1）直径 根据经验数据，喷嘴直径通常在2～3mm以下，设选为 $d = 1.8$mm。

（2）喷孔长度 取喷孔长度

$$l = 0.8d = 0.8 \times 1.8 = 1.44(mm)$$

2. 切向槽和旋流室

（1）切向槽宽度 取切向槽宽度

$$b = d = 1.8(mm)$$

（2）切向槽深度 取切向槽深度

$$h = 3b = 3 \times 1.8 = 5.4(mm)$$

（3）切向槽数目 旋流室直径取为

$$d_0 = 9b = 9 \times 1.8 = 16.2(mm)$$

喷嘴的几何特性参数：为了使雾化角较小，防止物料粘壁，设取 $K = 0.85$。

旋流室中涡流的半径 $r_1 = r_0 - \frac{b}{2} = \frac{16.2}{2} - \frac{1.8}{2} = 7.2(mm)$

切向槽数目：由 $K = \frac{\pi r r_1}{A_1}$，$A_1 = nbh$，可得 $n = \frac{\pi r r_1}{Kbh}$，将已知数代入得

$$n = \frac{3.14 \times 1.8 \times 7.2}{2 \times 0.85 \times 1.8 \times 5.4} = 2.5$$

取 $n = 3$。

（4）重新计算切向槽深度

$$h = \frac{\pi r r_1}{Knb} = \frac{3.14 \times 1.8 \times 7.2}{2 \times 0.85 \times 3 \times 1.8} = 4.4(\mathrm{mm})$$

（5）切向槽长度　取切向槽长度

$$L = 3b = 3 \times 1.8 = 5.4(\mathrm{mm})$$

3. 流量

根据喷嘴几何特性参数 $K = 0.85$，查得流量系数 $\mu = 0.5$，雾化角 $\theta = 63°$。

喷嘴面积：$A = \dfrac{\pi d^2}{4} = \dfrac{3.14 \times 1.8^2 \times 10^{-6}}{4} = 2.5 \times 10^{-6}(\mathrm{m^2})$

流量：

$$Q = \mu A \sqrt{\frac{2\Delta p}{\rho}} = 0.5 \times 2.5 \times 10^{-6} \times \sqrt{\frac{2 \times 2 \times 10^6}{1400}} = 6.7 \times 10^{-5}(\mathrm{m^3/s})$$

4. 雾化器数量

$$N = \frac{\dfrac{3000}{1400}}{6.7 \times 10^{-5} \times 3600} = 9$$

5. 液滴直径

喷嘴出口处料浆的平均轴向速度：

$$u_{\mathrm{a}} = \frac{4Q}{\pi d^2} = \frac{4 \times 6.7 \times 10^{-5}}{3.14 \times 1.8^2 \times 10^{-6}} = 26.3(\mathrm{m/s})$$

切向槽出口处料浆的平均速度：

$$u_{\mathrm{t1}} = \frac{Q}{nbh} = \frac{6.7 \times 10^{-5}}{3 \times 1.8 \times 4.4 \times 10^{-6}} = 2.8(\mathrm{m/s})$$

液滴的平均直径

$$D = 1.126(d + 0.00432)\exp\left(\frac{3.96}{u_{\mathrm{a}}} - 0.0308u_{\mathrm{t1}}\right) \times 10^{-2}$$

$$= 1.126 \times (0.0018 + 0.00432) \times \exp\left(\frac{3.96}{26.3} - 0.0308 \times 2.8\right) \times 10^{-2}$$

$$= 7.3 \times 10^{-5}\ (\mathrm{m}) = 73\ (\mu\mathrm{m})$$

【例4－5】　喷雾干燥器进气温度 $t_1 = 400℃$，实测湿球温度 $t_{\mathrm{dc}} = 60℃$，排气温度 $t_2 = 80℃$。料浆含水量 $w_1' = 45\%$，温度 $t_{\mathrm{di}} = 20℃$，密度 $\rho_{\mathrm{di}} = 1420\mathrm{kg/m^3}$，产品含水量 $w_2' = 8\%$，温度 $t_{\mathrm{d0}} = 70℃$，颗粒的密度 $\rho_{\mathrm{d0}} = 1200\mathrm{kg/m^3}$，计算直径 $D_1 = 300\mu\mathrm{m}$ 的料浆液滴需要的干燥时间。

【解】　1. 恒速干燥时间 τ_1

（1）水在60℃时的汽化潜热可查有关资料得 $r = 2350\mathrm{kJ/kg}$

（2）水的密度取 $\rho = 1000\mathrm{kg/m^3}$

（3）液滴周围热空气的平均热导率 λ

液滴周围热空气的平均温度为：

$$\frac{t_2 + t_{dc}}{2} = \frac{80 + 60}{2} = 70\ (℃)$$

查得空气为70℃时的热导率：

$$\lambda = 2.9 \times 10^{-2}\ W/\ (m \cdot ℃)$$

（4）液滴周围的热空气与液滴之间的平均温度差

$$\Delta t'_1 = t_1 - t_{di} = 400 - 20 = 380\ (℃)$$

$$\Delta t'_2 = t_2 - t_{dc} = 80 - 60 = 20\ (℃)$$

$$\Delta t'_m = \frac{\Delta t'_1 - \Delta t'_2}{2.3\lg\frac{\Delta t'_1}{\Delta t'_2}} = \frac{380 - 20}{2.3\lg\frac{380}{20}} = 122\ (℃)$$

（5）临界点处液滴的直径

$$w_1 = \frac{w_1}{1 - w_1} = \frac{0.45}{1 - 0.45} = 0.818$$

$$w_2 = \frac{w_2}{1 - w_2} = \frac{0.08}{1 - 0.08} = 0.087$$

$$\psi = \left[\frac{\rho_{di}(1 + w_2)}{\rho_{d0}(1 + w_1)}\right]^{1/3} = \left[\frac{1420 \times (1 + 0.087)}{1200 \times (1 + 0.818)}\right]^{1/3} = 0.891$$

$$D_c = \psi D_1 = 0.891 \times 300 = 267(\mu m)$$

恒速干燥时间

$$\tau_1 = \frac{r\rho}{8\lambda\Delta t'_m}(D_1^2 - D_c^2) = \frac{2350 \times 1000 \times 1000}{8 \times 2.9 \times 10^{-2} \times 122} \times (3^2 - 2.67^2) \times 10^{-8}$$
$$= 1.6\ (s)$$

2. 降速干燥时间 τ_2

（1）临界点处液滴的含水量

$$w_c = w_1 - \frac{\rho}{\rho_{di}}(1 - \psi^3)(1 + w_1) = 0.818 - \frac{1000}{1420} \times (1 - 0.891^3) \times (1 + 0.818)$$
$$= 0.444$$

（2）平均温差

$$\Delta t''_m = t_2 - t_{dc} = 80 - 60 = 20\ (℃)$$

降速干燥时间：

$$\tau_2 = \frac{r\rho_{d0}D_c^2(w_c - w_2)}{12\lambda\Delta t''_m} = \frac{2350 \times 1000 \times 1200 \times 2.67^2 \times 10^{-8} \times (0.444 - 0.087)}{12 \times 2.9 \times 10^{-2} \times 20}$$
$$= 10\ (s)$$

液滴需要的干燥时间：

$$\tau = \tau_1 + \tau_2 = 1.6 + 10 = 11.6(s)$$

【例4-6】　按例4-5的数据，如喷炬直径为6m，要求生产能力为 $G_s = 1100$kg 绝干粉料/h，计算干燥器的热效率、单位热耗量、热空气需要量以及干燥器的规格。

【解】　1. 热效率

干燥器的热效率用式（4-59）计算，一般令 $t_0 = t_{di}$，从而有：

$$\eta = \frac{t_1 - t_2}{t_1 - t_0} = \frac{400 - 80}{400 - 20} = 0.84$$

考虑干燥器表面散热和加热产品需要的热量，设取实际热效率比计算值低 20%，实际热效率：

$$\eta' = 0.8 \times 0.84 = 0.67$$

2. 单位热耗量

单位热耗量用式（4－60）计算，式中热效率应取为实际效率。

蒸发单位质量水分需要的热量：

$$q_v = 2490 + 2t_2 = 2490 + 2 \times 80 = 2650 \text{（kJ/kg 水）}$$

单位热耗量：

$$q = \frac{q_v}{\eta'} = \frac{2650}{0.67} = 3955 \text{（kJ/kg 水）}$$

3. 热空气需要量

蒸发单位质量水分的热空气需要量：

$$l = \frac{q}{t_1 - t_0} = \frac{3955}{400 - 20} = 10.4 \text{（kg 热空气/kg 水）}$$

为满足生产能力的要求，干燥器的蒸发率：

$$G_w = G_s(w_1 - w_2) = 1100 \times (0.818 - 0.087) = 804 \text{（kg 水/h）}$$

需要的热空气量：

$$L = lG_w = 10.4 \times 804 = 8362 \text{（kg 热空气/h）}$$

4. 干燥塔的几何尺寸

（1）直径　根据塔的直径应大于或等于液滴喷炬的原则，并参考实际使用的数据，取塔的直径 $D = 6\text{m}$，验算塔内热空气流速。

在排气状态下，热空气的密度：

$$\rho_{a0} = 1.293 \times \frac{273}{273 + 80} = 1 \text{（kg/m}^3\text{）}$$

热空气流量：

$$Q = \frac{L}{\rho_{a0}} = \frac{8362}{1} = 8362 \text{（m}^3\text{/h）}$$

塔内热空气平均流速

$$v = \frac{4Q}{\pi D^2} = \frac{4 \times 8362}{3.14 \times 6^2 \times 3600} = 0.08 \text{（m/s）}$$

塔内热空气流速较小，意味着塔内的传热和传质速度比较低，应适当延长液滴在塔内停留的时间。

（2）高度　根据例 4－5 的数据，液滴干燥时间 $\tau = 11.6\text{s}$，考虑到塔内热空气流速小，选取热空气在塔内平均停留时间 $t = 20\text{s}$。

塔的有效容积：

$$V = Qt = \frac{8362}{3600} \times 20 = 46 \text{（m}^3\text{）}$$

设粉料出口直径 $d=0.3\text{m}$，塔的圆锥部分尺寸为：

高度　$H=0.866(D-d)=0.866\times(6-0.3)=4.9(\text{m})$

取　$H=5\text{m}$

容积　$V_1'=\frac{\pi}{12}H(d^2+dD+D^2)=\frac{3.14}{12}\times5\times(0.3^2+0.3\times6+6^2)=50(\text{m}^3)$

取容积利用系数 $\eta_v=0.6$ 得：

$$V_1=0.6\times50=30(\text{m}^3)$$

圆柱部分容积：

$$V_2=V-V_1=46-30=16(\text{m}^3)$$

高度：

$$h=\frac{4V_2}{\pi D^2}=\frac{4\times16}{3.14\times6^2}=0.6(\text{m})$$

取 $h=1.5\text{m}$。

实际容积：$V_2'=\frac{3.14\times6^2}{4}\times1.5=42(\text{m}^3)$

干燥塔的总容积：

$$V'=V_1'+V_2'=50+42=92(\text{m}^3)$$

根据干燥塔蒸发强度的经验值计算：

设取蒸发强度 $A=10\text{kg}$ 水/（$\text{h}\cdot\text{m}^3$），塔的容积：

$$V=\frac{G_w}{A}=\frac{804}{10}\approx80(\text{m}^3)$$

由此可知，用不同方法计算，结果还是比较接近的。

思考题及习题

1. 什么叫做脱水？陶瓷工业常用的脱水方法有哪几种？其优缺点是什么？

2. 什么叫做过滤、过滤介质、滤液、滤饼、滤浆、滤布、过滤速度、恒压过滤和恒速过滤？

3. 怎样测定过滤系数？试编制测定过滤系数的实验说明书（包括测定原理、实验装置、实验步骤和实验报告的内容等）。

4. 厢式压滤机主要由哪几部分组成？其作用原理怎样？为什么要求用两阶段操作法？

5. 已知一厢式压滤机的滤板为圆形，滤板中间凹入的直径为760mm，凸缘上橡胶垫圈的内径为760mm，宽30mm。压紧装置工作油缸的直径为150mm。按过滤压力1200kPa计算，分别计算采用半自动压紧装置和自动压紧装置时各自的油压应为多少？

6. 为了缩短压滤机的过滤时间，提高产量，一般可采用哪些方法？

7. 过滤压力与滤饼的含水量有什么关系？

8. 压滤机的液压压紧装置一般有哪几种？它们各自有什么特点？

9. 喷雾干燥器由哪几部分组成？其作用原理怎样？

10. 雾化器有哪几种？其优缺点是什么？分别适用于什么场合？目前国内使用较多的是哪一种雾化器？

11. 离心雾化器的液滴直径与什么因素有关？其关系如何？

12. 直径 320mm 的离心雾化器，以转速 6000r/min 运转，计算给料量为 3000kg/h 的喷炬直径和所需功率。

13. 机械雾化器（压力喷嘴）雾化的液滴直径与什么因素有关？其关系如何？

14. 机械雾化器各部分的尺寸对其性能有什么影响？如何选择雾化器各部分的尺寸？

15. 喷嘴直径为 1.5mm 的机械雾化器，雾化压强为 200kPa，料浆密度为 1400 kg/m^3,求雾化器的流量、液滴直径和雾化器各部分的尺寸。

16. 在不同的干燥阶段，料浆液滴的直径、温度和干燥速度有什么不同？

17. 喷雾干燥器进气温度 $t_1 = 500℃$，实测湿球温度 $t_{dc} = 70℃$，排气温度 $t_2 = 90℃$，料浆含水量 $w_1 = 50\%$，温度 $t_{ai} = 20℃$，密度1440kg/m^3，产品（粉料）含水量$w_2 = 7\%$，颗粒的密度 $\rho_{d0} = 1200kg/m^3$，温度 $t_{d0} = 70℃$，计算直径 $D_1 = 500\mu m$ 的料浆液滴需要的干燥时间。

18. 按题 17 的数据，使用第 15 题的机械雾化器，要求生产能力为 2000kg 绝干粉料/h,计算喷雾干燥器的单位热耗量、热效率、热空气需要量、耗油量（油的热值取 10000kcal/kg)、雾化器数目以及干燥器规格。

第五章　磁选设备

第一节　概　论

在陶瓷材料的运输和粉碎过程中，由于机械设备的磨损，往往会混入若干细的铁粉或其化合物，同时原料本身通常也混有一些含铁矿物，这些含铁杂质经高温焙烧后，一般呈现黄色，这就降低了制品的白度和透光度，特别是比较粗的颗粒，烧后往往成为从褐色到黑色的斑点，严重影响制品的外观质量，对电陶瓷来说还会降低电气性能。因此，把原料中含铁杂质除去对陶瓷生产来说有重要意义。

陶瓷原料的除铁多采用磁选技术。磁选是基于待选物料磁性差异来实现分离的一种分选方法。磁选在选矿领域占有重要位置，是铁矿石的主要选别方法，是多数弱磁性矿石的选别和除铁工艺的重要环节。

依据磁选过程的不同，磁选可分为吸出法和吸留法。吸出法是物料流距磁选机磁场一定距离，料流经过磁场时，磁性较强的矿物在磁力作用下向磁极偏移并吸附在分选面上，而与含有非磁性和磁性更弱的料流分离；吸留法是物料最初就给在离磁极较近的分选面上，磁性较强的矿物被磁极吸住，其余物料在其他作用力下被抛离分选面。

用吸向磁极的方法回收磁性颗粒，称为正选；由磁极排斥开的，称为反选。磁选过程在空气或液体中实现的分别称为干选或湿选。

磁选工艺的确定主要取决于物料组成的磁性及其差异度。从物理学角度，物质按磁性可分为五种：逆磁质、顺磁质、反铁磁质、铁磁质和亚铁磁质。在实践上，不能用磁选法回收逆磁性矿物和磁化率很低的顺磁性矿物，天然矿物和物料不存在铁磁性的。因此，将其分为强磁性、弱磁性和非磁性矿物。坯釉料的主体为非磁性物料，其有害的着色成分以弱磁性和强磁性物质为主。部分矿物的比磁化系数见表 5－1。

陶瓷生产中的除铁主要是针对坯料和釉料中的游离机械铁、氧化铁以及氧化钛等着色成分。基本工艺是原料在粉碎后化浆或进行湿法细磨，并达到相应的粒度要求后进行除铁。坯料的除铁特点是处理量大，其要求由产品白度和原料质量确定，原料较好，产品白度要求较低时，采用除铁槽、永磁棒、永磁板等方式进行除铁。釉料除铁的特点是要求非常高，对氧化铁、氧化钛含量严格控制，需要在高强度和高梯度的磁场中缓慢流动以达到相应的工艺要求。

从应用的情况看，陶瓷生产中的除铁工艺以湿法为主，多数采用电磁除铁机、永磁棒和永磁板等传统工艺，但是永磁高梯度除铁机具有磁场强度和梯度高、处理量大、耗电低、使用寿命长等优势，随着技术的成熟逐渐成为主流。

表 5-1　　部分矿物的比磁化系数

磁性材料种类	化学式和矿物名		比磁化系数/（$\times10^{-7}m^3/kg$）
强磁性 比磁化系数 $>380\times10^{-7}m^3/kg$	Fe_3O_4	磁铁矿	6300～12000
	$\gamma-Fe_2O_3$	磁赤铁矿	5000～6000
	Fe（Fe^{3+}，Ti）$_2O_4$	钛磁铁矿	3000～4000
	$Fe_{1-x}S$（$x=0\sim0.2$）	雌黄铁矿	63～570
弱磁性 比磁化系数 $>1.26\times10^{-7}m^3/kg$	Fe_2O_3	假象赤铁矿	70～90
	$\alpha-Fe_2O_3$	赤铁矿	20～30
	$Fe_2O_3\cdot nH_2O$	褐铁矿	2～8
	$FeCO_3$	菱铁矿	6～7
	TiO_3	钛铁矿	14～34
非磁性 比磁化系数 $<1.26\times10^{-7}m^3/kg$	SiO_2	石英	-0.025
	(Na，K，Ca)$AlSiO_3O_8$	长石	0.630

注：比磁化系数是体积磁化率与本身密度的比值。

第二节　磁系设计

一、微粒在磁场中的磁力作用

从物理学中知道，把一个磁化率为χ的微小颗粒放入磁场强度为H的均匀磁场中，颗粒在磁场作用下受到磁化而成为一个小磁铁，如图 5-1 所示。磁铁的磁化强度为：

$$M=\chi H \tag{5-1}$$

或

$$m=\chi H\frac{V}{l} \tag{5-2}$$

式中　M——磁化强度；
χ——磁化率；
H——磁场强度；
m——磁量；
V——颗粒的体积；
l——颗粒成为小磁铁后，小磁铁两极之间的距离。

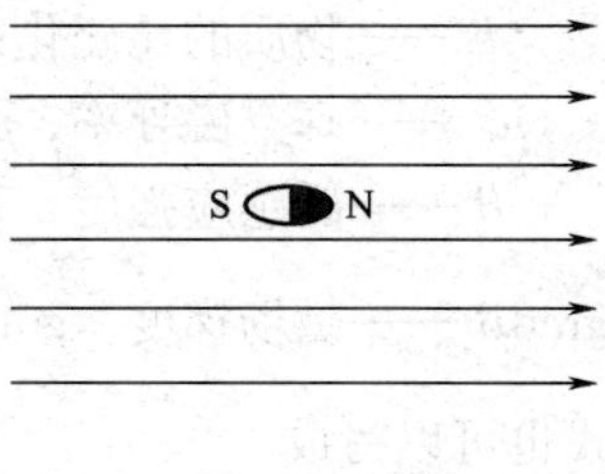

图 5-1　磁性颗粒的磁化

在均匀磁场中，由于颗粒两极所受磁场的引力和斥力大小相等、方向相反，故只受力偶作用产生转动，当颗粒的磁极方向转至与磁场方向一致时，力偶等于零，转动也就停止，颗粒不能被任何一个磁极所吸引；如果把颗粒放在不均匀磁场中，情况就不相同，如图 5－2 所示。当颗粒的磁极方向转至与磁场方向一致后，磁场作用于颗粒的磁力：

$$F = m\left(B + \frac{dB}{dn}l\right) - mB = ml\frac{dB}{dn}$$

式中 B ——磁感应强度；

dn ——单位磁化颗粒。

$$B = \mu H \tag{5-3}$$

式中 μ ——颗粒所在的流动介质的磁导率。

对于磁选机，颗粒常常是在水或空气中进行磁选的，水或空气的相对磁导率近似等于1，故近似有

$$\mu \approx \mu_0 \tag{5-4}$$

式中 μ_0 ——真空磁导率。

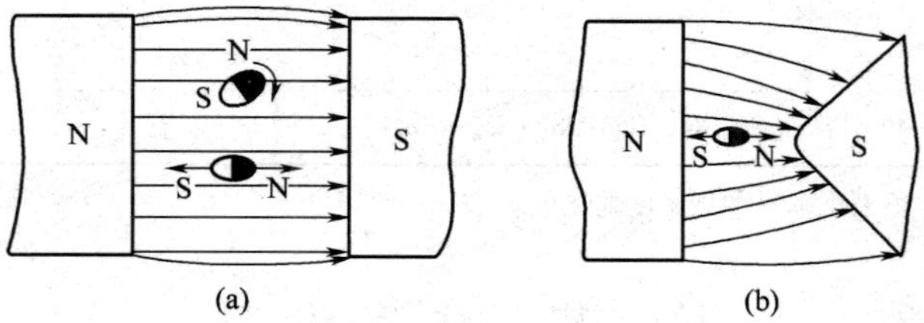

图 5－2　作用在磁性颗粒上的磁力

（a）均匀磁场　（b）非均匀磁场

由于颗粒很小，在其体积所占空间的范围内，磁场强度的变化不会是很大的，在实际计算中，通常认为可近似地用式（5－2）计算颗粒的磁量，从而可得：

$$F = \chi VH\frac{dB}{dn}$$

作用于单位质量颗粒上的磁力 f 称为比磁力，

$$f = kH\frac{dB}{dn}$$

或

$$f = \frac{k}{\mu_0}B\mathrm{grad}B \tag{5-5}$$

式中 f ——比磁力，N/kg；

k ——物质的比磁化系数，m^3/kg；

μ_0 ——真空磁导率，$\mu_0 = 4\pi \times 10^{-7}$，H/m；

B ——磁感应强度，T；

$\mathrm{grad}B$ ——磁场梯度，$\mathrm{grad}B = \frac{dB}{dn}$，T/m。

上式也可以写成

$$f = \mu_0 kH\mathrm{grad}H \tag{5-6}$$

式中 H——磁场强度，A/ m。

其余符号的意义同前。

物质的比磁化系数：

$$k = \frac{\chi}{\rho}$$

式中 ρ——物质的密度。

由式（5－5）或式（5－6）可知，要使磁选过程能有效地进行，必须具备以下的基本条件：

（1）有磁场存在 作用于磁性颗粒上的磁力与磁感应（或磁场）强度的大小有关，磁感应（或磁场）强度越大，磁性颗粒越容易选出，分选效果越好。要得到高的磁感应强度，目前主要从两方面进行研究：一方面是研究性能优良的永磁材料，例如稀土永磁材料；另一方面是研究利用超导现象制造电磁铁，例如用超导铌锡合金丝绕制的螺旋管，磁感应强度可做到10T。现在磁选机上使用的永磁材料一般是锶铁氧体，国内的永磁磁选机磁感应强度已达到2.5T。使用电磁铁的磁选机，目前是用加强励磁线圈冷却的方法，以提高电流密度，同时采用高磁导率的材料制造铁芯和铁轭，以减少磁路的磁阻。现在国内的电磁磁选机磁感应强度已达2T左右。

（2）应该是不均匀的磁场 对于均匀磁场，磁场梯度为零，不能分选磁性物料，因此，必须增大磁场的不均匀性。通常在磁极和磁路中磁导介质的锐棱尖角处，会形成磁力线的局部集中，使磁场变得不均匀，磁场梯度增大，这对磁选操作是有利的。

（3）被分选的物料应有一定的磁性 过去的磁选设备，磁感应强度较小，为0.09～0.16T，只能分选强磁性物料。近十多年来，随着工业技术的进步和生产上的需要，不断出现强磁场的磁选设备，磁感应强度可高达2.5T，这些设备可分选出比磁化系数大于$0.2\times10^{-6}m^3/kg$的弱磁性物料。

磁铁的整体及其空气隙统称为磁系。磁系按其构造不同分为开放式和闭合式两种（图5－3）。闭合式磁系虽然结构稍为复杂，但由于磁阻小，在使用上比开放式磁系经济，所以越来越得到广泛的应用。

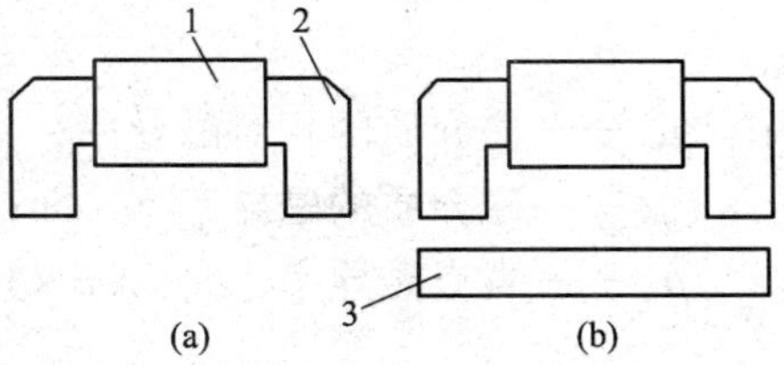

图5－3 磁系

（a）开放式 （b）闭合式

1—线圈 2—铁心 3—磁轭

由电磁和永磁产生的磁场又相应地分为电磁系和永磁系。下面分别介绍它们的设计计算方法。

二、电磁系设计计算

磁系的磁路计算，可应用磁路的基尔霍夫定律和磁路的欧姆定律。

从电工学可知，有电流通过的闭合路径或回路称为电路。与电路相似，有磁通通过的闭合路径称为磁路。磁路不仅与电路有密切关系，而且两者十分相似。磁路的欧姆定律表示为：

$$\Phi = \frac{F}{R_m} \tag{5-7}$$

式中 Φ——磁通量，Wb；

F——磁通（动）势，A；

R_m——磁阻，1/H。

磁通势：

$$F = NI \tag{5-8}$$

式中 I——通过励磁线圈的电流，A；

N——线圈匝数。

磁阻：

$$R_m = \frac{l}{\mu S} \tag{5-9}$$

式中 l——磁路的长度，m；

S——磁路的断面面积，m^2；

μ——磁路材料的磁导率，H/m。

磁阻的倒数称为磁导，以 Λ_m 表示：

$$\Lambda_m = \frac{1}{R_m} \tag{5-10}$$

构成磁路的物质称为磁介质。磁介质的磁导率与真空磁导率之比称为磁介质的相对磁导率，以公式表示：

$$\mu_r = \frac{\mu}{\mu_0} \tag{5-11}$$

式中 μ_r——磁介质的相对磁导率；

μ——磁介质的磁导率，H/m；

μ_0——真空磁导率，$\mu_0 = 4\pi \times 10^{-7}$，H/m。

或

$$\mu = \mu_r \mu_0 \tag{5-11A}$$

相对磁导率表示磁介质对磁场的影响，是一个无因次数。对于真空，$\mu = \mu_0$，$\mu_r = 1$；对于空气，$\mu \approx \mu_0$，μ_r 近似等于 1。

一些材料的相对磁导率见表 5-2。

表 5-2　　一些材料的磁性能

材料	B_{max}/T	μ_{rmax}	材料	B_{max}/T	μ_{rmax}
铸铁	1.64	240	纯铁	2.15	200000
铸钢	2.14	4000	硅钢	1.95	8000

图 5-4 为这些材料的磁化曲线。

实际上在很多场合下，磁路是由不同材料、不同长度和不同断面的几段磁路路段组成的。这些路段有串联的，也有并联的。磁路与电路相似，磁路串联的磁阻：

$$R_m = R_{m1} + R_{m2} + \cdots \tag{5-12}$$

并联的磁阻：

$$\frac{1}{R_m} = \frac{1}{R_{m1}} + \frac{1}{R_{m2}} + \cdots \quad (5-13)$$

或用磁导表示为：

$$\Lambda_m = \Lambda_{m1} + \Lambda_{m2} + \cdots \quad (5-14)$$

从式（5－7）可知，当磁通势一定时，磁路的磁阻越大，磁通量就越小；反之，磁阻越小，磁通量就越大。

尽管磁路与电路有许多相似之处，但在物理本质上两者是不同的。

（1）在电路中，电动势等于零时，电流等于零。在磁路中，即使磁通势等于零，但由于剩磁的存在，磁路中的磁通量不等于零。

（2）在电路中，即使电动势不等于零，但在开路时，电流等于零。磁路则没有开路的运行状态。磁通势一经建立，必然在磁路中产生一定的磁通量。

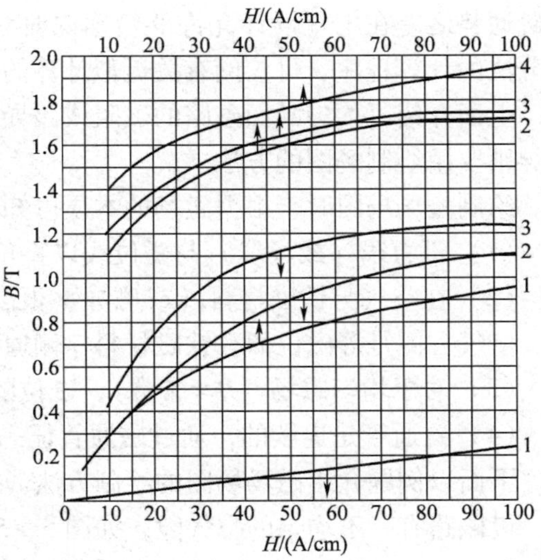

图 5－4 磁化曲线

↑—磁化过程 ↓—退磁过程

1—铸铁 2—铸钢 3—硅钢片 4—工业纯铁

（3）电路中有电流通过时，必然导致电能的损失，电功率：

$$P = I^2 R$$

但是磁路的对应项 $\Phi^2 R_m$ 并不表示功率，磁通量的维持不需要消耗能量。

磁感应强度：

$$B = \frac{\Phi}{S} \quad (5-15)$$

磁路计算在大多数情况下是已知磁路的几何尺寸以及材料，根据需要的磁感应强度，求磁通势。也有相反的情况，知道磁通势求磁感应强度。

由于用做磁路材料的磁介质的磁化曲线是非线性的，磁导率不是常数，因此不能直接用式（5－9）计算磁阻，而要按下列步骤进行。

（1）根据需要的磁感应强度 B，用式（5－15）计算磁路的磁通量 Φ。

（2）将磁路分成若干段具有相同材料和断面尺寸的路段。

（3）作出磁路的中心线，计算各路段的断面面积 S_1、S_2……和长度 l_1、l_2……。

（4）根据磁路的磁通量，计算各路段的磁感应强度 B_1、B_2……。

（5）从材料的磁化曲线上，根据各路段的磁感应强度 B_1、B_2……，查出相应的磁场强度 H_1、H_2……。

（6）根据安培环路定律，计算磁路的磁通势：

$$F = H_1 l_1 + H_2 l_2 + \cdots \quad (5-16)$$

已知磁通势求磁感应强度时，不能直接计算，而要用二分法。二分法是首先假设一个磁通量值，按上述步骤求出一个磁通势，与已知的磁通势比较。根据比较结果（计算值是大于还是小于已知值）再作第二次的假设。这样反复计算下去，直至计算结果与已知磁通势之差在工程设计允许的精确内时为止。最后用式（5－15）计算磁感应强度。二分法的计算程序，可参阅有关近似计算的书籍，这里不再赘述。

上面介绍了均匀断面磁路的磁阻或磁导的计算。对于断面不均匀的磁路，其磁阻或磁导则要用绘制场图的方法求解。

绘制磁场场图时，根据磁场的本质可知：

（1）磁力线（或场线）与磁位线以直角相交。

（2）在空气与铁磁材料（或磁导率很高的材料）的边界面上，磁力线与边界面垂直；空气一侧是等磁位面，铁磁材料一侧通常不是等磁位面。

（3）对于均匀磁场（B＝常数），磁位随距离作线性变化。

（4）磁通管是连续的，通过磁通管任一断面的磁通量是常数。

下面以例题介绍磁场场图的绘制方法。

设磁路有一不均匀的空气隙，如图5－5所示。磁极宽度 b 为一个单位（对于国际单位制，b＝1m），不计磁场的边缘效应。这样，所有与纸面平行的断面，磁场的分布情况都是相同的。

绘制磁场场图的第一步是作出等磁位面。如前所述，两磁极表面的空气一侧为等磁位面，以下面磁极为零磁位，上面磁极的磁位为 U_m，如图5－6所示。图中 a 点左边和 b 点右边的磁场是均匀的，磁位随距离作线性变化，相差相同磁位（本例题为 $U_m/6$）的等位面之间，其距离是相等的。在 a、b 之间，等磁位面的间隔作过渡变化。这些过渡的等磁位面可用试凑法绘出，如图5－6所示。

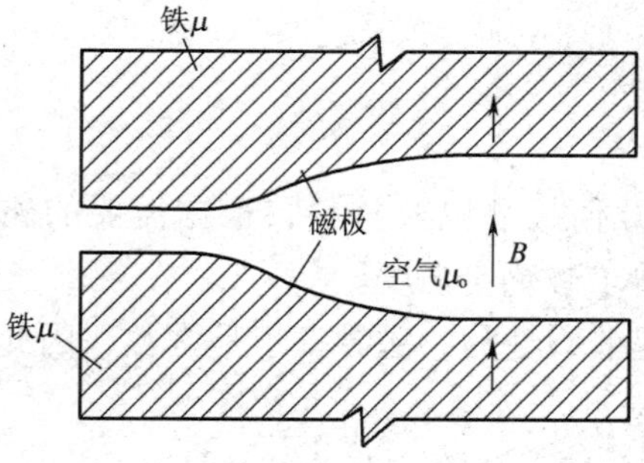

图5－5　磁路中不均匀的空气隙

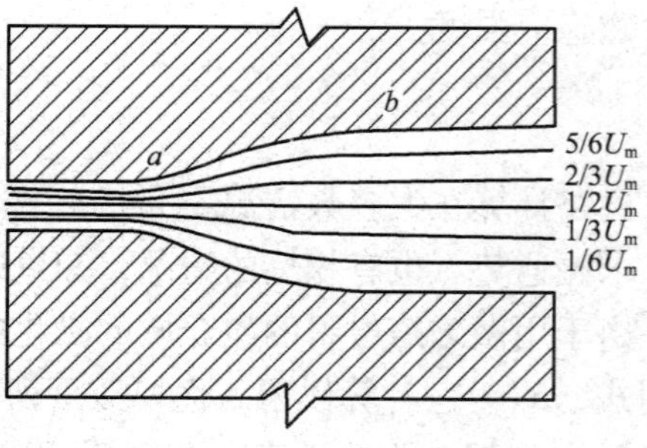

图5－6　空气隙中的等磁面

第二步是在左边的均匀磁场中作出磁力线，磁力线从一个磁极表面出发至另一个磁极表面，磁力线的距离与等磁位线的距离相等。这样，就把均匀磁场分割成许多正方形，每一正方形的宽度为一个单位，相邻磁力线所限定的区域为一个矩形通量管。接着在 a、b 之间作磁力线，作图时尽可能使磁力线与等磁位线相交处互相垂直，并使构成的图形尽可能近似为正方形，经过两三次试凑和修改后，就能够把 a、b 之间的区域分割成许多曲边正方形。最后作出右边均匀磁场中的磁力线，如图5－7所示。这些正方形和曲边正方形称为磁场的场元。场元的两侧为通量管的管壁，上下底面为等磁位面，磁场和管壁平行而垂直于等磁位面。

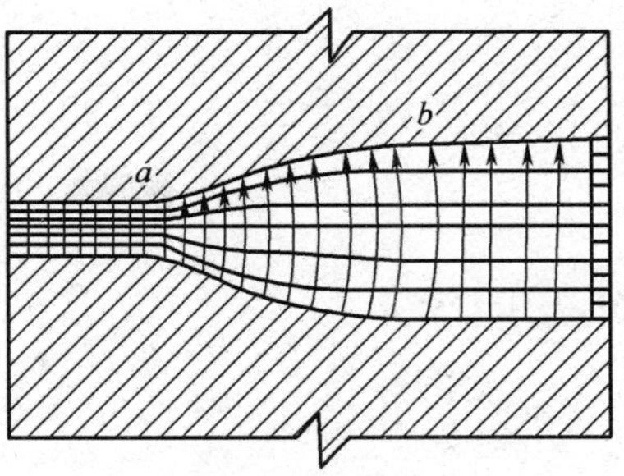

图 5-7 磁场的场元

由式（5-9）、式（5-10）可知，场元两等磁位面之间的磁导：

$$\Lambda_{m0}=\frac{1}{R_{m0}}=\frac{\mu S}{l}=\frac{\mu lb}{l}=\mu b$$

单位宽度（$b=1$m）场元的磁导：

$$\Lambda_{m0}=\mu$$

由此可知，单位宽度场元的磁导相等，与场元的大小宽度无关，且等于介质的磁导率。

由于将磁场分割成场元时对场元的大小没有限定，因此，将任意一个场元继续分割成许多边界面积更小的场元，这些更小的场元单位宽度的磁导也等于μ。

通过相同磁通量的场元称为同类场元，同类场元的磁位差相等。

在磁场的分割中，除了分割出大量的同类场元外，一般在磁场的边缘处还有剩余通量管，还应将剩余通量管分割为更小的场元，这些更小的场元为另一类的同类场元，如图 5-7 所示。剩余通量管由 9 个串联场元和 4 个更小的场元并联后再串联所组成，或者换句话说，由 $9\frac{1}{4}$个串联场元组成。

磁场中每一通量管是由 n 个（例题 $n=6$）场元串联组成的，通量管的磁导：

$$\Lambda_{m1}=\frac{\mu}{n}$$

剩余通量管由 $9\frac{1}{4}$个场元串联组成，剩余通量管的磁导：

$$\Lambda_{m2}=\frac{\mu}{9\frac{1}{4}}$$

磁场由 m 个（例题 $m=34$）通量管和一个剩余通量管并联而成，总磁导、也就是不均匀空气隙的磁导：

$$\Lambda_{m}=m\Lambda_{m1}+\Lambda_{m2}=\frac{m}{n}\mu+\frac{\mu}{9\frac{1}{4}}$$

$$=\left(\frac{m}{n}+\frac{1}{9\frac{1}{4}}\right)\mu=\left(\frac{34}{6}+\frac{1}{9\frac{1}{4}}\right)\mu=5.77\mu$$

下面讨论在空气隙中加入钢毛作为磁介质后对磁场的影响。

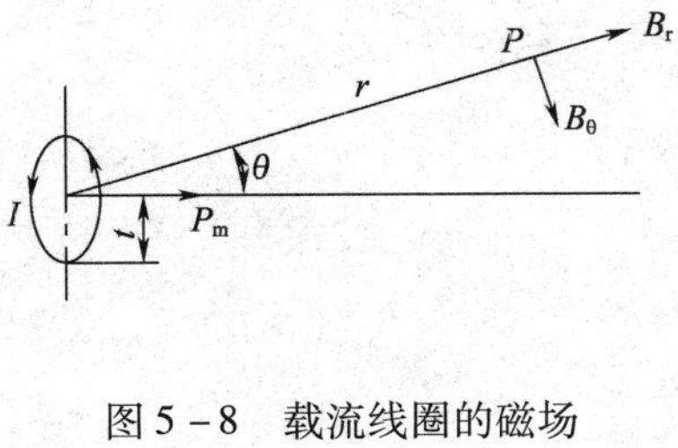

图 5-8 载流线圈的磁场

如图 5-8 所示，半径为 t 的截流圆形线圈通过的电流为 I，线圈在距离圆心为 r、幅角为 θ 处产生的磁感应强度在 r 和 θ 方向上的分量，应用毕奥-萨伐尔（Biot-Savart）定律，当 $r\gg t$ 时近似有：

$$\left.\begin{aligned} B_r &= \frac{\mu_0 I t^2 \cos\theta}{2r^3} \\ B_\theta &= \frac{\mu_0 I t^2 \sin\theta}{4r^3} \end{aligned}\right\} \tag{5-17}$$

以磁矩表示：

$$\left.\begin{aligned} B_r &= \frac{\mu_0 P_m \cos\theta}{2\pi r^3} \\ B_\theta &= \frac{\mu_0 P_m \sin\theta}{4\pi r^3} \end{aligned}\right\} \tag{5-17A}$$

载流线圈的磁矩：

$$P_m = \pi t^2 I \tag{5-18}$$

长为 l 的钢毛在磁场中磁化后成为磁铁，磁化强度为 M，如图 5－9 所示。钢毛在空气隙中任意 P 处产生的磁感应强度可推证如下：

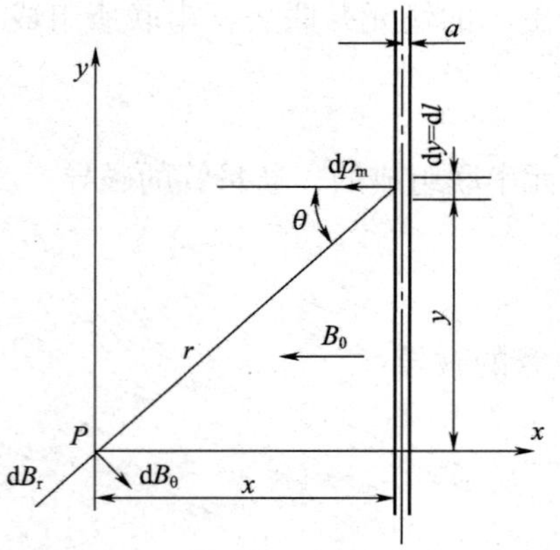

图 5－9　钢毛的磁场

取长为 $\mathrm{d}l$ 的一段钢毛，其磁矩：

$$\mathrm{d}p_m = M\mathrm{d}V$$

或

$$\mathrm{d}P_m = M\pi a^2 \mathrm{d}l$$

式中　a——钢毛半径。

钢毛在 P 点处产生的磁感应强度应用上面的载流线圈公式［式（5－17A）］，有

$$\mathrm{d}B_r = \frac{\mu_0 \mathrm{d}P_m \cos\theta}{2\pi r^3}$$

$$\mathrm{d}B_\theta = \frac{\mu_0 \mathrm{d}P_m \sin\theta}{4\pi r^3}$$

或

$$\mathrm{d}B_r = \frac{\mu_0 M a^2 \cos\theta}{2r^3}\mathrm{d}l$$

$$\mathrm{d}B_\theta = \frac{\mu_0 M a^2 \sin\theta}{4r^3}\mathrm{d}l$$

由图 5－9 可知：

$$x = r\cos\theta \qquad y = x\tan\theta$$

从而有：

$$r = \frac{x}{\cos\theta}$$

$$\mathrm{d}l = \mathrm{d}y = \frac{x}{\cos^2\theta}\mathrm{d}\theta$$

代入后得：

$$\mathrm{d}B_r = \frac{\mu_0 M a^2 \cos^2\theta}{2x^2}\mathrm{d}\theta$$

$$dB_\theta = \frac{\mu_0 Ma^2}{4x^2}\cos\theta\sin\theta d\theta$$

磁感应强度在 x 方向的分量：

$$dB_x = dB_{rx} + dB_{\theta x}$$

$$dB_{rx} = dB_r\cos\theta = \frac{\mu_0 Ma^2}{2x^2}\cos^3\theta d\theta$$

$$dB_{\theta x} = -dB_\theta\sin\theta = -\frac{\mu_0 Ma^2}{4x^2}\sin^2\theta\cos\theta d\theta$$

从而有：

$$dB_x = \frac{\mu_0 Ma^2}{4x^2}(2\cos^3\theta - \sin^2\theta\cos\theta)d\theta$$

$$= \frac{\mu_0 Ma^2}{4x^2}(3\cos^3\theta - \cos\theta)d\theta$$

钢毛在 P 点产生的磁感应强度在 x 方向的分量：

$$B_m = \int_{\theta_1}^{\theta_2} dB_x = \int_{\theta_1}^{\theta_2}\frac{\mu_0 Ma^2}{4x^2}(3\cos^3\theta - \cos\theta)d\theta$$

下面根据不同情况确定积分的上下限。

（1）钢毛长度很长，$l \gg x$，积分的上下限近似为$\frac{\pi}{2}$和$-\frac{\pi}{2}$

$$B_m = \int_{-\frac{\pi}{2}}^{\frac{\pi}{2}}\frac{\mu_0 Ma^2}{4x^2}(3\cos^3\theta - \cos\theta)d\theta = \frac{\mu_0 Ma^2}{4x^2}\left|2\sin\theta - \sin^3\theta\right|_{-\frac{\pi}{2}}^{\frac{\pi}{2}}$$

$$= \frac{\mu_0 Ma^2}{2x^2}$$

即

$$B_m = \frac{\mu_0 Ma^2}{2x^2} \tag{5-19}$$

以式（5-1）、式（5-3）代入上式：

$$B_m = \frac{\chi_m B_0 a^2}{2x^2} \tag{5-19A}$$

磁感应强度的梯度为：

$$\frac{dB_m}{dx} = -\frac{\mu_0 Ma^2}{x^3} \tag{5-20}$$

或

$$\frac{dB_m}{dx} = -\frac{\chi_m B_0 a^2}{x^3} \tag{5-20A}$$

设空气隙的背景磁场为均匀磁场，则 P 点的磁感应强度：

$$B = B_0 + B_m$$

以式（5-19）代入得：

$$B = B_0 + \frac{\mu_0 M a^2}{2x^2} \tag{5-21}$$

或

$$B = B_0 \left(1 + \frac{\chi_m a^2}{2x^2}\right) \tag{5-21A}$$

$$\frac{dB}{dx} = \frac{dB_m}{dx} = -\frac{\mu_0 M a^2}{x^3} = -\frac{\chi_m B_0 a^2}{x^3}$$

在钢毛表面，$x = a$ 有：

$$B = B_0 + \frac{\mu_0 M}{2}$$

或

$$B = B_0 \left(1 + \frac{\chi_m}{2}\right)$$

$$\frac{dB}{dx} = -\frac{\mu_0 M}{a}$$

或

$$\frac{dB}{dx} = -\frac{\chi_m B_0}{a}$$

在钢毛表面直径为 δ 的粒子中心：

$$B = B_0 + \frac{\mu_0 M}{2\left(1 + \frac{\delta}{2a}\right)^2}$$

或

$$B = B_0 \left[1 + \frac{\chi_m}{2\left(1 + \frac{\delta}{2a}\right)^2}\right]$$

$$\frac{dB}{dx} = -\frac{\mu_0 M}{a\left(1 + \frac{\delta}{2a}\right)^3}$$

或

$$\frac{dB}{dx} = -\frac{\chi_m B_0}{a\left(1 + \frac{\delta}{2a}\right)^3}$$

（2）对于长度较短的钢毛，假设积分的上下限分别为$\frac{\pi}{6}$和$-\frac{\pi}{6}$，积分后得：

$$B_m = \frac{0.4375 \mu_0 M a^2}{x^2} \tag{5-22}$$

或

$$B_m = \frac{0.4375 \chi_m B_0 a^2}{x^2} \tag{5-22A}$$

$$\frac{\mathrm{d}B_m}{\mathrm{d}x} = -\frac{0.875\mu_0 M a^2}{x^3} \tag{5-23}$$

或

$$\frac{\mathrm{d}B_m}{\mathrm{d}x} = -\frac{0.875\chi_m B_0 a^2}{x^3} \tag{5-23A}$$

$$B = B_0 + \frac{0.4375\mu_0 M a^2}{x^2} \tag{5-24}$$

或

$$B = B_0\left(1 + \frac{0.4375\chi_m a^2}{x^2}\right) \tag{5-24A}$$

$$\frac{\mathrm{d}B}{\mathrm{d}x} = \frac{\mathrm{d}B_m}{\mathrm{d}x} = -\frac{0.875\mu_0 M a^2}{x^3} = -\frac{0.875\chi_m B_0 a^2}{x^3}$$

在钢毛表面上

$$B = B_0 + 0.4375\mu_0 M$$

或

$$B = B_0(1 + 0.4375\chi_m)$$

$$\frac{\mathrm{d}B}{\mathrm{d}x} = -\frac{0.875\mu_0 M}{a}$$

或

$$\frac{\mathrm{d}B}{\mathrm{d}x} = -\frac{0.875\chi_m B_0}{a}$$

三、永磁闭合系设计计算

不同的除铁设备结构，其磁系结构也不同，而从设计计算的角度看，其验算内容都以磁极工作间隙的磁场强度是否满足除铁工艺要求为主。以典型“日”字型的闭合磁系的磁路（如图5－10所示）计算为例进行介绍。永磁材料选定后，其设计参数有磁铁尺寸、极头尺寸、极距、磁铁之间的距离等。为获得更高的磁场强度，通常采用闭合磁路。

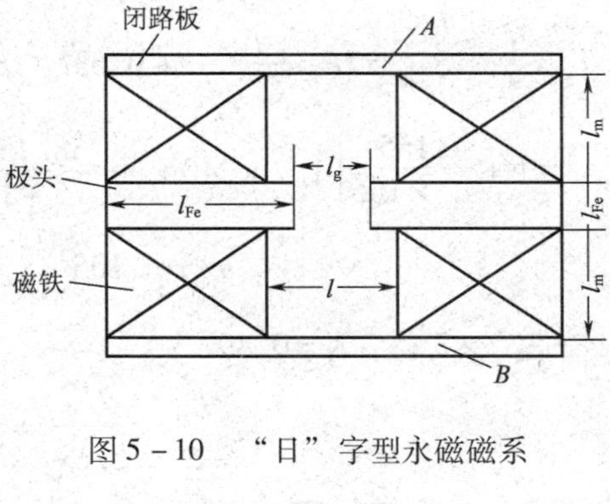

图5－10 “日”字型永磁磁系

由磁通连续性原理知，

$$\int_s \vec{B} \cdot \mathrm{d}\vec{S} = 0$$

理想状态下，该永磁磁路可写为：

$$2B_d S_m = B_g S_g \tag{5-25}$$

式中 B_d——磁铁的磁感应强度，T；

S_m——磁铁的截面积，cm^2；

B_g——磁极工作隙中磁感应强度，T；

S_g——磁极工作隙的截面积，cm^2。

考虑磁路漏磁和磁铁长宽比的影响，上式修正为：

$$2B_d S_m = KfB_g S_g = KfH_c S_g$$

$$H_c = \frac{2B_d S_m}{KfS_g} \tag{5-26}$$

式中 H_c——磁极工作隙中的背景磁场强度，A/m；

K——与磁铁（磁块）长宽比（a/b）有关的常数，取值见表5-3；

f——漏磁系数。

表5-3 长宽比与常数 K 的取值

长宽比（a/b）	≥1.31	1	<1.31（≠1）
常数（K）	0.89	1	1.12

$$f = 1 + \frac{l_g}{S_g}\left[1.7P_1\frac{l_{Fe}}{l_{Fe}+l_g} + 0.63l_m\sqrt{\frac{P_2}{l}+0.25}\right] \tag{5-27}$$

式中 P_1——磁极头的断面周长，cm；

P_2——磁铁的断面周长，cm；

l_g——极距，cm；

l_{Fe}——磁极头长度，cm；

l_m——磁铁高度，cm；

l——磁铁之间的距离，cm。

设计实例如下：已知 $l_g=11.5$cm，$l_m=25.2$cm，$l_{Fe}=58.75$cm，$l=22.5$cm，$S_g=12\times105cm^2$，$S_m=5591.25cm^2$，$P_1=240$cm，$P_2=316$cm．“日”字型闭路磁系，计算该磁系工作隙中背景磁场强度。

由式（5-27）和已知条件可计算出

$$f = 1 + \frac{l_g}{S_g}\left[1.7P_1\frac{l_{Fe}}{l_{Fe}+l_g} + 0.63l_m\sqrt{\frac{P_2}{l}+0.25}\right]$$

$$= 1 + \frac{11.5}{12\times105}\left[1.7\times240\times\frac{58.75}{58.75+11.5} + 0.63\times25.2\times\sqrt{\frac{316}{22.5}+0.25}\right] = 4.66$$

$$a/b = 105^2/S_m = \frac{105^2}{5591.25} \approx 1.97$$

查表5-3得：$K=0.89$

$$\frac{L}{\sqrt{S}} = \frac{2l_m}{\sqrt{S_m}} = \frac{2\times25.2}{\sqrt{5591.25}} = 0.67$$

式中 L——磁铁长度；

S——磁铁截面积。

磁铁退磁系数的回归方程为：

$$N = -1.94 + \frac{3.41}{L/\sqrt{S}} - \frac{0.34}{(L/\sqrt{S})^2} + \frac{9.83}{a/b} - \frac{21.69}{(a/b)^2} + \frac{16.08}{(a/b)^3} = 3.89$$

因为

$$M = \frac{H_d}{N}$$

$$B_d = 4\pi M - H_d = 4\pi \frac{H_d}{N} - H_d$$

所以

$$\frac{B_d}{H_d} = \frac{4\pi}{N} - 1 = \frac{4 \times 3.14}{3.89} - 1 = 2.23$$

磁铁的退磁曲线如图 5－11 所示。利用 B_d/H_d 值查图 5－11 得

$$B_d = 2550\ (\mathrm{Gs})$$

将有关数值代入式（5－26），得

$$H_d = \frac{2 \times 2550 \times 5591.25}{0.89 \times 4.66 \times 12 \times 105} = 5457\ (\mathrm{Oe})$$

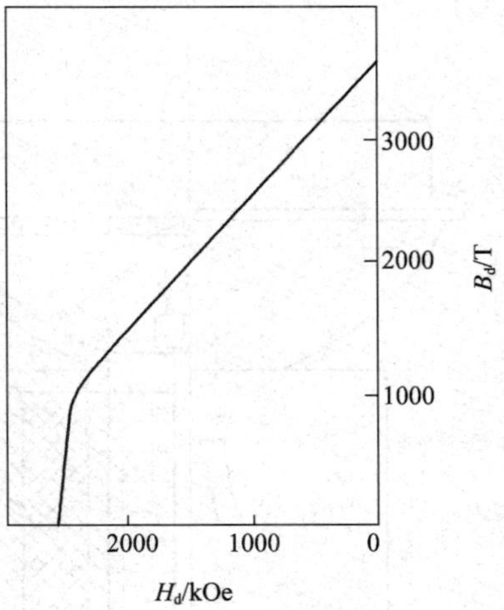

图 5－11　退磁曲线

需要注意的是，该结果为理论计算值，还需要进行实测验证。

第三节　过滤式料浆磁选机

目前陶瓷厂普遍使用的过滤式料浆磁选机如图 5－12 所示，在外壳 2 内装有电磁铁的线圈 1，在分选腔中放有若干片格子板 5 作为电磁铁的铁心，由格子板组成的铁心和作为铁轭的外壳构成了闭合磁系。

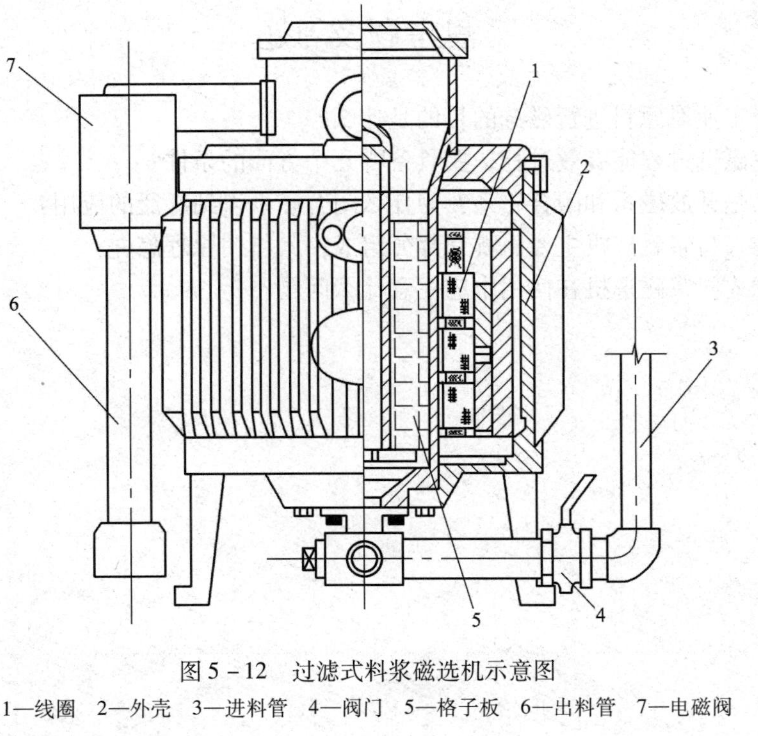

图 5－12　过滤式料浆磁选机示意图

1—线圈　2—外壳　3—进料管　4—阀门　5—格子板　6—出料管　7—电磁阀

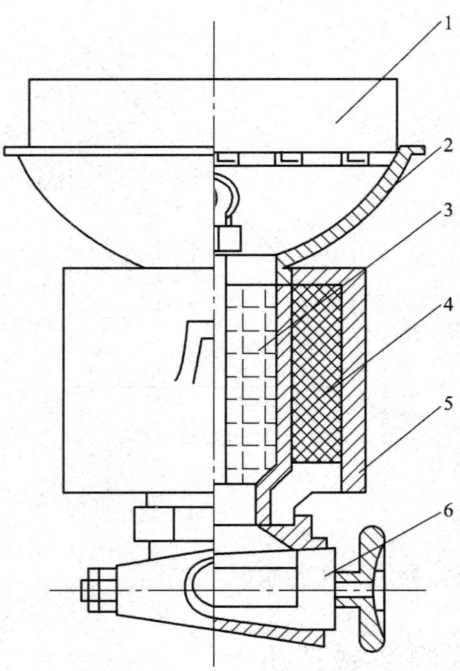

图 5－13　63 型过滤式料浆磁选机示意图
1—过滤器　2—漏斗　3—格子板
4—线圈　5—外壳　6—阀门

料浆从进料管 3 加入，经阀门 4 后向上流动，料浆通过格子板时，其中的磁性颗粒为磁力所吸，吸附在格子板上，分选后的料浆则通过电磁阀 7 和出料管 6 流出。工作一段时间（一般为 10～15min）后，需要清除格子板上吸附的磁性杂质，这时应停止送入料浆，切断励磁电流，把格子板取出清洗干净。磁选机装有常闭电磁阀 7，当突然停电时，电磁阀自动关闭，切断料浆流动的通道，可防止格子板上的磁性杂质由于停电而大量混入料浆中。

过滤式料浆磁选机的另一种结构形式如图 5－13 所示，其特点是料浆用管子直接送到格子板中进行分选，其工作原理与前一种完全相同。过滤式料浆磁选机的磁感应强度不高，一般为 0.10～0.15T，只能除去料浆中的强磁性杂质。

思考题及习题

1. 陶瓷工业对原料进行磁选的目的是什么？
2. 要使磁选过程能有效进行，要具备哪几个方面的条件？
3. 什么是开放磁系和闭合磁系？为什么闭合磁系得到广泛的应用？
4. 过滤式料浆磁选机主要由哪几部分组成？其作用原理怎样？
5. 过滤式料浆磁选机在使用中应注意什么问题？

第六章　给料和配料设备

为了保证粉碎机械有较高的生产能力和工作效率，均匀给料是必要的，而且，当工艺条件发生变化时，还要及时地调节给料量，使之能保持在良好的条件下工作，为此，必须配用适当的给料机作为自动给料之用。例如在悬辊式磨机上就装有能根据磨机底盘上料层的厚薄自动调节给料量的给料设备。

用间歇式球磨机粉磨釉料或坯料时，通常都是几种不同物料按一定比例加入球磨机内的，这些不同的物料是分别储存在各自的料仓中。为了准确地配料，一般是在料仓下面敷设供小车运行的轨道，料斗秤装在小车上，当小车运行到某个料仓的下面时，为了按需要数量装入储存在料仓中的物料，在料仓出料口下面，需要装设能均匀给料的给料机，以便把物料均匀地给到料斗中称量。各种物料按配方称好后，再把料斗送到球磨机上加料。

给料机一般是按照物料体积均匀给料的，如果要求各种物料配比的准确度不十分严格，那么，可以用给料机做体积计量，进行配料，这样可以使结构简化，操作者也容易掌握，但是，在要求准确配料的场合，应采用各种自动或半自动的称量设备。

第一节　电磁振动给料机

电磁振动给料机（简称电振给料机）是一种比较新型的给料设备，用途很广，如从料仓中排料，向带式输送机、斗式提升机和粉碎机给料，以及在配料中向料斗秤给料等。

一、构造和工作原理

电振给料机主要由槽体、电磁激振器和减振器三部分组成，如图 6 - 1 所示。

槽体 1 是给料机输送物料的工作部件，形状如畚箕，由 3 ~ 5mm 的钢板焊接而成，根据需要也可用别的材料制造。由料仓卸下来的物料通过槽体输送。

电磁激振器是给料机的动力源，由以下几个主要部件组成：

（1）连接叉　连接叉 2 是铸铁件，它与槽体刚性连接，将激振力传给槽体。

（2）电磁铁　电磁铁一般由山字形铁心 5 和线圈 6 组成，铁心用厚度为 0. 35mm 的硅钢片叠装，线圈套在铁心上，铁心用螺栓与壳体刚性连接。

（3）衔铁　衔铁 7 由厚度为 0. 35mm 的一字形硅钢片叠装而成，并紧固于连接叉上

（4）壳体　壳体 9 也是铸铁件，它除了作为支承零件外，还是振动系统的配重。

（5）板弹簧　板弹簧 8 由若干片优质弹簧钢板叠成，中间用螺栓（图中未示出）夹紧在连接叉中，两端分别用螺栓 10 夹紧在壳体上，以构成给料机的弹性系统。板弹簧是给料机的主要工作零件，其质量好坏直接影响给料机的工作性能。

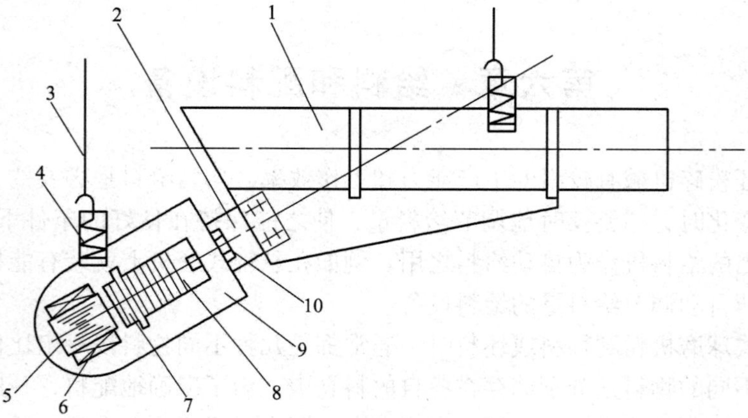

图 6-1　电磁振动给料机示意图

1—槽体　2—连接叉　3—吊杆　4—减振器　5—铁心　6—线圈
7—衔铁　8—板弹簧　9—壳体　10—板弹簧压紧螺栓

减振器 4 由四个螺旋弹簧组成，其中两个连在槽体上，另外两个连在激振器上，从而可把整个给料机悬挂起来。

电磁激振器线圈的电流一般是经过单相半波整流的脉动电流。线圈接通后，在正半周内，线圈有电流通过，铁心产生脉冲电磁力吸引衔铁，与衔铁相连的板弹簧受力弯曲，并带动连接叉和槽体向线圈方向运动。在负半周，线圈中无电流通过，电磁力消失，在板弹簧恢复力的作用下，衔铁和槽体离开线圈，朝相反方向运动。这样，电振给料机就以交流电源的频率做每分钟 3000 次的往复振动（见图 6-2）。由于槽体的底平面与激振力作用线有一定夹角（通常为 20°），因此迫使槽体中物料沿抛物线轨迹向前运动，不过由于振动频率很高，振幅很小，物料被抛起的高度也很小，所以只能看见物料在槽中向前流动，只有单颗物料在槽中时，仔细观察才能看见微小的跳跃运动。

二、振 动 分 析

1. 振动方程式

槽体以及与槽体相连接的连接叉、衔铁等，在激振力作用下产生受迫振动，与此同时，根据作用力与反作用力大小相等、方向相反的原理，激振器壳体、铁心和线圈等也产生方向相反的振动。因此，电振给料机可看成由槽体、连接叉等质量 m_1 和激振器壳体、铁心和线圈等质量 m_2 构成的一个双质点单自由度受迫振动系统。m_1 称为前质量或有效质量，m_2 称为后质量或平衡质量，见图 6-2 和图 6-3。

作用于前质量上的外力有：

激振力：$F_m\sin(\omega t+\phi)$；

弹簧恢复力：k_1s_1；

运动阻尼力：一般认为阻尼力与速度成正比，即阻尼力为 $r_1\dfrac{ds_1}{dt}$；

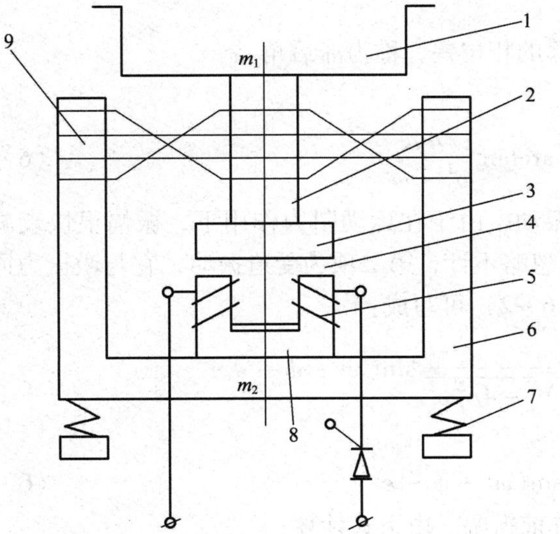

图 6－2　电磁振动给料机工作原理图

1—槽体　2—连接叉　3—衔铁　4—空气隙　5—线圈
6—壳体　7—减振器　8—铁心　9—板弹簧

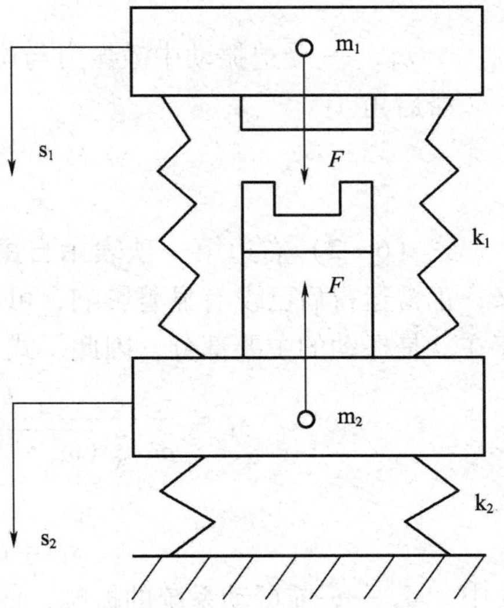

图 6－3　双质点单自由度受迫振动系统

惯性力：$m_1 \dfrac{d^2 s_1}{dt^2}$。

单自由度振动的微分方程式为：

$$m_1 \frac{d^2 s_1}{dt^2} + r_1 \frac{ds_1}{dt} + k_1 s_1 = F_m \sin(\omega t + \phi) \tag{6-1}$$

式中　m_1 ——前振动系统的质量，即前质量；

s_1 ——前振动系统的位移；

t ——时间；

r_1 ——阻力系数；

k_1 ——弹簧的表观倔强系数；

F_m ——激振力的幅值；

ω ——激振力的圆频率，$\omega = 2\pi f$，f 为激振力的频率；

ϕ ——激振力的初相角。

上式的通解为：

$$s_1 = a_1' e^{-n_1} t\cos\left(\sqrt{\omega_0^2 - n_1^2} + a_1'\right) + \frac{F_m}{m_1 \sqrt{(\omega_0^2 - \omega^2)^2 + 4n_1^2\omega^2}} \sin(\omega t + \phi - \varepsilon_1) \tag{6-2}$$

式中　a_1' ——解微分方程式时的积分常数，其物理意义是自由振动的振幅和初相角；

ω_0 ——振动系统的固有圆频率，$\omega_0 = \sqrt{\dfrac{k_1}{m_1}}$；

n_1 ——阻尼系数，$n_1 = \frac{r_1}{2m_1}$；

ε_1 ——受迫振动中激振力与位移的相位差，称为滞后角。

滞后角

$$\varepsilon_1 = \arctan \frac{2n_1\omega}{\omega_0^2 - \omega^2} \tag{6-3}$$

式（6－2）右边第一项表示自由振动，由于在运动阻力作用下，振幅很快衰减下来，正常运行后已没有显著影响，可以忽略不计，第二项为受迫振动，它与激振力同时存在，是振动的主要部分，因此，式（6－2）可写成：

$$s_1 = \frac{F_m}{m_1\sqrt{(\omega_0^2 - \omega^2)^2 + 4n_1^2\omega^2}}\sin(\omega t + \phi - \varepsilon_1)$$

或

$$s_1 = a_1\sin(\omega t + \phi - \varepsilon_1) \tag{6-4}$$

式中　a_1 ——前振动系统的振幅，简称前振幅。由下式计算：

$$a_1 = \frac{F_m}{m_1\sqrt{(\omega_0^2 - \omega^2)^2 + 4n_1^2\omega^2}}$$

令

$$Z = \frac{\omega}{\omega_0},\ b_1 = \frac{n_1}{\omega_0}$$

Z 称为调谐值，b_1 称为衰减系数，于是有

前振幅

$$a_1 = \frac{F_m}{4\pi^2 f_0^2 m_1\sqrt{(1 - Z^2)^2 + 4b_1^2Z^2}} \tag{6-5}$$

激振力幅值

$$F_m = 4\pi^2 f_0^2 m_1 a_1\sqrt{(1 - Z^2)^2 + 4b_1^2Z^2} \tag{6-6}$$

在式（6－5）和式（6－6）中

$$f_0 = \frac{\omega_0}{2\pi}$$

是振动系统的固有频率。

同理，对于后振动系统，有

$$s_2 = a_2\sin(\omega t + \phi - \varepsilon_2) \tag{6-7}$$

$$a_2 = \frac{F_m}{4\pi^2 f_0^2 m_2\sqrt{(1 - Z^2)^2 + 4b_2^2Z^2}} \tag{6-8}$$

$$F_m = 4\pi^2 f_0^2 m_2 a_2\sqrt{(1 - Z^2)^2 + 4b_2^2Z^2} \tag{6-9}$$

滞后角：

$$\varepsilon_2 = \arctan \frac{2n_2\omega}{\omega_0^2 - \omega^2}$$

为了简化计算，一般认为：

$$n_1 = n_2$$

于是有：

$$\frac{a_1}{a_2} = \frac{m_2}{m_1} \tag{6-10}$$

由此可知，由双质点构成的电磁振动给料机，前后质点的振幅与其质量成反比。

实际测定表明，计算结果与实际情况是很接近的。

2. 振动系统的固有频率

由于前后振动系统的位移方向相反，故有：

$$\frac{F}{k} = \frac{F}{k_1} + \frac{F}{k_2}$$

或

$$\frac{1}{k} = \frac{1}{k_1} + \frac{1}{k_2} \tag{6-11}$$

式中 k——板弹簧的倔强系数。

从振动学可知，无阻尼双质点振动系统的固有频率为：

$$f_0 = \frac{1}{2\pi}\sqrt{\frac{k_1}{m_1}}$$

或

$$f_0 = \frac{1}{2\pi}\sqrt{\frac{k_2}{m_2}}$$

从上面两式可得：

$$k_1 = \frac{m_1 + m_2}{m_2}k, \qquad k_2 = \frac{m_1 + m_2}{m_1}k$$

$$f_0 = \frac{1}{2\pi}\sqrt{\frac{k}{\left(\frac{m_1 m_2}{m_1 + m_2}\right)}}$$

令

$$m = \frac{m_1 m_2}{m_1 + m_2} \tag{6-12}$$

m 称为系统的折算质量，从而得：

$$f_0 = \frac{1}{2\pi}\sqrt{\frac{k}{m}} \tag{6-13}$$

由此可知，无阻尼双质点振动系统的固有频率可以简化为一个折算质量为 m 和弹簧倔强系数为 k 的无阻尼单质点振动系统的固有频率。

对于阻尼作用不能忽略的振动系统，可以证明，其固有频率：

$$f_0 = \frac{1}{2\pi}\sqrt{\frac{k}{m} - n^2} \tag{6-14}$$

不过，在阻尼不是很大的情况下，用式（6-13）计算系统的固有频率，与实际差别不大。

衰减系数应通过试验测定，实际测量表明，衰减系数一般在0.03~0.08的范围内。

三、物料在槽体内的运动

在电磁力的作用下，槽体沿 s 方向做谐振动，如图6-4所示，振动方向与槽体底平面的夹角 β 称为振动角。

槽体的位移、速度和加速度为

$$\left.\begin{aligned} s_R &= a_1\sin(2\pi ft) \\ s'_R &= 2\pi fa_1\cos(2\pi ft) \\ s''_R &= -4\pi^2f^2a_1\sin(2\pi ft) \end{aligned}\right\} \quad (6-15)$$

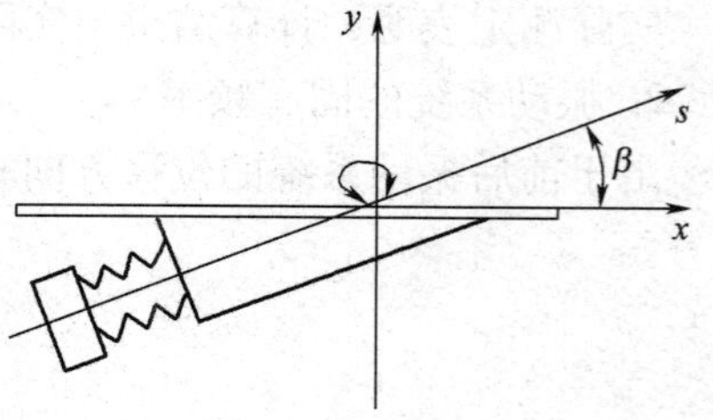

图6-4 槽体的运动规律

槽体最大加速度为 $4\pi^2f^2a_1$。最大加速度与重力加速度之比表示给料机振动强度的相对大小，称为机械指数，即

$$K = \frac{4\pi^2f^2a_1}{g} \quad (6-16)$$

槽体的位移、速度和加速度在垂直方向和水平方向的分量为

垂直分量：

$$\left.\begin{aligned} y_R &= s_R\sin\beta = a_1\sin\beta\sin(2\pi ft) \\ y'_R &= s'_R\sin\beta = 2\pi fa_1\sin\beta\cos(2\pi ft) \\ y''_R &= s''_R\sin\beta = -4\pi^2f^2a_1\sin\beta\sin(2\pi ft) \end{aligned}\right\} \quad (6-17)$$

水平分量：

$$\left.\begin{aligned} x_R &= s_R\cos\beta = a_1\cos\beta\sin(2\pi ft) \\ x'_R &= s'_R\cos\beta = 2\pi fa_1\cos\beta\cos(2\pi ft) \\ x''_R &= s''_R\cos\beta = -4\pi^2f^2a_1\cos\beta\sin(2\pi ft) \end{aligned}\right\} \quad (6-18)$$

在槽体上的物料如同在筛面上的情况一样，当槽体加速度的垂直分量与重力加速度大小相等、方向相同时，物料将被抛起并沿抛物线轨迹运动，这种运动称为抛掷运动。产生抛掷运动时有

$$y''_R + g = 0$$

根据这个条件，可得到物料开始抛掷时的时间 t_s：

$$\sin(2\pi ft_s) = \frac{g}{4\pi^2f^2a_1\sin\beta}$$

槽体最大加速度的垂直分量与重力加速度之比表示电振给料机对物料抛掷的特性，称为抛物指数：

$$\Gamma = K\sin\beta$$

或

$$\Gamma = \frac{4\pi^2f^2a_1\sin\beta}{g} \quad (6-19)$$

故有

$$\sin(2\pi f t_s) = \frac{1}{\Gamma} \tag{6-20}$$

物料在时间 t_s 被抛起后，沿抛物线轨迹向前运动。设在时间 t_a 重新落在槽上，与槽体一同运动。显然，当时间到达 $t_s+\frac{1}{f}$ 的时候，物料又被抛起。因此，在每个振动周期中，物料的运动包括两部分：抛掷运动以及同槽体一起的运动。

设物料抛起时的速度等于该瞬时槽体的速度，同时在抛掷运动中，物料只受重力作用。这样，物料在抛掷运动中垂直方向的加速度、速度和位移分别为：

$$y''_{Gs} = -g$$

$$y'_{Gs} = y'_R(t_s) - g(t-t_s)$$

$$y_{Gs} = y_R(t_s) + y'_R(t_s)(t-t_s) - \frac{1}{2}g(t-t_s)^2$$

物料落回槽上时应有：

$$y_{Gs}(t_a) = y_R(t_a)$$

或

$$y_R(t_s) + y'_R(t_s)(t_a-t_s) - \frac{1}{2}g(t_a-t_s)^2 = y_R(t_a)$$

以式（6－17）代入上式得：

$$a_1\sin\beta\sin(2\pi f t_s) + 2\pi f a_1\sin\beta\cos(2\pi f t_s)(t_a-t_s) - \frac{1}{2}g(t_a-t_s)^2 - a_1\sin\beta\sin(2\pi f t_a) = 0$$

以 $a_1\sin\beta$ 除全式，并根据式（6－18）至式（6－20）可得：

$$\sin(2\pi f t_a) = \frac{1}{\Gamma} + 2\pi f\sqrt{1-\frac{1}{\Gamma^2}}(t_a-t_s) - \frac{2\pi^2 f^2}{\Gamma}(t_a-t_s)^2$$

物料做抛掷运动的时间与槽体的振动周期之比称为跳跃系数：

$$n_p = (t_a-t_s)f$$

从而有：

$$\sin(2\pi f t_a) = \frac{1}{\Gamma} + 2\pi n_p\sqrt{1-\frac{1}{\Gamma^2}} - \frac{2\pi^2 n_p^2}{\Gamma}$$

上式左边展开得：

$$\sin(2\pi f t_a) = \sin(2\pi n_p + 2\pi f t_s) = \sin(2\pi n_p)\cos(2\pi f t_s) + \cos(2\pi n_p)\sin(2\pi f t_s)$$

或

$$\sin(2\pi f t_a) = \sqrt{1-\frac{1}{\Gamma^2}}\sin(2\pi n_p) + \frac{1}{\Gamma}\cos(2\pi n_p)$$

将结果代入原式整理后可得：

$$\Gamma = \sqrt{\left[\frac{\cos(2\pi n_p) + 2\pi^2 n_p^2 - 1}{2\pi n_p - \sin(2\pi n_p)}\right]^2 + 1} \tag{6-21}$$

当 $n_p=1$ 时，物料一落回槽上立刻即被抛起，此时

$$\Gamma = \sqrt{\pi^2+1} \approx 3.3$$

为了使用方便，图 6－5 给出了在实际使用范围内（$\Gamma=1\sim3.3$）n_p 与 Γ 的关系。

在每个振动周期中，物料沿水平方向前进的距离由抛掷运动和同槽体一起运动经过的距离两部分组成。

物料抛掷后沿水平方向（即 x 方向）的运动为匀速运动，在做抛掷运动的时间内，物料前进的距离：

$$\Delta x_{G_s}=x'_R(t_s)(t_a-t_s)=2\pi a_1 n_p\cos\beta\sqrt{1-\frac{1}{\Gamma^2}}$$

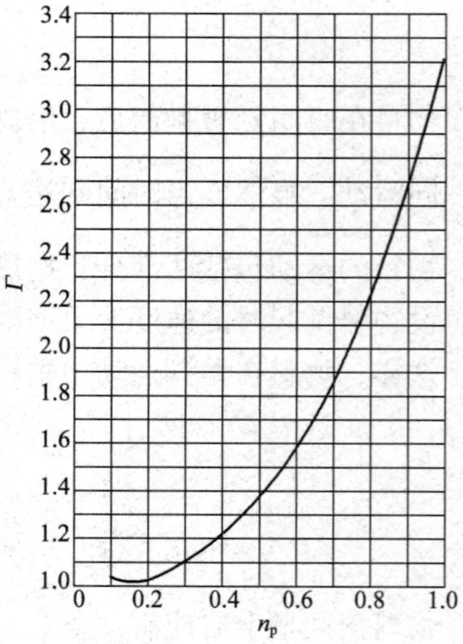

图 6－5　跳跃系数 n_p 与抛物指数 Γ 的关系

物料同槽体一起运动经过的距离：

$$\Delta x_{G_h}=x_R(t_s)-x_R(t_a)=a_1\cos\beta\left[\frac{1}{\Gamma}-\sin(2\pi f t_a)\right]$$

$$=2\pi a_1 n_p\cos\beta\left[\frac{\pi n_p}{\Gamma}-\sqrt{1-\frac{1}{\Gamma^2}}\right]$$

物料在每个振动周期内前进的距离：

$$\Delta x_G=\Delta x_{G_s}+\Delta x_{G_h}=\frac{2\pi^2 a_1 n_p^2}{\Gamma}\cos\beta=\frac{g n_p^2}{2f^2\tan\beta}$$

物料的理论输送速度：

$$v_t=\Delta x_G f$$

或

$$v_t=\frac{g n_p^2}{2f\tan\beta}$$

考虑物料性质及其他因素对输送速度的影响，实际输送速度：

$$v=\eta v_t$$

或

$$v=\frac{g n_p^2\eta}{2f\tan\beta} \tag{6-22}$$

式中　v——物料的输送速度，m/s；

η——速度修正系数，$\eta=0.75\sim0.90$；

n_p——跳跃系数；

f——振动频率，1/s；

β——振动角，通常 $\beta=20°$；

g——重力加速度，m/s^2。

四、电磁激振力

电磁振动给料机的激振力是电磁铁的吸力，从电工学可知，电磁铁的吸力：

$$F=\left(\frac{B\times10^4}{16}\right)^2 S$$

式中　F——电磁铁的吸力，N；

B——铁心与衔铁间气隙中的磁通密度，T；

S——磁极面积，m^2。

对于电阻和电感串联的电路，根据基尔霍夫定律，电路的微分方程式为：

$$N\frac{\mathrm{d}\Phi}{\mathrm{d}t}+RI=U_m\sin\omega t$$

式中　N——线圈匝数；

Φ——磁通量；

I——电流；

R——电路的电阻；

U_m——电源电压的幅值；

ω——电源的圆频率，$\omega=2\pi f$，f 为电源频率。

对于电磁铁，电阻与感抗相比是很小的，可以忽略不计，故上式可近似成为：

$$\frac{\mathrm{d}\Phi}{\mathrm{d}t}=\frac{U_m}{N}\sin\omega t$$

积分后得：

$$\Phi=-\frac{U_m}{\omega N}\cos\omega t+C$$

通常电磁振动给料机是用单相半波整流供电的，电路处于过渡过程之中，当 $\omega t=0$ 时，$\Phi=0$，故得到积分常数：

$$C=\frac{U_m}{\omega N}$$

于是得：

$$\Phi=\frac{U_m}{\omega N}(1-\cos\omega t)$$

通常电磁振动给料机的电磁铁磁极尺寸比较大，气隙相对说来比较小，气隙中磁通密度的大小可以认为是均匀的，因此，气隙中磁通密度：

$$B=\frac{\Phi}{S'}$$

或

$$B=B_m\left[1+\sin(\omega t-\frac{\pi}{2})\right]$$

式中　B_m——磁通密度的幅值，$B_m=\frac{U_m}{\omega NS'}$；

S'——磁极面积。

电磁铁吸力：

$$F=\left(\frac{B\times10^4}{16}\right)^2S$$
$$=\left(\frac{B_m\times10^4}{16}\right)^2S\left[1+\sin\left(\omega t-\frac{\pi}{2}\right)\right]^2$$

$$= \left(\frac{B_{\mathrm{m}} \times 10^4}{16}\right)^2 S\left[\frac{3}{2} + 2\sin\left(\omega t - \frac{\pi}{2}\right) + \frac{1}{2}\sin\left(2\omega t + \frac{\pi}{2}\right)\right] \qquad (6-23)$$

由上式可知，电磁铁吸力可分为三部分：

（1）恒定吸力

$$F_0 = \frac{3}{2}\left(\frac{B_{\mathrm{m}} \times 10^4}{16}\right)^2 S$$

恒定吸力使弹簧产生固定变形。

（2）频率与电源相同的激振力

$$F_1 = 2\left(\frac{B_{\mathrm{m}} \times 10^4}{16}\right)^2 S\sin\left(\omega t - \frac{\pi}{2}\right)$$

（3）频率为电源频率两倍的谐波力

$$F_2 = \frac{1}{2}\left(\frac{B_{\mathrm{m}} \times 10^4}{16}\right)^2 S\sin\left(2\omega t + \frac{\pi}{2}\right)$$

五、主要参数的确定

1. 振动频率 f

目前一般电磁振动给料机是用单相半波整流电源供电，振动频率与电源频率相同，即为50Hz（或3000次/min）。

2. 振幅 a_1

振动频率决定后，振幅将直接影响机械指数 K 的大小。振动系统工作时最大惯性力为其重力的 K 倍，考虑到设备的结构强度和使用寿命，机械指数不宜取得过大，一般取为8~9或更小，很少取到10，因此通常采用的振幅为 $a_1 = 0.5 \sim 1.5$mm，当振动频率为50Hz时，多取为 $a_1 = 0.75$mm 左右。

3. 调谐值 Z

电磁振动给料机振动系统的调谐值越趋近于1，需要的激振力越小。但是，随着阻尼的变化，对振幅的影响也越大，给料机工作的稳定性越差。一般应使调谐值稍小于1，即使给料机在近低共振状态下工作。在这样的状态下工作，当阻尼增大时，给料机的振幅虽然也减小，但由于阻尼增大往往是因为槽体内物料增多或料仓压力加大引起的，这样一来，振动系统的固有频率也随之减小，从而使调谐值更接近于1，振幅又趋于增大，对阻尼增大引起的振幅减小进行补偿；反之，当阻尼减小时，也有这种补偿关系，这样，就使给料机能够比较稳定地工作。据介绍，电磁振动给料机调谐值的选用范围为0.85~0.95，我国目前已定型生产的DZ系列电磁振动给料机的设计调谐值为0.9。

4. 后振幅 a_2

国产DZ系列电磁振动给料机的主弹簧是板弹簧，如图6-6所示。板弹簧的最大挠度等于前振幅 a_1 与后振幅 a_2 之和，在前振幅 a_1 已经选定的情况下，为了减小板弹簧的挠度，使弯曲应力相应减小，只有减小后振幅 a_2，因此通常后振幅取为 $a_2 = (0.5 \sim 1.0)a_1$。如前所述，振动系统的振幅与其质量成反比，故后质量为 $m_2 = (1 \sim 2)m_1$。

5. 振动角 β

振动角 β 的大小关系到物料的输送速度、槽体的磨损和被输送物料的受力情况。对于每一个机械指数，都有一个使物料输送速度有最大值的最佳振动角。最佳振动角与机械指数的关系如图 6－7 所示。当机械指数一定时，如果采用大的振动角，则跳跃系数增大，物料与槽体接触的时间缩短，可防止槽体的磨损。但是，与此同时，物料落回槽上时的速度较大，物料在冲击力作用下，容易受到破坏。目前使用的电磁振动给料机，振动角大多数取为 20°。

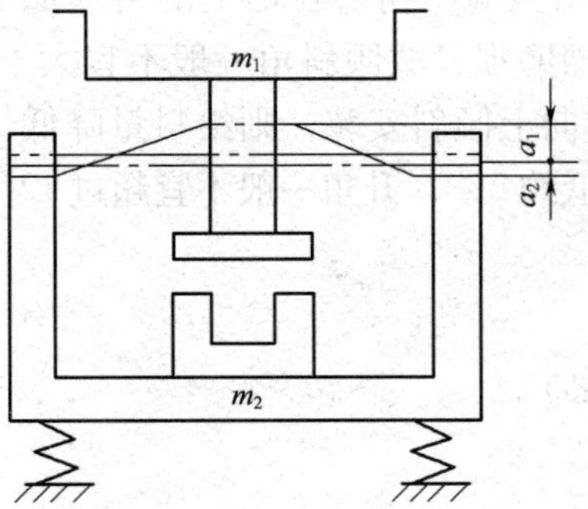

图 6－6　板弹簧的挠度

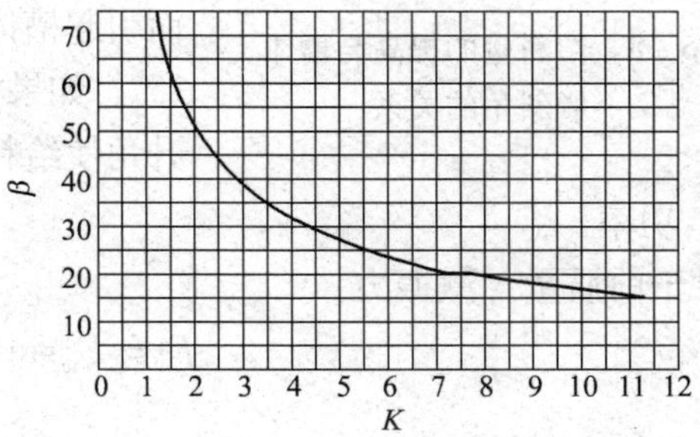

图 6－7　最佳振动角 β 与机械指数 K 的关系

6. 给料量

电磁振动给料机的给料量

$$Q = 3600Av\rho\phi \tag{6-24}$$

式中　Q——给料机的给料量，t/h；

A——槽体上料层的横截面积，m^2；

v——物料的输送速度，m/s；

ρ——物料的密度，t/m^3；

ϕ——料槽的填充系数，通常取为 $\phi = 0.6 \sim 0.8$。

$$A = bd$$

式中　b——槽体宽度，m；

d——槽体上料层的厚度，m。

物料的输送速度由式（6－22）计算，对于振动频率为 50Hz 的给料机，作为初步估算，当槽体双振幅为 1.75mm 时，输送速度可取 0.19m/s，当双振幅为 1.5mm 时，输送速度可取为 0.152m/s。

在影响给料量的各项因素中，还存在一个槽体中料层厚度的问题。当料层厚度很小时，大多数物料的给料量都接近于计算值，但是，随着料层厚度的增加，物料的输送速度逐渐降低，当料层厚度增加到一定程度时，输送速度降低很多，给料量非但不能提高，甚至破坏了正常给料。对一般松散的粒状和块状物料，料层可以比较厚，但是，对于细粉状物料，要保持正常给料的料层厚度是很小的。目前，对每种物料的有利和可能

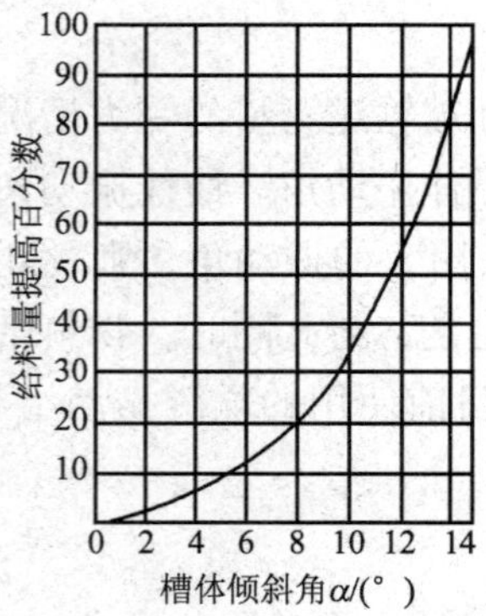

图 6-8　给料量的提高与槽体倾斜角的关系

的料层厚度，尚缺乏试验资料，所以，在没有实际使用经验可供参考的情况下，特别是对于细粉状物料，最好首先进行试验测定，以保证设计的可靠性，作为初步估算时，推荐采用 $d = \left(\frac{1}{4} \sim \frac{1}{3}\right)b$。

当给料机槽体向下倾斜安装时，给料量比按式（6-24）计算的要大一些，应加上倾斜后提高的数量。给料量提高的百分数与槽体倾斜角之间的关系示于图6-8中。倾斜角增大时，物料在槽上的滑动加大，从而引起槽体的强烈磨损，故倾斜角一般不宜大于10°～15°。如果将槽体向上倾斜安装，则给料量降低，每度升角使给料量降低约2%，升角一般不宜超过12°。

7. 功率

对于前质量，激振力：

$$F = F_m \sin(\omega t + \phi)$$

位移：

$$s_1 = a_1 \sin(\omega t + \phi - \varepsilon_1)$$

在位移 ds_1 中激振力做的功：

$$dW_1 = F ds_1$$

由于

$$\frac{ds_1}{dt} = a_1 \omega \cos(\omega t + \phi - \varepsilon_1)$$

故有：

$$dW_1 = F_m \sin(\omega t + \phi) a_1 \omega \cos(\omega t + \phi - \varepsilon_1) dt$$

在一个振动周期内做的功：

$$W_1 = \int_0^{\frac{2\pi}{\omega}} F_m \sin(\omega t + \phi) a_1 \omega \cos(\omega t + \phi - \varepsilon_1) dt = \pi F_m a_1 \sin\varepsilon_1$$

同理，对于后质量，在一个振动周期内激振力做的功：

$$W_2 = \pi F_m a_2 \sin\varepsilon_2$$

如前所述，为了简化计算，通常认为 $n_1 = n_2$，即 $b_1 = b_2$，从而有 $\varepsilon_1 = \varepsilon_2$，总功：

$$W = W_1 + W_2 = \pi F_m (a_1 + a_2) \sin\varepsilon_1$$

激振器的功率等于一个振动周期内做的功乘以振动频率，即

$$P = Wf = \pi F_m f (a_1 + a_2) \sin\varepsilon_1$$

将功率的单位换算为kW，最后得：

$$P = \frac{\pi}{1000} F_m f (a_1 + a_2) \sin\varepsilon_1 \tag{6-25}$$

式中　P——激振器的功率，kW；

f——振动频率，1/s；

F_m ——激振力的幅值，N；

a_1、a_2 ——分别为前振幅和后振幅，m；

ε_1 ——激振力与振动系统位移的相位差。

由于

$$\varepsilon_1 = \arctan\frac{2bZ}{1-Z^2}$$

故有：

$$\sin\varepsilon_1 = \frac{2bZ}{\sqrt{(1-Z^2)^2+4b^2Z^2}}$$

式中　Z ——调谐值；

b ——衰减系数。

上述激振器功率是指激振力完成的有功功率，这个功率用于克服阻尼作用。由于电磁铁属于感性负载，除了有功功率外，还存在着无功功率，因此就有一个功率因数问题。可以证明，对于半波整流激磁的电磁振动给料机，功率因数：

$$\lambda = \frac{r'\sin\varepsilon_1}{\sqrt{2\left(1-\frac{r'}{2}\cos\varepsilon_1\right)^2+r'^2-2r'\cos\varepsilon_1+r'^2/4+1}} \tag{6-26}$$

式中　λ ——功率因数；

r' ——振幅比。

其余符号的意义同前。

振幅比：

$$r' = \frac{a_1+a_2}{\delta_0}$$

式中　δ_0 ——平均气隙宽度。

振幅比一般为 $r'=0.7\sim0.8$。

当 $r'=1$、$\varepsilon_1=\frac{\pi}{2}$ 时，功率因数有最大值 0.49。图 6－9 表示当 $r'=0.75$ 时，功率因数 λ 与 ε_1 的关系。由图可知，电磁振动给料机的功率因数是很低的，大量使用时应注意对无功功率进行补偿。

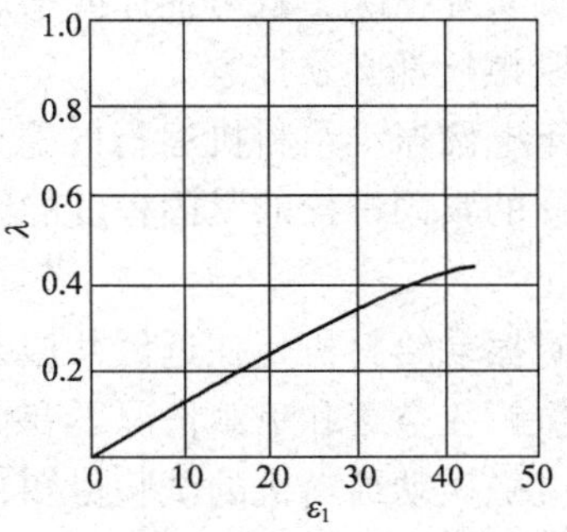

图 6－9　$r'=0.75$ 时功率因数 λ 与相位差 ε_1 的关系

六、使　　用

电磁振动给料机运行的可靠性除了与设计和制造是否正确有关外，还与设备的安装和调整工作有关。

电磁振动给料机安装时，所有紧固螺栓均应拧紧，不能有任何松动的现象存在。

激振力中心线（即激振器中心线）应通过槽体重心并与槽体中心线在同一垂直平面内。如果激振力作用线不通过槽体重心，则给料机除产生定向振动外，还产生附加的扭转振动。如果激振力作用线与槽体中心线不在同一垂直平面内，则物料的输送方向将发生偏移。

铁心与衔铁之间的气隙应调至额定值。如果气隙太大，会增大电流强度和功率消耗，并使振幅减小；如果气隙太小，铁心与衔铁会互相碰撞，造成设备损坏。此外，铁心与衔铁的两个工作面应调到互相平行。

电磁振动给料机振动系统的调谐是一项十分重要的调整工作，调谐好坏直接影响设备是否能正常和稳定地运转。所谓振动系统的调谐就是调整激振频率和给料机固有频率的比值，即调谐值，使之达到近低共振的状态。如前所述。目前调谐值的选用范围是0.85～0.95，国产DZ系列电磁振动给料机的设计调谐值为0.9。

由于激振频率一般是不变的，因此，要使调谐值变化，只有改变系统的固有频率。系统的固有频率是由主弹簧的倔强系数和系统的折算质量决定的，所以振动系统的调谐就是改变主弹簧的倔强系数和系统的折算质量。对于主弹簧为板弹簧的电磁振动给料机，用半波整流激磁时，通常是用增减板弹簧的数量从而改变其倔强系数的方法进行调整。调谐先空载进行，然后再进行负载调谐。

调谐前，首先将铁心和衔铁之间的气隙调到额定值，然后接通电源，使电流达到额定值。如果这时振幅很小，就把板弹簧束两端的压紧螺栓稍微旋松，使板弹簧的有效长度增加，系统的固有频率降低。如果这时振幅增大，就说明系统的固有频率偏高，弹簧数量应当减少；如果相反，振幅减小，就说明系统的固有频率偏低，弹簧数量应当增多。根据实际情况，就可抽掉或增加一些弹簧板来加以调整。调谐完毕后，板弹簧束的所有压紧螺栓都必须拧紧。

由于电磁振动给料机运行的稳定性和可靠性在很大程度上受板弹簧压紧螺栓和铁心、衔铁的紧固螺栓的紧固程度的影响，所以在试运转中要反复拧紧，直至设备运转稳定时为止。

电磁振动给料机是在近低共振条件下运转的，由于前面所讲的振幅补偿关系，所以槽体的振幅在空载和负载情况下变化很小。

由电磁振动给料机的试验得知，激振器启动时没有大的启动电流，所以不会引起供电电网电压的变化和其他电气设备的正常运行。同时，给料机启动时，振幅在极短时间内即可达到额定值，同样，停车时，振幅很快衰减到零，这种特性提高了定量给料的准确程度。

调节给料机的振幅，就能调节给料量。由式（6－5）可知，给料机槽体振幅与激振力幅值成正比，所以一般是用改变激振力的方法来调节。

对于半波整流激磁的电磁振动给料机，由激振力的计算可知：

$$U = 4.44NfS'B_{\mathrm{m}}$$

$$F = 2\left(\frac{B_m \times 10^4}{16}\right)^2 S\sin\left(\omega t - \frac{\pi}{2}\right)$$

一般可取 $S = 2S'$，从而得：

$$F = 8\left(\frac{U \times 10^4}{16 \times 4.44Nf}\right)^2 \frac{1}{S}\sin\left(\omega t - \frac{\pi}{2}\right) \tag{6-27}$$

式中　F——激振力，N；

U——电源电压的有效值，V；

N——激振器线圈匝数；

f——电源频率，s^{-1}；

S——激振器磁极总面积，m^2；

ω——电源的圆频率，rad/s；

t——时间，s。

激振力的幅值：

$$F_m = 8\left(\frac{U \times 10^4}{16 \times 4.44Nf}\right)^2 \frac{1}{S} \tag{6-28}$$

从上式可知，激振力与电压的平方成正比，与线圈匝数的平方成反比，所以可用调节电压和改变线圈匝数的方法调节振幅。由于改变线圈匝数比较麻烦，故很少采用，通常是用调节电压的方法。

电压调节器的种类很多，在这里简单介绍其中两种。

1. 调压器

调压器是一个自耦变压器，如图 6－10 所示。利用调压器调节电压，经半波整流供给激振器。调压器结构简单，调节范围大，但是不易实现自动控制。

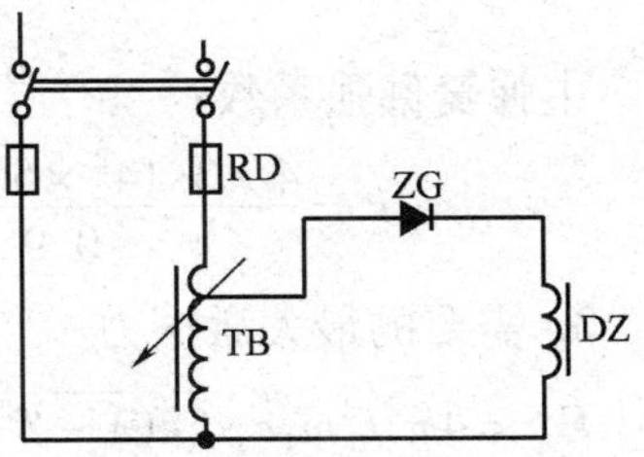

图 6－10　调压器电原理图

2. 可控硅整流器

使用可控硅整流器作电压调节是比较理想的。它的调节范围大，成本低，体积小，控制系统消耗能量少，并能实现闭环自动控制。但是，可控硅整流器的功率因数低，特别是振幅小时更是如此。可控硅整流器的触发电路很多，效果都比较好，图 6－11 是一种移相触发电路。

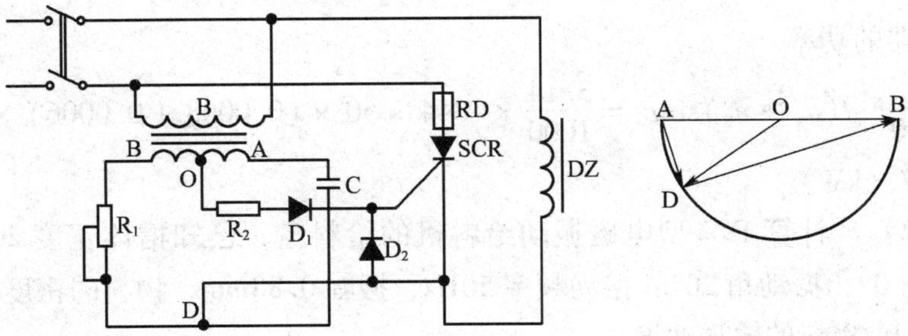

图 6－11　*RC* 移相触发电路图

【例 6－1】　电磁振动给料机的有效质量为 90kg，槽体振幅为 0.8mm，激振力频率 50Hz，设选取调谐值为 0.9，后振幅为 0.6mm，衰减系数为 0.05，求：平衡质量，激振器主弹簧的倔强系数，需要的最大激振力，激振力与位移的相位差以及激振器的功率。

【解】　1. 平衡质量

根据式（6－10）有：

$$m_2 = \frac{a_1}{a_2} m_1 = \frac{0.8}{0.6} \times 90 = 120 \text{ (kg)}$$

2. 激振器主弹簧的倔强系数

由式（6－13）

$$f_0 = \frac{1}{2\pi}\sqrt{\frac{k}{m}}$$

和

$$Z = \frac{f}{f_0}$$

可得：

$$k = \frac{4\pi^2 f^2 m}{Z^2}$$

折算质量：

$$m = \frac{m_1 m_2}{m_1 + m_2} = \frac{90 \times 120}{90 + 120} = 51.4 \text{ (kg)}$$

主弹簧倔强系数：

$$k = \frac{4 \times 3.14^2 \times 50^2 \times 51.4}{0.9^2} = 6.3 \times 10^6 \text{ (N/m)} = 6.3 \text{ (MN/m)}$$

3. 需要的最大激振力

$$F_m = 4\pi^2 f_0^2 m_1 a_1 \sqrt{(1 - Z^2)^2 + 4b_1^2 Z^2}$$

$$= 4 \times 3.14^2 \times \left(\frac{50}{0.9}\right)^2 \times 90 \times 0.0008 \times \sqrt{(1 - 0.9^2)^2 + 4 \times 0.05^2 \times 0.9^2} = 1844 \text{ (N)}$$

4. 激振力与位移的相位差

$$\varepsilon = \arctan\frac{2b_1 Z}{1 - Z^2} = \arctan\frac{2 \times 0.05 \times 0.9}{1 - 0.9^2} = 25°21'$$

5. 激振器的功率

$$P = \frac{\pi}{1000} F_m f (a_1 + a_2) \sin\varepsilon = \frac{3.14}{1000} \times 1844 \times 50 \times (0.0008 + 0.0006) \times \sin 25°21'$$

$$= 0.17 \text{ (kW)}$$

【例6－2】 计算 DZ_1 型电磁振动给料机的给料量，已知槽体宽度200mm，高度100mm，倾角0°，振动角20°，振动频率50Hz，振幅0.88mm，物料的密度1.6t/m³。

【解】 1. 物料的输送速度

$$v = \frac{g n_p^2 \eta}{2f \tan\beta}$$

（1）机械指数

$$K = \frac{4\pi^2 f^2 a_1}{g} = \frac{4 \times 3.14^2 \times 50^2 \times 0.00088}{9.8} = 8.9$$

（2）抛物指数

$$\Gamma = K\sin\beta = 8.9 \times \sin 20° = 3.04$$

（3）跳跃系数　根据抛物指数 $\Gamma = 3.04$，从图 6－5 中查出跳跃系数

$$n_p = 0.96$$

设取 $\eta = 0.8$，将已知数代入计算物料输送速度的公式中得

$$v = \frac{9.8 \times 0.96^2 \times 0.8}{2 \times 50 \times \tan 20°} = 0.2\ (\text{m/s})$$

2. 给料量

设取料槽的填充系数 $\phi = 0.6$，槽体上料层的厚度 $h = B/4$。

给料量

$$Q = 3600Bhv\rho\phi = 3600 \times 0.2 \times \frac{0.2}{4} \times 0.2 \times 1.6 \times 0.6 = 7\ (\text{t/h})$$

第二节　配　料　秤

在物料的含水量不高或恒定的情况下，采用质量配料能得到比较准确的结果。

移动式配料秤是一种常用的质量配料设备，其构造如图 6－12 所示。料斗由支架支承并置于台秤上，台秤的四个轮子使配料秤能够在料仓下面的轨道上移动。称量时，按照要求的物料质量，事先在秤杆上拨好砝码，当由料仓加入料斗中的物料达到预定质量时，由人工关闭料仓出口的阀门或给料机，然后移动配料秤到指定地点，打开料斗下面的闸门把称好的物料卸出。当一次配几种不同的物料时，可逐次称量后一次卸出。

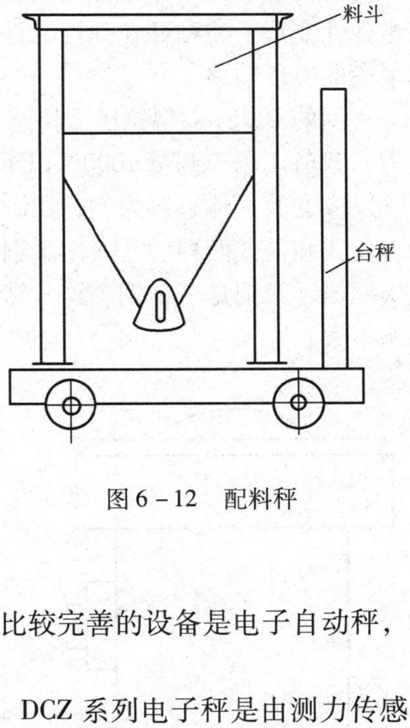

图 6－12　配料秤

移动式配料秤实际上是一种带有称量设备的活动料斗，结构简单，称量设备是机械式的杠杆秤，称量精度较高，可达 1/1000。但是，这种配料秤一般需要在现场手工操作，现场粉尘较多，劳动条件较差，同时，实现自动化称量比较困难。

要进行自动化称量和远距离控制称量过程。目前比较完善的设备是电子自动秤，简称电子秤。

目前我国生产的电子秤有 DCZ 和 DCS 两个系列，DCZ 系列电子秤是由测力传感器和晶体管电子电位差计组成，结构比较简单，可自动测量和指示各种静拉力和静压力，仪表附有自重调节装置，并可附带给定值电接点装置和电阻比例调节装置，以适应各种称量的自动控制和调节的需要。DCS 系列电子秤是全晶体管化数字显示的自动称量设备，由测力传感器和 数字显示仪表组成，结构较为复杂。该系列电子秤除具有 DCZ 系列的所有性能外，还可配用累加器和数字记录器，对称量数据进行累加和自动记录，此外，还可同时输出十进制数和二进制数代码信号，以供电子计算机使用。下面仅简单介

绍 DCZ 系列电子秤。

DCZ 系列电子秤是由电阻式荷重传感器和稳压电源组成一次仪表，当传感器承受载荷时，输出一个微弱的信号，经滤波单元馈送于测量桥路，使桥路的平衡受到破坏，从而产生一个不平衡的电压，此不平衡电压经晶体管放大器放大后，输出一个足以驱动可逆电动机转动的功率，使可逆电动机转动。可逆电动机转动时，带动了测量桥路中滑线电阻的滑臂，以改变滑线电阻的接点位置，从而输出一个反向的电压来补偿一次仪表的电压，使放大器的输入电压减小到最低限度，直至放大器的输出功率不能驱动可逆电动机转动时为止，这时整个系统获得新的平衡。由于一次仪表的输出电压正比于载荷的大小，测量桥路又是一个线性桥，而显示仪表的标尺刻度又同滑线电阻的滑动触点在同一位置上，因此可线性地在显示仪表标尺上指出载荷的大小。如果在显示仪表上装设电接点装置，那么，当载荷达到给定值时，将有信号输出，利用这一信号就可实现称量过程的自动控制。

一、荷重传感器

荷重传感器的工作原理是利用金属弹性元件——应变筒或应变梁——在外力作用下产生弹性变形，使粘贴在弹性元件上的应变片也随之变形，阻值发生变化，从而产生了不平衡的电压输出。

常用的 BLR－1 型拉压力传感器和 BHR－4 型荷重传感器是应变筒式传感器，可测量大的载荷。用于测量 1000N 以下载荷的 BHR－7 型传感器，则是应变梁式传感器。

以应变筒式传感器为例，如图 6－13 所示，在应变筒的表面上粘贴有应变片，应变片有丝式和箔式两种。丝式用康铜绕成，箔式是用康铜箔经过腐蚀制成具有网状结构的一块铜箔，康铜是一种铜、镍、锰的合金，电阻温度系数很小，温度变化对其电阻率的影响不大。

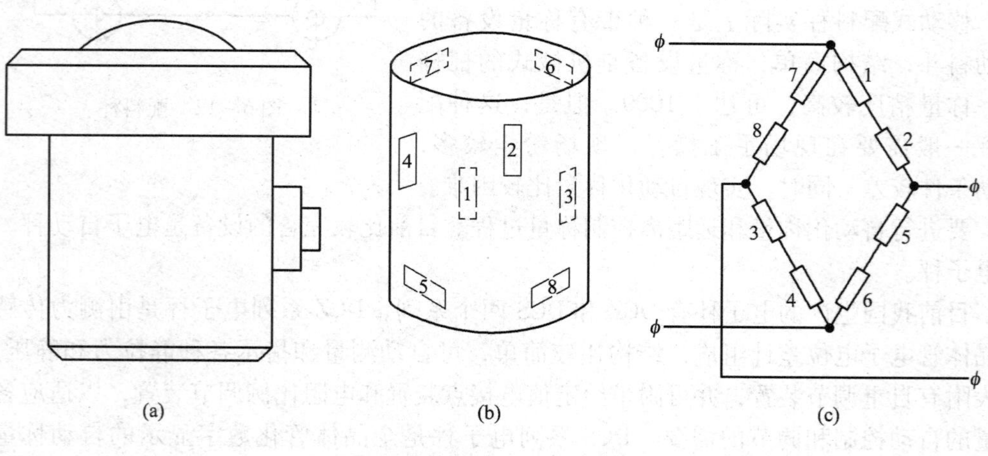

图 6－13　应变筒式传感器

（a）外形图　（b）应变筒和电阻丝应变片　（c）应变片的连接

应变筒上共粘贴有分为两组的八片应变片，一组纵向粘贴，称为主片或工作片，另一组横向粘贴，称为副片或补偿片。两组应变片连接成一个等臂电桥。由于应变筒是用金属弹性材料制成的元件，所以，只要在弹性限度内，外力的作用会使它产生变形，外力消失后，它又会恢复原来的形状，变形的程度与外力的大小成正比。

应变筒在压力作用下产生变形时，粘贴在上面的电阻应变片也随之发生相应的变化。横向应变片电阻丝的直径变细，长度伸长，从而阻值增大，纵向应变片电阻丝直径变粗，长度缩短，使阻值减小。这样，由应变片组成的电桥就失去了平衡，在电桥的输出端上就有一个电压信号输出，电压与作用力的大小成正比。因此可以利用输出电压的大小来量度作用力的大小。荷重传感器就是把“力”这个非电量变为电量输出的变送器。输出的信号电压可计算如下。

设

F——作用于应变筒上的压力；

S——应变筒的横截面积；

σ——应变筒横截面上的应力，$\sigma = F/S$；

L——应变筒的工作高度；

ΔL——应变筒在压力作用下的轴向变形；

ε——应变筒的轴向应变，$\varepsilon = \Delta L/L$；

E——应变筒材料的弹性模量；

μ——应变筒材料的泊松系数；

R——应变片的电阻值；

U——供桥电压。

由材料力学知道，在弹性限度内，有

$$\varepsilon = \frac{\sigma}{E}$$

由于应变筒轴向长度减小 ΔL，纵向应变片的阻值相应地减少 ΔR，阻值的相对变化为 $\Delta R/R$。应变片阻值的相对变化与应变筒应变之比称为应变片的灵敏系数：

$$K = \frac{\frac{\Delta R}{R}}{\frac{\Delta L}{L}}$$

于是纵向应变片的阻值成为：

$$R' = R(1 - \varepsilon K)$$

与此同时，在压力作用下，应变筒横向尺寸增大，从而使横向应变片的阻值相应增加，其阻值成为：

$$R'' = R(1 + \mu\varepsilon K)$$

通过对桥路的适当计算，可得：

$$\frac{\Delta U}{U} = \frac{\varepsilon K(1 + \mu)}{2 - \varepsilon K(1 - \mu)} \qquad (6-29)$$

式中 ΔU——输出的信号电压。

在实际使用的范围内，$\varepsilon K(1 - \mu) \ll 2$，于是上式近似成为：

$$\frac{\Delta U}{U}=\frac{\varepsilon K(1+\mu)}{2} \tag{6-30}$$

当 $K=2$，$\mu=0.3$ 时，

$$\frac{\Delta U}{U}=1.3\varepsilon \tag{6-31}$$

二、自重调节装置

组成电桥的各片应变片阻值可能不等，这就需要把电桥调平。此外，为了扣除称量装置（如料斗等）的重量，使仪表能直接显示出所称量物料的重量，也需要将由于称量装置的重量造成的电桥不平衡调平。为此，装设了自重调节装置，如图 6－14 所示，旋动电位器，即可调节输出电压，当输出电压为零时，电桥达到平衡。

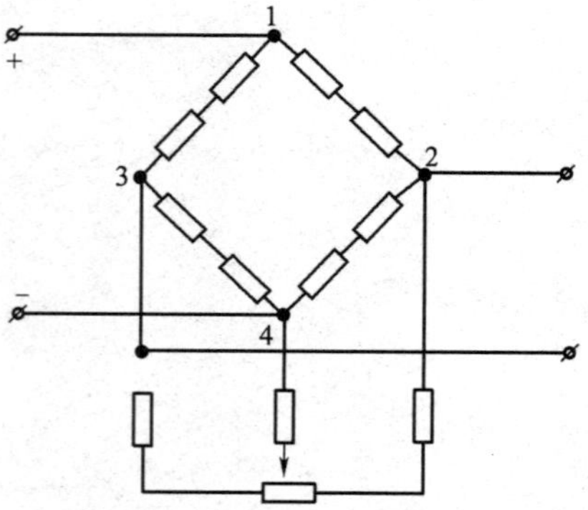

图 6－14　自重调节装置原理图

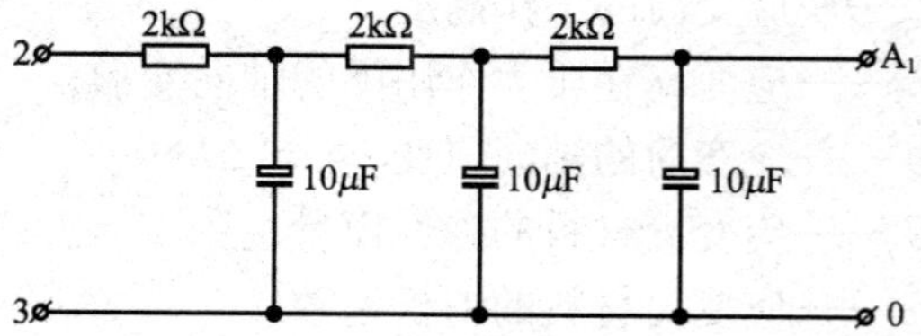

图 6－15　由三级 L 型滤波电路组成的滤波器原理图

三、滤　波　器

传感器输出的信号电压是比较微弱的，为了提高仪表的抗干扰能力，消除由于外界交变电磁场影响而产生的干扰电压进入仪表的测量桥路，在传感器的输出端接入了由三级 L 型滤波电路组成的滤波器，如图 6－15 所示。滤波器的各级均由 2kΩ 的电阻和 10μf 的钽电容组成，有较强的抗干扰能力，即使有相当于仪表电量程 100% 的 50Hz 交流干扰电压加到仪表的输入端，仪表也能正常工作。

四、稳 压 电 源

为了保证测量精度，稳压电源是必不可少的。

稳压电源由变压器、整流电路、滤波电路、二级稳压等几部分组成，其线路如图 6－16 所示。稳压电源用硅稳压管进行稳压，在线路中，为了提高稳压效果，采用了二级稳压电路。当电源电压波动时，经整流、滤波后的直流电压也随之波动，但由于两级硅稳压管的稳压作用，经限流电阻后的直流电压能基本上保持不变，可满足技术要求。为了确保稳压电源的性能稳定，组装前硅稳压管要进行老化处理（可使硅稳压管持续通过 15～20mA 的电流 1～2 星期），选择在电老化过程中稳定的电压波动较小、电压大小

适中的稳压管作为第二级稳压管使用，其余的可作为第一级稳压管。

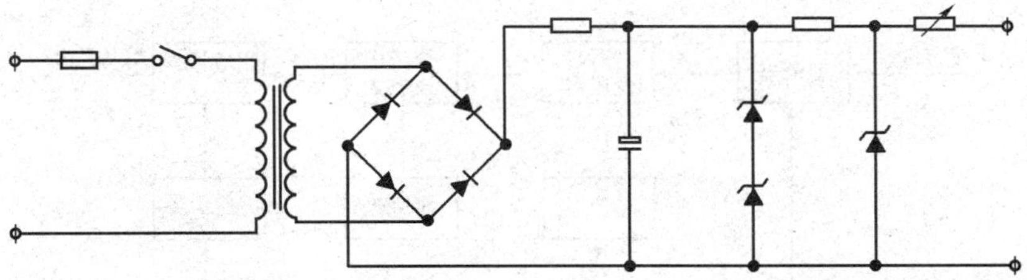

图 6－16　稳压电源原理图

五、测 量 桥 路

测量桥路是根据电压平衡原理自动进行工作的，其线路如图 6－17 所示。从传感器输入的直流电压与测量桥路两端的直流电压相比较，比较后的差值电压（即不平衡电压）输入到放大器中，经放大器放大后，输出足以驱动可逆电动机的功率，使可逆电动机转动，可逆电动机通过传动机构（如齿轮以及螺杆、螺母等）带动测量桥路中滑线电阻的滑臂，以改变滑触点与滑线电阻的接触位置，从而输出一个反向的补偿电压，直到补偿电压等于从传感器输入的电压时，放大器的输入端电压为零，可逆电动机停止，系统达到新的平衡。与此同时，可逆电动机还带动作为标尺的刻度盘旋转，对于滑触点的每一平衡位置，刻度盘相应地转过一定的角度，因此，仪表上的固定指针在刻度盘上就指示出载荷的大小。

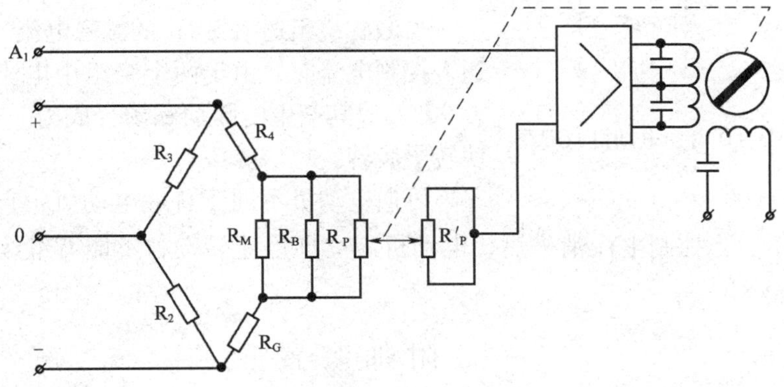

图 6－17　测量桥路原理图

六、放　大　器

放大器的作用是把从测量桥路来的微弱差值电压放大到能推动可逆电动机旋转，以带动测量桥路中滑线电阻的滑臂，移动滑触点，使测量桥路中的电压与传感器的输出电压相互补偿，达到新的平衡。

目前普遍应用的是 JF－12 型晶体管放大器。JF－12 型晶体管放大器由变流器、输入变压器、电压放大级、功率放大级以及电源等几部分组成，其方块图见图6－18。

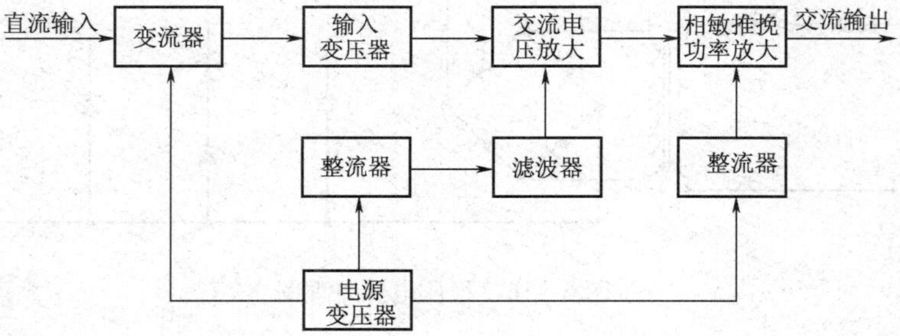

图 6－18　JF－12 型晶体管放大器方块图

从测量桥路来的直流差值电压经过变流器与输入变压器组成的输入级后，调制成 50Hz 的交流信号，再经过电压放大和功率放大，输出足够的功率去推动可逆电动机。

七、可逆电动机

目前普遍采用的是 ND－D 型可逆电动机。可逆电动机的定子由八个绕组构成，并分为两组，每组四个，交替地排列在定子周围。其中一组经串联电容器接于 50Hz 的交流电源线路中，称为激磁绕组。另一组经并联电容器接于放大器的输出端，称为控制绕组。两个绕组的电角度相差 90°，是一种电容分相式的电动机，见图6－19。

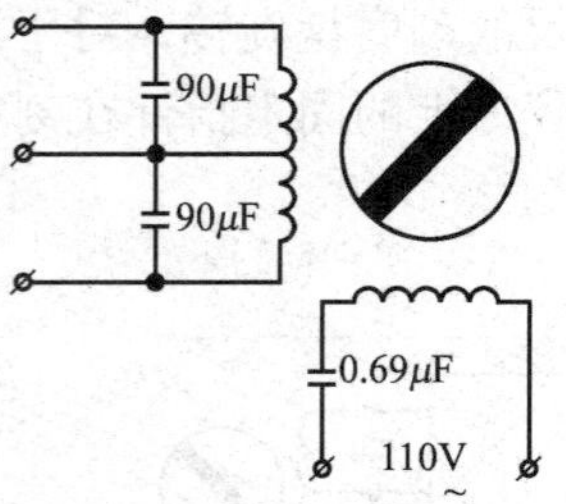

图 6－19　ND－D 可逆电动机原理图

当激磁绕组通入 50Hz 的激磁电流，控制绕组也通入控制电流时，由于两个绕组中电流的电角度相差 90°，故其产生的脉动磁场合成为一个旋转磁场，使转子旋转。

可逆电动机不同于普通电动机，它要求对控制电流反应灵敏，当控制电流消失后，电动机应立即停止转动，不能有继续旋转的现象存在。

八、附加装置

电子秤有两种附加装置，可以根据需要选用。一种是给定值电接点装置，它由 KWX 型微动开关组成，电接点为常开触点，容量是交流 220V，1A 或直流 30V、0.5A。通过微动开关，当被称量物料达到给定值时，发出开关量信号输出，作为报警或控制称量用，这种附加装置特别适用于质量配料。另一种是电阻比例调节装置，它输出一个 0～200Ω 正比于被称物料质量的电阻信号，供连续作用的调节器使用。

电子秤整机的框图如图 6－20 所示。图 6－21 为配有三个传感器作为料斗秤用的电子秤电原理图。

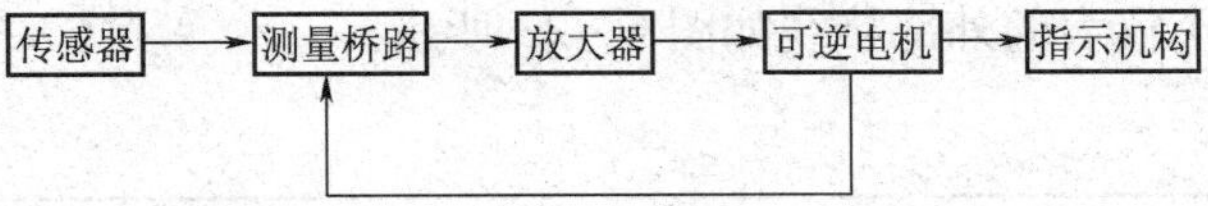

图 6－20　DCZ 系列电子秤原理框图

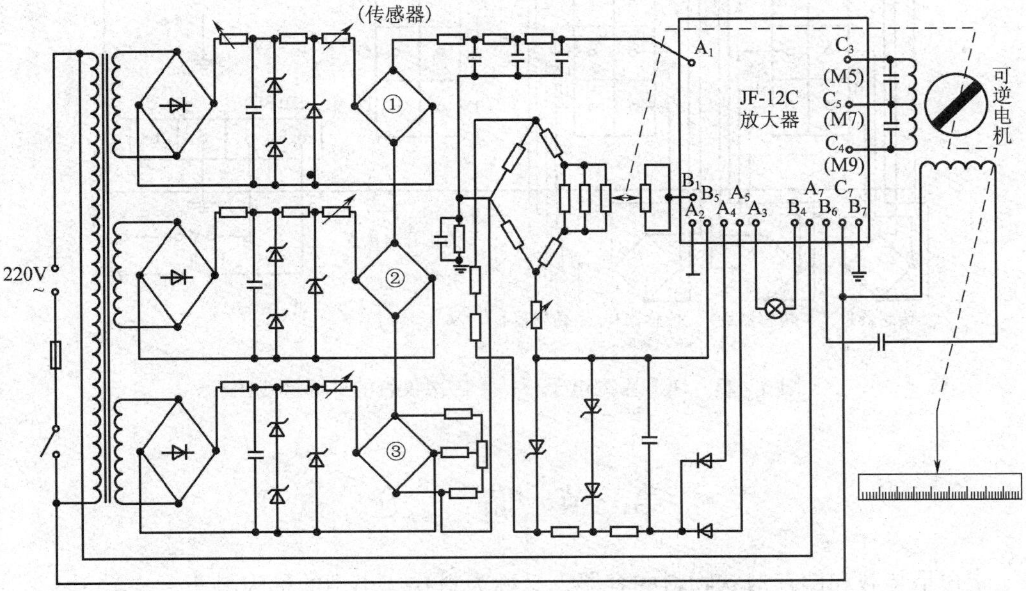

图 6－21　DCZ－1/03 电子秤电原理图

在陶瓷工业中，电子秤一般是安装成料斗秤作为质量配料用，料斗通常用三个或四个传感器支承，如传感器的个数为 N，称量的总重（包括料斗和物料）为 W，则选用传感器的规格为

$$C = \frac{W}{N} \tag{6-32}$$

电子秤的二次仪表应装于明亮、清洁的地方，最适宜的温度为（20±5）℃，相对湿度不大于 80%，附近不应有产生强磁场的设备，以免造成强大干扰而影响仪表的使用。

载荷必须沿着传感器的轴线方向，不能有任何力矩作用在传感器上，各传感器应尽可能承受相等的载荷，偏载量不能太大。传感器应牢固地安装在支架或基础上，安装传感器时可考虑加装调节装置。最简单的调节装置如图 6－22 所示，旋转调节螺栓，即可改变传感器的高低位置。

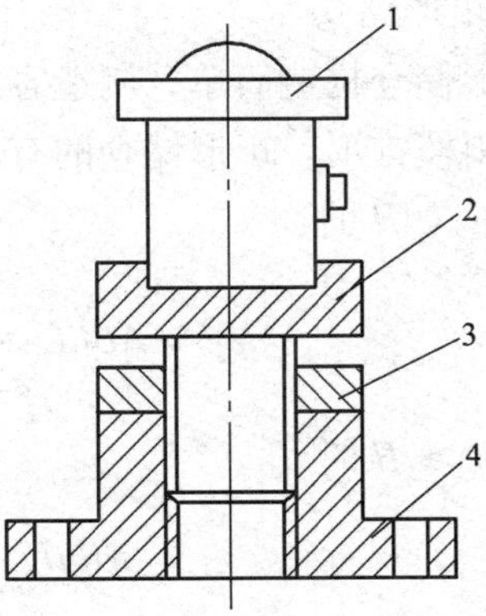

图 6－22　传感器安装高度调节装置

1—荷重传感器　2—连接板

3—锁紧螺母　4—调节座

电子秤一、二次仪表的外部接线如图 6－23 所示。

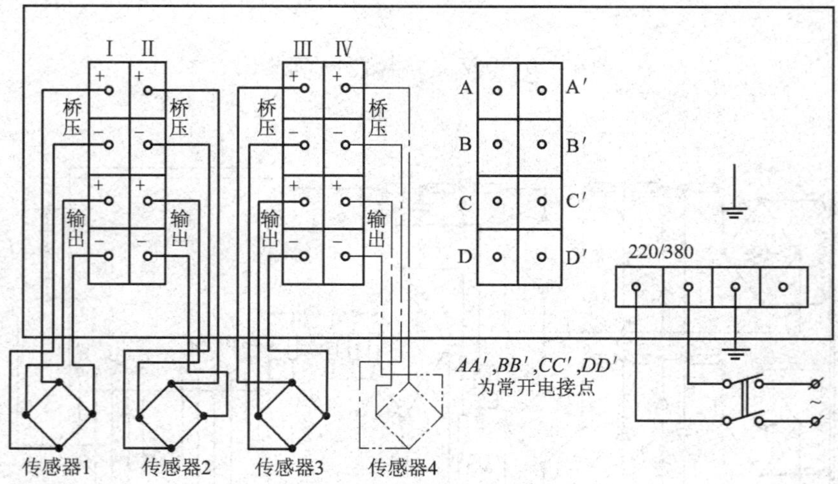

图 6－23　DCZ 系列电子秤一、二次仪表的外部接线图

第三节　储　　仓

储仓是装载和储存散状物料的容器，又称为料仓，小型的称为料斗。

储仓通常是作为生产线中设备的连接环节和作为散状物料运送时的装载工具。前者一般用钢筋混凝土或钢板制成，固定在一定的位置；后者用钢板制造，由起重设备运送。

一、构　　造

储仓的形状一般有如下两种：

1. 矩形储仓

矩形储仓构造简单，制造容易，应用最为广泛，有时由于布置上的需要，储仓下部设计成斜棱锥形。矩形储仓的有效容积由下式计算（图 6－24）：

当 $h < H$ 时，

$$V_s = ABhK + \frac{H}{6}[ab + AB + (a + A)(b + B)]K \tag{6-33}$$

当 $h \geqslant H$ 时，

$$V_s = ABhK + \frac{H}{6}[ab + AB + (a + A)(b + B)] \tag{6-34}$$

式中　V_s——储仓的有效容积，m^3；

$A、B、a、b、H、h$——储仓的上、下口尺寸及仓高，m；

K——储仓容积有效利用系数，一般 $K = 0.75 \sim 0.85$。

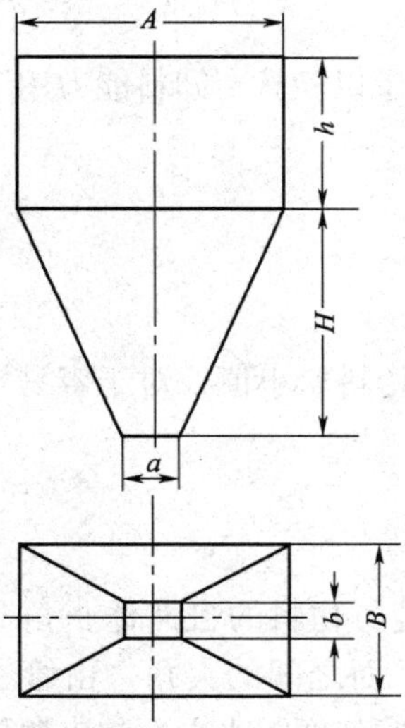

图 6 - 24　矩形储仓

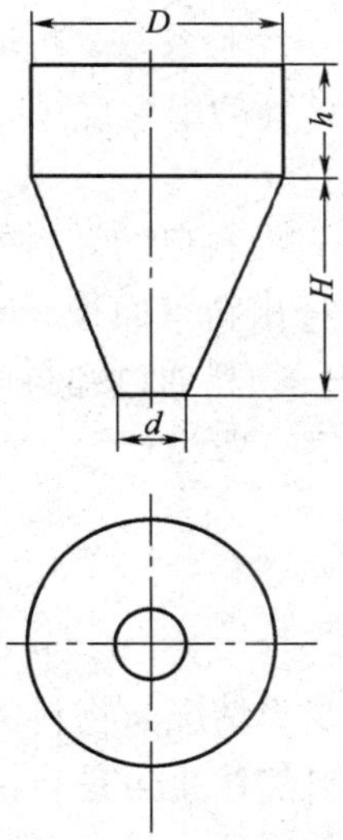

图 6 - 25　圆形储仓

2. 圆形储仓

圆形储仓上部为圆形柱，下部为圆锥形，如图 6 - 25 所示。这种储仓构造比较复杂，制造比较困难，一般较少采用，但由于其结构强度比较高，通常作为长期储存物料的大型储仓。圆形储仓的有效容积用下式计算：

当 $h < H$ 时，

$$V_s = \frac{\pi}{4}D^2hK + \frac{\pi}{12}H(d^2 + dD + D^2)K \tag{6-35}$$

当 $h \geqslant H$ 时，

$$V_s = \frac{\pi}{4}D^2hK + \frac{\pi}{12}H(d^2 + dD + D^2) \tag{6-36}$$

式中　D、d——储仓上、下口的直径，m；

其余符号的意义和单位同前。

物料从储仓中卸出是依靠重力作用，因此储仓的仓壁倾角（仓壁母线与水平线的夹角）应大于物料与仓壁间的摩擦角，物料才能全部卸下。仓壁倾角应根据物料性质和建仓材料确定。一般粒状物料的钢板储仓，仓壁倾角为50°~55°，不能小于45°，混凝土储仓则为55°~60°，粉末状物料的储仓，仓壁倾角一般不应小于60°。含水量高的物料，仓壁倾角还要适当增大。但是，仓壁倾角太大，储仓的有效容积相对减小，为了得到足够的储仓容积，储仓高度必须增大，这也是不合适的。

储仓的出料口有方形和圆形两种，出料口尺寸应能使物料顺利卸出，同时卸料速度应满足生产需要。各种储仓出料口最小允许尺寸可用下式计算：

$$B = c(d_{max} + 80)\tan\alpha \tag{6-37}$$

式中　B——方形出料口的边长或圆形出料口的直径，mm；

d_{max}——物料中最大颗粒的直径，mm；

α——物料的自然休止角，(°)；

c——经验系数，可取 $c=2.4\sim2.6$。

由上式计算的出料口尺寸还必须根据其卸料能力予以验算，卸料能力用下式计算

$$Q=3600Av \tag{6-38}$$

式中 Q——出料口的卸料能力，m^3/h；

A——出料口面积，m^2；

v——物料通过卸料口卸出的速度，m/s。

卸出速度一般为0.5～2.0m/s，对于难以松散的物料取小值，对于容易松散的物料取大值。

二、仓壁受力分析

仓壁的受力情况与物料的性质有关，其中主要是与物料的自然休止角和坍塌角有关。物料的自然休止角是自由堆积的物料表面与水平面之间的夹角，由管子卸下的物料，在重力作用下，其表面形成自然的倾斜面，自然倾斜面与水平面的夹角即为物料的自然休止角（也称为安息角），以 α 表示。物料的自然休止角与物料之间的摩擦因数 f 有如下关系：

$$\tan\alpha=f \tag{6-39}$$

物料的坍塌过程示于图6－26中，高度为 h 的散状物料被侧壁 A 所阻挡。设这时物料的上表面是水平的，侧壁 A 抽走后，物料将坍塌而形成自然倾斜面 ce，ce 应平行于 bd。大量实验数据表明，物料是沿 bc 面坍塌的，bc 面称为物料坍塌面，坍塌面与水平面的夹角称为坍塌角，以 β 表示。如果有侧壁存在，截面为三角形 abc 的物料将以压力 N 作用在侧壁上，力 N 就是物料对仓壁的压力。根据平衡条件，力 N 可计算如下：

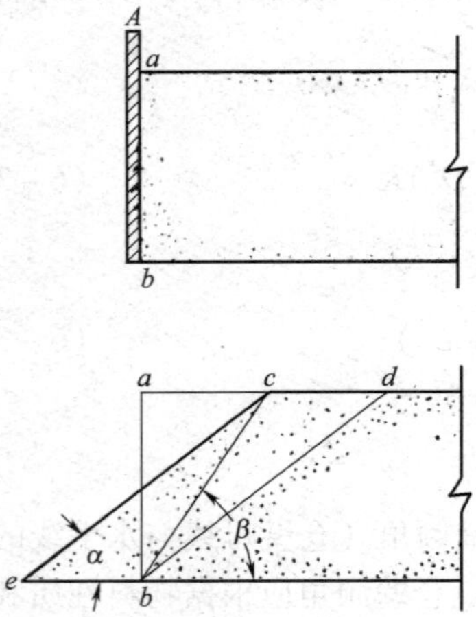

图6－26 物料的坍塌过程

设截面为△abc 的物料质量为 m，在坍塌面上相邻物料之间的作用力为 T，摩擦力为 fT，如侧壁对物料的摩擦力忽略不计，于是有

$$T\cos\beta+fT\sin\beta-mg=0$$

$$T\sin\beta-fT\cos\beta-N=0$$

合并上面两式并化简后得：

$$N=\frac{\sin\beta-f\cos\beta}{\cos\beta+f\sin\beta}mg$$

以 $f=\tan\alpha$ 代入得：

$$N=mg\tan(\beta-\alpha) \tag{6-40}$$

可以证明，物料的坍塌角与自然休止角之间有如下关系

$$\tan\beta=2\tan\alpha \tag{6-41}$$

只要知道截面为三角形 abc 的物料质量和物料的自然休止角，就可以计算物料对仓壁的压力。压力的作用点可按仓壁承受三角形的分布载荷计算，故合力作用点在高度为 $\frac{2}{3}h$ 的地方。

物料对仓底的压力一般可认为等于仓内物料的重力。但是，对于深仓，由于物料与仓壁之间的摩擦力以及物料在横的方向受到挤压，实际上物料对仓底的压力比物料重力要小。

三、悬料及其消除方法

在储仓内，往往由于各种原因，如物料的性质有了变化，储存时间过久，物料之间偶然挤紧以及仓壁倾角不够和出料口小等，在出料口附近物料会生成“桥拱”，使物料不能卸出，这种现象称为悬料。

为了尽量避免悬料的发生，储仓的内表面特别是锥形部分的内表面，应该造得非常光滑，表面凹凸不平将很容易产生悬料。

消除悬料通常采用下面的几种方法：

（1）在出料口上方的仓壁上安装搅拌器，如图 6－27 所示。悬料时，摇动搅拌器的手把，就能破坏物料生成的“桥拱”，使物料卸出。

（2）在储仓的适当位置上安装空气振动器或电动振动器，利用振动器破坏物料的“桥拱”。

（3）对于粉状物料，可在出料口上方装设充气或吹松装置，利用压缩空气吹松和搅动物料，图 6－28 是这种吹松装置的示意图。

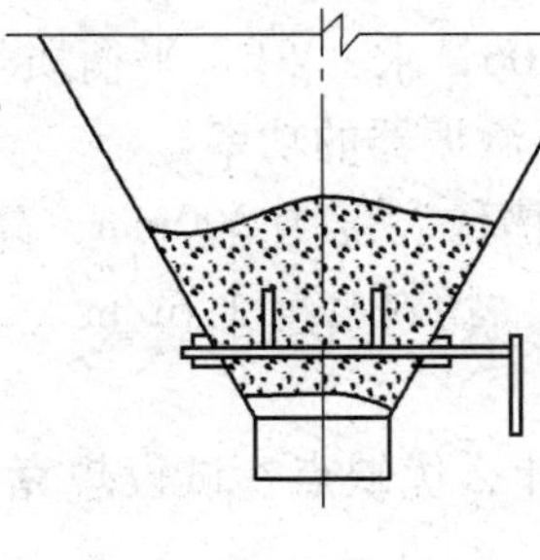

图 6－27　储仓搅拌器

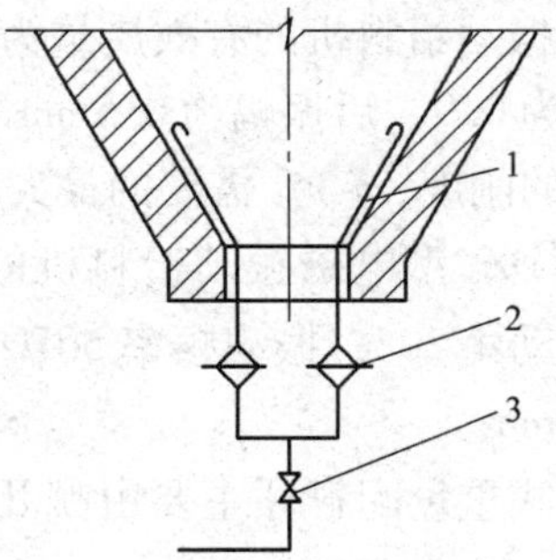

图 6－28　吹松装置

1—压缩空气管　2—空气过滤器　3—截止阀

四、储 仓 闸 门

为了经常启闭储仓的出料口和调节卸出的物料量，储仓的出料口一般都装有专用的闸门。常用的闸门有颚式闸门、扇形闸门和平闸门等几种，如图 6－29 所示。前两种可用于块状物料的卸料，平闸门一般只适用于粉状和粒状物料。

在有些情况下，储仓出料口直接与给料机相连，给料机本身也就起了闸门的作用。

尽管如此，在出料口与给料机之间还应装设平闸门，以备给料机检修时关闭出料口之用。

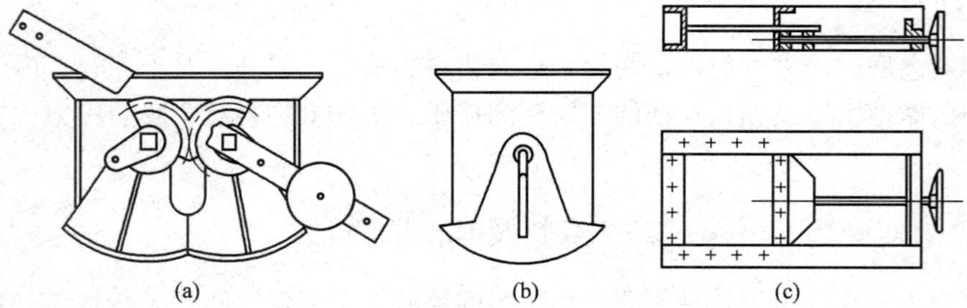

图6－29　储仓闸门示意图

（a）颚式闸门　（b）扇形闸门　（c）平闸门

思考题及习题

1. 电磁振动给料机主要由哪几部分组成？它是根据什么原理工作的？有什么优缺点？

2. 电磁振动给料机的振幅与什么有关？其关系怎样？可采用哪些方法调节振幅？

3. 什么叫做调谐值？为什么要使电磁振动给料机在低临界近共振状态下工作？

4. 怎样进行电磁振动给料机的振动系统的调谐工作？

5. 电磁振动给料机在使用中应注意哪些问题？

6. 电磁振动给料机的有效质量为120kg，槽体振幅0.75mm，激振力频率50Hz，设选取调谐值为0.9，后振幅为0.5mm，衰减系数为0.06，求：（1）平衡质量；（2）振动器主弹簧的刚度；（3）需要的最大激振动力；（4）激振器的功率。

7. 计算DZ_2型电磁振动给料机的给料量，已知槽体宽度为300mm，高度120mm，倾角0°，振动角20°，振动频率50Hz，振幅0.75mm，物料密度1.6t/m^3。设槽体上料层厚度为25mm。

8. 移动式重量配料秤主要由哪几部分组成？有什么优缺点？试设想克服其缺点的方法。

9. 电子秤是根据什么原理工作的？主要由哪几部分组成？影响电子秤称量精度的因素是什么？

10. 在电子秤的选型和使用中应注意哪些问题？

11. 储仓有什么作用？不同形状的储仓有什么优缺点？

12. 仓壁倾角的大小根据什么来选择？倾角过大或过小会带来什么后果？

13. 储仓为什么会产生悬料现象？消除悬料的方法有哪几种？

14. 设计最大储料量为20t的矩形储仓，并计算作用于仓壁上的压力。物料密度1.6t/m^3，自然休止角为35°。

第七章 混合与搅拌机械

陶瓷生产中用的坯料和釉料，一般是由几种不同的物料按一定比例配合而成的。各种物料按配方称量好以后，必须均匀混合。各组分混合的均匀程度对陶瓷制品的质量影响很大，如果混合得不均匀，将出现物料中各部分成分不一样和含水量不相同的情况，结果将造成大量的废品。

物料的混合是在混合或搅拌机械中进行的。有些搅拌机械除可进行物料的混合操作外，还可用于使料浆中固体颗粒不发生沉淀，使之保持均匀的悬浮状态。

本章介绍双轴搅拌机、螺桨搅拌机和真空练泥机。

第一节 双轴搅拌机

用干的粉料与泥浆混合制备塑性泥料，可以减少工序，实现生产过程的自动化和连续化。同时，泥料的含水量比较稳定而且便于调节。把粉料和泥浆混合成为水分均匀的塑性泥料，可以在双轴搅拌机中进行。

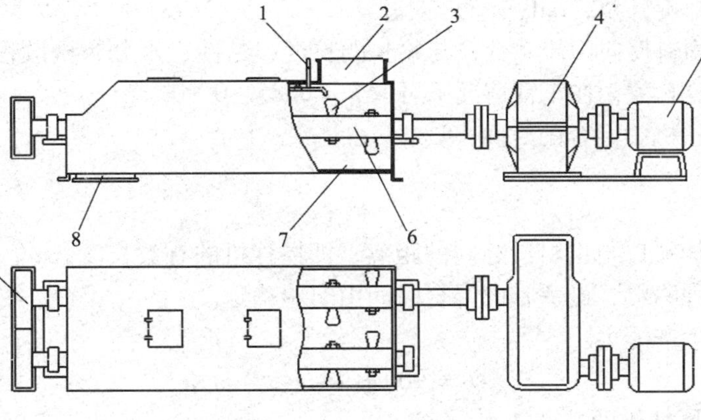

图 7－1 双轴搅拌机示意图

1—进浆（水）管 2—加料口 3—刀片 4—减速器 5—电动机
6—螺旋轴 7—料槽 8—出料口 9—传动齿轮

双轴搅拌机的主要部件是料槽 7 和两根螺旋轴 6，如图 7－1 所示。在螺旋轴上固定着许多按螺旋线排列的刀片 3，其中一根轴用联轴器通过减速器 4 与电动机 5 相连，另一根轴则通过一对齿轮 9 被带动。在料槽的上方装设带小孔的管子 1，泥浆通过小孔加入料槽中。粉料用给料机定量地从加料口 2 加入搅拌机，与同时加入的泥浆混合。螺旋轴旋转时，刀片不断对料槽中的物料进行搅拌，与此同时，刀片还把逐渐变得均匀的塑性泥料运送到出料口 8 卸出。双轴搅拌机是一种连续式的混合设备。

搅拌机的刀片是易损零件，应该用耐磨材料制造。为了便于调整刀片的角度和更换刀片，在刀片的末端都有圆柱形的刀柄。安装时，将刀柄插入轴上相应的圆孔中，然后在带有螺纹的刀柄尾部套上螺母并拧紧。为了延长刀片的使用寿命，有些搅拌机在刀片容易磨损的压力面上镶以耐磨的盖板，磨损后，只要更换盖板，而无需调换整个刀片。

物料在搅拌机中混合的均匀程度，即混合的质量，大致上与混合的时间成正比。对于两根螺旋轴均使物料沿同一方向运送的并流式搅拌机，可以用减小刀片安装的螺旋升角，从而降低物料输送速度，以达到延长混合时间、提高混合质量的目的。要进一步提高混合质量，还可采用逆流式双轴搅拌机。在这种搅拌机里，两根螺旋轴上刀片排成的螺旋旋向是相同的，这样，当一根螺旋轴把物料送往出料口时，另一根螺旋轴却往相反的方向运送物料。因此，物料在搅拌机中混合的时间较长，可以得到比较均匀的混合。当然，把物料送往出料口的速度要比反向运送速度大，才能使物料最终移向出料口。

在并流式的双轴搅拌机中，物料移动的速度：

$$v = \frac{1}{60} Zbnk\sin\alpha \tag{7-1}$$

式中　v——物料移动的速度，m/s；

Z——一个螺距内的刀片数，一般 $Z=4$；

b——刀片的宽度，m；

n——螺旋轴转速，r/min；

α——螺旋升角，rad；

k——物料反向回流系数，与物料的粒度、黏性、水分、松散程度以及螺旋升角等有关，在正常情况下可取 $k=0.85 \sim 0.90$。

物料在搅拌机中混合的时间：

$$t = \frac{L}{v}$$

式中　L——加料口与出料口之间的距离，即搅拌机的有效长度，m。

对于每一种物料，最适宜的混合时间由实验确定。

搅拌机的生产能力：

$$Q = 900\pi(D^2 - d^2)\phi v K \tag{7-2}$$

式中　Q——搅拌机的生产能力，m^3/h；

D——刀片旋转时扫过的圆周直径，m；

d——螺旋轴直径，m；

ϕ——料槽的填充系数，可取 $\phi=0.55$；

v——物料移动的速度，m/s；

K——搅拌机螺旋轴的根数，对于并流式双轴搅拌机，$K=2$。

逆流式双轴搅拌机的生产能力较小，可按上式令 $K=1$ 分别计算两根螺旋轴的生产能力，两者之差即为搅拌机的生产能力。物料在料槽中移动的速度：

$$v = \frac{Q}{900\pi(D^2 - d^2)\phi}$$

物料在搅拌机中混合的时间，可用前面并流式的公式计算。

搅拌机需要的功率计算如下：

刀片在物料中搅拌时，物料作用于刀片上的阻力：

$$F = CA$$

式中　F——物料对刀片的阻力，N；

C——阻力系数，Pa，对于含水量为20%左右的泥料，可取 $C=200\sim300\text{kPa}$；

A——刀片在其运动方向的投影面积，m^2。

搅拌机需要的功率：

$$P = \frac{4\pi\beta\phi iCbn(D^2-d^2)\sin\alpha}{\eta}\times10^{-6} \tag{7-3}$$

式中　P——搅拌机需要的功率，kW；

i——螺旋轴上刀片的总数；

η——机械效率，用圆柱齿轮减速器变速时，$\eta=0.94$；

β——功率储备系数，可取 $\beta=1.2\sim1.4$。

其余符号的意义和单位同前。

第二节　螺桨搅拌机

在陶瓷厂中，螺桨搅拌机通常用于搅拌泥浆，使泥浆中各组分混合均匀，固体颗粒不致沉淀。此外，也用于在水中松解泥料以制备均质泥浆。

一、构造和工作原理

螺桨搅拌机的构造如图7-2所示。在垂直放置的立轴末端装有一般为三片桨叶的螺旋桨，螺旋桨在液体中转动时，迫使液体产生剧烈的运动，其中除了切向和径向运动外，还有速度较大的轴向运动，这种轴向运动能促使液体强烈循环而得到有效的混合。因此，螺桨搅拌机适用于松解泥料以制备泥浆和用于搅拌泥浆以保持泥浆的均匀性。

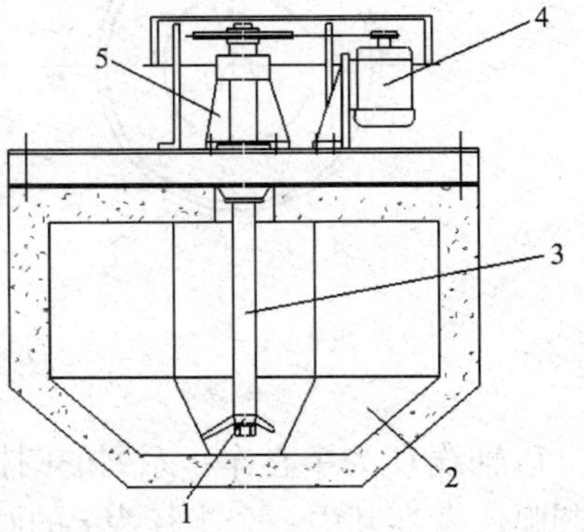

图7-2　螺桨搅拌机示意图
1—螺旋桨　2—搅拌池　3—立轴
4—电动机　5—机体

二、螺旋面的几何要素及螺旋桨叶的画法

如直线匀速地绕轴旋转并沿轴平行移动，则这一直线形成的曲面就是螺旋面，该直线称为螺旋面的母线，母线上每一点均描绘出一条螺旋线，螺旋线的斜率：

$$\tan\alpha = \frac{h}{2\pi r}$$

式中　α——螺旋升角；

h ——螺距；

r ——点的旋转半径。

螺旋面上各条螺旋线的螺距是相同的，由上式可知，在不同半径上，螺旋线的斜率却各不相同，随着半径的增大，斜率减小。

母线与垂直于轴线的平面的夹角称为倾角，倾角等于零时得到的螺旋面为直螺旋面，一般情况下为斜螺旋面，螺桨搅拌机桨叶螺旋面的母线倾角为0°～20°。

桨叶的前面是工作面，为斜螺旋面的一部分，桨叶的后面是非工作面，非工作面与以搅拌机轴线为中心作的圆柱面相交的交线一般是二次抛物线。工作面在垂直于轴线的平面上的投影称为投影面，而工作面在同一平面上的展开图形则称为展开面。

图7－3为螺旋桨在垂直于轴线的平面上的投影。一般螺旋桨共有三片桨叶，沿周边作等距排列，桨叶之间的夹角为120°，图中只画出其中的一片。

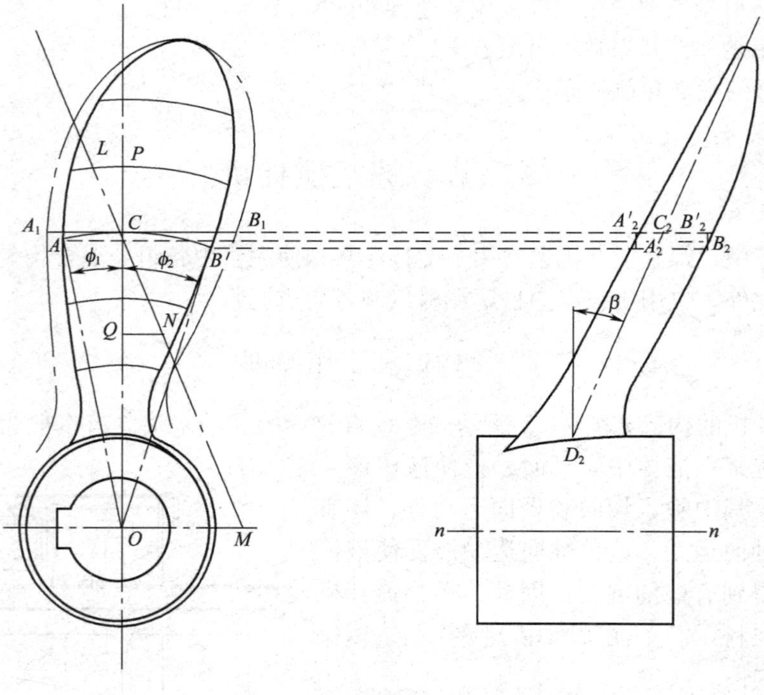

图7－3　螺旋桨的投影图

以轴线 O 为中心作一系列的圆柱面，这些圆柱面与图纸平面垂直，均积聚为一系列的圆弧，考察其中一个半径为 r 的圆柱面，圆柱面与桨叶的工作面相交，其交线为螺旋线，该螺旋线在图纸平面上的投影为 AB 弧。为了作出工作面的展开图，必须找出该段交线的实长。为此，在垂直于 OC 的直线上找一点 M，令

$$OM = \frac{h}{2\pi}$$

连 CM，因为

$$\tan\alpha = \frac{h}{2\pi r}$$

故$\angle OCM$就是螺旋升角α。连OA、OB，量取$\phi_1 = \angle AOC$和$\phi_2 = \angle BOC$，计算弧长$\widehat{AC} = r\phi_1$和$\widehat{BC} = r\phi_2$，在OC线上取$CP = \widehat{AC}$，$CQ = \widehat{BC}$，分别过P、Q点作OC的垂线，与直线MC交于L、N点，由图可知：

$$CL = \frac{r\phi_1}{\cos\alpha}$$

$$CN = \frac{r\phi_2}{\cos\alpha}$$

分别是交线的AC段和BC段的实长。过C点作圆弧$\widehat{AB}$的切线，量取$CA_1 = CL$，$CB_1 = CN$，A_1B_1就是所求展开面周边上的两点。事实上，直线A_1B_1是圆柱面与桨叶工作面的交线转到图纸平面后沿着圆弧切线拉直所得的直线。直线A_1B_1的长度即为桨叶横截面样板的长度。至于桨叶的厚度，则由需要的强度决定。用同样的方法可找到展开面周边上的若干点，最后以光滑曲线连接各点所得的面，就是桨叶工作面的展开面。

桨叶工作面的侧面投影作法如下：

设n—n为螺旋桨轴线的侧面投影，过D_2（一般取为轴毂的中点）作直线D_2C_2，使其倾斜角等于螺旋面母线的倾角β，D_2C_2就是通过D_2点的螺旋面母线，C_2就是C点的侧面投影。因为

$$LP = r\phi_1\tan\alpha$$

$$NQ = r\phi_1\tan\alpha$$

分别为A、C两点和B、C两点沿轴线方向的距离。显然，在侧面投影上，A、B两点的投影到C_2的轴向距离应分别等于LP和NQ，所以作直线$A_2'B_2'$，使$C_2A_2' = LP$，$C_2B_2' = NQ$。过A_2'、B_2'向下引垂线与通过A与B的两条水平线相交的交点A_2与B_2就是A、B两点的侧面投影。这样一点一点定出各点的位置，最后用光滑曲线连接各点，即为桨叶工作面的侧面投影。

三、主要参数的确定

1. 转速

螺旋桨的转速太低时，操作强度下降，搅拌效果不好；转速太高时，功率消耗和作用在桨叶上的力都急剧增大，桨叶不能不做得过分笨重。根据实际使用的数据，螺旋桨的转速

$$n = \frac{125}{d} + 80 \tag{7-4}$$

式中　n——螺旋桨的转速，r/min；

　　　d——螺旋桨的直径，m。

实际上用上式计算的螺旋桨转速是比较高的，只供设计和使用时参考。选定螺旋桨转速时，应根据使用要求确定，例如用于松解泥料以制备均质泥浆时，需要有比较强烈的冲刷和碰击作用，应当采用比较高的转速：如用于搅拌泥浆使之保持均匀，则可用较

低的转速。

此外，螺旋桨的转速也可按其圆周速度为 5～15m/s 的经验数据来确定。

2. 需要的功率

搅拌机在料浆中旋转时消耗的功率不仅与搅拌机的结构尺寸有关，而且与料浆的性质以及搅拌池的形状、搅拌机的安装位置等有关，因此，要用解析法来解决这样的问题是很困难的。目前主要是应用相似理论，研究在相似条件下各个参数之间的相互关系。

对于几何相似，边界条件相似的搅拌机，需要的功率 P 主要与搅拌机的直径 d、转速 n 以及料浆的黏度 μ、密度 ρ 和重力加速度 g 有关，写成函数关系式为：

$$F(P,d,n,\mu,\rho,g)=0$$

用因次分析法，上式可整理成无因次数群之间的关系：

$$\frac{P}{d^5n^3\rho}=f\left(\frac{d^2n\rho}{\mu},\frac{dn^2}{g}\right)$$

在无因次数群 $d^2n\rho/\mu$ 中，dn 表示桨叶的圆周速度，也就是料浆的运动速度，故这一无因次数群实质上是雷诺数，它表示黏性力对搅拌过程的影响。无因次数 dn^2/g 实质上是弗劳德数，表示重力对搅拌过程的影响。因此这两个无因次数群分别称为搅拌的雷诺数和搅拌的弗劳德数，分别用 Re_M 和 Fr_M 表示。同样理由可以证明，无因次数群 $P/(d^5n^3\rho)$ 实质上是欧拉数，称为搅拌的欧拉数，以 Eu_M 表示。这样一来，准数方程式可写成：

$$\frac{P}{d^5n^3\rho}=A\,Re_M^mF_{rM}^n$$

在实际的搅拌过程中，由于采用了横截面为正八边形的搅拌池，限制了料浆的转动，料浆表面一般不会形成明显的回转抛物面，即搅拌池中心处不会产生很深的漩涡，重力对搅拌过程的影响可忽略不计，搅拌过程与 Fr_M 无关，于是准数方程式成为：

$$\frac{P}{d^5n^3\rho}=A\,Re_M^m$$

通过实验数据的整理，对于螺距等于桨叶直径的三叶螺旋桨，当 $Re_M<10$ 时，$m=-1, A=41$，于是，上式成为：

$$P=41\mu n^2d^3 \tag{7-5}$$

实际使用的螺桨搅拌机，一般都不在这个范围内。

当 $Re_M>10000$ 时，$m=0$，$A=0.3\sim0.6$（搅拌机转速高时取小值，转速低时取大值），于是有：

$$P=(0.3\sim0.6)\rho n^3d^5$$

进行必要的单位换算后可得：

$$P=(1.4\sim2.8)\rho n^3d^5\times10^{-9} \tag{7-6}$$

式中 P——搅拌机需要的功率，kW；

ρ——料浆的密度，kg/m³；

n——螺旋桨的转速，r/min；

d——螺旋桨的直径，m。

实际使用的螺桨搅拌机，搅拌的雷诺数都大于 10000，故可用上式计算搅拌机需要的功率。

必须说明，上述功率只是供搅拌机本身克服料浆阻力之用，没有包括轴承，填料涵和传动装置等的功率消耗。因此，确定电动机功率时，还必须考虑搅拌机和传动装置的机械效率，此外，电动机还要有一定的功率储备，即应乘上功率储备系数。

四、结构设计

虽然螺桨搅拌机应用很广，但到目前为止，研究得还很不够。为了确定各部分的结构尺寸，往往是利用船用螺旋推进器和轴流泵的经验计算，由于在构造比例和工作条件上它们之间存在着很大差别，故得到的结果只能是近似的，仅供设计时参考。

1. 桨叶螺旋面的展开面和旋向

桨叶螺旋面展开面的形状多半近似于椭圆，只是与轴毂连接处缺少了一小部分。椭圆的长半轴为 $r/2$，短半轴为 $b_{max}/2$，r 为螺旋桨的半径，b_{max} 为展开面的最大宽度，展开面的面积近似为：

$$S = \frac{\pi}{2}\left(\frac{db_{max}}{4} - r_0^2\right) \tag{7-7}$$

式中　S——展开面的面积，m^2；

r_0——轴毂半径，m。

其余符号的意义同前。

桨叶展开面的总面积与其扫过的圆面积之比称为盘面比，以 k 表示，即

$$k = \frac{ZS}{\pi r^2} \tag{7-8}$$

式中　Z——螺旋桨桨叶的片数，通常 $Z=3$。

其余符号的意义同前。

对于螺桨搅拌机，螺旋桨的盘面比通常为0.3～0.5。

轴毂半径取为：

$$r_0 = 0.2r \tag{7-9}$$

设 b 为展开面的平均宽度，最大宽度与平均宽度之比通常为：

$$\frac{b_{max}}{b} = 1.2 \tag{7-10}$$

平均宽度一般在以下范围：

$$b = (0.4 \sim 0.7)r \tag{7-11}$$

螺旋桨紧固于立轴上，除用平键连接外，在轴端还用铜质盖形螺母锁紧。具有右旋螺纹的盖形螺母随立轴和螺旋桨一同在料浆中旋转。为了使料浆作用于螺母上的阻力矩与螺母拧紧方向相同，以防螺母自行松脱，立轴应作顺时针方向（从立轴顶端朝下观察的转向）旋转，那么，螺旋桨要把料浆推向下方，桨叶螺旋面的旋向应当是左旋。

2. 螺距

螺距的大小关系到螺旋桨单位时间内推动液体的数量，如果不计及其他因素的影响，螺旋桨每分钟推动的液体体积为：

$$V = \frac{\pi d^2}{4} hn$$

由于其他因素的影响，如液体的滑动、搅拌池底面和内壁的阻挡等，实际推动的液体体积为上式计算值的50% ~80%。这样，螺距：

$$h = \frac{(8 \sim 5)}{\pi d^2 n} V \tag{7-12}$$

至于 V 的大小则由搅拌比 $V/V_0 = 3 \sim 10$ 决定，其中 V_0 为搅拌池中液体的体积。但是，使用这些经验公式来确定螺距的大小时，由于可供选择的数据范围较宽，往往不容易选择得当。所以，在实用上螺旋桨桨叶的螺距通常在如下的范围内选定

$$h = (0.8 \sim 1.2) d \tag{7-13}$$

3. 桨叶厚度

桨叶与轴毂连接处的厚度取为（0.03 ~0.06）d。桨叶外周厚度，当 $d < 1$m 时，钢和青铜桨叶的厚度为3 ~4mm，铸铁桨叶的厚度为5 ~6mm，铸铝桨叶还应适当加厚，中间各处的厚度可按“桨叶厚度沿母线作直线变化”的原则确定。

4. 轴毂

轴毂与桨叶是铸成一体的，通常轴毂半径取 $r_0 = 0.2r$，长度应略大于桨叶与轴毂连接所必需的长度，轴毂厚度不要小于桨叶根部厚度的90%。

5. 搅拌池

搅拌池的直径对于横截面为正多边形的搅拌池来说是指正多边形的内切圆直径。目前通用的搅拌池，其横截面多为正八边形，这种形状可限制料浆的旋转运动，防止料浆面上形成较深的回转抛物面，搅拌的效果比较好。

搅拌池的直径要合理选择，直径过大，搅拌不容易均匀，局部地区会搅拌不到而成为死角；直径过小，则搅拌池体积太小，不能充分发挥搅拌机的应用，经济上不合理。通常搅拌池的直径可按下式选择：

$$D = (3 \sim 4) d \tag{7-14}$$

式中　D——搅拌池直径，m；

　　　d——螺旋桨直径，m。

搅拌池的体积计算如下：

按搅拌比 $V/V_0 = 3 \sim 10$ 计算池中料浆的体积 V_0，则搅拌池的体积：

$$V_p = \frac{V_0}{K}$$

式中　V_p——搅拌池的体积，m^3；

　　　K——搅拌池的有效利用系数，可取 $K = 0.85$。

由已知的搅拌池体积和直径，可计算搅拌池的深度，或者更为简单而实用的是用下面的经验公式确定搅拌池的深度：

$$H = \left(\frac{2}{3} \sim 1\right) D \tag{7-15}$$

式中　H——搅拌池的深度，m；

　　　D——搅拌池的直径，m。

在这里要说明：根据螺桨搅拌机搅拌时料浆的运动特性，在螺旋桨的下方，流线比较集中，而在搅拌池底部附近的四周，料浆的流速很小，往往成为搅拌不到的死角。为了避免这种情况的发生，搅拌池底部通常做成棱锥形的表面。底面直径为搅拌池直径的1/2或1/3（多数是1/2），半锥角为45°，如图7－4所示。

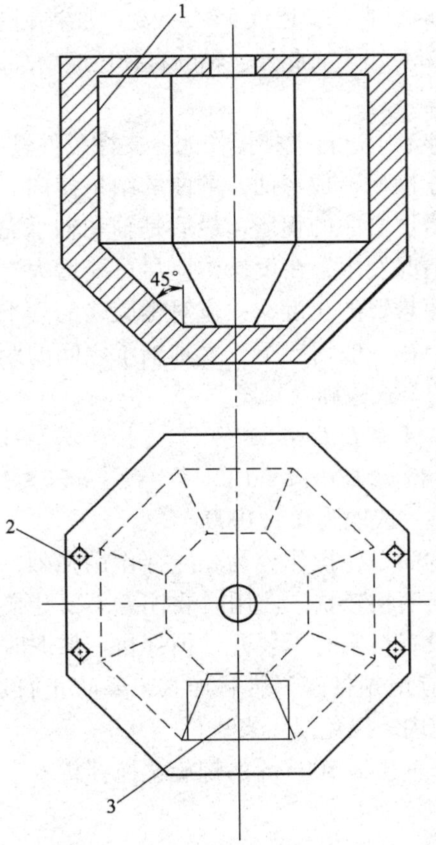

图7－4　搅拌池结构图

1—瓷砖　2—地脚螺栓预留孔　3—人孔

确定搅拌池的深度时，还要结合搅拌机轴伸长度一并考虑，不要使搅拌机立轴悬臂太长。

6. 立轴

立轴的材料通常为45号钢，如果允许轴的直径较大时，也可采用普通碳素钢。为了防止铁质对料浆的污染，轴伸入料浆中的那一段应当采取防腐蚀措施。

工作时，立轴承受扭转和弯曲的组合作用。但是，为了简化计算，工程中往往假定立轴仅仅承受扭矩的作用，然后用增大安全系数，即降低材料的许用应力来弥补由于忽略弯曲作用所造成的误差。

对于实心轴，轴的直径：

$$d_s = A\sqrt[3]{\frac{P}{n}} \tag{7-16}$$

式中　d_s——轴的直径，m；

P——轴传递的功率，kW；

n——轴的转速，r/min；

A——与轴的材料有关的系数，由表7－1中查取。

表7－1　　轴常用材料的许用切应力［τ］及A值

轴的材料	Q235，20	35	45	1Cr18Ni9Ti
许用切应力［τ］/MPa	12～20	20～30	30～40	15～25
$A\times10^2$	16.05～13.53	13.53～11.82	11.82～10.74	14.9～12.57

对于空心轴，轴的直径：

$$D_s = A\sqrt[3]{\frac{P}{(1-\alpha^4)n}} \tag{7-17}$$

式中　D_s——空心轴的外径，m；

α——轴的内径与外径之比。

其余符号的意义和单位同前。

确定轴的直径时，还必须考虑轴上开有键槽或孔会引起轴的局部削弱，直径因而应适当增大。按照一般经验，轴上开有一个键槽或浅孔时，直径应增大4% ~5%。如果在同一横截面位置开有两个键槽或浅孔，则直径应增大7% ~10%。此外，轴的直径还应增加2 ~4mm 作为腐蚀裕量。

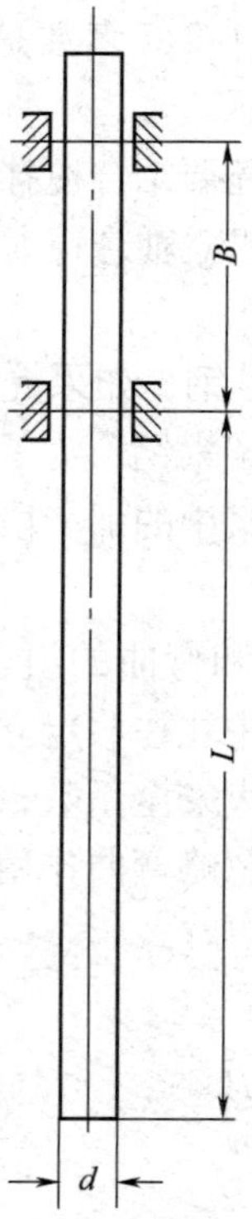

图7 -5　搅拌轴的支承

立轴是悬伸到搅拌池中进行搅拌操作的，支撑条件较差，常常由于侧向外力的作用而造成弯曲，弯曲的结果使离心力增大，从而又进一步增加弯曲的程度，最后是轴和轴承完全破坏。为了防止这种情况发生，在设计中应尽可能增大立轴轴承之间的距离和缩短悬臂的长度，并应对螺旋桨的静平衡精度提出一定的要求。在一般情况下，立轴轴承之间的距离和悬臂长度可用下面的公式验算（见图7 -5）：

$$4 \leqslant L/B \leqslant 5 \tag{7-18}$$

$$40 \leqslant L/d_s \leqslant 50 \tag{7-19}$$

立轴的直线度允差一般取为0.1/1000。

螺旋桨搅拌机结构简单，操作容易，搅拌作用强烈，效果较好；缺点是螺旋桨磨损较快。使用时要注意不要让搅拌机空转，即搅拌池中没有料浆时不要开动搅拌机。加泥时要均匀加入，大块泥料应预先打碎，然后加入，要防止石块、铁块等杂物掉入搅拌池内，以免损坏桨叶。

【例7 -1】　计算直径为500mm 的螺旋桨搅拌机的主要参数和结构尺寸。

【解】　1. 转速

螺旋桨搅拌机的转速用式（7 -4）计算：

$$n = \frac{125}{d} + 80 = \frac{125}{0.5} + 80 = 330(\mathrm{r/min})$$

圆周速度：

$$w = \frac{\pi n}{60} d = \frac{3.14 \times 330}{60} \times 0.5 = 8.6(\mathrm{m/s})$$

圆周速度在经验值5 ~15m/s 的范围内。

2. 需要的功率

$$P = (1.4 \sim 2.8)\rho n^3 d^5 \times 10^{-9}$$

由于选用的转速是比较高的，故上式中系数取较小值，设取为1.6。泥浆的密度取为1400kg/m³，代入上式得：

$$P = 1.6 \times 1400 \times 330^3 \times 0.5^5 \times 10^{-9} = 2.5\ (\mathrm{kW})$$

考虑到机械效率和功率储备，电动机功率：

$$P_g = 1.5 \times 2.5 = 3.75\ (\mathrm{kW})$$

3. 螺旋桨的结构尺寸

（1）桨叶数目　桨叶数目取 $Z = 3$。

（2）桨叶螺旋面的展开面尺寸 平均宽度设取：

$$b = 0.3d = 0.3 \times 500 = 150 \text{（mm）}$$

最大宽度：

$$b_{max} = 1.2b = 1.2 \times 150 = 180 \text{（mm）}$$

旋向为左旋。

（3）轴毂半径 轴毂半径取为：

$$r_0 = 0.2r = 0.2 \times \frac{500}{2} = 50 \text{（mm）}$$

（4）盘面比

$$k = \frac{Z}{2r^2}\left(\frac{db_{max}}{4} - r_0^2\right) = \frac{3}{2 \times \left(\frac{500}{2}\right)^2}\left(\frac{500 \times 180}{4} - 50^2\right) = 0.48$$

盘面比在经验值 0.3 ~0.5 的范围内。

（5）螺距 螺距取为：

$$h = 0.8d = 0.8 \times 500 = 400 \text{（mm）}$$

（6）桨叶厚度 在陶瓷工业中，为了防止铁质对原料的污染，螺旋桨多数采用铸铝或铸铜制造。由于铜的价格较贵，来源困难，故通常采用铸铝。铸铝强度和耐磨性都比较差，应适当增大桨叶的厚度。

桨叶与轴毂连接处的厚度取为：

$$\delta_2 = 0.05d = 0.05 \times 500 = 25 \text{（mm）}$$

外周厚度取为 $\delta_1 = 8\text{mm}$。

中间各处的厚度，则按“桨叶厚度沿母线作直线变化”的原则确定。

（7）轴毂 轴毂半径由上面计算已得 $r_0 = 50\text{mm}$。

轴毂厚度取为 $\delta = 0.9\delta_2 = 0.9 \times 25 = 22$（mm）。

轴毂长度由作图决定。

4. 立轴直径

设轴的材料选用 45 号优质碳素钢，A 值取为 11，从而得：

$$d_s = A\sqrt[3]{\frac{P}{n}} = 11 \times \sqrt[3]{\frac{3.75}{330}} = 2.5 \text{（cm）}$$

考虑到轴上开有键槽和腐蚀，轴的直径要适当增大，轴径取为：

$$d_s = 1.2 \times 2.5 = 3 \text{（cm）}$$

5. 搅拌池的结构尺寸

（1）直径 搅拌池直径取为：

$$D = 3.5d = 3.5 \times 500 = 1750 \text{（mm）}$$

（2）深度 搅拌池深度取为：

$$H = \frac{2}{3}D = \frac{2 \times 1750}{3} = 1166 \text{（mm）}$$

圆整为 $H = 1200\text{mm}$。

（3）底面直径 搅拌池底面直径取为：

$$D_b = \frac{1}{2}D = \frac{1750}{2} = 875\ (\text{mm})$$

圆整为 $D_b = 880\text{mm}$。

(4) 体积　搅拌池的横截面积:

$$S = 0.8284D^2 = 0.8284 \times 1.75^2 = 2.5\ (\text{m}^2)$$

底面面积:

$$S_b = 0.8284D_b^2 = 0.8284 \times 0.88^2 = 0.64\ (\text{m}^2)$$

棱台部分高度:

$$H_2 = 0.435\ (\text{m})$$

棱柱部分高度:

$$H_1 = H - H_2 = 1.2 - 0.435 = 0.765\ (\text{m})$$

搅拌池总体积:

$$\begin{aligned} V &= SH_1 + \frac{1}{3}H_2(S + S_b + \sqrt{SS_b}) \\ &= 2.5 \times 0.765 + \frac{1}{3} \times 0.435 \times (2.5 + 0.64 + \sqrt{2.5 \times 0.64}) \\ &= 2.6\ (\text{m}^3) \end{aligned}$$

设搅拌池的体积有效利用系数 $K = 0.85$，则搅拌池的有效体积:

$$V_0 = 0.85 \times 2.6 = 2.2\ (\text{m}^3)$$

第三节　真空练泥机

泥浆经压滤机过滤后得到的泥饼，由于过滤工艺本身的原因，泥饼中各组分的分布往往是不均匀的，例如中心附近的泥料比靠近滤布处的泥料含水量较高，瘠性物料因粒度较粗，较多地分布在泥饼的下部等。此外，在泥饼中还含有一定数量的气泡，同时在泥饼的堆叠过程中又会裹入一些空气。泥料中各组分分布不均匀和含有气泡，这对泥料的工艺性能和产品质量是十分有害的。为了消除泥料的这些缺陷，在陶瓷工业中，一般是用真空练泥机对泥料进行加工，泥料经真空练泥机加工后，各组分的分布趋于均匀，结构比较致密，泥料的可塑性和干燥强度都有提高。因此，真空练泥机是陶瓷工业中一种重要的机械设备。

一、构造和工作原理

真空练泥机由加料部分、出料部分、真空室和传动装置等组成。根据结构上的不同，真空练泥机可分为单轴式和多轴式两类。其中多轴式又可分为双轴和三轴两种，生产中普遍使用的是多轴式真空练泥机。

双轴式真空练泥机的构造如图 7-6 所示，电动机 1 通过传动装置带动轴 5 和轴 11 转动，两根轴上均装有螺旋绞刀，泥料从加料口 3 加入，首先被不连续螺旋绞刀搅拌和输送，然后在连续螺旋绞刀的挤压下通过筛板 6 进入真空室 10。设置筛板的目的是把泥料切成细小的泥条，以便有效地抽走泥料中的空气。在真空室内，泥料中的空气被抽走，接着泥料进入练泥机的出泥部分，泥料在出泥部分螺旋绞刀的输送和挤压下经机头12和机嘴13挤出，切断后即成为具有一定截面形状和大小的泥段。为了防止泥料跟随螺旋绞刀一道旋转，机壳内壁开有许多纵向（或其他形式）的凹槽，在装有不连续螺旋绞刀处，机壳内除有凹槽外，还装有固定的梳状挡泥板4。

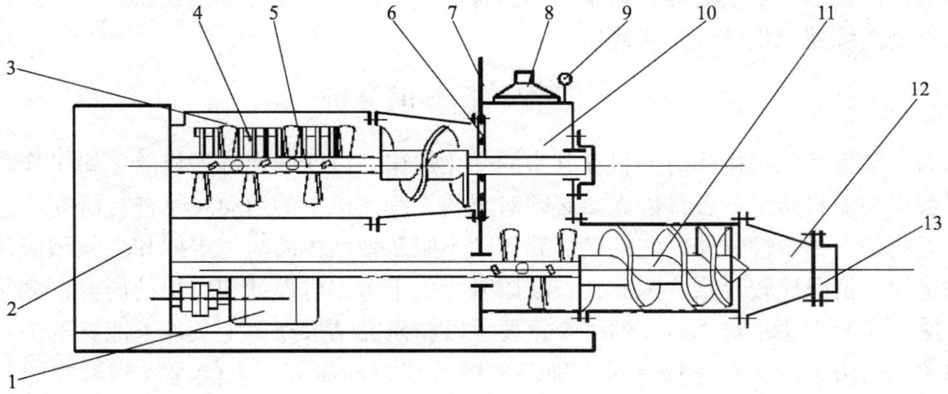

图7－6　双轴式真空练泥机示意图

1—电动机　2—齿轮箱　3—加料口　4—梳状挡泥板　5—上绞刀轴　6—筛板　7—真空管道
8—真空室照明灯　9—真空表　10—真空室　11—下绞刀轴　12—机头　13—机嘴

真空室用管子经滤气器与真空泵相连，真空度的大小根据工作环境和工艺要求而定，一般不宜低于96kPa，具体确定方法后面有详细论述。

为了加强对泥料的搅拌和捏练，使泥料混合得更为均匀，有些练泥机在加料部分增加一根平行装设的螺旋绞刀，使加料部分实质上成为一台双轴搅拌机，这种练泥机就成为三轴式真空练泥机。

单轴式真空练泥机的构造特点是加料部分和出料部分安排在同一根轴上，其构造如图7－7所示。电动机1通过传动装置带动绞刀轴4转动，泥料被不连续螺旋绞刀搅拌

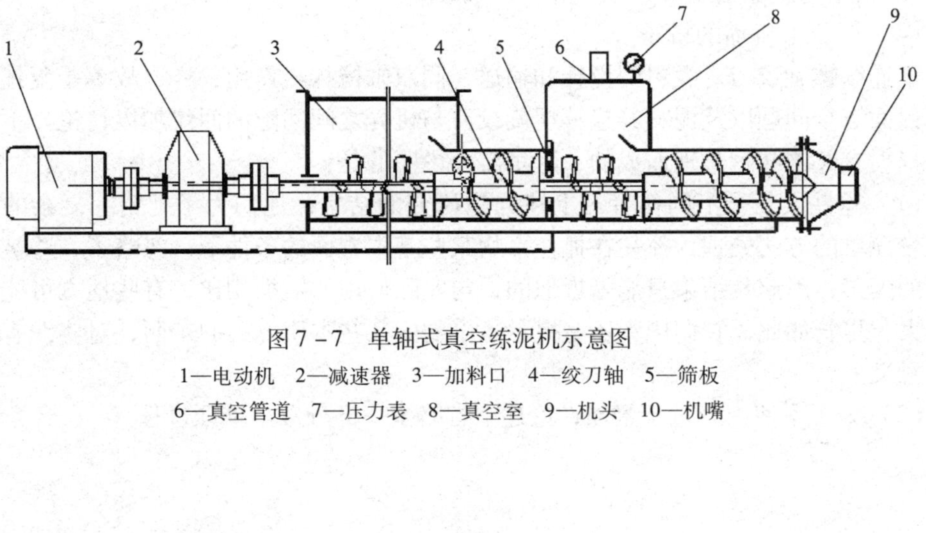

图7－7　单轴式真空练泥机示意图

1—电动机　2—减速器　3—加料口　4—绞刀轴　5—筛板
6—真空管道　7—压力表　8—真空室　9—机头　10—机嘴

和输送，然后在连续螺旋绞刀的挤压下通过筛板5进入真空室8，泥料经真空处理后继续往前输送，在出泥部分，泥料在连续螺旋绞刀的挤压下经机头9和机嘴10挤出，其工作原理与多轴式相同。单轴式真空练泥机结构简单，设备高度小，但是由于主轴的长度较长，受力较大，故难以制成大中型的设备，特别是由于结构上的原因，需要在泥料经过的通道上设置一挡轴承。对这挡轴承的密封与润滑都很困难，使用中常常因泥料进入轴承内而使轴承很快磨坏，轴承损坏后也不便更换，因此，单轴式真空练泥机通常只制成小型的练泥机供试制车间使用。

二、泥料运动的分析

为了掌握练泥机操作时泥料在其中的变化规律，以便确定练泥机的主要工作参数以及了解影响泥料质量的各种因素，必须对泥料在练泥机中的运动规律进行研究。

泥料是一种塑性物体，它的变形和运动不服从弹性体的胡克定律和牛顿型流体的内摩擦定律，情况比较复杂。因此，长期以来，关于练泥机设计和应用的研究，多采用实验方法。实验方法是科学研究的一个重要手段，研究结果在一定条件下能够解决一些具体问题，但由于方法本身只是对个别现象进行观察和研究，未能深入到事物的本质方面，所以其结果往往不具有普遍的意义。

关于泥料在真空练泥机连续螺旋绞刀中的运动，过去一般假设为：在绞刀螺旋槽中的泥料相当于螺母，绞刀相当于螺杆，绞刀转动时，由于机壳的摩擦作用，泥料不能跟随绞刀一道旋转，从而迫使整体泥料以相同的速度做轴向运动，如同螺母在螺杆上的运动一样。当然，如果各层泥料均无旋转运动，这个假设无疑是正确的。不过实际情况不是这样简单，因为泥料是一种塑性物体，尽管机壳内壁作用于泥料上的摩擦力矩足够大，可以阻止最外层泥料的转动。但是，在一般情况下，其余各层的泥料都有可能存在着相对的转动。各层泥料之间的相对转动对练泥机的性能和泥料质量都有影响，必须加以考虑。

在真空练泥机中，无论是加料部分还是出料部分，泥料经历以下的四道加工：

（1）不连续螺旋绞刀的搅拌和输送。

（2）连续螺旋绞刀的输送和挤压。

（3）圆柱形机头的挤压。

（4）圆锥形机嘴的挤压。

不连续螺旋绞刀对泥料的搅拌和输送，同双轴搅拌机作用一样，故不予复述。下面仅对后面三个问题以及泥料经连续螺旋绞刀与机壳之间间隙的回流加以讨论。下面的论述是根据有关的文献整理而成的，这里需要说明的是：

（1）这些文献是不同作者对上述问题研究的结果，他们为了把错综复杂的现象能用比较简单的方法处理，往往在抓住事物某些基本方面的条件下，忽略了一些被认为是次要的因素，因此其结果只能是近似的，与实际使用的数据相比，有些地方可能偏差还比较大。尽管如此，它们毕竟还是揭示了事物的某些本质方面的东西，对实践有一定的指导意义。

（2）为了不使内容过于繁琐，论述中省略了一部分数学推证过程。

1. 泥料在连续螺旋绞刀中的运动

为了建立泥料在连续螺旋绞刀中运动的模型，特作如下假设：

（1）泥料与机壳之间的摩擦力矩足够大，最外层泥料与机壳之间无相对转动。

（2）绞刀螺旋叶片的倾斜和摩擦作用对泥料运动的影响忽略不计。

（3）绞刀直径、螺距和机壳直径沿长度不变。

设绞刀为顺时针方向旋转，考察螺旋槽中泥料与螺旋叶片之间的相对运动（图 7－8）。由于对称关系，在同一半径 r 上的各点，泥料相对速度 w 的大小是相等的，速度的方向为沿该点所在圆周的切线并朝着绞刀旋转相反的方向。在不同半径上的各点，一般说来，相对速度的大小各不相同，存在着速度梯度。

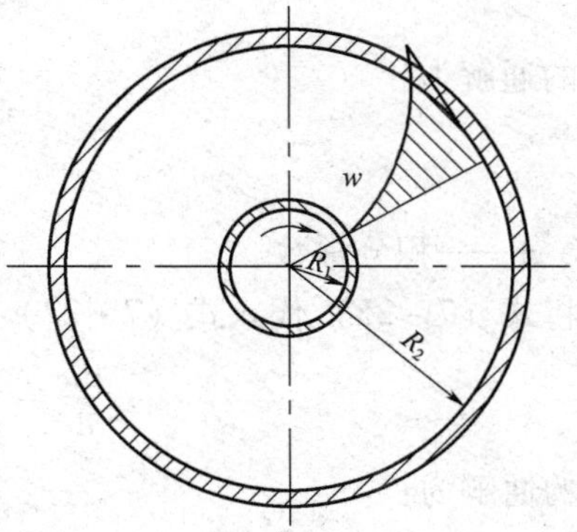

图 7－8　泥料与螺旋叶片之间的相对运动

一般认为，泥料是一种塑性物体，泥料中切应力和切应变率之间的关系近似地遵守宾汉（Bingham）定律：

$$\frac{d\gamma}{dt} = \frac{1}{\eta}(\tau - Y) \qquad (7-20)$$

式中　$d\gamma/dt$——切应变率；

τ——切应力；

η——泥料的宾汉黏度或塑性黏度；

Y——泥料的屈服值。

根据以柱面坐标表示的连续介质运动方程式，在二维运动中，切应变率

$$\frac{d\gamma}{dt} = \frac{1}{r}\frac{\partial w_r}{\partial \phi} + \frac{\partial w_\phi}{\partial r} - \frac{w_\phi}{r}$$

式中　w_r、w_ϕ——分别为点的径向和切向速度；

r、ϕ——点的极坐标。

在这里有：

$$w_\phi = w$$

$$\frac{\partial w_r}{\partial \phi} = 0$$

$$\frac{\partial w_\phi}{\partial r} = \frac{dw}{dr}$$

从而可得：

$$\frac{d\gamma}{dt} = \frac{dw}{dr} - \frac{w}{r} \qquad (7-21)$$

合并式（7－20）和式（7－21），化简后得：

$$\tau = \eta\left(\frac{dw}{dr} - \frac{w}{r}\right) + Y \qquad (7-22)$$

设 p 为绞刀出口与进口端泥料的压力差，m 为绞刀螺旋叶片的圈数，F 为作用于泥料上的周向压力梯度，那么应有：

$$F = \frac{p}{2\pi m} \tag{7-23}$$

根据平衡条件可得：

$$r\frac{\mathrm{d}\tau}{\mathrm{d}r} + 2\tau = F \tag{7-24}$$

上式的通解为：

$$\tau = \frac{F}{2} + \frac{A}{r^2} \tag{7-25}$$

式中　A——积分常数。

将式（7-25）代入式（7-22）中得：

$$\frac{\mathrm{d}w}{\mathrm{d}r} - \frac{w}{r} = \frac{A}{\eta r^2} + \frac{F-2Y}{2\eta} \tag{7-26}$$

上式的通解为：

$$w = Br - \frac{A}{2\eta r} + \frac{F-2Y}{2\eta}r\ln r \tag{7-27}$$

式中　B——另一积分常数。

积分常数 A 和 B 由边界条件决定。下面对几种不同情况分别进行讨论。

（1）最内层泥料跟随绞刀轴毂一道旋转，各层泥料之间均有相对的转动

设绞刀轴毂的半径为 R_1，则泥料在轴毂处（$r = R_1$）的相对速度：

$$w(R_1) = 0$$

根据最初的假定（1），最外层泥料（$r = R_2$，R_2 为绞刀半径）的相对速度：

$$w(R_2) = u$$

式中　u——绞刀的圆周速度。

将上面的边界条件代入式（7-27）得：

$$w(R_1) = BR_1 - \frac{A}{2\eta R_1} + \frac{F-2Y}{2\eta}R_1\ln R_1 = 0$$

$$w(R_2) = BR_2 - \frac{A}{2\eta R_2} + \frac{F-2Y}{2\eta}R_2\ln R_2 = u$$

解出积分常数：

$$A = \frac{2\eta R_2}{Z^2-1}\left(u + \frac{2Y-F}{2\eta}R_2\ln Z\right)$$

$$B = \frac{R_2}{R_2^2 - R_1^2}\left(u + \frac{2Y-F}{2\eta}R_2\ln Z\right) + \frac{2Y-F}{2\eta}\ln R_1$$

在上面两式中，$Z = R_2/R_1$ 是绞刀的一个重要几何参数。

将积分常数代入式（7-27）可得速度分布的公式：

$$w = \frac{Zu}{Z^2-1}\left(1 + \frac{2Y-F}{2\eta u}R_2\ln Z\right)\left(\frac{r}{R_1} - \frac{R_1}{r}\right) + \frac{F-2Y}{2\eta}r\ln\frac{r}{R_1} \tag{7-28}$$

设绞刀的螺距为 h，螺旋叶片的厚度忽略不计，则单位时间内经绞刀进入机头的泥料体积（即通过绞刀螺旋槽的泥料流量）：

$$Q = h\int_{R_1}^{R_2} w\mathrm{d}r$$

将式（7－28）代入上式，积分后可得

$$Q = h(R_2^2 - R_1^2)\frac{u}{2R_2}\left[\frac{E_1(Z)}{2} + \frac{2Y-F}{8\eta u}R_2E_2(Z)\right] \tag{7-29}$$

式中

$$E_1(Z) = \frac{2Z^2(Z^2-1-2\ln Z)}{(Z^2-1)^2} \tag{7-30}$$

$$E_2(Z) = \frac{2(Z^2-1)^2 - 8Z^2\ln Z}{(Z^2-1)^2} \tag{7-31}$$

将积分常数 A 代入式（7－25）得切应力分布的公式

$$\tau = \frac{F}{2} + \frac{2\eta R_2 u}{r^2(Z^2-1)}\left(1 + \frac{2Y-F}{2\eta u}R_2\ln Z\right) \tag{7-32}$$

因为各层泥料之间都有相对运动，根据宾汉定律，泥料的剪应力应大于或等于屈服值，即

$$\tau(R_2) \geqslant Y, \tau(R_1) \geqslant Y$$

将式（7－32）中的 r 分别以 R_2、R_1 代入，可得 $\tau(R_2)$、$\tau(R_1)$，然后把结果代入上面两式，整理后可得

$$-\frac{2}{E_3(Z)} \leqslant \frac{f-1}{\sigma} \leqslant \frac{2}{E_4(Z)} \tag{7-33}$$

式中

$$f = \frac{F}{2Y} \tag{7-34}$$

$$\sigma = \frac{\eta u}{R_2 Y} \tag{7-35}$$

$$E_3(Z) = Z^2 - 1 - 2\ln Z \tag{7-36}$$

$$E_4(Z) = \frac{1 - Z^2 + 2Z^2\ln Z}{Z} \tag{7-37}$$

表7－2列出函数 $E_i(Z)$ 的数值。

泥料各层之间有相对运动的流动称为黏性流动，简称黏流，由上述可知，黏流时应符合式（7－33）的条件。

设

$$q = \frac{2QR_2}{h(R_2^2 - R_1^2)u}$$

q 称为量纲为1的流量系数，由式（7－29）可得：

$$q = \frac{1}{2}\left[E_1(Z) + \frac{1-f}{2\sigma}E_2(Z)\right] \tag{7-38}$$

表 7－2　　　　函数 $E_i\ (z)$ 的数值

Z	$E_1(Z)$	$E_2(Z)$	$E_3(Z)$	$E_4(Z)$	Z	$E_1(Z)$	$E_2(Z)$	$E_3(Z)$	$E_4(Z)$
1.0	1.0000	0.0000	0.0000	0.0000	2.1	1.4610	0.3299	1.9621	0.7106
1.1	1.0635	0.0060	0.0194	0.0171	2.2	1.4856	0.3676	2.2631	0.7835
1.2	1.1210	0.0220	0.0754	0.0591	2.3	1.5086	0.4048	2.6242	0.8549
1.3	1.1733	0.0453	0.1653	0.1164	2.4	1.5299	0.4412	3.0091	0.9245
1.4	1.2210	0.0738	0.2871	0.1831	2.5	1.5498	0.4769	3.4174	0.9926
1.5	1.2645	0.1061	0.4391	0.2554	2.6	1.5685	0.5118	3.8490	1.0590
1.6	1.3044	0.1410	0.6200	0.3306	2.7	1.5859	0.5458	4.3035	1.1237
1.7	1.3410	0.1776	0.8287	0.4073	2.8	1.6023	0.5788	4.7808	1.1868
1.8	1.3747	0.2152	1.0644	0.4842	2.9	1.6176	0.6610	5.2806	1.2483
1.9	1.4057	0.2534	1.3263	0.5607	3.0	1.6320	0.6422	5.8028	1.3083
2.0	1.4344	0.2917	1.6137	0.6363	3.1	1.6456	0.6725	6.3472	1.3669

（2）当 $\dfrac{f-1}{\sigma} > \dfrac{2}{E_4(Z)}$ 时，$\tau(R_1) < Y$，绞刀轴毂处泥料中剪应力小于屈服值，泥料层与层之间无相对运动，整个泥料层“粘”在轴毂上跟随绞刀一道旋转，成为不能往前输送的“呆泥”，呆泥的外层半径 ρ_1 由下面的条件确定：

$$\tau(\rho_1) = Y$$

设 $Z = R_2/\rho_1$，经过适当运算，上式成为：

$$\frac{2\sigma}{f-1} = E_4(Z_1) \tag{7-39}$$

流量系数：

$$q = \frac{Z(Z_1^2-1)}{2Z_1(Z^2-1)}\left[E_1(Z) - \frac{E_2(Z_1)}{E_4(Z_1)}\right] \tag{7-40}$$

当 $\dfrac{f-1}{\sigma}$ 增大到某一数值，$\tau(R_1) < -Y$ 时，轴毂附近的泥料在周向压力作用下将朝相反的方向输送，出现泥料倒流现象。

当 $\dfrac{f-1}{\sigma} < -\dfrac{2}{E_3(Z)}$ 时，$\tau(R_2) < Y$，即机壳处泥料的切应力小于屈服值，泥料层与层之间没有相对运动，泥料像刚体一样整体沿着绞刀的螺旋槽输送，泥料的这种运动称为塞式流动，简称塞流。塞流泥料的内层半径由下式给出：

$$\tau(\rho_2) = Y$$

设 $Z_2 = R_2/\rho_2$，经过适当运算，上式成为：

$$\frac{2\sigma}{1-f} = \frac{Z_2 E_3(Z_2)}{Z} \tag{7-41}$$

流量系数：

$$q = \frac{Z(Z_2^2-1)}{2Z_2(Z^2-1)}\left[E_1(Z_2) + \frac{E_2(Z_2)}{E_3(Z_2)}\right] + \frac{Z^2-Z_2^2}{Z^2-1} \tag{7-42}$$

从以上的分析我们可简要地概括如下：

绞刀中泥料的流动状态取决于无因次数群 $(f-1)/\sigma$ 的大小。

当 $\frac{f-1}{\sigma} < -2/E_3(Z)$ 时（此时 $F<2Y$，u 较小），在 $\rho_2 \leqslant r \leqslant R_2$ 之间的泥料，层与层之间没有相对运动，流态为塞流，泥料像刚体一样沿着绞刀的螺旋槽输送。

当 $-2/E_3(Z) < (f-1)/\sigma < 2/E_4(Z)$ 时，泥料各层之间均有相对运动，流态为黏流。

当 $\frac{f-1}{\sigma} > 2/E_4(Z)$ 时，绞刀中出现不能往前输送的呆泥，如 $\frac{f-1}{\sigma}$ 继续增大（此时 $F>2Y$，u 较小），甚至会出现部分泥料倒流的现象。

2. 泥料在圆柱形筒体中的运动

如图 7－9 所示，在轴向压力梯度 G 的作用下，单位时间内通过圆柱形筒体的体积（即泥料的流量）可用下式计算：

$$Q = \frac{\pi R^4 G}{8\eta}\left(1 - \frac{8Y}{3RG} + \frac{16Y^4}{3R^4G^4}\right) \tag{7-43}$$

式中　Q——泥料的流量；

R——筒体的半径；

G——泥料的轴向压力梯度。

其余符号的意义同前。

设：

$$s = \frac{YR^3}{Q\eta}$$

$$\zeta = \frac{RG}{2Y}$$

式（7－43）可写成：

$$\frac{4}{\pi s} = \zeta\left(1 - \frac{4}{3\zeta} + \frac{1}{3\zeta^4}\right)$$

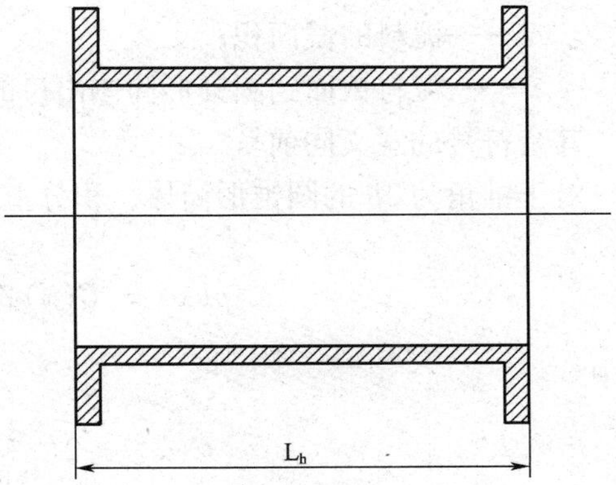

图 7－9　泥料在圆柱形机头中的运动

在 ζ 稍大于 1 的情况下，泥料的运动属于蠕变流动。

以 $\zeta = 1 + \beta$（β 是一个很小的正数）代入上式，展开后把 β 的高次项忽略不计，可得：

$$\frac{2}{\pi s} \approx \beta^2$$

从而近似有：

$$G = \frac{2Y}{R}\left[1 + \sqrt{\frac{2Q\eta}{\pi YR^3}}\right] \tag{7-44}$$

或

$$Q = \frac{\pi R^5}{8\eta Y}\left(G - \frac{2Y}{R}\right)^2 \tag{7-45}$$

筒体进出口的压力差：

$$p_h = GL_h$$

或

$$p_h = \frac{2YL_h}{R}\left[1+\sqrt{\frac{2Q\eta}{\pi YR^3}}\right] \quad (7-46)$$

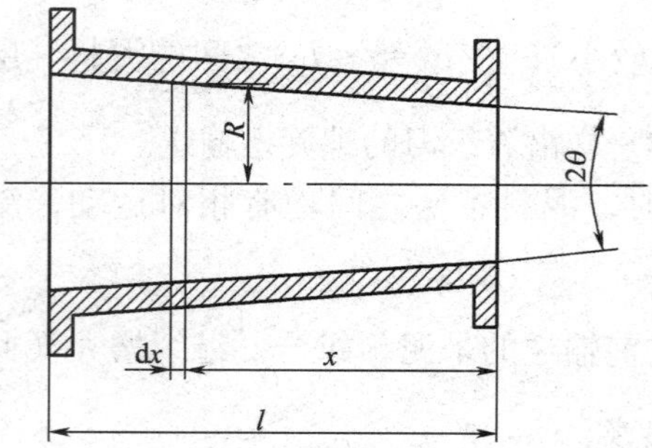

图 7-10　泥料在圆锥形筒体中的运动

3. 泥料在圆锥形筒体中的运动

如图 7-10 所示，泥料在圆锥形筒体中的运动与在圆柱形筒体中的情况不同，由于泥料在前进的过程中伴随着截面积的不断缩小，因此需要较大的轴向压力梯度，对于长为 dx 的一段泥料，压力梯度：

$$\frac{dp}{dx} = \frac{2Y}{R}\left[1+\sqrt{\frac{2Q\eta}{\pi YR^3}}\right] + \frac{\sqrt{3}Y}{A}\cdot\frac{dA}{dx} \quad (7-47)$$

式中　p——泥料的压力；

R——泥料截面的半径；

A——泥料的截面积；

x——泥料截面到圆锥形筒体出口的距离。

其余符号的意义同前。

对于锥角为 2θ 的圆锥形筒体，积分上式可得到筒体内泥料压力分布的公式；

$$p(x) = C(x)Y + D(x)\sqrt{\frac{Q\eta Y}{R^3(l)}} \quad (7-48)$$

其中

$$C(x) = 2\left(\frac{1}{\tan\theta}+\sqrt{3}\right)\ln\frac{R(x)}{R(0)}$$

$$D(x) = \frac{8}{3\sqrt{2\pi}\tan\theta}\left[\frac{R(l)}{R(0)}\right]^{3/2}\left\{1-\left[\frac{R(0)}{R(x)}\right]^{3/2}\right\}$$

式中　$R(l)$、$R(0)$——分别为筒体进口和出口的半径；

$R(x)$——离出口为 x 处筒体的半径，为了简化，通常把 $R(x)$ 简写为 R。

其余符号的意义同前。

4. 泥料经连续螺旋绞刀与机壳之间间隙的回流

泥料经连续螺旋绞刀与机壳之间间隙的回流可以简化为泥料在两个同心的圆柱形筒体之间间隙中的流动，如图 7-11 所示。可以证明，对于蠕变流动，压力梯度与回流量之间有如下关系

$$G = \frac{2Y}{R_0-R_2}\left[1+\frac{R_0^{1/2}+R_2^{1/2}}{R_0^2+R_2^2}\sqrt{\frac{2Q\eta}{\pi Y}}\right] \quad (7-49)$$

式中 G——轴向压力梯度；

R_0——机壳的内半径；

Q——泥料的回流量；

其余符号的意义同前。

上式可近似简化为：

$$Q = \frac{\pi R_2 \delta^4}{8\eta Y}\left(G - \frac{2Y}{\delta}\right)^2 \quad (7-50)$$

式中 δ——间隙的宽度，$\delta = R_0 - R_2$。

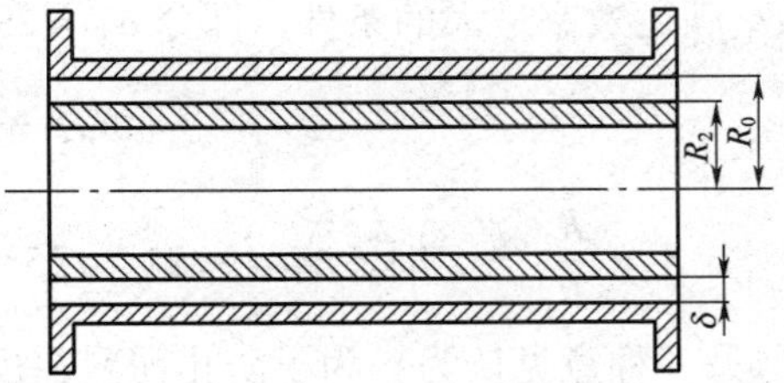

图 7－11 泥料在两同心的圆柱形筒体之间间隙中的流动

三、主要参数的确定

1. 螺旋绞刀的结构参数

螺旋绞刀是真空练泥机的重要部件，练泥机的生产能力、动力消耗和泥料的质量等都与绞刀的结构有关。往往同一种规格的练泥机，由于采用的绞刀不同，工作性能差别很大，因此，正确选择螺旋绞刀的结构参数对练泥机的设计有重要意义。

（1）绞刀的螺旋升角 绞刀的螺旋升角对练泥机的工作性能有重要的影响，应该合理选择。螺旋升角与螺距之间的关系如下：

$$\tan\alpha = \frac{h}{2\pi r} \quad (7-51)$$

式中 α——螺旋升角；

h——螺距；

r——螺旋线上各点所在圆周的半径。

由于绞刀螺旋面上各点的螺距相等而所在圆周的半径不同。因此，各点的螺旋升角是不一样的。螺旋面外缘的螺旋升角最小，与轴毂连接处螺旋升角最大。螺旋升角的最大值与最小值之差称为侧滑角。侧滑角的存在，使螺旋槽中的泥料有沿着半径向远心方向滑动的趋势，从而增大泥料与机壳之间的摩擦，有助于防止泥料的转动。通常所说的绞刀螺旋升角是指平均半径处的螺旋升角，即

$$\tan\alpha = \frac{h}{\pi(R_1 + R_2)} \quad (7-52)$$

绞刀输送泥料时，由于泥料与螺旋面之间的摩擦，需要消耗能量，通常以螺旋效率表示绞刀输送泥料的能量有效利用的程度。螺旋效率：

$$\eta = \frac{\tan\alpha}{\tan(\alpha + \phi)}$$

式中 η——螺旋效率；

α——螺旋升角；

ϕ——摩擦角，$\tan\alpha = f$，f 为泥料与螺旋面之间的滑动摩擦因数。

可以证明，当 $\alpha = \frac{\pi}{4} - \frac{\phi}{2}$ 时，螺旋效率有最大值。一般泥料与金属的滑动摩擦因数 $f = 0.4 \sim 0.6$，相当于 $\alpha = 29.5° \sim 34.0°$。

究竟绞刀的螺旋升角多大合适呢？一种意见认为：应使绞刀轴毂处螺旋线的螺旋升

角 α_1 满足效率最大的条件，即令 $\alpha_1 = 29.5° \sim 34.0°$，从而绞刀的螺旋升角由下式确定：

$$\tan\alpha = \frac{2R_1}{R_1 + R_2}\tan\alpha_1$$

当 $Z = \frac{R_2}{R_1} = 2$ 时，有 $\alpha = 21° \sim 25°$。平均可取 $\alpha = 23°$。

另一种意见认为：为了防止泥料在反向压力作用下沿螺旋面向后滑动，螺旋升角应小于泥料与金属的摩擦角，即 $\alpha = 22° \sim 31°$。

根据试验资料（见图 7－12 和图 7－13）绞刀螺旋升角在20°～25°的范围内，无论绞刀的转速和泥料的性质如何，练泥机的生产能力较高，单位功耗较低。从图中可以看出，螺旋升角等于23°时，练泥机的效率最高。螺旋升角为23°，实际上是 $z = 2$，螺距等于绞刀外径时的螺旋升角。因此，有人建议把螺距等于外径的螺旋绞刀作为标准的绞刀。

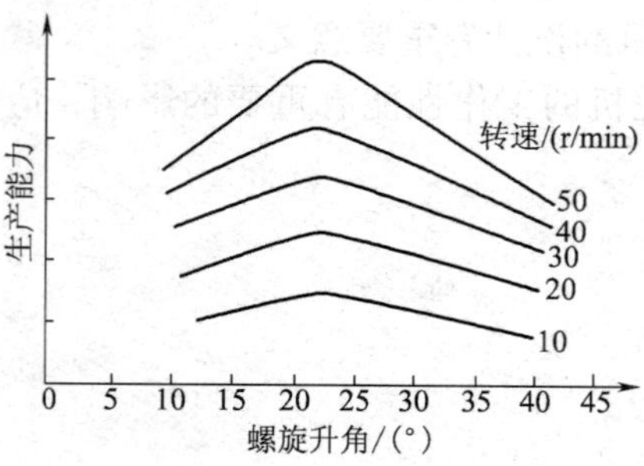

图 7－12　螺旋升角与生产能力的关系

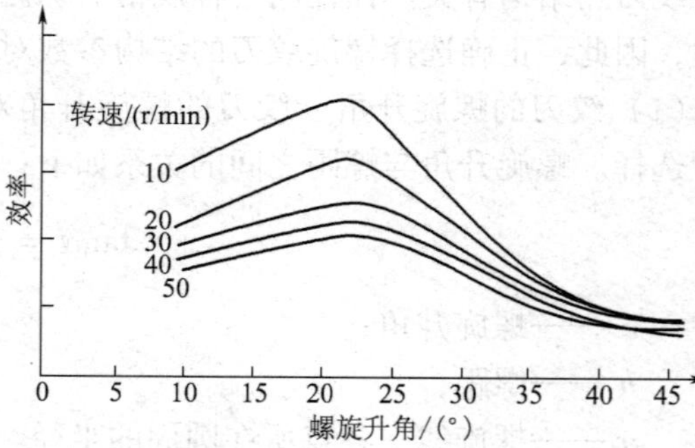

图 7－13　螺旋升角与效率的关系

（2）螺旋面母线倾角　根据螺旋面母线倾角 β 的不同，叶片的断面形状有以下三种：

①$\beta = 0$，叶片与绞刀轴线垂直，如图 7－14（a）所示。这是目前常用的叶片形状，这种叶片主要沿轴线方向推动泥料，推力 F_n 的大小等于泥料前进的阻力 F_p，即 $F_n = F_p$。

②$\beta < 0$，叶片向后倾斜，如图 7－14（b）所示。叶片对泥料的推力可分解为两个分力，分力 $F_{n_1} = F_n/\cos\beta = F_p$ 用于克服泥料前进的阻力，显然 $F_n < F_p$，由此可知，与前者比较，后倾叶片与泥料之间的摩擦力较小。另一个分力 $F_{n_2} = F_n\tan\beta$ 使泥料有着沿螺旋面向机壳滑动的趋势，能进一步阻止泥料的转动，其作用同侧滑角一样，但是这种滑动会增加周边处泥料的压力，从而增加泥料经绞刀与机壳之间间隙的回流量。当泥料大量回流时，练泥机的生产能力急剧降低，泥料严重发热，质量变差，因此，后倾角度不宜过大。

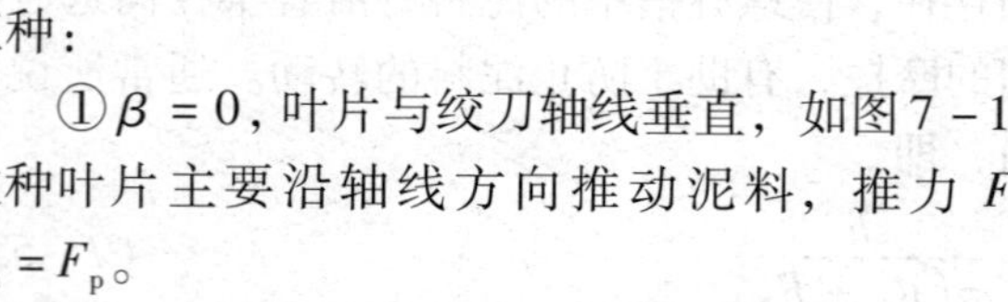

图 7－14　叶片的几种不同形状

（a）垂直叶片　（b）后倾叶片　（c）前倾叶片

③$\beta > 0$，叶片向前倾斜，如图 7－14（c）所示。前倾叶片也可减小叶片与泥料之间的摩擦力，但泥料有着沿螺旋面向绞刀中心滑动的趋势，泥料容易跟随绞刀一道转动，并有可能在轴毂上形成部分呆泥，因此在一般情况下不采用前倾叶片。

（3）绞刀轴毂　泥料在绞刀螺旋槽中的运动状态一般属于黏流。黏流的特征是：越靠近绞刀中心，泥料的相对速度越小而旋转速度越大。为了减小泥料的转动，绞刀轴毂不宜过小。当然，轴毂增大会降低练泥机的生产能力。不过，在一定范围内，由于轴毂增大而造成生产能力的减小不是很显著的。如图 7－15 所示，轴毂半径为 R_1' 时练泥机的生产能力可用面积 A' 表示，轴毂半径为 R_1'' 时生产能力用面积 A'' 表示，两者之差为轴毂增大后练泥机生产能力减小的数量。从图中看出，生产能力的减小不是很多的。但是，绞刀轴毂也不宜太大，轴毂太大，不仅影响练泥机的生产能力，而且泥料进入机头时会形成较大的空洞，虽然泥料中的空洞经机头和机嘴的挤压能逐渐填满而消失，但泥料的结合不很紧密，容易产生裂纹，影响泥料质量。

通常轴毂尺寸可在 $z = 2 \sim 3(z = R_2 / R_1)$ 的范围内选择。为了减小绞刀的质量和便于加工，一般设计成空心的轴毂，如图 7－16 所示。

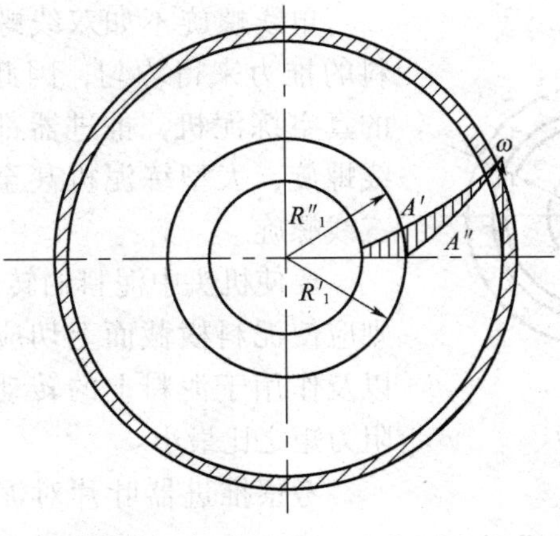

图 7－15　轴毂尺寸对生产能力的影响

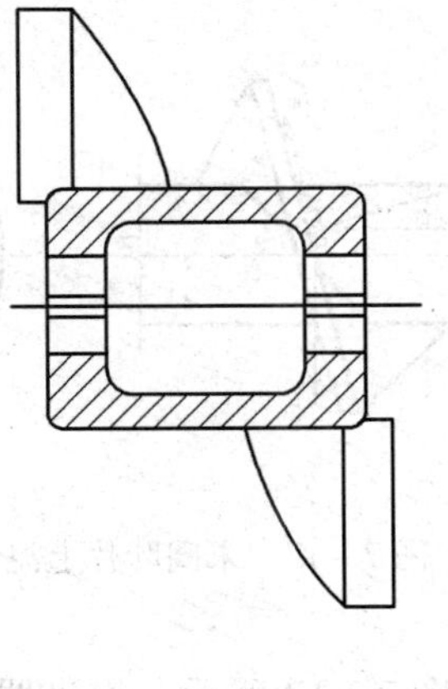
图 7－16　空心轴毂

（4）叶片厚度　在正常操作的情况下，叶片的载荷不大，破坏的形式主要是磨损，特别是泥料压力较高的地方，磨损速度更快。为了延长绞刀的使用寿命和减小摩擦力，叶片应当用耐磨和减磨材料制造，同时，绞刀表面应有较小的表面粗糙度值。目前使用的练泥机，叶片厚度 δ 一般为 15～25mm。中小型练泥机叶片较薄，大型练泥机叶片较厚。

（5）绞刀的形状和长度　绞刀的形状通常有沿泥料前进方向直径各处相等的圆柱形和直径逐渐缩小的圆锥形两种。圆锥形绞刀结构比较复杂，制造和维修都不方便，同时运转阻力较大，因此，除加料部分由于结构上的原因有采用锥度为 5°～10°的圆锥形绞刀外，出料部分一般都采用圆柱形绞刀。对于圆柱形绞刀。过去有一种意见认为，沿着泥料前进的方向，绞刀的螺距应该逐渐缩小，使泥料在输送过程中逐渐受到挤压，以排除泥料中的空气。这种做法，对于没有真空装置的练泥机会有一定的作用，但是，对于真空练泥机，泥料中的空气是由真空装置抽走的，利用螺距逐渐缩小以排除空气，实际上收效甚微，没有多大意义。螺距逐渐缩小，不仅使绞刀的结构变得复杂，给制造和维修带来困难，而且绞刀的运转阻力较大，增加了动力消耗，因此目前大多采用等螺距的螺旋绞刀。

为了减小泥料的反向压力梯度，防止泥料回流，提高生产能力，绞刀长度不宜过短，一般出料部分连续螺旋绞刀的长度为其直径的2.5倍以上，螺旋叶片的圈数不少于三圈；加料部分连续螺旋绞刀的长度为其螺距的1.5～2.0倍，绞刀末端与筛板之间还要留出一段80～150mm的距离，目的是使筛板前面能经常充满泥料，以保证真空室有可靠的密封。当然，绞刀过长，阻力增大，功耗增加，泥料发热，效果也不好。

（6）螺旋推进器　出料部分绞刀的末端，位于机头的进口处，泥料从绞刀螺旋槽进入机头以及随后经机头和机嘴挤出，完全是靠绞刀末端部分的推进作用。因此，出料部分绞刀的末端，长度为一个螺距左右的一段绞刀特称之为螺旋推进器。泥料进入机头的均匀性以及在机头内的运动情况，与推进器的结构有一定的关系。为了得到结构均匀的泥料，在泥料的横截面上推进器对泥料的推力必须均匀，同时机头中泥料的转动应该最小。

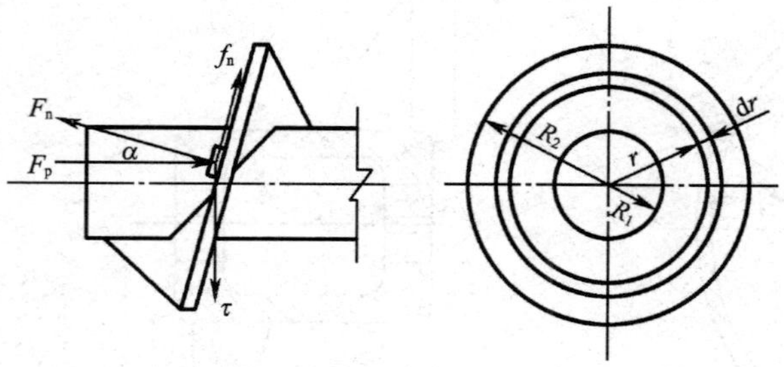

图7－17　末圈叶片上泥料的受力状况

单线螺旋不如双线螺旋对泥料的推力来得均匀，因此，现有的真空练泥机，推进器都采用双线螺旋，大型练泥机甚至还采用三线螺旋。

要使机头中泥料的转动最小，则应使泥料横截面上切应力最小以及作用于泥料上的转动力矩与阻力矩之比最小。

考察推进器叶片对泥料的作用力，如图7－17所示，推进器转动时，作用于半径为r、宽度为dr的泥料上使泥料绕绞刀轴线转动的剪切力。

$$\frac{\mathrm{d}t}{\mathrm{d}r} = 2\pi\tau r$$

根据平衡条件：

$$F_n\cos\alpha = F_p + fn\sin\alpha$$
$$F_n\sin\alpha + fn\cos\alpha = \tau$$

可解出：

$$\tau = F_p\tan(\alpha + \phi)$$

式中　ϕ——摩擦角，$\tan\phi = f$。

于是有：

$$\frac{\mathrm{d}t}{\mathrm{d}r} = 2\pi F_p r\tan(\alpha + \phi)$$

对于单位宽度的环形泥料，剪切力：

$$F_s = \frac{dt}{dr}$$

或

$$F_s = 2\pi F_p r\tan(\alpha + \phi) \tag{7-53}$$

以 $\tan\alpha = h/(2\pi r)$ 和 $\tan\phi = f$ 代入上式，可得：

$$F_s = \frac{2\pi F_p r(h + 2\pi fr)}{2\pi r - fh} \tag{7-54}$$

令$\frac{dF_s}{dr}=0$，可求得单位宽度的环形泥料上剪切力有最小值处的泥料半径：

$$r = \frac{H(f + \sqrt{f^2 + 1})}{2\pi} \tag{7-55}$$

在该处泥料的切应力：

$$\tau = \frac{F_s}{2\pi r}$$

螺旋推进器在轴毂处半径最小，如果该处剪切力有最小值的话，就能使泥料的整个横截面上剪切力都比较小，因此，一般就可用式（7－55）确定推进器轴毂的半径。

作用于单位宽度的环形泥料上的转动力矩：

$$m_1 = F_s r$$

对宽度为 $R_2 - R_1$ 的环形泥料，转动力矩：

$$M_1 = \int_{R_1}^{R_2} F_s r dr$$

类似于在球磨机的讨论中引用“聚积层”的概念那样，这里也假设转动力矩集中作用于某一中间层上，该中间层的半径设为 R_c。由于泥料的切应力：

$$\tau = F_p\tan(\alpha + \phi)$$

故中间层的位置应满足以下条件：

$$M_1 = \pi(R_2^2 - R_1^2)F_p R_c\tan(\alpha_c + \phi)$$

或

$$M_1 = Q_1 R_c\tan(\alpha_c + \phi) \tag{7-56}$$

式中　Q_1——作用于宽度为 $R_2 - R_1$ 的泥料上的轴向力，$Q_1 = \pi(R_2^2 - R_1^2)p$。

从而得：

$$R_c = \frac{\int_{R_1}^{R_2} F_s r dr}{Q_1\tan(\alpha_c + \phi)} \tag{7-57}$$

为了简单地求出中间层的半径，根据式（7－55）作出 $F_s - r$ 的关系曲线，如图 7－18 所示。图中曲边梯形 ABR_2R_1 的面积在数值上等于作用于泥料横截面上的剪切力。从另一方面，根据剪切力

图 7－18　F_s－r 曲线

集中作用于半径为 R_c 的泥料层上的假设，剪切力的大小为：

$$\pi(R_2^2 - R_1^2)F_p\tan(\alpha_c + \phi) = Q_1\tan(\alpha_c + \phi)$$

由此可知，在式（7－57）中，R_c 即为曲边梯形 ABR_2R_1 的形心坐标。由于曲边 AB 上各点的斜率变化很小，近似地用通过原点的直线 $A'B'$ 代替，从而式（7－57）成为：

$$R_c = \frac{\int_{R_1}^{R2} F_s r \mathrm{d}r}{\frac{1}{2}F_{s_2}R_2 - \frac{1}{2}F_{s_1}R_1} = \frac{2\int_{R_1}^{R2} r^2 \mathrm{d}r}{R_2^2 - R_1^2}$$

积分后得：

$$R_c = \frac{2}{3}\left(\frac{R_2^3 - R_1^3}{R_2^2 - R_1^2}\right) \tag{7-58}$$

当 $z=2$ 时，$R_c = \frac{7}{9}R_2$，一般可取为 $R_c = 0.75R_2$。

作用于泥料上的转动力矩除 M_1 外，还有轴毂表面的摩擦力矩。绞刀旋转时，摩擦力矩也带动泥料旋转。推进器最后一圈叶片的轴毂表面，展开后是一个三角形，三角形的面积等于 $\frac{1}{2}\times 2\pi R_1 h = \pi R_1 h$。设泥料压力 p 的大小与方向无关，那么，轴毂表面的摩擦力矩：

$$M_2 = \pi R_1^2 hpf$$

或

$$M_2 = Q_2 hf$$

式中　$Q_2 = \pi R_1^2 p$

以 $h = 2\pi R_c\tan\alpha_c$ 代入上式得：

$$M_2 = 2\pi f Q_2 R_c \tan\alpha_c$$

最后得到使泥料转动的力矩：

$$M = M_1 + M_2$$

$$M = Q_1 R_c \tan(\alpha_c + \phi) + 2\pi f Q_2 R_c \tan\alpha_c \tag{7-59}$$

泥料与机壳之间的摩擦力矩是阻止泥料转动的阻力矩：

$$M_f = \pi R_2^2 f'hp$$

或

$$M_f = 2\pi f' Q R_c \tan\alpha_c \tag{7-60}$$

式中　$Q = \pi R_2^2 p$；

f'——泥料与机壳内壁之间的滑动摩擦因数。

转动力矩与阻力矩之比：

$$\lambda = \frac{Q_1\tan(\alpha_c + \phi)}{2\pi f' Q\tan\alpha_c} + \frac{fQ_2}{f'Q} \tag{7-61}$$

同前面讨论绞刀螺旋升角的情况一样，当 $\alpha_c = \frac{\pi}{4} - \frac{\phi}{2}$ 时，λ 有最小值，泥料转动的可能性最小，因此，一般应取：

$$\alpha_c = \frac{\pi}{4} - \frac{\phi}{2} \tag{7-62}$$

因为 $R_c > R_1$，故推进器的螺旋升角一般应大于绞刀其余部分的螺旋升角，对于圆柱形绞刀，推进器的螺距是较大的。

（7）绞刀与机壳之间的间隙　由式（7-50）可知，绞刀与机壳之间的间隙对泥料的回流量影响很大，间隙越小，泥料的回流量越少，练泥机的生产能力和效率越高。但是，间隙越小，对机器的加工、装配和维修的技术要求越高，给制造和使用带来困难。间隙的大小应根据泥料的性质和含水量决定，对于塑性良好、含水量高的泥料，间隙应当小些；反之，对于塑性较差、含水量低的泥料，间隙可大些。目前练泥机的这个间隙一般要求是不大于 3~5mm。

2. 生产能力

如果泥料充满绞刀的螺旋槽，且其运动均为塞式流动，泥料通过绞刀与机壳之间间隙的回流量等于零，那么，练泥机理论上的生产能力：

$$Q_T = 15\pi(D_2^2 - D_1^2)(h - \delta)n$$

考虑到实际上泥料的运动多半为黏流，层与层之间有相对运动，同时进入机头的泥料有一部分回流到绞刀的螺旋槽内，此外还有加料和绞刀输送不均匀等因素的影响，故实际生产能力：

$$Q = 15\pi(D_2^2 - D_1^2)(h - \delta)nK \tag{7-63}$$

式中　Q——练泥机的生产能力，m^3/h；

D_2——绞刀直径，m；

D_1——绞刀轴毂直径，m；

h——绞刀螺距，m；

δ——叶片厚度，m；

n——绞刀转速，r/min；

K——练泥机生产能力的利用系数，由试验确定，通常 $K=0.1 \sim 0.3$。

不连续螺旋绞刀的生产能力，可用双轴搅拌机的有关公式计算。

3. 转速

练泥机的转速是一个重要参数，转速与生产能力、功率消耗和效率都有关系，而且对泥料的质量也有影响。

（1）转速与生产能力的关系　根据式（7-63），表面上似乎可以认为，练泥机的生产能力与转速的一次方成正比。但是，实际情况不是这样。如前所述，在绞刀的螺旋槽中，泥料的运动状态与转速有关，转速增加，泥料跟随绞刀一道旋转的程度增大，流量系数减小，从而使练泥机生产能力的利用系数减小。此外，转速加快，通过机头和机嘴的泥料流量增加，泥料压力升高，这又进一步使流量系数减小而泥料的回流量增多。由于这些原因，实际上练泥机的生产能力不是与转速的一次方成正比，生产能力的增加往往比转速的增加慢得多。图 7-19 是生产能力与转速关系的实验曲线，从实验结果可以看出，$Q-n$ 曲线近似为抛物线。下面的公式可近似地表示它们之间的关系：

$$Q = an - bn^2 \tag{7-64}$$

式中　a、b——与转速无关的系数。

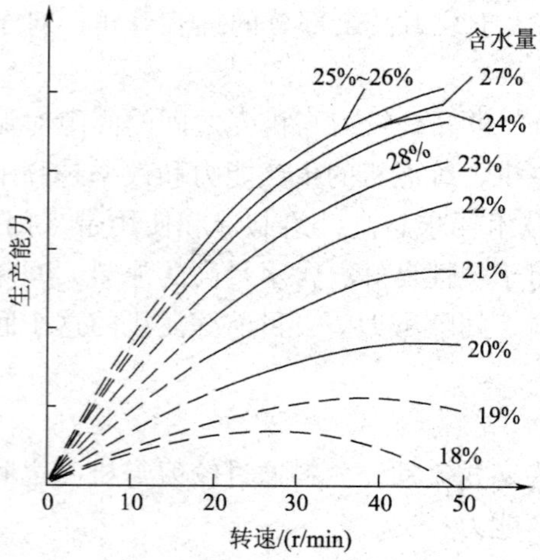

图 7-19　转速与生产能力的关系

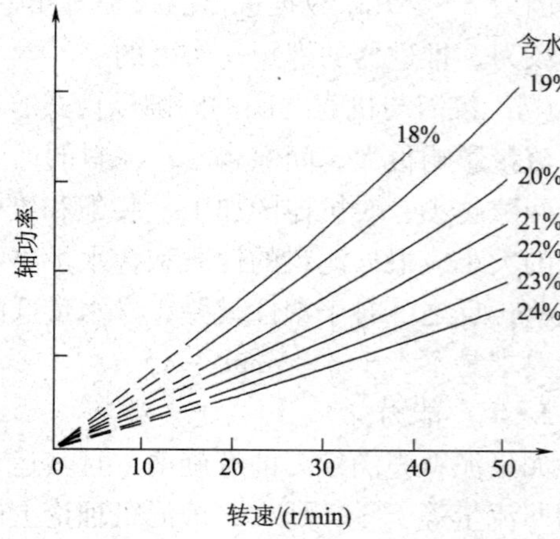

图 7-20　转速与轴功率的关系

从图中可以看出，泥料的水分越低，达到最高生产能力的转速也越低。从提高练泥机生产能力的角度来说，练制水分低的泥料，应选用较低的转速。

（2）转速与轴功率、单位功耗和效率的关系　图 7-20 是练泥机轴功率与转速关系的实验曲线，从图中可以看出，曲线稍向下凹，也就是说，练泥机轴功率的增加比转速的增加快一些，这就意味着随着转速的增加，绞刀转动的阻力矩稍有增大。

由于练泥机生产能力的增加比转速的增加要慢，而轴功率的增加却比转速增加快，因此，单位功耗必然随转速的增加而增大，效率因而降低。图 7-21 和图 7-22 是单位功耗、效率与转速关系的实验曲线。

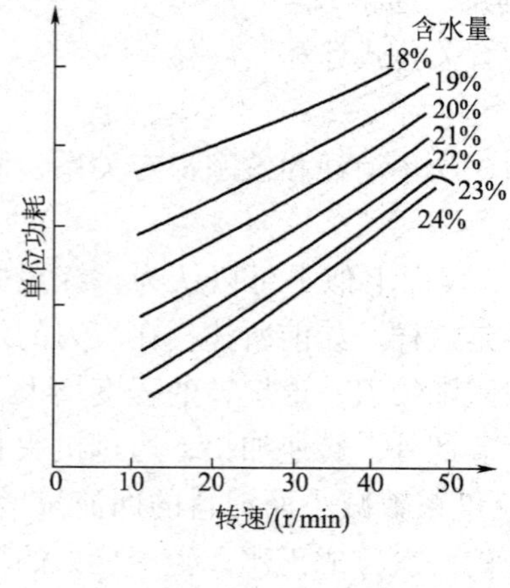

图 7-21　转速与单位功耗的关系

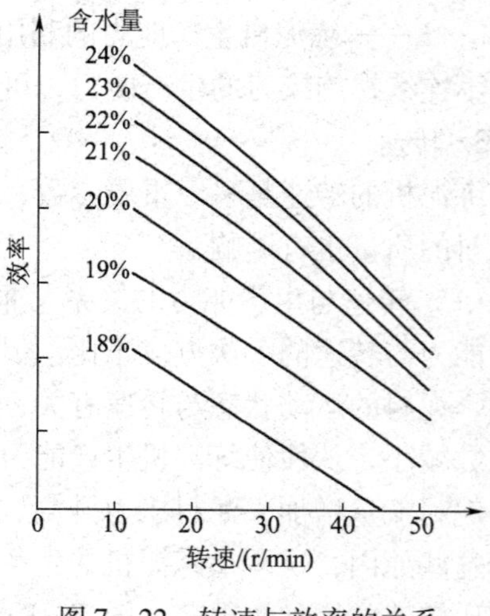

图 7-22　转速与效率的关系

（3）转速对泥料质量的影响　如前所述，随着转速的增加，泥料层与层之间的相对速度增大，这样，会促使泥料中颗粒的定向排列，造成泥料结构的各向异性，同时，由于泥料层与层之间的摩擦作用，会使泥料发热，这些都对泥料的质量带来不良的影响。

总之，从提高练泥机的效率和泥料质量的角度来看，练泥机应当在较低的转速下工作，但另一方面，为了充分发挥练泥机的工作能力，尽可能使之有高的产量，转速又不能太低，故选择时应根据练泥机的规格和泥料的水分确定：练泥机的尺寸小，泥料的水分高，转速应高些；反之，练泥机的尺寸大，泥料的水分低，转速应低些。根据目前实际使用的情况，中小型练泥机的转速为20～40r/min，大型练泥机为10～20r/min或更低。

4. 需要的功率

真空练泥机需要的功率包括不连续螺旋绞刀对泥料搅拌和输送的功率、连续螺旋绞刀输送泥料的功率以及克服推进器与泥料间摩擦力和迫使泥料通过机头、机嘴或筛板的功率。

（1）不连续螺旋绞刀对泥料搅拌和输送需要的功率 P_1　不连续螺旋绞刀对泥料的搅拌和输送作用与双轴搅拌机的情况基本相同，需要的功率可用双轴搅拌机的有关公式计算。仿照式（7-3）可得：

$$P_1 = 4\pi\phi iCbn(D^2 - d^2)\sin\alpha \times 10^{-6} \tag{7-65}$$

式中符号的意义见式（7-3）的说明，对于练泥机，料槽的填充系数取为 $\phi = 0.5$。

（2）连续螺旋绞刀输送泥料需要的功率 P_2　连续螺旋绞刀输送泥料需要的功率：

$$P_2 = \frac{\omega LQ\rho}{367} \times 10^{-3} \tag{7-66}$$

式中　P_2——输送泥料的功率，kW；

L——输送距离，m；

Q——输送量，m^3/h；

ρ——泥料的密度，kg/m^3，一般可取 $\rho = 1950kg/m^3$；

ω——阻力系数，$\omega = 4.0 \sim 5.5$。

（3）克服推进器与泥料之间的摩擦力并迫使泥料通过机头、机嘴或筛板需要的功率 P_3　为了克服摩擦力和推动泥料，推进器作用于泥料上的转动力矩根据式（7-59）为：

$$M = Q_1 R_c \tan(\alpha_c + \phi) + 2\pi f Q_2 R_c \tan\alpha_c$$

推进器需要功率：

$$P_3 = \frac{\pi n M}{30}$$

以式（7-59）代入上式化简后得：

$$P_3 = np\left[22(R_2^3 - R_1^3)\tan(\alpha_c + \phi) + \frac{138fR_1^2(R_2^3 - R_1^3)}{R_2^2 - R_1^2}\tan\alpha_c\right] \times 10^{-5} \tag{7-67}$$

式中　P_3——推进器需要的功率，kW；

n——推进器的转速，r/min；

p——泥料的压力，Pa；

α_c——推进器的螺旋角，（°）；

f——泥料与轴毂的摩擦因数。

其余符号的意义和单位同前。

实际上，由于侧滑角的作用，轴毂附近泥料的压力比较小，故用上式计算的结果是偏高的。

上式中泥料的压力 p，在机头的进口处，可分别用式（7－46）和式（7－48）计算机头和机嘴进出口的泥料的压力差 p_h 和 p_m，于是机头进口处的泥料压力：

$$p = p_h + p_m + p_a \tag{7-68}$$

式中　p_a——大气压力。

筛板前面的泥料压力近似地也可用式（7－46）分段计算。

在计算泥料压力的公式中，泥料的屈服值与宾汉黏度同泥料的性质、粒度和粒度分布以及含水量等因素有关，由实验测定。据资料介绍，常用的陶瓷泥料屈服强度大小的数量级为 $10^3 \sim 10^4$Pa，宾汉黏度的数量级为 $10^3 \sim 10^4$Pa·s。

在缺乏实验资料的情况下，对于中等可塑性的泥料，出料部分螺旋绞刀对泥料的压力可用下面的经验公式计算：

$$p = K_1 K_2 (0.211w^2 - 10.42w + 128 + 10.6D^2) \times 10^5 \tag{7-69}$$

式中　p——绞刀对泥料的压力，Pa；

K_1——与机头长度有关的系数；

K_2——与机嘴长度有关的系数；

w——泥料的含水量，%；

D——绞刀末端的直径，m。

表 7－3　K_1、K_2 数值与机头、机嘴长度的关系

机头长度/mm	K_1	机嘴长度/mm	K_2
150	0.878	150	0.82
200	0.989	200	0.91
250	1.0	250	1.0

K_1 和 K_2 的大小见表 7－3。

如泥料的可塑性差，压力要增大约 15%；可塑性好，则减小约 12.5%。

分别计算各部分需要的功率后，练泥机的轴功率：

$$P = \frac{\sum P_i}{\eta} \tag{7-70}$$

式中　P——练泥机的轴功率，kW；

P_i——练泥机各部分需要的功率，kW；

η——机械效率。

四、结构设计

1. 传动形式

现有的多轴式真空练泥机，传动形式基本上分为集中驱动和分别驱动两种。集中驱动是电动机通过联轴器或离合器（或带传动）经非标准的齿轮减速箱分别驱动进料绞刀轴（上轴）和出料绞刀轴（下轴）。分别驱动是上、下轴分别由两台电动机和两套传动机构驱动。集中驱动的优点是结构紧凑，占地面积小，缺点是需要加工的零部件数量多、装修困难，当减速箱中齿轮数目多、齿轮尺寸又大时，加工和装拆更不方便。为了克服这个缺点，有些设计采用了电动机通过联轴器经标准齿轮减速器驱动下轴，上下轴之间再用链传动驱动上轴，如图 7－23 所示。目前中小型练泥机大多采用集中驱动。分别驱动的优点是上下轴能够分别启动，操作比较灵活。此外，对于大型练泥机，需要的功率大，分别驱动可以使用两台容量较小的电动机，给配电带来方便。分别驱动的缺点是传动装置体积庞大，机械效率较低。不过，自从大量生产了速比大、效率高、体积小的摆线针轮减速器以来，国外不少练泥机采用带有电动机的摆线针轮减速器直接驱动上轴和下轴。

练泥机通常在负载下启动，为了便于启动，在电动机与传动装置之间一般都装设离合器，待电动机启动后，再接合离合器，驱动练泥机。

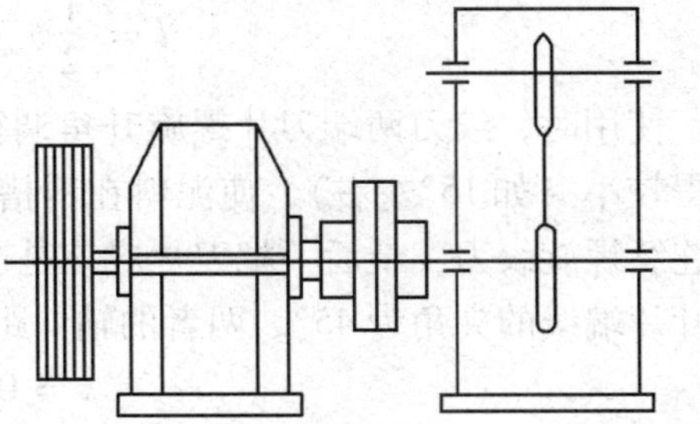

图 7－23　集中驱动的一种形式

2. 加料槽

在加料槽内，绞刀的结构有两种不同的形式，一种是不连续螺旋绞刀，另一种是连续螺旋绞刀。不连续螺旋绞刀对泥料有较强烈的混合和捏练作用，为大多数练泥机所采用。连续螺旋绞刀只用于精练泥料的练泥机。

不连续螺旋绞刀的结构与双轴搅拌机的螺旋轴相同。为了防止泥料跟随刀片旋转，在料槽壁上装有梳状的挡泥板，如图 7－24 所示。刀片从下往上穿过挡泥板时，粘在刀片上的泥料被挡泥板挡回料槽内。绞刀的半径（即刀片旋转时扫过的圆周半径）与连续螺旋绞刀的大端半径相同，刀片最大宽度 $b_{max} = 65 \sim 100$mm，对于大型练泥机，刀片宽度可适当增大，刀片间的距离：

$$l = b_{max}\sin\alpha + d + (6 \sim 8) \tag{7-71}$$

式中　l——刀片间的距离，mm；

b_{max}——刀片的最大宽度，mm；

d——每片挡泥板的厚度，mm；

α——刀片排列的螺旋升角，(°)。

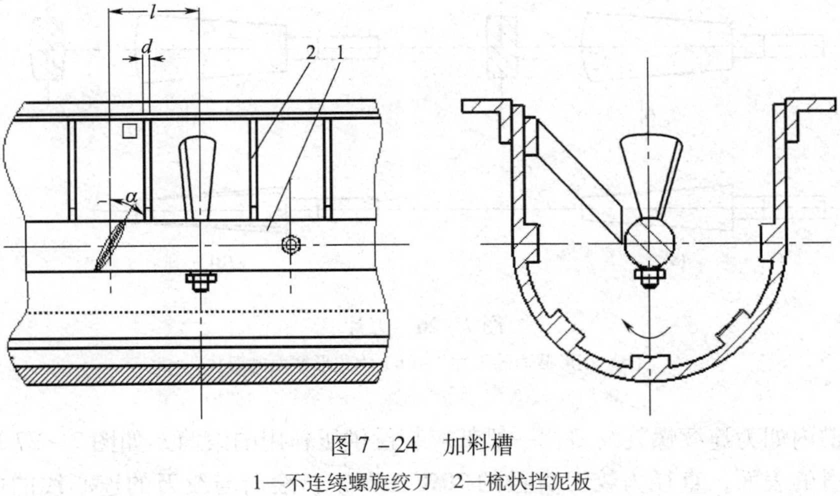

图 7－24　加料槽

1—不连续螺旋绞刀　2—梳状挡泥板

当 $\alpha=30°$时，上式成为：

$$l=\frac{1}{2}b_{\max}+d+(6\sim8) \tag{7-72}$$

使用时，绞刀两端刀片螺旋升角调得较大（如25°左右），中间部分刀片螺旋升角调得较小（如15°左右），使泥料在料槽中得到较为充分的混合。为了使泥料顺利地进入连续螺旋绞刀，最后一把刀片应该是连续螺旋绞刀的延伸部分，刀片中心线与连续螺旋叶片端线的夹角为45°，两者的轴向距离：

$$s=0.25b_{\max}+10 \tag{7-73}$$

如图7－25所示，s 的单位为mm。

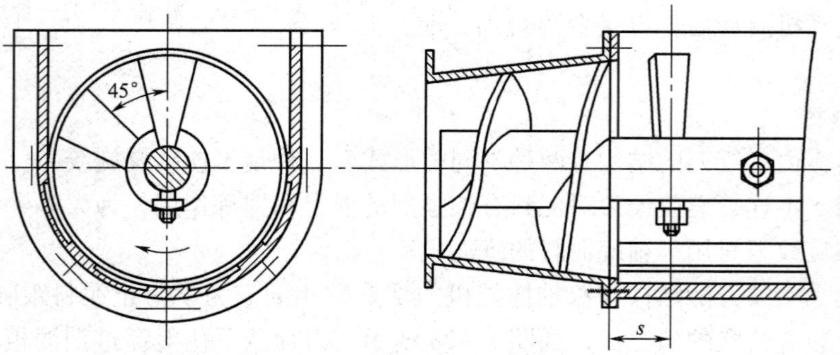

图7－25　不连续螺旋绞刀与连续螺旋绞刀的衔接

料槽长度应根据泥料需要达到混合的均匀程度而定，一般取为850～1000mm或更长。

按截面形状不同，刀片分为两种，一种为矩形截面，另一种为六边形截面，如图7－26所示。矩形截面的刀片容易制造，但使用中发现有刀片粘泥的现象，六边形截面的刀片制造比较麻烦，但使用的效果较好。

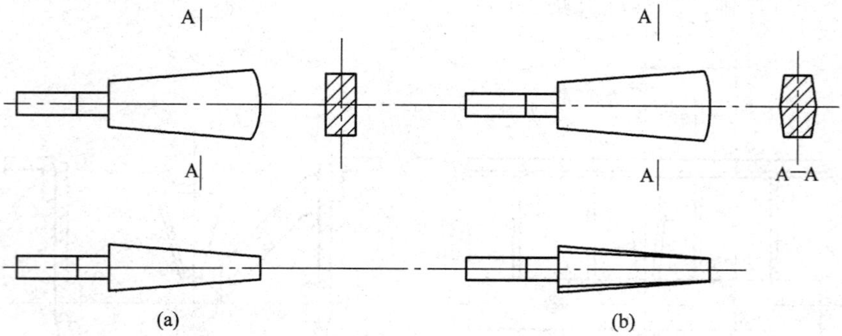

图7－26　刀片

（a）矩形截面的刀片　（b）六边形截面的刀片

加料槽内如为连续螺旋绞刀，一般都应装设供压料用的滚筒，如图7－27所示。滚筒具有光滑的表面，直径为绞刀直径的70%～75%，滚筒与绞刀的连心线的倾斜角为

40°～50°，滚筒转速取为绞刀转速的2.2～3.0倍，长度与料槽长度相等。连续螺旋绞刀和压料滚筒的结构，对泥料没有明显的混合作用，故料槽不必太长，以便于加料为准，一般取为550～700mm。

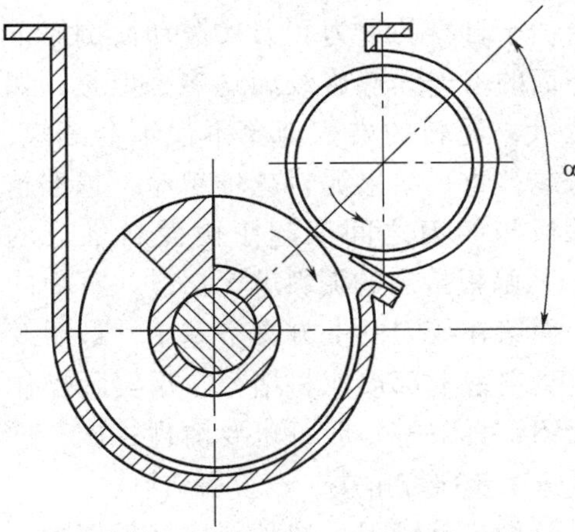

图7－27　料槽中连续螺旋绞刀和压料滚筒

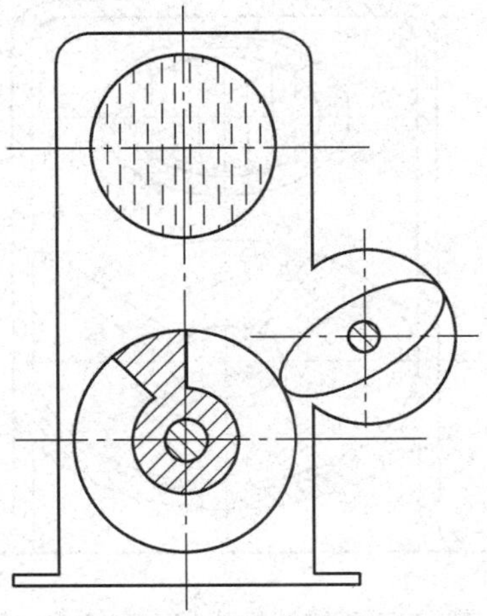

图7－28　连续螺旋绞刀和椭圆形压料滚筒

3. 真空室

对于多轴式练泥机，真空室内泥料的输送装置有四种不同的形式。

（1）连续螺旋绞刀和椭圆形压料滚筒（图7－28）　采用这种结构的泥料输送装置，泥料能得到通畅的输送，真空室不易由于积存泥料而堵塞。缺点是结构复杂、维修困难。同时，在滚筒与绞刀之间、滚筒两端与真空室内壁之间都粘有不少泥料，这些泥料经干燥变硬至一定程度时会掉下来而混在其他泥料中间，影响泥料质量。

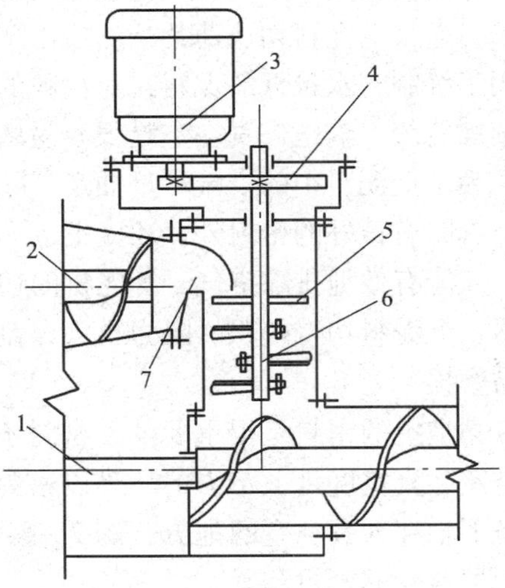

图7－29　立式不连续螺旋绞刀

1—下螺旋绞刀　2—上螺旋绞刀
3—电动机　4—齿轮　5—刮刀
6—立式不连续螺旋绞刀　7—弯形嘴子

（2）立式不连续螺旋绞刀（图7－29）　这种结构的真空室较小，泥料从弯形嘴子挤出，由刮刀切成薄片后，迅速被转速较高的立式不连续螺旋绞刀送往出料部分。泥料在真空室内停留的时间较短，泥料中空气不易抽尽，同时，刮刀和刀片的磨损较快，寿命不长，维修和更换又比较麻烦。因此，目前新设计的真空练泥机一般不采用这种结构。

（3）不连续螺旋绞刀和梳状挡泥板（图7－30）　这种结构的真空室比较大，泥料在真空室内停留的时间较长，而且在真空室内还对泥料进行搅拌。这样，能比较彻底地抽走泥料中的空气，泥料的质量较好。同时，这种结构比较简单，维修也很方便。缺点

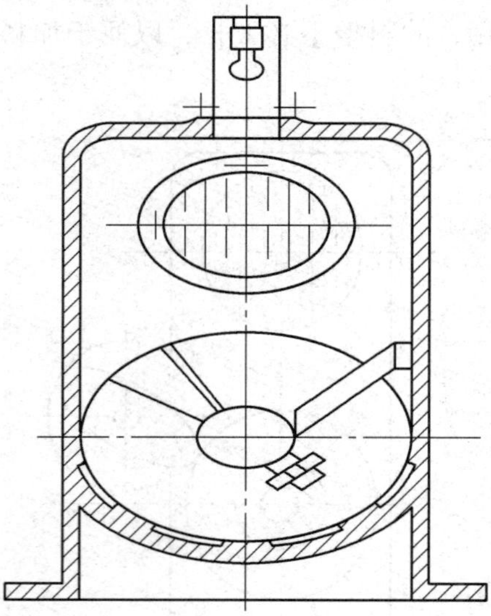

图 7-30 不连续螺旋绞刀和梳状挡泥板

是真空室容易堵塞。根据实际观察，真空室堵塞的过程是这样的：练泥机运转时，在真空室的左壁上慢慢粘上泥料，如图 7-30 所示，如果泥料的黏附力不大，当泥料堆积到一定程度时，还会由于自身的重力和刀片拨动而倒塌下来，被下面的不连续螺旋绞刀送走。但是，如果黏附力大，泥料的堆积现象不仅不会减轻，而且越来越严重，结果泥料越堆越厚，越堆越高，在筛板与绞刀之间架起了由泥料堆成的"拱桥"，从筛板挤出的泥料就无法进入下面的螺旋绞刀而堵在绞刀的上方真空室中，最后绞刀空转，真空室上部被泥料堵塞。据实际操作的工人介绍，真空室一般每班要清理一次，这个问题要进一步研究解决。

（4）连续螺旋绞刀　这种结构见于德国生产的真空练泥机。这种练泥机不采用筛板切割泥料，而是在真空室内装设盘状的切泥刮刀，刮刀转速较高，转向与绞刀相反。刮刀把上绞刀送来的泥料切成薄片，然后由下面的连续螺旋绞刀带走。有人认为，这种结构只适用于练制含水量低的泥料，对泥料的含水量有严格要求，如果泥料含水量较高，仅用连续螺旋绞刀输送，真空室是很容易堵塞的。

为了把泥料中的空气尽量抽走，除了真空泵的技术性能应满足使用要求，真空室和真空管路有良好的密封外，还应把进入真空室的泥料切成薄片，使埋在泥料中的气泡破裂，才能有效地排除空气。练泥机的切泥装置有筛板和刮刀两种。筛板结构简单、装修方便，但泥料切得较粗、阻力也大；刮刀可把泥料切成薄片，阻力也小，但结构复杂、容易磨损。

真空室的密封是很重要的，密封不良的真空室，真空度是上不去的。难以密封的部位是下轴穿入真空室的地方，图 7-31 是一种用填料涵的密封装置。

4. 推进器末端的结构

从推进器进入机头的泥料，是螺旋形的带状泥条。由于推进器轴毂没有伸入机头内，泥料进入机头时截面突然增大，泥料中形成了空洞，随后经过机头的挤压和在推进器叶片的带动下旋转，空洞逐渐消失，带状泥条结合成为整体的泥料。但是，泥料重新结合的地方往往不够紧密，干燥后常常出现 S 形和螺旋形的裂纹，为了解决这个问题，

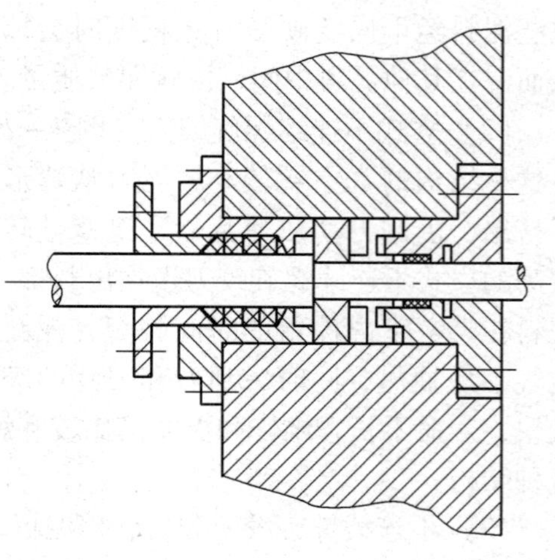

图 7-31 真空室的密封装置

大体上可采用下列的几种方法：

（1）在推进器的末端加上一个流线形的圆锥体，圆锥体伸入机头内，使泥料截面产生缓慢的变化。

（2）推进器的叶片稍向中心倾斜，即叶片螺旋面的母线倾角取不大的正值，使泥料的运动方向稍微向中心倾斜，以缩小泥料中的空洞。

（3）在推进器的末端装上两把刀片，用刀片搅动机头中的泥料，以消除结合不紧密而形成的种种裂纹。

此外，真空室中真空度的高低对泥料的质量影响很大，真空度高，泥料中空气排除得比较彻底，泥料重新结合时也就比较紧密，泥料的质量较好。

尽管对推进器的结构做了种种改进，以期得到均质的泥料，但实践证明，现有的真空练泥机不是一种良好的混合设备，泥料经练泥机加工后，不同部位、不同方向的干燥和烧成收缩是不同的，这说明了泥料的结构并不均匀。造成泥料结构不均匀的原因尚无定论，但目前比较流行的一种意见认为：在真空练泥机的机头和机嘴中，在同一截面的不同各点，泥料的速度是各不相同的，中心处速度较快，周边附近速度较慢，各点速度有近似于抛物线的分布规律，泥料中具有板状或针状结构的高岭石类和云母类矿物颗粒总是趋向于以其长轴与速度分布曲线相切，从而造成了颗粒某种程度的定向排列，其中以周边处定向排列的程度较高，中心处定向排列的程度较低，泥料呈现各向异性。例如，在平行于速度分布曲线的方向，泥料的干燥和烧成收缩最小，而在垂直于速度分布曲线的方向，收缩最大，这就是所谓泥料的颗粒定向排列假说或理论。根据这个假说，可以解释泥料收缩不均匀的一些现象。

5. 机壳、机头和机嘴

通常机壳内壁都开有沿圆周等分排列的轴向凹槽或其他形状的凹槽，以阻止泥料跟随绞刀转动。有些设计采用机壳内镶衬套的结构，衬套磨损后可以修理或更换。

机头与出泥部分的机壳连接。机头的作用是造成一定的阻力，使泥料压紧，并且通过机头可逐渐改变泥料截面的形状和尺寸，使泥料均匀地进入机嘴。机头的形状和尺寸，主要决定于泥料的性质和水分的含量，对塑性好、水分高的泥料，压力不要很大，机头可以短些；反之，对塑性差、水分低的泥料，需要较大的压力，机头应长些。但长的机头将增大泥料的运动阻力，从而增加泥料的回流量和练泥机的功率消耗，泥料可能发热。机头的形状可分为两种，一种是由圆柱形和圆锥形两部分组合的机头，如图 7 - 32 所示，这种机头适用于挤制直径比绞刀小得多的泥段，为了阻止泥料在机头内旋转，在机头的圆柱形部分的内壁上，有些也有轴向凹槽。机头圆柱形部分的长度一般取为等于推进器的螺距，圆锥形部分的锥角取为 30°左右。另一种挤制直径大于或接近于绞刀直径的泥段。为了得到结构致密的泥

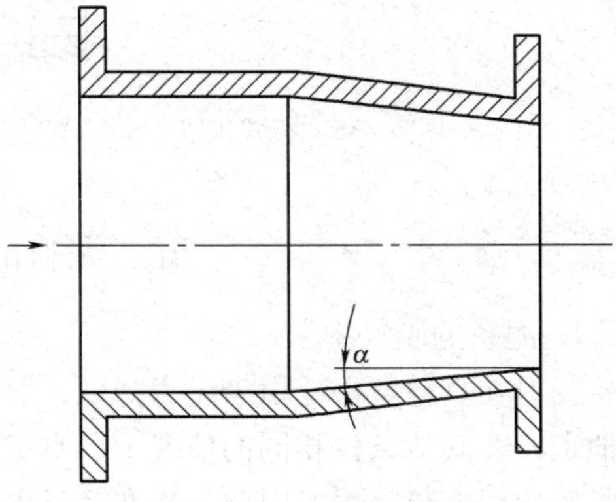

图 7 - 32 机头

料，机头的出口面积不能大于进口面积的两倍（图 7－33）。

机嘴的构造如图 7－34 所示。机嘴的作用主要是使泥料成为具有一定截面形状和尺寸的泥段，根据实际使用情况，机嘴的尺寸为：$L=(1.0\sim1.5)D$，$l=L/3$，锥角 $2\alpha=40°\sim60°$。在生产中，也采用结构简单、使用方便的板式机嘴，如图 7－35 所示。板式机嘴便于更换挤制泥料的截面尺寸，如图 7－36 所示。根据需要的各种尺寸，在一块厚约 25mm 的钢板上加工出各种机嘴，改变泥料的截面尺寸时，只要松开固定螺栓，把钢板上尺寸合适的机嘴转到机头处，然后拧紧固定螺栓，即完成更换机嘴的工作，使用比较方便。

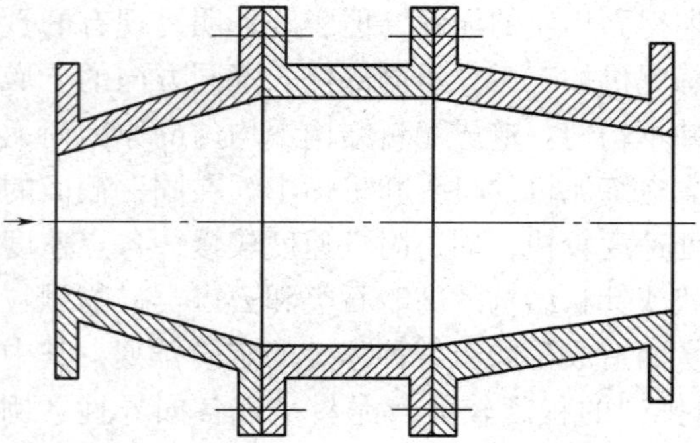

图 7－33　鼓形机头

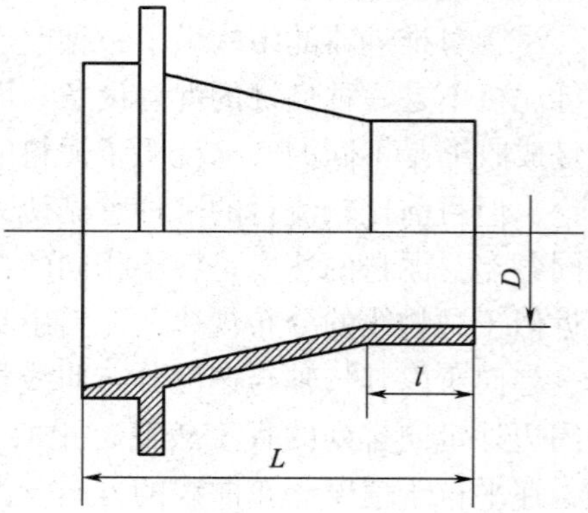

图 7－34　机嘴

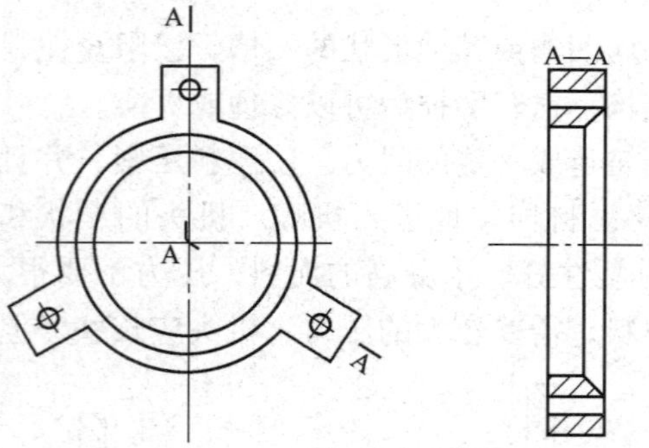

图 7－35　板式机嘴

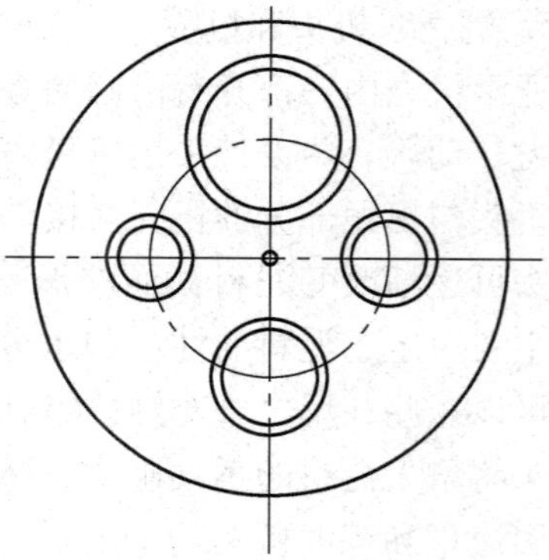

图 7－36　具有不同尺寸出口的板式机嘴

五、泥料的真空处理装置

1. 泥料的脱气率

泥料在真空室中，由于压力降低，气体密度减小，从而使泥料中包含的空气大部分被抽走。在其他条件相同的情况下，真空室的真空度越高，泥料中空气抽走得越多，泥料脱气的程度越完善，因此，现在都是以真空室的真空度来作为衡量泥料脱气程度的一项主要技术指标，并且规定要达到的具体数值。至于标准真空度应当是多少，说法各不相同，通常的标准是真空度不低于96kPa。但仅仅用真空度这个参数来表示泥料脱气的程度是不全面的，表示泥料脱气的程度应当用脱气率这个概念。

泥料经过真空室时被抽走的干空气质量与泥料带入真空室中的干空气质量之比称为泥料的脱气率，以公式表示为：

$$\psi = \frac{G_o}{G_i} \tag{7-74}$$

式中　ψ——泥料的脱气率；

G_o——泥料经过真空室时被抽走的干空气质量，kg/h；

G_i——泥料带入真空室的干空气质量，kg/h。

实际测定 G_o 和 G_i 是困难的，故不能直接用上式计算泥料的脱气率，必须从形式上做些变化。

设 G_r 为泥料通过真空室后仍然留在泥料中的干空气质量。根据物料平衡应有：

$$G_i = G_o + G_r$$

设 Q 为练泥机的生产能力（m^3/h），λ 为泥料中湿空气的体积含量，以小数表示，ρ_g 为湿空气中的干空气密度（kg/m^3）。

泥料中干空气的质量为：

$$G_i = \rho_g \lambda Q$$

根据理想气体状态方程式，湿空气中干空气的密度为：

$$\rho_g = \frac{M_g}{RT} p_g$$

式中　M_g——干空气的摩尔质量，kg/mol；

R——通用气体常数，J/（mol·K）；

T——湿空气的热力学温度，K；

p_g——湿空气中的干空气分压，Pa。

假设脱气前后泥料中湿空气的体积含量不变，那么应有：

$$\psi = \frac{G_i - G_r}{G_i} = \frac{\rho_{gi}\lambda Q - \rho_{gr}\lambda Q}{\rho_{gi}\lambda Q}$$

从而有：

$$\psi = \frac{p_{gi} - p_{gr}}{p_{gi}} \tag{7-75}$$

设 p_a 为大气压力；φ_i、φ_r 分别为泥料带入真空室和脱气后留在泥料中湿空气的相对温度；p_s 为在真空室泥料温度下饱和水蒸气压力，在正常操作的情况下，真空室中泥料的温度可认为近似等于室温；H 为真空室的真空度；p 为真空室内湿空气的绝对压力。

根据道尔顿定律，应有：

$$p_{gi} = p_a - \varphi_i p_s$$

$$p_{gr} = p - \varphi_r p_s$$

合并上面各式可得：

$$\psi = \frac{H - (\varphi_i - \varphi_r)p_s}{p_a - \varphi_i p_s}$$

可以证明，近似有：

$$\varphi_{i} = \varphi_{r} = 1$$

于是，上式成为：

$$\psi = \frac{H}{p_{a} - p_{s}} \tag{7-76}$$

从上式可知，要计算泥料的脱气率，仅仅知道真空度是不够的，还必须知道当时的大气压力和室温下的饱和水蒸气压力。为此，除了在真空室处装设压力表外，还应当在车间的适当位置装设气压表和温度表，以测量大气压力和温度，然后从热力学常数表中查出该温度下的饱和水蒸气压力，最后用上式计算泥料的脱气率。

例如：我国南方冬天测得大气压力 $p_{a}=101.59$kPa，温度 $t=10$℃，真空室的真空度 $H=98.66$kPa，问泥料的脱气率是多少？

从热力学常数表中查出温度为10℃时饱和水蒸气压力 $p_{s}=1.23$kPa。将各已知数代入式（7－76）可得：

$$\psi = \frac{98.66}{101.59 - 1.23} = 98.3\%$$

设同一地区，在夏天测得大气压力 $p_{a}=100.66$kPa，温度 $t=30$℃，要使泥料达到相同的脱气率，问真空室的真空度应为多少？

从热力学常数表中可查得温度为30℃时饱和水蒸气压力为4.24kPa。

从式（7－76）可得：

$$H = \psi(p_{a} - p_{s})$$

将已知各数代入有：

$$H = 0.983 \times (100.66 - 4.24) = 94.78\ (\text{kPa})$$

从上面的例子可知，在两种不同环境下，虽然真空室的真空度相差较大，但泥料的脱气程度是相同的，用脱气率能比较准确地反映出泥料脱气的完善程度。

泥料的脱气率为多少才能满足使用要求，应通过工艺试验确定。

2. 真空处理装置

真空练泥机的泥料真空处理装置由真空泵、滤气器、真空管路和练泥机本身的真空室等组成，如图7－37所示。现分述如下。

（1）真空泵　真空泵是泥料真空处理装置中的重要设备。练泥机配用的真空泵规格主要是根据需要的抽速和极限压力来确定，真空泵的有效抽速应满足下式要求：

$$s_{e} = \frac{Kp_{a}}{p}\left(\lambda Q + \frac{G}{\rho_{a}}\right) \tag{7-77}$$

式中　s_{e}——真空泵的有效抽速，m^3/h；

Q——练泥机的生产能力，m^3/h；

p_{a}——大气压力，Pa；

p——真空室内气体的绝对压力，Pa；

λ——泥料中空气的体积含量，可按 $\lambda=0.09\sim0.10$ 计算；

G——从真空装置不严密处漏入的空气量，kg/h，可按每米接缝长度漏入空气

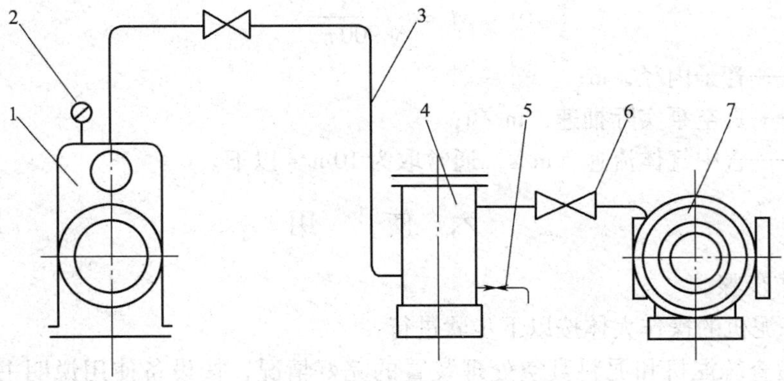

图 7-37　泥料的真空处理装置

1—真空室　2—压力表　3—真空管路　4—滤气器　5—放水阀门　6—截止阀　7—真空泵

量 0.05 ~ 0.07kg/h 计算；

ρ_a ——大气密度，kg/m^3；

K ——考虑泥料中水汽化为水蒸气的系数。

K 的最大值用下式计算：

$$K = 1 + \frac{p_s}{p - p_s} \tag{7-78}$$

考虑到真空管路和滤气器的液体阻力，真空泵的实际抽速应为：

$$s = \frac{s_e U}{U - s_e} \tag{7-79}$$

式中　s ——真空泵的实际抽速，m^3/h；

U ——真空管路和滤气器的流导，m^3/h。

其余符号的意义和单位同前。

合并以上各式可得：

$$p = K p_a \left(\lambda Q + \frac{G}{\rho_a} \right) \left(\frac{1}{s} + \frac{1}{U} \right) \tag{7-80}$$

和

$$H = p_a \left[1 - K \left(\lambda Q + \frac{G}{\rho_a} \right) \left(\frac{1}{s} + \frac{1}{U} \right) \right] \tag{7-81}$$

由上式可知，影响真空室真空度的主要因素是进入空气室的空气量（包括带入和漏入的空气量）、真空泵的实际抽速以及真空管路和滤气器的流导。

（2）滤气器　滤气器的作用是把从真空室抽出的气体过滤，除去夹在气体中的水滴和尘粒，以保护真空泵。过滤介质为棉毛织物和泡沫塑料。过滤介质要经常清洗和更换，以免堵塞，使阻力增大，流导减小而降低真空室的真空度。

（3）真空管路　真空管路应短而直，避免过多的转变，以减小阻力，增大流导。管径：

$$d = \sqrt{\frac{s}{900\pi v}} \tag{7-82}$$

式中　d——管子内径，m；

s——真空泵实际抽速，m^3/h；

v——管中气体流速，m/s，通常取为10m/s以下。

六、使　　用

1. 操作步骤

真空练泥机的操作大体按以下步骤进行：

（1）检查练泥机和泥料真空处理装置的完好情况，按设备使用说明书的规定对各润滑点加足润滑油。

（2）启动真空泵，待压力表的读数达到规定的真空度后，方可启动练泥机。

（3）如电动机与练泥机之间装有离合器，应首先扳动手柄使离合器处于分离状态，然后启动电动机，待电动机启动完毕后，再结合离合器，驱动练泥机。

（4）加料时要均匀加入，加料量不宜过多。

（5）开始挤出的泥料未经完善的真空处理，不能使用，要重新加入料槽内。练泥机在工作过程中，应经常对挤出的泥料切片进行质量检查，以保证泥料中没有气孔、裂纹和夹层等缺陷，并保证泥料的含水量符合工艺要求。同时还应经常检查筛板出泥的情况、轴承和机壳的温升情况，注意齿轮啮合的声音，如发现不正常现象，应立即停机检查和修理。

（6）练泥机停机前应先停止加料，待机中泥料尽可能都挤出后，方可停机，以减小下次启动时的载荷。

（7）练泥机停止后，关闭真空泵，盖上加料槽的盖子，用湿布包住机嘴。

上述各点是对真空练泥机操作的基本要求。不同型号的练泥机和真空泵，其操作步骤和要求有所不同，应根据设备的使用说明书来编制设备的操作规程。

2. 故障及其排除

真空练泥机的主要故障及排除方法见表7－4。

表7－4　　真空练泥机常见故障的产生原因及排除方法

故障现象	产生原因	排除方法
生产能力降低	（1）绞刀与机壳之间的间隙由于磨损而增大，造成泥料大量回流 （2）筛板堵塞 （3）加料量不足 （4）泥料过干	（1）修理绞刀和机壳衬套，减小间隙 （2）拆下筛板清理 （3）适当增大加料量 （4）适当搭配加入部分含水量较高的泥料
真空室堵塞	（1）出料部分绞刀与机壳之间的间隙过大，泥料大量回流到真空室 （2）出料部分绞刀的输送能力降低 （3）泥料水分不均匀	（1）修理绞刀和机壳衬套，减小间隙 （2）修理或调整绞刀、压料滚筒或挡泥板 （3）加料时注意干湿泥料的均匀搭配

续表

故障现象	产 生 原 因	排 除 方 法
泥料发热	（1）泥料大量回流 （2）绞刀叶片之间夹有大块异物 （3）泥料过干，绞刀转速与泥料的含水量不相适应	（1）按上面有关办法处理 （2）拆机清除 （3）适当搭配加入部分含水量较高的泥料或者降低绞刀转速
真空室的真空度降低	（1）真空泵性能变差 （2）真空装置大量漏气 （3）滤气器中过滤介质太脏	（1）检修真空泵 （2）查出漏气的地方予以修复 （3）清洗或更换过滤介质

【例 7-2】　确定双轴式真空练泥机绞刀的主要尺寸。练泥机的生产能力为 2t/h，泥料的密度为 1.95t/m³。

【解】　（一）加料部分的绞刀

1. 料槽中不连续螺旋绞刀

（1）直径　泥料在料槽中移动的速度，按双轴搅拌机的公式计算：

$$v = \frac{1}{60} Zbnk\sin\alpha$$

设 $n = 22\text{r/min}$，$Z = 4$，$b = 50\text{mm}$，$k = 0.85$，$\alpha = 15°$，代入上式得：

$$v = \frac{1}{60} \times 4 \times 0.05 \times 22 \times 0.85 \times \sin 15° = 0.016\ (\text{m/s})$$

生产能力：

$$Q = 900\pi (D^2 - d^2) \phi v K$$

已知 $K = 1$，作为初步计算，设 $d = 0$，于是得：

$$D = \sqrt{\frac{Q}{900\pi\phi v}}$$

已知 $Q = \frac{2}{1.95} = 1.025\text{m}^3/\text{h}$，取 $\phi = 0.5$，代入上式得：

$$D = \sqrt{\frac{1.025}{900 \times 3.14 \times 0.5 \times 0.016}} = 0.21\ (\text{m})$$

取 $D = 250\text{mm}$。

（2）长度　不连续螺旋绞刀的长度与料槽长度相等，根据经验数据，取料槽长度为 800mm。

（3）刀片数量　最后一把刀片的位置：

$$s = 0.25 b_{max} + 10$$

刀片最大宽度取为 70mm，代入上式得：

$$s = 0.25 \times 70 + 10 = 27.5\ (\text{mm})$$

刀片之间的距离：

$$l = \frac{1}{2}b_{\max} + d + (6 \sim 10)$$

取挡泥板厚度 $d = 6\text{mm}$，代入上式得：

$$l = \frac{1}{2} \times 70 + 6 + 8 = 49 \text{ (mm)}$$

取 $l = 50\text{mm}$。

在 800mm 长度内共有刀片的数量：

$$i = \frac{800 - 27.5}{50} + 1 = 16 \text{（把）}$$

2. 连续螺旋绞刀

（1）直径　连续螺旋绞刀的大端直径与不连续螺旋绞刀的直径相同，即为 250mm。小端直径的计算如下：

练泥机的生产能力：

$$Q = 15\pi(D_2^2 - D_1^2)(h - \delta)nK$$

$$h = \pi(R_1 + R_2)\tan\alpha = \frac{Z+1}{Z}\pi R_2 \tan\alpha$$

作为初步计算，设 $\delta = 0$，从而可得：

$$R_2 = \sqrt[3]{\frac{Z^3 Q}{60\pi^2(Z^2 - 1)(Z + 1)nK\tan\alpha}}$$

已知 $n = 22\text{r/min}$，取 $\alpha = 20°$，$Z = 2.2$，$K = 0.14$，代入上式得：

$$R_2 = \sqrt[3]{\frac{2.2^3 \times 1.025}{60 \times 3.14^2 \times (2.2^2 - 1) \times (2.2 + 1) \times 22 \times 0.14 \times \tan 20°}} = 0.125(\text{m})$$

取 $D_2 = 2R_2 = 2 \times 125 = 250mm$，即绞刀大小端直径相同，为圆柱形螺旋绞刀。

（2）螺距

$$h = \frac{Z+1}{Z}\pi R_2 \tan\alpha = \frac{2.2 + 1}{2.2} \times 3.14 \times 0.125 \times \tan 20° = 0.208(\text{m})$$

取 $h = 200\text{mm}$。

（3）轴毂直径

$$D_1 = \frac{D_2}{Z} = \frac{250}{2.2} = 114(\text{mm})$$

取 $D_1 = 120\text{mm}$。

（4）叶片厚度　叶片厚度取为 $\delta = 17\text{mm}$。

（5）绞刀长度　螺旋叶片的圈数取为 1.5 圈，绞刀长度应为 $1.5 \times 200 = 300\text{mm}$。

（二）出料部分的绞刀

1. 真空室中不连续螺旋绞刀

（1）直径　直径取为 $D = 250\text{mm}$。

（2）刀片平均宽度　刀片平均宽度取为 $b = 50\text{mm}$。

（3）生产能力　设取转速 $n = 26\text{r/min}$，泥料移动的速度：

$$v=\frac{1}{60}\times 4\times 0.05\times 26\times 0.85\times \sin 15^\circ=0.019\ (\mathrm{m/s})$$

生产能力：

$$Q=900\times 3.14\times 0.25^2\times 0.5\times 0.019=1.68\ (\mathrm{m^3/h})$$

（4）长度　参照实际使用的数据，取长度为400mm。

（5）刀片数量　计算方法与加料部分的不连续螺旋绞刀相同，计算结果刀片数量为 $i=8$ 把。

2. 连续螺旋绞刀

连续螺旋绞刀的主要尺寸与加料部分的相同，即：

（1）直径 $D_2=250\mathrm{mm}$。

（2）螺距 $h=200\mathrm{mm}$。

（3）轴毂直径 $D_1=120\mathrm{mm}$。

（4）叶片厚度 $\delta=17\mathrm{mm}$。

（5）长度　螺旋叶片的圈数取为2.5圈，长度为

$$2.5\times 200=500\ (\mathrm{mm})$$

（6）生产能力　设取 $K=0.12$，得：

$$Q=15\times 3.14\times (0.25^2-0.12^2)\times (0.2-0.017)\times 26\times 0.12=1.29\ (\mathrm{m^3/h})$$

3. 螺旋推进器

（1）头数　为了使作用于泥料截面上的推力比较均匀，推进器采用双线螺旋。

（2）螺距半径：

$$R_c=0.75R_2=0.75\times 125=94\ (\mathrm{mm})$$

螺旋升角取为 $\alpha_c=23^\circ$，螺距：

$$h=2\pi R_c\tan\alpha_c=2\times 3.14\times 94\times \tan 23^\circ=250(\mathrm{mm})$$

（3）轴毂直径　设摩擦因数 $f=0.4$，可得：

$$R_1=\frac{h(f+\sqrt{f^2+1})}{2\pi}=\frac{250\times (0.4+\sqrt{0.4^2+1})}{2\times 3.14}=59(\mathrm{mm})$$

取 $D_1=2R_1=2\times 59=118\mathrm{mm}$，圆整为120mm。

（4）叶片厚度　叶片厚度取为 $\delta=17\mathrm{mm}$。

（5）长度　双线螺旋推进器的长度取为螺距的1/2，即125mm。

（三）生产能力的校核

1. 料槽中不连续螺旋绞刀

取 $d=80\mathrm{mm}$。

$$\begin{aligned}Q_1&=900\pi(D^2-d^2)\phi v=900\times 3.14\times (0.25^2-0.08^2)\times 0.5\times 0.016\\&=1.27(\mathrm{m^3/h})\end{aligned}$$

2. 加料部分的连续螺旋绞刀

$$\begin{aligned}Q_2&=15\pi(D_2^2-D_1^2)(h-\delta)nK\\&=15\times 3.14\times (0.25^2-0.12^2)\times (0.2-0.017)\times 22\times 0.14\\&=1.28\ (\mathrm{m^3/h})\end{aligned}$$

3. 真空室中不连续螺旋绞刀

根据上面计算，真空室中不连续螺旋绞刀的生产能力为 $Q_3 = 1.68$（m^3/h）。

4. 出料部分连续螺旋绞刀

$$Q_4 = 15 \times 3.14 \times (0.25^2 - 0.12^2) \times (0.2 - 0.017) \times 26 \times 0.12 = 1.29 (m^3/h)$$

5. 螺旋推进器

$$Q_5 = 15 \times 3.14 \times (0.25^2 - 0.12^2) \times (0.25 - 2 \times 0.017) \times 26 \times 0.12 = 1.53 (m^3/h)$$

校核结果表明，出料部分绞刀的生产能力大于加料部分的生产能力，满足了真空室不堵塞的必要条件。

【例 7－3】 假设加料绞刀末端处泥料压力为 600kPa，出料绞刀末端处泥料压力为 400kPa，计算例 7－1 真空练泥机的需要功率。

【解】 1. 加料部分不连续螺旋绞刀搅拌和输送泥料需要的功率

已知 $i = 16$，$b = 50mm$，$n = 22r/min$，$D = 250mm$，$d = 80mm$，$\alpha = 15°$，设取 $\phi = 0.5$，$C = 300kPa$。

需要的功率：

$$\begin{aligned} P_1 &= 4\pi\phi iCbn(D^2 - d^2)\sin\alpha \times 10^{-6} \\ &= 4 \times 3.14 \times 0.5 \times 16 \times 300 \times 10^3 \times 0.05 \times 22 \times (0.25^2 - 0.08^2) \times \sin 15° \times 10^{-6} \\ &= 0.48 \text{ (kW)} \end{aligned}$$

2. 加料部分连续螺旋绞刀输送泥料需要的功率

已知 $L = 300mm$，$Q = 1.28m^3/h$，$\rho = 1950kg/m^3$，设取 $\omega = 5.5$。

需要的功率：

$$P_2 = \frac{\omega LQ\rho}{367} \times 10^{-3} = \frac{5.5 \times 0.3 \times 1.28 \times 1950}{367} \times 10^{-3} = 0.01 \text{ (kW)}$$

3. 加料部分连续螺旋绞刀克服叶片与泥料间摩擦力和迫使泥料通过筛板需要的功率

已知 $n = 22r/min$，$p = 600kPa$，$R_2 = 125mm$，$R_1 = 60mm$，$\alpha = 20°$，设取 $f = 0.4$，求得 $\phi = 20°50'$

$$\tan\alpha_c = \frac{2R_c}{R_1 + R_2}\tan\alpha = \frac{2 \times 94}{60 + 125} \times \tan 20° = 0.37$$

$$\alpha_c = 20°18'$$

需要的功率：

$$\begin{aligned} P_3 &= np\left[22(R_2^3 - R_1^3)\tan(\alpha_c + \phi) + \frac{138fR_1^2(R_2^3 - R_1^3)}{R_2^2 - R_1^2}\tan\alpha_c\right] \times 10^{-5} \\ &= 22 \times 600 \times 10^3 \times [22 \times (0.125^3 - 0.06^3) \times \tan(20°18' + 21°50') + \\ &\quad \frac{138 \times 0.4 \times 0.06^2 \times (0.125^3 - 0.06^3)}{0.125^2 - 0.06^2} \times \tan 20°18'] \times 10^{-5} = 6 \text{ (kW)} \end{aligned}$$

4. 出料部分不连续螺旋绞刀搅拌和输送泥料需要的功率

已知 $i = 8$，$b = 50mm$，$n = 26r/min$，$D = 250mm$，$d = 80mm$，$\alpha = 15°$，设取 $C = 300kPa$，$\phi = 0.5$。

需要的功率：

$$P_4 = 4 \times 3.14 \times 0.5 \times 8 \times 300 \times 10^3 \times 0.05 \times 26 \times (0.25^2 - 0.08^2) \times \sin 15° \times 10^{-6} = 0.3\ (\text{kW})$$

5. 出料部分连续螺旋绞刀输送泥料需要的功率

已知 $L = 500\text{mm}$，$Q = 1.29\text{m}^3/\text{h}$，$\rho = 1950\text{kg/m}^3$，设取 $\omega = 5.5$。

需要的功率：

$$P_5 = \frac{5.5 \times 0.5 \times 1.29 \times 1950}{367} \times 10^{-3} = 0.02\ (\text{kW})$$

6. 螺旋推进器克服叶片与泥料间摩擦力和迫使泥料通过机头、机嘴需要的功率

已知 $n = 26\text{r/min}$，$p = 400\text{kPa}$，$R_2 = 125\text{mm}$，$R_1 = 60\text{mm}$，$\alpha_c = 23°$，取 $f = 0.4$，相应的摩擦角 $\phi = 21°50'$。

需要的功率：

$$P_6 = 26 \times 400 \times 10^3 \times \left[22 \times (0.125^3 - 0.06^3) \times \tan(23° + 21°50') + \frac{138 \times 0.4 \times 0.06^2 \times (0.125^3 - 0.06^3)}{0.125^2 - 0.06^2} \times \tan 23°\right] \times 10^{-5} = 5.2\ (\text{kW})$$

7. 练泥机功率

$$P = \frac{\sum P_i}{\eta}$$

设取 $\eta = 0.9$，可得：

$$P = \frac{0.48 + 0.01 + 6 + 0.3 + 0.02 + 5.2}{0.9} = 13\ (\text{kW})$$

【例 7-4】　确定上例真空练泥机配用真空泵的抽速。要求真空室内真空度不小于 96kPa（720mmHg），真空装置的接缝长度估计为 8m，真空室内气体温度为 20℃，大气密度为 1.2kg/m^3。

【解】　已知：$Q = 1.27\text{m}^3/\text{h}$。取 $\lambda = 0.1$，$p = 4\text{kPa}$（30mmHg）

漏气量 $G = 0.07 \times 8 = 0.56\ (\text{kg/h})$

从饱和水蒸气热力学常数表中查得，当温度 $t = 20℃$ 时，饱和水蒸气压力 $p_s = 2.33\text{kPa}$。k 的最大值为：

$$k = 1 + \frac{p_s}{p - p_s} = 1 + \frac{2.33}{4 - 2.33} = 2.4$$

真空泵的抽速：

$$s = \frac{kp_a}{p}\left(\lambda Q + \frac{G}{\rho}\right) = \frac{2.4 \times 101.33 \times 10^3}{4 \times 10^3} \times \left(0.1 \times 1.27 + \frac{0.56}{1.2}\right) = 36\ (\text{m}^3/\text{h})$$

思考题及习题

1. 混合搅拌机械在陶瓷工业中有什么作用？
2. 双轴搅拌机主要由哪几部分组成？其作用原理怎样？物料在双轴搅拌机中混合

的均匀程度与什么因素有关？怎样使物料混合得更为均匀？

3. 双轴搅拌机的易损零件是什么？采用什么方法延长易损零件的使用寿命？

4. 对螺桨搅拌机的螺旋桨叶进行测量，并绘出其工作图。

5. 螺桨搅拌机主要由哪几部分组成？其作用原理怎样？

6. 为什么螺桨搅拌机用于松解塑性泥料以制备泥浆和用于搅拌泥浆以保持其均匀性有不同的转速？

7. 为什么螺桨搅拌机使用的搅拌池其横截面通常为正多边形而不采用圆形？搅拌池的直径应如何确定？直径过大或过小会带来什么后果？为什么搅拌池的下部做成棱锥形？

8. 为什么螺桨搅拌机桨叶螺旋面的旋向为左旋？

9. 真空练泥机主要由哪几部分组成？其作用原理怎样？

10. 真空练泥机在陶瓷生产中有什么作用？

11. 真空练泥机有哪几种不同的结构形式？其优缺点是什么？

12. 泥料在真空练泥机连续螺旋绞刀中的运动有哪几种不同状态？由什么决定？

13. 在真空练泥机圆柱形机头的进口与出口处，泥料的压力差与什么有关？其关系怎样？

14. 在真空练泥机圆柱形机嘴的进口与出口处，泥料的压力差与什么有关？其关系怎样？

15. 泥料经真空练泥机连续螺旋绞刀与机壳之间间隙的回流量与什么有关？其关系怎样？

16. 为什么连续螺旋绞刀螺旋面上各点的螺旋升角不相等？

17. 什么叫做侧滑角？它有什么作用？

18. 证明$\alpha = \frac{\pi}{4} - \frac{\phi}{2}$时螺旋效率有最大值。

19. 连续螺旋绞刀螺旋叶片的断面形状有哪几种？它们具有哪些特点？

20. 连续螺旋绞刀的螺旋升角以多大为合适？

21. 连续螺旋绞刀轴壳尺寸应如何确定？轴壳过大或过小会带来什么后果？

22. 连续螺旋绞刀叶片破坏的主要形式是什么？设计时要注意什么问题？

23. 连续螺旋绞刀的形状通常有哪几种？其性质如何？绞刀的长度应如何确定？

24. 什么叫做螺旋推进器？为什么螺旋推进器多采用双线或三线螺旋？

25. 推进器轴壳尺寸应如何确定？为什么推进器的螺旋升角应大于绞刀其余部分的螺旋升角？

26. 连续螺旋绞刀与机壳之间的间隙过大或过小会带来什么后果？

27. 真空练泥机绞刀转速与哪些参数有直接关系？其关系怎样？怎样确定绞刀转速？

28. 真空练泥机需要的功率包括哪几部分？功率主要消耗于什么地方？

29. 真空练泥机的传动形式有哪几种？其特点是什么？

30. 真空练泥机加料槽中绞刀的结构有哪几种形式？其特点是什么？设计中应注意

什么问题？加料槽的长度如何确定？

31. 真空练泥机真空室内泥料的输送装置有哪几种结构形式？其特点是什么？

32. 为什么把进入真空练泥机真空室的泥料切成薄片或小条？切泥装置有哪几种？其特点是什么？

33. 为真空练泥机下轴穿入真空室处设计一种比较完善的密封装置。

34. 真空练泥机推进器末端的结构对练制的泥料质量有什么影响？设计一种比较完善的推进器端部结构。

35. 真空练泥机的机头和机嘴有什么作用？其尺寸应如何确定？

36. 真空练泥机的泥料真空处理装置主要由哪几部分组成？各部分有什么作用？在设计和使用中应注意哪些问题？

37. 根据什么选择真空练泥机配套用的真空泵？

38. 真空室中真空度降低的原因是什么？

39. 真空练泥机的操作大致按照哪些步骤进行？

40. 简述真空练泥机的主要故障及其消除方法。

第八章　成 形 机 械

第一节　概　　论

将泥料制成一定形状和尺寸的坯体以供焙烧用的工艺过程称为成形。

一、成 形 方 法

由于陶瓷制品种类繁多，形状和大小不一，各种原料的工艺性能又不相同，因此，成形的方法较多。目前陶瓷工业使用的成形方法主要有可塑法、注浆法、压制法和喷注法。

1. 可塑法

可塑法成形是利用泥料加水后具有可塑性，在外力作用下产生塑性变形而制成一定形状和大小的坯体。根据工艺的不同，可塑法成形又有多种不同的方式，其中以挤压和旋坯成形最为普遍。

挤压成形是把可塑泥料放入真空练泥机中，泥料在压力作用下从练泥机的机嘴挤出，得到具有一定截面形状和尺寸的泥段作为产品的一种成形方法。某些电磁产品（如拉紧绝缘子、热电偶保护套管等）可以用挤坯法直接成形，但对于日用陶瓷来说，挤坯一般是作为旋坯成形前泥料的预处理，以除去泥料中所含的空气，改善泥料的工艺性能，提高产品质量，并得到旋坯成形需要的一定截面形状和尺寸的泥段。

旋坯成形是泥料在成形工具（样板刀和滚头）和旋转着的模型之间，在成形工具的挤压下泥料均匀地布满模型表面而成为坯体的。旋坯成形适用于至少有一个表面为回转面的产品的成形。为了使泥料有适当的可塑性，在成形过程中不至于开裂或产生其他缺陷，必须控制泥料的含水量。旋坯用泥料的含水量与泥料的性质、坯体的形状和大小、成形工具的种类等有关，通常为20% ~26%，具体数值由试验确定。

2. 注浆法

注浆成形是利用模型具有吸水的能力，用泥浆浇注成形的。将制备好的泥浆注入模型中后，在靠近模壁处，泥浆中的水分被模型吸收，形成一层与模壁形状相同、含水量少的泥料层。随着时间的增长，泥料层不断增厚，当厚度达到要求时，把模型中多余的泥浆倒出，再经过一段时间的干燥，待泥料层具有适当的强度时，即可从模型中取出，成为坯体，这种注浆称为空心注浆。空心注浆只规定了坯体的外形，模型中没有限定坯体内部形状的型芯。如果泥浆注入两块模型之间，使形成的泥料层充满型腔，没有多余的泥浆倒出，这样，坯体的表面形状完全由模壁的形状决定，这种注浆称为实心注浆。一般说来，任何产品都可以用注浆成形，不过，由于注浆成形与旋坯成形相比，产量低、消耗高、劳动强度大，因此实际上注浆成形只用于不能用旋坯成形的异形产品，如汤匙，或者用于在目前用旋坯成形质量还有问题的产品，如花瓶、壶等。注浆成形泥浆含水量一般为35%～46%。

3. 压制法

压制成形是将含有一定水分的粉状物体装入刚性模型或弹性软模内，通过施加压力压制成坯体的。压制成形有以下两种不同的方式：

（1）干压成形　干压成形是将粉状泥料放入钢质模型中用较高的压力制成坯体的。粉料的含水量为6%～8%，压制压力为15～50MPa，粉料的压缩率为50%～60%。

干压成形是建筑陶瓷中形状比较简单的产品（如面砖、地板砖等）的主要成形方法。

干压成形要注意以下事项：

①干压成形是用模型压制的：成形是将粉料填充模腔，在模板（模芯）的压力作用下，粉料受到压缩，空气排出，最后压成密实的坯体。为了能制成质量合格的产品，模板与模壁之间的间隙适当。间隙过大，坯体四周受的压力小，结构疏松，强度较低，容易损坏而造成“毛边”；间隙过小，排气困难，空气不能充分排出，容易“分层”。

②要有适当的成形压力：成形压力用于克服颗粒间相互挤压压实的阻力、粉料与模壁之间的摩擦力和颗粒的变形，一般是比较大的，但是成形压力不是越大越好，一旦超过这个压力，坯体将会开裂。

③由于粉料与模壁之间的摩擦力作用，使成形坯体中各处的压力不同，结果坯体的致密程度不均匀，烧成收缩不一致，容易造成产品的变形和开裂。

④要有适当的加压速度和保压时间，使粉料中的空气可以充分排出，防止坯体分层。为了充分排气，一般采用从慢到快、先轻后重的多次加压，并有一定的保压时间，让空气分几次排出。

⑤坯体质量与粉料含水量的均匀程度、粉料的颗粒级配和流动性有关。用喷雾干燥制备的粉料，颗粒形状接近于球形，含水量均匀；粒度分布较窄，流动性好，能满足干压成形的要求。

（2）等静压成形　等静压成形是将泥状粉料装入一只弹性模型内，然后把模型密封并放到流体介质中（常用的流体介质是液体）。当在流体介质上施加一定的压力（一般为32MPa），这个压力将均匀地作用在模型的各个面上，粉料在压力作用下被压实成为坯体。

图8－1是等静压成形盘类制品原理图。模型主要由硬模、软模、模座组成。硬模是钢制的金属凸模，可垂直升降，提升起来时，粉料定量喂入软模上面的模腔内，并使粉料分布均匀；硬模下降就位后，与软模形成同坯体的外形相近的模腔。软模支撑在模座上，软模背面与模座之间的密封空间是容积可变的高压油室。工作时，油室通入高压油，迫使软模对粉料施加均匀的压力，把粉料压成坯体。这种成形的方法称为干法等静压成形，适用扁平制品的成形。

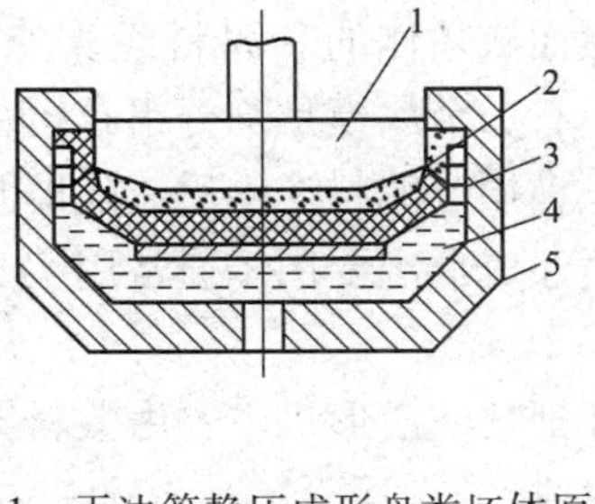

图8－1　干法等静压成形盘类坯体原理图
1—硬模　2—型腔　3—软模
4—工作油液　5—模座

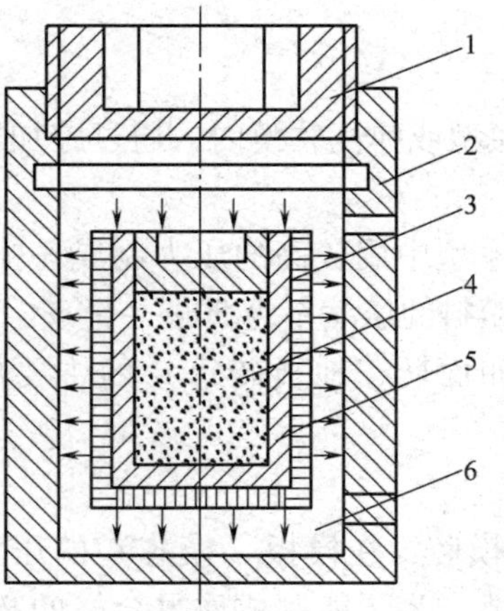

图 8-2　湿法等静压成形坯体原理图
1—模座盖　2—模座　3—软模
4—腔（填粉料）　5—框架　6—油液

图 8-2 是将填满粉料的软模置于高压容器中，容器通入高压液体，软模受到各方均匀的压力作用将粉料压实成形为坯体的原理图。加压完毕，要缓慢卸压，从容器中取出模型，再从软模内取出坯体。这种成形方法称为湿法等静压成形，主要用于外形复杂或尺寸较大的制品的成形。如陶瓷柱塞体、陶瓷辊棒等均可采用这种成形方法。

等静压成形具有以下一些主要特点：

①压力是均等地同时作用于各个面上，粉料颗粒沿各个方向做均匀移动，这样，颗粒移动时用于克服摩擦力而消耗的能量减少，压力作用更为有效。因此，在相同的压力作用下，可以得到结构比较致密、强度比较高的坯体。据资料介绍，等静压成形的坯体强度比使用钢模的干压成形的坯体强度有时可以高 10～15 倍，等静压成形坯体密度达到 2.2g/cm³或更高，而湿法成形坯体的密度很少超过 2g/cm³。

②由于压力是均等地同时作用于各个面上，不会受到模壁摩擦力的影响，粉料各部分的压力基本上是相等的，坯体结构比较均匀。虽然等静压成形还未能做到坯体不同部位的致密度完全一致，但致密度的差别不大。专门的试验表明，等静压成形直径为 200mm 的圆柱体，其径向密度差仅为 2% 左右，与其他成形方法相比，这一点是很突出的。

③等静压成形泥料的含水量只有 2% 左右，成形坯体不必干燥即可以进行修坯和施釉的工艺操作，可以省去结构庞大、经营费用高的干燥器。

④由于坯体结构致密、均匀，所以烧成收缩小，收缩也比较均匀。据资料介绍，等静压成形坯体的烧成收缩比其他成形方法有时要小一半以上，这样，就减少了烧成时产品的变形和开裂的现象。

4. 喷注法

喷注成形是将泥料在 4MPa 以上的压力下以 15～20m/s 的速度注入金属模型腔内随即开模而成坯体的。泥料经真空练泥机练制并挤压成泥条供喷注成形用，含水量为 25% 左右。金属模是剖分组合模，分开成两半，成形时加热至一定温度（160～180℃），以防止粘模。泥料注入后，随即开模是为了防止坯体因收缩而变形和开裂。

喷注成形主要用于通常用实心注浆生产的产品，例如杯把。杯把喷注成形过程见图 8-3。

杯把喷注成形机主要由喂料器、进料缸、模型及夹模装置、杯把输送装置、气动装置等组成。

喂料器在顶部，喂料器中各孔管放入塑性泥条，其中一孔管对准进料缸，当泥条下落至挡板处时，切泥刀按预定长度将泥条割断，接着挡板缩回，泥段喂入进料缸。进料

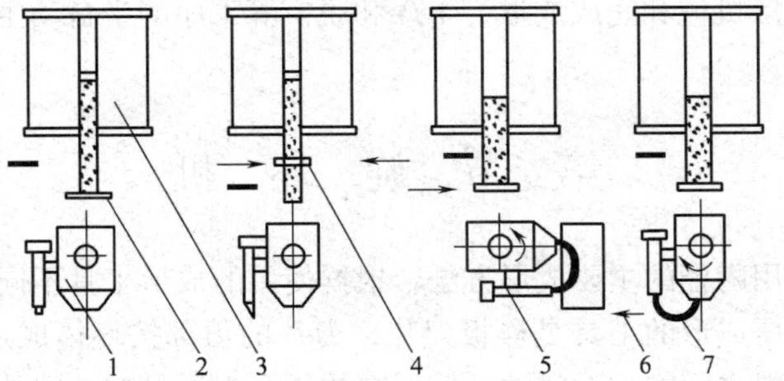

图 8-3 杯把喷注成形示意图

1—进料缸 2—挡板 3—喂料器 4—切泥刀 5—支承装置 6—割刀 7—坯体

缸截取泥段后，转过 90°成水平方向，出泥嘴对准模型的注入口，另一头的气缸产生冲击力将泥料以高速喷注入模型内。模型的温度严格控制，且应使热量分布均匀。成形后立即打开模型，坯体靠注入口和出口处的支撑装置支撑，并随进料缸旋转 90°，在这个位置，坯体被切下并由输送带送到操作者位置。与此同时，进料缸又接到另一个泥段，为下一个循环做好准备。杯把成形机的产量可达15～18 件/min。

二、成形的工艺过程

为了制造出质量优良的产品，无论用哪种方法成形的坯体，一般还要经过修整和施釉等工艺操作后才能入窑焙烧。从泥料制成可供入窑焙烧的坯体，需要经过多道工序才能完成。在陶瓷厂中，这些工序通常都是安排在成形车间内的。

物料在车间内逐步改变形状和性能而变成产品的过程称为工艺过程。工人在一台设备上对一个加工对象所连续完成的工艺过程称为工序。由依次排列的工序组成的工艺称为工艺流程，工艺流程表示物料在工艺过程中应该通过的工序以及通过这些工序的先后次序。

成形的工艺流程根据产品种类、泥料性质不同而不同，大体可以分为以下几种：

（1）旋坯法成形的盘、碗类制品

旋坯→干燥→脱模→干燥→修坯→施内釉→施外釉→取釉

（2）旋坯法成形的杯类制品

旋坯→干燥→脱模→干燥→修坯→施内釉→粘接（接杯把）→施外釉→取釉

（3）注浆成形壶类制品

注浆→干燥→脱模→修坯→干燥→施内釉→修坯→粘接（接壶嘴和壶把）→施外釉→取釉

（4）等静压成形的盘类制品

压坯→修坯→素烧→施釉→取釉

（5）干压成形的墙、地砖制品

压坯→干燥→施釉

由上述可知，各种成形工艺流程都是由成形、干燥、脱模、粘接、施釉、取釉等基本工序组成的。除基本工序外，还有一些补水、抹灰等工序，这些工序通常由工人在一台设备上进行基本工序操作时一同完成。

本章仅介绍成形机械和完成成形、干燥和脱模等工序的半自动生产，修坯和施釉机械将在下一章介绍。

第二节 旋 坯 机

旋坯是目前日用陶瓷的主要成形方法，根据使用的成形工具不同，分为刀压成形和滚压成形两种。刀压成形的工具是样板刀片，刀片的刃部按坯体成形表面的母线制作。成形时，刀片与泥料之间的相对滑动，使泥料的一个表面具有一定的形状和尺寸而成为坯体。滚压成形的工具是滚头，滚头是一个回转体，滚头回转体的母线与坯体成形表面的母线相同。成形时，滚头与泥料之间除了有相对滑动外，主要还有相对滚动。滚压成形由于坯体的质量好，操作简单，得到广泛采用。

滚压成形的机械设备是滚压成形机。由于陶瓷产品种类繁多，形状和大小不一，因此，随着产品的不同，滚压成形机有不同的结构形式，下面对普遍使用的半自动滚压成形机做重点介绍。

一、构造和工作原理

半自动滚压成形机有两种不同的形式：一种是固定工作台式滚压成形机，另一种是回转工作台式滚压成形机。此外，在每种之中又有单头和双头之分。

图 8－4 是双头固定工作台式滚压成形机，简称双头滚压机。在机架 1 的正面固装着主轴 13 的轴承座 14，主轴的底部装有空套在轴上的带轮和摩擦离合器 15，模座 11 固定在主轴的顶部，机架顶面装有支承滚头架 5 的支座 16，滚头架与支座之间以铰链连接，使之能绕支座摆动。滚头轴 9 和轴承座 8 以及带动滚头转动的电动机 7 均装在滚头架上，滚头 10 固定在滚头轴的下端，上端有带轮。滚头轴的上下、左右和前后的位置及其倾斜角度均可调节，如图 8－5 所示。松开螺钉 6，拧动手柄 7，可调节左右位置；松开圆螺母 4，转动螺杆 3，可调节上下位置；松开螺栓 8，转动螺杆 5，可调节前后位置；松开螺母 1，转动螺母 2，可调节倾斜角度。调节完毕后，全部锁紧螺母或螺钉要重新拧紧。

图 8－6 至图 8－8 所示分别为主轴部件、滚头轴部件和凸轮轴部件结构图。

在机架上并排安装有两套完全相同的主轴部件和滚头部件，两套装置按一定的顺序交替作业。

水平的凸轮轴也装在机架顶面。电动机经 V 带传动装置和摩擦离合器带动主轴旋转，与此同时还通过蜗轮蜗杆传动装置带动凸轮轴。在空套于蜗杆轴 3 上的三角带轮与蜗杆轴之间装有滚珠活动联轴器，联轴器由手柄 12 操纵。主轴上摩擦离合器的接合与分离以及滚头架的摆动均由凸轮轴上相应的凸轮 4 控制，从而实现半自动操作，如图 8－4 所示。图 8－9 为 450 型滚压机传动示意图。

根据滚压成形的工艺要求，在一个工作循环中，主轴和滚头的工作状态如图 8－10 所示。从图中可以看出，滚压机的操作过程如下（以其中一套成形装置为例）：

（1）凸轮轴的转角从 0°～100°，主轴处于静止状态，滚头在上止点位置。在这段

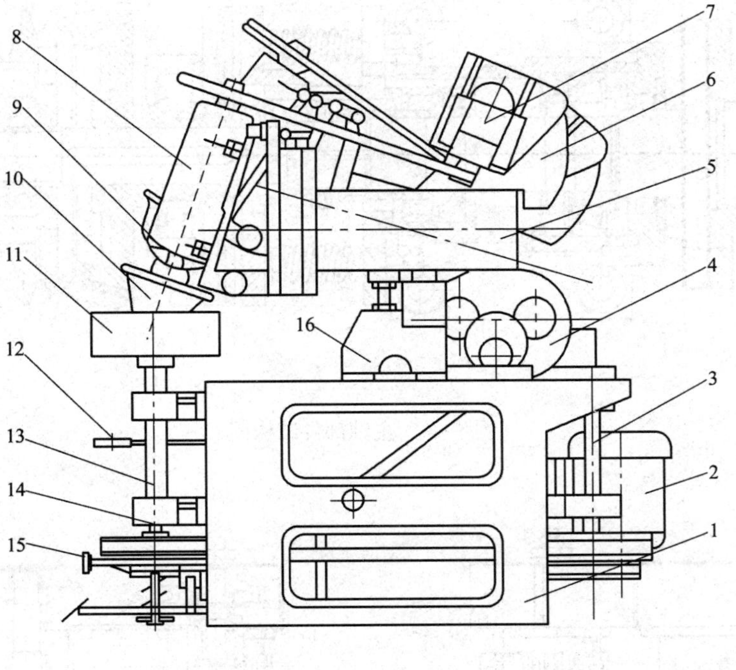

图 8-4 450 型双头滚压机示意图

1—机架 2—电动机 3—蜗杆轴 4—凸轮 5—滚头架 6—配重 7—滚头电动机 8—滚头轴承座 9—滚头轴 10—滚头 11—模座 12—手柄 13—主轴 14—主轴轴承座 15—摩擦离合器 16—支座

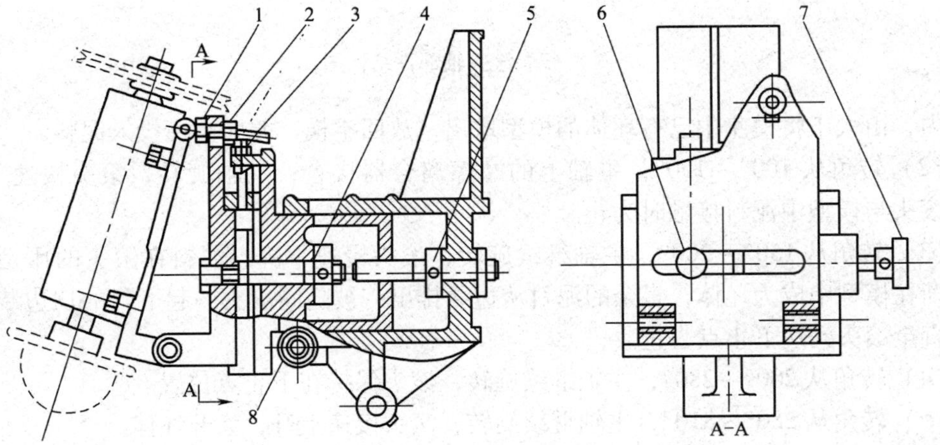

图 8-5 滚头轴位置的调节

1、2—螺母 3、5—螺杆 4—圆螺母 6—螺钉 7—压花手柄 8—螺栓

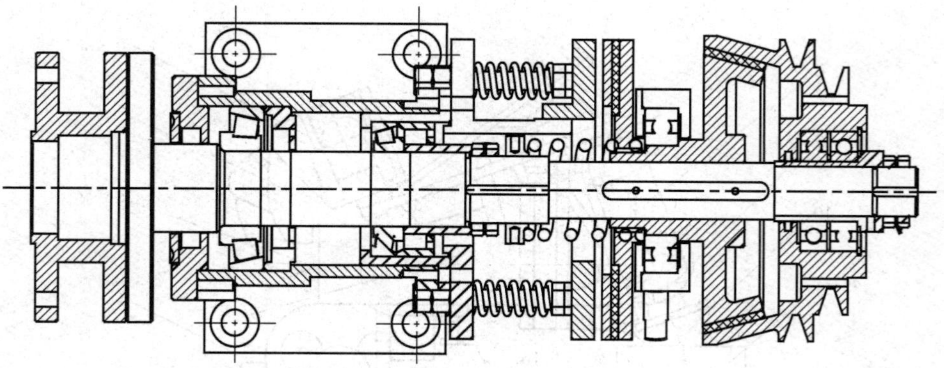

图 8－6　主轴部件结构图

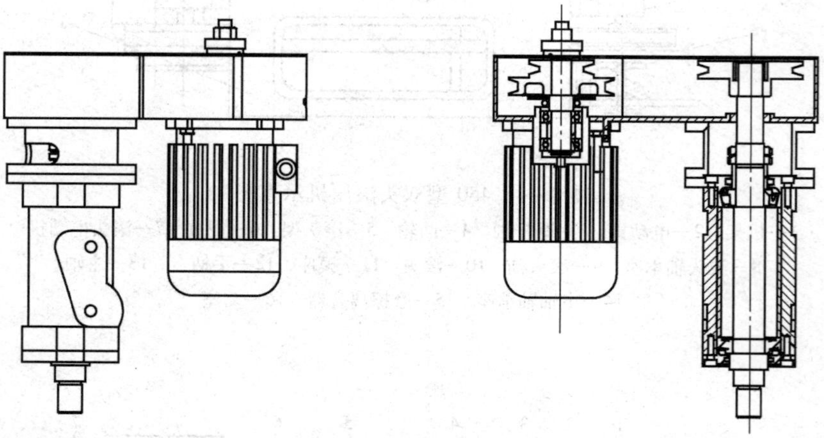

图 8－7　滚头轴部件结构图

时间内，由人工将模座中已有坯体的模型取出，放回空模，并向空模投入泥料。

（2）转角从 100°～150°，主轴上的摩擦离合器接合，主轴旋转，滚头快速下降，直至滚头与模型中泥料接触时为止。

（3）转角从 150°～200°，主轴继续旋转，滚头慢速下降，泥料在滚头的压延作用下逐渐在模型中成为坯体，多余的泥料从边缘排出，被随同滚头一起下降的切边装置切除，直至滚头到达下止点为止。

（4）转角从 200°～280°，主轴继续旋转，滚头保持在下止点位置。

（5）转角从 280°～310°，主轴继续旋转，滚头慢速上升，离开坯体。

（6）转角从 310°～360°，主轴上的摩擦离合器分离，主轴停止转动，滚头快速上升，直至滚头回到上止点为止。至此滚压机完成了一个工作循环，接着重复上述周期性的动作。

滚压机上另一套成形装置操作过程与上述过程完全相同，两套装置的取放模型的时

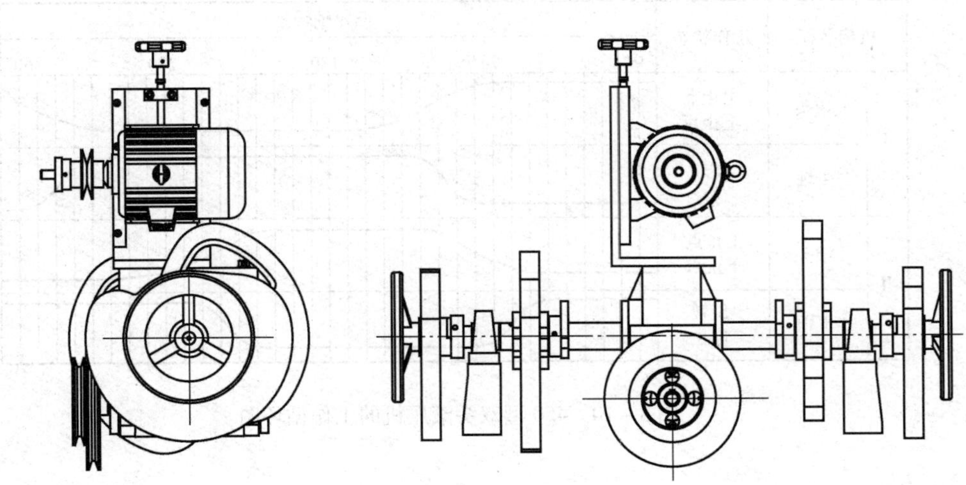

图8－8　凸轮轴部件结构图

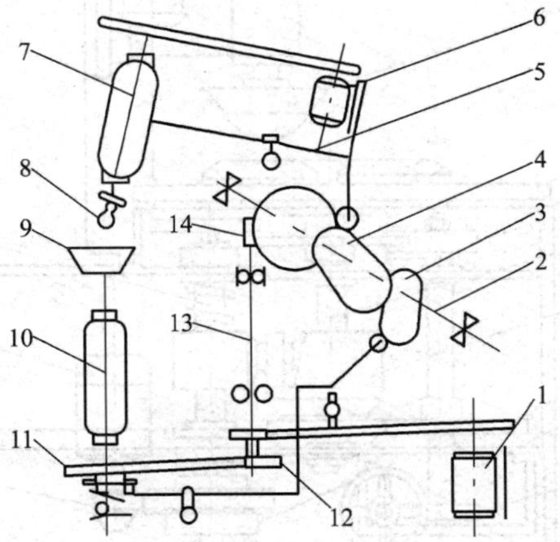

图8－9　450型滚压机传动示意图

1—主电动机　2—凸轮轴　3—主轴离合器凸轮　4—滚头升降凸轮　5—滚头架
6—滚头电动机　7—滚头轴　8—滚头　9—模座　10—主轴　11—摩擦离合器
12—滚珠活动联轴器　13—蜗杆轴　14—蜗杆

间是错开的。

利用V带有级变速装置，主轴和凸轮轴分别有三种不同的转速，滚头也有三种转速，可根据工艺要求选用。如装设V带无级变速装置，则各种转速可在规定的范围内作无级调节。

在模座上修理模型或修理模座本身时，可把手柄12按下（见图8－4），使滚珠活动联轴器分离，滚头停止上下摆动。

单头回转工作台式滚压成形机只有一滚头，用有4～6个工位的回转工作台（称为转盘）来移送模型，这种成形机通常称为转盘式成形机。图8－11是250型转盘式滚压

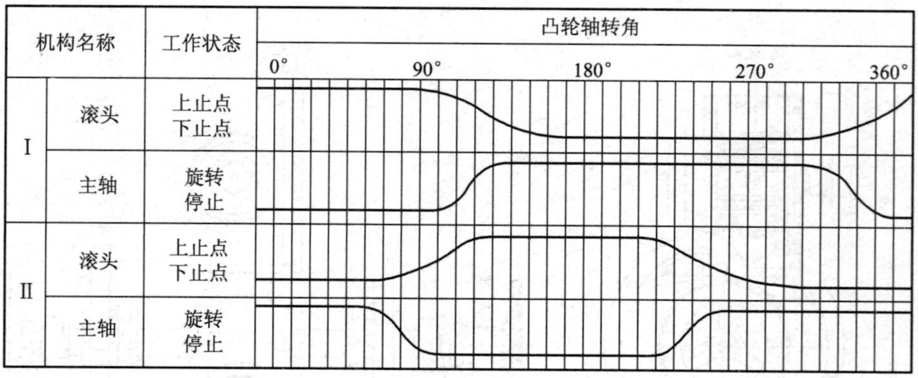

图 8－10　450 型双头滚压机的工作循环图

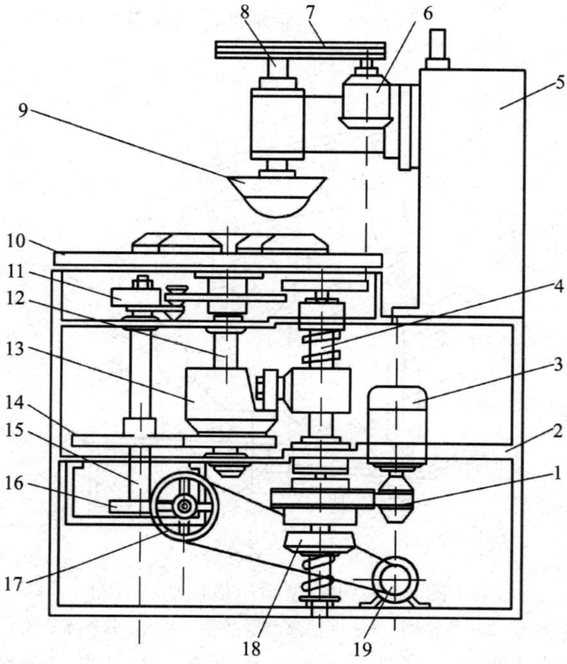

图 8－11　250 型转盘式滚压机示意图

1、7—V 带无级变速装置　2—机架　3—主轴电动机　4—主轴　5—电器箱　6—滚头电动机　8—滚头轴　9—滚头　10—转盘　11—槽轮机构　12—心轴　13—圆柱凸轮　14—圆柱齿轮　15—立轴　16—蜗轮蜗杆传动装置　17—V 带有级变速装置　18—锥形摩擦离合器　19—转盘间歇旋转和主轴升降电动机

机，其机械传动示意图如图 8－12 所示。主轴电动机 3 经 V 带无级变速装置 1 和锥形摩擦离合器 18 使主轴 4 转动，另一台电动机 19 经 V 带和蜗轮蜗杆传动装置 16 使立轴 15 旋转，立轴通过齿轮 14 带动空套在心轴 12 上的圆柱凸轮 13，圆柱凸轮可驱使主轴做升降运动，并操作锥形摩擦离合器的接合与分离。同时，主轴还通过槽轮机构 11 使心轴

12 上的转盘 10 做间歇运动。转盘上有六个沿圆周均匀分布的模型承座。主轴上方为装有滚头的滚动轴，电动机 6 经 V 带无级变速装置 7 带动滚头 9 旋转，滚头的上下、左右和前后位置及其倾斜角度均可调节。

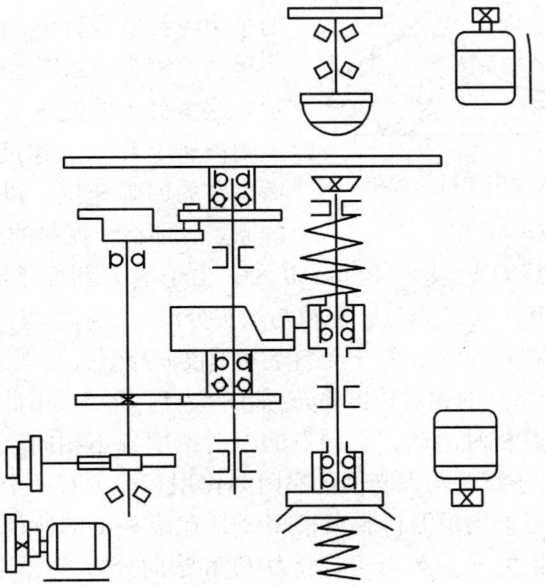

图 8－12 250 型转盘式滚压机传动示意图

转盘式滚压成形机的放模、取模以及成形操作是在不同的工作位上同时进行的，当带有泥料的模型由回转工作台送到成形工作时，在圆柱凸轮的作用下，主轴上升，把工作台中的模型顶起并使之落入主轴端部的模座中，与此同时，锥形摩擦离合器接合，主轴旋转，在主轴上升的过程中，泥料在滚头的压延作用下逐渐成为坯体，接着，主轴下降，离合器分离，主轴停止转动。带有坯体的模型回落到工作台的模型承座中，然后，工作台转位，开始另一次成形操作。

利用 V 带无级和有级变速装置，主轴和滚头轴可无级变速，转盘轴有三种速度。

双头滚压机是从过去习惯使用的双刀压坯机演变过来的，它们有着相同的机械动作，工人容易掌握。双头滚压机结构简单，操作容易，造价较低，滚头的装拆和机器的维修都比较方便。同时，由于在一台机器上有两个滚头交替成形，故产量较高。这种滚压机的缺点是操作时要十分小心，如果取放模型的时间不适当，滚头下降会把操作者的手轧伤，故操作的安全性较差。

转盘式滚压机由于不在成形工位取放模型，而且操作时间比较宽裕，故不会产生滚头轧手的事故，操作的安全性良好。但是这种滚压机的技术经济指标较差，而且工作台的经常转动，容易引起工人的额外疲劳。

二、滚压成形中泥料的运动

在滚压成形中，泥料的运动是十分复杂的，研究工作也做得不多，使得现在还未能

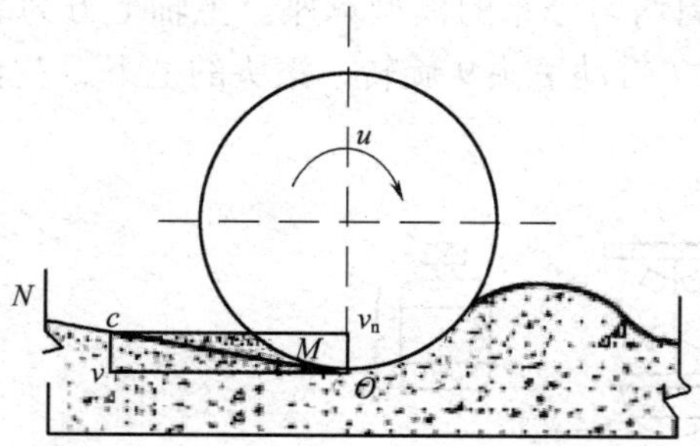

图 8－13　滚压成形中泥料的运动

掌握有关这方面的运动学和动力学规律，但初步了解在成形过程中的泥料运动的大致情况和定性地探求有关因素对过程的影响，可以建立一个关于滚压成形的力学模型。速度 v 的平坦泥料以垂直于 v 的速度 v_n 向着圆柱形滚头运动，滚头的圆周速度为 u，如图 8－13 所示。这里引入的速度 v_n 是滚头慢速下降（或主轴慢速上升）的速度以及泥料有一定弹性而存在的回弹速度。以滚头中心作为参考系的原点，那么，泥料的绝对速度 c 等于 v 与 v_n 的矢量和，泥料沿直线 ON 运动，但在 OM 段，由于滚头表面对泥料运动的限制，实际的运动轨迹是圆弧 OM，在 M 点处，泥料与滚头分离。

泥料对于滚头的相对速度 ω 等于泥料绝对速度 c 与滚头圆周速度 u 的矢量差。设 O 点的相对速度为 ω_o，M 点的相对速度 ω_M，如图 8－14 所示。由此可见，在滚压成形中，泥料与滚头之间存在着相对运动，不同点的相对速度各不相同。在 M 点，当泥料以速度 ω_M 离开滚头时，由于滚头与泥料间的黏附力作用，滚头有一个方向与 ω_M 相反的力 F 作用在泥料上，从而可能出现泥料脱离模型而粘在滚头上的所谓“滚头粘泥的现象”，如图 8－15 所示。如把力 F 分解为切向分力 F_t 和法向分力 F_n，显然，对于造成滚头粘泥的作用来说，法向分力是主要的。从图 8－15 可知：

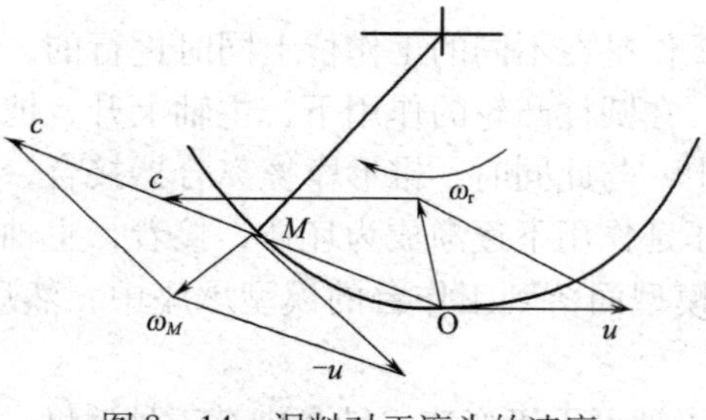

图 8－14　泥料对于滚头的速度

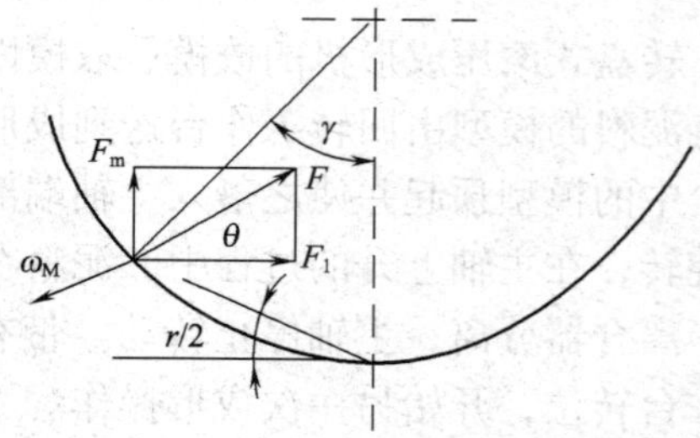

图 8－15　泥料离开滚头时滚头作用于泥料上的力

$$F_n = F\sin\theta$$

因为

$$\tan\theta = \frac{u\sin\gamma - v_n}{v - u\cos\gamma}$$

从而有

$$F_n = F\ (u\sin\gamma - v_n)\sqrt{\frac{1}{(u\sin\gamma - v_n)^2 + (v - u\cos\gamma)^2}}$$

由上式可知，当 $u\sin\gamma - v_n \leqslant 0$ 时，法向分力 $F_n \leqslant 0$，在这种情况下，产生滚头粘泥的可能性较小。

设

$$u\sin\gamma - v_n = 0$$

可得

$$u=\frac{\tan^2\frac{\gamma}{2}+1}{2\tan\frac{\gamma}{2}}v_n$$

以 $\tan\frac{\gamma}{2}=\frac{v_n}{v}$ 代入上式，化简后可得

$$u=\frac{v^2+v_n^2}{2v} \tag{8-1}$$

在一般情况下，$v_n \ll v$，故上式近似成为

$$u\approx\frac{v}{2} \tag{8-2}$$

由此可知，当 $u\leqslant v/2$ 时，滚头粘泥的可能性比较小。

三、主要参数的确定

1. 主轴转速

关于滚压机主轴转速的计算，目前为止还没有一个有理论根据的方法，一般是在定性地分析主轴转速对成形操作各方面影响的基础上，参照实际使用的数据予以确定。

主轴转速对成形操作的影响分述如下：

（1）滚压成形用的模型是一种多孔物体，有较强的吸水能力，在成形的过程中，由于模型的吸水作用，泥料的水分逐渐减少，可塑性降低，而且，模型是单面吸水，靠近模型处泥料水分最少，泥料水分很不均匀，这都会影响成形后坯体的质量。为了防止在成形过程中泥料水分失去太多，成形过程必须快、时间短，即要提高主轴速度。

（2）主轴转速增加，在一定的成形时间内，滚头对泥料施加的压延次数增加，坯体结构比较致密，表面更为光滑，质量更好。

（3）主轴速度增加，可适当缩短成形时间，提高产量。

（4）如前所述，由于成形操作本身的需要，在每一个工作循环中，主轴启动一次和制动一次，启动时的加速运动和制动时的减速运动都产生惯性力。在模座中，模型是利用摩擦力使之启动和制动的，随着主轴转速的增加，惯性力增大，当惯性力大于摩擦力时，模型和模座之间将产生相对运动，使接合面磨损，严重时模型从模座中甩出，使成形操作无法进行。因此，主轴转速的增加应考虑模型与模座间的摩擦力是否足以克服惯性力这个因素。

（5）模型中泥料被主轴带动旋转，受到离心力的作用，如果离心力大于泥料与模型间的黏附力，泥料就要甩出，产生所谓“飞泥”的现象，有时局部泥料被拉断而甩出，这都使成形操作无法进行。对于阳模滚压，泥料不会因离心力作用而断裂的主轴最大转速可计算如下。

设半径为 R、厚度为 b 的圆形泥料以转速 n 旋转，泥料的密度为 ρ，如图 8-16 所示。在泥料中取一截面 $c-c$，该截面上的拉应力可计算如下：

作用于半径 r、宽 db、长 dL 泥料上的离心力：

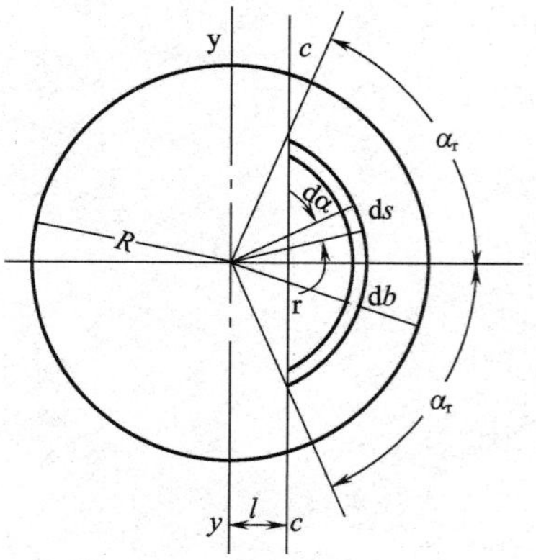

图 8－16　作用于泥料上的离心力

$$dF_c = \omega^2 r\rho b d_L db$$

以 $r d\alpha = ds$ 代入上式得：

$$dF_c = \rho\omega^2 r^2 b d\alpha db$$

离心力垂直于 $c-c$ 截面的分力：

$$dF_c \cos\alpha = \rho\omega^2 r^2 b \cos\alpha d\alpha dr$$

由离心力引起的 $c-c$ 截面上的拉应力为：

$$\sigma = \frac{\int_l^R \int_{\alpha_r}^{\alpha_r} \rho\omega^2 r^2 b\cos\alpha d\alpha dr}{2b\sqrt{R^2 - l^2}} = \frac{1}{3}\rho\omega^2 (R^2 - l^2)$$

由上式可知，不同截面上的拉应力各不相同，$l=0$ 的截面（图 8－16 中的 $y-y$ 截面）应力最大，最大应力：

$$\sigma_{max} = \frac{1}{3}\rho\omega^2 R$$

假设泥料的力学性质遵守宾汉定律，那么，当泥料中的切应力达到屈服值时，泥料就发生断裂。

在简单拉伸的情况下，最大切应力 τ_{max} 等于最大拉应力 σ_{max} 的一半，即

$$\tau_{max} = \frac{1}{6}\rho\omega^2 R$$

设 Y 为泥料的屈服值，由上述条件可知，泥料不断裂的条件是 $\tau_{max} \leqslant Y$。当 $\tau_{max} = Y$ 时，主轴转速达到临界值 n_c。由上面的计算可得：

$$n_c = \frac{23.4}{R}\sqrt{\frac{Y}{\rho}} \qquad (8-3)$$

式中　n_c——主轴的临界转速，r/min；

Y——泥料的屈服值，Pa；

R——泥料的半径，m；

ρ——泥料的密度，kg/m^3。

以 $\rho = 2000 kg/m^3$ 代入上式可得

$$n_c = \frac{0.52\sqrt{Y}}{R} \qquad (8-4)$$

（6）主轴、轴承以及轴承上其他零件由于加工和装配的误差以及模座、模型的偏心和质量分布不均匀等原因，主轴部件的质量中心与转动中心不会重合，因此，主轴旋转时会产生离心力。在作为激振力的离心力作用下，主轴部件连同有关的其他部件将会产生受迫振动，受迫振动的振幅与激振力的大小成正比，也就是与转速的平方成正比。主轴转速增加，振幅增大，成形时可能在坯体表面上产生的放射状的波浪纹或其他缺陷。

根据以上分析，滚压机主轴转速可按“在能够顺利成形，坯体质量良好，及其振动在允许范围的条件下，转速尽可能高些”的原则选定。通常产品直径小，主轴转速高；直径大，转速低。阴模滚压的转速比阳模滚压要高些。生产不同品种产品，滚压机的主

轴转速如下：

盘类	18cm（7in）以下	500～800r/min
	18cm 以上	300～600r/min
碗类		500～800r/min
杯类		700～1300r/min

2. 滚头倾角

滚头中心线与主轴中心线之间的夹角称为滚头倾角，如图 8－17 所示。如前所述，滚头的工作表面是一个回转面，其母线与坯体成形表面的母线是完全相同的。不过实际上滚头的顶点往往要超过坯体中心 0.5～3.0mm，其目的是使坯体中心处滚头的圆周速度不为零。滚头与坯体之间有一定大小的相对速度，坯体表面比较光滑，此外，滚头磨损后，只要磨损量不很大，可以修复使用。

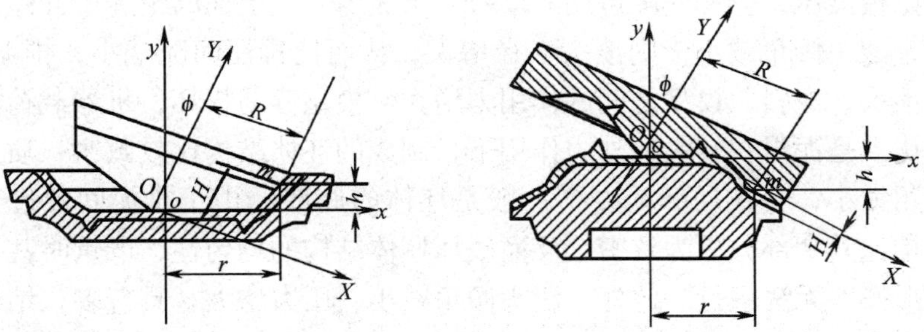

阴模滚压　　　　阳模滚压

图 8－17　滚头倾角

滚头的尺寸除与坯体尺寸有关外，还与滚头倾角的大小有关。由图 8－17 可知，无论是阳模滚压还是阴模滚压，在共同母线上任意一点 m 处，滚头半径 R 和高度 H、坯体半径 r 和高度 h 可用 m 点的直角坐标表示：

$$R=|X|,\ H=|Y|,\ r=|x|,\ h=|y|。$$

m 点对于两个不同的坐标系 XOY 和 xoy 的坐标，根据坐标变换有如下关系

$$X=(x-a)\cos\phi-(y-b)\sin\phi \tag{8-5}$$

$$Y=(x-a)\sin\phi+(y-b)\cos\phi \tag{8-6}$$

式中　a，b——坐标系 XOY 的原点在坐标系 xoy 中的坐标，通常 $a\leqslant0$，$b=0$。

由上面各式，即可计算滚头尺寸。例如，相对于坯体口部的滚头尺寸为：

对于阳模滚压，$x_t=r_t$，$y_t=-h_t$，$b=0$，$R_t=X_t$，$H_t=|Y_t|$，于是得：

$$R_t=(r_t-a)\cos\phi+h_t\sin\phi \tag{8-7}$$

$$H_t=(r_t-a)\sin\phi-h_t\cos\phi| \tag{8-8}$$

对于阴模滚压，$x_t=r_t$，$y_t=-h_t$，$b=0$，可得：

$$R_t=(r_t-a)\cos\phi-h_t\sin\phi \tag{8-9}$$

$$H_t=(r_t-a)\sin\phi+h_t\cos\phi \tag{8-10}$$

上面各式表示了滚头尺寸与倾角大小的关系。对于阳模滚压，从式（8-7）可知，当倾角满足下式条件时，滚头半径最大：

$$\tan\phi = \frac{h_t}{r_t - a}$$

设滚头半径有最大值时的倾角记为 ϕ，那么，倾角中 $0 \sim \phi_c$ 的范围内，倾角增大，滚头半径也增大。当倾角 $\phi > \phi_c$ 时，倾角增大，滚头半径减小。对于阴模滚压，从式（8-9）可知，在实际应用的范围内，倾角增大，滚头半径减小，反之亦然。

滚头倾角的大小对于成形操作和产品质量都有影响。在滚压成形中，泥料在滚头的压延作用下从模型底部向周边移动，最后铺满模型成为坯体。成形过程中泥料的移动通常称为排泥。泥料是在承受压延作用处滚头与模型之间的弯月形间隙中移动的，这个间隙也就称为排泥间隙。显然，排泥的动力是滚头与模型对泥料的作用力；对于相同的排泥量，排泥阻力与排泥间隙的大小有关，间隙大，阻力小；间隙小，阻力大。无论是阳模滚压还是阴模滚压，排泥间隙可用 $|R-r|$ 来表示。从上面的论述中知道，在实际的使用范围内，滚头倾角减小，则滚头半径增大，从而使排泥间隙减小，排泥阻力增大，这样一来，滚头、泥料、模型之间的作用力增大，模型容易损坏，机器载荷加重，容易引起振动。优点是泥料在较大的外力作用下，制成的坯体结构比较致密，质量较好。不过，如果倾角太小，会在局部地方（一般是坯体的底部）由于排泥间隙过小，压力很大，坯体结构比其余部分更为致密，反而破坏坯体结构的均匀性，严重时甚至泥料不能排出，使成形操作无法进行。此外，滚头倾角减小，压力增大，具有多孔结构的模型与泥料之间的黏附力也随之增大，而具有光滑表面的滚头与泥料之间的黏附力却增加很小，这样，泥料不易脱离模型，滚头粘泥的可能性较小。

滚头倾角应根据泥料的性质、产品的形状和尺寸确定，通常为15°~30°。

3. 滚头转速

滚头转速 n_r 与主轴转速 n 之比称为滚头的转速比：

$$i = \frac{n_r}{n} \tag{8-11}$$

滚压成形时，主轴与滚头各自绕自身的轴线转动，如图8-18所示。设两轴线相交于 O 点。在滚头与坯体的接触线上取任意一点 P，过 P 点作直线 OP，OP 与 y 的正向夹角为 δ。与 Y 的正向夹角为 $\delta-\phi$，对于坯体来说，P 点的线速度：

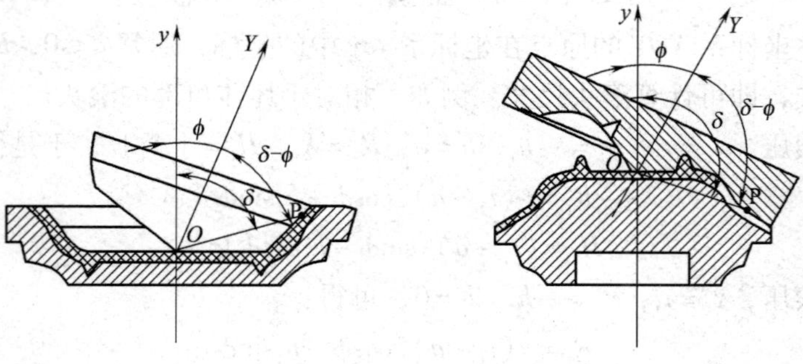

图8-18　坯体与滚头的线速度

$$v=\omega\overline{OP}\sin(180°-\delta)=\omega\overline{OP}\sin\delta$$

对于滚头来说，P 点的线速度

$$v_r=\omega_r\overline{OP}\sin(\delta-\phi)$$

式中 ω、ω_r——分别为主轴和滚头轴的角速度。

滚头与坯体之间完全滚动时，其相对速度等于零，于是有

$$v=v_r$$

或

$$\frac{n_r}{n}=\frac{\sin\delta}{\sin(\delta-\phi)} \tag{8-12}$$

由于滚头与坯体接触线上的各点 δ 角的大小是各不相同的，但转速比对各点来说却都相同，从上式可知，无论滚头转速是多少，滚头倾角如何选择，实际上不可能使接触线上所有点都满足上式而成为完全滚动。也就是说，滚头与坯体间除了有相对滚动外，一定还有相对滑动，相对滑动速度

$$w=\frac{\pi n}{30}(r-iR) \tag{8-13}$$

式中 w——相对滑动速度，m/s；

n——主轴转速，r/min；

R——滚头半径，m；

r——坯体半径，m；

i——滚头转速比。

为了使坯体表面光滑，通常要求滚头的线速度小于坯体的线速度，即相对速度 w 大于零。滚头速度增加，由上式可知，相对速度减小，坯体表面可能不够光滑。此外，由式（8-2）知道，滚头速度增加，滚头粘泥的可能性也增加。反之，滚头速度太小，相对速度太大，成形过程接近于刀压成形，那么，同刀压成形一样，在坯体内会产生内应力，坯体也不致密，容易产生变形和开裂等缺陷。

滚头速度的选择，到目前为止还没有一个理论根据的计算方法，通常是按照泥料的性质、产品的形状和大小等参照实际使用的数据确定。目前工厂中实际使用的是：阳模滚压 $i=0.6\sim1.0$；阴模滚压 $i=0.3\sim0.7$。

4. 生产能力和需要功率

滚压成形机是属于间断作用型的半自动机，其生产能力取决于完成一个工作循环需要的时间。设 t 为滚压机的工作循环时间，则理论生产能力：

$$Q_t=\frac{60}{t}$$

由于设备的保养、调整以及故障排除等原因，滚压机实际生产能力达不到理论值。实际生产能力：

$$Q=\varepsilon Q_T$$

或

$$Q_t=\frac{60\varepsilon}{t} \tag{8-14}$$

式中　Q——滚压机的生产能力，件/min；

　　ε——停顿系数，一般取 $\varepsilon = 0.8 \sim 0.9$；

　　t——工作循环时间，s，与产品的种类和泥料的性质有关，一般 $t = 6 \sim 12$s。

上式用于计算单头滚压机的生产能力，双头滚压机的生产能力为其两倍。

滚压机需要的功率，由于缺乏必要的研究，故只能采用类比法确定。根据实际使用经验，单头滚压机主轴电动机功率为0.6～1.1kW，滚头电动机功率为0.2kW左右。产品尺寸大，泥料水分少，主轴转速高，主轴功率较大，反之功率较小。在成形过程中，实际上滚头是由主轴通过泥料驱动的，滚头功率不必过大。

四、滚头粘泥及其防止方法

如前所述，在成形过程中，如果泥料与滚头间的黏附力比较大，可能出现泥料脱离模型、全部粘在滚头上的所谓“滚头粘泥”现象。这种情况一发生，必须停机清理，成形操作被迫中断。防止滚头粘泥的方法，根据前面分析，可以从两个方面考虑：一方面是减小泥料与滚头分离时作用于泥料上的黏附力的法向分力，另一方面是增大泥料与模型间的黏附力。

1. 减小泥料与滚头间黏附力法向分力

（1）降低滚头转速　其原因在前面已作了介绍，这里不再重复。

（2）减小泥料的含水量　泥料的含水量越高，黏附力越大，滚头越容易粘泥。在产品质量良好的前提下，减小泥料的含水量可以有效地防止滚头粘泥。

（3）采用黏附性低的材料制造滚头，可减小泥料与滚头间的黏附力。例如氟塑料的黏附性很低，特别是未经表面处理的聚四氟乙烯（代号F－4，俗称塑料王）几乎是不黏附于任何物体上，用氟塑性制造的滚头，粘泥的可能性大大减少。

（4）滚头加热或涂油　滚头加热，成形时，泥料表面水分蒸发，在泥料与滚头之间形成一薄层蒸气膜，可防止泥料粘到滚头上。滚头的加热温度要适当，温度太低，不能形成合适的蒸气膜，达不到防粘的目的；温度太高，水分迅速蒸发，坯体表面会出现麻点或微小裂纹，影响产品质量。根据实际使用经验，滚头温度以100～120℃为宜。滚头加热多半采用电热丝作为热源，并在滚头的适当位置装设温度传感器（热敏电阻或热电偶），根据传感器发出的温度信号，经过相应的电动调节器以接通或切断电热丝的电源，从而实现滚头温度的自动调节。滚头涂油（通常为煤油）也可防止泥料黏附，使用于采用二次烧成的产品。

（5）保持滚头表面有适当的表面粗糙度　滚头表面粗糙，坯体表面不光滑，泥料容易粘上。滚头用了一段长时间后，表面特别光滑，处在滚头表面分子引力半球内的泥料增多，泥料也会粘上，这时，只要用砂布将滚头适当打磨一下，即可防止粘上泥料。

2. 增大泥料与模型间的黏附力

（1）减小滚头倾角，可增大泥料与模型间的黏附力，其原因在前面已有介绍，这里不再重复。

（2）成形时，在模型中抽吸真空，通过多孔的模型把泥料吸住，泥料不易脱离模型。

（3）阴模成形时，离心力沿着使泥料离开滚头而贴紧模型的方向，泥料与模型的黏附力较大；阳模成形时离心力的作用使泥料离开模型，黏附力减小。

五、结构设计中的有关问题

为了满足不同的需要，滚压机有多种不同的结构形式，现将其主要部件的不同结构分述如下。

1. 主轴的驱动

主轴由电动机经V带传动装置驱动。为满足生产不同产品的需要，设计时应使主轴转速能在一定范围内作无级或有级调节，其中以无级调节适应性较强，无级调节可采用V带无级变速器或直流电动机。

取放模型时，主轴应停止转动，为此，可在主轴与电动机之间装设离合器或直接利用电动机的通断予以控制。为了缩短时间制动，保证安全操作，一般应装设制动器或采用能耗制动。

2. 主轴或工作台的升降运动

转盘式滚压机的主轴或工作台需要升降动作，这种升降动作通常采用凸轮机构来实现。作为半自动滚压机，主轴或工作台的升降运动不宜采用液压传动，以省去专门配置的液压站。

3. 模型在模座中的固定

模型在模座中的安装要求定位精确，装夹牢靠，为了操作方便，一般都没有另外的夹具，成形时，模型借助于模座间的摩擦力由主轴带动。模型与模座之间用锥面配合，在模座的配合面上有橡胶圈，如图8－19所示。锥面配合使模型的定位比较准确，摩擦力也比较大。配合面的锥角为8°～15°。使模型安装更为牢靠的一种常用方法是在模座中抽成真空，利用大气压力把模型紧压在模座上。采用真空吸模装置时，应装设将模型顶离模座机构，否则尽管在取模前模座已与大气相通，真空的吸持力已经消失，但模型与模座间的连接仍然比较牢固，模型很难取出。采用真空吸模装置，对防止滚头粘泥有良好作用，对于阴模滚压，还因为把模型底部的空气抽走，底部容易成形，故产品底部缺陷较少。图8－20是一种带有真空吸模装置的主轴部件，主轴5是空心的，中间穿过顶模机构的顶杆6，顶杆也是空心的，可由气缸9的活塞杆将其顶起。主轴由圆锥滚子轴承支承，下端轴承的外座圈由碟形弹簧7沿轴向撑紧，以保持轴承间的间隙不会过大。成形时，通过分配环11和空心的顶杆将真空传到模座中间，吸住模型。取模前，气缸通过顶杆把模型顶起，以便于人工取出模型。该装置的气路系统如图8－21所示。

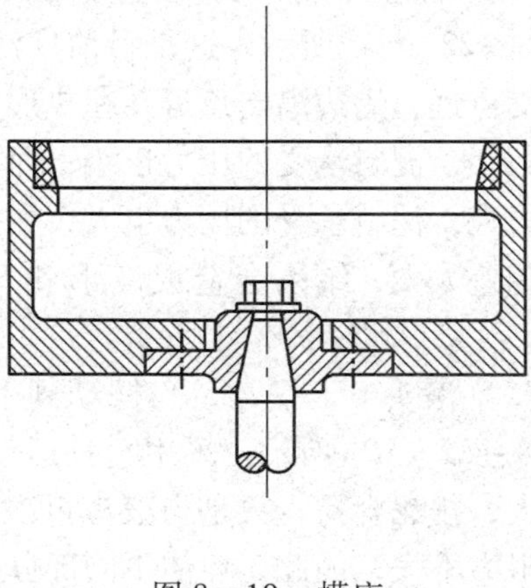

图8－19 模座

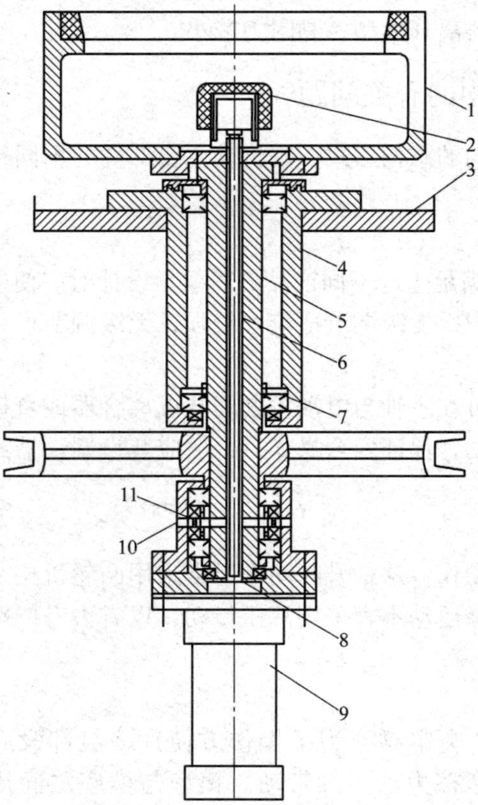

图 8－20　带有真空吸模装置的主轴结构

1—模座　2—顶杆头　3—机架　4—主轴轴承座
5—主轴　6—顶杆　7—蝶形弹簧　8—活塞杆
9—气缸　10—真空管接口　11—分配环

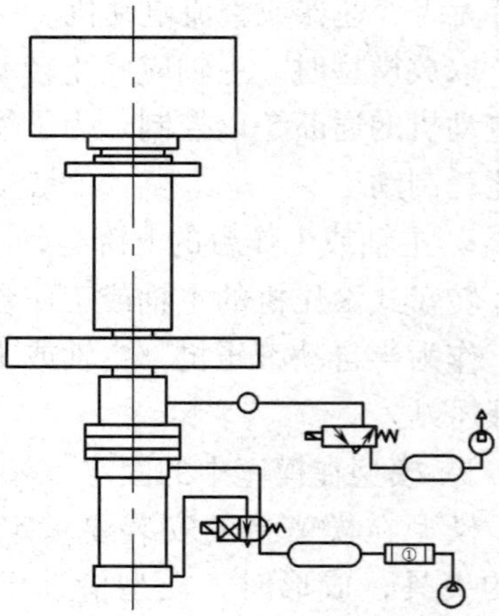

图 8－21　真空吸模装置的气路系统图

4. 滚头的运动轨迹

滚头的运动轨迹常用的有以下几种：

（1）滚头上下摆动，摆动中心（即滚头架的支点）在垂直于滚头中心线的直线上，如图 8－22（a）所示，这是目前广泛采用的一种运动轨迹。从图中可以看出，坯体中心离支点远，周边离支点近，在成形过程中，坯体中心部分滚头行程大，排泥容易，排泥阻力小，泥料承受的压力也小；而周边部分与之相反，滚头的行程小，排泥困难，排泥阻力大，泥料承受的压力也大，如果调节不当，由于压力不均匀而引起坯体各部分致密度相差太大，结果会造成变形和开裂等缺陷。滚头的摆动一般是用凸轮机构来实现的。

（2）滚头上下摆动，当摆动到下止点位置时再绕另一支点做一转角较小的摆动，如图 8－22（b）所示。采用这种运动轨迹，滚头开始挤压泥料时，坯体周边部分排泥间隙大，排泥容易，只是当滚头再次摆动时，间隙才逐渐减小，但此时排泥量已经不大，阻力不大，因此，坯体不同部分的致密度比较一致，质量较好。但是，要实现这种运动轨迹，需要设置两个支点，结构比较复杂，调整也比较困难。

（3）滚头垂直和水平两个方向的运动，如图 8 －22（c）所示。这种轨迹的运动通常是用液压传动实现的。两种运动有不同的组合方式，一种是滚头兼做垂直和水平运动，另一种是滚头只做垂直升降，水平运动由主轴完成。这种轨迹适用于深度大、口径小的产品阴模成形，这些产品如用滚头做上下摆动的滚压机成形，由于会产生滚头和坯体的运动干涉，成形操作是无法进行的。

滚头无论具有何种轨迹的运动，成形操作大都是利用其升降运动完成的，滚头的升降运动分为在上止点停留、快速下降、慢速下降、在下止点停留、慢速上升、快速上升等几个动作。滚头在上止点停留的时间是作为人工取放模型或工作台转位用的，一般为 2s 左右，设计时按实际需要确定。快速下降的速度大小对产品的质量没有直接影响，为了缩短行程时间，提高生产率，应选择较高的下降速度。不过，速度太快，当滚头转为慢速下降时，由于惯性作用，速度难以控制，会影响成形操作和产品质量，而且速度太快也给机械结构带来一定的困难。当滚头下降到与模型中泥料相碰时，应从快速转为慢速下降，滚头在下降过程压延泥料，使泥料铺满模型，成为坯体。滚头慢速下降的距离一般为 25 ~35mm，时间 0.5 ~1.5s。在下止点，滚头需停留一段时间，继续挤压已成为坯体的泥料，使坯体的表面光滑，结构致密，停留时间为 1.5 ~2.5s。滚头的慢速上升要求速度缓慢而平稳，升高距离只要 2 ~3mm，时间为 0.5 ~1.0s，接着转为快速上升。快速上升的速度对成形操作和产品质量没有影响，只要从机械机构上考虑即可。

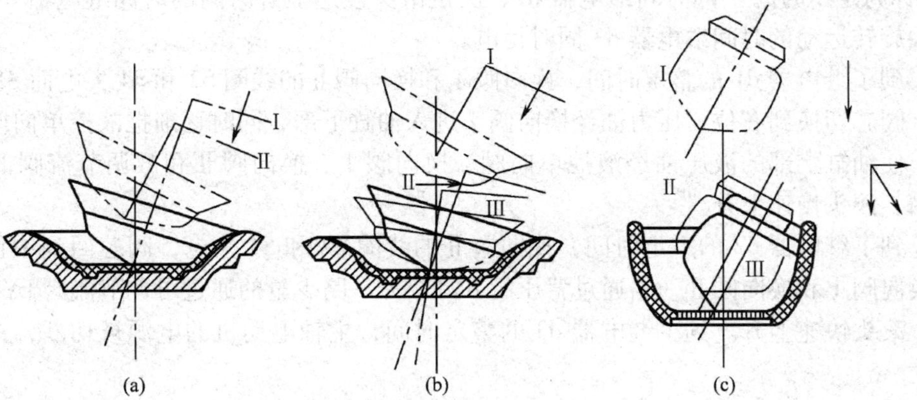

图 8 －22　滚头的运动轨迹

（a）滚头做圆弧运动　（b）滚头做圆弧运动下降到下止点后，再绕滚头端点做扇形运动

（c）滚头垂直下降到一定位置后，同时做垂直和水平运动

图 8 －23 为驱动滚头升降的液压系统，图中同时表示了可控制液压阀动作的有关限位开关的安装位置。液压系统的工作原理如下：

①按下启动按钮，主轴旋转，换向阀 I 的线圈 S2 得电，阀芯从中位切换到左位，压力油经换向阀 I 进入油缸上部，驱动滚头下降，油缸下部的液压油经换向阀Ⅱ（其阀芯位于中位）一路通过背压阀 BV1、另一路少量的通过可调节流阀 LV1 返回油箱，滚头快速下降。

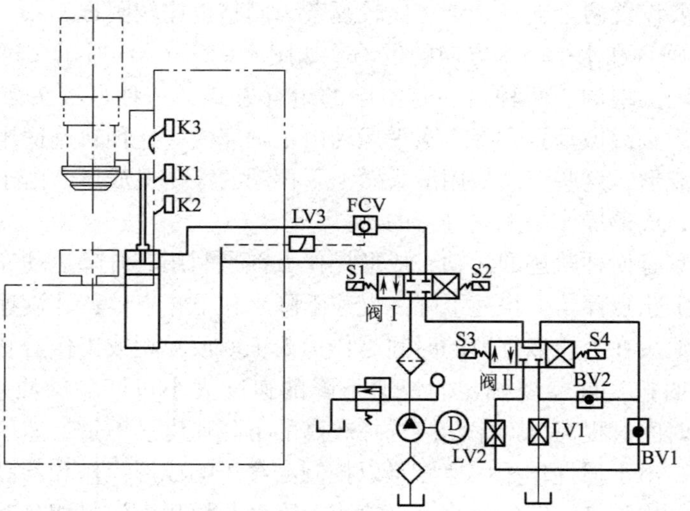

图 8－23　驱动滚头升降的液压系统

②滚头快速下降到一定位置（通常是滚头与模型中的泥料相碰时的位置，距滚头下止点 25～35mm），碰合限位开关 K1，换向阀Ⅱ的线圈 S4 得电，阀芯从中位切换到左位，液压油只能经可调节流阀 LV1 返回油箱，滚头慢速下降。

③滚头慢速下降到下止点位置，碰合限位开关 K2，使决定滚头在下止点停留时间（通常称为定压时间）的时间继电器 d1、决定滚头慢速上升时间的时间继电器 d2 和控制主轴旋转运动的时间继电器 d3 同时得电。

④到了继电器 d1 的整定时间，换向阀Ⅰ和换向阀Ⅱ的线圈 S2 和 S4 失电而 S1 和 S3 得电，阀芯切换到右位，压力油经换向阀Ⅰ进入油缸下部，同时逐渐把液控单向阀 FCV 打开，使油缸上部的液压油经液控单向阀、换向阀Ⅰ、换向阀Ⅱ和微调节流阀 LV2 返回油箱，滚头慢速上升。

⑤到了继电器 d2 的整定时间，换向阀Ⅱ的线圈 S2 和 S4 失电，阀芯回到中位，液油经换向阀Ⅰ和换向阀Ⅱ一路通过背压阀 BV1、另一路少量的通过可调节流阀 LV1 返回油箱，滚头快速上升。到了继电器 d3 的整定时间，主轴电动机的电源被切断，主轴停止转动。

⑥滚头快速上升到达上止点位置，碰合限位开关 K3，使决定滚头在上止点停留时间的时间继电器 d4 得电。同时，换向阀Ⅰ的线圈 S1 失电，阀芯回到中位。

⑦到了继电器 d4 的整定时间，滚头快速下降并重复上述动作。

在上述的液压回路中，滚头的慢速运动采用回油节流调速，回油管中装有背压阀，对滚头的运动给予背压，动作比较平稳。此外，在回路中还装有液控单向阀，更增加了滚头慢速上升时运动的平稳性。

图 8－24 为滚头快速下降的速度可以调节的液压系统。滚头的慢速上升运动采用进油节流调速，慢速下降运动采用回油节流调速。

5. 滚头的驱动

滚头的驱动方法有两种：

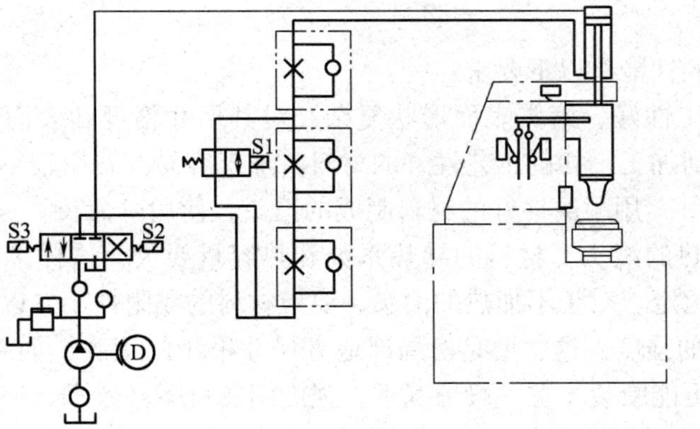

图 8－24 滚头快速下降速度可调节的液压系统

（1）由主轴通过泥料带动 其优点是结构简单，缺点是滚头转速无法控制，滚头容易粘泥，坯体质量无法保证，现在已不采用。

（2）由独立的电动机驱动 这种驱动方法可根据工艺需要决定滚头转速。为适应生产不同品种的需要，滚头转速应能作无级调节，调节手段采用 V 带无级变速器。

6. 滚头与滚头轴连接

滚头与滚头轴的连接有下面两种方法：

（1）螺纹连接 滚头以其本身的内螺纹直接旋在滚头轴的端部，如图 8－25（a）所示。这种方法适用于尺寸较小的金属滚头。

（2）法兰盘连接 在滚头轴的端部装有一个法兰盘，滚头用螺钉或夹紧圈固定在法兰盘上，以实现滚头与滚头轴的连接，如图 8－25（b）所示。这种方法可用于尺寸较大的滚头。

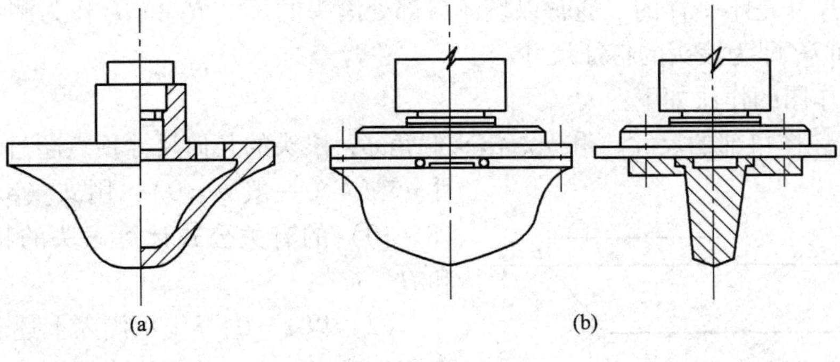

图 8－25 滚头与滚头轴的连接

（a）螺纹连接 （b）法兰盘连接

滚头与滚头轴的连接除要求牢固外，还要求有较高的同轴度。为此，滚头轴的端部应有一段定心轴颈，在滚头相应部位有定心孔，孔与轴颈的配合为$\frac{H7}{k6}$或$\frac{H7}{js6}$。此外，滚头轴各段轴颈的同轴度应不大于0.015mm。

7. 滚头材料

对滚头材料的性能有以下要求：

（1）切削加工性好　滚头表面形状复杂，对其尺寸精度和表面粗糙度都有一定要求，需要进行切削加工。切削工艺性好的材料，加工容易，费用较小。

（2）耐磨性好　用耐磨性好的材料制成的滚头，使用寿命长。

（3）对于加热的滚头，材料的导热系数和热容量要大，这样滚头内部传热快，滚头温度容易保持恒定。对于不加热的滚头，要求材料的黏附性小，以防止滚头粘泥。

（4）有足够的强度　这主要是对局部地方尺寸很小的滚头，如果材料的强度不够，在成形力作用下可能断裂。在一般情况下，强度问题可不必考虑。

（5）来源容易，价格低廉。

同时具有上述性能的材料是很难找到的。目前常用的材料有灰铸铁、碳钢、氟塑料和铸铝等。灰铸铁的工艺性能好，黏附性也不很强，但热导系数和耐磨性不高。经表面处理的碳钢耐磨性高，但磨损后修复困难。氟塑料的黏附性最低，是防止冷滚压时滚头粘泥的一种优良材料，缺点是硬度低，耐磨性较差，滚头表面容易产生机械损伤，价格也比较贵。为了节约材料，降低造价，可以在金属滚头的表面涂覆氟塑料涂层。铝的导热系数大，但耐磨性不好，经表面处理后耐磨性有所提高，目前在国外的一些地区，作为热滚压的滚头材料，使用颇多。

近几年来发展了一种超高分子质量聚乙烯（相对分子质量超过150万）。这种材料具有低的黏附性和小的摩擦因数，性能接近于氟塑料，而在机械强度和耐磨性方面比氟塑料要好，是制造滚头的一种良好材料。

六、滚头的工作图

如前所述，滚头是一个回转体，其母线与坯体成形表面的母线相同，不过，滚头倾角不同，其尺寸是不一样的。通常以坯体口部处滚头的尺寸 R_t 和 H_t 作为测量和检查标准，故 R_t 和 H_t 即为滚头的特征尺寸。

滚头工作图的作法如下：

（1）由坯体口部的尺寸 r_t 和 h_t、滚头倾角 ϕ，滚头的几何尺寸顶点超过坯体中心尺寸 a 和 b（一般 $b=0$），用式（8－7）至式（8－10）的有关公式计算滚头的特性尺寸 R_t 和 H_t。

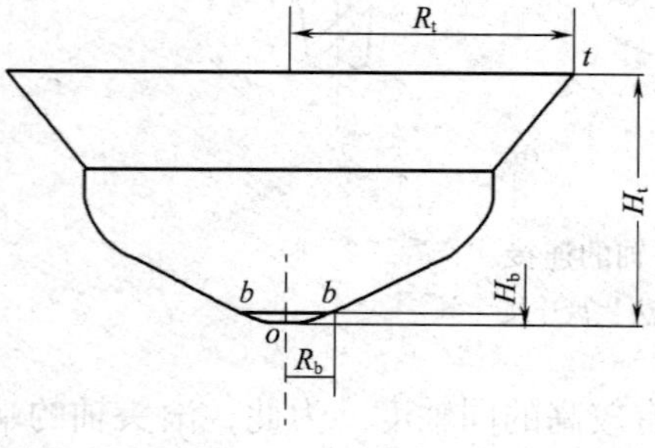

图8－26　滚头工作图的作法

（2）以 $r=0$，$h=0$ 代入上述有关公式计算相应于坯体中心处的滚头尺寸 R_b 和 H_b。

（3）以滚头的几何顶点 o 为原点，由 R_t、H_t 和 R_b、H_b 作出 t 点和 b 点，如图8－26所示。

（4）在 t、b 点之间作出坯体成形表面的母线，即为滚头在 tb 段的轮廓曲线。

（5）用同样的方法作出对于滚头中心线的另一轮廓线。

（6）作出滚头顶部（即 ob 段）的轮廓曲线。该曲线可有几种不同的形状：如以直线连接 ob，则得到尖顶滚头；以直线连接 bb，即为平顶滚头；以圆弧连接 bb，则为圆顶滚头。使用尖顶滚头，坯体中心部分同时受到滚头相反方向的压延作用，表面容易拉毛，致密度较低；使用平顶滚头，泥料容易粘在平顶上，而且滚头顶面与侧面以锐棱相交，容易在坯体表面上刻画出圆形凹痕，因此，滚头应以圆顶为好。

（7）对于阴模滚压用的滚头，为了使余泥顺利排出，应沿着滚头根部轮廓线的切线，将滚头长度增加 10mm 左右；对于阳模滚压用的滚头，滚头外径应比其回转面的最大直径适当大一些，以保护回转面。

（8）在滚头与滚头轴的连接处，做出定心孔和相应的连接结构（螺孔和法兰）。

（9）标注尺寸和技术条件。

七、使　用

1. 启动前的准备工作

（1）检查主轴、滚头架、离合器和制动器以及电气设备等是否完好，紧固螺栓有无松动，在检查的同时按规定往各润滑点加注润滑油。

（2）逐个检查模型与模座的配合是否适当，安装松紧程度是否合适，模型底部的排气孔是否畅通。

（3）检查切边装置是否装平，滚头位置是否正确。

2. 开机后的检查工作

（1）观察机器运转是否正常，有无卡滞现象和异常声音。

（2）成形操作时，泥料要对准模型中心投入，并注意泥料与模型底部之间的空气是否排尽。

（3）检查第一个坯体质量，主要是检查坯体各处的厚度是否正确，坯体重量是否合适，表面是否光滑，如发现问题，应调节滚头位置或采取其他适当措施，直到坯体质量合格为止。

（4）如出现泥料不能铺满模型的情况时，应取出作废品处理，不要加泥补满。

第三节　滚压成形生产线

为了实现工艺单机之间的技术连接，通常在各台单机之间装设必要的运输设备，加工对象以一定速度或节拍按工艺流程由运输设备依次送到各台机器上加工，以完成一定的工艺过程。这种由工艺单机和运输设备组成的生产系统称为生产线。如果生产线的全部操作（包括工艺操作和辅助操作）均在控制器的指挥下自动进行而无操作者直接参加，这种生产线称为自动生产线。如果生产线的辅助操作（如给料、卸料等操作）仍需由操作者去完成，则称为半自动生产线。

一、生产线的分类

滚压成形生产线一般是完成成形、青坯干燥、脱模、白坯干燥等几道工序。生产线主要由泥料给料机、滚压成形机、干燥机和运输设备等组成。根据成形工艺（阳模成形或阴模成形）和脱模工艺（取坯留模或取模留坯）等的不同，滚压成形生产有多种形式，其中以采用的脱模工艺不同而差别较大。因此，一般按脱模工艺不同把生产线分为两类。

1. 采用取坯留模工艺的生产线

取坯留模的脱模工艺，既可用于阴模成形，也可用于阳模成形。脱模时，由机械手将已经离模的坯体取出并送入白坯干燥机中，模型由原来的青坯干燥机送回滚压机使用。为了防止机械手抓取时坯体变形和开裂，坯体的脱模水分要比较低，对于阳模成形，甚至干燥到白坯状态才脱模。采用取坯留模的脱模工艺，生产线需要的设备比较少，结构也简单，故在产品质量能够得到保证的前提条件下，应优先考虑采用这种脱模工艺。

图 8－27 为采用取坯留模工艺的滚压成形生产线示意图。生产线由倾斜带式输送机 2、水平带式传送机 3、真空练泥机 4、滚压成形机 1、干燥室 5、脱模机械手 6 和链式输送机 7 等组成。以链式输送机为中心，其他机械设备分别装在两旁的适当位置上，以完成泥料输送、投泥、成形、干燥和脱模等工艺操作。在输送机的长圆形链条上固定着一列载模器，随着链条的间歇运动，载模器把模型从一个工位带到另一个工位。生产线的工作过程如下：

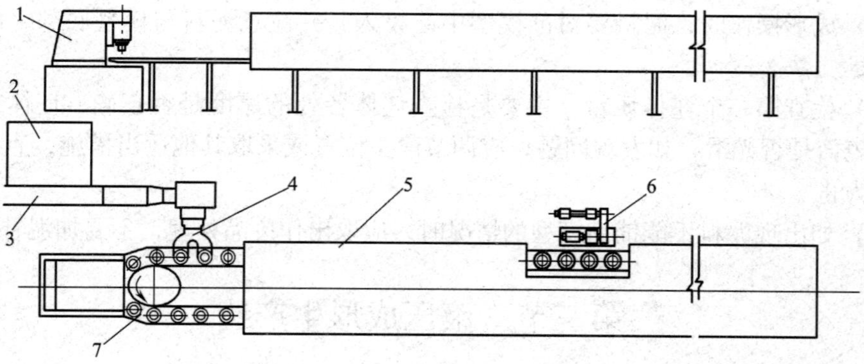

图 8－27　采用取坯留模脱模工艺的滚压成形生产线示意图

1—滚压成形机　2—倾斜带式输送机　3—水平带式输送机　4—真空练泥机
5—干燥室　6—脱模机械手　7—长圆形链式输送机

（1）在投泥工位，泥料由倾斜带式输送机和水平带式输送机喂入真空练泥机内，泥料经练泥料加工后从机嘴挤出。在机嘴前面有限位开关，以控制每次挤出的泥料量。当挤出的泥料触及限位开关时，练泥机的电源被切断，练泥机停机等待。接着，空模进入投泥工位，切割器动作，泥料被切下而落入模型内，从而完成投泥操作。然后练泥机重新启动，挤出泥料，为下一次投泥操作做好准备。

（2）在成形工位，当带有泥料的模型送到该工位时，滚压机主轴上升，把载模器中的模型顶起并使之落入主轴端部的模座中，接着主轴旋转，滚头下降，进行成形操作。成形后，主轴下降，把带有坯体的模型放回到载模器上。

（3）带有坯体的模型进入干燥室，在间歇运送的过程中进行青坯操作。

（4）在脱模工位，坯体已与模壁分离，脱模机械手将坯体取出并送入白坯干燥机或修坯机中进一步加工，留在载模器上的模型则被送回到投泥工位，重复上述操作。

2. 采用取模留坯工艺的生产线

取模留坯的脱模工艺只适用于阴模成形。成形后，模型翻转放入干燥机中，坯体干燥到一定程度后，在重力作用下自动脱离模型，然后模型由机械手取出并用运输设备送回滚压机继续使用，坯体则留在干燥机内进行白坯干燥。脱模时，坯体无需用机械手运送，避免了机械手抓取坯体而引起的变形和开裂等缺陷，这是取模留坯工艺的突出优点，缺点是需要的设备较多，结构比较复杂。

图 8－28 为采用取模留坯工艺的滚压成形生产线示意图。生产线由真空练泥机 1、长圆形链式输送机 5、滚压成形机 2、翻模机械手 6、链式干燥机 3、脱模机械手 4 以及回模机械手 7 等组成。在长圆形链式输送机的链条上固装着按等距离排列的一系列载模器，输送机做间歇运动，从而把载模器的模型从一个工位依次送到各个工位。链式干燥机有两条相互平行的链条，在链条之间悬挂着一个一个的吊篮，坯体连同模型一起放在吊篮上，由做间歇运动的链条带入干燥室内进行干燥。

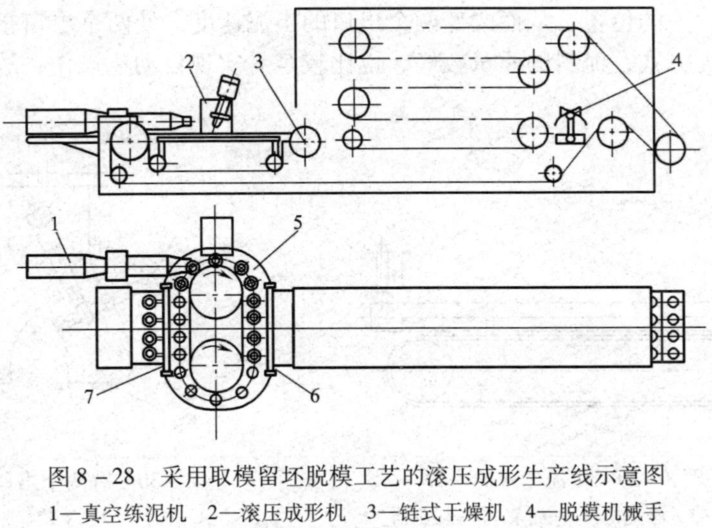

图 8－28 采用取模留坯脱模工艺的滚压成形生产线示意图
1—真空练泥机 2—滚压成形机 3—链式干燥机 4—脱模机械手
5—长圆形链式输送机 6—翻模机械手 7—回模机械手

在生产线的投泥工位和成形工位，工作情况与采用取坯留模工艺的生产线完全相同。当四个带有坯体的模型由输送机送到干燥机的入口处，翻模机械手动作，把输送机上四个模型抓取并翻转 180°送入干燥机内。在脱模工位，脱模机械手把模型移到干燥机链条返回段的吊篮上往投泥工位输送，坯体则留在原来的吊篮继续干燥，直到干燥机出口，由人工把坯体取出送去做进一步加工。在回模工位，回模机械手把干燥机中的空模再次翻转180°并放回到输送机的载模器上，然后由输送机运送到投泥工位继续使用。

二、投泥方法

往模型中投放泥料的方法有人工投放和机械投放两种。人工投泥设备简单，工作可靠，但要人工操作，不能实现生产的自动化。机械投泥按泥料供给方式的不同分以下几种。

1. 泥料切割

将原料车间加工好的泥段按每只坯体需要的泥料量切成一定厚度的泥饼使用。采取这种供泥方式，泥段一般放置在做间歇运动的带式输送机上，在每个工作循环中，输送机送出一小段泥料，然后由装在回定位置的切割器切下，如图8－29所示。当输送机上泥段快要完成时，由人工在原来的泥段后面放上新的泥段，以保持正常供料。这种供料方式设备简单，但泥段放置时间较长，由于表面水分蒸发，泥料的含水量不均匀。此外，为了满足成形的工艺要求，泥段的截面积往往不大，每段泥料只够生产数量不多的坯体，需要经常补充泥段，给操作带来不便。

2. 配置专用的真空练泥机

泥料经真空练泥机加工成泥饼，泥饼的厚度由装在机嘴前面的限位开关或光电继电器控制。当挤出的泥料触及限位开关或遮断光电继电器的光源时，通过电气控制装置停止练泥机的运转，待泥料切除后，练泥机再次启动，挤制泥料。对于配备双头滚压机的生产线，练泥机有两个出口，能同时挤出两段泥料，如图8－30所示。转动手轮2，可以调节分流刀片1的位置，从而改变两个出口的出泥速度，使两个出口挤出的泥料长度相同。这种供泥方式，泥料的质量较好，也比较容易实现自动化操作，故越来越得到广泛采用。

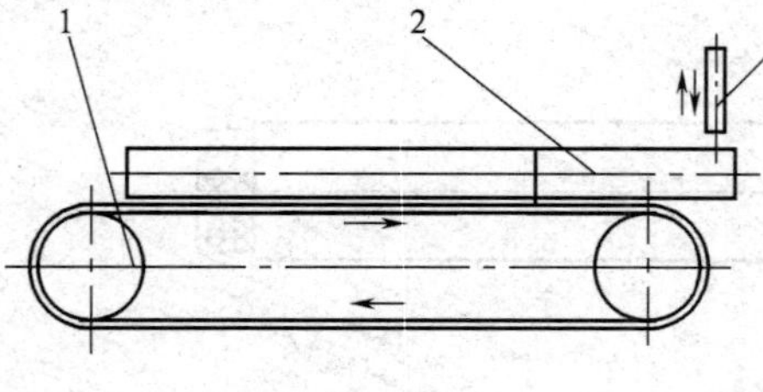

图8－29　供泥方式的一种

1—带式输送机　2—泥条　3—切割器

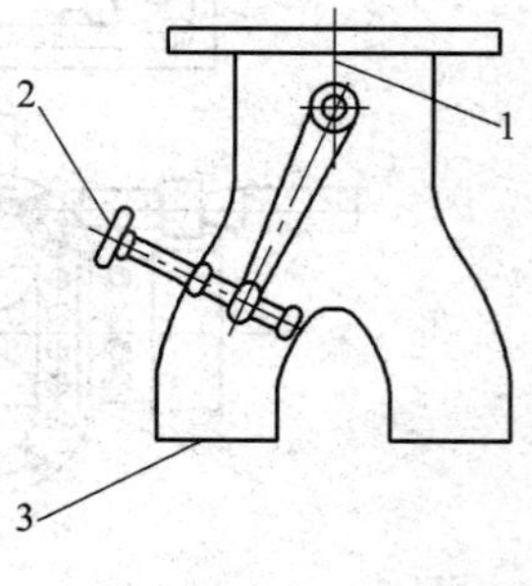

图8－30　有两个出口的机嘴

1—刀片　2—手轮　3—出口

泥饼投放到模型内也有两种不同的方法。一种是靠重力作用使泥饼自由落下，这种方法无需装设投泥装置，比较简单，缺点是不能保证泥饼准确地放在模型中心，而且泥饼与模型的黏附力小，滚压机启动时泥饼容易甩出，这种投泥方法只适用于孔深壁陡产品的阴模成形（如杯子、碗等）。另一种是装设投泥机械手，由机械手抓取泥饼并以一定的压力把泥饼放在模型上，这种方法能保证投泥准确，对提高产品质量有良好作用，缺点是增加一些设备，结构比较复杂。

投泥机械手有种种不同的结构形式。图 8－31 是机械驱动的投泥机械手。机械手包括由摇杆 5、7 和连杆 4 组成的双摇杆机构以及由凸轮 1、摇杆 2 和连杆 8 组成的凸轮机构两部分。机械手的工作过程如下：

（1）带式输送机送出一小段泥料。

（2）吸盘 6 与真空泵接通，把泥料吸持住。

（3）切割器（图中未标出）向下切割，把泥料切断。

（4）连杆 4 在凸轮机构和摇杆 7 的作用下绕铰链做逆时针方向旋转，转动 90°后，吸盘把泥饼送到模型 3 的上方。

（5）吸盘接通大气，泥饼准确地落在模型中心。

（6）连杆 4 顺时针旋转 90°返回原位，准备下一次吸取泥料。

这种机械手不需要配备专门的动力源，使用方便，动作准确，基本上可满足工艺要求。

图 8－32 是气动投泥机械手。机械手由大臂 2、小臂 3 和作为手爪的真空吸盘 5 等组成，其动作顺序如下：

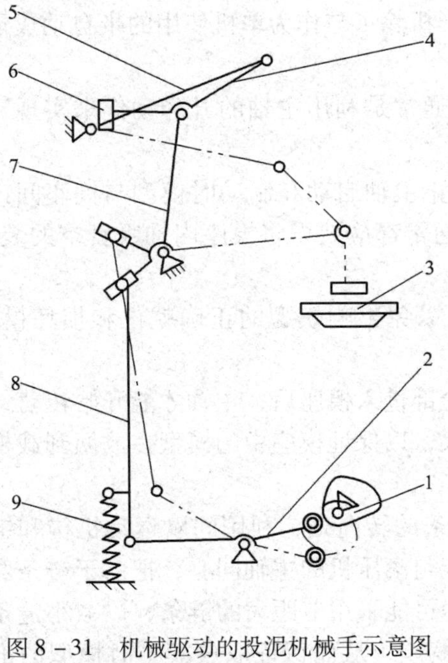

图 8－31　机械驱动的投泥机械手示意图

1—凸轮　2、5、7—摇杆　3—模型

4、8—连杆　6—吸盘　9—拉簧

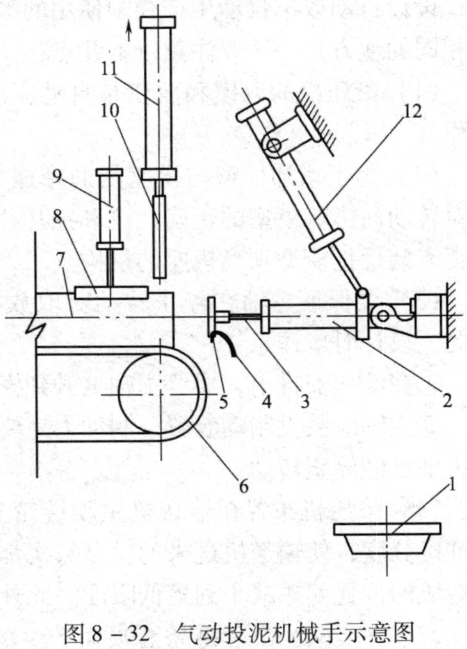

图 8－32　气动投泥机械手示意图

1—模型　2—大臂（气缸）　3—小臂（活塞杆）

4—软管　5—吸盘　6—输送机　7—泥条

8—压板　9、11、12—气缸　10—泥料切割器

（1）从真空练泥机（图中未标出）挤出的泥条 7 沿着带式输送机 6 输送，根据每个产品需要的泥料量，在适当的位置上装有光电继电器的光源及接收头，当泥条伸出一定长度时，泥料遮断了光源，光电继电器动作，练泥机停止运转，等待下一动作。

（2）气缸 9 上端进气，压板 8 下降，压住泥料。

（3）气缸 2 右端进气，机械手的小臂 3 伸出，吸盘与泥料接触。

（4）通过软管 4 对吸盘抽吸真空，吸住泥料。

（5）气缸 11 上端进气，切割器 10 下降，切断泥料。

（6）气缸 12 切换到左端进气，小臂缩回；吸盘将切下的一小段饼状泥料带走。与此同时，压板和切割器上升返回原位。

（7）气缸 12 上端进气，机械手大臂沿着逆时针方向旋转 90°，小臂从水平位置转到垂直位置，泥饼被送到模型的上方。与此同时，练泥机重新启动，挤出泥料。

（8）气缸 2 切换到上端（即原来的右端）进气，小臂伸出，吸盘将泥饼以一定的压力放在模型中心部分。

（9）吸盘切换到与大气相通，吸盘不能再吸住泥饼。

（10）气缸 2 切换到下端（即原来的左端）进气，小臂缩回，泥饼则留在模型上。

（11）气缸 12 切换到下端进气，大臂沿顺时针方向旋转 90°。这样，机械手完成了一个工作循环，回到原来的工作状态。

三、滚压成形机

设计自动或半自动生产线中使用的滚压成形机除了与作为单机使用的半自动成形机有相同的地方外，还要注意以下几点：

（1）滚压机的取模和放模是自动完成的，通常是利用主轴的升降动作来实现这个操作。

（2）为了增加模型与模座间的摩擦力，防止主轴启动和制动时模型与模座间产生相对转动而影响模型的正确就位和损坏模型，通常都应装设将模座内抽吸真空的装置，但无需装设把模型顶离模座的机构。

（3）要保证主轴在停止转动时取放模型，以免影响模型的正确就位和损坏模型。为此，设计时应注意：

①在动作安排上，要等主轴上升到模型已全部进入模座后，主轴才能开始转动。

②主轴应装设制动装置，制动力矩要足够大，以保证模座中的模型在放回到载模器前主轴已经停止转动。

（4）滚压机布置在输送机主动链轮上的链条的转向处，利用间歇运动机构和链轮的准确分度，使输送机送来的模型每次都尽可能与滚压机的主轴同心，把由于链条磨损而造成的位置偏差减小到最低限度。此外，要尽可能采用节距大的链条，以减小链条的磨损，进一步减小由于链条磨损而产生的位置偏差，从而保证取放模型时模型的准确就位。

四、长圆形链式输送机

长圆形链式输送机有一条水平放置的长圆形闭合链条，由链轮带动做间歇运动。链条上固定着若干载模器，作为承载模型使用，在从动链轮处有拉紧装置，如图 8 - 33 所示。在生产线中，长圆形链式输送机除了是运输设备外，还起活动工作台的作用，因此输送机必须准确地把模型送到各个工位，即应保证模型转位准确，模型位置不对，会使工作机构动作失误。

1. 间歇运动机构

间歇运动机构的种类很多，其中槽轮机构由于结构简单，加工容易，理论上可得到没有冲击的运动等原因，应用比较普遍。棘轮机构也很简单，但运动开始时有冲击，不宜用来带动质量很大的轴。

槽轮机构有内啮合和外啮合两种，如图 8－34 所示。设 k 为槽轮的槽数，n 为曲柄的转速，l 为曲柄的长度，令系数 λ 为

$$\lambda = \sin \frac{\pi}{k}$$

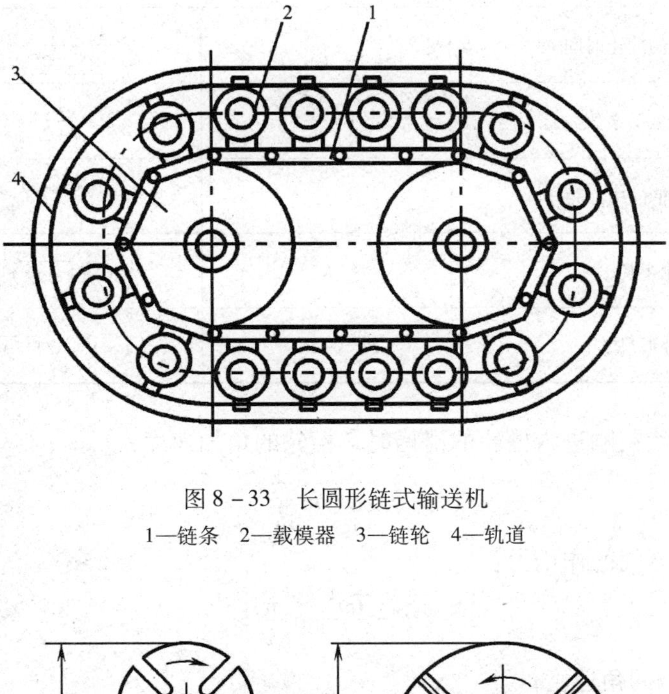

图 8－33 长圆形链式输送机

1—链条 2—载模器 3—链轮 4—轨道

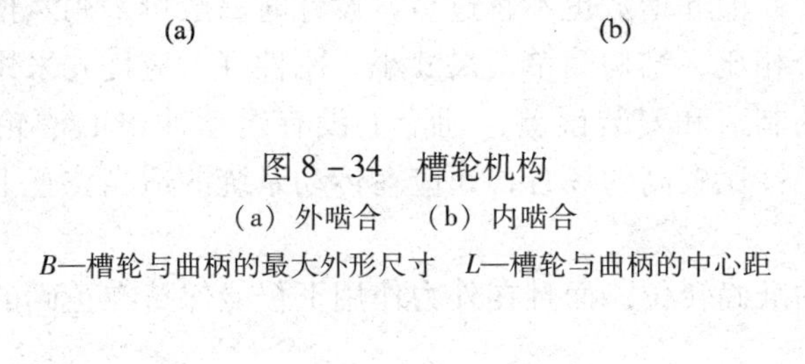

图 8－34 槽轮机构

（a）外啮合 （b）内啮合

B—槽轮与曲柄的最大外形尺寸 L—槽轮与曲柄的中心距

其余参数用表 8－1 中的公式计算。

表 8－1　　　　**槽轮机构参数计算公式**

参数名称	符号	外啮合槽轮机构	内啮合槽轮机构
曲柄旋转一周的时间内，槽轮运动的时间	t_d	$\frac{30}{n}\left(1-\frac{2}{k}\right)$	$\frac{30}{n}\left(1+\frac{2}{k}\right)$
曲柄旋转一周的时间内，槽轮静止的时间	t_s	$\frac{30}{n}\left(1+\frac{2}{k}\right)$	$\frac{30}{n}\left(1-\frac{2}{k}\right)$
曲柄旋转一周的时间	$t=\frac{60}{n}$	t_d+t_s	t_d+t_s
槽轮相对的运动时间	$\frac{t_d}{t}$	$\frac{1}{2}-\frac{1}{k}$	$\frac{1}{2}+\frac{1}{k}$
槽轮相对的静止时间	$\frac{t_s}{t}$	$\frac{1}{2}+\frac{1}{k}$	$\frac{1}{2}-\frac{1}{k}$
槽轮的运动系数	$c=\frac{t_d}{t_s}$	$1-\frac{4}{k+2}$	$1+\frac{4}{k+2}$
槽轮与曲柄的中心距	l	$\frac{r}{\lambda}$	$\frac{r}{\lambda}$
槽轮半径	R	$\frac{r}{\lambda}\left(\sqrt{1-\lambda^2}\right)$	$\frac{r}{\lambda}(1+\lambda)$
最大外形尺寸	$B=l+R+r$	$\frac{r}{\lambda}\left(1+\lambda+\sqrt{1-\lambda^2}\right)$	$\frac{2r}{\lambda}(1+\lambda)$

当曲柄上的滚销刚进入槽轮的滑槽时，槽轮的角加速度：

$$\varepsilon=\omega^2\tan\frac{\pi}{k} \tag{8-15}$$

滚销与滑槽之间的作用力：

$$F=\frac{J\omega^2}{l}\tan\frac{\pi}{k} \tag{8-16}$$

式中　ω——曲柄的角速度；

　　　J——与槽轮相连的质量惯性矩；

　　　l——槽轮与曲柄的中心距。

由上面两式可知：为了减小惯性力，提高机构运动的平稳性，应增加槽轮的槽数。但是，槽数增多，机构的尺寸增大，而且，计算表明，增至八槽以后，再增加槽数，惯性力的减小已不显著，因此槽数也不宜过多，设计时一般可采用六槽或八槽。

外啮合与内啮合相比，结构简单，尺寸小，刚性好，应优先采用。

由于不可避免的制造和安装误差，理论上没有运动冲击的槽轮机构实际上也有冲击，在要求运动平稳性比较高的场合，还应在传动系统的适当位置上加入弹性构件。

2. 定位机构

为了确保模型的准确转位，而且在外力作用下仍能保持在正确的位置，输送机的主轴应装设定位机构。虽然，作为驱动主轴做间歇运动的机构本身一般利用了机构的主动件与从动件之间的锁掣弧定位，但由于定位表面的磨损较大，定位精度不高，不能满足使用要求，因此，一般还应采用专门插销定位。

插销定位有单定位和双定位两种。单定位是采用一个插销定位，如图 8－35 所示。当主轴旋转结束时，定位销插入定位槽中实现定位，主轴再次启动前，定位销自动拔出。这种定位机构结构简单，定位精度较高，但由于定位表面之间有相对滑动，磨损较大，故定位精度的保持性较差，而且定位时有较大的冲击。双定位是采用两个插销定位，其中一个插销作为定位元件，另一个作为引导元件，如图 8－36 所示。当主动轴沿逆时针方向旋转结束时，定位销进入定位槽中，但两者的定位表面并不接触，如图 8－36（a）所示。然后引导销进入引导槽，利用斜面的作用，使主动轴沿顺时针方向转过一个小角度，从而迫使定位销和定位槽的表面接触并锁紧在固定的位置上，如图 8－36（b）所示。双定位机构由于定位表面没有相对滑动，磨损很小，故可在长时间内保持较高的定位精度，此外，定位元件的作用力小，产生的冲击也小。

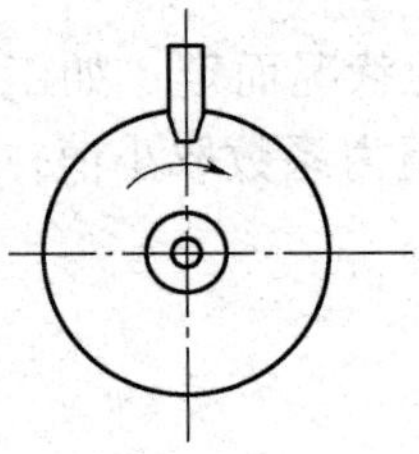

图 8－35　插销单定位

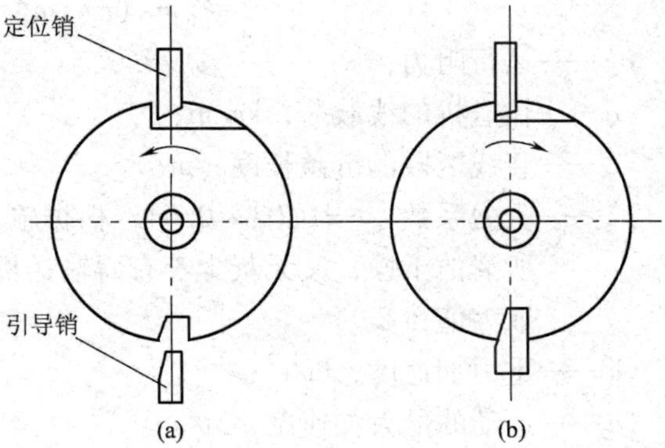

图 8－36　插销双定位

插销定位的定位精度主要取决于定位槽分度的准确性。

3. 主动链轮与主动轴的连接

为了能在一定范围内调整链条的位置，以补偿由于制造和安装误差造成载模器位置的偏差，主动链轮通常设计成由轮毂和轮圈两部分组成，其中轮毂用键与主动轴连接，轮圈则用螺栓固定在轮毂上，如图 8－37 所示。这种结构，可以在弯月槽限定的范围内改变链轮与轴之间的相对角度，从而调整链条以及载模器的位置。

4. 链条的张力

同其他采用绕性牵引构件的运输机械一样，链式运输机链条的张力采用逐点计算法计算。如图 8－38 所示，从主动轮上奔离点 1 的链条张力 F_{S_1} 开始，沿链条的运行方向，逐点计算到主动链轮上趋入点 4 的链条张力 F_{S_1}，各点张力等于前一个点的张力与这两个点之间的区段上阻力之和。显然，1 点的张力 F_{S_1} 最小，4 点的张力 F_{S_4} 最大。由于链传动不存在像带传动那样的欧拉条件，所以在计算中都是首先根据经验假定最小的张力值 F_{S_1}，然后逐步求出其余各点的张力。对于链式输送机，最小张力 F_{S_1} 可取500～1000N。

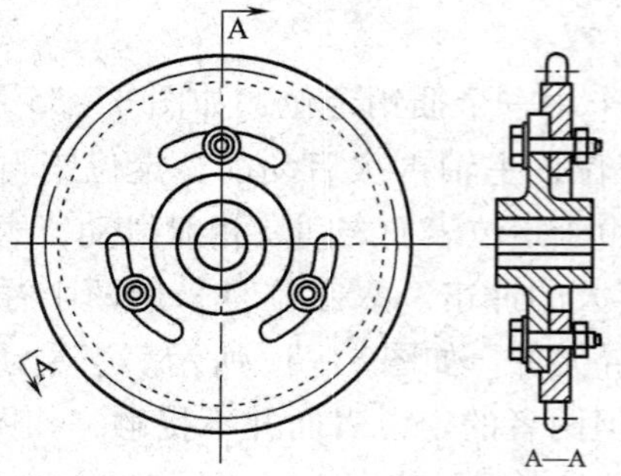

图 8－37　主动链轮

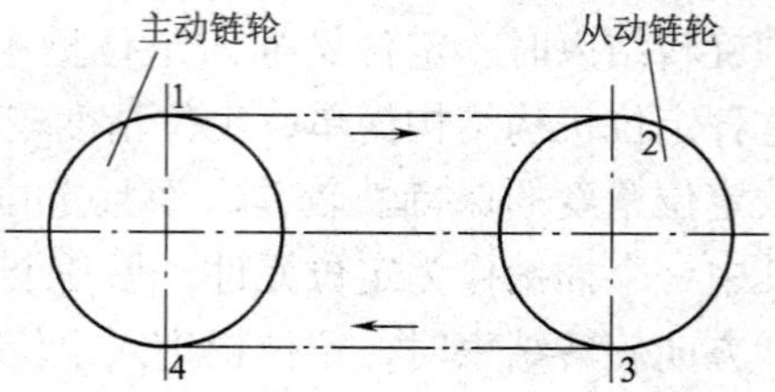

图 8－38　链条张力的计算

因为输送机做间歇运动，故运行阻力包括摩擦阻力和惯性阻力两部分。直线区段的运行阻力：

$$F_0 = (cg + a)\ qL \tag{8-17}$$

式中　F_0——运行阻力，N；

q——输送机的线载荷，kg/m；

L——直线区段的链条长度，m；

c——阻力系数，$c = 0.03 \sim 0.04$，根据输送机工作场所的状况而定，如工作场所清洁干燥，又无灰尘等有碍输送机工作的因素，阻力系数取小值，反之取大值；

g——重力加速度，m/s^2；

a——运动的最大加速度，m/s^2。

输送机的线载荷：

$$q = q_0 + \frac{m_n + m_k}{L} \tag{8-18}$$

式中　q——输送机的线载荷，kg/m；

q_0——链条每米长度的质量，kg/m；

m_n——载模器的质量，kg；

m_k——载模器中模型的质量，kg；

L——载模器的间距，m。

从动链轮上转向段的运行阻力：

$$F_1 = kF_S + \frac{2J_1\varepsilon}{d} \tag{8-19}$$

式中　F_1——从动链轮上转向段的运行阻力，N；

k——阻力系数，$k = 0.06 \sim 0.15$，选择时除根据输送工作场所的状况外，还应按链轮使用的轴承种类来选定，对于滚动轴承，阻力系数取小值，滑动轴承取大值；

J_1——与从动轴相连的质量的转动惯量，$kg \cdot m^2$；

ε——从动轴的最大角加速度，$1/s^2$；

d——链轮的节径，m。

主动链轮上转向段的运行阻力：

$$F_2 = k\ (F_{S_4} - F_{S_1})\ + \frac{2J_2\varepsilon}{d} \tag{8-20}$$

式中　F_2——主动链轮上转向段的运行阻力，N；

J_2——与主动轴相连的质量的转动惯量，$kg \cdot m^2$。

其余符号的意义和单位同前。

根据最大张力 F_{s_4}，即可选择链条或进行验算。

主动链轮的最大圆周力：

$$F = F_{S_4} - F_{S_1} + F_2 \tag{8-21}$$

链式输送机需要的功率：

$$P_g = K\frac{Fv}{1000\eta} \tag{8-22}$$

式中　P_g——输送机用电动机的功率，kW；

v——输送机的平均输送速度，m/s；

η——传送装置的机械效率；

K——功率储备系数，$K = 1.1 \sim 1.3$。

输送机的平均输送速度：

$$v = \frac{l}{t_d} \tag{8-23}$$

式中　l——每次间歇输送的距离，m；

t_d——输送该距离需要的时间，s。

5. 拉紧装置的拉紧力

输送机通常采用螺旋式拉紧装置，拉紧力：

$$F = F_{S_2} + F_{S_3} \tag{8-24}$$

五、链式干燥机

采用注浆法和可塑法成形的坯体，含有较多的水分，需要干燥。链式干燥机（简称链干机）干燥均匀，工人劳动强度小，在日用陶瓷中得到广泛应用。

1. 构造和工作原理

链干机是在干燥室内由悬挂输送机运送坯体的一种连续式干燥设备。悬挂输送机有两条互相平行的闭合链条，链条之间按等距离悬挂着许多吊篮，坯体或模型放在吊篮上，链条以一定的运动规律将吊篮上的坯体和模型送入干燥室。

如图 8 - 39 所示，链式干燥机由链条、链轮、吊篮、钢架、传动装置、保温板和热空气系统组成。日用陶瓷厂使用的链干机一般分前箱和后箱两部分。前箱用于带模坯体的干燥，即青坯干燥；后箱用于脱模后的坯体干燥，即白坯干燥。

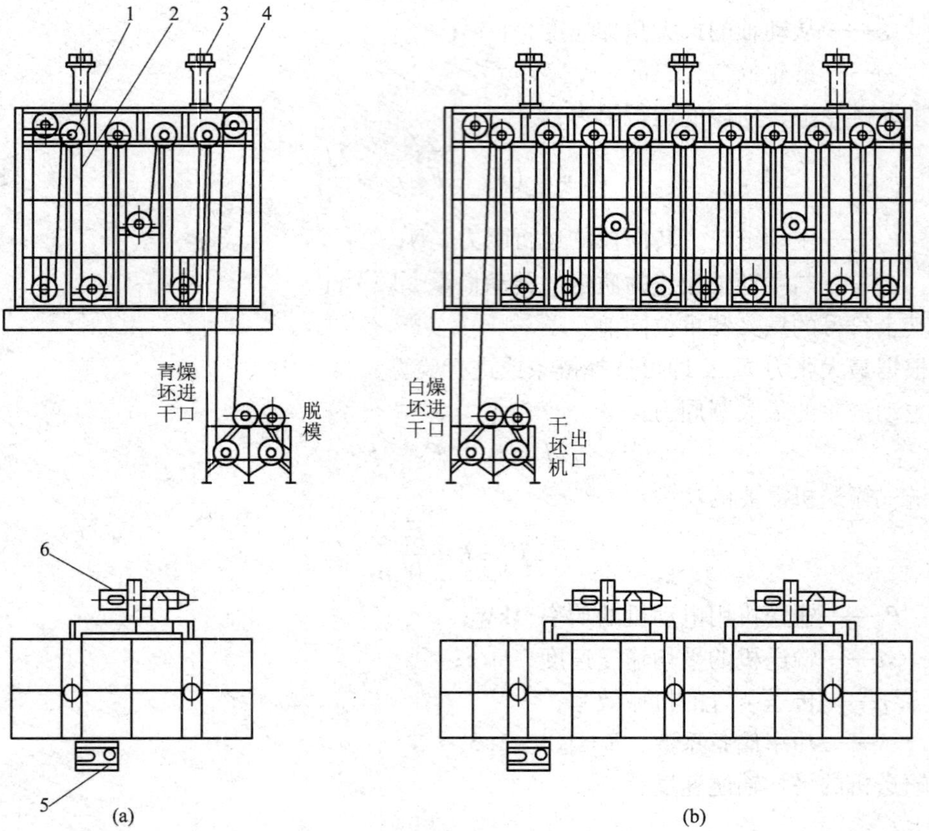

图 8-39　链式干燥机

（a）前箱　（b）后箱

1—链轮　2—链条　3—排气管　4—钢架　5—传动装置　6—热空气系统

成形后，坯体连同模型一起从链干机前箱“进口”处放入吊篮，坯体在输送的同时进行干燥，通过调节输送速度和前箱的干燥温度，使坯体达到“出口”处时能够脱离模型，然后由人工或机械手取出放入后箱的吊篮中，模型则留在前箱随同吊篮返回链干机的“进口”处；后箱吊篮处的坯体在干燥室内完成白坯干燥。前箱和后箱温度可分别调节，前箱温度一般不高于60℃，后箱温度一般不高于90℃。热空气由风机送入，湿含量较高的干燥尾气从顶部的排气口排出。也有的链干机将后箱的一部分干燥尾气送到前箱，这样可以增加前箱干燥气体的湿含量，同时可以提高干燥器的热效率。坯体在干燥室内的干燥时间可用改变链轮转速的办法调节。

2. 主要参数的确定

（1）链条长度　根据生产线的生产能力和坯体的干燥时间，链条的长度：

$$L = L_e + L_r \tag{8-25}$$

或

$$L = \frac{Q}{n}dt + L_r \tag{8-25A}$$

式中 L——链条的长度，m；

L_e——链条的有效长度，即吊篮上有坯体的链条长度，m；

L_r——链条返回段的长度，即吊篮上没有坯体的链条长度，m；

Q——生产能力，件/h；

n——每个吊篮上放置的坯体数，一般 $n=4\sim8$；

d——吊篮的间距，主要由坯体和模型的尺寸决定，m；

t——坯体的干燥时间，由工艺试验决定，h。

链条的总长度应为吊篮占用节距数的整倍数，且总节距数应为偶数。

（2）平均输送速度

连续输送：

$$v=\frac{Qd}{3600n} \tag{8-26}$$

间歇输送：

$$v=\frac{d}{t_d} \tag{8-27}$$

式中 v——平均输送速度，m/s；

d——吊篮间距，m；

t_d——运动的时间，s。

链式干燥机运动部分的质量比较大，特别是干燥时间长的链干机，总共有一百多个吊篮，整个运动部分的质量可达几吨，为了减小惯性力，要求链干机的间歇运动机构有良好的动特性，也就是要求机构的最大加速度小，并且没有各种运动冲击。此外，模型和坯体在吊篮上是没有夹具固定的，为避免因惯性力作用而造成位置的移动，应满足下面的条件：

$$a<fg \tag{8-28}$$

式中 a——链条的最大加速度，m/s^2；

f——模型或坯体与吊篮托板间的滑动摩擦因数，由实验测定，作为初步计算，可取 $f=0.4$；

g——重力加速度，m/s^2。

（3）吊篮间距和链轮节圆半径　吊篮间距应保证吊篮运动时不会发生干涉，如图 8-40 所示，此时应有：

水平输送带：

$$d\geqslant 2B+b \tag{8-29}$$

垂直输送带：

$$d\geqslant H+h \tag{8-30}$$

在改向轮处：

$$d\geqslant R\arcsin\frac{2B+c}{2R} \tag{8-31}$$

为防止吊篮与链轮轴之间的运动干涉，可以证明，链轮的节圆半径应满足以下条件：

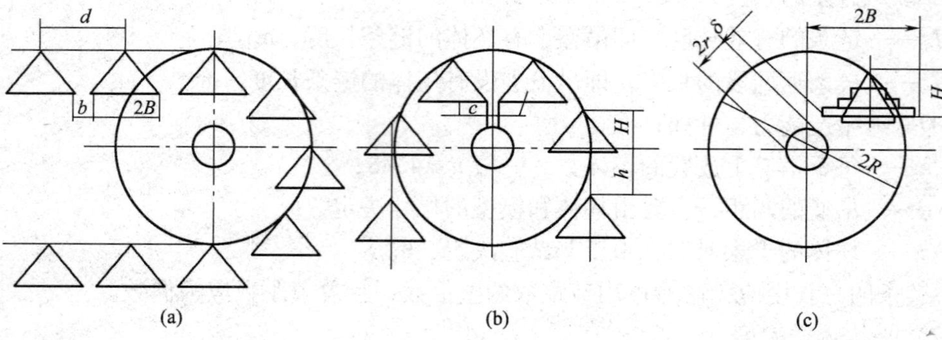

图 8－40　吊篮的运动

（a）水平输送段　（b）垂直输送段和改向轮处　（c）改向轮处吊篮与轴之间的距离

$$R \geqslant r + \delta + \sqrt{B^2 + H^2} \tag{8-32}$$

式中　d——吊篮的间距，m；

B——吊篮的半宽，m；

H——吊篮的高度，m；

b——水平输送段吊篮之间的间隙，m；

h——垂直输送段吊篮之间的间隙，m；

c——改向轮处吊篮之间的间隙，m；

R——改向轮的节圆半径，m；

δ——改向轮处吊篮与链轮轴之间的间隙，m；

r——链轮轴的半径，m。

各种间隙通常取为25mm左右。

（4）吊篮数量　吊篮总数：

$$N = \frac{L}{T} \tag{8-33}$$

式中　T——载模器的间距。

（5）功率　链式干燥机需要的功率：

$$P = K\frac{Fv}{1000\eta} \tag{8-34}$$

式中　P——链干机需要的功率，kW；

F——主动链轮的最大圆周力，N，计算方法参见长圆形链式输送机；

v——链条运行速度，m/s；

η——传动装置的机械效率；

K——功率储备系数，$K = 1.1 \sim 1.3$。

链干机需要的功率一般为1.5～3.0kW。

3. 热工计算

链式干燥机的热工计算包括物料平衡和热平衡计算两部分。

（1）物料平衡 被干燥的坯体可以认为是由绝干物料和水分组成，干燥过程中绝干物料的质量是不变的，而其中的水分逐渐减少。计算时间以1h为基准。

①蒸发的水分：坯体的含水量有两种表示方法，绝对含水量和相对含水量。

绝对含水量：

$$w=\frac{m_w}{m_s}\times 100\% =\frac{m_w}{m-m_w}\times 100\% \tag{8-35}$$

相对含水量：

$$u=\frac{m_w}{m}\times 100\% \tag{8-36}$$

绝对含水量和相对含水量的关系为：

$$w=\frac{u}{1-u}\times 100\% \tag{8-37}$$

$$u=\frac{w}{1+w}\times 100\% \tag{8-38}$$

式中 w——坯体的绝对含水量；

u——坯体的相对含水量；

m——坯体的质量，kg；

m_s——坯体中绝干物料的质量，kg；

m_w——坯体中水分的质量，kg。

坯体由绝对含水量 w 干燥至绝对含水量 w'，蒸发水分的质量为

$$\Delta G_w=(w-w')\ G_s \tag{8-39}$$

或

$$\Delta G_w=\frac{(w-w')}{1+w}G \tag{8-40}$$

式中 ΔG_w——蒸发的水分，kg/h；

G_s——进入链干机的坯体中绝干物料的质量，kg/h；

G——进入链干机的坯体质量，kg/h；

w——干燥前坯体的绝对含水量；

w'——干燥后坯体的绝对含水量。

②需要的绝干空气量：

$$L=\frac{\Delta G_w}{x-x'} \tag{8-41}$$

式中 L——需要的绝干空气量，kg/h；

ΔG_w——蒸发的水分，kg/h；

x——进入链干机的空气含湿量，kg/kg干空气；

x'——从链干机排出的空气（即尾气）的湿含量，kg/kg干空气。

（2）热平衡 链式干燥机热平衡计算的目的是计算单位热耗量及链干机的热效率，并寻求提高热效率的途径。

热平衡计算中，时间以1h为基准，温度以0℃为基准。

①带入链干机的热量：带入链干机的热量主要是作为干燥介质的热空气带入的热量，此外，还有坯体和石膏模带入的热量。

a. 热空气带入的热量：

$$Q_1 = G_g h \tag{8-42}$$

式中 Q_1——热空气带入的热量，kJ/h；

G_g——进入链干机的热空气的质量，kg 干空气/h；

h——进入链干机的热空气的焓，kJ/kg 干空气。

热空气的焓为：

$$h = (1 + 2x)\ t \tag{8-43}$$

式中 x——热空气的湿含量，kg/kg 干空气；

t——热空气的温度，℃。

b. 坯体带入的热量：坯体带入的热量等于坯体中绝干物料和水分带入的热量之和。

$$Q_2 = (G_s c_2 + G_w c_w)\ t_2 \tag{8-44}$$

式中 Q_2——坯体带入的热量，kJ/h；

G_s——进入链干机的坯体中绝干物料的质量，kg/h；

G_w——进入链干机的坯体中水分的质量，kg/h；

c_2——绝干物料的比热容，kJ/（kg·℃），一般取 $c_2 = 0.84$kJ/（kg·℃）；

c_w——水的比热容，kJ/（kg·℃），$c_w = 4.186$kJ/（kg·℃）；

t_2——坯体放入链干机时的温度，℃。

c. 石膏模带入的热量：

$$Q_3 = G_3 c_3 t_3 \tag{8-45}$$

式中 Q_3——石膏模带入的热量，kJ/h；

G_3——进入链干机的石膏模的质量，kg/h；

c_3——石膏模的比热容，kJ/（kg·℃），一般取 $c_3 = 0.85$kJ/（kg·℃）；

t_3——石膏模放入链干机时的温度，℃。

带入链干机的总热量：

$$Q = Q_1 + Q_2 + Q_3 \tag{8-46}$$

②从链干机带出的热量：

a. 水分蒸发需要的热量：

$$Q'_1 = (2490 + 2t')\Delta G_w \tag{8-47}$$

式中 Q'_1——水分蒸发需要的热量，kJ/h；

t'——从链干机排出的空气（尾气）的温度，℃；

ΔG_w——蒸发的水分，kg/h。

b. 坯体带出的热量：

$$Q'_2 = (G_s c_2 + G'_w c_w)\ t'_2 \tag{8-48}$$

式中 Q'_2——坯体带出的热量，kJ/h；

G'_w——坯体中水分的质量，kg/h；

t'_2——坯体离开链干机时的温度，℃。

其余符号的意义和单位同前。

c. 石膏模带出的热量：

$$Q'_3 = G_3 c_3 t'_3 \tag{8-49}$$

式中 Q'_3——石膏模带出的热量，kJ/h；

t'_3——石膏模离开链干机时的温度，℃。

其余符号的意义和单位同前。

d. 从链干机排出的空气（尾气）带走的热量：

$$Q'_4 = G_g h' \tag{8-50}$$

式中 Q'_4——从链干机排出的空气（尾气）带走的热量，kJ/h；

h'——尾气的热含量，kJ/kg。

其余符号的意义和单位同前。

e. 散失到周围的热量：

$$Q'_5 = \sum (AK\Delta t) \tag{8-51}$$

式中 Q'_5——散失到周围的热量，kJ/h；

A——链干机四周的表面积，m^2；

Δt——链干机内热空气的平均温度与周围环境的温差，℃；

K——总传热系数，W/（m^2·℃）。

总传热系数可用下面的经验公式计算：

$$K = \frac{1}{\sum \frac{\delta}{\lambda} + 0.05} \tag{8-52}$$

式中 δ——每层壁的厚度，m；

λ——壁的导热系数，W/（m^2·℃）。

f. 其他热损失 Q'_6：其他热损失计算比较困难，一般估计为总热量的 15%～25%。

从链干机带出的总热量：

$$Q' = Q'_1 + Q'_2 + Q'_3 + Q'_4 + Q'_5 + Q'_6 \tag{8-53}$$

热平衡方程式：

$$Q' = Q$$

③热效率：链干机的热效率 η 为有效热量 Q_e 与加热空气需要的热量 Q_k 之比，即

$$\eta = \frac{Q_e}{Q_k} \tag{8-54}$$

有效热量包括水分蒸发需要取得的热量和坯体加热的热量。

水分蒸发需要取得的热量：

$$Q'_1 = Q'_1 - 4.186 t_2 \Delta G_w \tag{8-55}$$

坯体加热的热量：

$$Q''_2 = Q'_2 - Q_2 \tag{8-56}$$

故有：

$$Q_e = Q''_1 + Q''_2 \tag{8-57}$$

加热空气需要的热量：

$$Q_k = L\ (h - h_0)\ = L\ (1 + 2x)\ (t - t_0) \tag{8-58}$$

式中　t_0——周围大气的温度,℃。

其余符号的意义和单位同前。

④单位热耗量：如前所述（见喷雾干燥器），蒸发单位质量水分需要的热量称为单位热耗量，于是有：

$$q = \frac{Q_k}{\Delta G_w} \tag{8-59}$$

式中　q——单位热耗量，kJ/kg。

其余符号的意义和单位同前。

4. 结构设计

（1）链条走向　根据干燥工艺和脱模工艺的不同，链干机链条有不同的走向，一般有垂直走向、多层水平走向和单层水平走向三种，如图 8-41 所示。设计时应根据具体情况与工艺设计人员共同拟定若干方案，并对不同方案作出详细的技术和经济性能比较后决定。

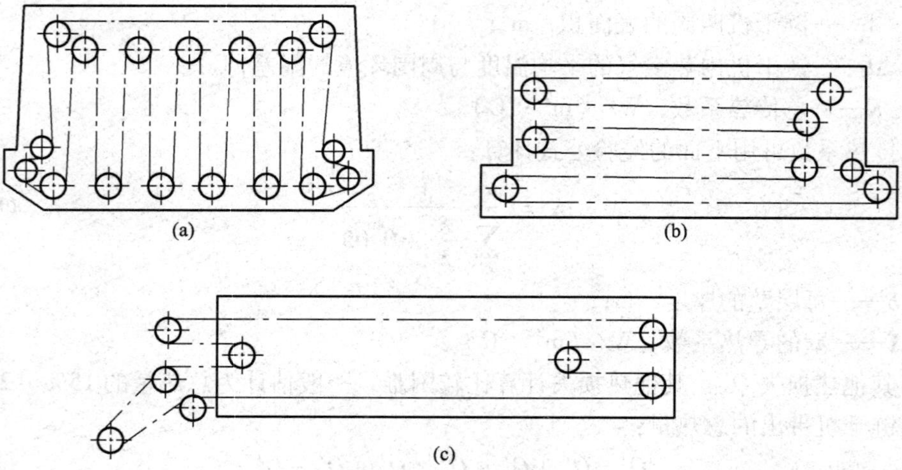

图 8-41　链条走向

（a）垂直走向　（b）多层水平走向　（c）单层水平走向

现将水平和垂直走向的优缺点分述如下：

①水平走向：

a. 便于安排对位干燥和喷射干燥，可以采用辐射干燥。

b. 可在比较低的厂房内布置，也可在比较高的厂房内布置。

c. 链轮数量少，但链条长，为减少链条的垂度，需要铺设链条水平支承导轨，由于有水平支承导轨，增加了摩擦阻力，故动力消耗大，链条的张紧和调节也比较复杂，机架刚度要求高。

d. 链干机上下温差小，坯体干燥比较均匀。

e. 单层水平走向的链干机，机体庞大笨重，占地面积大，只用于对位干燥的快速链干机。

②垂直走向：

a. 不适用于对位干燥和喷射干燥，只能用对流干燥。

b. 链干机上下温差较大。

c. 不需要水平支承导轨，动力消耗小。

d. 需要较多的链轮和较高的厂房。

链干机中链条的工作特点是低速重载。对链条的要求是节距均匀，耐磨，强度大，互换性好。目前各厂使用的链条基本上是套筒滚子和曳引链（俗称夹板链）两种。套筒滚子链常用的节距 $s=25.4\sim50.8$mm，曳引链常用的节距 $s=60\sim100$mm。节距的选择一般应从强度、寿命、运动的平稳性和货源的供应情况等考虑。节距大的链条，承载能力大，销轴尺寸大，链条的伸长累计误差小，但运动的平稳性差，反之亦然。

（2）链轮　链轮分为主动链轮、改向轮（从动链轮）和导向轮三种。改向轮是使链条改变运动方向的，数量多；导向轮用于链条导向，可用链轮，也可用不带齿的滚轮，直径比改向轮小。

链轮的材料可以是铸铁或铸钢。铸钢的耐磨性好，但价格较贵。

（3）链轮和轴的连接　链式干燥机传动轴两端都装有链轮，对于主动轴，一端的链轮与轴之间通常用键连接，另一端的链轮与轴的连接则应设计成可在一定范围内调节链轮与轴之间相互角度的结构，装配时两端的链轮可通过这种调节调成相互对称，以保证两条平行链条的运动同步，其连接方法可参阅长圆形链式输送机的有关部分。从动轴一般设计成心轴，工作时链轮转动，轴则固定不动，使两链轮在运行中能自动进行调整，不使吊篮卡死，见图8－42。

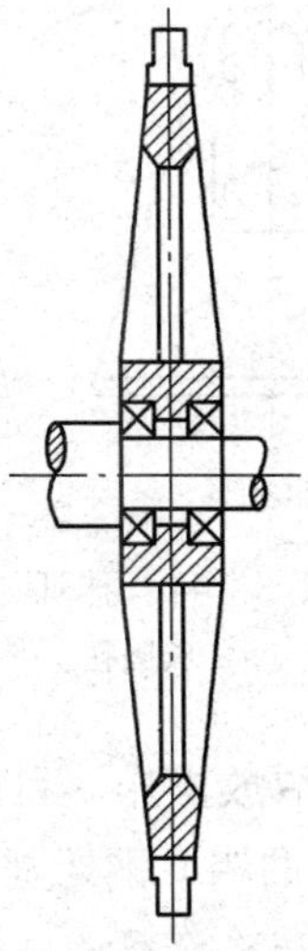

图8－42　从动链轮和轴的连接

（4）链条的张紧装置　一台链式干燥机的链条往往长达数十米至数百米。这些链条由成千个链节组成。在经过较长时间的运行后，链条会松弛，故需设置张紧机构，使链条具有一定的张力，防止运行时链条从链轮上脱落下来。链干机一般采用螺旋张紧装置。螺旋张紧装置可水平安装也可垂直安装。张紧装置一般应安装在改向轮处，设计时，注意使螺杆工作中受拉力作用。

（5）吊篮　吊篮由挂耳、载板、托板等组成，见图8－43。吊篮通过挂耳悬挂在链条的销轴上，用于承放坯体和模型。

对吊篮的要求是：①在销轴上能摆动自如，保持水平；②吊篮重心应低于销轴中心，以保持吊篮的稳定；③刚性好、重量轻；④不污染坯体。

载板常用铝板冲压而成或以镀锌角铁做框架，在框架内安装托板。托板一般用纤维板、铸铝或玻璃钢板等制成。

挂耳常用铸铁或钢板制造，有两种形式，见图 8－44。一般多采用长圆孔，这样可以方便地挂上及取下。

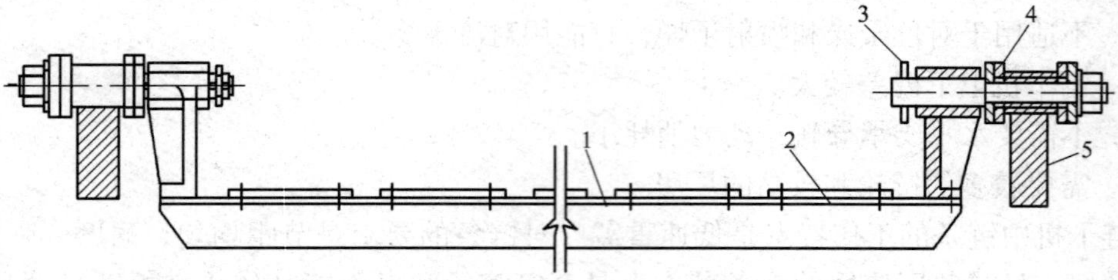

图8－43　吊篮

1—载板　2—托板　3—开口销　4—链条　5—销轴

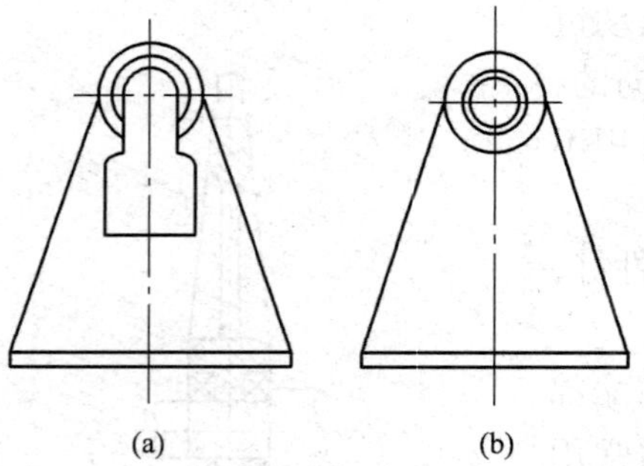

图8－44　挂耳的两种形式

（a）长圆孔　（b）圆孔

吊篮高度应根据制品的种类来确定，高度太大，干燥机体积庞大；高度太小，重心过高，不稳定。目前常用的吊篮高度为100mm和120mm两种。

吊篮载板长度的确定：载板长度短，每个吊篮装载量少，吊篮数必须增多，链条必然加长，这是不经济的；反之，每个吊篮的装载量增加，吊篮数减少，链条短。但载板过长，会增加载板的载荷，载板会变形，同时不便于操作，增加了劳动强度。合理的长度是能放置较多的模型和坯体，而操作者不移动或稍作移动即能进行取放操作。目前载板的长度一般为1600mm～2000mm。

（6）钢架　钢架基本是用型钢（槽钢和角钢）搭接而成。有的采用现场焊接，也有的采用螺栓连接最后用点焊焊牢。采用螺栓连接便于安装时调整。对钢架的要求是有足够的刚性，目前一般采用类比法设计，没有详细的设计计算。

（7）保温板　保温板一般用薄钢板和保温材料组装而成。干燥机内与热空气接触处采用镀锌薄钢板，中间装保温材料，与大气接触处用普通A3钢板或纤维板。保温材料常用的有玻璃纤维、岩棉等。也有的链干机采用发泡塑料作为保温材料。发泡塑料板固定在A3钢板上，塑料板表面粘上一层镀锌板。这种保温板重量较轻，在钢架上固定方便。但只能用于热空气温度比较低的链干机。

（8）热源　链干机一般采用热空气作为干燥介质。热源有蒸汽、窑炉余热和用煤气燃烧直接加热空气三种。热空气的传热方式以对流传热为主，热空气将热量传给坯体，使坯体内的水分蒸发，同时将坯体蒸发出来的水蒸气带走。采用高速气流对坯体进行喷射可加快坯体的干燥速度。气流速度一般为10～30m/s，不小于5m/s。

采用高速气流对位喷射，可实现快速干燥，但如果对位不准，坯体干燥不均匀，将会产生变形和开裂的缺陷，目前较少采用。常用的是多孔喷射，如图8－45所示。多孔喷射是在风盒对着坯体一面开了许多小孔，热空气从小孔喷出，喷射面积大，不存在对位不准的问题。

英国ID90型链干机采用喷嘴，如图8－46所示。链干机采用对位干燥，在每个坯体的上方装有喷嘴和排气管，两者套装成一个整体。热空气从喷嘴喷出，在坯体周围形成控制范围较大的圆形环流，干燥坯体。干燥后尾气经排气管排出，除小部分放空外，大部分经过热交换器加热后送回喷嘴，循环使用。

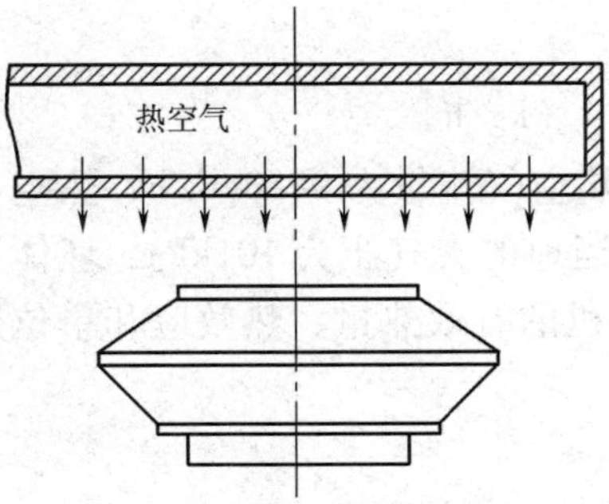

图8－45　风盒示意图

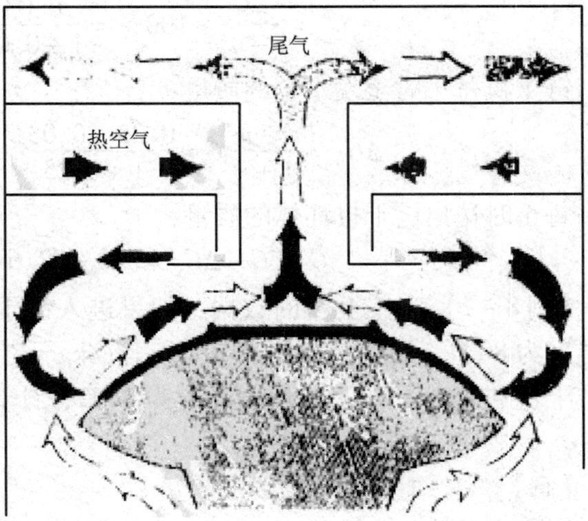

图8－46　ID90型链干机的喷嘴

5. 使用

链式干燥机体积庞大，一般由制造厂在现场安装调试。安装质量如不符合技术要求，会直接影响设备的正常运行，甚至无法工作。

使用中要经常给各润滑点加注润滑油，注意链条的松紧程度是否合适，如不合适，应进行调节。

干燥速度可通过改变干燥介质的温度来调节。干燥速度不宜过快，以免坯体变形和开裂。

链干机在运行过程中，如有吊篮倾覆，应立即停机，找出原因，排除故障。

吊篮倾覆的主要原因是：

（1）运行不平稳，使放在吊篮中的坯体或模型没有居中，吊篮倾斜运行，碰到障碍物或在改向轮处由于运动干涉而倾覆。

（2）两边链条松紧不一，两边吊篮销轴错位，吊篮卡死，在改向轮处倾覆。

（3）改向轮处支承导轨安装位置不当，坯体或模型没有放在吊篮中心，造成吊篮倾斜而倾覆。

【例8－1】　已知链干机生产能力600件/h，每件坯体的质量为0.5kg，坯体干燥前的相对含水量为20%，干燥后的相对含水量为3%，计算链干机每小时蒸发水分的质量和每小时送出链干机的坯体质量。

【解】　进入链干机的坯体质量 G

$$G = 600 \times 0.5 = 300\ (\mathrm{kg/h})$$

相对含水量表示湿物料的实际含水量，但由于相对含水量是以湿物料为基准，而在干燥过程中湿物料的质量在不断变化，故不能用于直接计算，须将相对含水量换成绝对含水量。

$$w=\frac{u}{1-u}\times100\%=\frac{0.2}{1-0.2}\times100\%=25\%$$

$$w'=\frac{u'}{1-u'}\times100\%=\frac{0.03}{1-0.03}\times100\%=3.1\%$$

链干机每小时蒸发水分的质量：

$$\Delta G_{\mathrm{w}}=\frac{w-w'}{1+w}G=\frac{0.25-0.031}{1+0.25}\times300=52.6\ (\mathrm{kg/h})$$

每小时送出链干机坯体的质量：

$$G'=G-\Delta G_{\mathrm{w}}=300-52.6=247.4\ (\mathrm{kg/h})$$

【例8－2】　按上题的数据，如果进入链干机的热空气流量为9850m^3/h，热空气的温度为80℃，湿含量$x=0.019$kg 水汽/kg 干空气，当地的大气压为101kPa，坯体送出链干机的温度为40℃，环境温度为20℃，计算链干机的有效热量、热效应和单位热耗量。

【解】　1. 加热空气需要的热量

因为题目给出的是热空气的体积流量，必须先计算热空气的密度。

$$\begin{aligned}\rho&=1.293\times\frac{273}{273+t}\times\frac{p}{101325}\times(1+x)\\&=1.293\times\frac{273}{273+80}\times\frac{101000}{101325}\times(1+0.019)\\&=1.016(\mathrm{kg/m^3})\end{aligned}$$

$$G_{\mathrm{g}}=9850\times1.016=10008\ (\mathrm{kg/h})$$

加热空气需要的热量：

$$Q_{\mathrm{k}}=G_{\mathrm{g}}(1+2x)(t-t_0)=10008\times(1+2\times0.019)\times(80-20)=623298(\mathrm{kJ/h})$$

2. 链干机的有效热量

（1）坯体带入的热量

$$Q_2=(G_{\mathrm{s}}c_2+G_{\mathrm{w}}c_{\mathrm{w}})\ t_2$$

$$G_{\mathrm{w}}=Gu=300\times20\%=60\ (\mathrm{kg/h})$$

$$G_{\mathrm{s}}=G-G_{\mathrm{w}}=300-60=240\ (\mathrm{kg/h})$$

$$Q_2=(240\times0.84+60\times4.186)\times20=9055(\mathrm{kJ/h})$$

（2）水分蒸发需要的热量

$$Q'_1=(2490+2t_{\mathrm{a}})\ \Delta G_{\mathrm{w}}=(2490+2\times60)\times52.6=137286\ (\mathrm{kJ/h})$$

（3）坯体带出的热量

按［例8－1］计算结果，送出链干机的坯体质量为$G'=247.4$kg/h，坯体中水分质量为：

$$G'_{\mathrm{w}}=G'-G_{\mathrm{s}}=247.4-240=7.4\ (\mathrm{kg/h})$$

坯体带出的热量：

$$Q'_2=(G_sc_2+G'_wc_w)t'_2=(240\times0.84+7.4\times4.186)\times40=9303(\text{kJ/h})$$

链干机有效热量：

$$\begin{aligned}Q_e&=Q''_1+Q''_2=(Q'_1-4.186\Delta G_wt_2)+(Q'_2-Q_2)\\&=(137286-4.186\times52.6\times20)+(9303-9055)\\&=132634\ (\text{kJ/h})\end{aligned}$$

3. 链干机的热效率

$$\eta=\frac{Q_e}{Q_k}=\frac{132634}{623298}\times100\%=21.3\%$$

4. 单位热耗量

$$q=\frac{Q_k}{\Delta G_w}=\frac{623298}{52.6}=11849\ (\text{kJ/kg})$$

六、生产线的工作循环图

滚压成形生产线是周期性工作的，各个执行机构按照一定的顺序动作。生产线完成一次周期性工作的时间称为生产线的工作循环或周期。在生产线的工作循环内，执行机构完成一次周期性运动的时间称为执行机构的运动循环或周期。生产线的工作循环图是表示在生产线的工作循环内，各个执行机构运动循环相互关系的示意图。从循环图中可以看出各个执行机构动作的顺序。正确的循环设计图，可以防止各个循环机构的相互干扰，保证在时间上和空间上的同步化，缩短工作循环，提高生产能力。循环图是设计生产线控制系统的依据，也是进行生产线调整工作的基础资料。

为了设计生产线的工作循环图，首先应绘制执行机构的运动循环图。执行机构的运动循环图应根据工艺要求和机构的运动规律进行设计。执行机构的运动循环图一般是以横坐标表示运动循环内各区段的时间，纵坐标表示执行机构的运动状态，这种循环图称为直角坐标式循环图。图 8－47 是滚压机滚头的运动循环图，滚头的运动循环由以下区段组成：

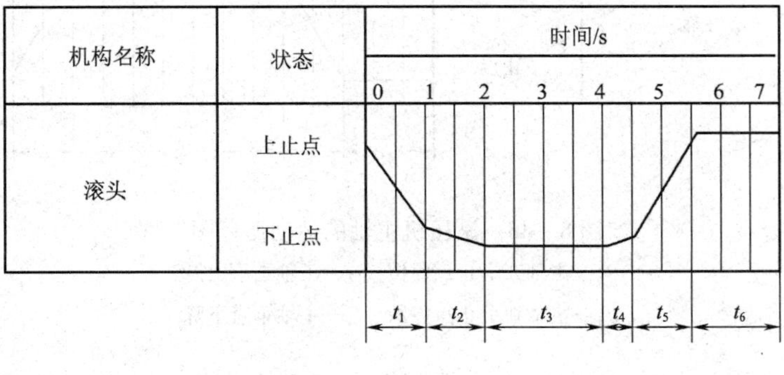

图 8－47 滚压机滚头的运动循环图

t_1—滚头快速下降 t_2—滚头慢速下降 t_3—滚头在下止点停留

t_4—滚头慢速上升 t_5—滚头快速上升 t_6—滚头在上止点停留

t_2、t_3、t_4是工艺操作时间，由工艺设计决定；t_1、t_5是机构的行程时间，由机构的运动规律决定；t_6是与其他机构实现同步化需要的时间，由同步化设计决定，故图中只是初步的数值。

生产线的工作循环图是以某一主要执行机构的工作起点为基准，按同一时间比列绘出表示各个执行机构对于主要执行机构动作的先后次序的总图。对于具有液压、气动和电气控制系统的生产线，最好能绘出执行机构和控制系统的结合循环图，也就是说，在循环图中除了表示出执行机构动作的先后次序，还表示出控制元件发出信号的时刻及其工作状态。

工作循环图设计的主要任务是要建立各个执行机械运动循环之间的正确联系，使之实现同步化，并且达到最大限度地缩短生产线的工作循环，提高生产能力的目的。为了使执行机构同步，应研究执行机构之间运动的顺序关系。执行机构之间运动顺序关系有两种不同的情况，一种是执行机构之间的运动只具有时间上的顺序关系，而无空间上的干涉关系，如滚压机滚头的运动和主轴的运动就是这种情况。建立这些机构运动循环之间的正确关系称为运动循环的时间同步化。另一种情况是执行机构之间的运动既具有时间上的顺序关系，又具有空间上的干涉关系，如滚压机主轴的运动和长圆形链式输送机的运动。建立这些机构运动循环的正确关系称为运动循环的空间同步化。

1. 运动循环的时间同步化

这里以滚压机主轴和滚头运动循环的时间同步化为例，说明时间同步化的设计方法。

图 8－48 为滚压机主轴的运动循环图，其运动循环由以下区段组成：

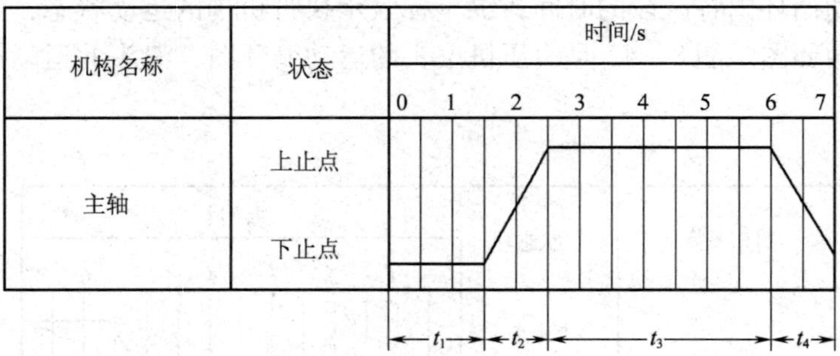

图 8－48　滚压机主轴的运动循环图

t_1—主轴在下止点停留　t_2—主轴垂直上升

t_3—主轴在上止点停留　t_4—主轴垂直下降

t_1主要取决于长圆形链式输送机运送模型需要的时间，由输送机的运动规律决定。t_2、t_4是主轴垂直运动的行程时间，t_3包括工艺操作时间以及与滚头运动实现同步的时间。

根据成形的操作过程，主轴与滚头的运动次序可安排如下：

（1）主轴在下止点停留，待输送机完成一次运送模型的动作，当带有泥料的模型到达成形工位后，主轴开始上升。

（2）主轴上升到达上止点后，滚头快速下降。

（3）滚头快速下降到一定位置时转为慢速下降，进行成形操作。

（4）滚头下降到达下止点后，按工艺要求在下止点停留一定时间。

（5）滚头慢速上升，离开坯体后转为快速上升。

（6）滚头回到上止点后，主轴下降。

（7）主轴回到下止点。

至此，滚头与主轴均完成了一次周期性的运动。按照以上运动次序的工作循环图如图 8－49 所示。显然，这个循环图完全满足了成形工艺要求和机构运动的需要，同时，主轴和滚头的运动也实现了时间上的同步，在循环图中，滚头和主轴在上止点停留的时间都比较长，实际上，在主轴垂直上升的过程中，滚头是可以同时下降的，同时，成形后，只要滚头已经离开坯体，主轴也就可以开始下降，不必等到滚头回到上止点后主轴才动作，也就是说，可以在不影响运动正确性的条件下使两个机构的运动同时进行，在某些时间区段上重合，以缩短停留时间。从图 8－49 可知，在极限情况下，如果使 B_1 和 B_2 重合，C_1 和 C_2 重合，则可得到最短的工作循环。不过考虑到机构运动规律及其调整工作的误差，构件的变形和运动副的间隙以及避免运动冲击的集中作用等，为了保证机器的工作可靠，必须使 B_1 点在时间上超前于 B_2 点，C_2 点超前于 C_1 点，超前量应根据实际情况确定，这样就得到了如图 8－50 所示的既满足时间同步化要求，又有合理工作循环的循环图。由图可知，主轴和滚头的运动在某些时间区段上是同时进行的，这就使整个工作循环得到缩短，从而提高了生产能力。

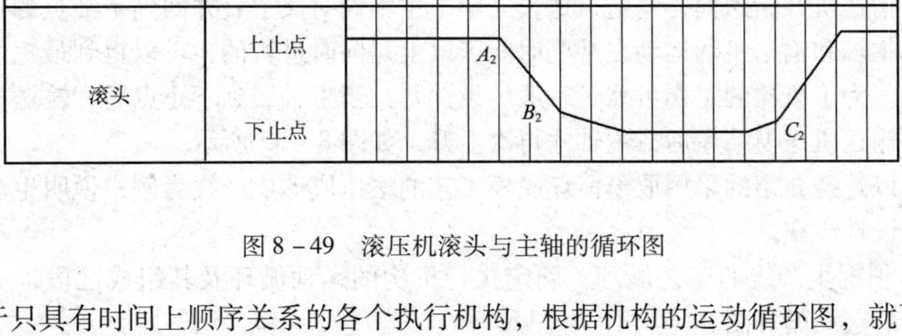

图 8－49 滚压机滚头与主轴的循环图

对于只具有时间上顺序关系的各个执行机构，根据机构的运动循环图，就可以进行工作循环图的同步化设计。

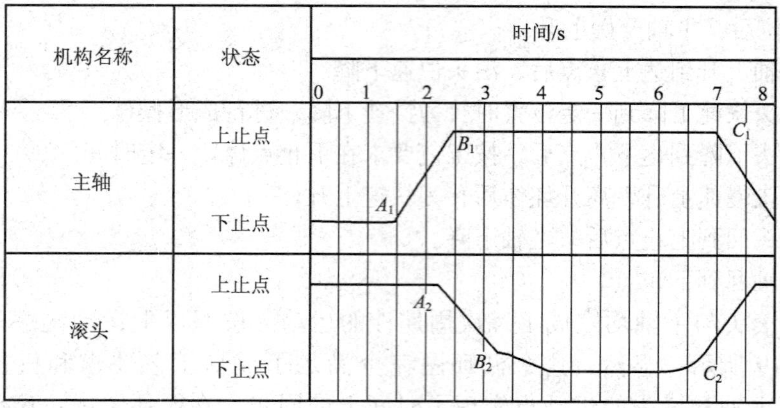

图 8－50　经同步化设计后滚头与主轴的循环图

2. 运动循环的空间同步化

在生产线中，如果某些机构同时动作，则有可能发生构件在空间上的相互碰撞。为了防止出现这种现象，需要解决机构的运动循环在空间上的同步化问题。进行运动循环的空间同步化设计，主要是确定构件在什么时候和什么位置上发生碰撞，也就是找出干涉点的位置，然后在工作循环图的设计中设法使不同构件经过干涉点的时间错开，从而避免构件的相互碰撞。如图 8－51 所示。如果主轴的上升运动与输送机的送模运动同时进行，那么，当模座顶面与模型底面位于同一高度时，模座与模型之间发生碰撞。显然，干涉点位于模型的底面上。此外，在主轴的下降运动中，如果模座顶面还未离开干涉点之前，输送机开始运动，也会发生模型与载模器碰撞的事故。空间同步设计的任务就是要设法避免出现这种构件相互干涉的现象，为此可作如下设计：在主轴的下降运动中，当主轴全部离开干涉点时，输送机开始送模；输送机送模完毕，主轴同时又上升并回到干涉点的位置。这样设计，主轴和输送机的运动在某些时间区段上是同时进行的，可以得到最短的工作循环。不过，为了机器的工作可靠，一般的设计是：当主轴回到下止点后，输送机开始送模动作；输送机送模结束后，主轴才再次上升，如图 8－52 所示。

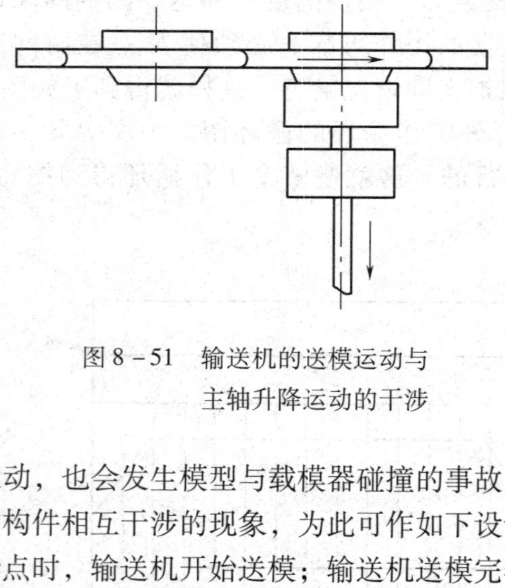

图 8－51　输送机的送模运动与主轴升降运动的干涉

下面以曾经介绍的采用取模留坯脱模工艺的滚压成形生产线为例，说明生产线工作循环图的设计步骤。

（1）根据生产线的工艺原理，确定执行机构的运动循环及其组成区段，从而作出执行机构的运动循环图。

①练泥机：练泥机在运动循环中只有两个动作，即挤制泥料和停机等待，其运动循

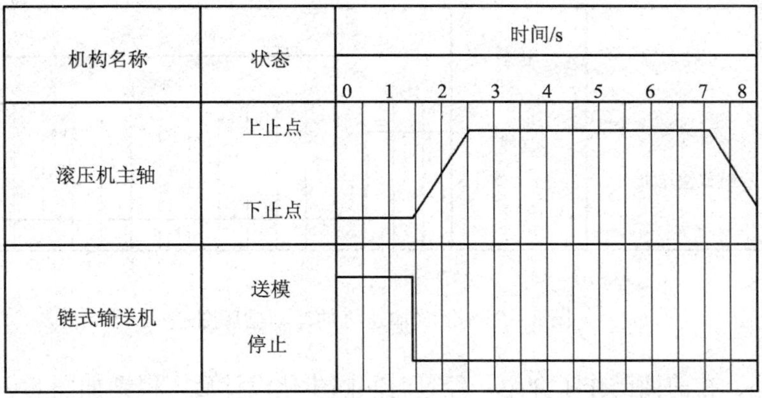

图 8－52　链式输送机与滚压机主轴的循环图

环图如图 8－53 所示。

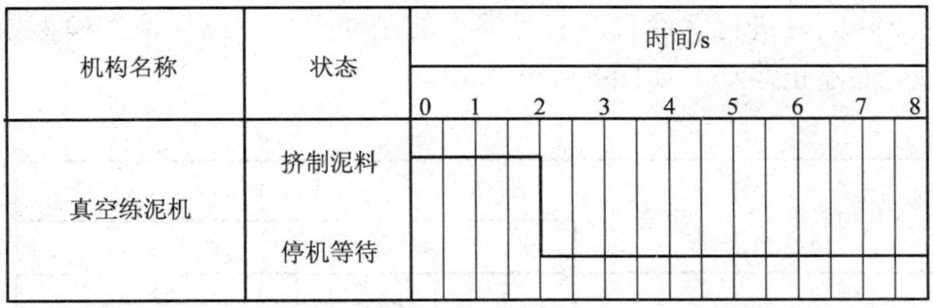

图 8－53　真空练泥机的运动循环图

②切割器：切割器的动作是从上止点向下运动切割泥料，到达下止点后立即返回上止点等待，其运动循环图如图 8－54 所示。

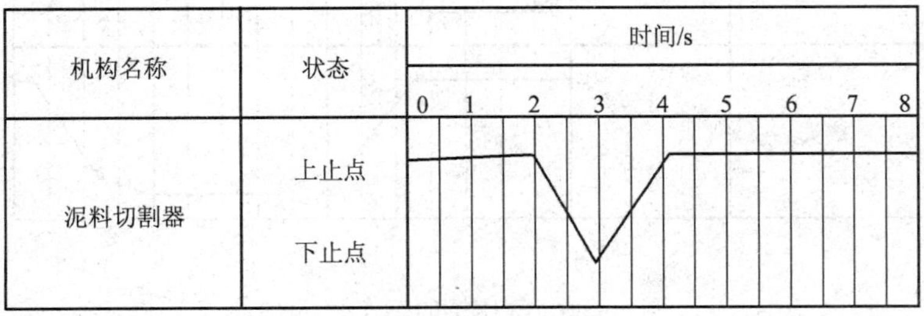

图 8－54　泥料切割器的运动循环图

③输送机：输送机的运动循环由运送模型和停机等待两个动作组成，如图 8－55 所示。

④滚压机：滚压成形生产线的工作循环主要取决于滚压机完成一次周期性动作需要的时间，从设计工作循环图的角度说，滚压机是生产线中的主要设备。滚压机主轴和滚

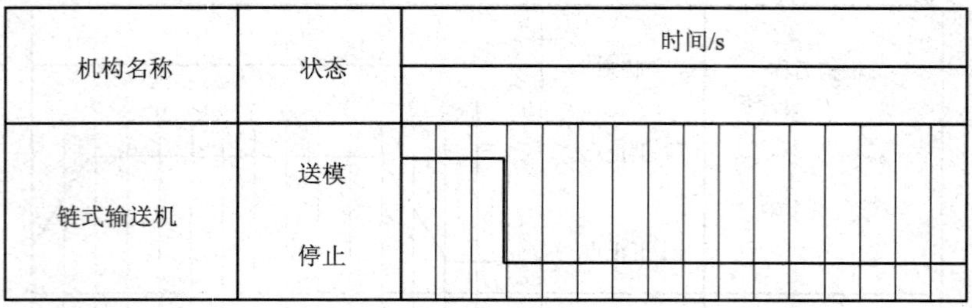

图 8－55　链式输送机的运动循环图

头的运动循环，在前面已作了介绍，经过时间同步化设计后，得到如图 8－50 所示的循环图。这里要补充的是关于主轴旋转运动的时间同步化设计。如前所述，为了保证模型的正确就位和减小磨损，主轴在垂直运动过程中自动取模和放模时，主轴应处在停止转动的状态。为此，主轴旋转运动的启动应安排在模型已经完全落入模座、真空吸模装置已经起作用的瞬时，并应保证滚头压延泥料前主轴转速达到额定值；主轴旋转运动的制动应与主轴的下降同时进行，而且应有足够大的制动力矩，以保证在模型放回到载模器前制动完毕，主轴停止运动，如图 8－56 所示。

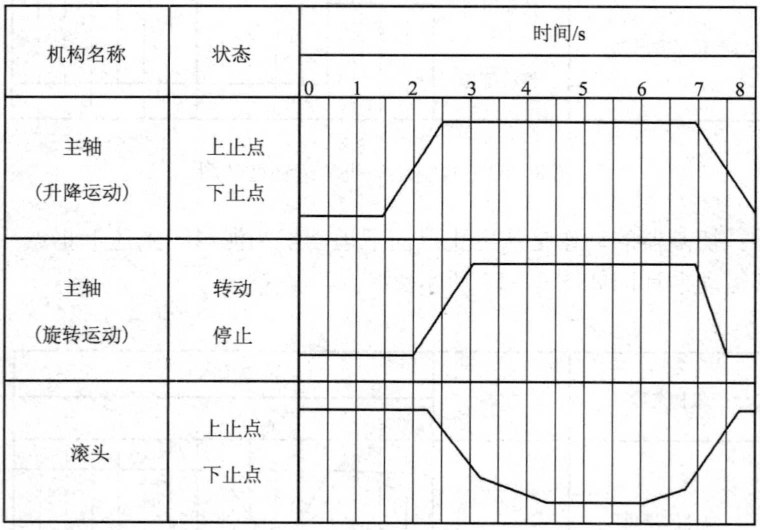

图 8－56　滚压机的工作循环图

按照工艺过程，生产线的干燥机和机械手是同时运送四个产品的。显然，它们的运动循环等于其余机构同步化设计后的工作循环的四倍（如果配用的是双头滚压机则为两倍），有比较充裕的时间完成规定动作，对生产线的工作循环没有什么影响，设计时根据动作顺序作出合理安排即可，它们的运动循环如图 8－57 和图 8－58 所示，机械手臂的工作状态以数字表示，数字表示的意义见表 8－2。

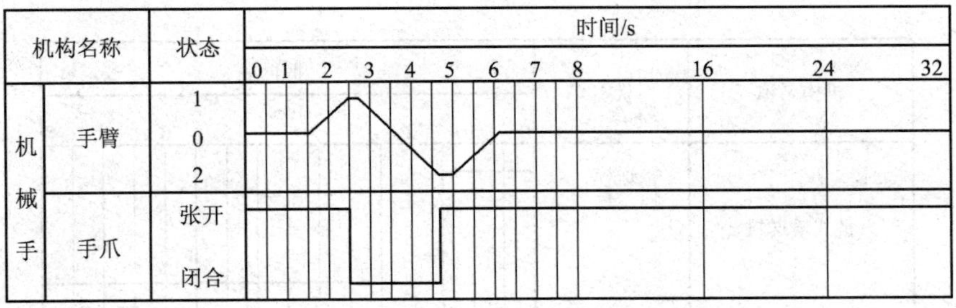

图 8－57　机械手的运动循环图

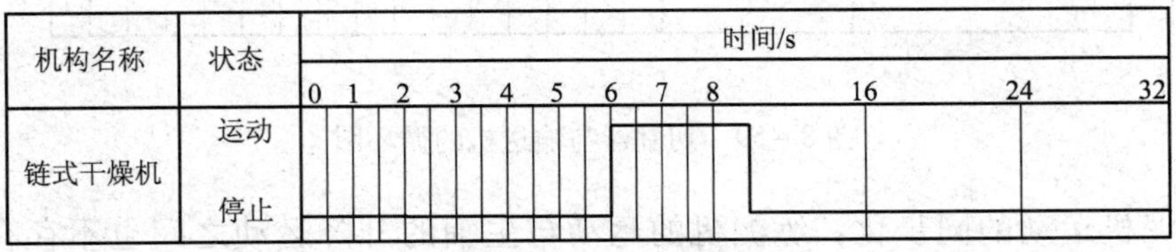

图 8－58　链式干燥机的运动循环图

表 8－2　　机械手臂的工作状态

机械手名称	翻模机械手	脱模机械手	回模机械手
1	输送机一侧	干燥机输送段一侧	干燥机一侧
2	干燥机一侧	干燥机返回段一侧	输送机一侧
0	中间位置	中间位置	中间位置

（2）以某一主要机构的工作起点为基准，用同一时间比例，按照同步化要求，绘出其余机构对于主要机构动作的先后次序的总图，这个总图就是生产线的工作循环图。从图中可以确定生产线的工作循环和计算生产线的生产能力。

对于滚压成形生产线，通常以滚压机的主轴部件为主要机构，并以其回到下止点的瞬时作为工作起点，进行其余机构运动循环的同步化设计。

①滚头的升降运动、主轴的旋转运动与主轴升降运动的同步：滚头的升降运动、主轴的旋转运动与主轴升降运动的同步化设计，在前面已作了论述，得到如图 8－56 所示的循环图。

②输送机的运动与主轴升降运动的同步：关于输送机运动与主轴升降运动的同步化问题，前面已有讨论，其循环图如图 8－52 所示。

③切割器运动的同步化：切割器的运动与主轴的升降运动之间不存在直接的同步化问题，切割器只与输送机发生直接关系。由工艺过程可知，在输送机停机的时间内，都可安排切割器进行切割动作，通常的安排是：输送机运动刚一停止，接着切割器即开始动作，如图 8－59 所示。

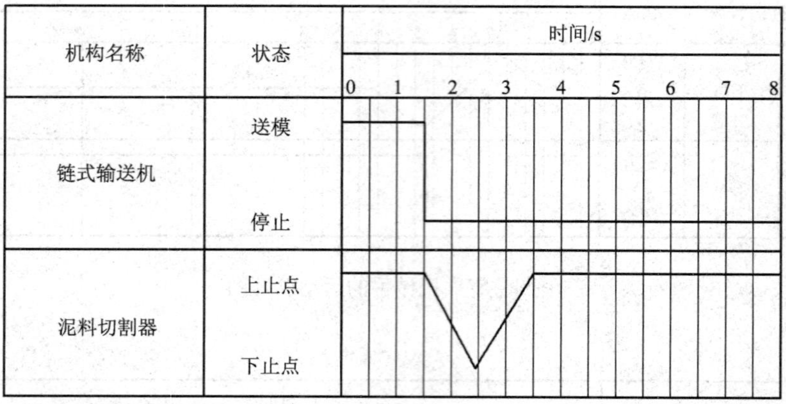

图 8－59　切割器与输送机的循环图

④练泥机运动的同步化：练泥机的运动与主轴的升降运动之间也不存在直接的同步化问题，练泥机的动作是由切割器和限位开关（或光电继电器）控制的。一般在切割器完成切泥动作回到上止点后，练泥机接着启动，挤制泥料，当挤出的泥料触及限位开关或遮断光电继电器接收头的光源时，练泥机停机等待，其循环图如图 8－60 所示。

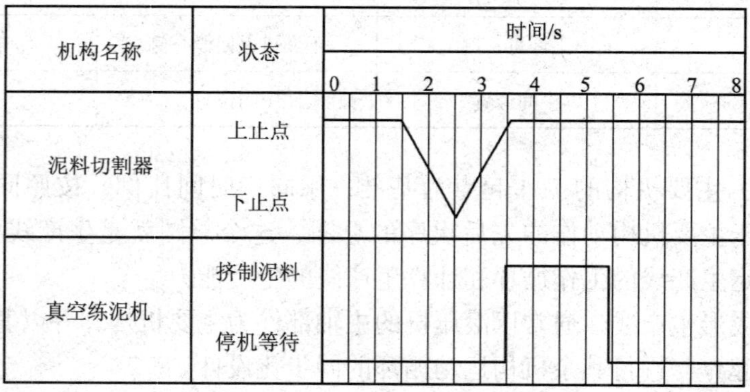

图 8－60　练泥机与切割器的循环图

⑤用同样的方法对干燥机和各种机械手的运动循环进行同步化设计，最后就得到了生产线的工作循环图（图 8－61）。

⑥根据工作循环图，拟定表示出控制元件发出信号的时刻及其工作状态的信号循环图，作为设计液压、气动和电气控制系统的依据。图 8－62 为生产控制系统的信号循环图，控制元件的工作状态以数字表示，0 表示元件切断，1 表示元件正向接通，2 表示反向接通。

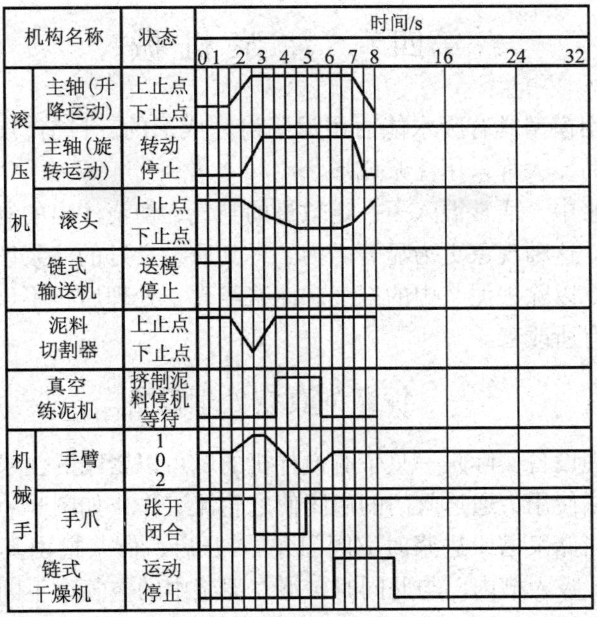

图 8－61 滚压成形生产线的工作循环图

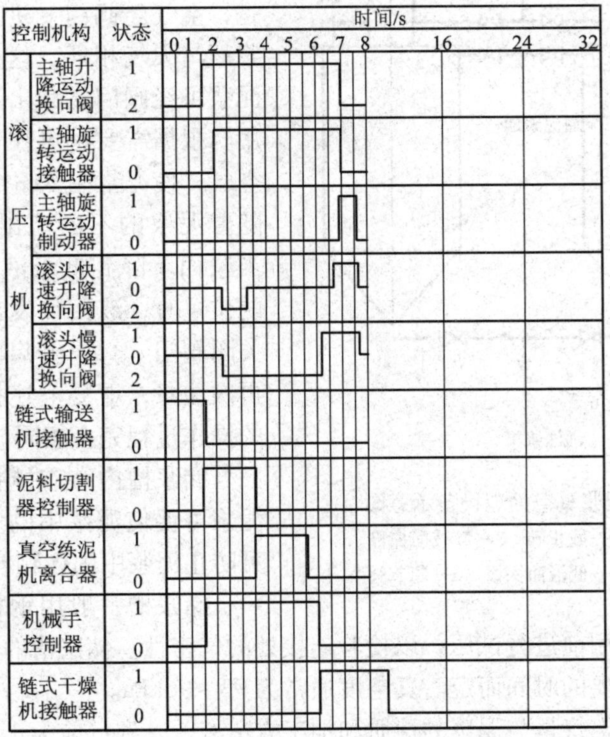

图 8－62 滚压成形生产线控制系统的信号循环图

第四节　注浆机械

注浆成形是利用模型具有吸水能力用泥浆浇注成形的。目前，在日用陶瓷工业中，对于形状复杂的制品，大都采用注浆成形。

在注浆用的泥浆中，通常混入了一定数量的空气，使浇注出的制品有一些孔洞，对于比较稠厚的泥浆，这种现象更为显著。为了得到质量良好的注浆产品，在浇注前，泥浆应经过真空处理，以除去泥浆中的空气。泥浆经真空处理后，不仅避免产生气泡，而且泥浆的流动性也有所改善。

一、泥浆的真空处理设备

泥浆的真空处理设备实际是一只带有搅拌机的、可以密闭的注浆槽。为了能连续作业，最好是两只并联使用，通过阀门的启闭使之轮流工作，如图 8－63 所示。泥浆的真空处理过程如下：当储浆槽 4 进浆时，阀门 a、c 开启，储浆槽由真空泵抽成真空，泥浆经进浆管和阀门 c 吸入槽内，与此同时，混在泥浆中的空气也不断被真空泵抽走，当槽内浆面上升至触及液面计的高液面探极 3 时，液面计发出满料信号，由工人或通过自动控制装置关闭阀门 a、c，于是，空气经阀门 e 进入储浆槽内，槽内浆面与大气相通。这样，经真空处理的泥浆可经阀门 g 和出浆管送往注浆机使用。根据需要也可往储浆槽内通入压缩空气，使泥浆在压缩空气的压力下流出。随着泥浆的不断流出，浆面逐渐下降，当浆面下降到低于液面计低液面探极 5 的位置时，液面计发出无料信号，于是关闭阀门 e、g，开启阀门 a、c，储浆槽再次注浆，重复上述操作。两只储浆槽的操作过程完全相同。

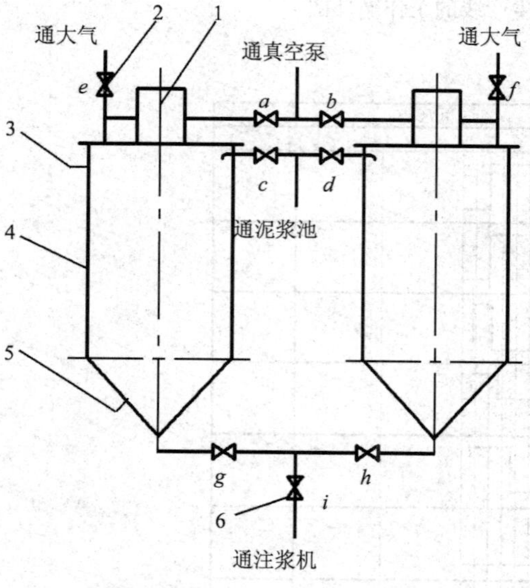

图 8－63　泥浆真空处理设备示意图
1—搅拌机　2—截止阀　3—高液面探极
4—储浆槽　5—低液面探极　6—调节阀

储浆槽内装有搅拌机，搅拌机搅拌泥浆可促使泥浆中的空气迅速排出，并可防止泥浆中固体颗粒沉淀。

储浆槽一般用钢板制成，内壁镶以耐腐蚀的衬里，使用前进行试压，以检验连接处的气密性。储浆槽的尺寸根据泥浆用量和真空处理过程需要的时间而定。真空度通常为 93～96kPa。

泥浆中混入的空气量与泥浆的性质和加工方法有关，到目前为止还没有可普遍适用的数据。作为初步估算，可参照水中混入的空气体积为 2%～4% 的数据进行计算。

过去注浆成形全靠手工操作，劳动强度大，占地面积广，生产效率低，产品质量不稳定，不能适应大生产的需要。随着陶瓷工业的发展，出现了注浆机械和泥浆输送设备，逐渐改变了全部手工操作的面貌。此外，还发展了各种形式的注浆成形生产线，为实现注浆成形的机械化和自动化提供了物质基础。

二、离心注浆机

1. 构造和工作原理

离心注浆机主要由主轴、压盖、凸轮轴和传动装置组成，其构造与固定工作台式的单头滚压机相似。在主轴的上端固定着模座，主轴中间装有带传动用的工作轮和惰轮以及制动用的带式制动器，通过皮带拨叉的动作，可使主轴转动或制动。在压盖的中间穿入泥浆管，管上装有泥浆阀，利用截止阀的启闭来控制泥浆的通断。压盖可沿工作台上的导槽做升降运动。凸轮轴由电动机经蜗轮蜗杆减速装置带动低速旋转，凸轮轴上几个凸轮分别控制主轴的旋转运动、压盖的升降运动以及截止阀的启闭，使之按一定的次序动作。离心注浆机的机械传动示意图如图 8 - 64 所示。注浆操作过程如下：

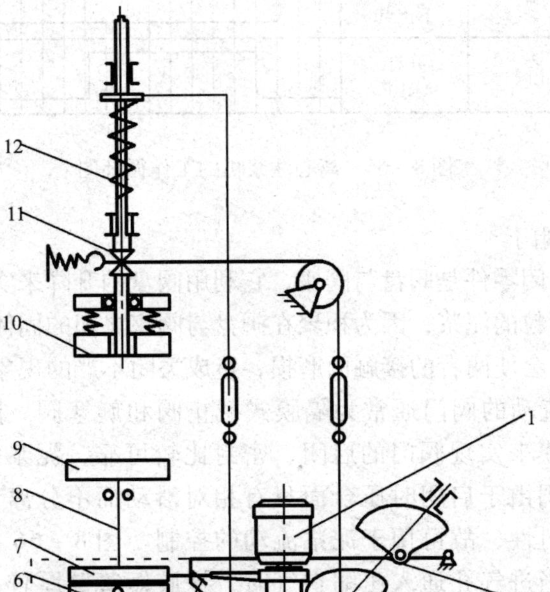

图 8 - 64　离心注浆机机械传动示意图

1、3—电动机　2—凸轮轴　4—皮带拨叉　5—带式制动器　6—工作轮　7—惰轮　8—主轴　9—模座　10—压盖　11—截止阀　12—泥浆管

（1）在主轴停止转动的状态下，由人工把空模放入模座中。

（2）压盖下降，压住模型。

（3）主轴转动，截止阀开启，泥浆注入模型内，在模型中，泥浆随同模型一道旋转。

（4）模型注满后，截止阀关闭。

（5）主轴停止旋转，压盖上升，由人工取出浇注完毕的模型。

（6）放入空模，重复上述操作。

注浆机的工作循环图如图 8－65 所示。

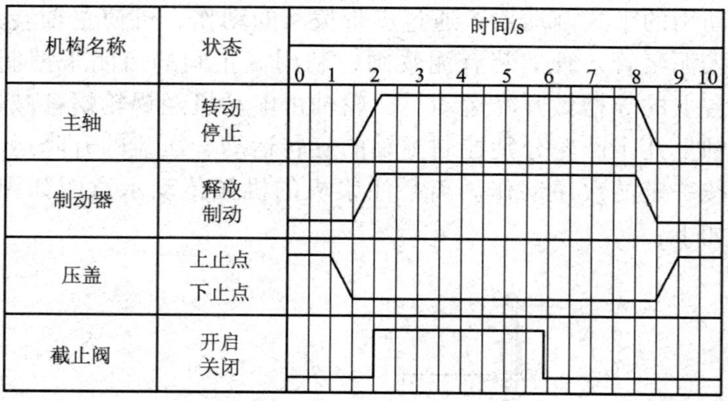

图 8－65　离心注浆机的工作循环图

2. 用于泥浆的阀门

普通截止阀的启闭零件是阀盘与阀座，它利用阀盘的升降来实现启闭的。这种阀门不宜用于含有固体颗粒的泥浆，因为积聚在阀盘与阀座之间的固体颗粒不仅妨碍了阀盘与阀座的闭合，而且会使两者的接触面磨损，造成关闭不严的现象。

用于控制泥浆流动的阀门通常为隔膜式截止阀和旋塞阀。隔膜阀的特点是利用装于阀体内的橡胶膜来实现阀门的启闭，密封比较可靠，泥浆中的固体颗粒不会破坏其密封性。旋塞阀由于启闭时压合面只有相对滑动而不分离，固体颗粒不会进入压合面而破坏其密封性，故可用于泥浆流动的控制。图 8－66 是一种适用于泥浆的气关式气动阀门。当进气孔通入压缩空气时，橡胶短管壁厚较小的中间部分在压缩空气的压力作用下闭合，阀门关闭；当进气孔与大气相通时，橡胶短管恢复导通状态，阀门开启。这种气动阀门结构简单，工作可靠，作为自动控制泥浆流动的元件得到比较普遍的应用。

3. 泥浆的计量装置

注浆时，应保证每次往模型中注入一定数量的泥浆，以免发生浇注不足或跑浆的现象，为此需要装设泥浆的计量装置。泥浆的计量通常采用容量法，如图 8－67 所示。泥浆从储浆槽经进浆阀 2 流入计量斗 3 中（此时出浆阀 4 是关闭的），当泥浆达到规定数量时，关闭进浆阀，等待浇注。注浆时，出浆阀开启，泥浆经出浆阀注入模型内，待斗内泥浆全部放出后，关闭出浆阀，从而完成一次注浆操作。

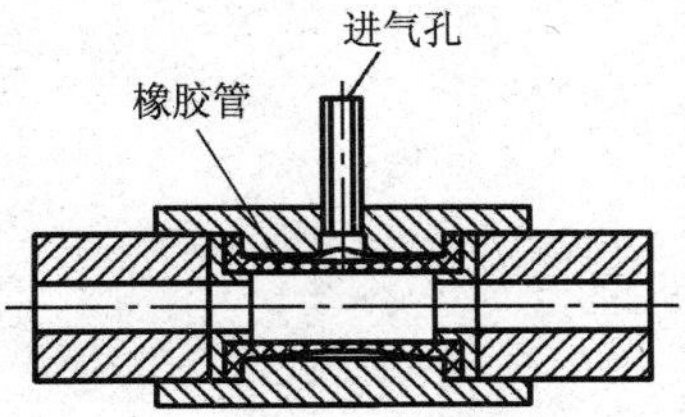

图 8-66 用于控制泥浆流动的气关式气动阀门

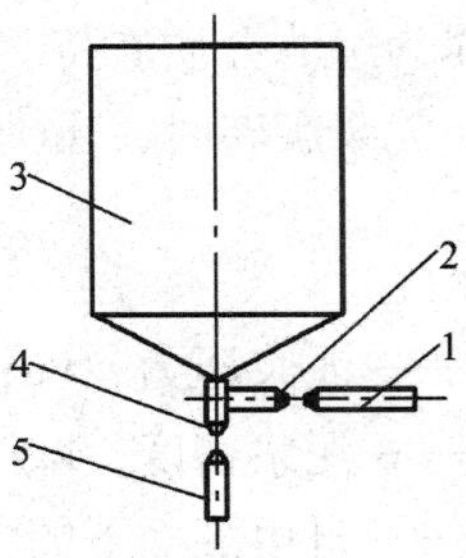

图 8-67 泥浆计量装置

1—进浆管 2—进浆阀 3—计量斗

4—出浆阀 5—出浆管

计量斗中泥浆的数量是由浆面高度决定的，浆面高度可用溢流管或液面计控制。采用溢流管控制的装置如图 8-68 所示。在计量斗的下部装有溢流管 4，溢流管出口高度可以调节，当斗中浆面超出溢流管出口高度时，泥浆即从溢流管溢出，浆面不会继续升高，从而使浆面保持恒定。进浆阀的开启时间由继电器控制，只要在进浆阀开启的时间内流入的泥浆能装满计量斗并有少量泥浆从溢流管溢出，即可达到计量的目的。采用液面计控制的装置如图 8-69 所示。液面计的针状探极 3 固定在计量斗 4 中一定高度上，当斗中浆面升高到触及探极时，液面计发出信号，关闭进浆阀，使浆面不再升高，从而完成一次计量操作。液面计探极的安装高度可根据需要调节。第一次调节好浆面高度后，在使用过程中往往由于斗壁慢慢粘上一层稠厚的泥浆，减小了计量斗的实际体积，因此出现泥浆量逐渐减少的现象。这时必须重新调节浆面高度，几次反复调节以后，泥浆量即可达到稳定。

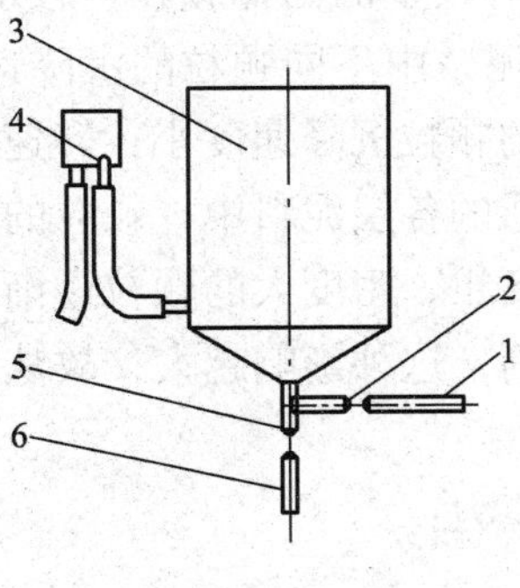

图 8-68 用溢流管控制浆面高度

1—进浆管 2—进浆阀 3—计量斗

4—溢流阀 5—出浆阀 6—出浆管

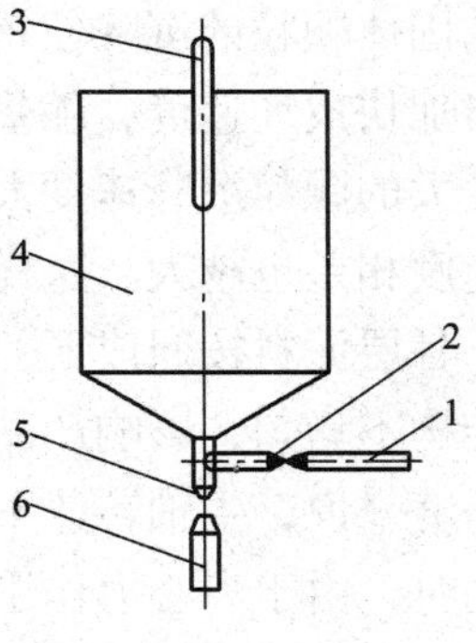

图 8-69 用液面计控制浆面高度

1—进浆管 2—进浆阀 3—探极

4—计量斗 5—出浆阀 6—出浆管

4. 主要参数的确定

离心注浆机的主要参数是主轴转速和需要的功率。

在离心注浆机中，泥浆随着模型一道旋转，由于离心力作用，在泥浆中产生一定的压力，这个压力促使泥浆中的水分更快地透入模型，加速坯体的形成过程。如果把多孔的模型作为过滤介质看待，那么，坯体的形成过程就可以看成是恒压过滤过程。从水力学可知，泥浆旋转时，压力分布用下式计算：

$$p=\rho\left(gh+\frac{\omega^2r^2}{2}\right) \tag{8-60}$$

式中 p——泥浆压力，Pa；

ρ——泥浆密度，kg/m^3；

h——自由液面下的深度，m；

ω——转动的角速度，1/s；

r——转动半径，m；

g——重力加速度，m/s^2。

由上式可知，转速增加，料浆压力增大，对于恒压过滤来说，过滤压力增大，过滤速度相应增加，坯体形成的过程加快，从加速成形过程的角度来说，应采用较高的转速。但是，另一方面，泥浆转动时产生的另一个作用是泥浆中固体颗粒沿半径朝远心方向的沉降，这同泥浆在水力旋流器中的情况有些类似，对于黏性阻力，沉降速度：

$$v=\frac{d^2\omega^2r\ (\rho_S-\rho)}{18\mu} \tag{8-61}$$

式中 v——颗粒的沉降速度，m/s；

d——颗粒的直径，m；

ρ_S——颗粒的密度，kg/m^3；

ρ——泥浆的密度，kg/m^3；

μ——泥浆的黏度，Pa·s。

其余符号的单位和意义同前。

泥浆中的固体颗粒的沉降使得模壁附近的泥浆含有较多的固体颗粒，含水量较小，这样可进一步加快成坯速度，缩短成形时间。但是，泥浆中不同颗粒的沉降速度不同，粒度粗、密度大的颗粒沉降速度大；颗粒细、密度小的颗粒沉降速度小；转速越快，不同颗粒沉降速度相差也越大。这样，在模壁上先后成形的各层泥料中，颗粒的粒度和密度各不相同，各层泥料按照成形的先后次序，其中粒度粗、密度大的颗粒逐渐减少，结果造成坯体结构不均匀，影响产品质量，主轴转速越高，这种影响越大，故从保证坯体结构均匀的角度来说，主轴转速不宜过高。

主轴转动时，由于离心力作用在模型中造成的拉应力：

$$\sigma=\frac{\omega^2}{6}\left[\frac{3\rho r^3}{R-r}+2\rho_m\ (R^2+rR+r^2)\right] \tag{8-62}$$

式中 σ——模型的拉应力，Pa；

ρ_m——模型的密度，kg/m^3；

r——模型的内半径，m；

R——模型的外半径，m。

其余符号的意义和单位同前。

由上式可知，主轴转速增加，模型载荷增大，如果转速太高，模型强度不足，模型将要破坏。

上面介绍了主轴转速对注浆操作的影响，实际选用时，要根据泥浆性质和产品尺寸通过实验确定。一般来说，产品尺寸大，转速应低些；反之，转速可高些。现有离心注浆机主轴转速 200～500r/min。

离心注浆机需要的功率不大，一般为 0.4kW。

三、注浆成形生产线

1. 生产线的组成

由于注浆工艺以及在生产线上完成的工序不同，注浆成形生产线种类很多，下面以其中一种为例介绍注浆成形生产线的组成情况。

图 8－70 是用于制造壶类产品的注浆成形生产线示意图。生产线以水平放置的长圆形链式输送机以及连接在输送机的 184 辆载模小车组成的模型运送装置作为中心，在适当位置装设了注浆器、离心注浆机、倒浆机械手、甩浆机和干燥器等设备，以完成注浆、倒浆、甩浆和干燥等工艺操作。

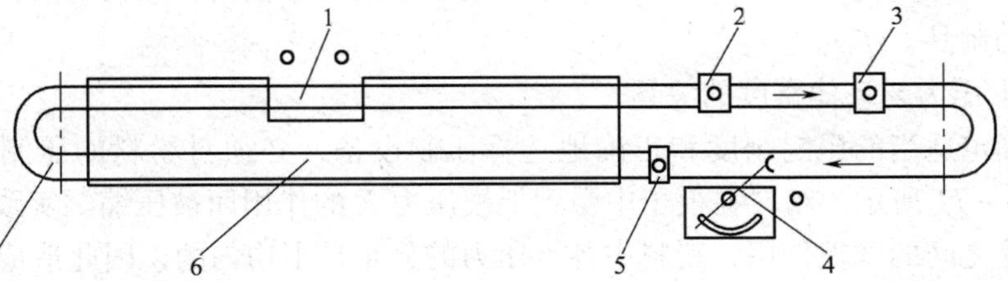

图 8－70　制造壶类产品的注浆成形生产线示意图

1—膜模工位　2—注浆工位Ⅰ　3—注浆工位Ⅱ　4—倒浆机械手
5—甩浆工位　6—干燥室　7—链式输送机

2. 生产线的工作过程

（1）在注浆工位Ⅰ，注浆器（是一个带有阀门的泥浆计量斗）往模型内注入少量泥浆。这时由于壶子底足较厚，需要先注入少量泥浆，把壶子底部浇出，以防止壶底与底足连接处出现一圈凹陷的毛病。

（2）在注浆工位Ⅱ，离心注浆机主轴上升，把载模小车中的模型顶起并使之落入固定于主轴端部的模座中，接着主轴旋转，与此同时往模型中注入泥浆；待泥浆注满后，主轴停止转动，最后主轴下降，把注满泥浆的模型放回载模小车上，其操作过程与滚压成形生产线中滚压成形机的操作相似。

（3）在倒浆工位，倒浆机械手夹持和取出模型，将模型中多余的泥浆倒出，然后把模型放回到载模小车上。

（4）在甩浆工位，甩浆机带动模型旋转，使模型中剩下的少量泥浆均匀摊开，以得到平整光滑的坯体表面。甩浆机的构造与离心注浆机相同。

（5）甩浆后，模型进入干燥室干燥。

（6）在脱模工位，由人工将模中坯体取出，空模则放回到载模小车上，模型经干燥后又回到注浆工位Ⅰ再次使用。

关于组成生产线的各种单元装置（如泥浆计量装置、离心注浆机、机械手、长圆形链式输送机等）以及机械运动的同步化设计，在上面有关章节中已有论述，这里不再重复。

第五节　干压成形的机械设备

一、概　　论

干压成形是把粉料放入模子中压实成为坯体的一种成形方法。干压成形粉料颗粒的直径在1mm以下，含水量为2%～8%。根据粉料含水量的不同，通常又将含水量较低时称为干压成形，而粉料含水量较高时称为半干压成形。干压成形粉料的流动性较差，不容易压实，坯体的机械强度较低。为了改善粉料的工艺性能，提高坯体的机械强度，通常要在粉料中加入黏结剂等各种添加剂，并经粒化处理。干压成形的优点是坯体的干燥收缩小，尺寸精度高，因此，干压成形可用于压制尺寸较大、形状复杂，但尺寸精度要求不高的制品。

1. 成形压力与坯体密度的关系

为了确定适当的压制制度和正确地选择压制设备，必须对粉料的压制过程有所了解。如图8－71所示，粉料在模子中受到上模压力F_t的作用而被压缩。实践证明，由于粉料与模壁之间的摩擦作用，粉料中各点压力的分布是不均匀的，因此造成压实后坯体的密度分布也不均匀，这是采用模子进行干压成形（简称模压成形）的固有缺点。

为了找到粉料中压力分布的规律，在高度z处取一层厚为dz的粉料，设该层粉料的截面积为A，与模壁相接触的周边长度为L，粉料与模壁之间单位面积上的摩擦力为F，p为作用于单位面积上的压力，如图8－72所示，根据平衡条件有：

$$pA + FL\mathrm{d}z - (p + \mathrm{d}p)A = 0$$

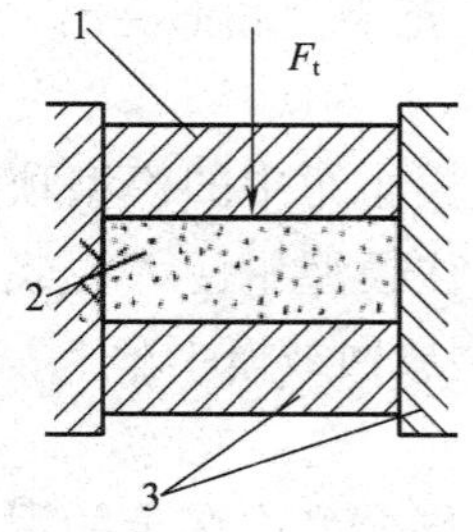

图8－71　粉料的压制

1—上模　2—粉料　3—下模

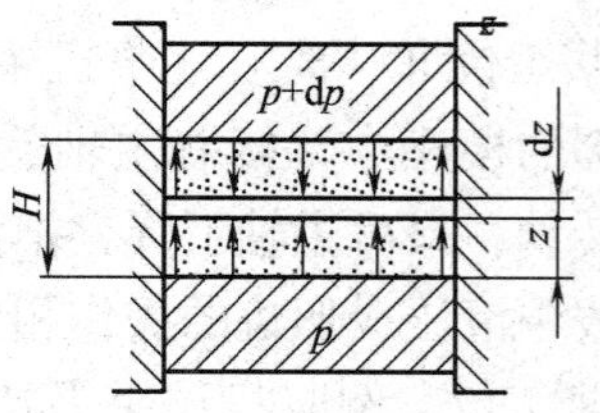

图8－72　粉料中压力的分布

整理后得：

$$\frac{dp}{dz}=\frac{L}{A}\tau$$

设粉料与模壁之间单位面积上的正应力为 σ，显然 σ 与 p 有关，一般表示为

$$\sigma=\psi p$$

式中 ψ——粉料的压力传递系数，与粉料的性质有关。

设 μ 为粉料与模壁之间的摩擦因数，从而有：

$$F=\mu\sigma=\mu\psi p$$

代入后可得：

$$\frac{dp}{dz}=\mu\psi\frac{L}{A}p$$

积分后得：

$$\frac{p_t}{p_b}=e^{\mu\psi\frac{LH}{A}}$$

式中 p_t——粉料受到的瞬时压力；

p_b——底部粉料的压力；

H——粉料深度。

上式可改写成：

$$\frac{p_b}{p_t}=\eta^{\frac{LH}{4A}}$$

式中 η——滑动系数（$\eta=e^{-4\mu\psi}$），与粉料模壁之间的相互作用有关，大小在0~1。滑动系数越大，压力的分布越均匀。

对于圆柱形坯体，上式成为：

$$\frac{p_b}{p_t}=\eta^{\frac{H}{D}}$$

式中 D——坯体的直径。

作为压力分布的一般关系式有：

$$p=p_t\eta^{\frac{Lh}{4A}}$$

和

$$p=p_t\eta^{\frac{h}{D}} \tag{8-63}$$

式中 h——粉料的深度；

p——“净压力”。

由上面公式可计算出粉料与模壁的滑动系数。滑动系数可作为判断润滑剂的选择是否合适、粉料制备工艺是否适当的一项技术指标。

坯体密度与压制压力之间的关系，通过大量实验数据的整理，可表示为：

$$\rho_r=\rho_0^{\left(\frac{p_0}{p+p_0}\right)^a} \tag{8-64}$$

其中

$$\rho_r=\frac{\rho}{\rho_s}$$

$$\rho_0 = \frac{\rho_p}{\rho_s}$$

式中　ρ_r——坯体的相对密度；

ρ——坯体的密度；

ρ_0——粉料的相对密度；

ρ_p——粉料的密度；

ρ_s——粉料中固体物料的密度；

p_0——粉料中的初始压强，通常假设为等于大气压力；

p——净压力；

a——压实指数，与粉料的性质有关，a 越大，粉料越容易压实。

如果净压力以大气压力的倍数表示，式（8-63）可简化为：

$$\rho_r = \rho_0^{\left(\frac{1}{p+1}\right)^a} \quad (8-65)$$

通常 $p \gg 1$（一般 $p > 100$），上式可近似表示为：

$$\rho_r = \rho_0^{\frac{1}{p^a}} \quad (8-66)$$

图 8-73 为坯体的相对密度与压制压力之间关系的实验结果，有关各量见表 8-3。

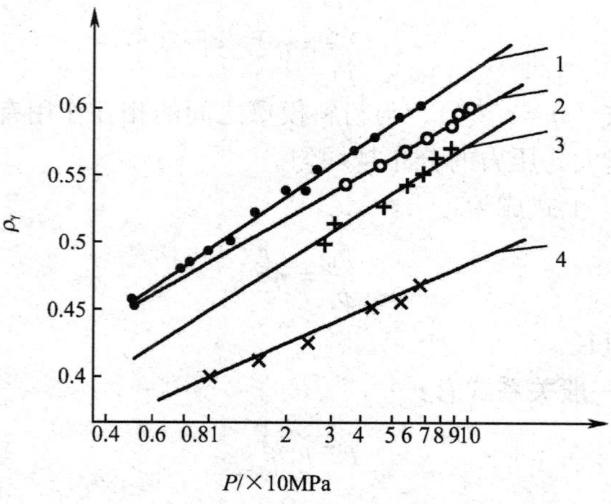

图 8-73　相对密度与压制压力之间关系的实验结果

1—压电陶瓷粉料　2—锰锌铁氧体粉料　3—钡铁氧体粉料

4—用湿法制备的锰锌铁氧体粉料

表 8-3　　图 8-73 中曲线有关各量

曲线编号	材料名称	粉料的相对密度 ρ_0	滑动系数 η	压实指数 a
1	压电陶瓷粉料	0.228	0.32	0.165
2	锰锌铁氧体粉料	0.260	0.58	0.140
3	钡铁氧体粉料	0.196	0.42	0.157
4	用湿法制备的锰锌铁氧体粉料	0.220	0.33	0.108

陶瓷墙、地砖粉料的基础研究工作做得较少，如粉料的相对密度、粉料的压实指数等基础数据至今未见报道，因此以上的计算公式在实际应用中还有困难，目前只能作定性分析。

2. 压制成形对粉料的要求

压制成形对粉料的工艺性能参数有一定的要求。主要参数有：颗粒大小与级配、体积质量、流动性和含水率等。

（1）颗粒大小与级配　根据最紧密堆积原理，只有当粉料颗粒具有适当的级配时，其聚积体才能达到最紧密堆积状态。具有最紧密堆积的粉料体积质量最大，气体含量少；反之，则体积质量较小，气体含量多。根据这个原理，压制成形时，只有颗粒级配适当的粉料，填充在模型腔内才可以达到紧密堆积。粉料中气体含量少，压制时需要排除的气体就少，在相同的压制工艺下，不易产生分层缺陷。

此外，如果颗粒中粗颗粒（大于450μm）过多，在粉料的混合和输送过程中，粗颗粒容易粉碎成形状不规则的小颗粒和细粉，使粉料的流动性降低，影响在模腔内的均匀分布；反之，如果细粉（小于105μm）过多，则粉料的透气性差，压制时排气困难，容易产生分层缺陷。

目前，我国陶瓷墙、地砖生产中，粉料的颗粒级配一般在如下范围：>450μm 占15%～25%，450～105μm 占73%～82%，<105μm 占2%～3%。

（2）粉料的含水率　在墙、地砖压制成形中，粉料的含水率一般控制在5%～8%。具体数值要根据原料的工艺性能和不同的季节由实验确定。在压制压力不变的情况下，含水率过低，坯体不易压实，结构比较疏松，强度较低。含水量过高，容易粘模，而且排气困难，容易分层。据介绍，粉料的含水率可根据坯体压制能力指数确定。压制能力指数定义为干坯破坏应力与湿坯破坏应力之比，用公式表示为：

$$P_s = \frac{\sigma_s}{\sigma_N} \tag{8-67}$$

式中　P_s——压制能力指数；

σ_s——干坯破坏应力；

σ_N——湿坯破坏应力。

当压制能力指数为2～4时，坯体容易成形。压制能力指数小于1.5时，则很难压制。

此外，粉料中水分的均匀程度也是影响坯体质量的因素之一。为了使粉料中水分分布均匀，喷雾干燥的粉料要经过24～36h的陈腐时间，才能使用。

3. 压制过程

在松散的粉料中含有不少的空气，这些空气在压制中必须排出。如果排不彻底，那么残留空气会聚集在坯体内部，压制力解除后，空气膨胀，使坯体产生分层和开裂现象。由此可知，压制过程中排除空气是很重要的。因此，加压速度不能过快，最好是先慢后快、先轻后重多次加压，让空气有机会排出。加压次数一般是2～3次，压制过程如图8-74所示。对于质量要求更高的制品，可以采用真空压制，即在压制过程中对粉料作真空处理，这样可改善制品质量。

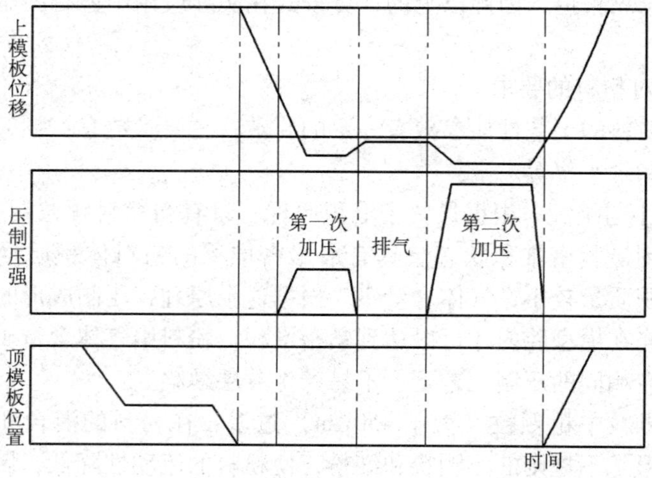

图 8-74　典型的压制过程

二、全自动液压压砖机

全自动液压压砖机（以下简称压砖机）是陶瓷墙、地砖压制成形的关键设备，是集机、液、电为一体的现代高技术设备。到目前为止，我国已引进国外各种结构形式、各种规格的压砖机 2700 多台。通过对国外压砖机的消化吸收，我国的压砖机设计、制造技术有了显著进步和提高，目前已能制造出 400～1600t 各种结构形式的压砖机，更大吨位的压砖机正在开发中。

压砖机采用液压传动有以下特点：

（1）容易实现大型化　因为油压和活塞的面积可在较大范围内变动，压制力 $F = Ap$，只要增大活塞面积 A 和提高油压力 p，就可得到大吨位的液压压砖机。由此可知采用液压传动的压砖机容易获得更大的工作压制力，以满足压制大规格制品的要求。

（2）采用液压传动可以方便地实现对压制压力、速度、保证时间等参数的调节和控制，并可保持稳定，能很好地满足成形工艺的要求。

（3）对砖坯施加的是静压力，工作平稳，有利于压制成形。

（4）容易实现自动化操作。

目前压砖机总的特点是压制力大，主机结构刚度大，压制制度（压力、速度、时间）灵活可调，具有参数数字显示、过程监控、故障跟踪显示、程序存储等完善的控制能力，自动化程度高，生产效率高，节能，而且压砖机的动作比普通压砖机更能复合陶瓷墙、地砖压制成形工艺的要求。

下面以国产 YP600 型压砖机为例介绍其主要内容。

1. 工作制度和动作程序

（1）工作制度　液压压砖机的工作制度分为手动、自动两种。两种工作制度下液压压砖机所进行的动作如下：

- 液压压砖机工作制度
  - 手动制度
    - 动梁下降
    - 动梁上升
    - 布料车前进、后退
    - 柱塞上升
    - 顶模柱塞下降
    - 模芯顶出
    - 手动布料
    - 填料深度调整
    - 安装模具
  - 自动制度
    - 单次循环
      - 二次加压循环
      - 三次加压循环
    - 连续循环
      - 二次加压循环
      - 三次加压循环

手动工作制度在压砖机试车情况下使用，可以单独让动梁、布料顶模等装置分别运动，主要为压砖机在进行自动循环前满足初始条件而设置。自动工作制度是压砖机的主要工作方式，分为单次循环和连续循环两种。单次循环可以用来压制砖坯，调整砖坯的厚度。单次循环和连续循环区别在于：单次循环是在工作一个循环后，各机构停于原始位置，如果需要继续工作，必须再按一次循环启动按钮。而连续循环是连续不断地一个循环接一个循环的工作。

（2）动作程序　压砖机在自动循环中，粉料由压砖机后上方的料箱经软管送到压砖机的布料装置中的料斗内，布料小车向前运行，把前一次压好的砖坯推出，顶模缸一次下降，使模腔内填满粉料，布料小车退回后位，顶模缸二次下降，实现墩料，下模芯落在工作台面上，为压制做准备；上模（动梁）慢速启动，上模快速下降至接触粉料前开始制动转为慢速下降，接触粉料后又转为快速下降直到压紧粉料（即惯性压制），然后依次进行低压压制、排气、中压压制（排气、中压压制）、高压压制、卸荷、上模慢升、快升和慢升，在上模上升的同时顶模缸上升把压制好的砖坯顶出模腔，上模升到高位时，布料小车向前运动，开始下一个循环。其动作程序可由图 8－75 所示程序框图表示。

2. 构造和工作原理

YP600 型压砖机分为主机Ⅰ、电气柜Ⅱ、液压站Ⅲ和控制器Ⅳ等四大部分。主机由压机本体、顶模装置、安全装置、加料以及排气装置等组成，如图 8－76 所示。

采用组合式机架的压机本体由底座 7、活动横梁（简称动梁）5、上横梁 4、立柱 6、螺母 3、上法兰 11、下法兰 8、油缸 9、主活塞 10 等组成，如图 8－77 所示。机架由上横梁、下横梁（又称底座）、动梁和两根圆柱形立柱用螺母连接而成，故称其为三梁两柱结构。机架承受压制时的全部载荷。主油缸安装在上横梁内，动梁在上、下横梁之间，与主活塞连接，在主活塞的驱动下由两侧立柱导向上升下降，以完成坯体的压制。

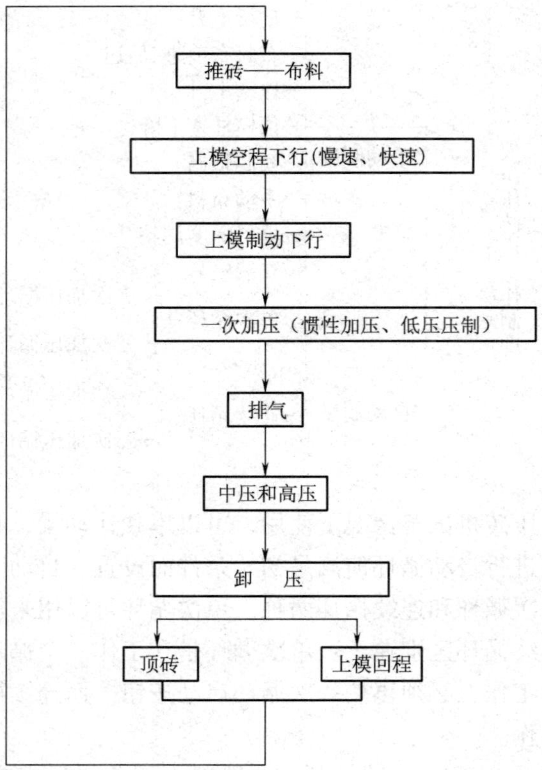

图 8－75　两次加压自动循环程序框图

3. 主要参数的确定

（1）公称压力　液压压砖机正常工作时，所能产生的最大压力。压机的公称压力由下式计算：

$$F=\frac{\pi}{4}D^2p\times10^3 \tag{8-68}$$

式中　F——公称压力，kN；

D——主活塞（柱塞）的直径，m；

p——主油缸最大工作压力，MPa。

目前压机的系统油压大多数为 15～17MPa，增压后为 29～34MPa。压机公称压力的变化基本上是靠改变主活塞（柱塞）的直径实现的。

（2）顶模力　顶模力用于将坯体从模腔中顶出时克服坯体与模壁间的摩擦力，用下式计算：

$$F_k=\mu\sigma S\times10^3 \tag{8-69}$$

$$S=Lh$$

式中　F_k——顶模力，kN；

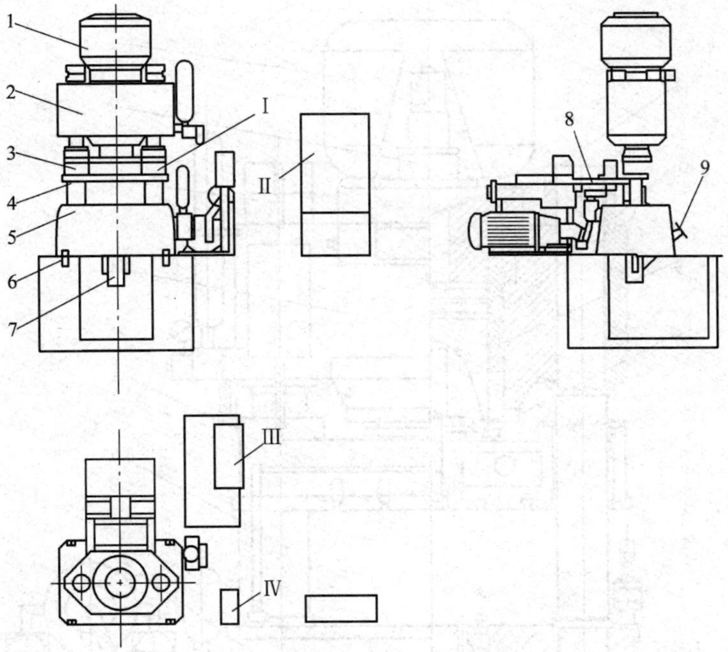

图 8 - 76　全自动液压压砖机

Ⅰ—压砖机主机　Ⅱ—电气柜　Ⅲ—液压站　Ⅳ—控制器

1—充液箱　2—上横梁　3—活动横梁　4—立柱　5—下横梁（底座）

6—基础　7—顶模装置　8—加料装置　9—调节手轮

σ——坯体与模壁间单位面积上的正应力，MPa；

S——坯体与模壁接触的面积，m^2；

L——坯体周长，m；

h——坯体厚度，m；

μ——坯体与模壁间的摩擦因数。

不同公司生产的压机，配置的最大顶模力各不相同，不过一般说来，压机的公称压力大，最大顶模力也大。

墙、地砖的厚度比较薄，脱模时实际需要的顶模力比最大顶模力小，压机的脱模能力是有富余的。

（3）立柱间距　立柱间距是指压机两侧立柱的净跨距，与需要安装的模具尺寸有关，也就是与压机的公称压力有关。立柱间距一般比模具的最大长度大 10～20mm。

（4）压制次数　压制次数是指压机每分钟工作循环次数。分为空载次数和负载次数。国外压机说明书中标明的压制次数是空载次数，负载次数一般不低于空载次数的 75%。国产压机说明书中标明的压制次数为负载次数。压制次数是表明压机生产能力的特征参数。

（5）最大行程　活动横梁上、下极限位置（死点）的距离称为最大行程。最大行

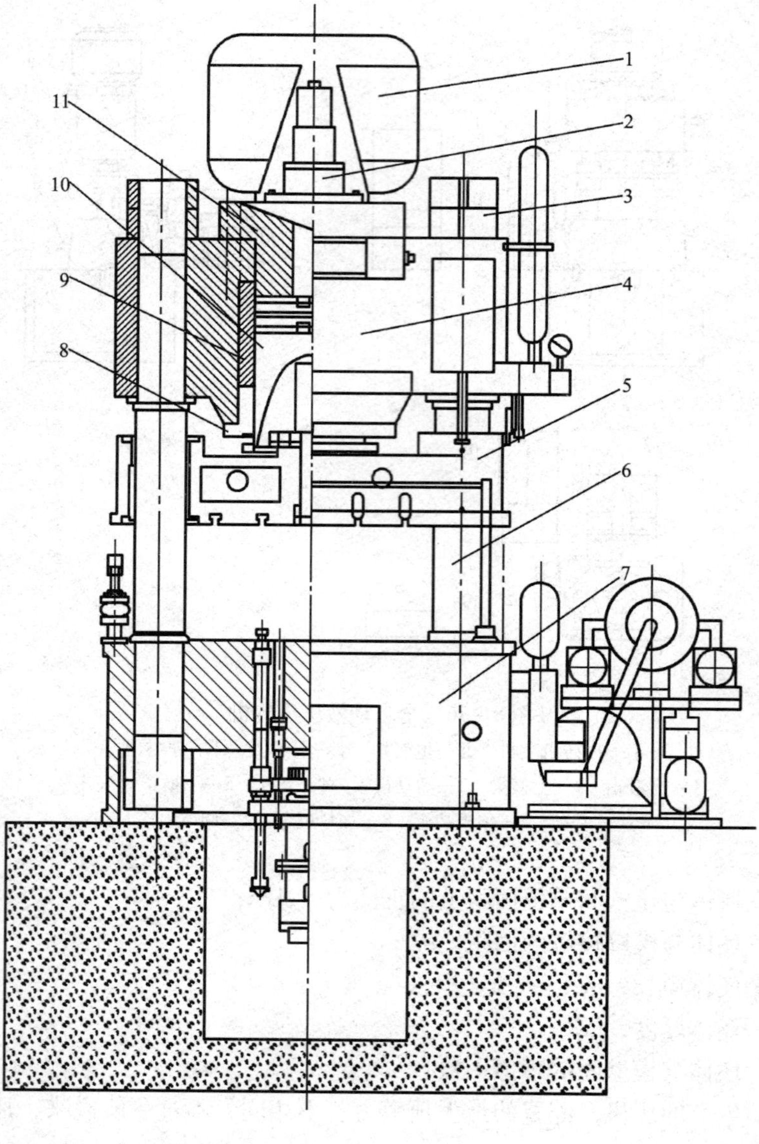

图 8－77　压机本体
1—充液箱　2—充液阀　3—螺母　4—上横梁　5—动梁　6—立柱
7—底座　8—下法兰　9—油缸　10—主活塞　11—上法兰

程由压制时粉料的压缩以及模具装卸方便的要求确定。

目前压机的最大行程一般为 140～200mm。工作时，在保证压机正常操作的条件下，可把行程调小，以提高压制次数。设计时，取小的行程，可降低压机整机的高度。

（6）最大填料深度　墙、地砖压机设计的最大填料深度一般为 25～60mm。填料深度与产品的厚度有关。

（7）单循环加压次数　表示每个自动压制循环过程中，对坯体进行加压和排气的次数，其目的是利于排气，提高成坯质量，一般为一次、二次或三次加压。

（8）活动横梁与底座（工作台面）的最小距离 该距离是用于安装模具和布料的空间，由模具的高度、布料装置中的推料板的高度尺寸决定。

（9）液压系统工作压力 液压系统油路的压力，单位用 MPa 表示。

（10）最大工作压力 通过增压后或不增压，主缸达到的最大油压，单位用 MPa 表示。

（11）功率 液压压砖机中的功率包含主泵电机功率、辅助油泵电机功率、模具加热所需热功率等，单位用 kW 表示。

（12）冷却水用量 用于冷却液压油的水消耗量，该用量与冷却的温度有关，一般应标明冷却水的温度及用量，用 L/min 或 cm^3/min 表示。

4. 结构设计

（1）机架 压机的机架目前有五种结构形式。

①梁柱组合结构〔图 8－78（a）〕：上、下横梁与两根（或四根）立柱用螺母连接而成。装配时，用拉力千斤顶从端部拉伸立柱使之略微伸长（也可加热，使之伸长），然后用螺母拧紧，以产生一定的预紧力，保证工作时，梁与柱台阶处不松动。这种结构，加工和装配方便，而且立柱可作为横梁的导向装置，导向刚度大，上模板的运动精度高，提高了模具寿命和砖坯质量。缺点是工作时，在巨大的压制力作用下，立柱产生向内侧的弯曲变形，加快了动梁导套与立柱间滑动面的磨损。

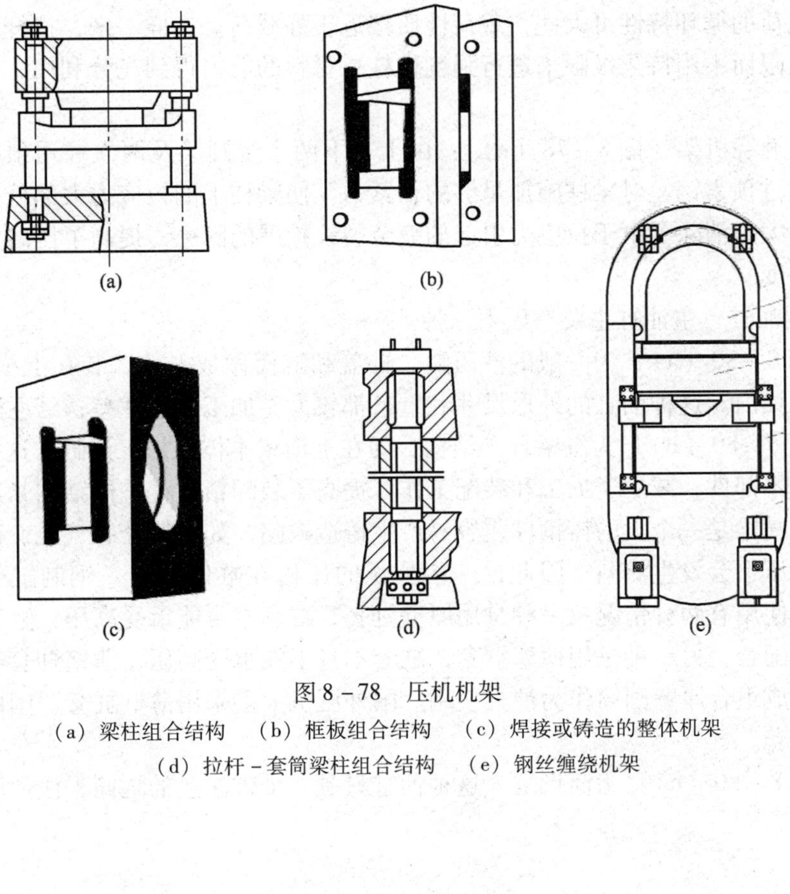

图 8－78 压机机架

（a）梁柱组合结构 （b）框板组合结构 （c）焊接或铸造的整体机架

（d）拉杆－套筒梁柱组合结构 （e）钢丝缠绕机架

②框板组合结构〔图 8－78（b）〕：由前后两块厚钢板制成的框板和上、下托板用四只垫有碟形弹簧垫圈的螺栓连接而成。这种结构的抗弯刚度良好，但抗扭刚度差。工作时，因粉料在模腔中前后分布不均匀而产生的扭转力矩作用下，机架会发生明显扭动。图 8－79 表示模腔中粉料前多后少压制时的情况。F' 为压制力，沿机架中心线，F'' 为坯体反力，向前偏离中心线的距离为 e。由于框板与托板间不是刚性连接，在顺时针力矩 P'_e 的作用下，机架产生向后仰的扭动。此外，框板组合机架本身不能用于动梁的导向，压机还要另设导向装置。由于位置限制，导向杆不能做得很大，因此导向刚度比用立柱导向要差。

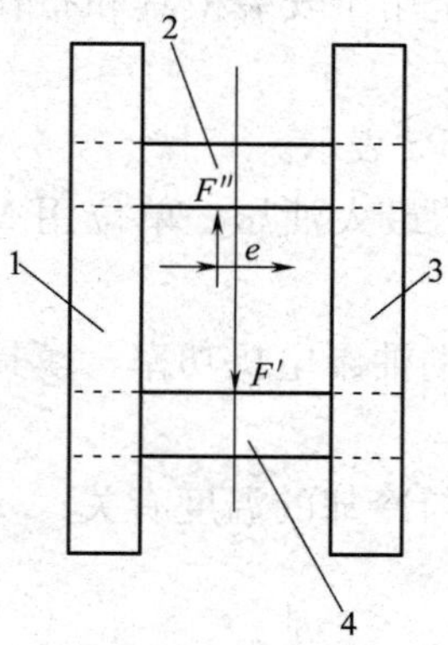

图 8－79　机架受力情况

1—前框板　2—上托板
3—后框板　4—下托板

③焊接或铸造的整体机架〔图 8－78（c）〕：这种结构的优点是整体刚性很好，缺点是需要另设导向装置。此外，由于机架体积庞大，制作较困难。

④拉杆－套筒梁柱组合结构〔图 8－78（d）〕：这种结构与梁柱组合结构相近，不同的是立柱由拉杆及套在其外面的套筒组成。装配时，拉杆两端分别穿过上、下横梁的通孔，再用专用千斤顶将拉杆拉长（也可加热使之伸长），最后用螺母拧紧。这样，拉杆受一个预拉力。工作时，机架承受的本来为脉动载荷，循环特征 $r=0$。立柱施以预压力后，脉动载荷与预压力叠加，改变了载荷的性质。如果设计得当，载荷的循环特性可大些，载荷性质接近于静载荷。这样一来，拉杆就可以用材料的屈服极限而不用持久极限来进行强度校核，材料的能力得到充分利用，拉杆截面可小些。

⑤钢丝缠绕机架〔图 8－78（e）〕：由上、下两个半圆梁及两立柱用预应力绝缘缠绕而成。通过预紧钢丝对梁柱施加足够的预紧力，使梁柱上的拉应力大部分转化为压应力，这样就大大消除了由于拉应力引起的疲劳裂纹扩展的隐患，提高了压砖机机架的疲劳强度和刚度。

（2）主油缸　主油缸主要有以下三种。

①〔图 8－80（a）〕为一般的液压缸，缸盖和缸筒做成一体，装在上横梁的下面，缸筒深入横梁内。这种油缸的外形尺寸和重量都较大，加工工艺性差，已逐渐被淘汰。

②〔图 8－80（b）〕为缸梁合一结构，即在上横梁本体上加工油缸。这种结构的优点是简化了零部件，减少了加工和装配工作，提高了装配精度，整机结构紧凑、高度较低。但是上横梁是一个大的铸钢件，容易产生铸造缺陷，如缸体处有气孔、砂眼、冷隔等缺陷，高压下会发生渗漏。因此，一些公司的压机在缸体内加一钢制缸套，防止渗漏。缸套的使用有两种情况：一种是用厚壁缸套，缸套本身能承受高压，缸套与缸体的配合为间隙配合；另一种是用薄壁缸套，缸套本身不能承受高压，薄壁缸套与缸体用过盈配合装配成组合厚壁圆筒作为油缸使用。国外压机大多采用薄壁缸套，国内则基本上采用厚壁缸套。

③〔图 8－80（c）〕为筒形缸。这种油缸只是一个带法兰的缸筒，法兰固定在横梁

的下面，用O形圈密封，上横梁兼作缸盖。也有在上横梁与缸筒之间另加缸盖的。这种油缸结构简单，工艺性好，得到广泛应用。缺点是油缸整体装在上横梁的下面，整机高度有所增加。但如果将充压油箱安排在横梁内，这个缺点可以大为改善。

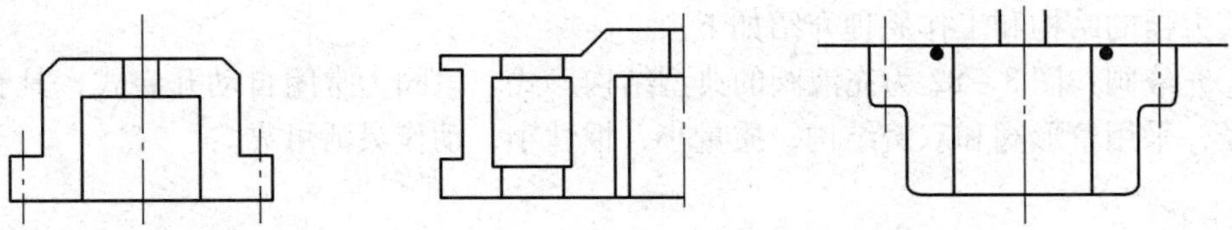

(a)　　(b)　　(c)

图8－80　主油缸

（a）一般的液压缸　（b）缸梁合一结构　（c）筒形缸

YP600型压砖机主油缸在横梁内，为了获得巨大的压制压力，通常油压很高，一般在30MPa左右，高的可达35MPa或更高，因此，油缸应有足够的强度，以防破裂。YP600型压机采用单层厚壁油缸。单层厚壁油缸应力沿壁厚的分布是不均匀的，当应力最大处满足强度要求时，其余部分的应力都比较小，材料没有得到充分的利用。为了充分发挥材料的作用可以采用组合厚壁油缸。组合厚壁油缸通常由两个厚壁圆筒套装而成，两者之间为过盈配合，使内筒受压，这样就限制了内筒在油压作用下的向外膨胀，从而提高了承载能力。与此同时，外筒筒壁的应力增大，应力沿壁厚的分布变得比较均匀，材料能得到比较有效的利用。

主油缸的密封包括活塞的密封和活塞杆的密封。密封装置的形式很多。密封件主要为各种形式的橡胶密封圈和金属活塞环。对密封装置的要求是工作可靠，阻力小，寿命长，结构简单，加工容易。液压压砖机一般采用不同种类的密封件组成复合密封，如活塞环与橡胶密封圈的组合，Y型与O形密封圈的组合等。

主油缸的静密封一般采用O形密封圈。当密封压力高时（大于10MPa），要在密封圈的外侧承压面设置挡圈。双向受压时，两侧都要设置挡圈。动密封目前一般采用宝色霞板（Busak + Shamban）公司的斯特封（Stepseal）作为活塞杆的密封（轴封），用格来圈（Glyd Ring）作为活塞的密封（孔封）。

（3）充液阀、增速和增压装置　充液阀的作用是当活动横梁靠自重下行时，油缸上腔产生真空，吸开充液阀，油箱的油液通过充液阀大量流入主缸上腔填充其不足，以实现活动横梁的快速下降。当活动横梁回程时，打开充液阀，油缸上腔的油液通过充液阀迅速排入油箱，以实现活动横梁的快速上升。其工作原理见图8－81。增速装置用于低压快速压制。

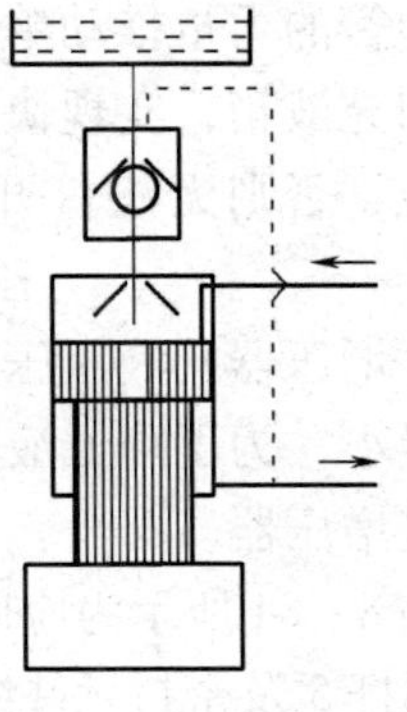

图8－81　充液阀工作原理图

充液、增速和增压装置在全自动液压压砖机上的设置方式目前主要可分为两大类：一是采用独立的元件或装置分别设置在压砖机的不同部位，例如充液阀和增压器为两个独立的装置，充液阀安装在顶置油箱内，增压器安装在液压压砖机横梁上（俗称外增压）；二是将充液、增速、增压三者融为一体，构成一个多作用复合油缸（放大器）来实现上述的充液、增速和增压功能（俗称内增压）。这种内增压方式较外增压方式相比具有结构紧凑、简化液压系统的优点。下面将全自动液压压砖机目前使用的充液阀、放大器的结构和工作原理介绍如下。

①充液阀：图 8 - 82 为充液阀的典型结构形式。该阀为常闭自动开启式，具有很大的阀径，采用蕈形阀和双簧结构，质量小，惯性小，动作灵活可靠。

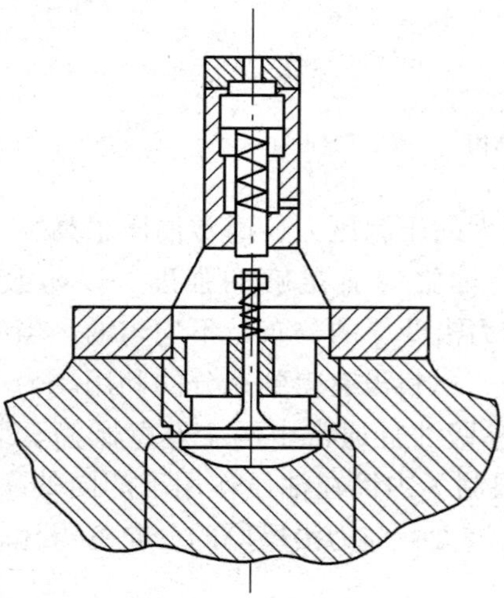

图 8 - 82　立式充液阀结构简图

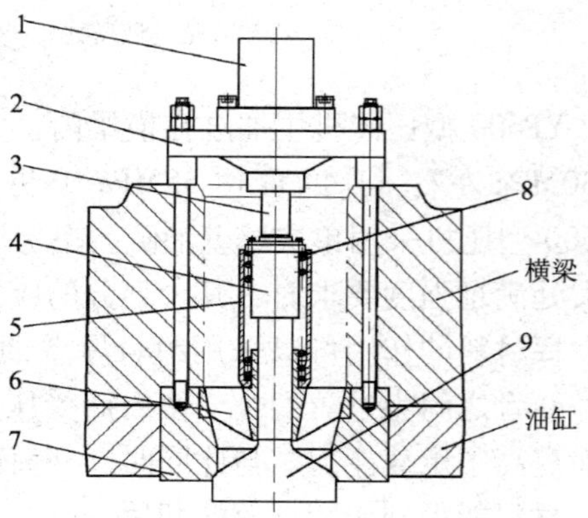

图 8 - 83　充液阀

1—拉力缸　2—法兰　3—活塞　4—套
5—弹簧座　6—导套　7—阀座　8—弹簧　9—阀

这种阀装在缸底，并整个浸在充液箱的油中。活动横梁下行时，缸内产生真空，在低压油的作用下（一般充液油箱在液面上加 150 ~ 200kPa 的压缩空气），克服小弹簧力，使单向阀开启，油箱内的油大量充入油缸。当活动横梁减速及加压时，缸内真空度消失，小弹簧使单向阀自动关闭，这时压力油推动活塞完成工作行程及加压行程。单向阀在高压下紧紧关闭，防止主缸高压油的泄漏。回程时，操纵油压 p，推动控制活塞，克服大弹簧的力量推动单向阀。当油缸泄压后，单向阀被顶开，油缸的油液通过单向阀迅速排回充液箱，实现快速回程。该充液阀无泄压装置，因此在充液阀排油时必须使油缸先泄压，否则无法打开单向阀。图 8 - 83 为某压砖机充液阀结构图，工作原理同上所述。

②增压器：液压压砖机在工作循环中对坯体加压的最后阶段，需要的油压高而需要的流量小，为了降低液压系统的工作压力，往往设置增压回路。增压回路中提高油压的元件是增压器。

图 8 - 84 所示为应用较广的增压器。增压器主要由活塞 2、缸体 3、左右端盖 1 和 4、调节螺杆 5 及密封元件组成。开始工作时，压力油经 A 口进入活塞小端，推动活塞向右运动，活塞大端的低压油经 B 口进入主油缸，此时起增速器作用，并为增压做准备。增压

时，压力油切换至经 B 口进入活塞大端，推动活塞向左运动，高压油经 A 口流出。C 为泄油口，与油箱相接。图 8 - 85 为增压器另一结构形式，工作原理与上述相同。

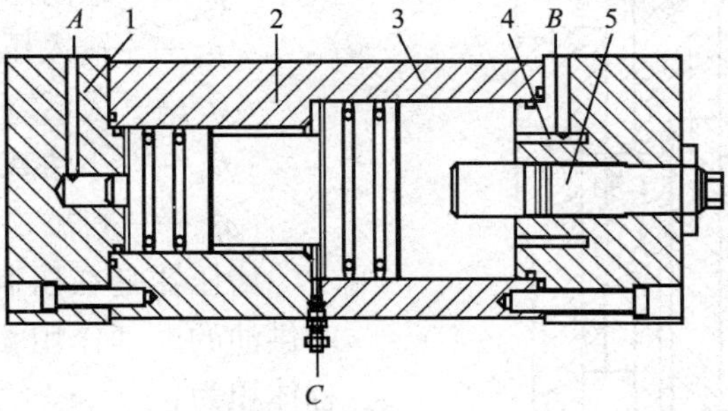

图 8 - 84　增压器（一）

1—左端盖　2—活塞　3—缸体　4—右端盖　5—调节螺杆

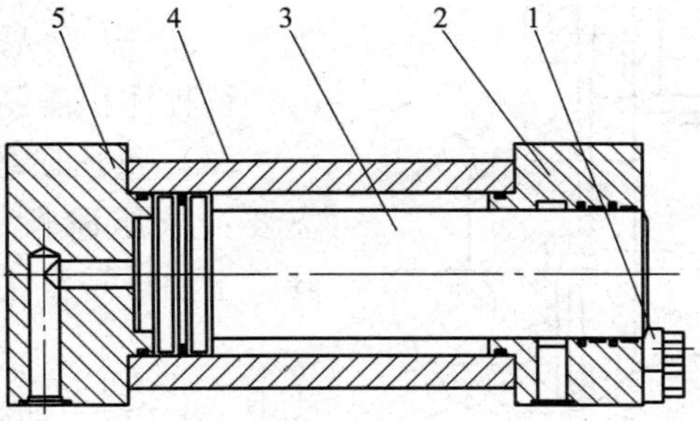

图 8 - 85　增压器（二）

1—螺栓　2—法兰 I　3—活塞　4—缸体　5—法兰 II

图 8 - 86 为某公司压机的专业增压器。增压器除可增压和增速外，还作为充液阀使用。该增压器主要由盖板 1、小活塞 2、大活塞 4、缸体 5 和导向座 7 等组成。小活塞是固定的，大活塞在缸体和小活塞之间升降。大活塞的活塞杆实际上既是充液阀的阀芯，又是增压器和增速器的柱塞，导向座则是相应的阀体和缸体。增压器装在压机顶部的充压油箱内，底面与主油缸端盖连接。

在图示位置，大活塞杆未伸入导向座内，增压器作为充液阀使用，此时充液阀是打开的。当主油缸活塞下腔回油时，主活塞在充压油箱油压和自身重力作用下快速下行。当一次加压进油口进油时，压力油进入小油缸推动大活塞下行。与此同时，大活塞下腔和充压油箱内的液压油经阀门 3 进入上腔，以填充大活塞下行让出的体积。当大活塞杆进入导向座将主油缸与充压油箱隔开后，大活塞杆与导向座就组成增速器，小活塞推动大活塞杆。当两次加压进油口也同时进油时，大活塞杆同时被大小活塞推动而成为增压器。

增压器的输出压力由下式计算：

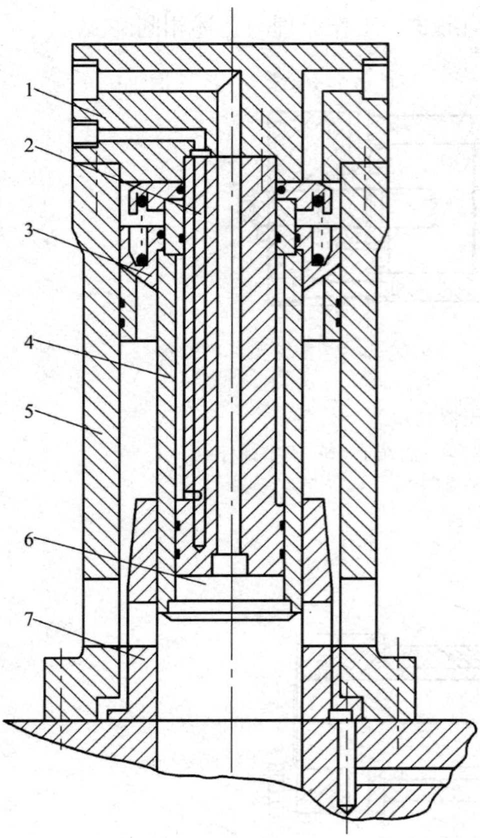

图 8-86　增压器（三）

1—盖板　2—小活塞　3—阀门　4—大活塞

5—缸体　6—堵头　7—导向座

$$p_2 = \eta_m p_1 \left(\frac{D_1}{D_2}\right)^2 \quad (8-70)$$

式中　p_2——输出压力，MPa；

p_1——输入压力，MPa；

D_1——大活塞直径，m；

D_2——小活塞直径，m；

η_m——机械效率，一般为0.90～0.97。

增压器是在压制的最后阶段——重压时供油的，其作用相当于一台活塞泵，行程体积为：

$$V_s = \frac{\pi D_b^2}{4} S_b \quad (8-71)$$

式中　V_s——行程体积，m^3；

D_b——活塞直径，m，$D_b = D_2$；

S_b——活塞行程，m。

行程体积需要满足以下需要：

（a）重压阶段主活塞下降距离 S_h 的需要：重压阶段，坯体压缩，主活塞下降，主油缸需要注入的液压油体积 V_1 为：

$$V_1 = AS_h \quad (8-72)$$

式中　A——主油缸截面积，m^2；

S_h——主活塞下降距离，m；在重压阶段，坯体压缩量很小，可取为0.001m左右。

（b）油压升高，压力油体积压缩的需要：重压阶段，油压升高，主油缸中液压油受压缩体积缩小为：

$$V_2 = \beta_p V \Delta p \quad (8-73)$$

式中　V_2——主油缸中液压油体积，m^3；

Δp——进入重压阶段前后主油缸中液压油压力的变化，Pa；

β_p——液压油的压缩系数，1/Pa，一般取为 6×10^{-10}/Pa。

$$V = AS$$

式中　S——主活塞的最大行程，m。

（c）油压升高，缸体变形的需要：油压升高，主油缸增大，体积近似增加为：

$$V_3 = \frac{\pi}{2} DS\Delta D + \frac{\pi}{4} D^2 \Delta S \quad (8-74)$$

式中　D——主油缸直径，m；

ΔD——重压阶段主油缸直径增加量，m；

ΔS——重压阶段主油缸长度增加量，m。

其余符号的意义和单位同前。

ΔD 由下式计算：

$$\Delta D=\frac{D\Delta p}{E}\left[\frac{\left(1+\frac{2d}{D}\right)^2+1}{\left(1+\frac{2d}{D}\right)^2-1}+\mu\right] \tag{8-75}$$

式中 d——缸壁厚度，m；

E——缸壁材料的弹性模量，Pa；

μ——缸壁材料泊松系数。

其余符号的意义和单位同前。

ΔS 由下式计算：

$$\Delta S=\frac{S\Delta p}{E\left[\left(1+\frac{2d}{D}\right)^2-1\right]} \tag{8-76}$$

增压器的行程体积 V_s 为：

$$V_s=K\frac{V_1+V_2+V_3}{\eta_v} \tag{8-77}$$

式中 η_v——增压器的体积效率，可取为0.85～0.90；

K——增压器的体积裕度，可取为1.1～1.2。

增压器的体积确定后，直径 D_b 和行程 S_b 可有多种组合，不同组合对增压器的结构尺寸和工作性能有重要影响。在结构允许的条件下，活塞直径可取大些，这样，可降低活塞运动的平均速度，减小运动副的磨损。此外，孔径较大，加工的工艺性较好。

（4）动梁与活塞杆的连接　动梁与活塞杆的连接有两种方式。一种是螺栓连接，如图8－87所示。这种连接用于动梁导向装置刚度不大的场合。由于导向刚度大，因模腔中粉料分布不均而造成偏载力矩引起动梁连同活塞杆和活塞一道扭转的扭转角很小，并不会造成主油缸密封装置的迅速损坏。另一种是球面连接，动梁与活塞杆之间允许在一定的范围内摆动，动梁的扭转不作用于活塞杆，从而可避免由于扭转角大而引起主油缸密封装置的损坏。

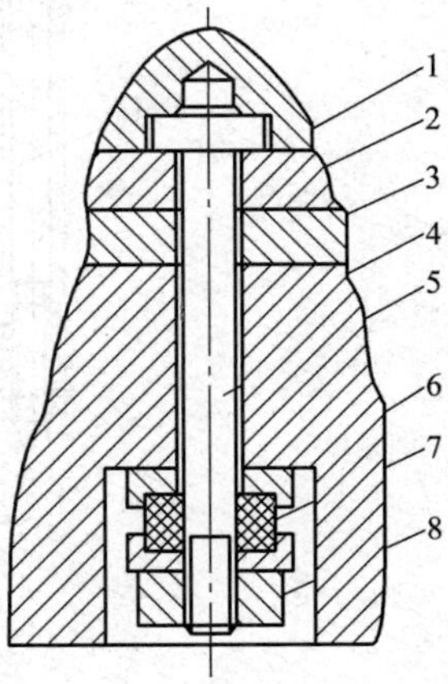

图8－87　动梁与活塞杆的连接
1—活塞缸　2—固定板　3—垫片
4—动梁　5—螺栓　6—橡胶弹簧座
7—橡胶弹簧　8—螺母

（5）顶模装置　顶模装置的作用是驱动下模板（芯）升降，以实现粉料的装填和坯体的顶出。顶模装置应能完成以下动作：行程可调的一次下降（即深度可调的填料）。二次下降（俗称墩料）、顶坯和将下模板顶出模腔。顶模装置主要由一次和两次顶出缸以及行程调节装置组成。此外，为了便于下模连接板与顶模装置的连接和拆卸，还配置有下模连接板的锁紧缸。

图 8－88 所示为一种常见顶模装置。该顶模装置用两根连接螺杆 2 紧固在底座下面，利用两根穿过底座的拉杆 16 和顶套 15 与下模板连接。拉杆、顶套和连接杆 14 装

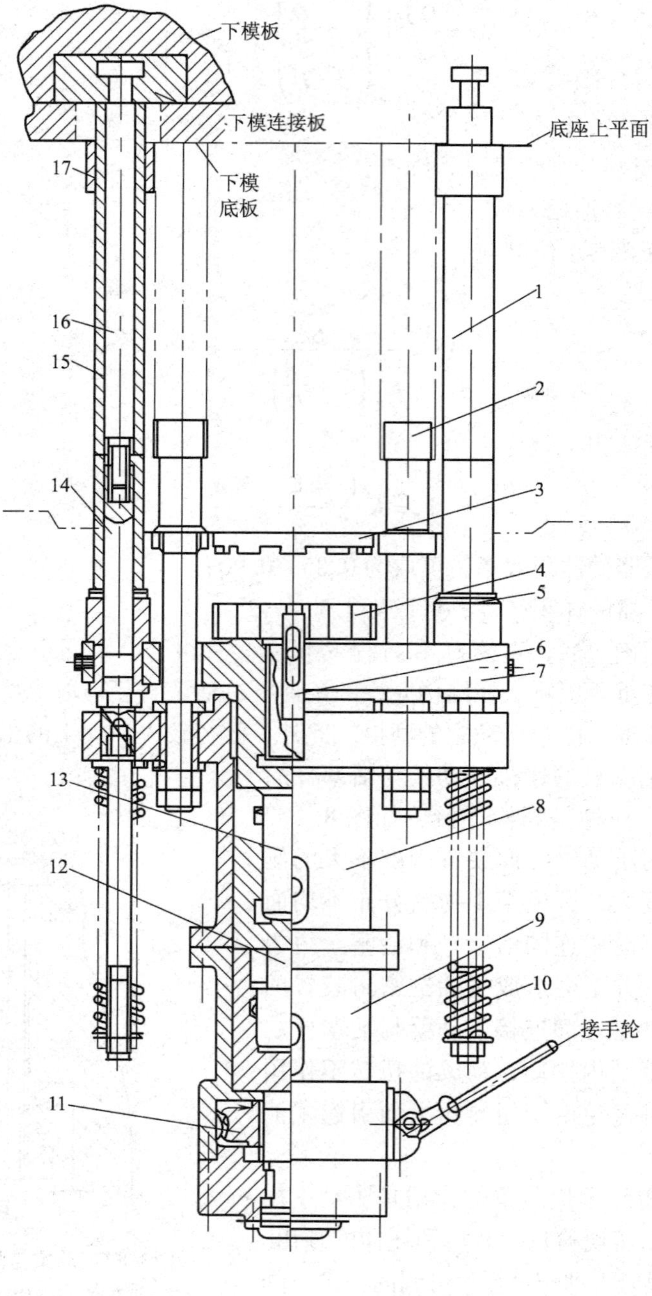

图 8－88　顶模装置（一）

1—顶杆　2—连接螺杆　3—齿盘　4—齿轴　5—调整垫片　6—防松装置
7—顶模横梁　8—上油缸　9—下油缸　10—复位弹簧　11—蜗杆副
12—下柱塞　13—上柱塞　14—连接杆　15—顶套　16—拉杆　17—导套

配成顶杆1，其长度可用垫片5调整。顶杆穿过固定在底座上的导套17与下模板的连接板固接。顶杆的下端装有弹簧10，使顶模装置能迅速复位。当上下油缸8、9的下侧进油时，柱塞13、12同时伸出，通过顶模横梁（简称顶梁）7和顶杆顶起下模板，将模腔中坯体顶出。接着送坯加料装置动作，把坯体推走，同时将粉料送至模型上面，然后上油缸回油，在复位弹簧作用下，上柱塞缩回，下模板下降，粉料落入模腔。随着加料装置返回原位的同时将模腔中粉料刮平，粉料填满模腔，加料的深度就是下模板第一次下降后模腔中空腔的深度。最后，下油缸回油，下柱塞缩回，下模板第二次下降，模腔中空出一段高度等于下柱塞行程的空腔，这段空腔可以防止上模板下降压制时粉料外溢和溅出。

顶模装置的下部装有蜗杆副11，蜗轮中间的螺孔并装有调节螺杆，蜗杆用万向联轴器与操纵杆相连，操纵杆从压力机底座斜向伸出，末端装有手轮，可使蜗轮中调节螺杆上升下降，从而调节柱塞的行程。顶模横梁上面装有齿轴4，与齿轴可以相啮合的齿盘3固装在底座下面相对应的部位。齿轴与齿盘不啮合时，下模板顶出高度较小，是正常地把坯体顶出模腔；当齿轴与齿盘啮合时，下模板顶出高度较大，下模板伸出模腔，以便于擦拭和更换。

图8－89所示为另一种顶模装置。与图8－88所示的顶模装置相比，区别是用活塞代替了柱塞，省去了复位弹簧。

顶坯时，Ⅰ、Ⅲ腔进油，Ⅱ、Ⅳ腔回油，上、下活塞同时上升，坯体被顶出。当坯体被推走后，Ⅲ腔回油，Ⅳ腔进油，上活塞第一次下降，下降行程为填料深度。通过蜗杆副可调节行程（即调节填料深度）。当料车加料后，Ⅱ腔进油，Ⅰ腔回油，上、下活塞同时下降，直到下模连接板为压机工作台支承时为止，从而完成了第二次下降，即墩料。这段行程一般为3～5mm。

当需要擦模时，气动装置（图中未标出）拖动上齿盘转过一定角度，使上齿盘的齿顶与下齿盘的齿谷相嵌，活塞上升行程增大，下模板被顶出模腔，方便擦模。

图8－90为第三种顶模装置，图示位置为坯体的顶出状态。

顶出过程：Ⅰ、Ⅲ腔同时进油，顶出活塞10和柱塞12同时上升，将坯体顶出。升高的极限位置由上蜗杆副13中的螺杆限定，通过它可调节顶出高度。

当阀EA失电时，Ⅰ腔回油，Ⅱ腔进油，一次顶出活塞下降，带动下模板一起下降，下降行程即为填料深度。由于Ⅲ腔截面大于Ⅰ腔，故液压油作用于二次柱塞向上的力大于一次活塞向下的力。一次下降行程为二次柱塞所限，而二次柱塞的上止点又由下蜗轮的位置决定，下蜗轮与固定的缸体是螺旋配合的，因此，转动下蜗杆，下蜗轮旋转，在螺旋副作用下上升下降，从而调节下蜗轮位置，也就调节了一次下降行程和填料深度。

转动下蜗杆有手动和自动两种操作。手动操作时，转动位于压机底座前面的调节手轮即可。自动操作是使用专门配置的坯体厚度测量装置自动测量坯体厚度，当厚度超差时，测量装置发出信号，经放大后驱动带动蜗杆的伺服电机，从而实现填料深度的自动调节。

当阀EB得电时，Ⅲ腔回油，Ⅱ腔继续进油，二次柱塞和一次活塞同时下降，直到

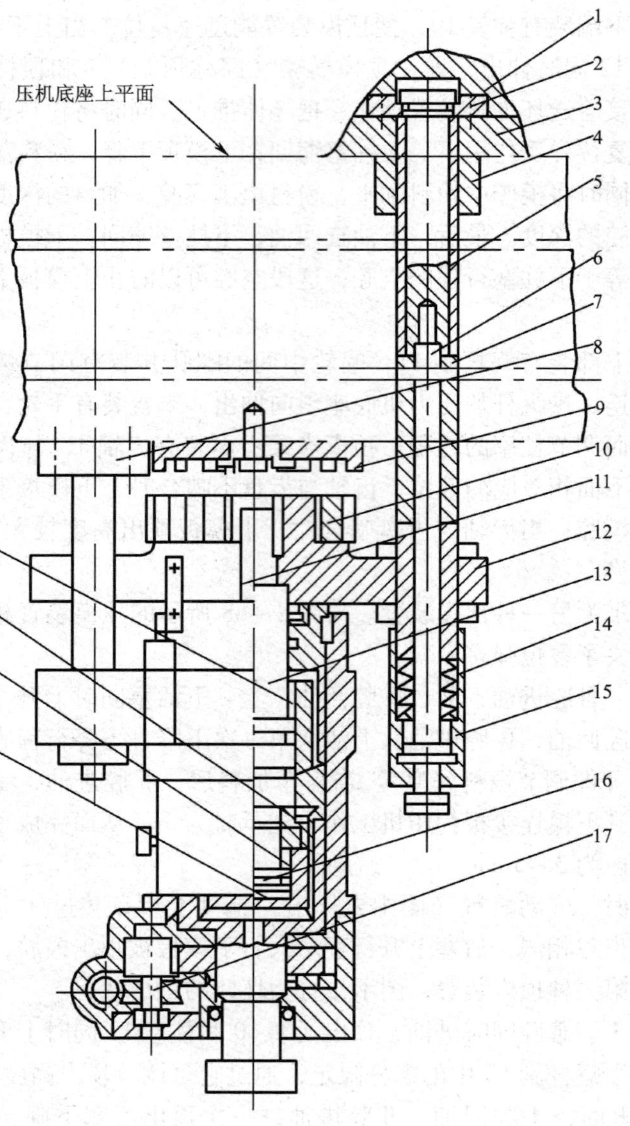

图 8-89　顶模装置（二）

1—下模板（芯）　2—下模底板　3—下模连接板　4—导向套　5—顶套　6—连接轴　7—支承套　8—连接杆　9—上齿盘　10—下齿盘　11—防松件　12—顶梁　13—上活塞　14—蝶形弹簧　15—锁紧油缸　16—下活塞　17—蜗杆副

下模连接板 2 为压机工作台支承为止，从而完成二次下降。

清洁模具时，用拉手将垫板转出，使顶出时下模板上升高度比正常高出一块垫板的厚度，下模板顶离模腔，以便擦拭。

锁紧油缸 8 用于下模连接板（连同下模板）的锁紧力和拆卸。锁紧时阀 ES 失电，油缸Ⅴ腔进油，Ⅳ腔回油，活塞通过拉杆 3 和套筒 4 将下模连接板与顶模装置锁紧成一个整体。拆卸时，阀 ES 得电，Ⅳ腔进油，Ⅴ腔回油，下模连接板即可拆下。

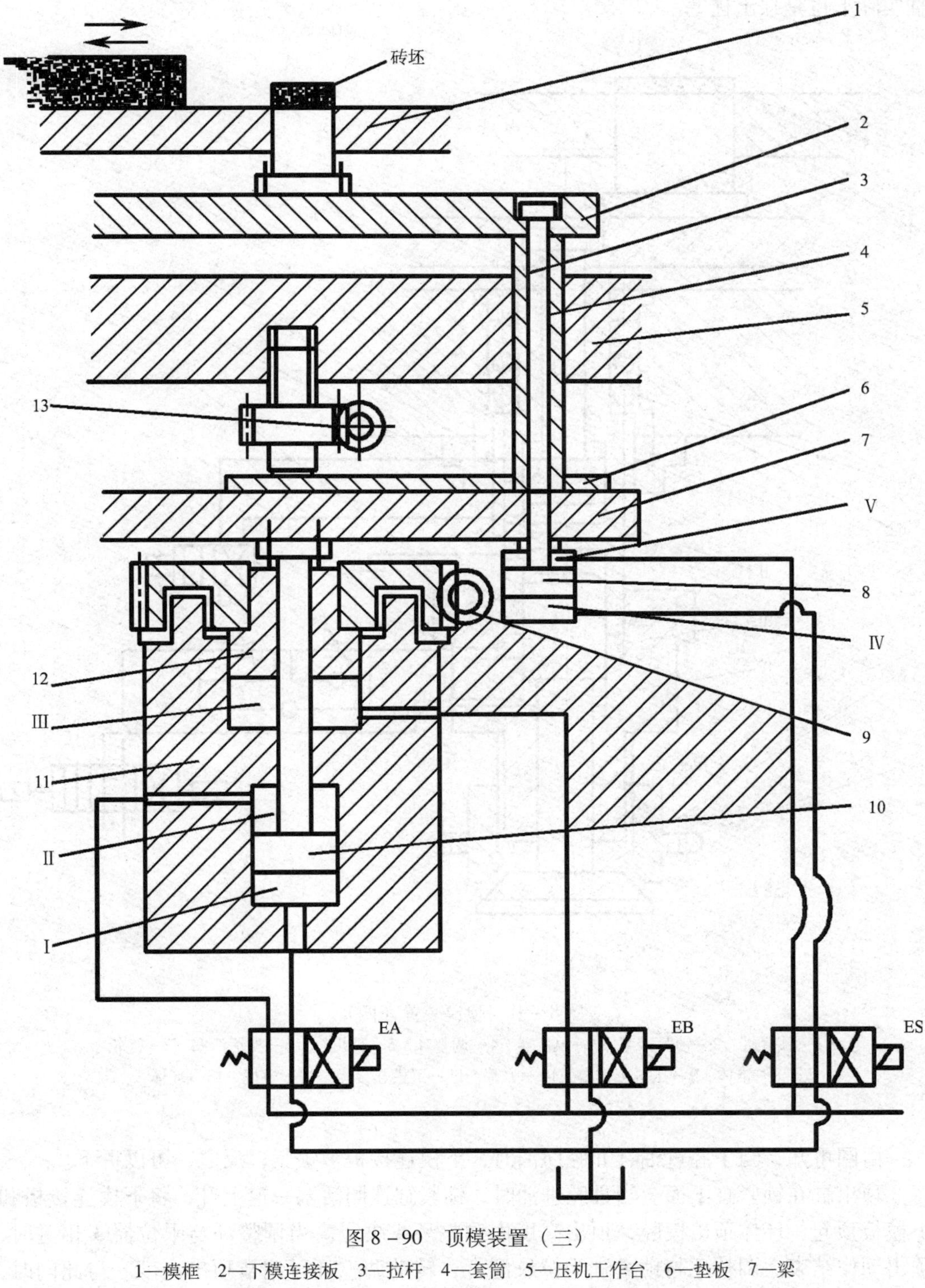

图 8－90　顶模装置（三）

1—模框　2—下模连接板　3—拉杆　4—套筒　5—压机工作台　6—垫板　7—梁
8—锁紧缸及活塞　9—下蜗杆副　10—顶出活塞　11—缸体　12—二次柱塞　13—上蜗杆副

图 8－91 为第四种顶模装置，其特点是锁紧缸一端插入顶出缸中，合二为一，锁紧缸实际上也是顶出柱塞。

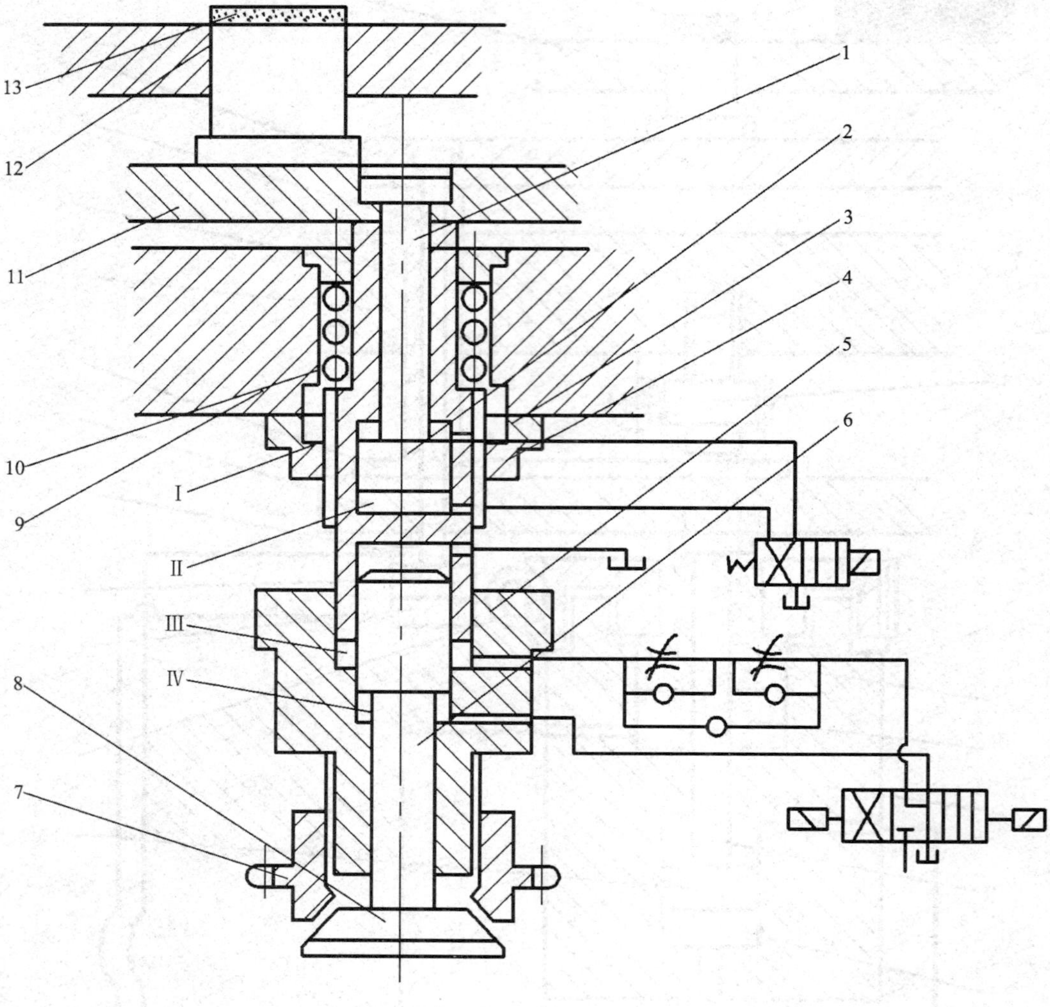

图 8－91　顶模装置（四）

1—锁紧缸　2—锁紧活塞　3—限位器　4—调整环　5—顶出缸　6—支承活塞　7—链轮　8—锥体　9—压机工作台　10—弹簧　11—下模连接板　12—模框　13—坯体

由图可知，当Ⅰ腔进油，Ⅱ腔回油时，下模连接板被锁紧；反之，可以拆下。

顶出缸在锁紧缸下面。当Ⅲ腔进油时，锁紧缸连同活塞一道上升，将下模连接板和下模板顶起，坯体顶出模腔，顶出高度由调整环 4 决定。当调整环与限位器 3 相碰时，顶出动作结束。调整环与锁紧缸为螺纹配合，转动调整环可调节顶出高度。与此同时，Ⅳ腔进油，支承活塞 6 上升，为下模板第一次下降作准备。

接着，Ⅲ腔回油，在弹簧力作用下，锁紧缸连同下模板第一次下降，直到支承活塞的断面相碰时为止。第一次下降的距离为填料深度。支承活塞上升的高度受链轮7限制，转动链轮可调节填料深度。如果通过坯体厚度自动测量装置来控制带动链轮旋转的伺服电机，可实现填料深度的自动调节。

如Ⅲ、Ⅳ腔同时回油，在弹簧力作用下，支承活塞和下模板同时下降，直至下模连接板为压机工作台支承时为止，二次下降结束。由于下降过程是靠弹簧恢复力工作的，所以油路较为简单。

每台压机左右各装有一套顶模装置，动作平稳，使用于大型压机。

在20世纪80年代末出现了一种称为SMU（Universal Multiple System）的顶模装置或称为通用顶模装置，如图8－92所示。SMU有两个顶出缸3、4，四个高度可调的二次下降缸5、6、7、8和四个高度可调的限位器9。油缸及限位器均装在底座1内，下模连接板2与顶出缸的活塞杆相连，由顶出活塞带动做上下运动。此外在底座四角处装有四个模框升降缸10，模框固定在活塞杆上，工作时，模框升降缸的活塞处在升高位置。清洁模具时，切换油路，升降缸的活塞下降，模框也跟随一起下降，下模板伸出模腔外，方便擦拭。

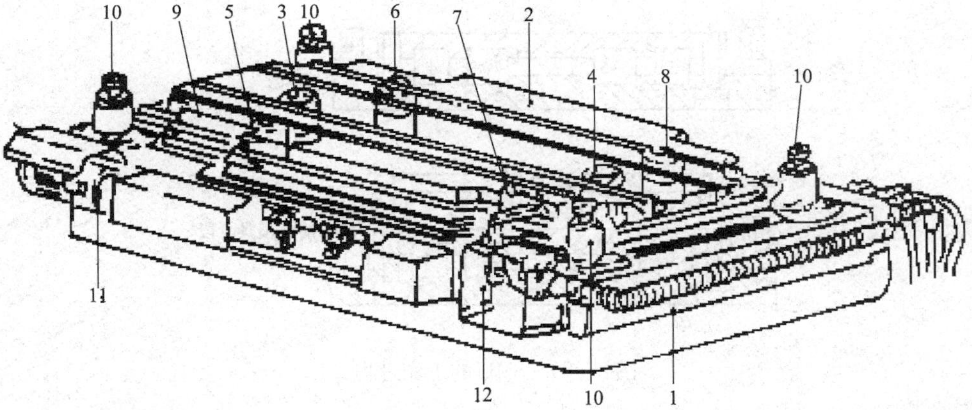

图8－92　通用顶模装置

1—底座　2—下模连接板　3、4—顶出缸　5～8—二次下降缸

9—限位器　10—模框升降油缸　11—电动机　12—接线盒

SMU的工作过程见图8－93。在加料阶段，顶出油缸上腔进油，下腔回油，下模板下降，下降行程即填料深度由二次下降缸的活塞位置限定。加料后进入压制阶段，此时，二次下降缸回油，下模板第二次下降。当下模连接板落在底座上后，即可开始压制。压制完毕，顶出缸下腔进油，上腔回油，二次下降缸也同时进油，从而推动下模板顶出坯体，完成一次工作循环。

SMU装在压机的工作台上，不需要地坑，装修方便。

（6）加料装置　加料装置安装在压机的后部，与底座固连在一起，主要由加料小车、均匀给料器以及各自的驱动设备组成，如图8－94所示。加料装置具有送坯和加料双重功能。

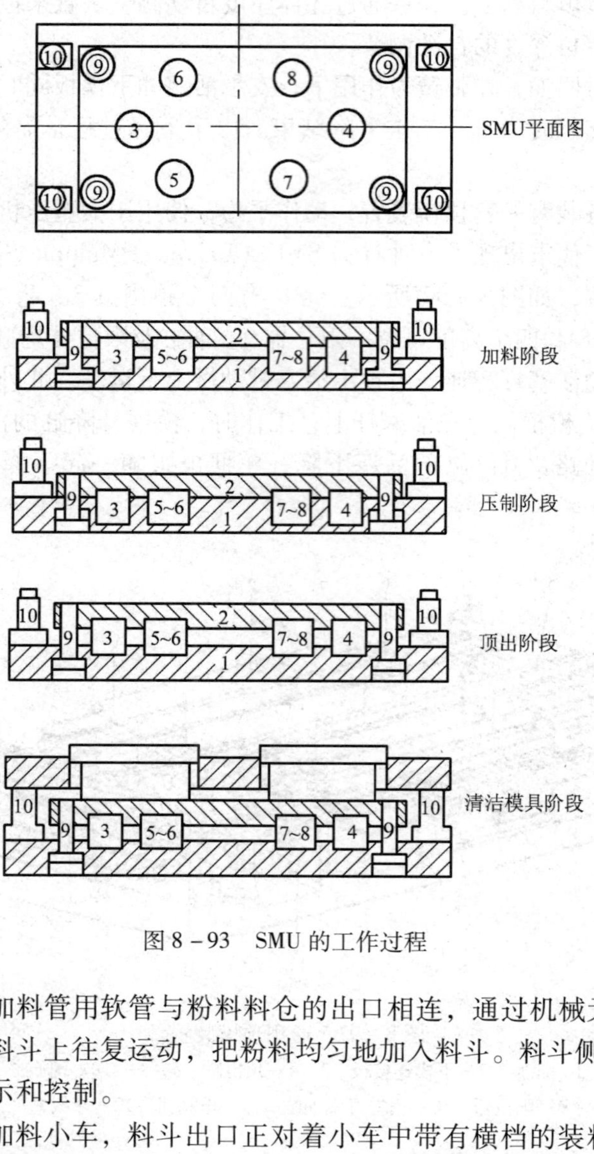

图 8－93　SMU 的工作过程

均匀给料器的加料管用软管与粉料料仓的出口相连，通过机械无级变速器，链轮、链条带动加料管在料斗上往复运动，把粉料均匀地加入料斗。料斗侧壁上装有料位传感器，用于料位的显示和控制。

在料斗下面为加料小车，料斗出口正对着小车中带有横档的装料腔。小车前进时，一方面将模腔中顶出的坯体推走，另一方面料斗中的粉料由小车的装料腔送至模型上面加料，此时小车上的面板将料斗出口封闭。加料后，小车退回，料斗口开启并又正对装料腔。装料腔内装横档，可以使加料更均匀。

小车底面与模框顶面应在同一水平面内，这样坯体才能顺利推出，加料才会均匀，粉料不会漏出。

（7）液压系统　图 8－95 为 YP600 型压砖机的液压系统。液压系统采用单独的液压站，为了既满足压制工艺需要短时间的高压力要求，又避免配用高压油泵，系统中使用了增压器。增压器除可以使系统压力从 15MPa 增至 30. 5MPa 外，低压时还可作为增速器使用。

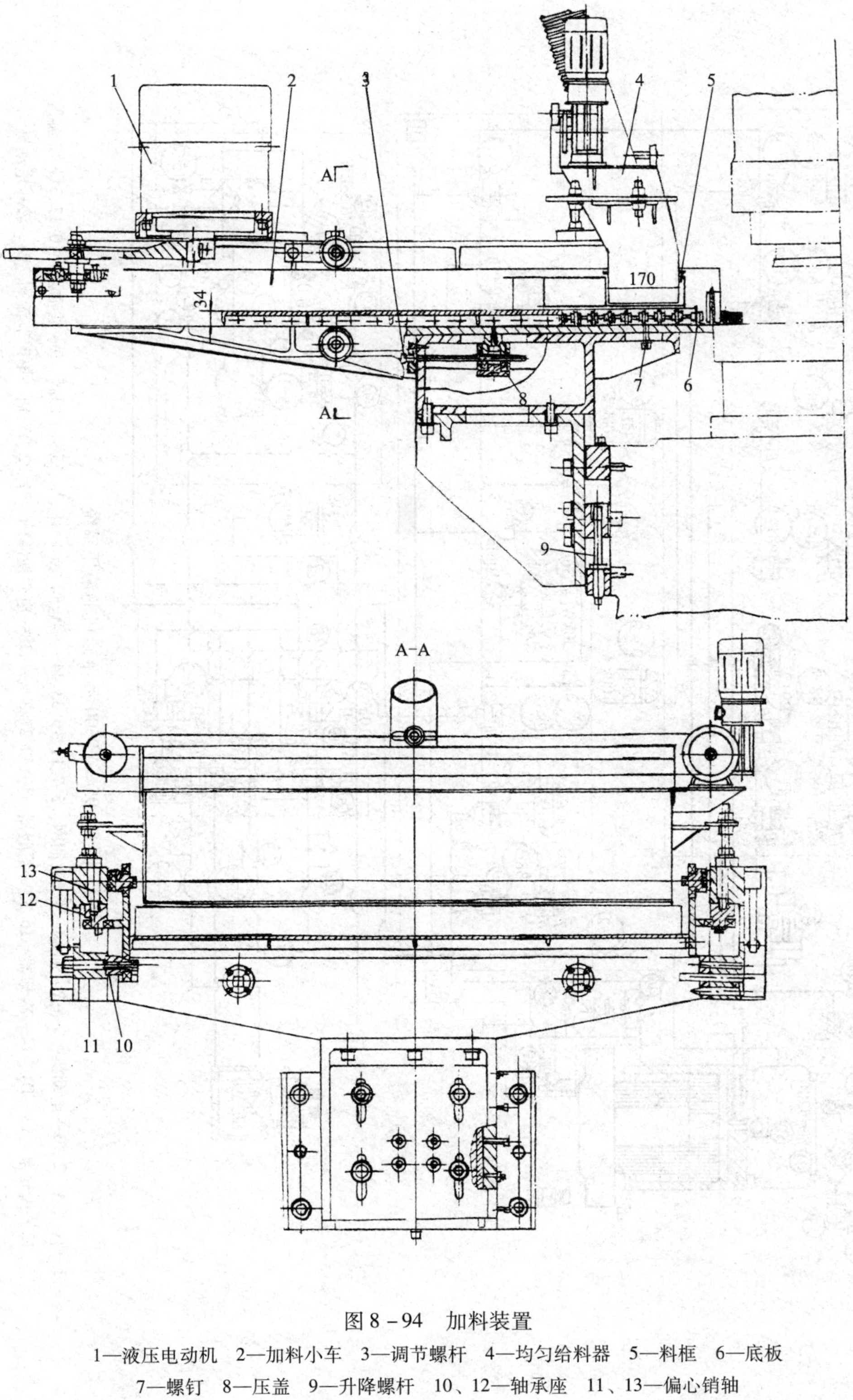

图 8－94 加料装置

1—液压电动机 2—加料小车 3—调节螺杆 4—均匀给料器 5—料框 6—底板
7—螺钉 8—压盖 9—升降螺杆 10、12—轴承座 11、13—偏心销轴

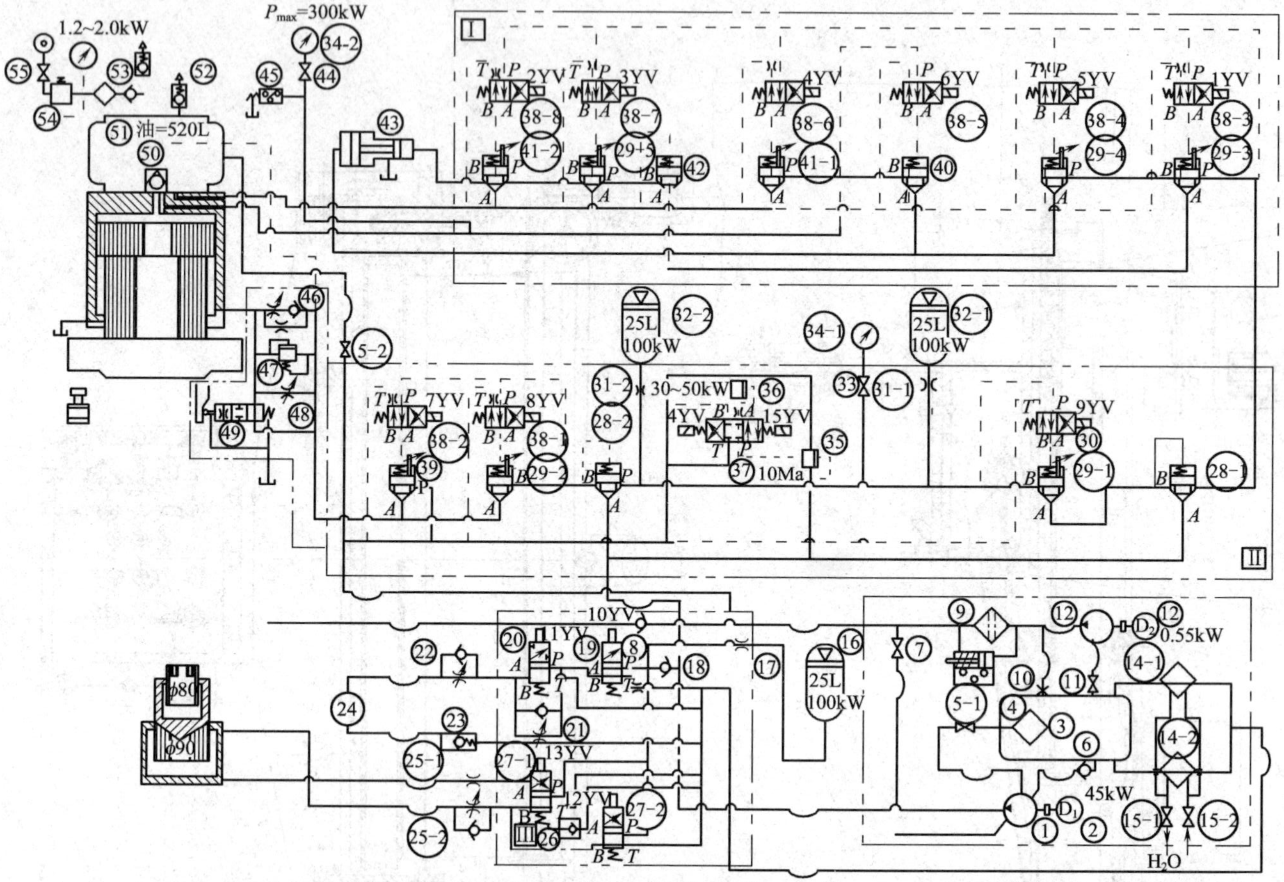

图 8－95　YP600 型压砖机的液压系统

1—柱塞泵　2、13—电动机　3—充压油箱　4—滤油网　5、7、11、15、33、44—截止阀　6、8、18、23、53—止回阀　9—滤油器　10、17、31—节流器　12—齿轮泵　13—D_2　14—冷却器　16、32—蓄能器　19、20、27、30、37、38—电磁换向阀　21、22、25、46—单向节流阀　24—液压电动机　26—液控止回阀　28、40、42—插装锥阀　29、39、41—可调式插装锥阀　34—压力表　35—先导式溢流阀　36—直动式溢流阀　43—增压器　45—压力继电器　47—顺序阀　48—可调节流阀　49—机动换向阀　50—充液阀　51—充液箱　52—安全阀　54—过滤减压阀　55—压缩空气源油箱是充压的（充压压力为0.15～0.20MPa），以保证系统在正压下操作，防止灰尘进入。同时，动梁快速下降时，位于上横梁上面的充压油箱（又称为充液箱）可往主油缸上腔及时供油。

系统中主要换向阀为插装锥阀。插装锥阀为液控二位二通阀，加装了阀芯行程调节装置的，还可以控制通过的流量。插装锥阀结构简单、通过能力大、阻力小、动作灵敏、工作稳定，可以满足压力机对液压阀压力高、流量大的要求。

①液压系统的组成部分

（a）动力部分：动力部分主要有两台油泵（一台低压的齿轮泵12和一台高压的柱塞泵1）、滤油器、冷却器等，其作用是向系统提供15MPa、清洁和温度符合要求的压力油。

（b）控制部分：控制部分包括Ⅰ～Ⅲ阀组合件、增压器、充液箱、充液阀、蓄能器以及其他液压元件等。控制部分的作用是在限位开关（包括行程开关和接近开关）和延时器的配合下，按照干压成形的工艺要求，控制压力机各个执行机构动作的先后次序，以实现运动循环的同步化。

（c）工作部分：工作部分是压力机执行机构的动力源，包括油缸和液压电动机。

②液压系统的动作顺序

（a）泵循环和向蓄能器充油：这个动作是油泵开动而压力机未工作时进行的。齿轮泵泵出的油经过过滤、冷却（或加热）后仍留回油箱。柱塞泵则向蓄能器充油，多余的油经溢流阀返回油箱。

（b）手动操作使各个执行机构位于其起始位置。

动梁（连同上模板）位于上极限位置，接近开关2JK（图中未标出，下同）闭合。

加料小车位于后极限位置，行程开关XK闭合，料位传感器显示料斗中有粉料。

顶模装置顶起下模板，下模板位于上极限位置。此时电磁铁12DT（阀27－2）、13DT（阀27－1）得电，油经止回阀8、电磁阀27－2和27－1进入顶模装置的上油缸和下油缸，接近开关5JK闭合。

（c）加料小车慢速前进：自动工作循环开始，电磁铁10TD（阀19）得电，压力油经止回阀8、电磁换向阀19、单向节流阀21和22进入液压电动机24，再经止回阀23返回油箱。液压电动机低速旋转，加料小车慢速前进。

（d）加料小车快速前进：当小车前沿触及坯体时，接近开关6JK闭合，电磁铁11DT（阀20）得电，压力油绕过单向节流阀21直接进入液压电动机，油的流量增加，液压电动机转速加快，小车快速前进。

（e）下模板第一次下降、加料：当小车前进到接近开关7JK处，7JK闭合，延时器t8（图中未标出，下同）开始计时，当延时时间到了t8的整定值时，电磁铁12DT（阀27－2）失电，顶模装置上油缸的油经调速阀25－2、电磁阀27－2返回油箱，下模板第一次下降，小车装料腔中的粉料落入模腔。

（f）加料小车后退：液压电动机继续转动，加料小车在越过前极限位置后往回运动，在后退运动的同时把模腔中的粉料刮平，实现容量加料。当小车回到后极限位置，行程开关XK动作，电磁铁10DT、11DT失电，电磁换向阀19关闭，液压电动机停止旋转，小车停在后极限位置。

（g）下模板第二次下降、动梁快速下降：加料小车返回后极限位置、限位开关XK动作的同时，电磁铁13DT失电，顶模装置下油缸的油经调速阀25－1、电磁阀27－1返回油箱，下模板第二次下降，模腔中空出一段空腔。

与此同时，电磁铁2DT（阀38－8）、7DT（阀38－2）得电，电磁阀38－2将锥阀39的控制口接通油箱，锥阀39开启，主油缸下腔的回油通道打开。活塞在重力作用下快速下降，回油经机动换向阀49、单向节流阀46、可调节流阀48，通过锥阀39返回油箱，充液箱中的油经充液阀50（液控止压阀）以及另一条通道的锥阀41－1进入主油缸上腔。由于机动换向阀49阻力小，回油流量大，因此动梁下降速度快。此时电磁阀38－8将锥阀41－2的控制口接通压力油，锥阀41－2关闭。

（h）动梁慢速下降：当动梁下降到其上面的撞块推动机动换向阀49时，开始切断回油通道，接着对通道节流，实行动梁制动和慢速下降。

（i）第一次加压——轻压：第一次加压分两个阶段。

当动梁下降、上模板触及粉料时，接近开关3JK闭合，延时器t1开始计时，电磁铁4DT（阀38－6）得电，电磁阀38－6将锥阀41－1的控制口接通压力油，锥阀41－1关闭，切断主油缸上腔的一条进油通道，动梁通过上模板对粉料轻轻加压，粉料排气。这是第一次加压的第一阶段。

当延时时间到了t1的整定值时，电磁铁1DT（阀38－3）得电，电磁阀38－3将锥阀29－3的控制口接通充液箱，锥阀29－3开启，压力油经锥阀29－3、42、29－5、41－2进入增压器43右腔，推动增压器活塞向左移动，实现增速。增压器左腔的油经锥阀40进入主油缸上腔，对粉料加压，装在底座上的弹性支座也受到动梁挤压下沉。此时充液阀50自动关闭。这是第一次加压的第二阶段。与此同时，延时器t 2开始计时。

（j）动梁稍微上升，粉料排气：当延时时间到了t 2的整定值时，延时器t 3开始计时，同时电磁铁4DT（阀38－6）失电，电磁阀将锥阀41－1的控制口接通充液箱，锥阀41－1开启，主油缸上腔以及增压器的油都通过锥阀41－1返回充液箱，动梁在弹性支座作用下稍微上升，粉料排气。

（k）第二次加压——中压：当延时时间到了t 3的整定值，延时器t 4开始计时，同时电磁铁3DT（阀38－7）和4DT（阀38－6）得电，电磁阀38－7将锥阀29－5开启。电磁阀38－6将锥阀41－1的控制口接通压力油，锥阀41－1关闭，压力油经锥阀28－1、29－3、42、29－5进入主油缸上腔，对粉料进行第二次加压。此时压力油不经过增压器右腔而是直接进入主油缸，压力比第一次加压的压力要大。

（l）第三次加压——重压：当延时时间到了t 4的整定值，延时器t 5开始计时，同时电磁铁1DT（阀38－3）失电，5DT（阀38－4）得电，锥阀29－3关闭，29－4开启，压力油经锥阀28－1和29－4进入增压器左腔，增压器右腔的油经增压后通过锥阀29－5进入主油缸上腔，对粉料第三次加压。这次加压的压力最大，粉料最终压实成为坯体。

如压制工艺要求第三次加压的加压速度要慢，可使用控制器中的延时器t 6。当第三次加压开始时，延时器 t 6 开始计时。当延时时间到了 t 6 的整定值，电磁铁 9DT（阀 30）得电，电磁换向阀 30 将锥阀 29 – 1 的控制口接通压力油，锥阀 29 – 1 关闭，蓄能器 32 – 1、32 – 2 停止向系统供油，流量减少，加压速度减慢。

（m）动梁上升：当延时时间到了 t 5 的整定值时，延时器 t 7 开始计时，同时电磁铁 2DT、3DT、5DT、7DT 失电，电磁铁 4DT 延时后（延时时间由延时器 t 11 整定）也失电，电磁铁 6DT、8DT 得电，锥阀 41 – 2、40、29 – 2 开启，锥阀 41 – 1 延时后也开启，锥阀 29 – 5、29 – 4、39 关闭。压力油经锥阀 41 – 2、41 – 1 返回充液箱，一部分经锥阀 40 进入增压器左腔，动梁慢速上升。经一段时间后，充液阀 50 开启，主油缸上腔可经充液阀直接回到充液箱，背压降低，动梁快速上升。

（n）顶模装置动作，顶出坯体；动梁返回上极限位置，当延时时间到了 t 7 的整定值时，电磁铁 12DT（阀 27 – 2）、13DT（阀 27 – 1）得电，压力油分别经电磁阀 27 – 2、液控止回阀 26、电磁阀 27 – 1、调速阀 25 – 1 进入顶模装置的上油缸和下油缸，上下柱塞同时伸出，顶出坯体，接近开关 5JK 闭合。

当动梁快速上升返回上极限位置，接近开关 2JK 闭合。

至此，压砖机完成了一次工作循环，图 8 – 96 为压砖机的工作循环图。

在活动横梁的运动循环中，主要时间区段动梁的运动状态和作用见表 8 – 4。

表 8 – 4　　动梁的运动状态

时间区段	动梁的运动状态和作用	时间区段	动梁的运动状态和作用
4 ~ 5	快速下降	9 ~ 10	第二次加压（中压）
5 ~ 6	慢速下降	10 ~ 11	第三次加压（重压）
6 ~ 7	第一次加压的第一阶段（轻压）	11 ~ 12	慢速上升
7 ~ 8	第一次加压的第二阶段（轻压）	12 ~ 13	快速上升
8 ~ 9	动梁略微上升，粉料排气		

③液压系统的发展趋势：近几年来，国外压机制造公司对压机的液压系统做了大量改进工作，其发展趋势是使系统简单紧凑，调节方便，节省能耗，提高系统的稳定性和可靠性。主要变化如下：

（a）液压系统的动力源由定量泵改为变量泵：压机在不同的工作阶段，需要的流量是不同的，采用变量泵，能根据系统需要，自动调节泵的流量，从而可以提高效率，节省能耗，减少系统发热。目前采用的变量泵有轴向柱塞恒压变量泵、径向柱塞恒压变量泵、轴向柱塞恒功率变量泵。

（b）采用电液比例控制技术：过去，料车速度的控制是在其油路中采用换向阀和节流阀组合的节流调速回路，利用凸轮和接近开关检测料车的位置并发出信号，通过调速回路控制液压电动机的转速，从而实现料车运动速度的改变。这种控制方式，料车一般只有两档运动速度，很难满足模腔内粉料均匀分布的要求。新一代的压机，料车仍然采用液压电动机驱动，但控制元件由凸轮和接近开关改为旋转编码器，将换向阀和节流阀改为比例调速阀。比例调速阀是根据输入电压或电流强度的大小来改变流量的液压

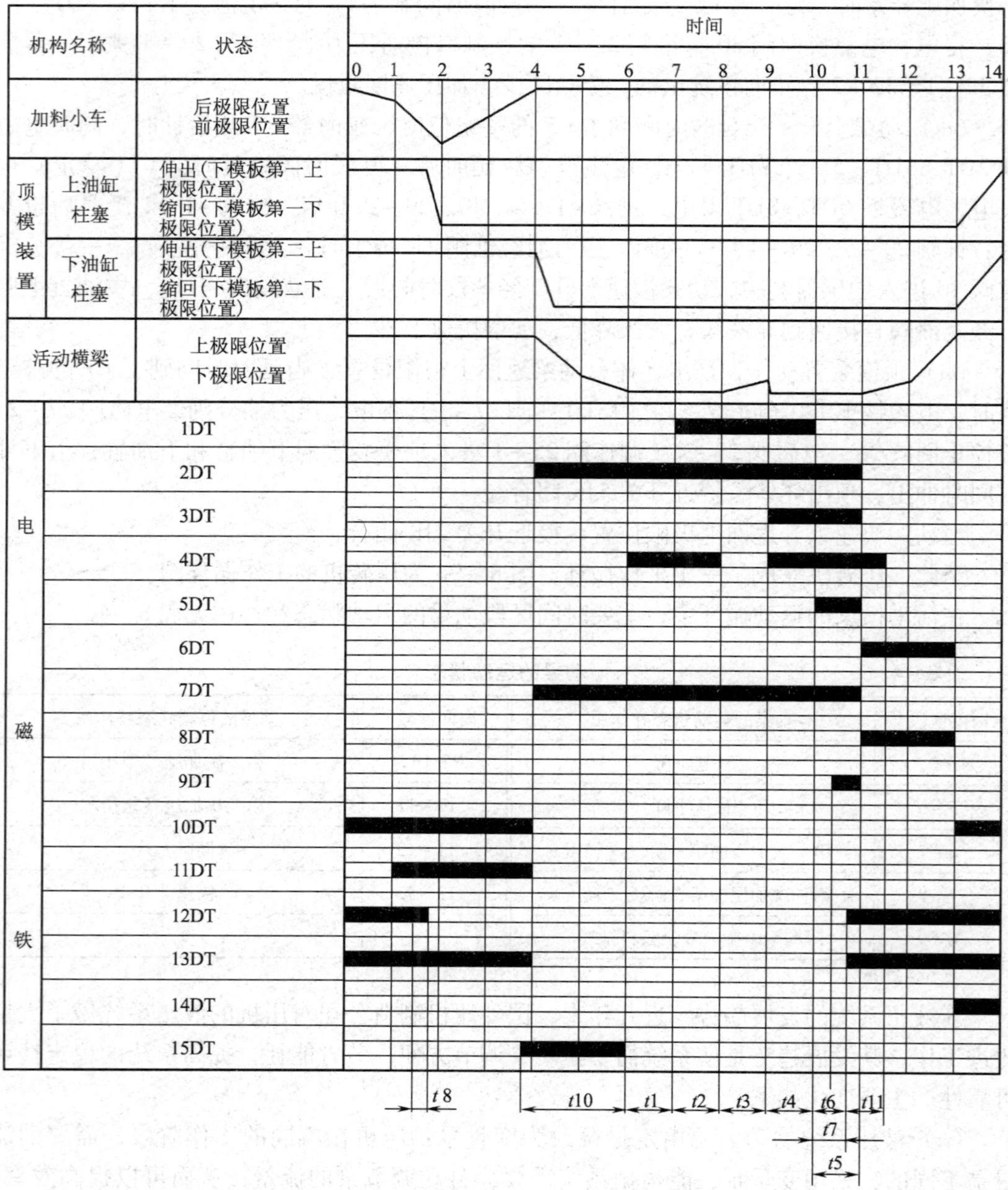

图 8-96　压砖机的工作循环图

阀。旋转编码器实质上是分辨率很高的角度传感器。根据旋转编码器在不同角度位置上发出的信号，通过 PLC 改变比例调速阀的输入电压或电流强度，实现流量的变化，使液压电动机获得不同转速，料车有多种运动速度。

用线性编码器和比例调速阀，可实现梁行程中任意位置速度的无级调节。

（c）十分注意液压油的清洁：有资料介绍，液压系统故障的 80% 是由于液压油污染造成的。为使进入系统液压油的污染度降低，在系统设计中采用了多次过滤，在油泵的吸入管、压力油路和回油路中均设置滤油器。滤油器的过滤精度一般为10μm，也有采用5μm精度的。

（8）排气装置和安全保护装置　排气装置的作用是在压机对粉料两次加压之间，使动梁稍许抬起，以便排除粉料中的空气。为此，可在压机底座上装设弹性支座或排气油缸。图8－97为采用橡胶弹簧的弹性支座。支承座3固装在底座上面，支座高度可通过推杆8和螺杆2的螺旋调节，调节后用螺母7锁紧。用螺母6可调节橡胶弹簧的预压力。橡胶弹簧的预压力大小与排气效果有关。

动梁下降对粉料加压的同时压缩弹性支座，压制后，主油缸活塞上腔卸压，动梁在支座弹性力作用下被抬起，从而实现粉料排气。

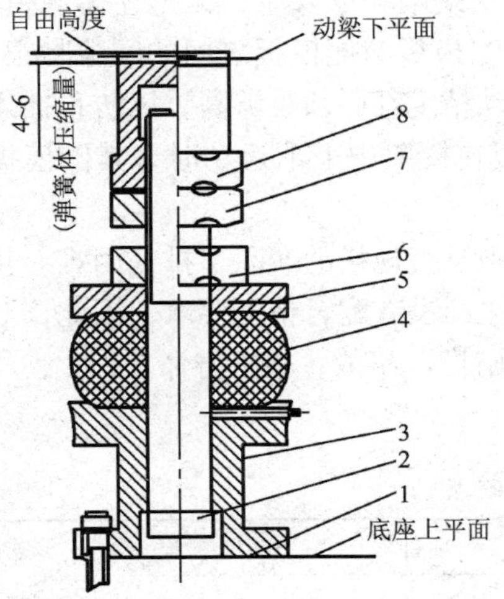

图8－97　弹性支座

1—纸垫　2—螺杆　3—支承座　4—橡胶弹簧　5—压盖　6、7—螺母　8—推杆

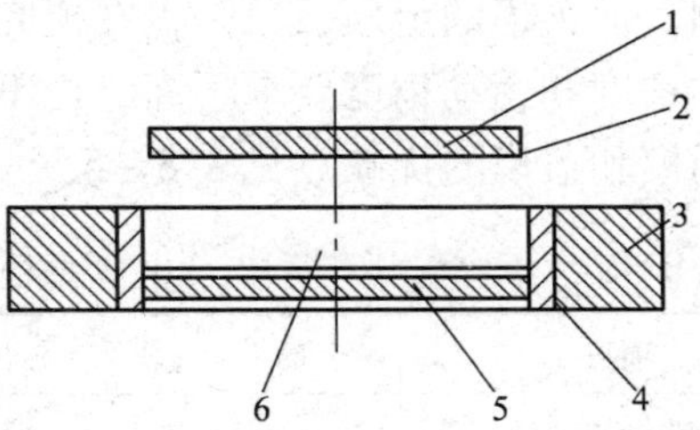

图8－98　模具

1—上模板　2—贴胶层　3—模框　4—侧模板　5—下模板　6—模腔

当操作者擦拭和更换模具时，为防止动梁突然落下，造成事故，压机设有安全装置。安全装置是用横杆操纵的两个顶柱，将横杆抬起，顶柱即可托住动梁。此外，在控制电路中还设有连锁环节。横杆抬起，触发一个接近开关，通过电气连锁，阻止动梁落下。

5. 模具

（1）构造和种类　压制成形用的模具主要由模框和模板组成，如图8－98所示。

模具可按不同方法分类。按照压制工艺不同，分为插模和盖模两种（图8－99）。

按照模板构造不同，分为钢模、贴胶钢模和等静压模。

插模模框是不动的，通过模座固定在压机的工作台上。上模板插入模腔压制，加料和顶出由下模板完成〔图8－99（a）〕。

盖模模框是运动的（一般由数个液压缸支承），上模板的尺寸比模腔大，不能进入模腔，而是盖在模腔上。压制时，上模板把模框压下，粉料在模腔中受压成为坯体。加料和顶出动作一般还是由下模板完成，但也有利用模框的升降来实现的〔图8－99（b）〕。

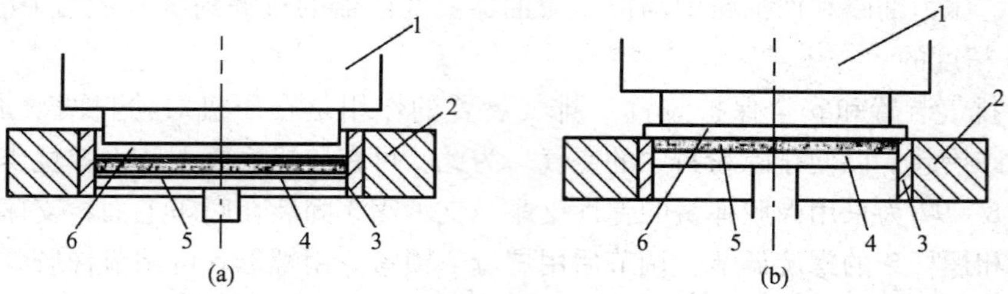

图 8-99　插模和盖模

（a）插模　　（b）盖模

1—活动横梁　2—模框　3—侧模板　4—下模板　5—坯体　6—上模板

插模排气性能良好，只要控制得当，坯体分层缺陷较少发生，无论坯体规格大小，都能压制。但是插模的上模板要插入模腔中，而上模板与侧模板之间的间隙是很小的，有配合精度要求，因此，上模板的尺寸精度和运动精度都必须足够高，以防止插入时与侧模板相碰而造成“啃模”事故。此外，上模板在模腔中上下运动时，其侧模板正面之间在粉尘环境中剧烈摩擦，容易损坏。

盖模排气性能较差，容易产生分层缺陷。特别是大规格的产品，排气困难，甚至无法压制。但盖模的上模板只是盖在模腔上，两者之间没有配合精度要求，因此，对上模板尺寸精度和运动精度要求不高，也不会发生“啃模”事故，模板寿命较长。

插模和盖模的优缺点见表 8-5。

表 8-5　　插模和盖模的优缺点

项目	插模	盖模	项目	插模	盖模
对压机动梁精度的要求	高	低	模板寿命	较短	较长
对上模板尺寸精度的要求	高	低	坯体质量	较好	较差
上模板安装调整	难	易	制品规格	适应性良好	大规格有困难

钢模的全部模板均用模具钢制造，工作面经热处理或化学热处理，以提高硬度，使之更耐磨。钢模的强度和硬度较高，性能良好，长期以来得到广泛应用。钢模的缺点是模板与粉料之间有一定的黏附力，在压力作用下，黏附力使一些粉料粘在模板上，与此同时坯体表面的相应部位出现大小不一的凹坑，影响产品质量，这种现象称为“粘模”。为解决粘模问题，一般的方法是将模板加热，另一个辅助方法是停机擦模，将粘上的粉料擦掉。

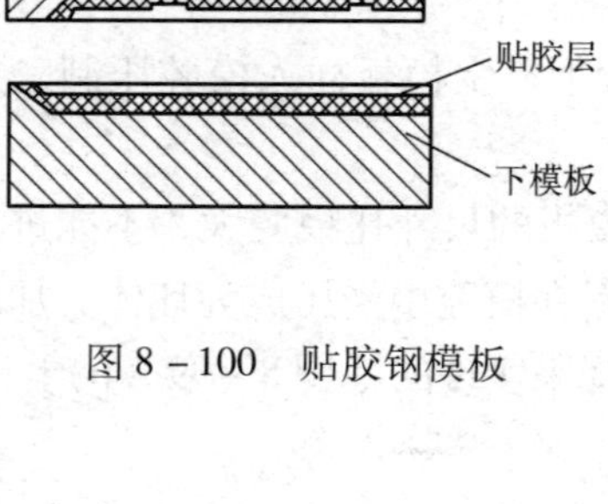

图 8-100　贴胶钢模板

贴胶钢模是在钢质上、下模板的工作面上用强力胶黏剂贴上一层厚 1～2mm 的工程塑料或特种橡胶（如聚氨酯和氟橡胶），如图 8-100 所示。工程塑料或特种橡胶与粉料的黏附力较小，粉料不易粘上，即使模板不加热，也不会有显著的粘模现象，擦模次数大为减少。

用钢模和贴胶钢模压制，坯体不同位置的厚度由几何条件决定，无论模腔中填料是否均匀，压制出的坯体厚度到处是一样的，但由于粉料分布不均匀，坯体不同位置的密度各不相同，粉料多的地方密度大，粉料少的地方密度小，因此烧成时总收缩不一致，特别是烧结程度高的瓷质砖，差别更为明显，从而造成产品形状和尺寸方面的缺陷，如变形和“大小头”等。

等静压模与贴胶钢模相比，只是上模板不同。等静压模的上模板有组合式和整体式两种。组合式等静压模板如图 8－101 所示，主要由基座 4 和后盖 1 等组成。基座中有很多互相分隔的方孔，表面粘贴一层特种橡胶板 7 作为压制工作面。后盖上有油槽，后盖与基座用螺钉 5 连接后，油槽沟通了各个方孔。用油泵经加油嘴（图中未标出）和接口 6 注入压力为 0.3～0.5MPa 的液压油 3，等静压模板即装配完成。

整体式等静压模板的基座和后盖做成一体（图 8－102），结构简单，零件减少，但是基座中的方孔为互相连通的盲孔，加工难度较大。

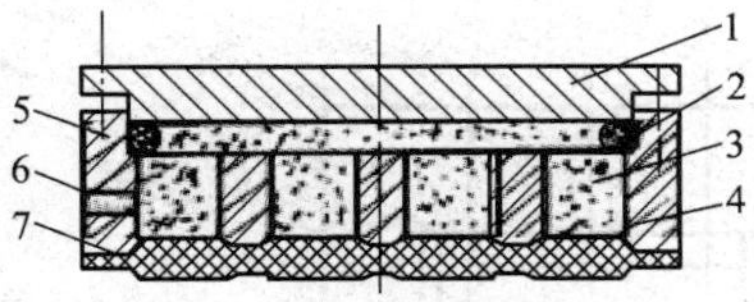

图 8－101　组合式等静压模板

1—后盖　2—密封圈　3—液压油　4—基座　5—螺钉　6—加油嘴接口　7—橡胶板

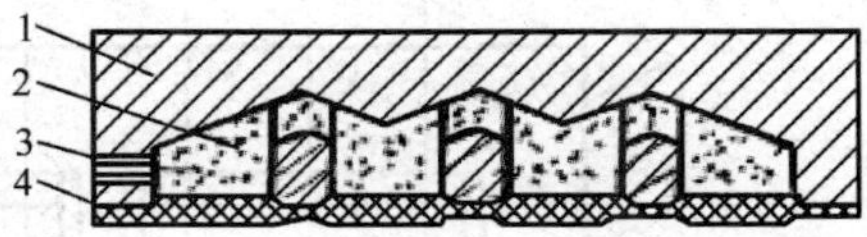

图 8－102　整体式等静压模板

1—基座　2—液压油　3—加油嘴接口　4—橡胶板

压制时，由于模板内液压油是连通的，各点压力相同，作用于粉料上各点的压力基本相同，压力分布均匀，因此，压制出的坯体密度比较均匀，大大减少了焙烧后产品形状和尺寸方面的缺陷。不过，由于模腔中粉料的分布有多有少，造成坯体各处厚薄不一，粉料多的地方坯体较厚，粉料少的地方坯体较薄（图 8－103）。

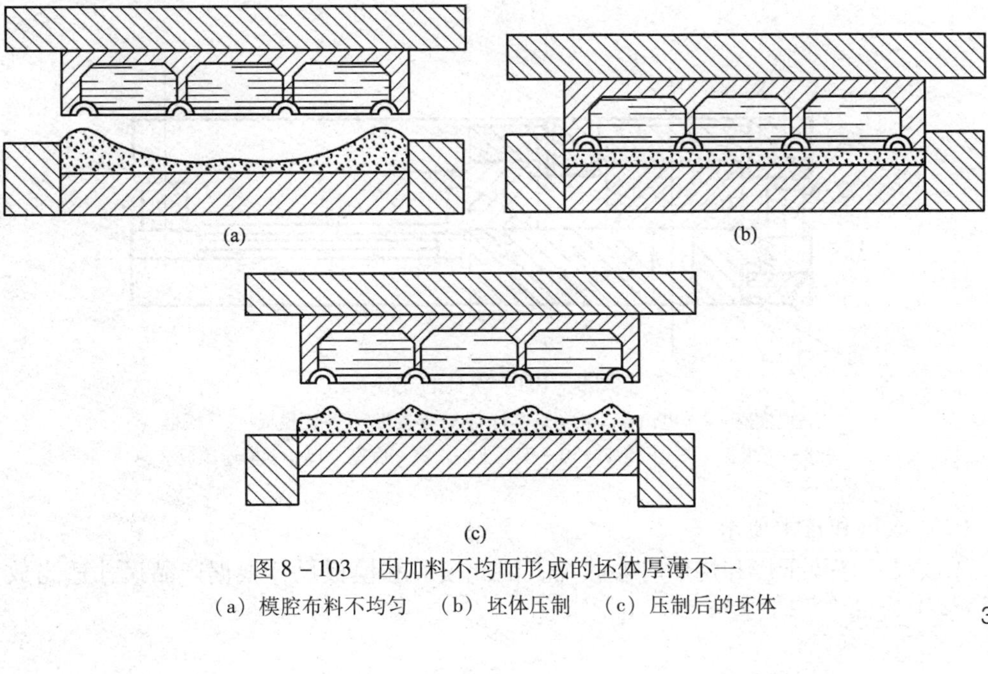

(a)　(b)　(c)

图 8－103　因加料不均而形成的坯体厚薄不一

（a）模腔布料不均匀　（b）坯体压制　（c）压制后的坯体

如前所述，为防止粉料粘模，模具大多装有电热装置，其工作原理同滚头加热相同。加热温度一般为 40～60℃，压制压力大，加热温度要高，反之温度要低些。压机模钢的加热温度可达 70～80℃。电热器通常使用镍铬合金丝绕制的电热棒或电热丝。

模框、模板的安装如图 8－104 所示。模框、侧模板与下模座装配后固定在压机的工作台上。上模板与上模座相连，然后再与动梁连接。下模板装在顶模装置的下模连接板上。

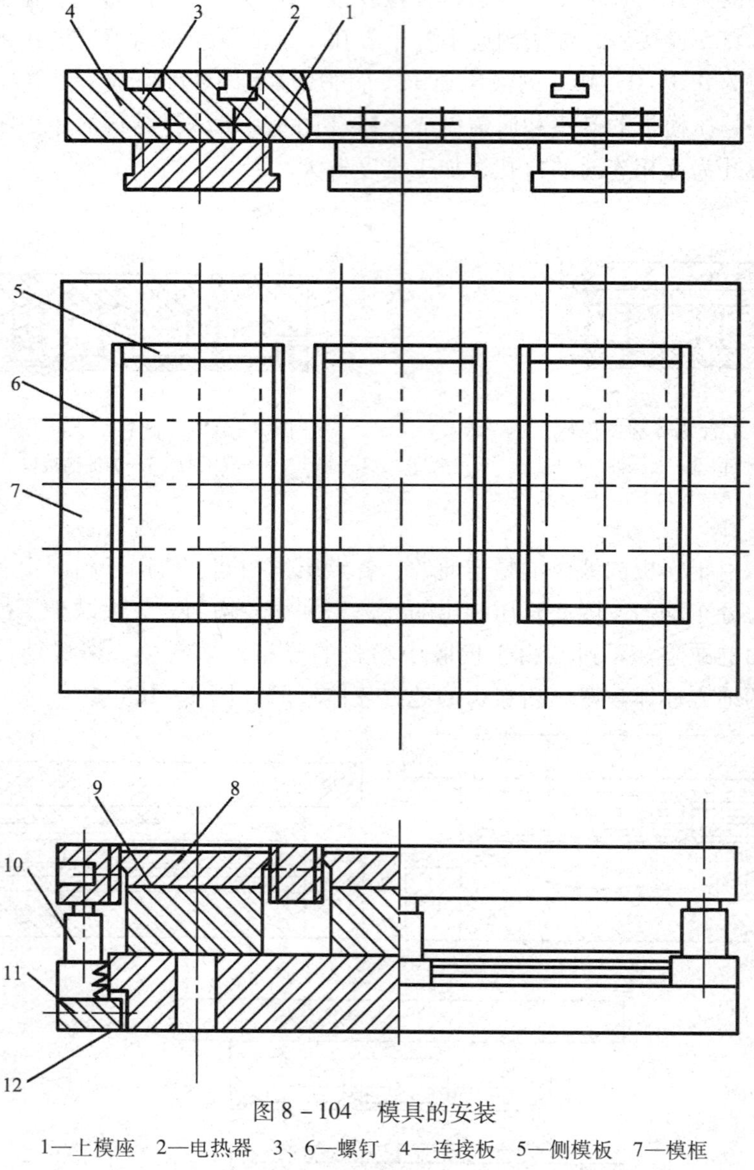

图 8－104　模具的安装

1—上模座　2—电热器　3、6—螺钉　4—连接板　5—侧模板　7—模框
8—下模板　9—下模座　10—模框支柱　11—底座　12—下模连接板

（2）放尺和技术要求

①放尺：坯体干燥和烧成时会收缩，因此模腔和模板尺寸根据产品尺寸适当放大，

这项工作称为放尺。

坯体干燥和烧成的总收缩率为：

$$\alpha = \frac{l_b - l}{l_b} \tag{8-78}$$

式中　α——总收缩率；

l_b——坯体边长，m；

l——烧成后产品边长，m。

坯体的总收缩率与原料的灼烧减量以及产品的烧结程度等因素有关，由试验测定。釉面砖的烧结程度低，总收缩率较小，一般为1%～3%，烧结程度高的瓷质砖，总收缩率可达9%～10%。

坯体脱模时有膨胀现象，膨胀率为：

$$\beta = \frac{l_b - l_m}{l_m} \tag{8-79}$$

式中　β——膨胀率；

l_m——模腔边长，m。

其余符号的意义和单位同前。

膨胀率与原料性能、含水量以及压制压力有关，由试验测定，一般为1%左右。

由上面两式可得：

$$l_m = \frac{l}{(1-\alpha)(1+\beta)} \tag{8-80}$$

令 $k = \frac{1}{(1-\alpha)(1+\beta)}$ 为放尺系数，从而有：

$$l_m = kl \tag{8-81}$$

②排气间隙和脱模斜度：为了排除粉料中的空气，防止坯体分层，上、下模板与模腔中侧模板之间有一定的间隙。间隙太小，排气困难；间隙太大，坯体边部受压不足，结构疏松，强度低，容易造成“毛边”和“掉角”。

间隙大小一般根据坯体的规格确定，坯体大而厚，需要排出的空气量多，且排气困难，间隙要大些；反之，小而薄的坯体，间隙可小些。一般单边间隙为0.05～0.20mm，具体数值由经验决定，下面的经验公式可供参考：

$$\delta = \frac{l}{2000} \tag{8-82}$$

式中　δ——单边间隙，mm；

l——产品边长，mm。

为保证下模板在模腔中四周间隙均匀，下模板的四侧有导向凸台，如图8－105所示。

模具的尺寸精度和形位公差要求高，公差等级一般为IT4～IT6。表面粗糙度要求是：上下模板的工作面 $R_a = 0.4\mu m$，不低于0.8μm，其余为1.6μm；侧模板均为1.6μm。

为了便于脱模，防止坯体边角损坏，侧模板有脱模斜度，如图8－106所示，倾斜角 β 一般为1.5°左右。侧模板的工作面设计成两边对称，一般磨损后可翻边使用。

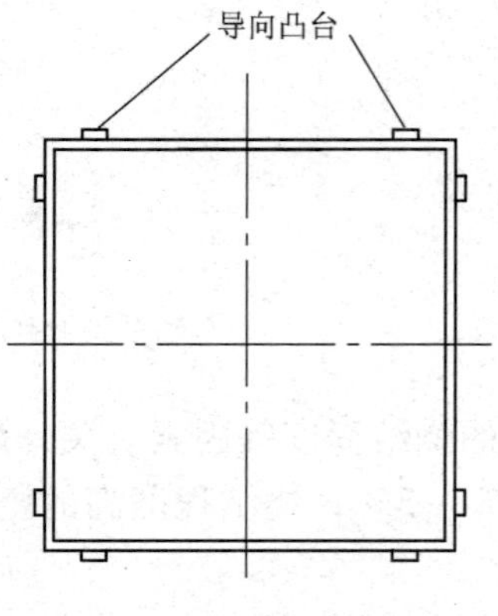

图 8 - 105　下模板的导向凸台

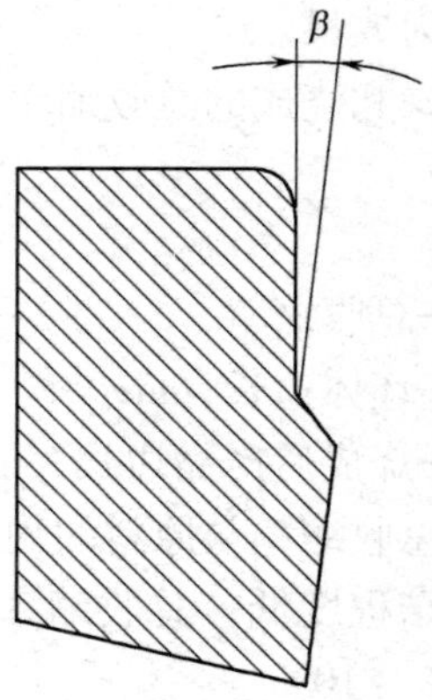

图 8 - 106　脱模斜度

③材料：制造模具的材料首先要有足够的强度和韧性，对于模板的工作面，还要有高的表面硬度（>HRC58）。其次，要有良好的工艺性，包括热加工、切削加工和热处理性能。最后，经济上要合理。目前模框大多用 ZG45 制造；模板用 Cr12MoV，也有用 45 号钢和 9CrSi 的。

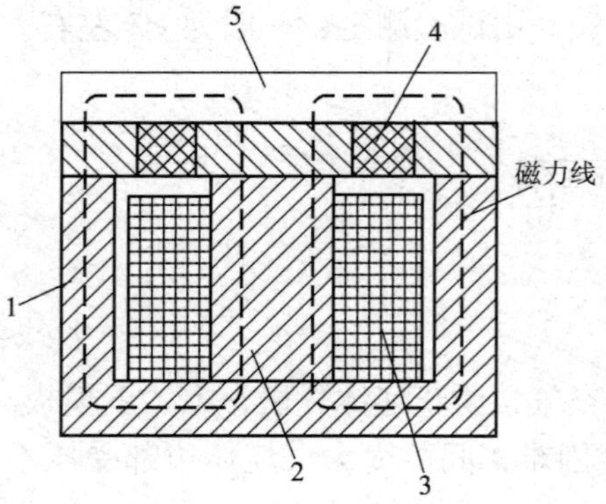

图 8 - 107　电磁吸盘

1—外壳　2—铁心　3—线圈　4—盖板　5—工件

（3）上模板与上模座的连接　上模板与上模座的连接有螺栓连接和电磁吸盘两种。下面仅对电磁吸盘做简单介绍。

电磁吸盘是利用通电的线圈铁心产生的磁力将物体吸引使其保持于固定位置的一种电器，如图 8 - 107 所示。铁心 2 和外壳 1 作为磁路，用铁磁材料（钢或铸铁）制造，以减小磁阻，增大磁吸力。盖板 4 由非铁磁材料（铜、铝或工程塑料）制成，以尽量减少从铁心直接经盖板到外壳的磁力线。当接通电源时，电磁铁动作，磁吸力把工件（模板）吸牢在固定位置上。

磁吸力由下式计算：

$$F=\frac{B^2S}{8\pi}\times 10^7 \tag{8-83}$$

式中　F——磁吸力，N；

B——磁感应强度，T；

S——吸引面积，m^2。

压机模具电磁吸盘工作电压一般为 50V，耐压大于 500V，绝缘电阻 500MΩ。尺寸为 320mm × 100mm 的矩形电磁吸盘功率为 200W 左右。

在断开线圈电源后，磁吸力消失，上、下模板即可卸下。但实际上往往留有剩磁，因此通常都要设置退磁电路，使电路不断地正接和反接，并使电流强度由大变小，以达到退磁的目的。为了方便取下模板，一般在模板侧边铣以凹槽，以便用工具撬下。

国内压机磁力吸持模板有两种情况：一种是仅仅下模板用磁力吸持；另一种则是上、下模板都用磁力吸持。为了防止突然断电时，模板松脱和掉下，造成事故，在控制电路中有连锁环节。线圈一旦断电，主电路马上切断，压机立即停机。

（4）安装　安装前要严格检查零件的加工质量，尺寸精度、形位公差和表面粗糙度应符合图样要求，不合要求的零件不能使用。

安装时，先装模框，将侧模板装入模腔内。模腔的尺寸精度以及工作面的垂直度和平行度应符合要求。侧模板与模框的连接应贴合紧密，最好用键连接。过去用螺钉连接往往发生侧模板下沉的毛病。上、下模板安装时，要求不同模腔的模板对模框顶面的高度偏差以及同一模板四角对模框顶面的高度偏差均小于0.05mm。上、下模板与侧模板之间的间隙要符合要求并要均匀，装好后用塞尺检查。使用一段时间后要复查此项间隙，如有变动，应重装。

三、瓷盘等静压成形机

1. 构造和工作原理

图8－108为单头卧式瓷盘等静压成形机，主要由机架1、成形装置2、加料装置5、

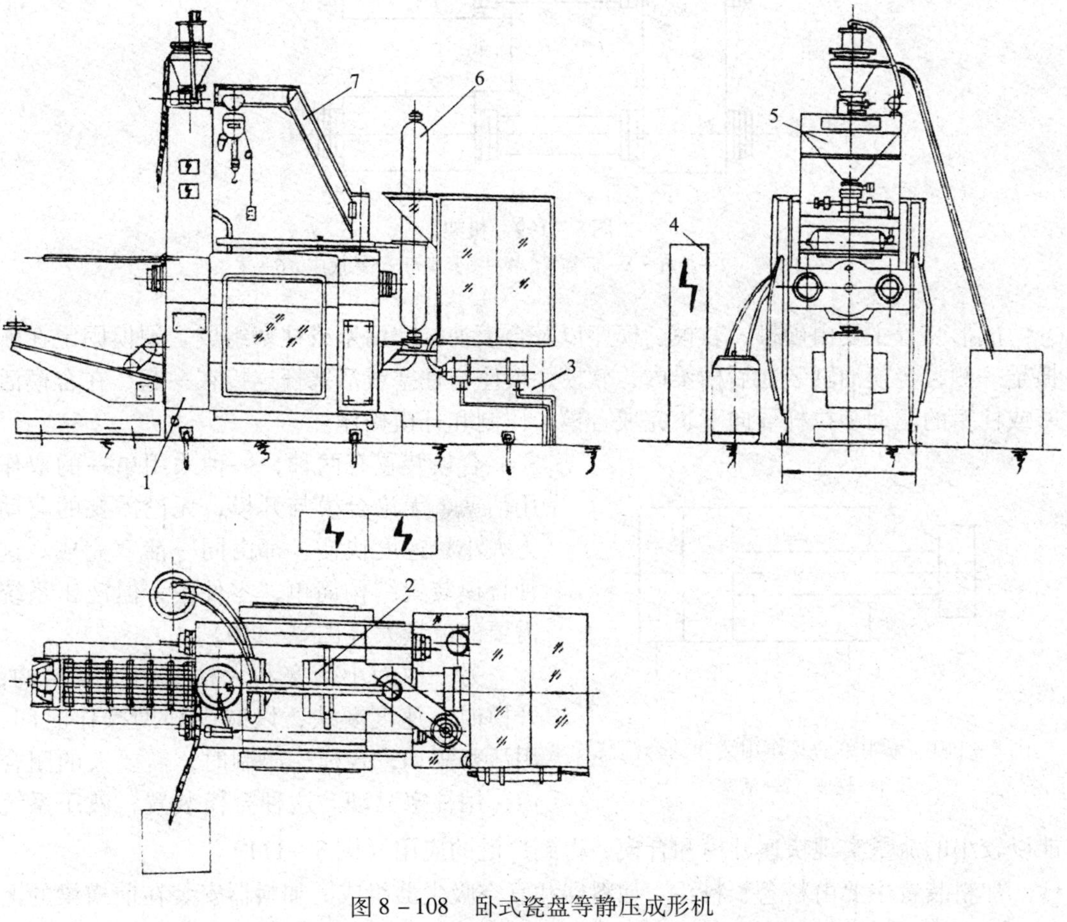

图8－108　卧式瓷盘等静压成形机

1—机架　2—成形装置　3—液压站　4—电气柜　5—加料装置　6—蓄能器　7—起重臂

液压站 3 和电气柜 4 组成。机架为组合式结构（图 8 - 109），前横梁 1、后横梁 3 和两根圆柱形拉杆 2 用锁紧螺母连接成一个框架，承受成形时的全部载荷。框架由支架 6 固定在底座 5 上。

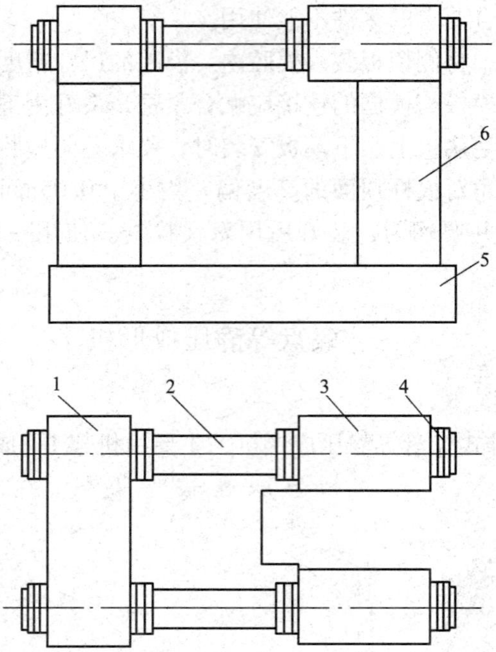

图 8 - 109　机架
1—前横梁　2—拉杆　3—后横梁　4—锁紧螺母　5—底座　6—支架

成形装置主要由硬模、软模、模座以及合模油缸、活塞或柱塞组成。硬模固定在前横梁一侧，合模油缸装在后横梁内，软模、模座与柱塞或活塞杆连接在一起，在合模活塞或柱塞的驱动和拉杆导向下，完成合模、压制和开模操作。

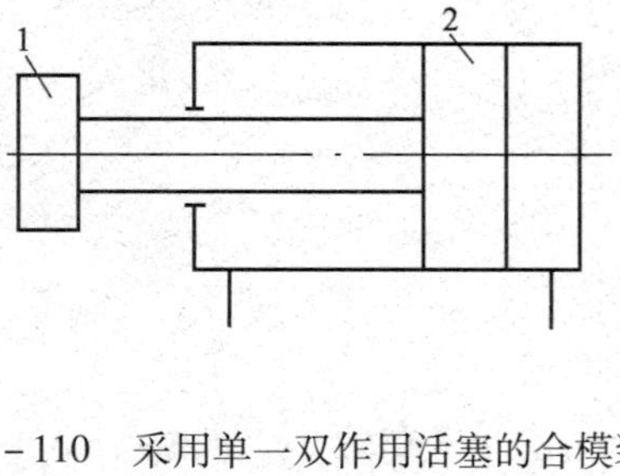

图 8 - 110　采用单一双作用活塞的合模装置
1—模座　2—活塞

合模装置有两种，一种采用单一的双作用活塞，无论合模与开模，无论需要的驱动力大小，速度快慢，都由同一活塞完成。这种合模装置结构简单，零件少，但液压系统需要的流量大（图 8 - 110）。

另一种为小活塞和大柱塞的组合结构，开模时，速度要快，以减少辅助操作时间，用活塞驱动；合模、压制时，需要大的闭合力，用柱塞驱动。这种合模装置，液压系统能以较小的流量实现快速开模和合模，得到广泛的应用（图 8 - 111）。

加料装置主要由料仓、料斗、加料器和真空吸尘器组成。加料器安装在前横梁的上面。加料器出口闸门的启闭由活塞缸控制。加料时，活塞将闸板拉开，粉料由压缩空气

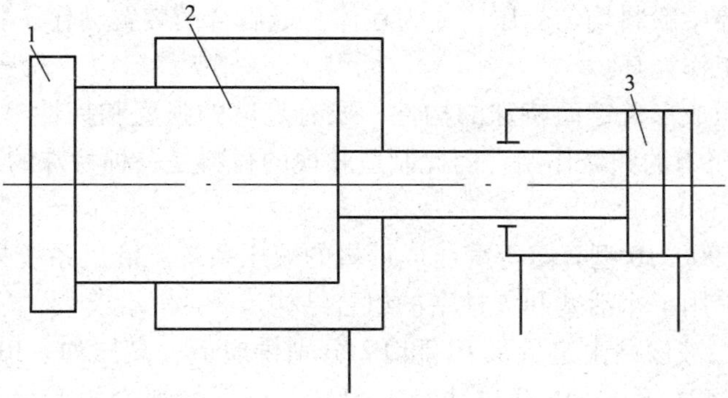

图 8-111 采用活塞与柱塞组合的合模装置

1—模座 2—柱塞 3—活塞

强制加入模腔。加满后，活塞将闸门关闭，多余粉料由真空吸尘器抽走。

成形过程如图 8-112 所示。硬模 1 成形坯体的显见面——正面，表面包有一层坚硬、黏附力小、有弹性的聚氟贴胶层，以保证坯体顺利脱模。软磨 5 成形坯体的非显见面——背面，软模固定在模座 6 上。硬模与模座闭合后，硬模与软模之间形成一个与坯体形状相似、厚度约大一倍的模腔。接着用压缩空气将粉料从加料口强制压入模腔内，

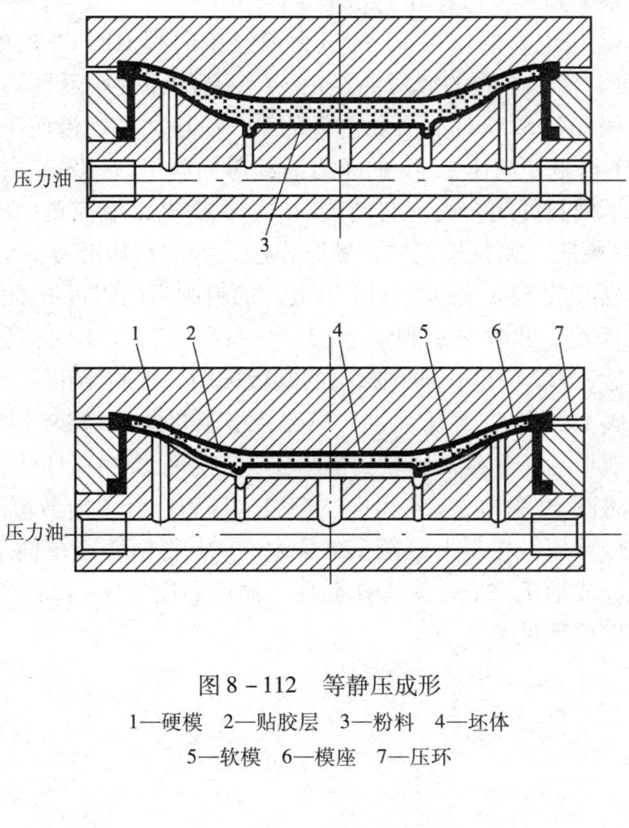

图 8-112 等静压成形

1—硬模 2—贴胶层 3—粉料 4—坯体

5—软模 6—模座 7—压环

进行加料。粉料加满后，关闭加料口，从模座的进油口通入约为32MPa的压力油，将软模顶起，使模腔中粉料均匀受压，成为坯体。最后合模装置动作，将模座拉开，坯体脱模，完成一次工作循环。

软模是等静压成形关键而特殊的构件，要有足够的强度和韧性，并要耐磨和耐油，且能承受32MPa压力的频繁作用，因此制造软模的材料是一种特殊的工程塑料。

2. 液压系统

图8－113为900.10型瓷盘等静压成形机的液压系统。液压系统采用双泵供油。为实现快速开模，采用了小活塞和大柱塞的组合结构。

（1）液压站　液压站由定量泵P1和P2分别供应低、高压油。P1为低压泵，整定压力3MPa，排量42L/min，电动机功率1.5kW，用于快速合模和液压油的循环过滤、冷却或加热。P2为高压泵，整定压力32MPa，排量25L/min，电动机功率为18.5kW，用于开模、增压和对模腔中软模加压以完成等静压成形。

（2）准备系统　系统启动后，y1、y2、y3得电，高低压泵同时工作，向蓄能器AC1和AC2供油，油压逐渐升高。当低压回路的压力达到整定值时，压力继电器K1动作，y2失电，液压油开始循环过滤、加热或冷却。准备阶段结束。

（3）压制过程

①开模：开模用活塞缸。此时y6、y4失电，活塞缸右腔进油，柱塞缸左侧的回油经失电的y3.1、y5和169（回油节流调速）返回油箱，这是开机后第一次开模的回油情况，其后的工作循环回油是返回蓄能器AC1。

②合模：当活塞推到触发行程开关S241时，开模阶段结束，合模的第一阶段开始，此时y2、y3、y4、y5得电，低压泵P1的压力油经单向阀R1、液控单向阀118（由y3控制），进入柱塞缸，活塞右腔的液压油经由y4控制的插装阀返回油箱，合模速度快。当柱塞前进触发行程开关S252时，开始合模的第二阶段，速度慢而闭合力大。此时y2、y3失电，y7、y3、1得电，高压泵P2的压力油经单向阀R2、R3和由y7控制的插装阀进入柱塞缸，增大了模具的闭合力。与此同时，y14得电，液控单向阀119开启，油缸117带动汽缸4抽吸模腔，使软模复位，紧贴模座，为加料作准备。

③加料：当行程开关S240触发，y12得电，加料阀门的阀板被油缸3拉开，粉料由压缩空气强制压入模腔。此时电磁阀y1、y3、1、y4、y7、y14保持原状。当控制加料时间的继电器到时后，y12失电，加料阀门的阀板关闭，加料结束。

④压制：电磁阀y9得电，高压油进入模腔，挤压软模5，将粉料压成坯体。

⑤减压：坯体成形后，如减压过快，软模迅速变形，会损坏坯体，因此，开始时要缓慢减压。此时电磁阀y9失电，y24得电，模腔内压力油经单向节流阀b以很小的流量返回油箱，实现缓慢减压。接着电磁阀y24失电，y25得电，经单向节流阀a回流，直至回油结束。至此，成形机完成一次工作循环，循环周期为6～12s。

液压系统的动作循环见表8－6。

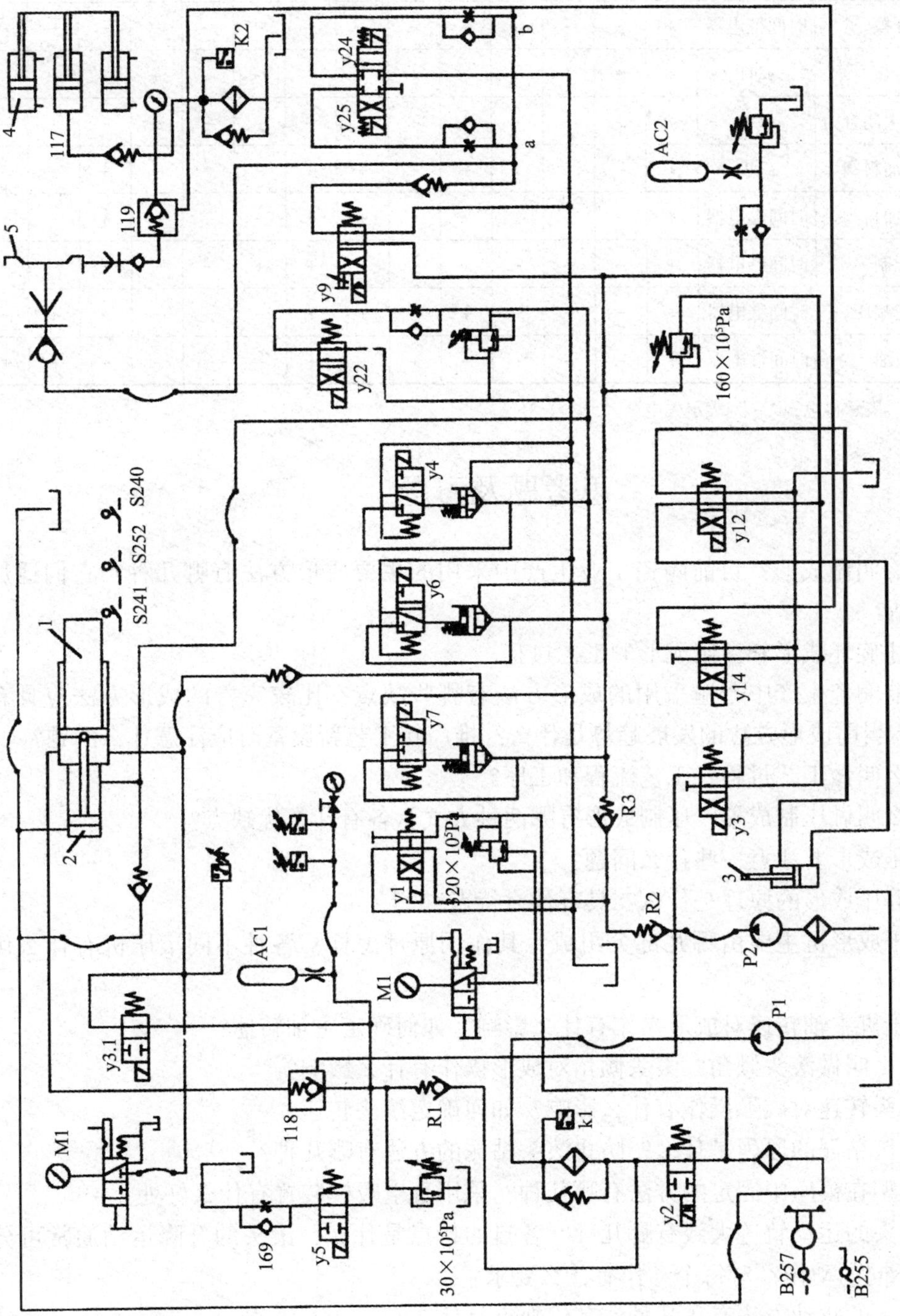

图 8－113　900.10 型瓷盘成形机液压系统图

1—大柱塞　2—小活塞　3—填料油缸　4—同步气缸　5—软模

表 8 –6　　液压系统动作循环表

序号	循环动作	发令元件	y1	y2	y3	y3、1	y4	y5	y6	y7	y9	y12	y14	y22	y24	y25
1	开模	时间继电器	+	–	–	–	+	–	–	–	–	–	–	–	–	–
2	合模	s241	+	±	+	+	+	+	+	–	–	–	+	–	–	
3	合模加大闭合力	s251	+	–	–	+	+	+	+	+	–	–	–	+	–	–
4	打开加料阀	s240	+	–	–	+	+	+	+	+	–	+	–	+	–	–
5	关闭加料阀	时间继电器	+	–	–	+	+	+	+	+	–	–	–	+	–	–
6	压制	时间继电器	+	–	–	+	+	+	+	+	+	–	–	+	–	–
7	缓慢减压	时间继电器	+	–	–	+	+	+	+	+	–	–	–	+	+	–
8	回油	时间继电器	+	–	–	+	+	+	+	+	–	–	–	+	–	+

注：“ + ” 表示得电，“ – ” 表示失电。

思考题及习题

1. 什么叫做成形？目前陶瓷工业生产中采用的主要成形方法有哪几种？它们适用于哪些制品？

2. 简述旋坯成形和注浆成形的工艺过程。

3. 目前陶瓷生产中普遍采用的成形方法有哪些缺点？比较完善的成形方法应具有什么特点？当前成形方法的发展趋势是什么？推广新工艺新设备时应注意什么问题？

4. 什么叫做工艺过程、工艺流程和工序？

5. 什么叫做压制成形？压制成形有哪两种方式？各有什么优缺点？

6. 干压成形要注意一些什么问题？

7. 等静压成形的原理是什么？具有什么特点？

8. 滚压成形机主要由哪几部分组成？其作用原理怎样？各种不同滚压机有什么优缺点？

9. 滚压机主轴转速对成形操作有什么影响？如何确定主轴转速？

10. 什么叫做滚头倾角？滚头倾角对成形操作有什么影响？

11. 滚头转速对成形操作有什么影响？如何确定滚头转速？

12. 滚头粘泥的原因是什么？防止滚头粘泥的方法有哪几种？

13. 模型在模座中固定的方法有哪几种？采用真空吸模装置有什么好处？

14. 滚头的运动轨迹大致有哪几种？各自的特点是什么？滚头的升降运动通常可分成哪几个不同的动作？对每个动作有什么要求？

15. 滚头的驱动方法有哪几种？其优缺点是什么？

16. 对滚头与滚头轴的连接有什么要求？

17. 对滚头材料的性能有什么要求？常用的材料有哪些？各自的特点是什么？

18. 根据坯体尺寸、滚头倾角以及滚头的几何顶点超越坯体中心的尺寸等资料，怎样绘制滚头的工作图？

19. 简述滚压成形主要毛病的产生原因及其防止方法。

20. 什么叫做生产线、自动生产线和半自动生产线？滚压成形生产线一般完成哪些工序？生产线主要由哪些机械设备组成？

21. 按脱模工艺不同，滚压成形生产线分为哪几类？其作用原理怎样？优缺点是什么？

22. 滚压成形生产线的投泥方法有哪几种？各自的优缺点是什么？

23. 在设计生产线上使用的滚压机中要注意哪些问题？

24. 对滚压成形生产线的长圆形链式输送机有什么技术要求？设计中应注意哪些问题？为什么要装设定位机构？插销定位机构有哪几种？其优缺点是什么？

25. 简述链干机的结构及工作原理。

26. 什么叫青坯干燥和白坯干燥？

27. 链干机采用的间歇运动机构应具有什么样的运动特性？

28. 链干机进行热平衡计算的目的是什么？

29. 链干机链条的走向有哪几种？各有什么优缺点？

30. 链干机为什么要设置链条张紧机构？一般采用什么样的张紧机构？张紧机构应设置在什么部位？

31. 链干机吊兰的高度应如何确定？

32. 已知链干机的生产能力为1000件/h，每件坯体的质量为0.5kg，坯体干燥前的相对含水量为22%，干燥后坯体的相对含水量为3%，试计算该链干机每小时蒸发的水分和每小时出链干机坯体的质量。

33. 什么叫做生产线的工作循环、执行机构的运动循环和生产线的工作循环图？为什么要进行循环图的设计？循环图设计的主要任务是什么？

34. 什么叫做运动循环的时间同步化和空间同步化？怎样进行同步化设计？

35. 简述生产线工作循环图的设计步骤。

36. 注浆用的泥浆为什么要经过真空处理？设计连续式泥浆真空处理设备并绘出结构示意图。

37. 离心注浆机主要由哪几部分组成？其作用原理怎样？注浆机主轴转速对注浆操作有什么影响？

38. 用于泥浆的阀门和泥浆的计量装置各有哪几种？设计泥浆的计量装置。

39. 注浆成形生产线主要由哪些机械设备组成？其作用原理怎样？

40. 干压成形的优点是什么？干压成形适用于什么样的制品？

41. 压制成形对粉料有什么要求？

42. 压砖机采用液压系统有什么优点？

43. 简述全自动液压压砖机的构造和工作原理。

44. 液压压砖机中为什么要设置安全装置？

45. YP600型液压压砖机中为什么要设置弹性支座？弹性支座起作用时，主油缸上腔应处于什么状态？

46. 液压压砖机的油箱为什么要充压缩空气？其充压压力一般是多少？

47. 液压压砖机的发展趋势是什么？

48. 液压压砖机为什么要设置增压器？

49. 液压压砖机的动梁与活塞（柱塞）的连接方式一般有哪几种？各有什么优缺点？

50. 模具一般有哪几种分类方法？接不同的分类方法可将模具分为哪几种？各有什么优缺点？

51. 模具的排气间隙和脱模斜度对压制的坯体质量有什么影响？

52. 简述等静压成形机的主要构造和工作原理。

53. 等静压成形机的合模装置有哪几种？各有什么优缺点？

第九章　修坯、施釉和瓷质砖深加工机械

第一节　修 坯 机 械

无论是用可塑法还是注浆法成形的坯体，都要做进一步的修整加工，才能使坯体的形状、尺寸和表面状况符合质量要求。这种对坯体进行修整的操作称为修坯。常用的修坯方法有磨削和车削两种。下面介绍对坯体进行磨削和车削加工的机械设备。

一、磨　坯　机

坯体的磨削加工是在磨坯机上用手工进行的。磨坯机的主要部分是一根带有离合器的立轴，坯体放在固定于轴端的承座上，立轴转动时，由人工用磨具（砂纸或铜筛网）对坯体修磨。磨坯的构造与单头滚压机主轴部件基本相同。磨坯机转速是影响产品质量和生产能力的一个重要因素，转速过高，坯体容易损坏，操作比较困难；转速过低，坯体表面不够光滑，生产能力也低。转速的选择应根据坯体大小由试验确定，一般为300~600r/min。坯体尺寸大，转速的选择应低些；尺寸小，转速可高些。磨坯的坯体的含水量是影响产品质量的另一个因素，一般要求坯体含水量小于4%。磨坯机需要的功率很小，只要0.4kW左右。

二、车　坯　机

对于日用工业品陶瓷来说，车削主要用于加工坯体的底足，故通常把完成这一工艺过程的操作称为挖底，而用于这种操作的机械称为挖底机。

1. 构造和工作原理

挖底机主要由主轴6、承座1、压头2、凸轮轴11以及传动装置等组成，如图9－1所示。在主轴的端部固定着按坯体底足轮廓曲线修磨的样板刀片5，电动机10除带动主轴转动外，还经过蜗轮减速器8带动凸轮7转动，凸轮则通过摇杆9、连杆12和导杆3使压头以一定规律做升降运动。操作时，主轴旋转，坯体由人工放入具有弹性支架的承座内，接着压头下降，压住坯体并进而迫使坯体连同承座一同下降，当坯体底足与样板刀片相碰时，刀片开始对坯体进行切削加工。然后，压头继续下降，刀片继续切削，当压头下降到终点位置时，底足加工完毕。最后，压头上升，坯体也随之离开样板刀片，待压头离开坯体后，由人工取出已经加工的坯体。到此，机器完成一个工作循环。

挖底机有单头和双头两种。与滚压机类似，双头挖底机有两套完全相同的、由主轴、承座和压头等组成的装置，两套装置并排装设并按一定顺序交替作业，由一名工人操作，生产能力可达12~18件/min。

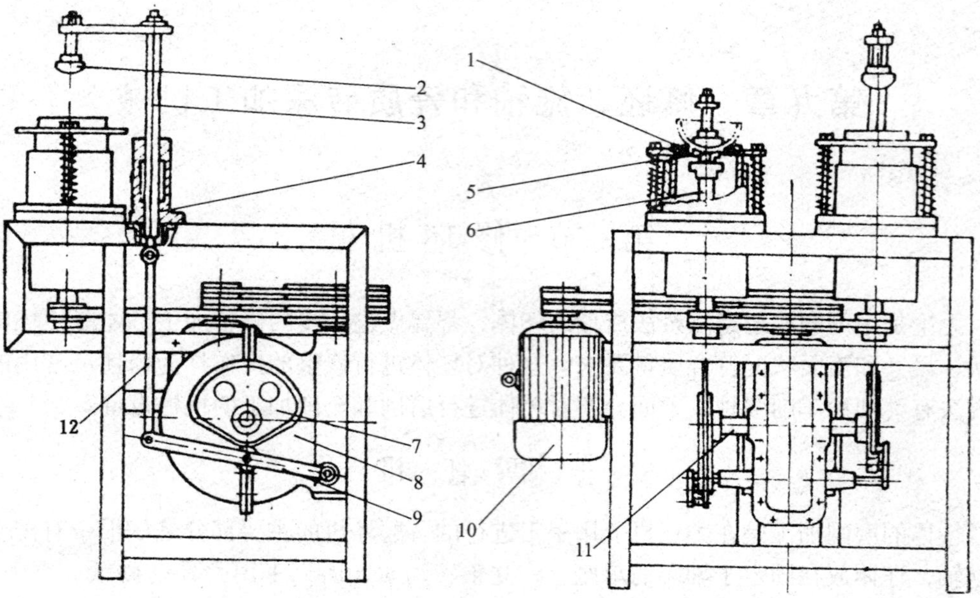

图 9－1　双头挖底机示意图

1—承座　2—压头　3—导杆　4—滑座　5—样板刀片　6—主轴

7—凸轮　8—蜗轮减速器　9—摇杆　10—电动机　11—凸轮轴　12—连杆

2. 刀具

切削陶瓷坯体用的刀具与金属切削刀具基本相同。刀具除应具有一些特殊性质（如硬度、强度和韧性等）外，还应具有一定的形状。挖底机使用的刀具比较简单，一般只有两个表面和一个刀刃。刀具各表面相对于加工对象在空间的位置不同，切削性能差别很大。为了确定各个表面的位置，通常采用了一些能表征表面位置的角度，这些角度称为刀具的几何角度。为了用刀具的几何角度表示出各个表面的空间位置，需要选择一个基准面，这个基准面通常就选择切削平面。如图 9－2 所示，刀刃在切削过程中形成的平面称为切削平面，而通过刀刃并与切削平面垂直的平面称为基面。切屑流出时，刀具与切屑相接触的表面称为前面，刀具与切削平面相对的表面称为后面。刀具的前面与基准面之间的夹角称为前角，以 γ 表示。前角是一个重要的刀具角，前角越大，刀具前面倾斜得越厉害，刀子越锐利，切屑在前面上的摩擦越小，切起来就越省力。但是，前角越大，刀刃强度越低。刀具的后面与切削平面之间的夹角称为后角，以 α 表示。后角的作用是减小刀具后面与坯体之间的摩擦。后角越大，摩擦越小，但是后

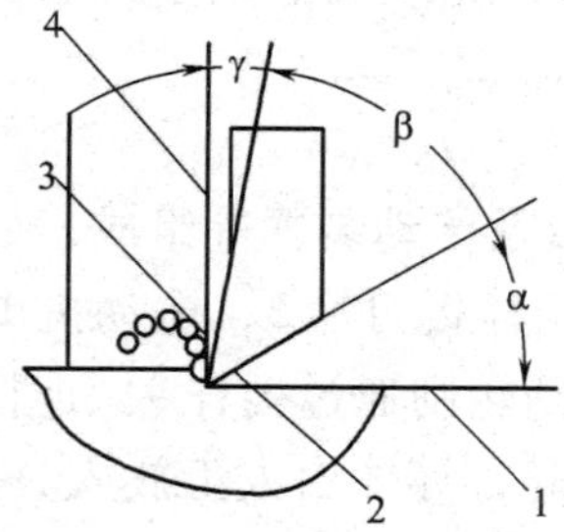

图 9－2　刀具的几何角度

1—切削平面　2—后面　3—前面　4—基面

角增大也降低刀刃的强度。刀具的前面与后面之间的夹角称为楔角，以 β 表示。从图 9－2 可知，上述的刀具几何角度有以下关系：

$$\beta = 90 - (\gamma + a) \tag{9-1}$$

刀具的楔角越大，刀刃的强度越高；反之，楔角越小，强度越低。

干燥的陶瓷坯料属脆性材料。切削脆性材料时刀具的磨损主要在后面上，前面的磨损很小。因此，挖底机的样板刀应有较大的后角，一般取为45°左右，而前角较小，通常前角取为0°。

刀具材料应当有高的硬度和足够的韧性。刀具在切削过程中经受着剧烈的摩擦，因此必须具有高的硬度，使之能经受较长时间的摩擦作用而不致损坏。一般说来，刀具的硬度越高，耐磨性越好，使用寿命越长。此外，在切削过程中，刀具往往还受到一定的冲击力作用，特别是坯体中有粗料夹杂物（如石英砂）时，冲击力会更大。因此，刀具还应有足够的韧性，以免在冲击力作用下产生崩刃的现象。一般说来，材料的硬度越高，韧性就越低。选择刀具材料时要根据实际情况妥善处理。目前常用的刀具材料为钨钴类硬质合金（牌号为 YG6 和 YG8）。

刀具在使用一定时间后要重新刃磨，两次刃磨的时间间隔视刀具的磨损情况而定。通常每个工班刃磨 1～2 次。

3. 主要参数的确定

挖底机的主要参数是切削用量和需要的功率。切削用量是指切削时各运动参数的数量，一般包括三个要素，即切削速度、进给量和切削深度。切削速度是指刀具从加工对象上把切屑切下来的速度。对于挖底机的样板刀来说，刀刃上各点的切削速度是各不相同的。切削速度除与主轴转速有关外，还与该点的转动半径有关。转动半径越大，切削速度也越大。不过，实际上挖底机加工的多是碗、碟类产品，底足的尺寸相差不大。为了方便起见，通常用刀具的转速（也就是主轴转速）代替切削速度作为切削要素。进给量是指刀具（或加工对象）每转一转，加工对象（或刀具）沿进给方向移动的距离，进给量也称为走刀量，以 s 表示。切削深度是加工对象已加工表面和待加工表面的垂直距离，以 t 表示。

挖底机是用样板刀切削的。显然，切削深度是在数值上等于进给量，故实际上只有两个独立的切削要素，这两个要素是主轴转速和进给量。由于坯体的强度很低，不能承受大的切削力，故进给量不宜过大，但主轴转速可以高些。不过主轴转速增加，刀具寿命缩短，机器振动加大。根据实际使用的数据，挖底机的进给量 $s = 0.08 \sim 0.15\text{mm}$，主轴转速 $n = 1500 \sim 2800\text{r/min}$。

挖底机需要的功率，还没有建立有理论根据的计算方法，通常是参照实际使用的数据确定，一般取为 0.2～0.4kW。

第二节　施 釉 机 械

在陶瓷制品的坯体表面上，一般都要覆盖一层粉磨得很细的由长石、石英、黏土以及其他矿物组成的物料，这层物料经高温焙烧后即成为与坯体牢固地结合在一起的一薄层玻璃态物质，这一薄层的玻璃态物质称为釉。釉一般具有光亮、半透明、圆滑和不透水等性质。制品施釉后，表面不易沾污，弄脏后也容易洗涤干净。此外，釉还可以遮盖坯体上的某些瑕疵，增进美观，起着装饰的作用。

作为釉所使用的物料，即通常所谓的釉料，一般都制成泥浆状，利用干燥坯体的吸水性使之黏附在坯体表面上。施釉的方法很多，其中主要有浇釉、浸釉和喷釉等几种。目前施釉操作还有不少是借助于简单的设备用手工进行的，与此同时也有一些半自动的施釉机械，下面介绍其中的几种。

一、浇 釉 机

浇釉机主要由主轴 2、凸轮轴 13、釉浆泵 12、釉浆桶 11 以及机架等组成，如图9－3 所示。主轴上端固定着坯体承座 1，下部为离合器 4，离合器的接合与分离用踏板 6 由

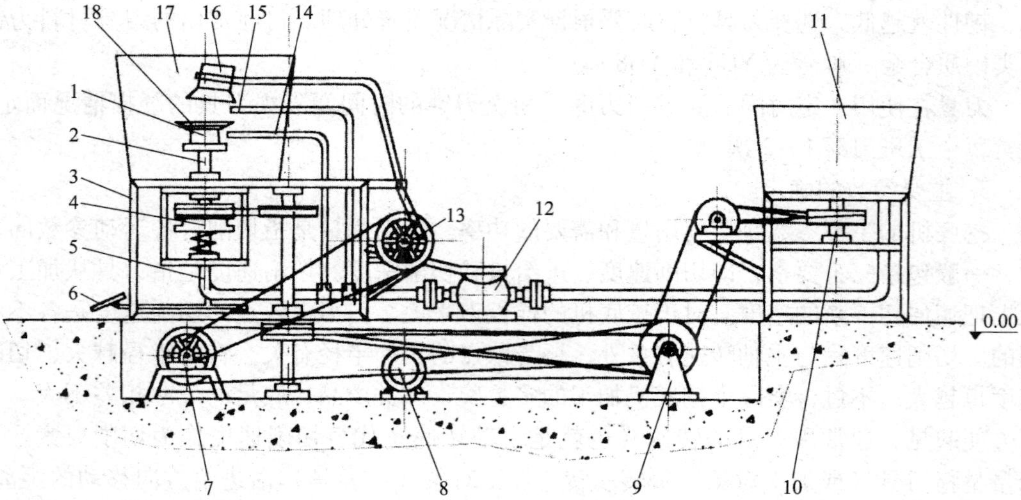

图 9－3　浇釉机示意图

1—承座　2—主轴　3—机架　4—摩擦离合器　5—底釉管　6—踏板　7、9—传动装置　8—电动机　10—搅拌机　11—釉浆桶　12—釉浆泵　13—凸轮轴　14—外釉管　15—内釉管　16—抹水笔　17—釉盘　18—坯体

人工控制。底釉管 5 穿过空心的主轴，使釉浆能向上喷浇在坯体的底部。底釉管 5、外釉管 14 和内釉管 15 共用一台釉浆泵供釉。釉浆泵由一个空心的橡胶球和两只止回阀组成，如图 9－4 所示。当橡胶球受到挤压和由于橡胶的弹性而松回时，使釉浆做间歇式的输送，工作原理与隔膜泵相似。在工作台上装有抹水笔 16。浇釉前，抹水笔自动对坯体内面抹水，清除黏附在坯体表面上的灰尘。釉盘 17 承接从坯体甩出的多余釉浆，多余的釉浆集中后由另一台釉浆泵送回釉浆桶中继续使用。抹水笔和各台釉浆泵的动作由凸轮轴上相应的凸轮控制。施釉的操作过程如下：

（1）用脚按下踏板，使主轴离合器分离，与此同时制动器制动，主轴停止转动。

（2）把坯体准确地放在承座上。

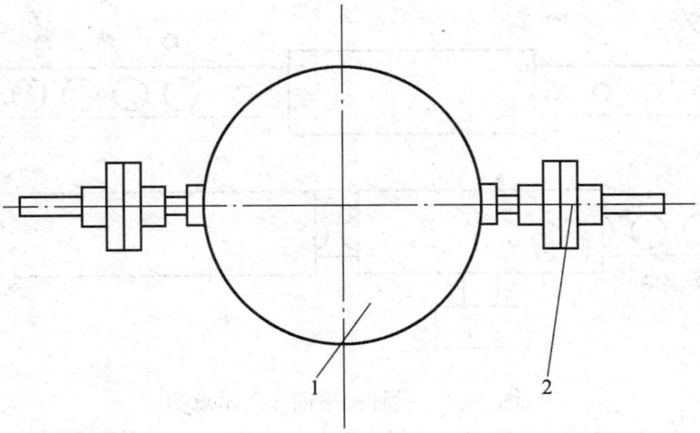

图 9－4　浇釉机使用的釉浆泵

1—空心橡胶球　2—止回阀

（3）松开踏板，离合器接合，制动器松开，主轴转动。

（4）抹水笔自动抹水，清除坯体表面上的灰尘。

（5）三根浇釉管同时往坯体上的不同部位浇上釉浆。

（6）待釉层不沾手后，按下踏板，主轴停止转动。

（7）取出施好釉的坯体，接着把另一个需要施釉的坯体放到承座下，重复以上操作。

浇釉机并排装有两套完全相同的浇釉装置，两套装置交替动作，生产能力可达 11 件/min。浇釉机采用三根釉管同时浇釉，故通常又称为三管施釉机。浇釉机目前多用于盘类产品，其主轴转速约为 200r/min，电动机功率为 1kW。

二、喷　釉　机

用喷釉法施釉的喷釉机有多种不同的结构。不过，无论其具体结构如何，基本上由坯体的输送装置、装有喷釉器的喷釉室、釉雾收集装置、坯体托架的洗涤装置以及干燥器等几部分组成。

把釉喷到坯体上有两种不同的方法，一种是一次喷釉，即坯体在喷釉室中一次同时喷上内釉、外釉和底釉。这种方法的优点是设备的结构简单，缺点是坯体托架接触处不能喷上釉料，有明显的缺釉痕迹。另一种方法是二次喷釉，即坯体首先在一个喷釉室中喷上外釉和底釉，干燥后坯体翻转，使托架支承坯体已经施了釉的那一面，然后再进入另一个喷釉室中喷内釉。这种方法可使坯体全部都有釉层，缺点是设备结构比较复杂。

图 9－5 是采用一次喷釉的喷釉机平面布置示意图。喷釉机主要由一条长圆形（或长方形）的链式输送机 9、喷釉室 4、釉雾回收装置 5、干燥器 6 以及坯体托架洗涤装置 8 等组成。图 9－6 为坯体托架结构示意图。链式输送机的链条带动一列轻型小车沿固定的轨道运动，小车上装有由滚动轴承支承的立轴 3，立轴可自由旋转。立轴的上端固定着坯体托架 2，托架以三个尖端支撑着坯体 1，立轴的下端装有带轮 6，带轮通过与装在喷釉室下面的橡胶带之间的啮合，使立轴转动。这样，当坯体通过喷釉室时能不断旋转，坯体上釉

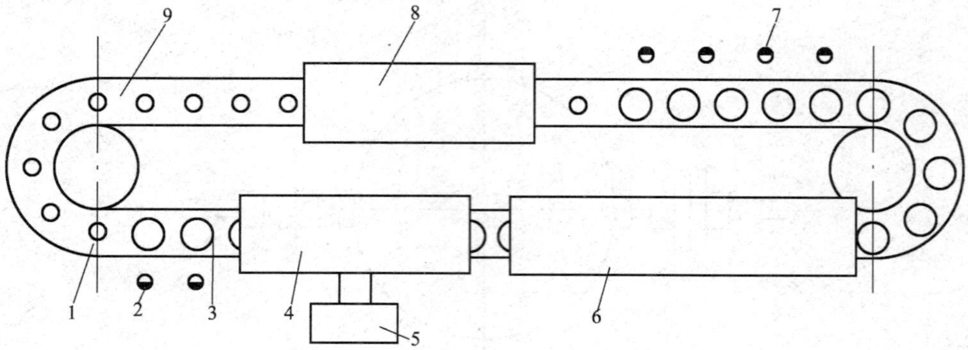

图 9－5　喷釉机平面布置示意图

1—坯体托架　2—装坯工位　3—坯体　4—喷釉室　5—釉雾回收装置
6—干燥器　7—产品检验和卸坯工位　8—坯体托架洗涤装置　9—链式输送机

层厚度比较均匀。为了防止带轮与橡胶带突然入啮合时产生过大的惯性力，设计时要注意让带轮与橡胶带逐渐进入啮合，以尽可能减小惯性力。立轴（见图9－7）转速

$$n = \frac{60}{\pi d}(v + u) \tag{9-2}$$

式中　n——立轴转速，r/min；

d——带轮直径，m；

v——输送机速度，m/s；

u——橡胶带速度，m/s。

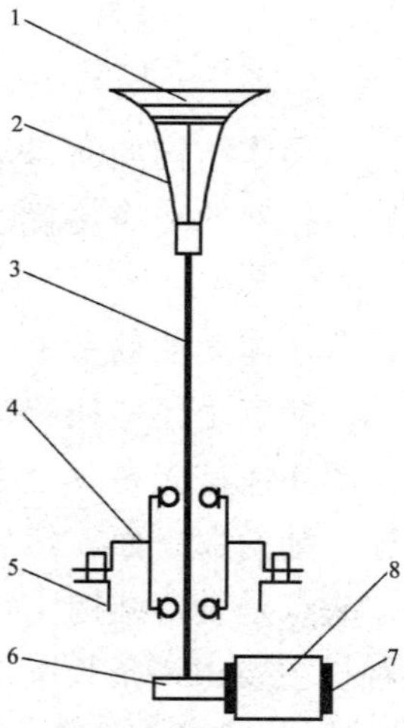

图 9－6　坯体托架结构示意图

1—坯体　2—托架　3—立轴　4—小车
5—轨道　6、8—带轮　7—橡胶带

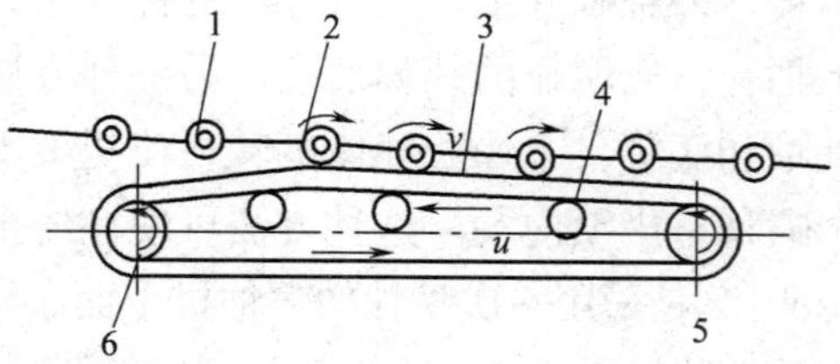

图 9－7　坯体托架的自转装置

1—托架的立轴　2—带轮　3—橡胶带
4—托架　5—从动带轮　6—主动带轮

立轴转速由试验决定，一般取为 60r/min 左右，设计时最好使橡胶带速度能作无级

调节，使用时根据需要进行调节。

喷釉室中有两组喷釉器，一组喷内釉，一组喷外釉和底釉，每组的数目根据产品的大小而定，通常为 2～4 支。喷釉器实际上就是空气雾化器，它利用压缩空气高速喷出把釉浆撕裂雾化。一般说来，增加气流速度，可以得到更细的釉滴。如果压缩空气从轴向进入喷釉器并沿轴向喷出，那么，所产生的釉滴喷炬是窄而长的，雾化角较小。如压缩空气从切线方向进入喷釉器，使之有强烈的旋转运动，那么，所产生的釉滴喷炬的截面是圆形的，喷炬在不同方向的覆盖范围相同，对于尺寸较大的制品，要求喷炬在某一个方向上有较大的覆盖范围，也就是说要把喷炬的截面调整为长圆形。为此，可在喷炬两侧另外喷出两股调整气流，利用调整气流对喷炬的作用把喷炬压扁，如图 9－8 所示。

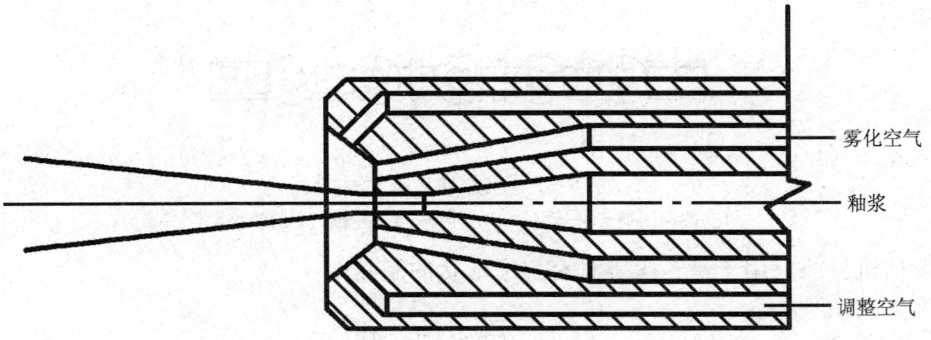

图 9－8　喷炬截面为长圆形的喷釉器

要使坯体上得到厚度均匀的釉层，减小釉料的损失，可在喷釉器与坯体之间加上十多万伏的直流电压（喷釉器接负极，坯体接正极），使釉滴带上电荷。这样，釉滴在电场力的作用下会更加均匀和更为集中地喷到坯体上，这种方法称为静电喷釉。

釉雾回收装置与喷釉室相连，其作用是回收喷釉室中多余的雾状釉滴，以免散布到车间中影响环境卫生和造成釉料损失。釉雾回收装置的构造和工作原理与一般的收尘设备相同。

坯体喷釉后，含水量增加，故设置了干燥器，干燥器可采用热空气干燥或红外线干燥。在托架洗涤处，坯体托架用水冲洗干净，冲洗下来的稀薄釉浆经沉淀、过筛后回收使用。

操作时，在装坯工位由人工将坯体准确地放置在托架上。坯体经过喷釉室施釉和干燥器干燥后，在卸坯工位由人工将已施釉的坯体取出并同时进行质量检查，托架则经过托架洗涤装置冲洗干净，最后返回装坯工位继续装载坯体。

据报道，从喷釉器喷出的釉浆有 15% 喷到坯体上成为釉层，有 75% 在喷釉室中沉降下来直接回收，7% 釉滴由釉雾回收装置收集，2% 在托架洗涤处冲洗下来。因此，釉浆的损失只有 1%。国外一台这种类型的喷釉机，由八名工人操作（包括设备维修人员在内），生产能力达 6000 件/h。

采用二次喷釉的喷釉机，坯体是由钢丝输送机输送的（已发展了一种异型 V 胶带，用以代替钢丝），钢丝输送机的构造和工作原理与带式输送机相似，它主要由两根闭合的平行钢丝 2、传动滚筒 5、改向滚筒 1、托辊 4 和拉紧装置等组成。坯体 3 放在两根钢丝的上面输送。如图 9－9 所示。喷釉机共有两台输送机，每台输送机都配有喷釉室、釉雾回收装置和干燥器，坯体首先在第一台输送机的喷釉室中喷上外釉和底釉，经过干燥后再在第二台输送机的喷釉室中喷上内釉。根据车间设备布置的要求，两台输送机可布置成一直线，也可布置为互成 90°或 180°。坯体的翻转装置是自动工作的。据报道，采用二次喷釉的喷釉机，生产能力为 1500～2000 件/h。

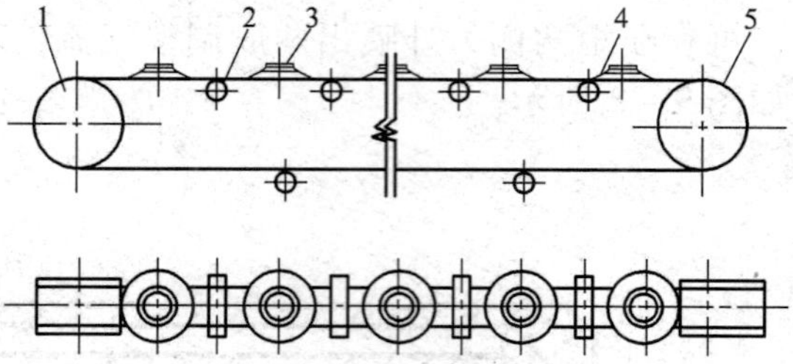

图 9－9　钢丝输送机示意图

1—改向滚筒　2—钢丝　3—坯体　4—托辊　5—传动滚筒

喷釉机目前只用于盘、碟等具有扁平形状的制品。

三、浸　釉　机

浸釉是将坯体要施釉的表面浸入釉浆中，利用坯体对釉浆的吸附能力，使釉料附着在坯体表面上。浸釉对坯体的强度有较高的要求。浸釉机主要用于素烧后的坯体施釉。

图 9－10 为盘碟自动浸釉机示意图。坯体施釉前，由输送带 1 送入除尘箱，坯体经旋转的毛刷 2 和压缩空气喷吹清除坯体上的灰尘。然后由输送带送入釉槽 4，位于釉槽上方的釉料喷嘴 3 连续不断地向坯体喷射釉浆，喷嘴的作用在于防止坯体漂在釉面上。浸釉后的坯体由输送带送出釉槽。离开釉槽后，坯体的内表面会留有余釉，为避免余釉淤积成釉缕，在卸料带上方装有压缩空气喷嘴 5，利用空气吹掉余釉。浸釉后的坯体足部也沾有釉料，需要除去。输送带 6 是由两条速度不一样的宽海绵带组成。由于两带的速度不同，坯体在向前输送的同时会产生旋转运动，从而将其足部的釉层擦去。所有输

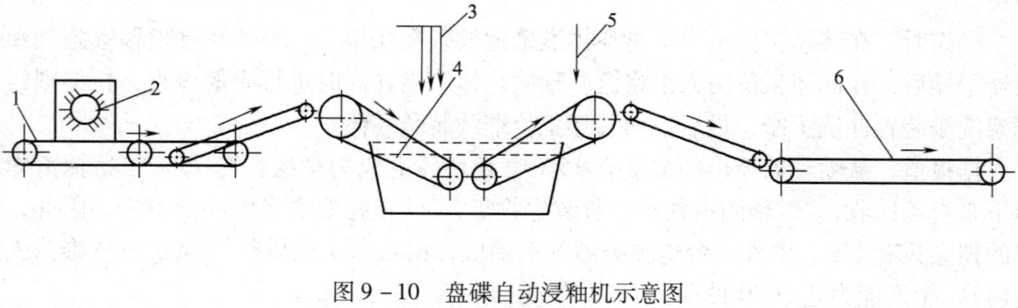

图 9－10　盘碟自动浸釉机示意图

1—输送带　2—毛刷　3—釉浆喷嘴　4—釉槽　5—压缩空气喷嘴　6—宽海绵输送带

送带的速度均可无级调节。浸釉的深度、坯体进入釉槽的角度，可根据坯体的形状进行调节。坯体进入釉槽的最佳角度，坯体在釉中的时间，应根据坯体的形状和釉浆的浓度通过试验确定。图 9－11 表示坯体形状和进入釉槽角度的关系，可供参考。通常汤盘进入釉槽的角度应陡峭些［图 9－11（a）］，平盘进入釉槽的角度应平坦些［图 9－11（c）］，图 9－11（b）所示状态，盘子会漂在釉浆表面上，图 9－11（d）所示状态，盘子会进入送出输送带下方而损坏。

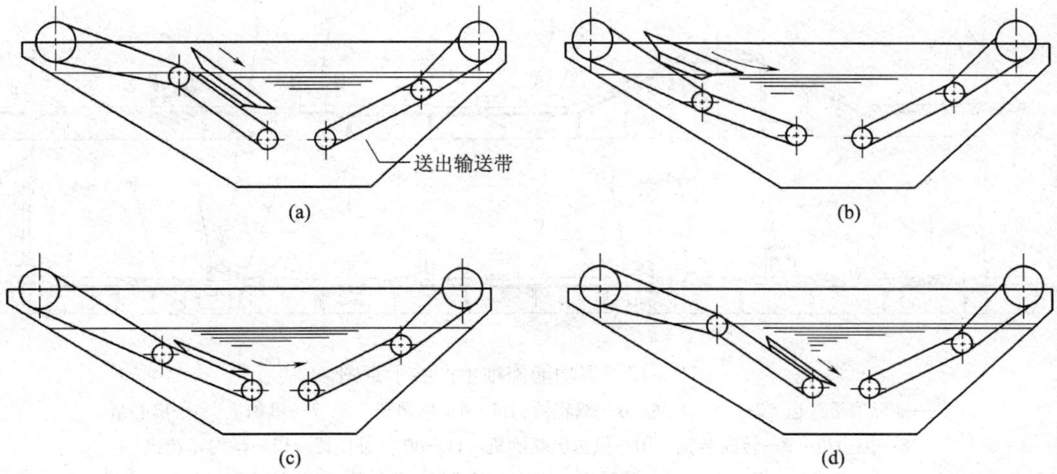

图 9－11　盘碟形状与进入釉槽角度的关系

四、墙、地砖施釉生产线

由于墙、地砖是规则的扁平形制品，因此施釉、彩印等操作可在坯体的输送过程中完成，容易实现机械化和自动化生产。施釉生产线除了完成施釉操作外，还能完成彩印等工序，故又称为多功能施釉线。

1. 墙、地砖施釉方法

墙、地砖施釉的方法有喷釉法、淋釉法、甩釉法及干法施釉等几种。下面分别介绍它们的特点。

（1）喷釉法　喷釉法是利用压缩空气喷出时的高速气流将釉浆雾化。喷釉法施釉能保证釉层厚度均匀，机械化程度高；缺点是釉层与坯体的附着力稍差，釉面不够平滑。

（2）淋釉法　淋釉法是让坯体通过一釉浆幕，使坯体表面黏附上一层薄薄的釉料。淋釉法使用的设备简单，釉面光滑平整，没有波纹，但坯体四周往往有釉浆黏附，必须除掉。

（3）甩釉法　甩釉法是利用甩釉盘高速旋转时，釉浆在离心力作用下被拉成薄膜，从甩釉盘边缘甩出而雾化成釉滴的。用甩釉法施釉，釉层厚度比较均匀，釉浆与坯体的附着力强，釉面平滑。此外，还可利用甩釉盘转速的快慢在坯体表面形成斑点或疙瘩釉从而得到一种特殊的装饰效果。目前墙、地砖生产中广泛采用甩釉法施釉。

（4）干法施釉　干法施釉是先在坯体表面按所设计的画面用丝网印花机印上一种胶黏剂（如浆糊），然后把粉状釉料均匀地撒在坯体表面，最后用压缩空气喷吹。这样一来，有胶黏剂的部位，釉料被黏住，没有胶黏剂的部位，釉料被空气吹走。采用干法施釉，可以获得湿法施釉无法达到的装饰效果。如可得到类似大理石、花岗岩及云石等具有天然质感的釉面。

2．多功能施釉生产线的组成和工作原理

多功能施釉生产线主要由带式输送机和安装在带式输送机上的双辊清扫机、供料装置、施釉机、擦边机、转向装置、补偿器、丝网印花机等组成，如图 9－12 所示。

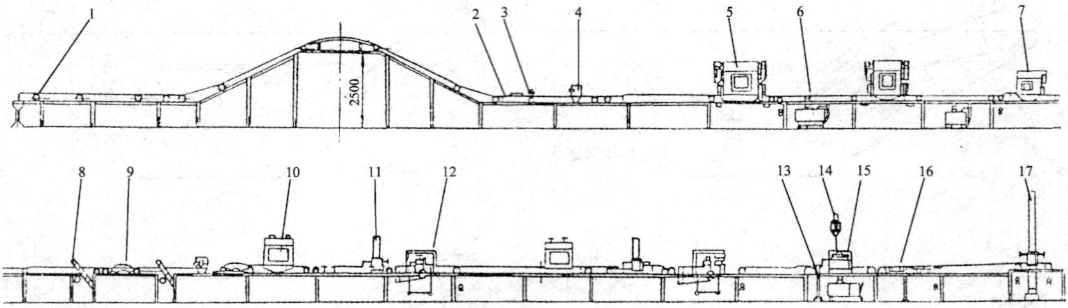

图 9－12　多功能施釉生产线示意图

1—锥形滚子弯道　2—供料装置　3—双辊清扫机　4—吹风机　5、7—甩釉机　6—离心泵　8—擦边机　9—转向装置　10—保护膜喷洒机　11—40 型补偿器　12—丝网印花机　13—泵　14—振动筛　15—喷釉机　16—上底面保护膜装置　17—120 型补偿器

从干燥器出来的坯体，由带式输送机输送，依次经过各台单机，完成施釉、彩印等全部工艺操作，最后装车储存。

下面对施釉线上的各台单机分述如下：

（1）带式输送机　施釉生产线的带式输送机由多台输送机组合而成，每台输送机由各自的电动机驱动，速度可无级调节，以满足不同的施釉工艺要求。输送带一般采用 V 带，在施釉部位采用断面为五边形的异型胶带（见图 9－13），以减少输送带与坯体的接触面积，从而保持坯体底面和输送带的清洁。

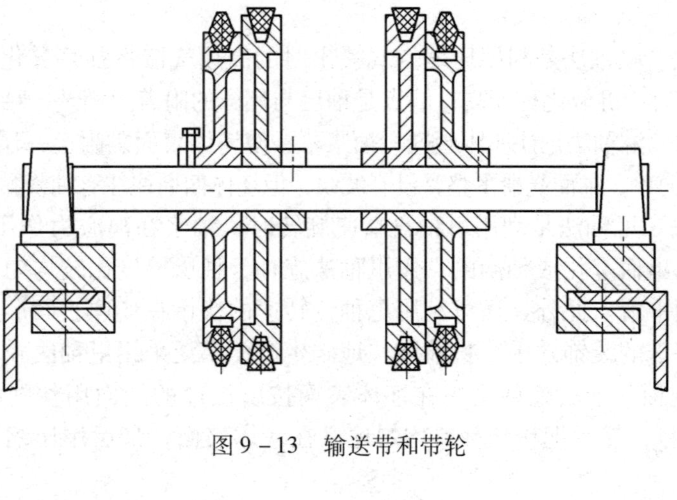

图 9－13　输送带和带轮

坯体在输送带上较易出现的问题是跑偏，即坯体与输送方向不垂直（见图9－14），这种现象多发生在主动带轮附近，故障的排除方法见表9－1。

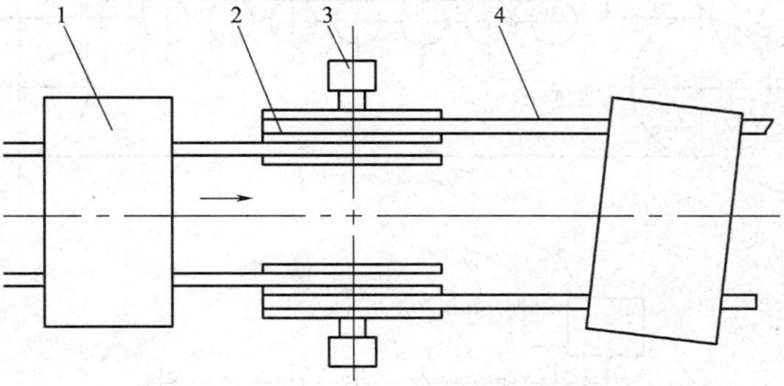

图9－14　坯体的跑偏

1—坯体　2—带轮　3—轴承座　4—输送带

表9－1　　坯体跑偏的原因及排除方法

故障现象	产生原因	排除方法
坯体与输送方向不垂直	（1）两输送带嵌入的深度不同，致使线速度不一致 （2）两输送带高度不一样 （3）两轴承座不在同一水平面上 （4）带轮轴线与输送方向不垂直	（1）更换输送带 （2）加挡坯板，见图9－15 （3）将两轴承座调至同一水平面 （4）调节轴承座位置，使带轮轴线与输送方向垂直

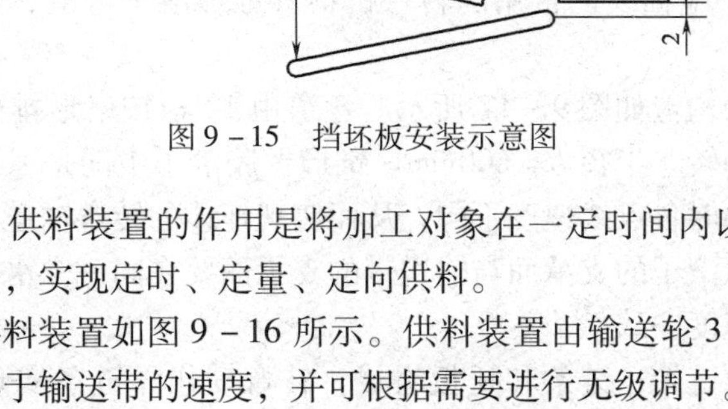

图9－15　挡坯板安装示意图

（2）供料装置　供料装置的作用是将加工对象在一定时间内以一定数量按确定的位置送到加工工位上，实现定时、定量、定向供料。

施釉生产线的供料装置如图9－16所示。供料装置由输送轮3和输送带2等组成，输送轮的圆周速度小于输送带的速度，并可根据需要进行无级调节。

在输送轮处，坯体紧密排列，离开输送轮后，由于输送带的速度较快，坯体之间将按一定的间距排列，可以证明，坯体的间距为：

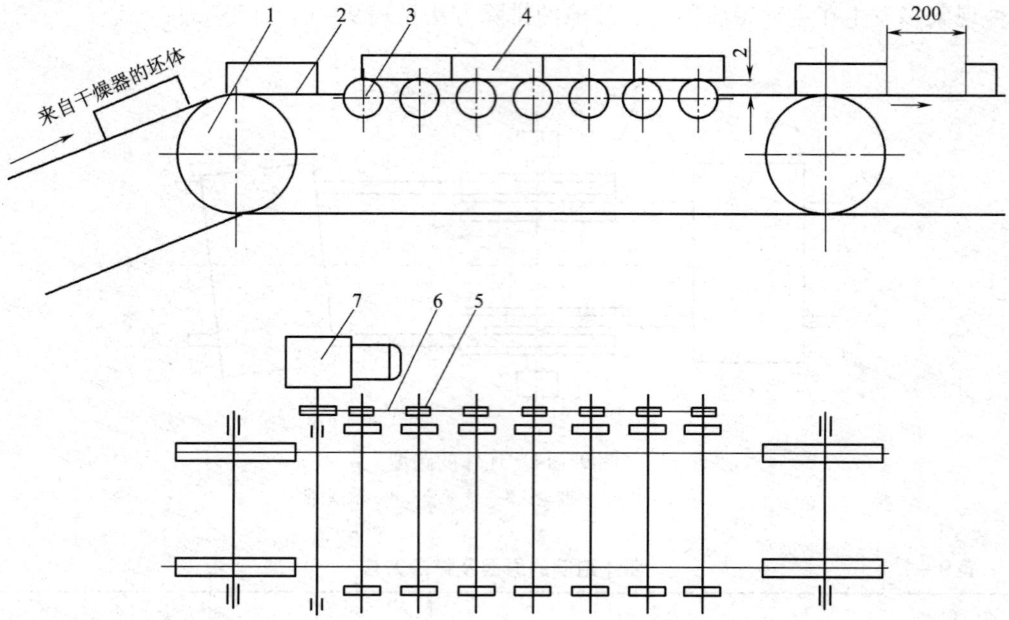

图9－16　施釉生产线的供料装置示意图

1—带轮　2—输送带　3—输送轮　4—坯体　5—链轮　6—链条　7—电动机和无级变速器

$$b = L\left(\frac{v}{u} - 1\right) \tag{9-3}$$

式中　b——坯体间距，m；

L——坯体长度，m；

v——输送带的速度，m/s；

u——输送轮的圆周速度，m/s。

从上式可知，调节输送轮的转速，可以改变坯体之间的间距。如果在输送轮转速的调节范围内不能得到满意的结果，则应调节输送带的速度。

为了保证坯体的顺利输送，输送轮的支承面应比输送带的支承面高2mm左右。

（3）转弯机构　施釉线上常用的转弯机构有锥形滚子弯道、链板弯道和带式弯道三种。

锥形滚子弯道的构造如图9－17所示。弯道由12根按扇形排列的锥形橡胶滚子和传动装置组成，平均转弯半径$R=600$mm。锥形橡胶滚子中间是一根轴，上面装有若干个锥形橡胶圈，转动时各点线速度不同，从而实现坯体的转弯输送。

安装时，应注意滚子的支承面与输送带的支承面要在同一个水平面上，滚子的圆周速度应与输送带的速度一致。

链板弯道主要由链轮、链条和托板组成。转弯动作靠链条实现，托板用来支承坯体，如图9－18所示。

带式弯道主要由滚筒、圆形输送带、滚轮或导向板等组成，见图9－19。

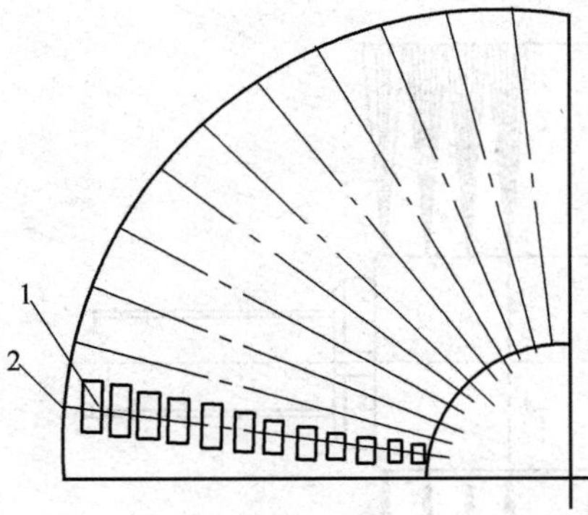

图9－17　锥形滚子弯道示意图

1—锥形橡胶圈　2—轴

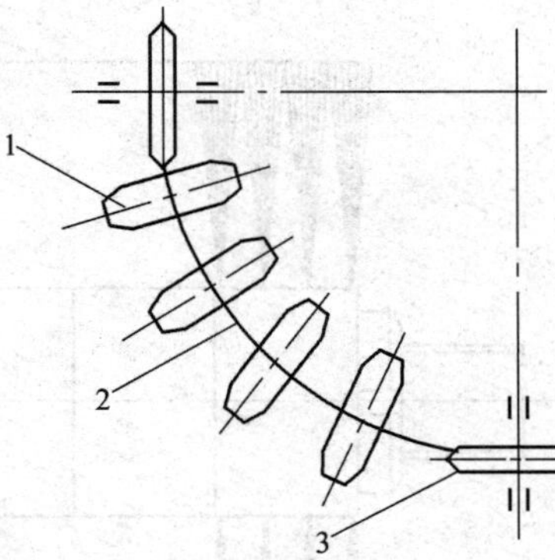

图9－18　链板弯道示意图

1—托板　2—链条　3—链轮

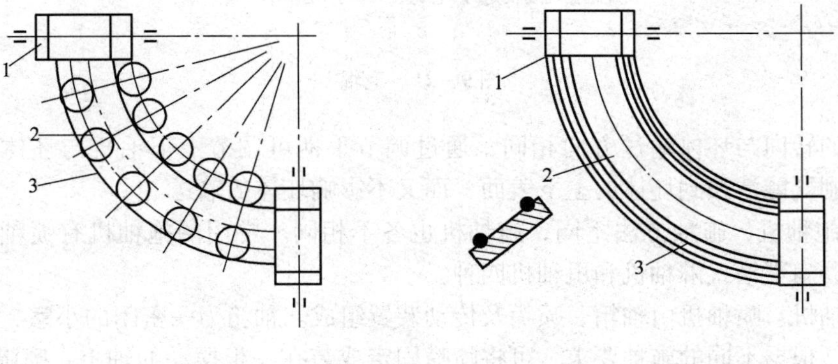

图9－19　带式弯道示意图

（a）滚轮导向　（b）导向板导向

1—滚筒　2—滚轮或导向板　3—圆形输送带

（4）双辊清扫机　双棍清扫机又称毛刷清扫机，用于清扫粘在坯体表面的灰尘和杂物。坯体从一对滚动的毛刷（称毛辊）中间通过，使上下表面均得到清扫，如图9－20所示。毛辊的结构见图9－21。

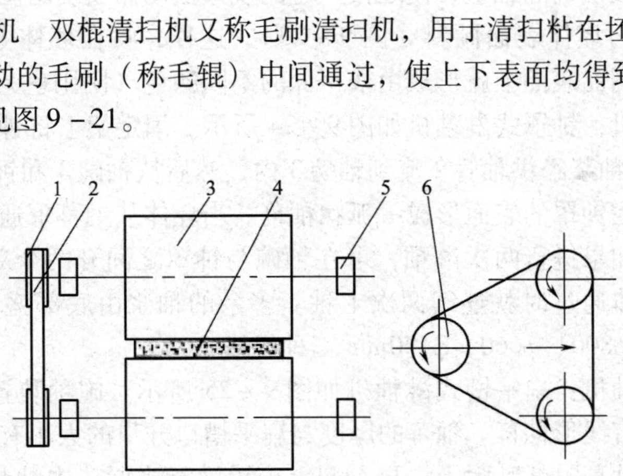

图9－20　双辊清扫机示意图

1—毛辊带轮　2—V带　3—毛辊　4—坯体　5—轴承座　6—主动轮

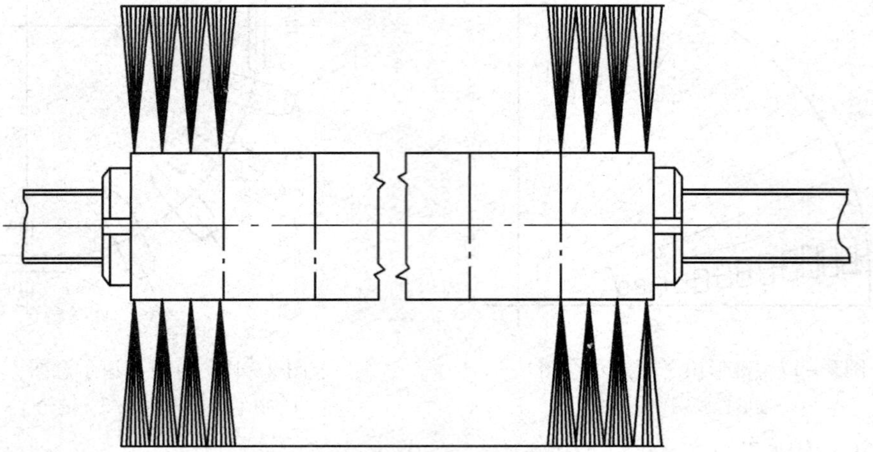

图 9－21　毛辊

毛辊的转向与坯体输送方向相同，通过调节手柄可调节上下毛辊与坯体之间的间隙，使毛刷既能清扫到坯体的上下表面，而又不影响坯体的输送。

（5）施釉机　施釉方法不同，施釉机也各不相同。常用的施釉机有喷釉机、钟罩式淋釉机、扁平槽式淋釉机和甩釉机四种。

①喷釉机：喷釉机由釉箱、喷嘴及传动装置组成。釉箱为一密闭的小室，喷嘴安装在釉箱中。根据不同的施釉要求，可将喷嘴固定或装在一根摆动的轴上。喷嘴如图 9－22 所示。釉浆靠重力或用泵送入喷嘴，雾化空气由空压机或空压站供给，压力一般为 0.2～0.4MPa。

在施釉线中，喷釉机多用于喷云雾状图案和明暗（阴阳）图案。喷云雾状图案时要将喷嘴安装在一根摆动的轴上，使之按一定的规律摆动。喷明暗图案时，喷嘴要对着坯体边缘附近，并与坯体表面倾斜（图 9－23），这样，喷在坯体上的釉层将一边薄，一边厚，烧成后，制品表面上就形成由浅至深的不同颜色（阴阳色）。

②钟罩式淋釉机：钟罩式淋釉机如图 9－24 所示。固定架 1 将钟罩 4 悬吊在坯体上方 150mm 左右处。釉浆经供釉管 2 流到釉碗 3 内，然后从釉碗 3 和钟罩 4 之间的长方形扁口中自然流下，在钟罩的表面形成一弧状釉幕。当坯体从釉幕下通过时，坯体表面就黏附了一层釉料。如果进行两次淋釉，可在釉碗与钟罩之间开两个对应的长方形扁口，形成两条釉幕，坯体通过时就连续两次上釉。多余的釉浆由底部盛釉池收集后回收再用。常用的钟罩有 ϕ800、ϕ660、ϕ440mm 三种规格。

③扁平槽式淋釉机：扁平槽式淋釉机如图 9－25 所示。施釉装置为一扁平状漏斗，流出的釉浆形成一直线形釉幕。釉幕的厚度与扁平槽口开口的大小有关，可根据需要进行调节。坯体通过釉幕时就黏附上一层釉料。应该注意当漏斗中釉浆液面发生变化时，容易使釉幕发生变化，从而影响施釉质量。

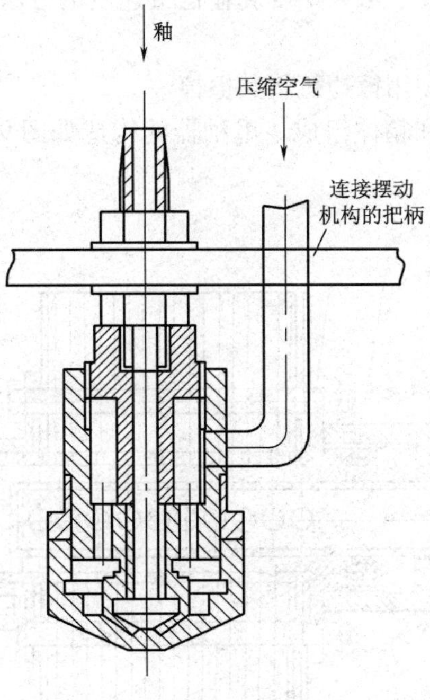

图 9-22　喷嘴

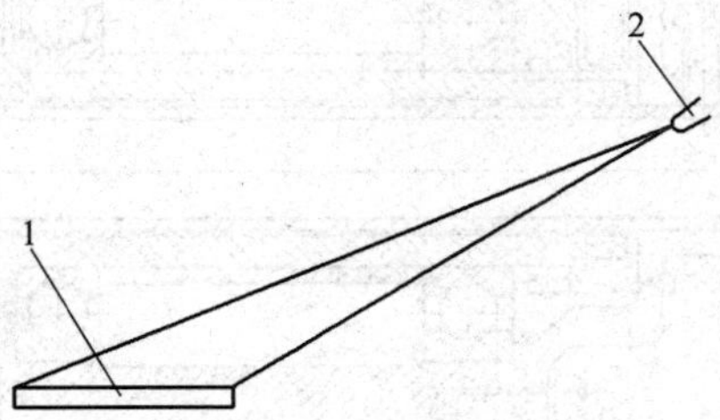

图 9-23　喷明暗图案时喷嘴安装示意图

1—坯体　2—喷嘴

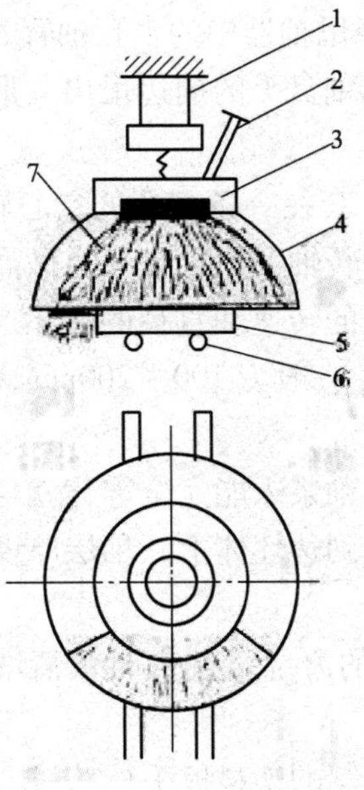

图 9-24　钟罩式淋釉机示意图

1—固定架　2—供釉管　3—釉碗

4—钟罩　5—坯体　6—输送带　7—釉幕

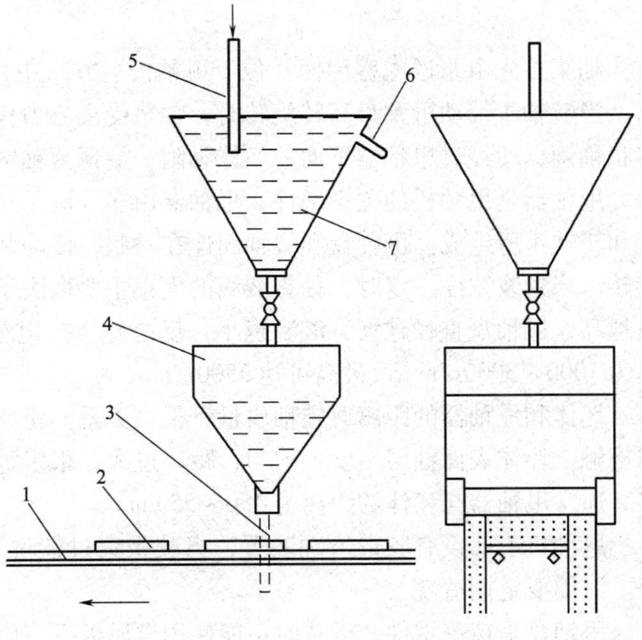

图 9-25　扁平槽式淋釉机示意图

1—输送带　2—坯体　3—釉幕　4—流釉槽

5—釉管　6—溢流管　7—储釉箱

钟罩式和扁平槽式淋釉机可采用调节釉幕厚度、釉浆浓度和输送带速度的方法来调节坯体的釉层厚度。

用淋釉法施釉，坯体四周往往粘有釉浆，必须用擦边机将其擦掉。

④甩釉机：甩釉机主要由甩釉器、传动装置和箱体组成。甩釉器的构造如图 9－26 所示。

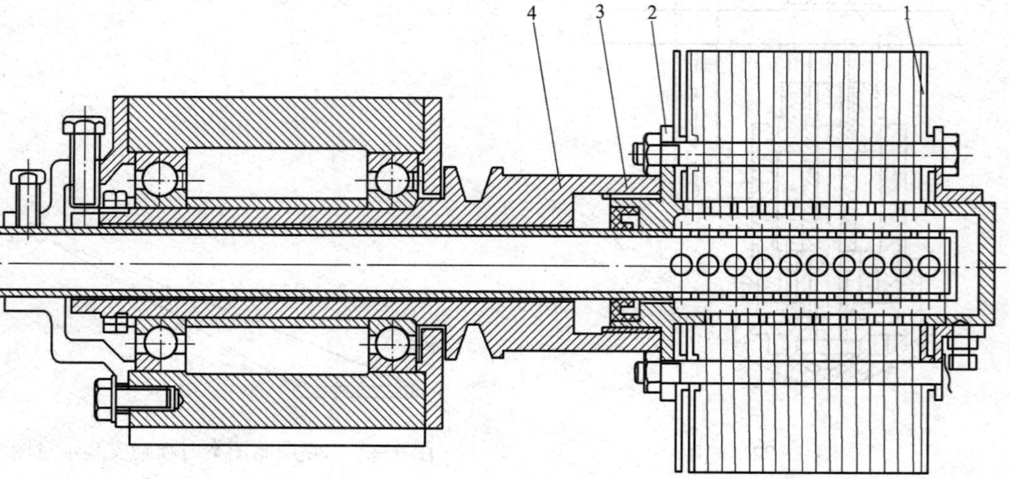

图 9－26　甩釉器

1—甩釉盘　2—甩釉头　3—釉管　4—转轴

釉浆首先由泵送入盛釉桶（位于甩釉机上方）中，然后经甩釉器中的多孔釉管 3 流出，当转轴 4 带动甩釉盘高转旋转时，釉浆受离心力作用从甩釉盘 1 的周边甩出，形成雾状釉滴，使经过甩釉器下面的坯体黏附一层薄薄釉料。

甩釉器是甩釉机的关键部件。甩釉器由多片圆形甩釉盘 1 套在一条多孔的空心轴 3 上和转轴 4 所组成。甩釉盘和转轴固连在一起，传动装置带动转轴和甩釉盘一道做高速旋转。当釉浆浓度一定时，釉雾液滴的大小主要取决于甩釉盘的转速和直径的大小。转速越高，甩釉盘直径越大，液滴越小，反之越大。甩釉盘直径一般为 100～200mm，转速为 1000～3000r/min，最高可达 3500r/min。

坯体和甩釉器的距离对施釉质量有很大关系。距离过小，釉浆未能完全雾化就与坯体接触，坯体表面釉层厚度不均匀；距离过大，很多釉滴不能到达坯体上，釉层厚度不够。通常甩釉器与坯体的距离为 450～550mm。

甩釉机下部设有胶带清洗装置，当胶带穿过清洗装置中的海绵清洗带时被清洗干净。海绵要定期清洗。

甩釉盘是精密零件，拆装时不能使用金属扳手，应使用特制的塑料扳手。

（6）其他装置

①擦边机：擦边机是利用方形胶带的外表面与施釉后坯体侧面摩擦将坯体侧面多余釉料擦掉的装置。粘胶带表面的釉料用刮料器刮除。方形胶带由带轮和电动机带动，连

续运转。

安装时应注意使胶带既能擦净坯体侧面的釉料，又不妨碍坯体顺利通过。

②转向机：转向机是利用两条平行输送带的速度不同，使在输送带上的坯体转动90°。

③补偿器：补偿器是用于保持施釉线连续工作的装置。当施釉线中某一工序出现故障时，可储存从上一工序送来的坯体或向下一工序供应坯体。多功能施釉线一般设置40 型和 120 型两种补偿器。40 型补偿器储坯量为 40 块，120 型补偿器储坯量为 120 块。

补偿器通常采用可编程序控制器（简称 PLC）进行控制，控制原理如下：

（a）当补偿器出口处有坯体的时间大于 PLC 的设定时间（约 0.8s），或者有连锁信号输入时，补偿器提升。坯体到达规定位置时被升起，存入补偿器内。

（b）当补偿器入口处无坯体的时间大于 PLC 的另一设定时间（约 1.5s）时，如出口处无坯体，补偿器下降，将储存在其中的一块坯体送入输送机。

（c）当补偿器升至上极限位置，补偿器将发出停机信号，使相应工序停止下来。

补偿器可选择手动和自动两种工作状态。处于手动工作状态，只要按动上升或下降按钮，补偿器上升或下降一格，直到极限位置为止。处于自动工作状态，补偿器会自动根据施釉线坯体的变化情况自动补偿。

第三节　瓷质砖深加工机械

陶瓷墙地砖经焙烧后，由于收缩不均匀造成变形，形状和尺寸精度低，表面粗糙，光泽度差。尤其是瓷质砖烧结程度高，烧成收缩大，这种情况更为显著。为了提高陶瓷墙地砖（特别是瓷质砖）的形状和尺寸精度及其外观质量，以增加经济价值，需要对其进行深加工。

陶瓷是无机非金属材料，硬度高，一般莫氏硬度达 5 ~ 7，相当于 HRC 60 ~ 70，性脆。根据陶瓷材料既硬又脆的力学性质，对其进行加工的方法一般是用磨削。磨削加工的本质仍是切削加工。通常将磨具（砂轮）看作是有很多微小刀刃即微刃的铣刀，刀刃的形状和分布均是不规则的，是随机的，其大小、形状和刀具角各不相同。磨削就是利用这些数量众多的微小刀刃进行高速铣削。

磨削时，磨具与工件间作用着大小相等、方向相反的力，这种相互作用力称为磨削力。磨削力 F 可分解为切向分力 F_t、法向分力 F_n 和轴向分力 F_a。通常轴向分力小，法向分力大，这是磨削加工的特征之一。对于陶瓷墙地砖，其材料一般为普通硅酸盐陶瓷，磨削的法向分力与切向分力之比 $C_n = \frac{F_n}{F_t}$，根据材料的力学特征和磨削工艺不同，为 3 ~ 10，即 $C_n = 3 \sim 10$。磨削力的法向分力与工件材料的硬度、磨具的锋利程度有关，也与材料的切除率（Removal Capacity）和磨具的线速度有关。材料切除率是指单位时间从工件磨去的材料体积，以 z 表示，

$$z = utb \qquad (9-4)$$

式中　z——材料切除率，mm^3/min；

u——进给速度，即输送带速度，mm/min；

t——磨削深度，mm；

b——磨削宽度，mm。

一般来说，当磨具线速度一定时，材料硬度高，磨具不够锋利，磨削深度大，则法向分力大；反之，材料硬度不高，易磨，磨具锋利，磨削深度小，则法向分力小。

对于硬度很高的特种陶瓷，如氧化锆、氧化铝陶瓷等，磨削时法向分力很大，C_n可达10～30。

减小法向分力的途径一般采用减小磨削深度，降低进给输送带速度，保持磨具锋利，即选用自锐性能良好，不易钝化的磨具等措施。

磨削力的轴向分力与切向分力之比 $C_a = \frac{F_a}{F_t}$，一般不超过0.5，即 $C_a \leqslant 0.5$，可以不予考虑。

磨削加工常用的典型工艺：恒压力磨削和定磨深磨削。恒压力磨削是在磨削过程中磨具与工件间的压力——磨削压力，即磨削力的法向分力是恒定的，磨削深度与磨具状况和工件材料性质有关，也与磨削压力有关。如磨具锋利，工件材料硬度不高，易磨，调定的磨削压力大，则磨削深度大，反之，磨削深度小。抛光和气动倒角属于恒压力磨削。定磨深磨削是磨削过程中磨削深度不变，磨削压力与磨具状况和工件材料性质有关，也与磨削深度有关。如磨具锋利，工件材料硬度不高，易磨，调定的磨削深度小，则磨削压力小，反之则大。刮平定厚、磨边和固定倒角属于定磨深磨削。

设 v 为磨具线速度，磨削功率为：

$$P = F_t v \tag{9-5}$$

磨削功率通常根据实际使用的数据确定。

在法向分力作用下，墙地砖由于受弯曲作用产生弯曲应力。可以证明，弯曲应力由下式确定：

$$\sigma = K_1 K_2 \frac{F_n}{d^2} \tag{9-6}$$

式中 σ——弯曲应力，MPa；

F_n——法向分力，N；

d——砖的厚度，mm；

K_1、K_2——与砖的支承方式和法向分力分布等有关的修正系数。

当弯曲应力大于或等于砖的抗弯强度（抗折强度或断裂模数）σ_f时，砖即碎裂。砖不碎裂的强度条件为：

$$\sigma < \sigma_f$$

即

$$F_n < K d^2 \sigma_f \tag{9-7}$$

式中 $K = \frac{1}{K_1 K_2}$

从式（9-7）可知：当陶瓷墙地砖深加工时碎裂，加工的破损率增加。其原因是磨削力的法向分力过大，砖的弯曲应力大于其抗弯强度。此时应减小法向分力。

陶瓷墙地砖深加工是通过自动磨光生产线完成的，生产线是由多台工艺单机和把单机连接起来、将工件以一定速度依次送到各台单机加工、以完成设定工艺过程的输送设备组成的生产系统。

图 9－27 为自动磨光生产线示意图。生产线由自动送砖机、铣平机、粗磨磨光机、精磨磨光机、磨边倒角机和干燥分选线组成。

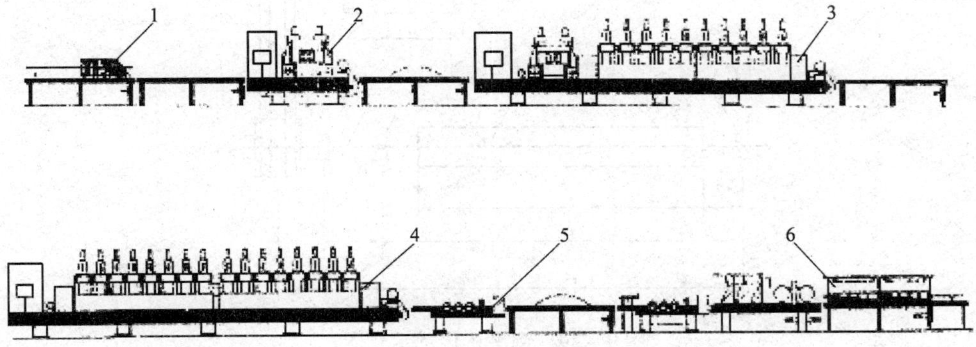

图 9－27　自动磨光生产线示意图

1—自动送砖机　2—铣平机　3—粗磨磨光机　4—精磨磨光机　5—磨边倒角机　6—干燥分选线

瓷质砖由自动送砖机匀速送入，通过铣平机将砖表面铣平，并加工到相同的厚度，然后依次进入多头粗、精磨磨光机进行磨削加工。随着瓷质砖的前进，磨光机磨头的磨料目数依次增大，即粒度减小，从而逐渐减小瓷质砖表面的粗糙度，以达到所谓“镜面”加工的目的。然后通过磨边倒角机磨边倒角，最后经过干燥或打蜡防污上光，即可进行分选包装。

自动磨光生产线的主要工艺单机分述如下。

一、铣（刮）平机

铣平机采用高速旋转的金刚砂圆柱铣刀（见图9－28），对瓷质砖进行铣削加工，使之得到一个平整的表面及一定的厚度。由于金刚砂圆柱铣刀上的金刚砂条呈螺旋线或人字形分布，刃口与砖表面是以短线接触方式进行连续加工，降低了刀具对砖的压力，减少了砖的破损，而冷却液又能以很高的流速直接冲到铣削点，改善了刀具的冷却和排屑效果。

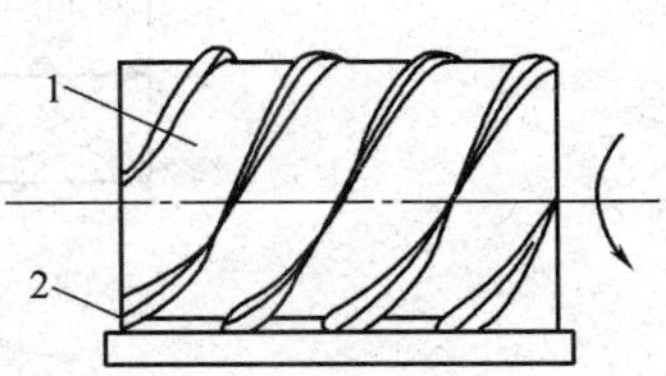

图 9－28　铣平机铣削示意图

1—金刚砂圆柱铣刀　2—瓷质砖

铣平机传动示意图如图 9－29 所示。电动机 1 经 V 带使刮轮 8 旋转，刮轮装在主轴 6 上，主轴由轴承 5、7、9 支承，轴承 B（7）、轴承 C（5）的轴承是固定的，轴承 A（9）的轴承座连同轴承可一同拆卸。当刮轮磨料用尽，不能再工作时，可将轴承 A 连同轴承座卸下，换上新的刮轮。刮轮连同主轴、轴承、轴承座、支架等整体由升降电动机经减速器和螺旋机构带动可上下升降以调节刮轮的磨削深度。刮轮的垂直位置经位移传感器测定，由二次仪表显示。

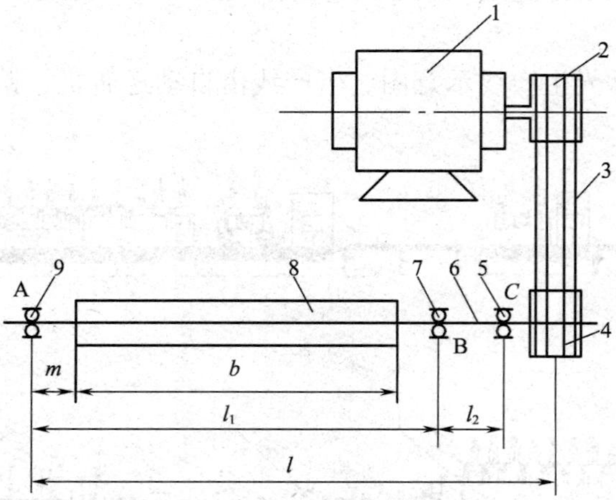

图9-29　刮平机传动示意图

1—电动机　2—大V带轮　3—V带　4—小V带轮　5—轴承C
6—主轴　7—轴承B　8—金刚石刮轮　9—轴承A

刮轮的线速度一般取为约20m/s，主轴转速相应为1500r/min左右，配套电动机功率，根据实际使用的数据，随着磨削宽度不同，为11~22kW。

主轴受力情况如图9-30所示。图中所示为各力的垂直分力。由于主轴由三档轴承支承，是静不定结构，支承反力与轴的弯曲变形条件有关。但是，只要轴承正常使用，只有两种极限情况。

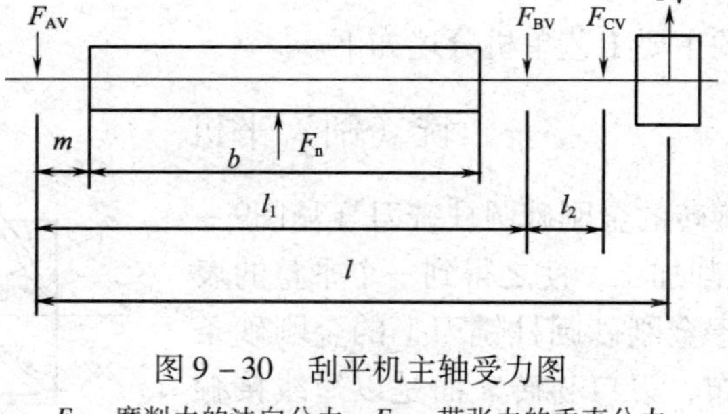

图9-30　刮平机主轴受力图

F_n—磨削力的法向分力　F_V—带张力的垂直分力

F_{AV}、F_{BV}、F_{CV}—A、B、C三轴承的支座反力

（1）情况一　$F_{AV}=0$。可以证明：

$$F_{AV}=\frac{F_n\left(l_1-\frac{b}{2}-m\right)-F_v\left(l-l_1\right)}{l_1} \tag{9-8}$$

$$F_{BV}=\frac{F_n\left(\frac{b}{2}+m\right)+F_v l}{l_1} \tag{9-9}$$

（2）情况二　$F_{BV}=0$。可以证明：

$$F_{AV}=\frac{F_n\left(l_1+l_2-\frac{b}{2}-m\right)-F_v\left(l-l_1\right)}{l_1+l_2} \tag{9-10}$$

$$F_{CV}=\frac{F_n\left(\frac{b}{2}+m\right)+F_v l}{l_1+l_2} \tag{9-11}$$

以计算结果 F_{AV} 较大的作为轴承 A 的选择依据。

同理，可求得水平分力 F_{AH}、F_{BH} 和 F_{CH}。

各档轴承的径向载荷为：$P_A=\sqrt{F_{AV}^2+F_{AH}^2}$，$P_B=\sqrt{F_{BV}^2+F_{BH}^2}$，$P_C=\sqrt{F_{CV}^2+F_{CH}^2}$

轴向载荷比较小，主要来自于磨具结合剂（一般为青铜）与砖面之间的摩擦力而不是磨削力，因此，一般

$$P_a=F_t tan\beta \tag{9-12}$$

式中　P_a——轴向力；

F_t——周向力；

β——刮轮金刚石条沿螺旋线分布的螺旋角。

以上式计算结果作为选择轴承根据，应该是十分安全的。设计时宜安排轴承 C 承受轴向载荷。

刮轮转速高，如果不平衡，转动时由于离心惯性力将引起强烈振动。为了控制振动在允许范围内，需要规定刮轮的不平衡度。根据有关规范和实际应用经验，刮轮的平衡精度等级应不低于 G6.3。此外，刮轮与主轴的连接，要有同轴度的相应要求，才能减小运转时的离心惯性力，减轻振动。

刮平机主轴由三档轴承支承，两端轴承距离较远，更换刮轮时，轴承要拆卸，这些结构特点，都对各档轴承座孔的同轴度产生不利作用，因此，在设计、零件加工和装配中应予以高度注意。实践表明，如轴承座孔同轴度不好，运转时轴承发热严重，温度远超出正常范围，致使轴承迅速损坏。在实际运行中，由于零件加工、装配以及因更换刮轮、轴承 A 及其轴承座多次装拆，各轴承座孔同轴度偏差有时竟达几毫米，远超出一般轴承正常运行的允许范围，以致轴承迅速损坏。轴承换新后，由于同轴度偏差问题仍然存在，新装轴承很快继续损坏。为了使轴承座孔同轴度超差而轴承仍能正常运行，有些设计将轴承 A 改用调心轴承，以为这样，可利用调心轴承的调心功能，解决轴承座孔不同轴引起轴承滚道角偏差的问题。事实上，轴承的这种配置，是对调心轴承性能的误解和对调心轴承的误用。调心轴承由于其外圈滚道是球面形的，具有自动调心功能，允许内、外圈相对倾斜不大于规定范围（一般为 3°）的条件下正常工作，适用于轴承座孔不能严格保证同轴的部件中。但是，调心轴承不宜与其他类型轴承混合使用，如果混用，调心轴承将失去调心作用。因此，上述配置，只是轴承 A 是调心轴承，轴承 B、轴承 C 是其他类型轴承（深沟球轴承或角接触球轴承等），轴承 A 失去了调心作用，当然也就没有了调心功能。

为解决这类问题，可采用将图 9－29 中的 A、B 轴承用调心轴承支承，轴承 C 及小

V带轮4组成具有带卸荷功能的装置。这样一来，在更换刮轮、拆卸轴承A及其轴承座后，主轴不会倾斜，能够基本保持水平位置，刮轮能顺利装卸。

为了进一步提高产量，降低破损，最新采用的是多次交叉加工方式，即经过2~3次铣削加工后，将砖转过90°，再铣削2~3次，从而减少了每一次的切削量；加之金刚砂铣刀有粗细之分，先粗铣，后精铣，使砖的平面度更好，压破的可能性更低。一般每个铣刀上有金刚砂条5~9条，增多了与砖表面的接触点，从而提高了切削效率。铣削盘的调节一般采用两级大减速比的蜗轮蜗杆减速器驱动螺旋机构进行。并配以高精度的位移传感器，分辨率可达0.01mm。

二、磨（抛）光机

磨（抛）光机主要由磨头部件、磨头上下运动部件、传动及支承部件组成。

磨（抛）光机是由电动机驱动磨头旋转，使磨块在砖的表面进行磨削。砖在输送带上以一定的速度（一般为5~10m/min）输送过程中，受到不同磨头的磨削，最后达到“镜面”效果。

磨（抛）光分粗、中、精磨，主要是根据磨料的粒度不同而起不同的作用，粗、中磨的主要作用是清除铣平机留下的刀痕；精磨是对砖的表面进行磨光，以达到“镜面”的效果。

磨头部件是磨光机的核心部分，它的结构形式直接影响磨光机的质量。各种磨头部件的外形如图9-31所示。

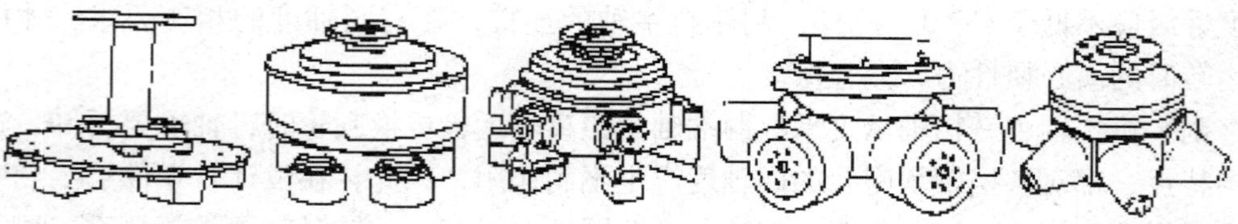

(a)　(b)　(c)　(d)　(e)

图9-31　磨头

（a）转盘式　（b）行星式　（c）摆动式　（d）圆柱滚动式　（e）圆锥滚动式

1. 转盘式磨头

转盘式磨头是由2~5块磨块固定在转盘上，转盘与转轴之间装有弹性联轴器。工作时磨块与砖的表面为面接触，因此排屑困难，冷却效果差，对砖的压力大，破损率高，目前已较少使用。

2. 行星式磨头

行星式磨头结构如图9-32所示。主轴9在带动磨头旋转的同时，磨块一方面绕自已的几何轴线旋转（自转），另一方面又跟随磨头绕主轴轴线旋转（公转），故称为行星式磨头。由于磨块随主轴旋转的同时，增加了磨块本身的自转，提高了磨削速度，比较适合粗磨作业，但由于磨块与砖仍为面接触，同样存在着转盘式磨头的缺点。

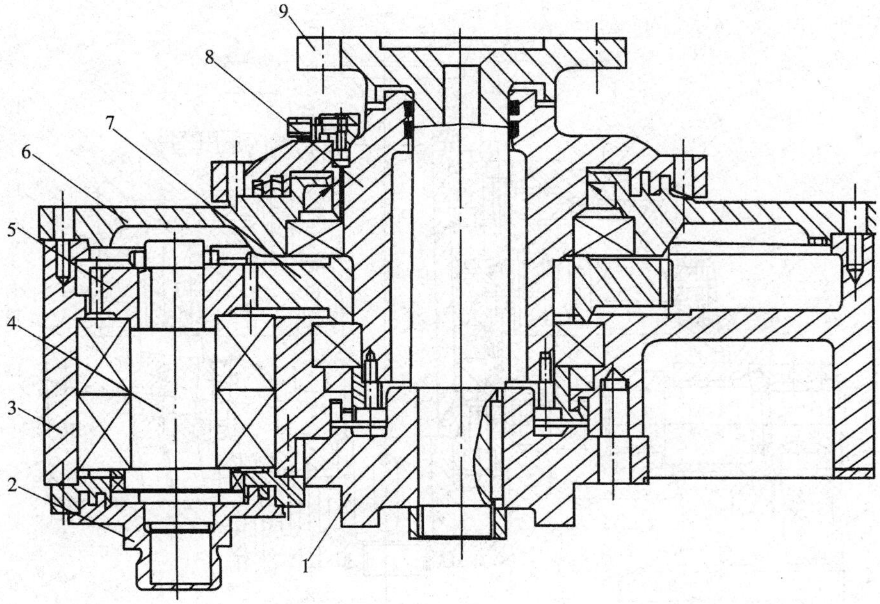

图 9-32　行星式磨头

1—法兰　2—磨块连接法兰　3—磨盘箱体　4—磨块轴
5—行星轮　6—磨盘箱盖　7—外齿轮　8—轴承座　9—主轴

3. 摆动式磨头

摆动式磨头是目前普遍使用、较为理想的一种磨头，其结构如图 9-33 所示。主轴 7 在带动磨头旋转的同时，固定在轴上的外齿轮Ⅰ（9），经偏心安装的内齿轮 6 将运动传递到另一空套在主轴的外齿轮Ⅱ（10）上，使之与外齿轮Ⅱ连在一起的圆柱凸轮 11 一起旋转。由于两外齿轮的齿数相差一个齿，因此凸轮对主轴有一相对转速：

$$n_{\mathrm{r}} = \frac{n}{z} \tag{9-13}$$

式中　n_{r}——凸轮对主轴的相对转速；

n——主轴转速；

z——从动齿轮（齿轮Ⅱ）的齿数。

这样，在凸轮作用下，磨块除随主轴旋转外，还绕滚轮轴摆动，磨块与砖的表面为线接触，有良好的研磨效果，可用于粗、精磨。

4. 圆柱滚动式和圆锥滚动式磨头

圆柱滚动式和圆锥滚动式两种磨头是后期开发的，它保留了摆式磨头的线接触磨削方式，又有行星式磨头连续转动的特性。圆锥式磨具与砖接触各点的线速度相同，是一种颇有前景的磨头。

生产线磨光机的数量根据产量大小而定。一般磨光机的头数为 6～12 头，多的为 20～30 头。

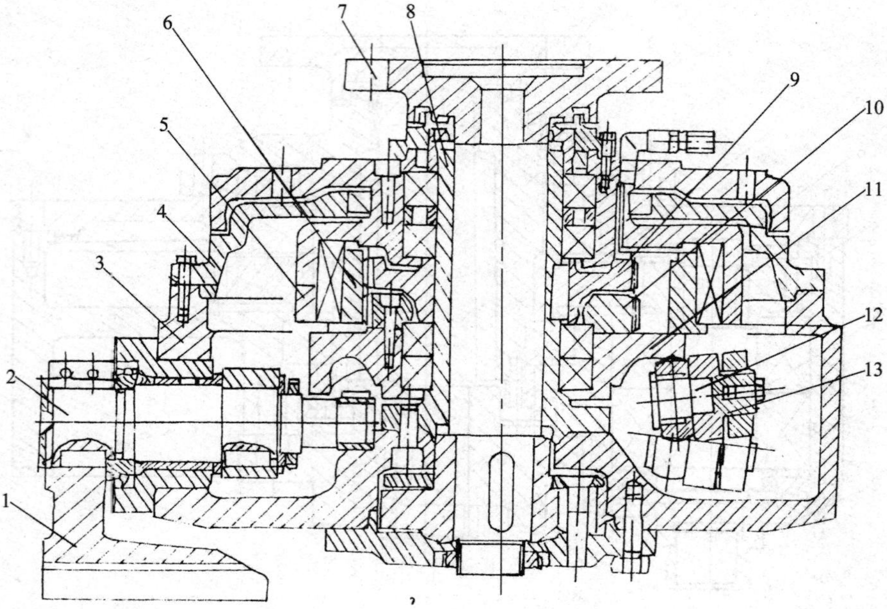

图 9－33 摆动式磨头

1—磨块类 2—摆动轴 3—磨盘箱体 4—磨盘箱盖 5—轴承座 6—内齿轮
7—主轴 8—主轴套 9—齿轮Ⅰ 10—齿轮Ⅱ 11—凸轮 12—滚轮 13—滚轮轴

磨头的上下运动是用气缸驱动的。

随着瓷质砖向大规格方向发展，磨光机的工作宽度也随着增大。为加工 600mm 以上的瓷质砖，可以采用活动横梁，即支承磨头的横梁用平面滚柱轴承支承，由曲柄连杆机构带动其沿宽度方向做往复运动，以加大磨削宽度。也可用加大磨头直径或增大磨具的长度达到同样目的。

三、磨边倒角机

磨边倒角机用于瓷砖四周侧面的磨削和锐棱的倒角，经过磨边可消除砖的大小头、窄鼓腰、波浪边、直角度差等形状和尺寸偏差，提高产品质量。

磨边倒角机根据工作方式不同，可分为单边定位磨边倒角机和对磨磨边倒角机两种，如图 9－34 所示。

单边定位磨边倒角机在磨削其中一个侧面时，对面由导轨定位，这种磨边方式对主机输送带的同步性以及砖的压紧力要求较低，虽然不能保证砖的相邻侧面严格垂直，但由于采用导轨定位，在对相邻侧面进行磨削时，利用已磨削的侧面互相紧靠，作为辅助定位，磨出的产品尺寸精度易于保证。单边定位磨边倒角机整机长度较长，定位导轨调整比较麻烦。

对磨磨边倒角机同时磨削相对而言的两个侧面，没有定位导轨，整机较短，是一种较为理想的磨边倒角设备。但它必须具备以下条件：

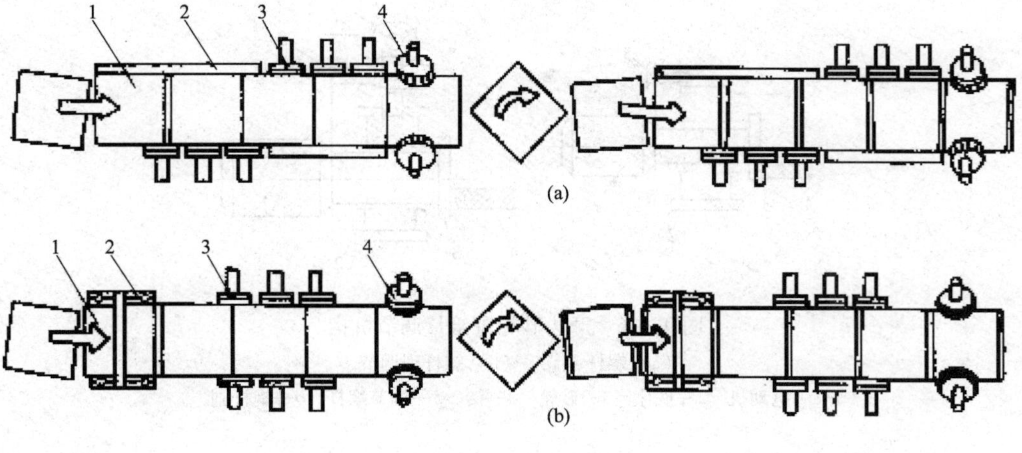

图 9-34　磨边倒角机

（a）单边定位磨边倒角机　（b）对磨磨边倒角机

1—砖　2—定位导轨　3—磨边砂轮　4—倒角砂轮

（1）输送带要同步，不能有偏行现象。

（2）在运行过程中砖与输送带间无相对移动。

（3）砖与砖之间要有一定间隔，不能彼此干涉。

（4）磨边砂轮要锐利，同时磨削的两侧面磨削量尽可能相同。

下面对磨边倒角机的主要机构作一介绍。

1. 加工宽度的调节

为加工不同规格的产品，磨边倒角机用图 9-35 所示的调节机构。底座 1 通过轴套支承在固定的导杆 2 上，当电动机或人工驱动蜗杆副带动左右旋螺杆 3 旋转时，固定在底座上的螺母将使两底座分别向左、右移动，从而调节了加工的宽度。

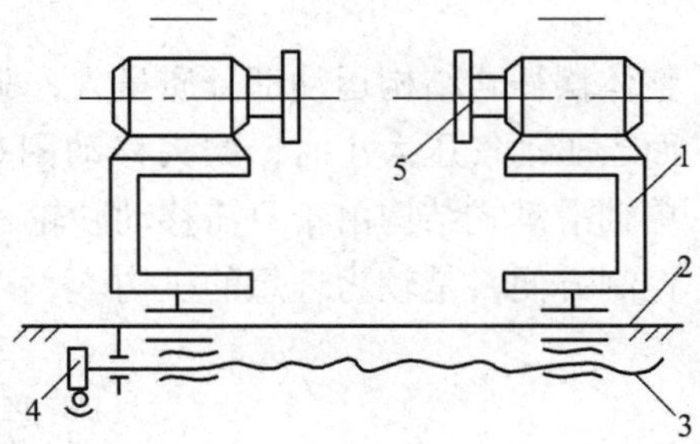

图 9-35　加工宽度调节机构

1—底座　2—导杆　3—左右旋螺杆

4—蜗杆副　5—磨边砂轮

2. 磨边砂轮进给量的调节

磨边砂轮进给量的调节是在加工宽度调定后为精确决定砖的最后尺寸和每个磨头的进给量而进行的调节。一般采用的机构如图 9-36 所示。

螺杆调节机构调节费力，且因螺距不可能很小，手动不易控制调节精度。

螺杆副调节机构是在螺杆前面增加一级蜗轮蜗杆机构，由于有两级传动，调节省力，且可实现微量调节，同时，自锁良好，磨边时不易让刀。

3. 倒角磨头

倒角磨头的结构有三种形式，见图 9-37。

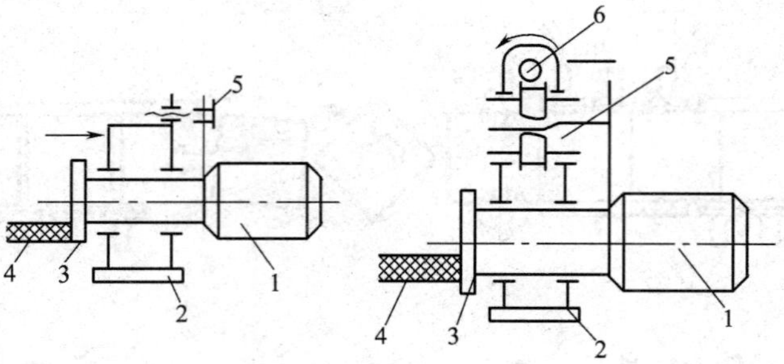

图 9-36　磨边砂轮进给量调节机构

（a）螺杆调节　（b）螺杆副调节

1—电动机　2—底座　3—砂轮　4—砖　5—调节螺杆　6—蜗杆副

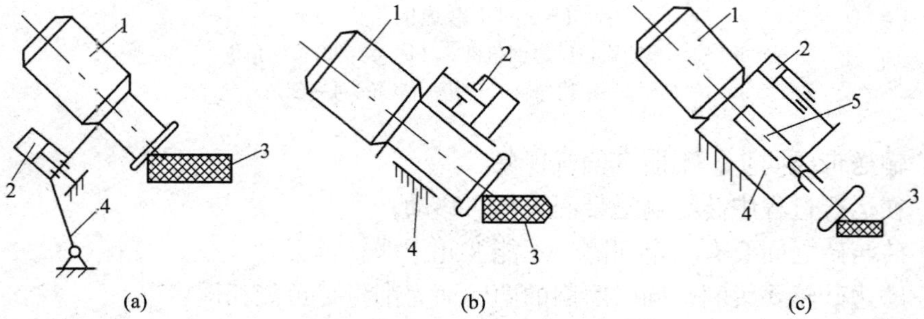

图 9-37　倒角磨头调节机构

（a）整体摆杆式　（b）整体往复式　（c）单轴滑键式

1—倒角砂轮　2—气缸　3—砖　4—支座或摆杆　5—花键

整体摆杆式结构运动部分质量大，驱动气压控制较难。若驱动气压太大会使倒角过大，而当驱动气压太小时，磨头移动困难，使倒角过小。整体往复式也有以上问题存在。单轴滑键式结构由于只需移动砂轮，而不是移动整个磨头，所以只需较小的气压驱动，控制方便，是较为理想的机构。

思考题及习题

1. 为什么要修坯？修坯的方法主要有哪几种？

2. 磨坯机的主轴转速对磨坯操作有什么影响？怎样确定主轴转速？

3. 挖底机主要由哪几部分组成？其作用原理怎样？

4. 什么叫做刀具的前角、后角和楔角？它们之间有什么关系？刀具角对切削操作有什么影响？对刀具材料的性能有什么要求？

5. 挖底机的主轴转速和进给量对切削操作有什么影响？

6. 什么叫做釉？陶瓷制品为什么要施釉？施釉的方法主要有哪几种？

7. 喷釉机主要由哪几部分组成？其作用原理怎样？喷釉的方法有哪几种？其优缺

点是什么？

8．在喷釉室中坯体为什么要转动？是采用什么装置使坯体转动的？使坯体转动可供采用的装置有哪些？在设计中要注意什么问题？

9．什么叫做静电喷釉？静电喷釉有什么优点？

10．墙地砖的施釉方法有哪几种？各有什么特点？

11．施釉线上的转弯机构一般有哪几种？

12．甩釉器是如何实现釉雾液滴大小调整的？

13．对瓷质砖进行深加工有什么意义？

14．磨光机的磨头结构形式有哪几种？各有什么优缺点？

第十章 装饰机械

日用陶瓷制品除作为日常生活用品外，往往还是一种工艺美术品，因此，不仅要求制品本身质量优良、造型大方和使用方便，而且还要在制品表面上进行美术加工，绘制丰富多彩的画面，以增进美观和取得艺术效果。在陶瓷制品的表面上绘制画面的操作称为彩绘，彩绘是制品装饰的一种手段。彩绘的方法有手工彩绘（简称手彩）、贴花和印花等几种。手彩速度慢、产量低，需要大量的熟练工人，不便于进行大规模生产，目前只用于少量的高级细瓷制品和只需画上几笔即可完成的粗瓷制品，其余多数是采用贴花和印花的方法。

贴花和印花操作简单，容易掌握，生产速度快。在过去相当长的时间内，贴花和印花操作主要是用手工进行的，缺乏用于这方面的专门机械设备，随着陶瓷生产其他工序机械化、自动化程度的逐渐提高，这种状况已越来越不适应生产的需要，因此，发展用于贴花和印花的机械设备（统称为装饰机械）已经成为迫切的任务。目前，世界上有些国家对装饰机械的研制工作十分重视，不断造出新的装饰机械，其中以印花机的发展比较快。本章简单介绍几种主要的装饰机械。

第一节 画 线 机

在陶瓷制品上描画闭合线条的操作称为画线。手工画线设备简单，但容易产生线条粗细不匀、浓淡不一、接头不平滑的缺陷。尤其是对于宽度在3mm以上的线条，手工画线更难以达到质量要求，因此，对于宽线条，只有先印成花纸，然后用贴花的方法贴到制品上。机械画线可以在制品上直接画出粗细均匀、浓淡一致、不同宽度的各种线条。机械画线采用专门的画线机。

目前生产的画线机主要有单色和多色画线机两种。

一、构造和工作原理

单色画线机主要由画线器、气动系统、真空系统、电气装置和机架等组成，如图10－1所示。

画线器由画线轮、施彩器、颜料盒以及传动装置组成。施彩器将颜料盒中的颜料转移到画线轮上，由可变速的电动机通过带传动使画线轮以一定的转速旋转。画线器固定在画线器支架上，支架的底部用铰链与横向气缸连接，由竖直和横向气缸操纵画线器与制品的靠离运动。气动系统工作原理见图10－2。画线器支架可沿主机架做前后、左右移动。

双色画线机的构造如图10－3所示，其基本结构与单色画线机一样，不同的是在机架上装有两组相同的画线器和一个旋转工作台。

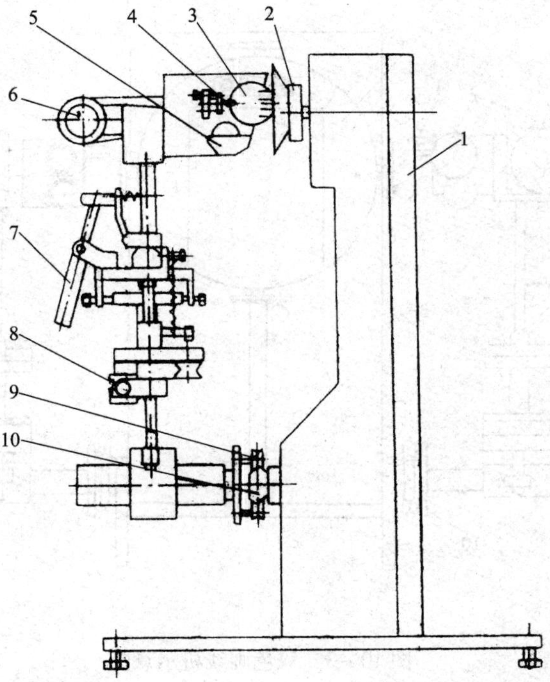

图 10－1　单色画线机示意图

1—主机架　2—吸盘　3—画线轮　4—施彩器　5—颜料盒
6—电动机　7—竖直气缸　8—横向气缸　9—滚轮　10—导轨

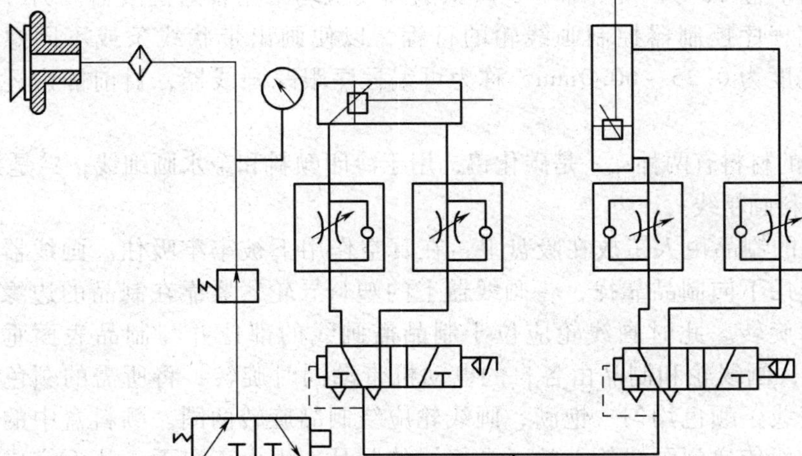

图 10－2　画线机气动系统原理图

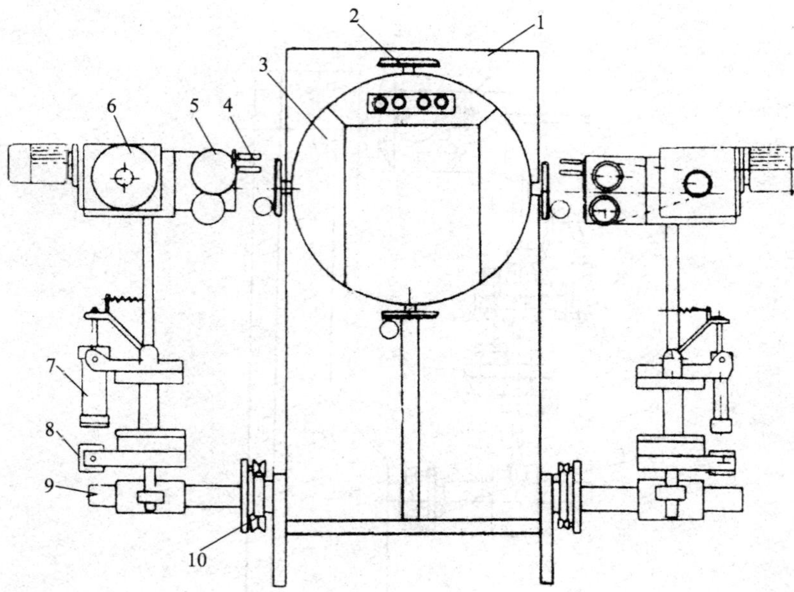

图 10－3　双色画线机示意图

1—机架　2—吸盘　3—工作台　4—导辊　5—画线轮

6—减速器　7—竖直气缸　8—横向气缸　9—导轨　10—滚轮

画线机的关键部分是画线器。画线器目前有两种结构形式。一种是靠更换不同尺寸的画线轮来调整所画线条宽度，线条宽度为 0.25～10.0mm，这种画线器称为普通画线器。图 10－1 和图 10－3 所示的画线机均采用普通画线器。另一种画线器是采用可编程序控制器控制画线轮的行程，以便画出带状线条或不同螺距的螺旋线，线条宽度为 0.25～60.0mm，称为可编程序跟踪画线器，目前国内还未制造这种产品。

画线轮的材料有两种：一是碳化钨，用于冷印颜料和金水画细线；二是氯丁橡胶，用于热塑颜料画粗线。

需画线的制品由人工放在吸盘上，在真空作用下被牢牢吸住。画线器在竖直和横向气缸作用下向制品靠拢，将画线器上的塑料导轮紧紧靠在制品的边缘，并随制品的转动而旋转。此时画线轮应位于制品需画线的部位并与制品表面垂直，如图 10－4 所示，画线轮和制品由各自的电动机带动同时旋转，将所需的颜色画到制品上。为了使线条颜色均匀、饱满，画线轮应绕制品旋转两圈。颜料盒中的颜料是借助颜料导轮而传递到画线轮上的。画好线的制品，由人工取下，从而完成一个工作循环。

双色画线机有两组画线器和一个装有四个吸盘、做间歇转动的旋转工作台，可在制品上画出不同颜色的两根线条，如图 10－5 所示。

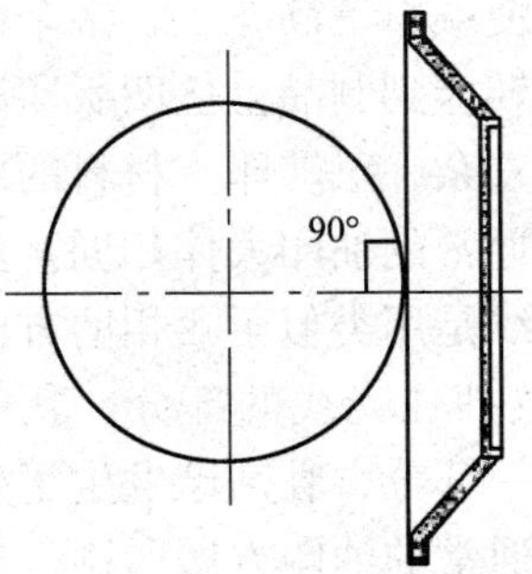

图 10－4　画线轮和制品的相对位置

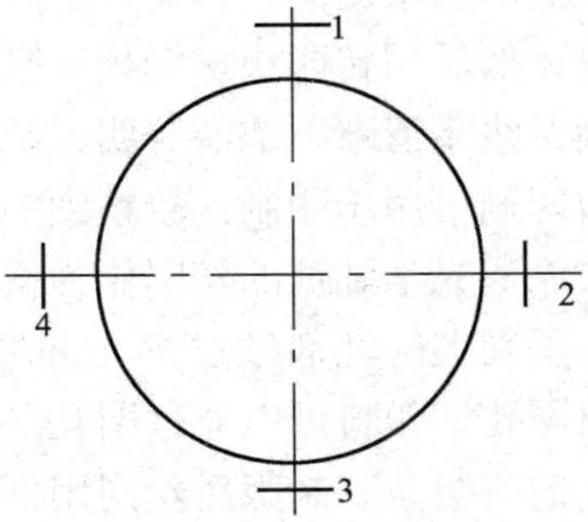

图 10－5　双色画线机工作台位置示意图

1—制品取放工位　2、4—画线工位　3—空置工位

二、使　　用

画线机所画线条质量主要与以下因素有关：

（1）画线轮中心与所画制品中心应在同一平面上，且应互相垂直（见图 10－4），否则会出现图 10－6 所示的现象，影响线条质量。

（2）当画线轮由于加工及安装误差、在画线过程中晃动，致使所画线条出现图 10－7 所示曲线形状时，应对画线轮重新进行安装或更换画线轮。

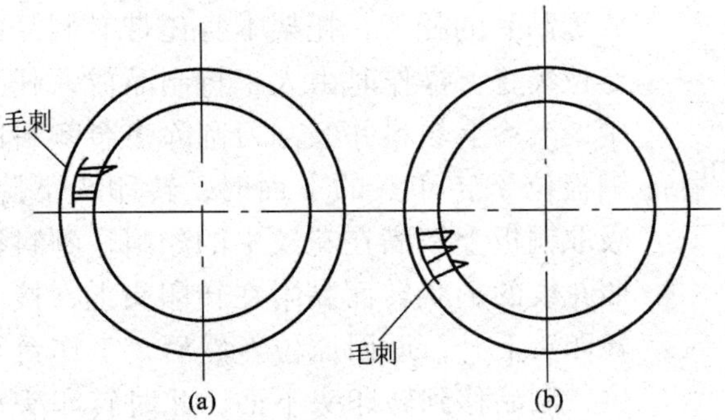

图 10－6　画线轮与制品不垂直时产生的缺陷

（a）画线轮中心偏上　（b）画线轮中心偏下

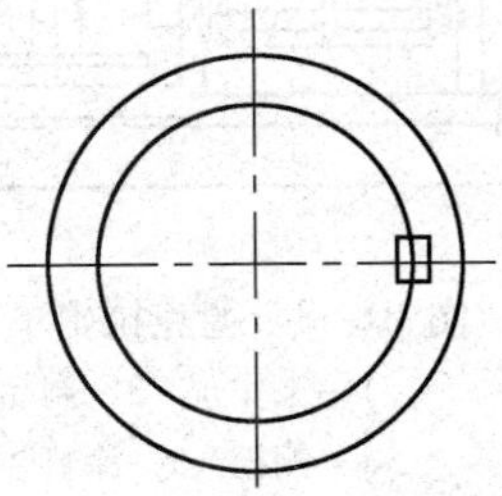

图 10－7　画线轮晃动画的线条形状

（3）画线用颜料的黏度应严格控制。颜料的黏度可用英制福特杯进行测定，一般颜料流出福特杯的时间以 18s 左右为宜。

第二节　印　花　机

陶瓷制品的印花方法有凸版印刷、凹版印刷和丝网印刷等几种。凸版印刷是用刻有花纹的印戳把颜料直接印到制品上，印戳上的花纹凸出版面，故称为凸版印刷。凸版印刷简单方便，速度较快，缺点是印出的花纹比较模糊，不够清晰，线条无浓淡之分，一般多用于比较粗大的花纹和用于画线。凹版印刷是在镀铬的铜板上刻上需要印刷的花纹，花纹是凹入版面的，印刷时，将颜料涂在铜板上，使颜料填满花纹，多余的颜料用刮刀刮除，然后用转印头从铜板上吸取颜料并按照原样转印到制品上。凹版印刷印出的花纹精细，线条清晰，浓淡分明，缺点是印制过程比较复杂，对转印头材料的要求比较高。凹版印刷可用于印制比较精细的花纹。丝网印刷与通常的油印大体相同。丝网印刷使用多次涂覆光学乳剂的丝网作为模板，需要印刷的花纹是用类似于晒相的方法翻制在丝网上，丝网上的乳剂经过感光和冲洗后，凡是被花纹挡住光线的部分，乳剂被冲洗净，露出网孔，颜料可以通过网孔漏下，已经感光的那一部分，乳剂已发生了变化，网孔仍为乳剂所覆盖。制版后丝网用框架张紧，即可按照通常的油印方法印刷。丝网印刷可直接把花纹印到制品上，也可先印到一块平板上，然后用转印头转印到制品上。丝网印刷印出花纹的清晰程度介于凸版和凹版印刷之间，其主要特点是花纹的颜料层比较厚，对于发色能力比较弱的釉下彩颜料来说，也可以得到比较满意的呈色效果。

一、采用凹版印刷的印花机

采用凹版印刷的印花机，目前国内还未有成熟的产品，下面介绍国外生产的德克拉姆（Dekram）印花机的构造和工作原理。

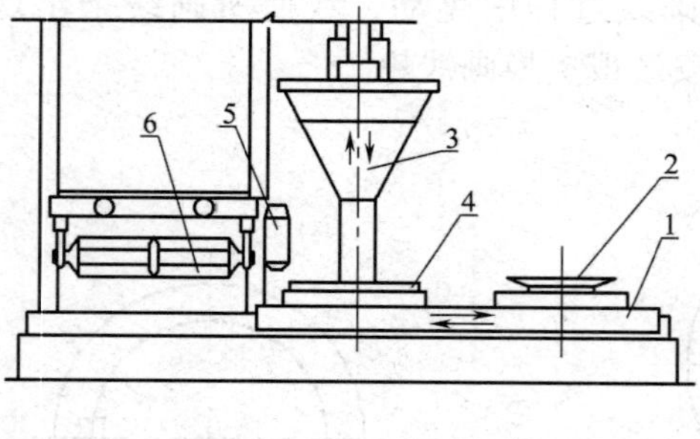

图 10－8　德克拉姆单色印花机示意图
1—工作台　2—制品　3—转印头
4—铜板　5—涂料装置　6—刮刀

印花机主要由工作台 1、转印头 3、涂料装置 5 和刮刀 6 等组成，如图 10－8 所示。工作台上装有夹紧铜板 4 用的支架和放置制品的托架，托架本身还带有制品的定位装置。操作时由人工将制品放入托架中，当涂上颜料并经刮刀刮除多余颜料的铜板位于转印头的下面时，转印头下降，吸取铜板上填满在花纹中的颜料，颜料按照花纹的形状转而黏附在转印头上，接着转印头上升，返回原位。然后，工作台转位，制品移到转印头下面，此时转印头再次下降，把黏附的颜料转印到制品的表面上，转印完毕后，转印头再次上升复位。在工作台转位和制品印花的同时，由涂料装置和刮刀完成对铜板的涂料和刮除多余颜料的操作，使铜板上凹陷的花纹中再次填满颜料。最后，工作台再次转位，由人工取出成品并放回需要印花的制品，这样就完成了一次印花操作。印花机由一人操作，生产能力约 8 件/min，需要的功率共 4kW。

据介绍，转印头用明胶或硅酮橡胶制作，要求表面光滑，整体富有弹性，这样才能在制品表面上印出清晰的花纹。

调和颜料用的介质是油或树脂。从印花的角度来说，对于调和用油的主要要求是挥发性要小，这样，调节的颜料不会因介质的迅速挥发而使黏度变化，这对保证印刷质量是必要的。

上述印花机只能在制品上印出一种颜色，是属于单色印花机。除此以外，还有可以套印两种或三种颜色的双色和三色印花机。双色或三色印花机实际上是在一个有多工位的转台（链式输送机）周围装上两台或三台单色印花机，制品在不同工位上分别由各台单色印花机轮流印上不同颜色的花纹，对于以油为介质调和的颜料，为了使套印时不致把上一工位印上的花纹沾污，在两次印刷之间增加了一个施粉工位。在施粉工位，由喷粉装置向制品表面喷上一薄层的粉状物料，让颜料表面上粘上一层粉料，多余的粉料用压缩空气吹去，这样，制品上的花纹在粉层的覆盖下，在下一工位印刷时不会受到影响。粘在颜料上的粉料在焙烧后不会对颜料的呈色有任何影响。常用的粉料是磨得很细的淀粉、滑石、石灰石和甲基纤维素等。以树脂为介质调和的颜料是热塑性的材料，在两次印刷之间已冷却凝固，不存在已印花纹的沾污问题，当然就不要喷粉了。

套印时应按颜料的熔融温度从低温到高温的先后次序印刷，这样可防止焙烧后颜料爆裂。

三色印花机可套印三种不同颜色的花纹，焙烧后可得到五种不同的颜色。

二、丝网转移印花机

丝网印花机种类繁多，性能各异，图 10－9 是由橡胶膜转印的丝网印花机示意图。印花机有两个转台 2 和 8，在放置制品的转台 2 上只有两个工位，即装卸工位和印花工位。另一个转台 8 的四侧共装有四个能绕各自水平轴线旋转的转印器，转印器的工作部分是用框架张紧的橡胶膜。在印花工位的上方有弹性压头 5，压头能做升降运动。此外，印花机还有丝网印花装置 9 和真空台 12。

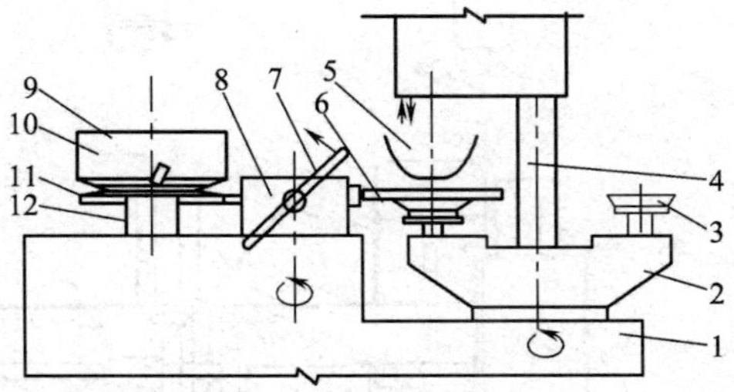

图 10－9　丝网印花机示意图

1—机架　2—二工位转台　3—制品　4—立柱
5—压头　6、7、11—转印器　8—四工位转台
9—丝网印花装置　10—丝网　12—真空台

操作时，由人工在装卸工位装卸制品。在转台每次转位后，机器同时进行以下几个动作：丝网印花装置把花纹印到支承在真空台上的转印器 11 上；已经印有花纹的转印器 7 旋转 180°，使花纹翻转朝下；弹性压头做一次升降运动，挤压转印器 6 的橡胶膜，把膜上的花纹转印到制品上；与转印器 7 相对的另一个转印器（图中未表示出）旋转 180°复位。待全部动作完成后，转台再次转位，重复以上操作。

据介绍，印花机由一人操作，生产能力为 9 件/min，需要的功率为 1kW。

三、丝网直接印花机

丝网直接印花机（以下简称印花机）是目前广泛地用于墙、地砖生产中的一种装饰机械。印花机可以在坯体表面印刷出各种画面，也可多次套色印刷。印花机一般安装在施釉生产线上，与施釉生产线配套使用，使印花和施釉过程实现自动化。

1. 构造和工作原理

印花机主要由主传动装置、刮板的往复运动机构、链传动机构、定位装置、丝网架和丝网架升降气缸所组成，如图 10－10 所示。

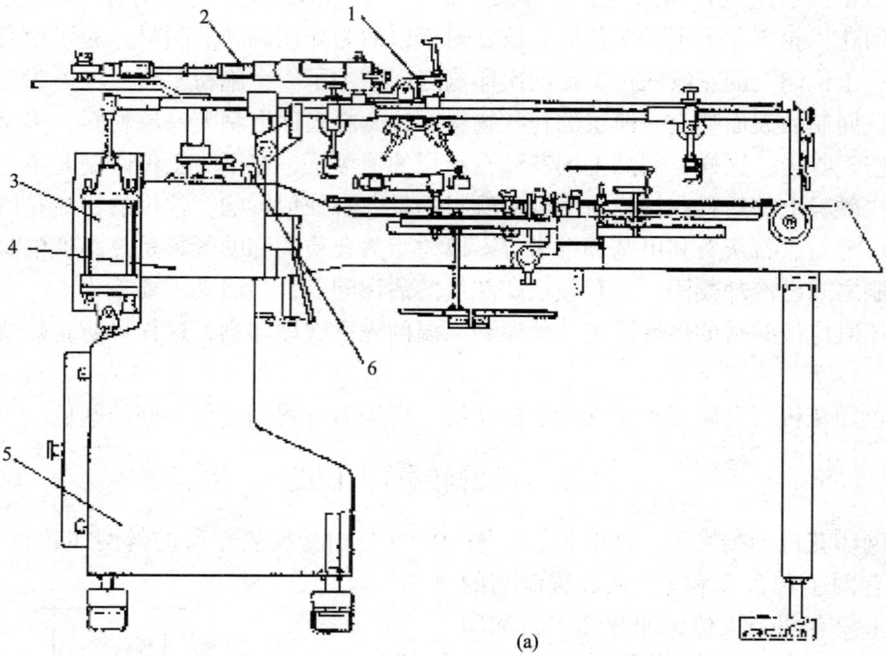

(a)

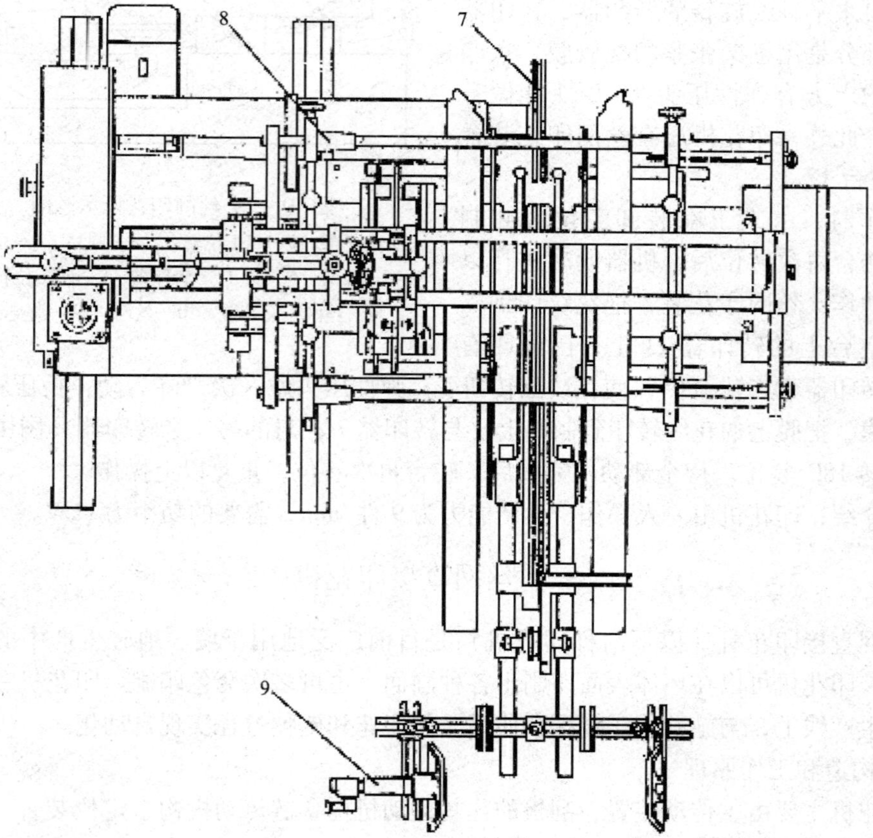

(b)

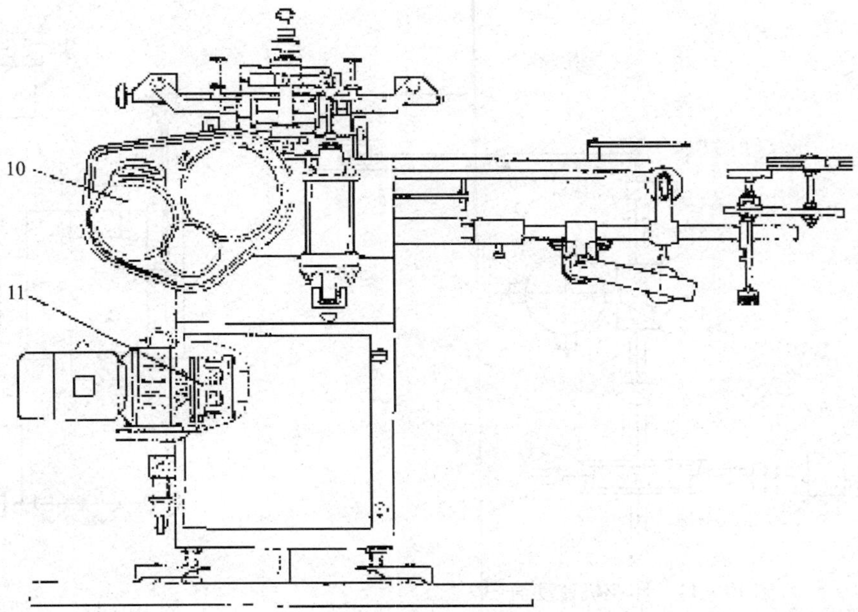

(c)

图 10－10　奥米斯 UNIVERSAL 型印花机

（a）主视图　（b）俯视图　（c）左视图

1—刮板装置　2—曲柄连杆机构　3—气缸　4—凸轮箱　5—机座　6—定位装置

7—链轮　8—丝网架　9—挡坯架　10—挂轮　11—电磁离合器

（1）主传动装置　该装置主要由电动机、无级变速器、电磁离合器、蜗轮蜗杆减速器、凸轮转盘机构和曲柄连杆机构组成，其运动简图见图 10－11。在转盘上装有链轮轴，由于凸轮的作用，使链轮实现间歇转动，借助链条上的挡块，推动坯体向前运动；曲柄连杆机构带动刮板做往复运动；坯体的向前运动和刮板的往复运动是通过凸轮转盘机构实现的。

（2）刮板　刮板一般采用橡胶制作。刮板有两块，称为前刮板和后刮板。后刮板在前进过程中不压丝网，即不使丝网接触坯体，它的功能只是推动堆积在丝网上的颜料使其铺满丝网。当后刮板运动到终点时，坯体已停止在丝网下，此时刮板后退，前刮板依靠弹簧力的作用紧紧压在丝网上，同时也挤压丝网下面的坯体，于是丝网上面的颜料便通过网孔印在坯体上，从而达到印花的目的。

刮板的往复运动是通过曲柄连杆机构来实现的。通过调节曲柄长度可改变刮板的行程，使其适应于不同坯体的印刷。调节连杆的长度可调整刮板的初始和终止位置。

（3）丝网框架的升降　为了便于印花机的修理和丝网的清扫，丝网框架必须能够升降。气缸 3［见图 10－10（c）］推动丝网框架、滑轨、夹持架一起做上下摆动。气动系统工作原理见图 10－12。气缸 1 是丝网架升降气缸，气缸 2 是夹坯气缸。升起丝网框架时，刮板必须回到起始位置，否则丝网架无法升起。

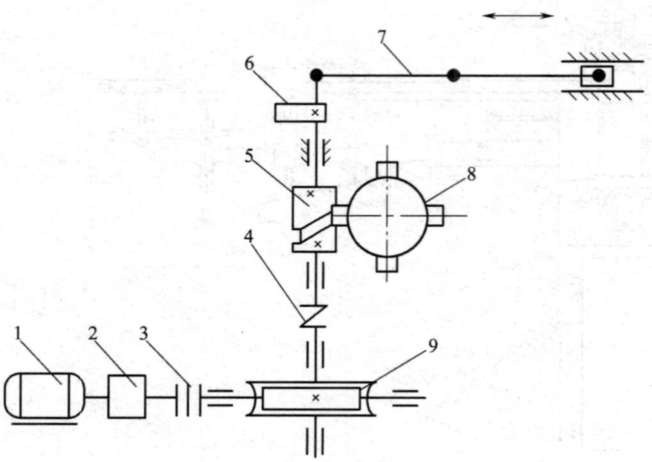

图 10－11　印花机传动简图

1—电动机　2—无级变速器　3—电磁离合器　4—联轴器
5—转位凸轮　6—定位凸轮　7—曲柄连杆　8—转盘　9—蜗杆副

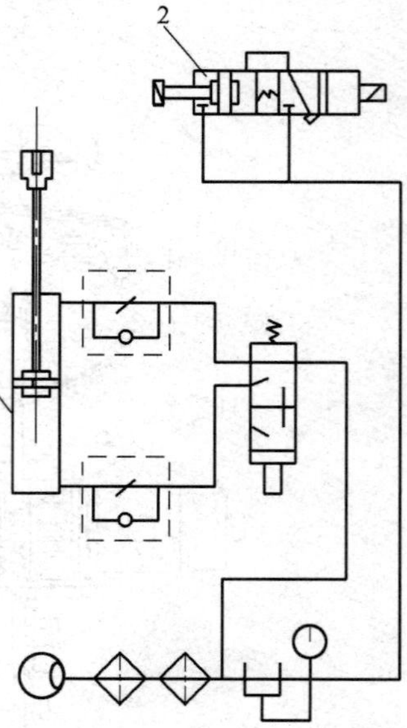

图 10－12　气动原理图

1—升降气缸　2—夹坯气缸

（4）丝网和网框　丝网印花机的丝网主要有真丝网、尼龙网和金属网三种。根据陶瓷坯体印花的具体操作和特点，一般选用尼龙网较多。对于釉上印花，过细的网孔容易堵塞，并且使用寿命短，过粗的网孔则色层过厚，不易控制，花纹不够清晰，一般选择 90～160 目的丝网较好。

网框有铁框、铝框和木框三种。以木框较为经济、方便。但对材质有一定要求，以红松木最佳。制作要求平整、牢固，其形状为长方形。大小一般每边边长比坯体大 50～100mm。

印花机的工作过程：接通电源，电动机和无级变速器工作；当坯体从输送线进入印花机、经链条传送到装在导轨上的光电管位置时（图中未示出），光电管动作，使离合器 11 工作，此时凸轮箱 4 中的转盘输出轴带动链轮旋转，通过链条将坯体送至印刷位置；凸轮箱中的圆柱凸轮的输出轴带动曲柄旋转，通过曲柄连杆机构使刮板向前运动进行布料（即将颜料布满整个丝网）；当转盘处于静止位置时，刮板向后运动，进行印刷。同时，定位机构 6 的凸轮运动到最低位，使定位架抬到最高位置，坯体准确定位。与此同时，尾架上的挡坯装置中的气缸动作，将后面的坯体卡住，当印刷动作完成后，尾架上的气缸自动回程，使坯体进入印刷状态。当坯体还未到达光电管位置时，电磁离合器处于分离状态，印花机停止工作。

2. 使用

印花机能否正常工作，除机器本身加工和装配质量外，还和印花机的安装、调试有很大的关系，现将有关事项分述如下。

（1）按施釉线上工艺要求，将印花机安装在施釉线上，刮板的运动方向应和施釉线保持垂直。印花机和施釉线高度应相互协调。印花机的高度可通过螺栓调节。

（2）印花机的调试工作主要有以下一些内容：

①支承导轨的调节：支承导轨是支承坯体用的，调节完毕后使坯体在其上滑行时，坯体底平面高出输送带0.5mm。

②链条的调节：调节链条导轨的高度，使推动坯体的挡块低于坯体上表面1mm，此时，坯体与链条本身不得有任何接触。调节完毕后，用链条张紧装置将其张紧。

③两侧导轨的调节：应使侧导轨的平面与坯体的表面高度相等。导轨要与输送带的轴线平行，侧导轨内侧面上的钢带既要与坯体接触又不要影响坯体的输送，起到导向作用。

④丝网的调节：丝网应均匀地绷紧在丝网框上，丝网与坯体的高度可由螺栓调节，一般丝网与坯体的间隙为2～4mm。

⑤刮板角度调节：调节固定在印刷滑动架上的螺栓，可改变刮板的角度。刮板与丝网的夹角一般在60°～80°。

第三节　陶瓷喷墨打印机

喷墨打印技术是20世纪70年代末开发成功的一种非接触式的数字印刷技术。它将墨水通过打印头上的喷嘴喷射到各种介质表面上，实现了非接触、高速度、低噪声的单色和彩色的文字和图像印刷。在喷墨打印技术的基础上，将陶瓷色料粉体制备成墨水，通过计算机控制，利用特制的打印机可以将配置好的墨水直接打印到建筑陶瓷的表面上进行装饰。

世界第一台工业使用的陶瓷喷墨印花机于2000年在美国问世，打印机是由美国FERRO公司开发的Kerajet系统，陶瓷墨水也是由FERRO公司与赛尔公司联合研制的。陶瓷喷墨印花机被称之为陶瓷印花技术的第三次工艺革命，由于技术已经成熟，这几年在意大利、西班牙等陶瓷强国已得到广泛使用，中国推出了大量应用该印花工艺的陶瓷产品。

一、陶瓷喷墨打印原理

喷墨印刷有多种方式，包括连续喷墨、热发泡喷墨、静电喷墨、压电喷墨等。其中，压电喷墨是一种按需喷墨技术，在喷头的喷枪壁放置有压电陶瓷，压电晶体在电场作用下发生形变，挤压喷腔内的墨水，这种挤压达到一定程度就会将墨水从喷嘴处喷出。

喷头是喷墨打印技术的关键，陶瓷喷墨打印机采用的是按需喷墨压电式喷头。压电式按需喷墨打印的原理是：采用按需喷墨压电式喷头，电子计算机存储的设计图案经转化为数码信号，在打印机控制系统的控制下，无数据信号的部分喷头不工作，有数据信号的部分由众喷嘴将墨水喷印到承印材料表面的对应位置，在承印物上形成图案。

二、陶瓷喷墨打印机的构成

陶瓷喷墨打印机可分为4个主要功能部分：电脑控制系统、喷头系统、供墨系统、机械运动及防护系统。

1. 电脑控制系统

电脑控制系统是喷墨印花机的核心，将图像信息、喷头信息和砖坯信息等数据整合、处理，发出喷墨指令信号给喷头。计算机存储的图稿按打印颜色分成各色的打印阵列，依照喷头与砖坯相对移动的位置和时间的对应关系，将控制信号按顺序传输到各色的各个喷嘴执行喷墨指令。

2. 喷头系统

常用喷头的有效打印宽度多在65mm左右，对于陶瓷砖的宽度，需要多个喷头组合成一组，覆盖需打印的宽度范围，随着砖坯的移动，即可打印到砖坯的全部区域。喷墨打印机多采用4色或6色系统，即需要4组或6组喷头，一组喷头负责一个颜色的打印。

喷头的重要技术参数包括喷孔精度、点火频率和墨滴尺寸。

（1）喷孔精度　每个喷头的喷孔基本上是线性排列，喷孔精度指单位长度上的喷孔数，以npi（个喷孔/in）表示。如宽度为65.4mm的喷头有512个喷孔，即200npi；宽度为70mm的喷头有1000个喷孔，即为360npi等。对于陶瓷喷墨打印模式，喷头上喷孔的排列方向与砖坯通过的运动方向垂直（即砖坯运动方向为纵向，喷孔排列方向为横向），则喷孔精度对应砖坯上的图案为图案的横向打印精度，以dpi（个墨点/in）表示。提高喷头的喷孔精度或增加喷头的数量可以提高横向打印精度。

（2）点火频率　点火频率相当于喷孔喷射墨滴的频率。各型号喷头的额定点火频率不同，多在几千赫兹到几十千赫兹的范围。打印到砖坯的图案的纵向打印精度是由点火频率和砖坯运动线速度决定。其计算公式为：纵向打印精度＝点火频率/线速度。

点火频率是满足纵向打印精度和釉线速度的关键指标。高点火频率的喷头可以适应快速的生产线，并容易达到高的纵向精度；低点火频率的喷头，则在纵向精度和生产速度上受到制约。

（3）墨滴尺寸　各型号喷头常见的墨滴尺寸有15pL（皮升，$1pL=10^{-12}L$）、35pL、42pL、80pL等。墨滴尺寸影响着最终图案效果的精细度。由于陶瓷墨水显色亮度方面的制约，小的墨滴尺寸可以提高图案的细腻程度，但发色较浅；大的墨滴尺寸可以实现较深颜色，但图案的细腻程度降低。

3. 供墨系统

供墨系统将墨水输送到每个喷头的喷腔内。针对喷头及墨水的特点，一般具备循环、温度控制、搅拌等功能。每个通道的供墨系统是各自独立的，与对应的喷头组构成该通道完整的系统，负责一个颜色墨水的输送。与喷头组对应，4色、6色喷头组分别需要4套、6套供墨系统。

根据三原色原理，三色墨水的搭配就可以达到丰富的色彩范围。陶瓷喷墨墨水，通常仍采用无机非金属材料作为颜料，与传统陶瓷印花使用的颜料类似，发色范围有限，而且以液态形式制成的陶瓷墨水发色亮度也受到局限，达不到三原色的标准。

4. 机械运动及防护系统

该系统包括喷墨打印机设备机架主体和砖坯输送皮带平台等。数码喷墨打印要求的精度高，传动由伺服电机控制，并由高精度的光电检测装置检测砖坯位置信号，位置和速度信号由控制系统集成，控制喷墨动作与砖坯运动相吻合。

三、陶瓷喷墨打印机的主要特点

（1）零库存生产和在线订购营销新模式，无局限艺术畅想，无最低生产量要求，突破陶瓷产品图案设计局限，满足单件或小批量定制及个性化的市场需求。

（2）生产转换快捷、方便　无需制作网版或辊筒，即时完成不同图案和不同尺寸砖面喷印的转换，缩短转产时间，简化新产品试验、试产流程，按需设定生产批量。

（3）可实现凹凸及任意形状产品表面喷印　无接触式的喷印模式实现了表面凹凸产品的印花，并能在任意形状的砖坯上完成无边界打印。

（4）生产中砖坯连续不停顿运行，有效提高釉线生产速度。

（5）墨水利用率高　墨水不需另外加工储存，由数码技术控制，可充分喷印到砖坯表面，有效减少墨水雾化所导致的浪费，大大减少了环境污染。

思考题及习题

1. 丝网印花的方法主要有哪几种？其优缺点是什么？
2. 简述各种丝网印花方法的工艺过程。
3. 简述陶瓷喷墨打印机的原理。

主要参考文献

1. 林云万．陶瓷工业机械设备［M］．上海；上海交通大学出版社，1987.

2. 张有衡等．硅酸盐工业机械设备［M］．北京；轻工业出版社，1961.

3. 林云万等．陶瓷工业机械设备［M］．武汉；武汉工业大学出版社，1993.

4. 励世鳌等．电瓷生产机械设备［M］．北京；机械工业出版社，1983.

5. 朱锡礼等．电瓷成形的机械设备［M］．上海；上海科技出版社，1960.

6. 李锦文等．耐火材料机械设备［M］．北京；冶金工业出版社，1985.

7. Jeorge Y. O.，*et. al.*. Ceramic Processing before Firing［M］. New York；John Wiley & Sons，1978.

8. 林云万．关于大型球磨机的设计［J］．景德镇陶瓷学院学报 1991，12（4）：37－43.

9. 林云万．旋振筛的运动分析和参数计算［J］．景德镇陶瓷学院学报，1994，15（2）：1－13.

10. 林云万．关于真空练泥机的真空系统［J］．景德镇陶瓷学院学报，1986，7（1）：1－15.

11. 张柏清等．全自动液压压砖机［M］．南昌：江西科技出版社，2001.

12. 王常任，孙仲元，郑光熙．磁选设备磁导设计基础［M］．北京：冶金出版社，1990. 11.

13. 蒋朝澜．磁选原理及工艺［M］．北京：冶金工业出版社，1994. 9.

14. 孙仲元．磁选原理［M］．长沙：中南大学出版社，2007. 4.